化學

Introductory Chemistry
Updated Version

Nivaldo J. Tro 著

逢甲大學化工系教授　張新福　審閱

林文雄・林孫基・劉仁煥・李國興・竇維平・劉秀齡　編譯

PEARSON 台灣培生教育出版股份有限公司
Pearson Education Taiwan Ltd.

國家圖書館出版品預行編目資料

化學 / Nivaldo J. Tro原著；林文雄等編譯. -- 二版. -- 臺北市：臺灣培生教育, 2008.12
面；公分

譯自：Introductory chemistry

ISBN 978-986-154-817-3(精裝)

1. 化學

340　　　　　　　　　　　97022787

化　學（第二版）
Introductory Chemistry

原　　　著	Nivaldo J. Tro
審　　　閱	張新福
編　　　譯	林文雄・林孫基・劉仁煥・李國興・竇維平・劉秀齡
發　行　人	郭魯中
主　　　編	陳慧玉
發　行　所	台灣培生教育出版股份有限公司
出　版　者	台灣培生教育出版股份有限公司
	地址／台北市重慶南路一段147號5樓
	電話／02-2370-8168
	傳真／02-2370-8169
	網址／www.Pearson.com.tw
	E-mail／Hed.srv.TW@Pearson.com
台灣總經銷	台灣東華書局股份有限公司
	地址／台北市重慶南路一段147號3樓
	電話／02-2311-4027
	傳真／02-2311-6615
	網址／www.tunghua.com.tw
	E-mail／service@bookcake.com.tw
香港總經銷	培生教育出版亞洲股份有限公司
	地址／香港鰂魚涌英皇道979號（太古坊康和大廈2樓）
	電話／852-3181-0000
	傳真／852-2564-0955
出版日期	2009年1月
	2009年11月　二刷
I　S　B　N	978-986-154-817-3

版權所有・翻印必究

Authorized translation from the English language edition, entitled INTRODUCTORY CHEMISTRY, 2nd Edition, 0131470582 by TRO, NIVALDO J., published by Pearson Education, Inc, publishing as Prentice Hall, Copyright © 2006, 2003 Pearson Education, Inc.
All rights reserved. No part of this book may be reproduced or transmitted in any form or by any means, electronic or mechanical, including photocopying, recording or by any information storage retrieval system, without permission from Pearson Education, Inc.
CHINESE TRADITIONAL language edition published by PEARSON EDUCATION TAIWAN Copyright © 2009.

序言

從事化工教育二十年，深刻感覺到基礎學科——物理、化學及微積分的紮實訓練，是做為一個大學生進入知識殿堂獲取新知進而沈潛學術的鑰匙，如果這些基礎學科訓練不夠紮實，非但影響學生在後續專業科目的學習效果，更扼殺了學生追求學問的興趣。對於一位剛進入大學的新鮮人，如何引發他對學問的興趣，有賴於良好的學習環境，優秀的師資和生動有深度的教材，前兩項是近年來每所大學傾全力提昇，吸引學生就讀的指標項目，但對於教材，雖有獎勵制度，但均不太重視。一本適合大一新生的教科書，不論是英文或者中文，均要能吸引學生產生興趣研讀，才能算是好書。以化學為例，坊間中英文教科書為數不少，但多數內容太多，少則八九百頁，多則一千多頁，密密麻麻，再則內容太偏，不是化學的全貌，二者皆給予授課教師和學生很大壓力。老師怕教不完，學生怕讀不完，讓學習過程的喜悅變成了追趕進度的痛苦。亦因此，我與多位在中部地區從事技職教育擔任化學課程講授的同仁討論自行編一本化學教材的可行性，並在台灣培生教育出版有限公司的支持下，我們選定2006年 Dr. Tro 所寫的Introductory Chemistry 第二版為藍本，編譯適合我們學生所需要的普通化學的教材，並由東華書局統籌經銷，希望用流暢的文字，生動活潑的插圖，介紹生活化學，每一章內具啟發性的例題與習題，能讓學生輕鬆的進入浩瀚的化學世界，領略化學之美。

本書分十九章，分別由修平技術學院化工與生物科技系林孫基老師和劉仁煥老師，中興大學化工系竇維平副教授、中台科技大學環安系李國興助理教授和建國科技大學美容系林文雄教授編譯完成，他們皆是一時俊彥，有多年化學教學經驗，對於原著材料的取捨均有睿智的抉擇。編輯小組經過多次討論，所獲得的共識是，教材內容精簡易懂及具啟發性加深課程內容印象的習題。雖然是中譯本，但我們保留原著每一章末的Everyday Chemistry的原文，做為學生吸收新知並增進英文閱讀能力。另每一章卷首均有一句富有哲理的名言，深具啟發性，我們將其中英文並列，中譯文特別邀請劉秀齡老師鼎力協助完成，劉老師係留美化學碩士及東海大學哲學碩士，精研化學與哲學多年，並對於科學哲學有獨到的見解，目前在靜宜大學擔任人生哲學課程，請她翻譯卷首名諺，並負責全書的修辭，相信更為傳神，增加本書的可讀性。

本書英文專有名詞之中譯文係依林敬二等先生主編之化學大辭典所載，由於編譯時間倉促，疏漏謬誤處在所難免，祈求先進同仁不吝賜教，以便再版時更正。

逢甲大學化工系 教授
張新福

編審簡介

張新福
經歷：逢甲大學化工系教授
學歷：美國羅德島大學化工博士
研究領域：反應工程、輸送現象、污染防治工程

林文雄
經歷：建國科技大學美容系教授兼進修部主任
學歷：逢甲大學化工博士
研究領域：觸媒反應、薄膜反應

林孫基
經歷：修平技術學院化學工程與生物科技系講師
學歷：逢甲大學化工碩士、中興大學化工所博士班候選人
研究領域：特用化學品合成、水污染防治、化工機械、製程開發與放大、製程改善

劉仁煥
經歷：修平技術學院化學工程與生物科技系講師
學歷：逢甲大學化工碩士、中興大學化工所博士班候選人
研究領域：紙張製造、界面活性劑、廢紙脫墨

李國興
經歷：中臺科技大學環境與安全衛生工程系助理教授
學歷：逢甲大學化工博士
研究領域：生物產氫技術、廢水／廢棄物生物處理

竇維平
經歷：國立中興大學化工系副教授
學歷：國立清華大學化工博士
研究領域：積體及印刷電路金屬化技術、電化學沈積技術、分子自組裝單膜在光電製程上的應用

劉秀齡
經歷：靜宜大學人文通識教育中心講師
學歷：美國羅德島大學化學碩士、東海大學哲學碩士
研究領域：禪宗及海德格研究、語言哲學

目錄

1 化學的世界

1.1	嘶嘶作響的蘇打汽水	1
1.2	化學構成日常的物質	3
1.3	所有的物質都是由原子和分子所構成	3
1.4	科學方法：化學家怎樣想	4
1.5	剛入門的化學家：如何邁向成功	6
	習題	7

2 測量和問題解決

2.1	測量全球溫度	11
2.2	科學記數法：寫大和小的數目	11
2.3	有效數字：記述數字以反映精密度	13
2.4	在計算過程中的有效數字	16
2.5	測量的基本單位	19
2.6	單位換算	22
2.7	解決多步驟的換算問題	25
2.8	乘方的單位	27
2.9	密度	28
2.10	數值的問題解決策略和解析圖	31
	習題	32

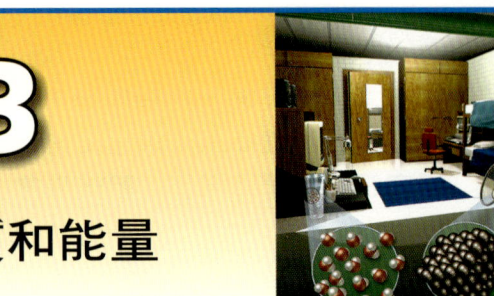

3 物質和能量

3.1	在你的房間裏	35
3.2	物質是什麼？	35
3.3	物質依狀態分類：固體、液體和氣體	36
3.4	物質依組成分類：元素、化合物和混合物	38
3.5	如何區分物質：物理性質和化學性質	40
3.6	物質如何變化：物理變化和化學變化	41
3.7	質量守恆：沒有新的物質	42
3.8	能量	43
3.9	溫度：分子和原子的隨機運動	45
3.10	溫度變化：熱容量	46
3.11	能量和熱容量的計算	47
	習題	49

4 原子和元素

4.1	在梯伯隆城體驗原子	53
4.2	不可分割：原子理論	54
4.3	原子核	55

4.4	質子、中子和電子的性質	56
4.5	元素：由質子數來定義	58
4.6	週期律和週期表	60
4.7	離子：失去和獲得電子	64
4.8	同位素：中子數變動時	67
4.9	原子量	69
	習題	70

6.3	由克重計數原子	99
6.4	由克重計算分子數	103
6.5	化學式作為轉換因子	106
6.6	化合物的質量百分率組成	109
6.7	從化學式中求質量百分率組成	110
6.8	計算化合物的實驗式	111
6.9	計算化合物的分子式	114
	習題	116

分子和化合物

5.1	糖和鹽	75
5.2	定組成的化合物	76
5.3	化學式：化合物的表示法	77
5.4	元素和化合物的分子觀點	79
5.5	離子化合物的化學式	81
5.6	命名法：化合物的命名	82
5.7	離子化合物的命名	83
5.8	分子化合物的命名	87
5.9	酸的命名	88
5.10	命名摘要	89
5.11	分子量：分子的質量或式量	91
	習題	92

化學反應

7.1	幼稚園的泥火山、汽車和洗衣店裡的清潔劑	121
7.2	化學反應的證據	122
7.3	化學方程式	125
7.4	如何寫出化學平衡方程式	126
7.5	水溶液與溶解度：化合物溶解於水中	129
7.6	沉澱反應：在水溶液中形成固體的反應	131
7.7	在溶液中反應化學方程式的寫法：分子、完全離子和淨離子方程式	134
7.8	酸鹼與氣體釋放反應	135
7.9	氧化－還原反應	138
7.10	化學反應的分類	140
	習題	144

化學組成

6.1	有多少的鈉？	97
6.2	由磅重計數釘子	98

vi 目錄

8 化學反應的計量

8.1	地球暖化：過多的二氧化碳	149
8.2	鬆餅的製作：原料之間的關係	150
8.3	分子的製備：莫耳之間的轉換	151
8.4	分子的製備：質量之間的轉換	153
8.5	更多的鬆餅：限量反應物、理論產量和產率	155
8.6	由反應物的最初質量求知限量反應物、理論產量和產率	159
	習題	162

9 原子中的電子與週期表

9.1	飛船、氣球與原子模型	167
9.2	光：電磁輻射	169
9.3	電磁光譜	171
9.4	波耳模型：具有軌道的原子	173
9.5	量子力學模型：具有軌域的原子	176
9.6	量子力學軌域	177
9.7	電子組態與週期表	184
9.8	量子力學模型的解釋力	187
9.9	週期表的趨勢：原子大小、游離能以及金屬特徵	189
	習題	194

10 化學鍵

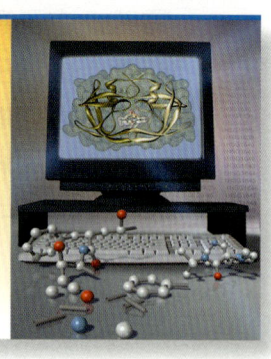

10.1	鍵結模型與愛滋藥物	199
10.2	以點來表達價電子	200
10.3	離子化合物的路易士結構：電子轉移	201
10.4	共價的路易士結構：共用電子	203
10.5	寫出共價化合物的路易士結構	205
10.6	共振：相同分子的等效路易士結構	209
10.7	預測分子的形狀	210
10.8	電負度與極性：為何油和水不互溶	215
	習題	221

11 氣體

11.1	超長吸管	225
11.2	分子動力論：氣體模型	226
11.3	壓力：分子持續碰撞結果	228
11.4	波以耳定律：壓力與體積	231
11.5	查理定律：體積與溫度	235
11.6	併合氣體定律：壓力、體積與溫度	238
11.7	亞佛加厥定律：體積與莫耳數	240
11.8	理想氣體定律：壓力、體積、溫度與莫耳數	241

目錄　vii

11.9	混合氣體：為何深海潛水夫呼吸氣為氦與氧混合氣	247
11.10	化學反應中的氣體	251
	習題	255

12 液體、固體和分子間作用力

12.1	分子間作用力	261
12.2	液體與固體之性質	262
12.3	分子間作用力：表面張力與黏度	263
12.4	蒸發與凝結	264
12.5	熔化、凝固與昇華	268
12.6	分子間作用力之型態：分散力、偶極－偶極力和氫鍵	271
12.7	結晶固體之形態：分子固體、離子固體和原子固體	276
12.8	水：令人驚嘆的分子	278
	習題	280

13 溶液

13.1	溶液：均勻混合物	283
13.2	固體溶解在水中的溶液：如何製造冰糖	284
13.3	氣體在水中的溶液：汽水如何產生嘶嘶聲	288
13.4	載明溶液的濃度：質量百分率	290
13.5	載明溶液的濃度：體積莫耳濃度	293
13.6	溶液的稀釋	296

13.7	溶液的化學計量	298
13.8	凝固點下降與沸點上升：讓水在較低溫凝固及在較高溫沸騰	300
13.9	滲透作用：為何喝鹽水會導致脫水	303
	習題	304

14 酸和鹼

14.1	「酸補釘孩子」軟糖和國際間諜電影	309
14.2	酸：特性和例子	310
14.3	鹼：特性和例子	312
14.4	酸和鹼的分子定義	313
14.5	酸和鹼的反應	316
14.6	酸鹼滴定：溶液中酸或鹼的定量方法	318
14.7	強和弱的酸及鹼	321
14.8	水：酸和鹼合而為一	326
14.9	pH 值：表示酸度和鹼度的方法	329
14.10	緩衝溶液：抵抗 pH 改變的溶液	331
14.11	酸雨：一個與化石燃料燃燒有關的環境問題	333
	習題	335

15 化學平衡

15.1	生命：控制下的不平衡	339
15.2	化學反應速率	340

15.3	動態化學平衡的觀念	344
15.4	平衡常數：反應進行有多遠的基準	347
15.5	非均相平衡：涉及固相或液相的反應平衡表示式	350
15.6	平衡常數的計算及利用	351
15.7	干擾平衡下的反應：勒沙特原理	354
15.8	濃度改變對平衡的效應	355
15.9	體積改變對平衡的效應	357
15.10	溫度改變對平衡的效應	359
15.11	溶解度積常數	361
15.12	反應路徑與觸媒效應	363
	習題	368

16 氧化與還原

16.1	內燃機的終結	373
16.2	氧化與還原：一些定義	374
16.3	氧化態：電子簿記	377
16.4	平衡氧化還原方程式	379
16.5	活性序列：預測自發性氧化還原反應	383
16.6	電池：利用化學產生電力	386
16.7	電解：利用電力去製作化學	391
16.8	腐蝕：不受歡迎的氧化還原反應	392
	習題	393

17 放射性和核化學

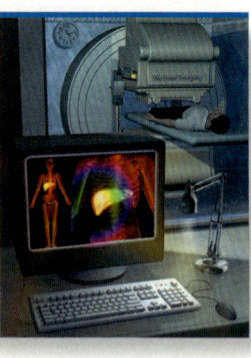

17.1	診斷盲腸炎	399
17.2	放射性的發現	400
17.3	放射性的型態：α，β 和 γ 衰變	401
17.4	檢測放射性	406
17.5	天然放射性和半衰期	407
17.6	放射性碳的年代測定法：測量化石或人工古物的年代	409
17.7	核分裂和原子彈	410
17.8	核能：用核分裂來發電	412
17.9	核融合：太陽能	413
17.10	輻射對生命的影響	414
17.11	放射醫學	416
	習題	417

18 有機化學

18.1	我聞到什麼	421
18.2	生機說：有機與無機之差異	422
18.3	碳：多用途原子	423
18.4	烴類：僅含有碳與氫的化合物	424
18.5	烷類：飽和烴	425
18.6	異構物：相同化學式不同結構式	428
18.7	烷類命名	430
18.8	烯類與炔類	432
18.9	碳氫化物反應	435

18.10 芳香烴	437
18.11 官能基	439
18.12 醇類	440
18.13 醚類	441
18.14 醛類與酮類	442
18.15 有機酸與酯類	444
18.16 胺類	447
18.17 聚合物	448
習題	450

19 生物化學

19.1 人類基因組計畫	455
19.2 細胞和它的主要化學組成	456
19.3 碳水化合物：糖、澱粉和纖維	456
19.4 脂質	460
19.5 蛋白質	465
19.6 蛋白質結構	469
19.7 核酸：分子藍圖	474
19.8 DNA 結構、DNA 複製和蛋白質合成	476
習題	481

| 習題解答 | A-1 |
| 中英名詞對照 | G-1 |

第 1 章

化學的世界

"Imagination is more important than knowledge."

Albert Einstein (1879–1955)

"想像力比知識更重要。"

艾伯特・愛因斯坦（1879 — 1955）

1.1 嘶嘶作響的蘇打汽水
1.2 化學構成日常的物質
1.3 所有的物質都是由原子和分子所構成
1.4 科學方法：化學家怎樣想
1.5 剛入門的化學家：如何邁向成功

 ## 1.1 嘶嘶作響的蘇打汽水

打開一罐蘇打汽水，你會聽到熟悉的"嘶嘶嘶"的壓力釋放聲音，拿起啜飲著，你會感覺到在舌頭上有二氧化碳的氣泡。在你打開罐頭之前搖晃它，你將會被液體噴濺到。汽水罐頭就像大多數的東西一樣，是一種化學混合物。蘇打汽水主要是由糖、水和二氧化碳組成的，這些化學品獨特的結合提供了蘇打汽水的性質。你想要知道蘇打汽水為什麼嚐起來是甜的嗎？你需要了解有關於糖和糖與水溶液的相關知識。我們將在第13章中學習溶液。你想要知道為什麼當你打開它時會嘶嘶作響？你需要理解氣體和在液體裡它們溶解的能力與改變壓力時其溶解能力又如何變化，我們會在第11章學習氣體。你想知道為什麼喝太多汽水會使你增加體重嗎？你需要了解能量和由化學反應產生能量的相關知識。我們分別在第3章中論述能量和第7章中討論化學反應。你不需要離開自己家裏而且只憑你自己每天的經歷就可以發現化學的問題。實際上化學品構成了一切的物質：如蘇打，這本書，你的鉛筆，甚至，即便是你自己的身體。

▶ 實際上你周遭的一切都是由化學所組成的。

◀ 蘇打汽水是一種由二氧化碳和水及一些其他物質賦予香味和顏色的混合物。當蘇打汽水被倒入一個玻璃杯時，一些二氧化碳分子從混合物裡釋出，產生熟悉的嘶嘶聲。

化學家對於物質的性質和構成它們的粒子之間的關連性特別感到興趣。例如，蘇打汽水為什麼會嘶嘶作響？像所有的物質一樣，蘇打汽水由稱為原子的極小粒子所組成。原子是如此之小，所以一滴蘇打汽水就大約含有萬億個原子。在蘇打汽水裡，如同在大多數物質內，這些原子結合在一起形成幾種不同的分子，這些對嘶嘶作響很重要的分子是二氧化碳和水。二氧化碳分子由三個原子所組成──一個碳和兩個氧藉由直線的化學鍵緊密地連接在一起。

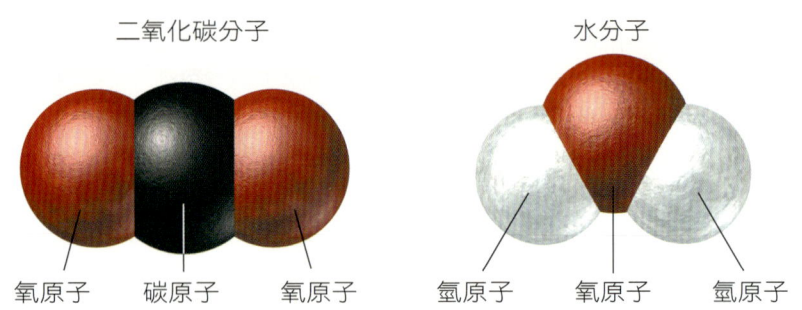

水分子也是由3個原子──一個氧和二個氫鍵結而成，但不是像二氧化碳般的直線，水分子是彎曲的。

原子如何鍵結在一起形成一個分子──直線、彎曲或一些其他的形狀──和分子內原子的型式，決定了由分子所構成物質的一切。水分子的特性使水在室溫時為液體。二氧化碳分子的特性使二氧化碳在室溫時為一種氣體。糖分子的特性允許它們與我們的味蕾相互作用，產生甜美的味覺。

蘇打汽水的製造商使用壓力，迫使氣體的二氧化碳分子與液體水分子混合。只要蘇打汽水的罐頭密封住，在維持壓力下，二氧化碳分子保持與水分子混合。當罐頭被打開時，壓力被釋放，二氧化碳分子從蘇打混合物中脫逸而出（▼ 圖1.1），就造成氣泡，發出蘇打汽水熟悉的嘶嘶聲。

▶ 圖 1.1 **嘶嘶聲從哪來？** 氣泡是裝在蘇打汽水裡的二氧化碳氣體分子從液體水中脫逸而出。

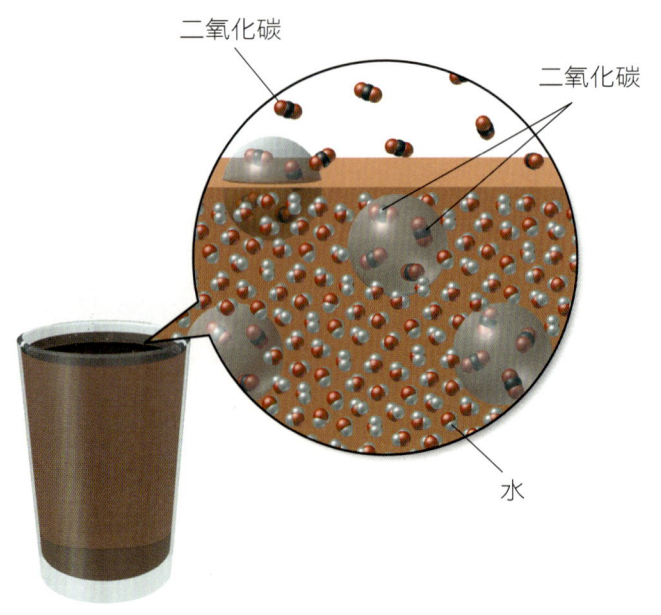

1.2 化學構成日常的物質 3

1.2 化學構成日常的物質

蘇打汽水是由化學品所構成的嗎？從化學品的廣泛定義來說，是的。事實上，凡是你能拿得到或接觸到的，沒有一項不是由化學品所製造而成的。不幸地，當大多數人想起化學時，他們總是想像車庫裡有一罐罐身上標示有骷髏頭的油漆稀釋劑，或者使他們回想起工業化合物污染河流的大標題。但是化學的構成品並不僅僅是這些東西而已，它也構成日常生活的物質。化學品構成我們呼吸的空氣和我們喝的水。它們構成牙膏、鎮熱解痛劑和衛生紙。

實際上化學品構成我們所接觸的一切。這個廣義概念常被化學家所使用。在一個最寬廣的理解上，化學說明了化學品的性質與行為，這有助於我們理解構成物質的分子。當你經歷你周遭的世界，是分子間的相互作用創造出你的經驗。想像你正在看日落，分子參與在每個步驟裡，在空氣的分子中與從太陽那裡來的光相互作用，散射出藍光和綠光並留下紅光和橙光而顯出色彩。在你眼睛裡的分子吸收那光，結果作了些改變，以一個信號送到你的大腦，於是在你大腦裡的分子解釋信號進而產生圖像和情感。因而所有的這一切，都是由分子所創造出看日落的經驗。

化學家對為什麼會造成日常生活物質性質的不同而感到興趣？為什麼水是液體？為什麼鹽是固體？蘇打水為什麼會嘶嘶作響？為什麼落日是紅的？經由這本書你將會知道這些問題的答案和了解許多其它的問題。你將學習到關於物質的行為和組成它的粒子行為之間的關係。

▲ 大眾常對化學製品有非常狹窄的看法，想到它們只有危險的毒品或污染物。

◀ 化學家有興趣知道一般物質的原貌，例如水。當一位化學家看見一壺水時，她就會想起組成液體的分子和它們怎樣決定水的性質。

1.3 所有的物質都是由原子和分子所構成

理查・費因曼（Richard Feynman）教授，在加州理工學院對大一物理系學生的一次演講裡，告訴學生說在全人類知識裡最重要的觀念，就是**所有的物質都是由原子所構成**。由於原子通常結合在一起形成分子，因而，化學家可以在費因曼的大膽斷言裡增加**分子**的

▲ 理查‧費因曼（1918－1988），諾貝爾物理獎得主，是加州理工學院相當受歡迎的教授。

概念。這簡單的概念就是所有的物質都是由原子和分子所構成——它解釋著許多關於我們的世界與我們對它的體驗。原子與分子決定怎麼樣的物質具有怎麼樣的表現，假如它們是不同的，則物質必然不同。例如，水分子它決定水的特性，糖分子決定糖的特性，組成人類的分子決定了許多有關於我們的表現。

原子與分子的世界與你我每天的體驗之間有直接的關連。化學家探索這些的關連性，他們尋求去理解它。對**化學**而言，一個好且簡單的定義為：科學是利用對原子與分子的研究去嘗試理解物質的行為。

化學 ── 藉由對原子與分子的研究去探索了解物質表現的科學。

1.4 科學方法：化學家怎樣想

化學家是科學家，利用**科學方法** ── 一種學習的方法，強調以觀察與實驗去了解這個世界。這種科學方法與古希臘哲學強調以**理性**（reason）作為理解這世界的方法形成對比。雖然這種科學方法不是一個固定不變的程序能自動地引導到一個最後決定性的答案，但它的確具有關鍵性的特質與其他獲取知識的方法有所不同。這些關鍵特性包括對物質性質的觀察、假說的公式化、透過實驗進行對假說的測試和定律及理論的公式化等。

在獲取科學知識的第一步驟（▼ 圖1.2）經常是**觀察**或對物質性質的一些測量。有一些觀察是簡單的，只需要肉眼即可，其他觀察要併用儀器。它倚賴使用日益敏感的儀器。偶爾，一個重要的觀察是完全地意外發生。例如亞歷山大‧佛蘭明（Alexander Fleming）發現盤尼西林（penicillin），他在觀察時發現培養皿上圍繞黴的無菌圈意外地成長起來。不管觀察的方式如何，它通常包括測量

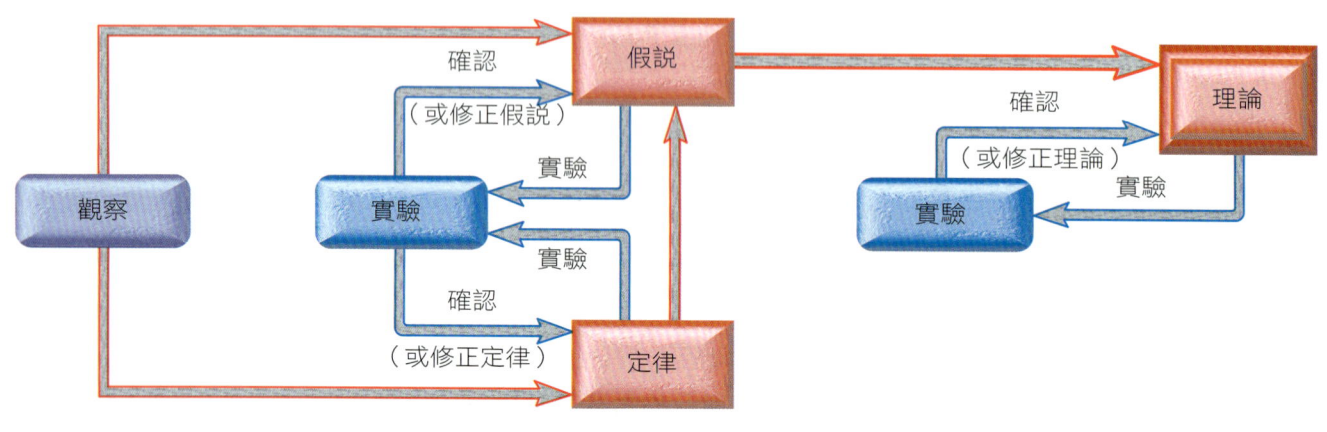

▲ 圖 1.2 **科學方法**。

1.4　科學方法：化學家怎樣想　　5

◀（左）法國化學家拉瓦錫（Antoine Lavoisier）和他的妻子瑪麗的畫像，她在他的工作上幫助他，解說實驗，記錄結果並從英語中翻譯科學論文。（大都會藝術博物館）（右）約翰・道耳吞，闡述原子理論的英國化學家。

與對物理世界某些方面的描述。例如，拉瓦錫（Antoine Lavoisier, 1743－1794），一位研究燃燒的法國化學家，他仔細量測物質的質量在密閉容器裡燃燒前後的變化，他注意到在燃燒期間總質量是沒有變化的。拉瓦錫做了一篇關於物理世界的**觀察**報告。

觀察經常使科學家想出一個**假說**，一種嘗試性的解釋或對觀察進行說明。例如，拉瓦錫以假說來解釋他對燃燒的觀察，燃燒牽涉到物質與空氣成份的結合。一個好的假說可**證明為偽**，意即進一步的測試有可能證明它是錯誤的。假說是經由**實驗**的測試，在高度控制的觀察設計下證明假說是有效或無效。實驗的結果可以確認一個假說或顯示它在某些方式下是錯誤的。在後者的狀況中，假說也許需要修正甚或被摒棄而另擇可替代的方案。然而不論任何一種方式，新的或修正的假說因此都必須再進行更進一步的實驗測試。

有時一連串相似的觀察也能導致發展出一個**科學定律**，一個簡短的敘述就能綜合過去的觀察並且可預測未來的事例。例如，拉瓦錫在他觀察燃燒的基礎上，發展出**質量守恆定律**，其敘述為：「在化學反應中物質既不會被創新也不會被破壞。」這個敘述來自於拉瓦錫的觀察，但是更重要地，它可預測類似實驗的任何化學反應的結果。定律也受實驗的制約，實驗能證明它們是錯誤或是有效的。

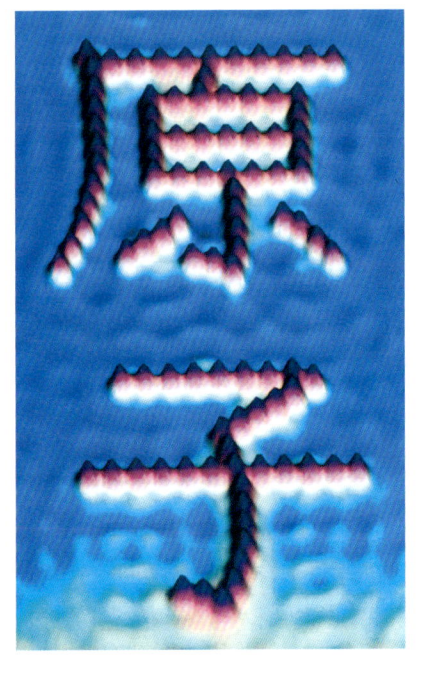

▲ 圖 1.3 **原子是真的嗎？**原子理論已有 200 年的實驗證據支持著它，包括近期的圖像，例如這一張是原子它自己的本身。這張圖像是在一個銅的表面上以個別的鐵原子寫出"原子"的漢字。

一個或多個經早已建立的假說可以為一個科學**理論**奠立基礎。學說嘗試提供更寬廣且有深度的解釋。而這種模式是依循自然方式，並常能預測行為而超越且延伸它們所發現的觀察與定律。有關理論的一個好例子是約翰・道耳吞（John Dalton, 1766－1844）的**原子理論**。道耳吞解釋質量守恆定律和其他的定律與觀察，提出全部的物質都是由小的且不能被破壞稱為粒子的所組成。道耳吞理論是物理世界的一種模式，它超越當時的定律與觀察而進一步去解釋這些定律和觀察。

理論也可被實驗測試而證明其有效。我們注意到科學方法是從觀察開始，到形成定律、假說和建立基於那些觀察的理論，然後再返回觀察去確認它們的有效性。如果定律、假說或理論不符合於一個實驗的結論，它必須被修正，新的實驗修正後必須再測試。過時、貧乏的理論被剔除，保留符合實驗的好學說。有堅強的實驗支持所建立的學說是強而有力的科學知識。不熟悉科學的人有時會說，"那只是學說"，好像理論僅僅是推測而已。然而，在科學上成功測試過的理論是我們所能得到最接近的真理。例如，所有的物質都是由原子構成的概念是"只是學說"，但它是具有二百年實驗證據支持的一個理論，包括了近代原子本身的圖像（▲ 圖 1.3）。已建立的理論不會被輕易去除，它們已是對科學理解的極致。

1.5　剛入門的化學家：如何邁向成功

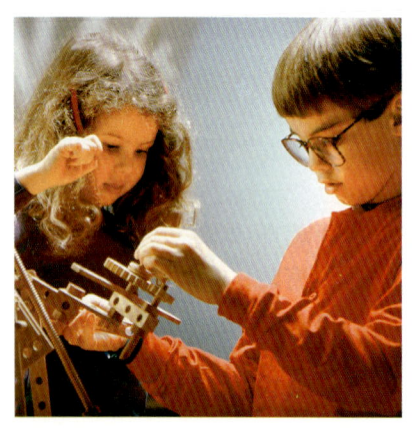

▲ 為了成功的作為一位科學家，你必須擁有一顆兒童般的好奇心。

你是一位剛入門的化學家。這也許是你第一次的化學課程，但大概不是你的最後一次。為了成功作為一位剛入門的化學家，要記住這些事情。首先，化學需要好奇心和想像力。如果你很滿意天空是藍色的認知，但是不介意**為什麼**它是藍色的話，你可能必須重新拾回你的好奇心。我所說的 "重新拾回"，是因為即使兒童都有，或者更貼切地說，**特別**是孩童具有這份好奇心。要成功地成為一位化學家，你必須有孩童般的好奇心和想像力，必須想要知道事情發生的**原由**。其次，化學需要計算。在整本書中，我將會要求你計算題目及量化資訊。**定量**包括量測，它是觀察的一部分，是在科學中最重要的工具之一。確定數量允許我們在言談上更深入些，超過僅僅說這個物體是熱的還是那個是冷的，或這個是大的與那個是小的。它允許我們確切地指明差異的精準度。例如，水的兩個樣品在我們手中可能感覺起來是同樣熱，但當我們測量它們的溫度時，我們發現一個是 40 ℃，另一個是 44 ℃。即使是微小的差異有時對於計算或實驗是很重要的，因此如何定出觀察次數與操作那些數量，在化學方面變得非常重要。

最後，化學需要承諾。為了在這門課程的成功，你必須承諾你自己要學習化學。羅德·霍夫曼（Roald Hoffman），1981年諾貝爾化學獎的得主說：

> 我喜歡這樣的想法，那就是人類能夠做任何他們想要做的。有些時候，他們需要訓練。他們需要一名教師去喚醒他們內在的智力。但是我很高興的說，成為一位化學家需要的不是特別的天份，任何人只要努力工作就能做到。

霍夫曼教授是對的。在這門課程裡成功的關鍵是努力工作和需要承諾。你必須規律且謹慎做你的工作。如果你做到了，你一定會成功，且你將透過分子和原子的世界窺得整個嶄新世界的報償。這個世界存在於你們幾乎所遭遇到任何事情的表面之下。我歡迎你來到這個世界並視它為一種特權，連同你的教授一起成為你的引導。

習題

問答題

1. 蘇打汽水為什麼會嘶嘶作響？
2. 化學家嘗試做些什麼？他們如何去理解自然的世界？
3. 化學的定義。
4. 解釋何謂科學方法。
5. 定律和學說之間有何差異？
6. "它只不過是一個理論"這個陳述有何錯誤？
7. 何謂原子學說？是誰闡述了它？

練習題

8. 檢查這章一開始的圖片。利用在第 1.1 節中的資訊指出在可樂杯旁的兩個分子並鑑定分子內的每個原子是什麼。

9. 把如下內容歸類為觀察、定律或者理論。
   (a) 當一塊金屬在密閉的容器裡燃燒時，容器和它的內含物的質量不會改變。
   (b) 物質由原子製成的。
   (c) 在化學反應中物質是守恆的。
   (d) 當木材在密閉的容器裡燃燒時，它的質量不會改變。

10. 一位化學家在虛擬的宇宙裡進行實驗，試圖尋求原子的大小與化學反應活性的關聯性。結果如下。

原子的大小	化學活性
小	低
中間	中等
大	高

    (a) 你能從這些數據去表述一個定律嗎？
    (b) 你能建立一個理論去解釋這個定律嗎？

11. 化學家分解水的幾個樣品成為氫和氧且獲得氫和氧的重量（或更正確地說是"質量測定"。結果如下：

樣品數	氫的克重	氧的克重
1	1.5	12
2	2	16
3	2.5	20

    (a) 你能在一個簡短的敘述裡總結這些觀察嗎？
    接著，化學家分解二氧化碳幾個樣品成為碳和氧。結果如下：

樣品數	碳的克重	氧的克重
1	0.5	1.3
2	1.0	2.7
3	1.5	4.0

    (b) 你能以一個簡短的敘述總結這些觀察嗎？
    (c) 你能從在(a)和(b)的觀察裡說明一個定律嗎？
    (d) 你能用在(c)中所解釋的定律建立一個理論嗎？

Everyday Chemistry

Combustion and the Scientific Method

Early chemical theories attempted to explain common phenomena such as combustion. Why did things burn? What was happening to a substance when it burned? Could something that was burned be unburned? Early chemists burned different substances and made observations to try to answer these questions. They observed that things would stop burning if placed in a closed container. They found that many metals would burn to form a white powder that they called a calx (now we know that these white powders are oxides of the metal), and that the metal could be recovered from the calx, or unburned, by combining it with charcoal and heating it.

Chemists in the first part of the eighteenth century formed a theory about combustion to explain these observations. In this theory, combustion involved a fundamental substance that they called phlogiston. Phlogiston was present in anything that burned and was released during combustion. Flammable objects were flammable because they contained phlogiston. When things were burned in a closed container, they didn't burn for very long because the space within the container became saturated with phlogiston. When things burned in the open, they continued to burn until all of the phlogiston within them was gone. This theory also explained how metals that had burned could be unburned. Charcoal was a phlogiston-rich material—they knew this because it burned so well—and when it was combined with a calx, which was a metal that had been emptied of its phlogiston, it transferred some of its phlogiston into the calx, converting it back into the unburned form of the metal. The phlogiston theory was consistent with all of the observations and was widely accepted as valid.

◀ **Figure 1.4 Focusing on combustion** The great burning lens belonging to the Academy of Sciences. Lavoisier used a similar lens to show that a mixture of calx (metal oxide) and charcoal released a large volume of fixed air (oxygen) when heated.

Like any theory, the phlogiston theory had to be tested continually by experiment. One set of experiments, conducted in the mid-eighteenth century by Louis-Bernard Guyton de Morveau (1737 – 1816), consisted of weighing metals before and after burning them. In every case the metals gained weight when they were burned. However, the phlogiston theory predicted that they should lose weight because phlogiston was supposed to be lost during combustion. The phlogiston theory needed modification.

The first modification was to suppose that phlogiston was a very light substance so that it actually "buoyed up" the materials that contained it. When phlogiston was released, the material actually became heavier. Such a modification seemed to fit the observations but also seemed far-fetched. Antoine Lavoisier developed a more likely explanation by devising a completely new theory of combustion. According to Lavoisier, when a substance burned, it actually took something out of the air, and when it unburned, it released something back into the air. Lavoisier said that burning objects fixed (attached or bonded) the air and that the fixed air was released when unburning. In a confirming experiment (◄ Figure 1.4), Lavoisier roasted a mixture of calx and charcoal with the aid of sunlight focused by a giant burning lens, and found that a huge volume of "fixed air" was released in the process. The scientific method had worked. The phlogiston theory was proven wrong, and a new theory of combustion took its place—a theory that, with a few refinements, is still valid today.

CAN YOU ANSWER THIS? What is the difference between a law and a theory? How does the preceding story demonstrate this difference?

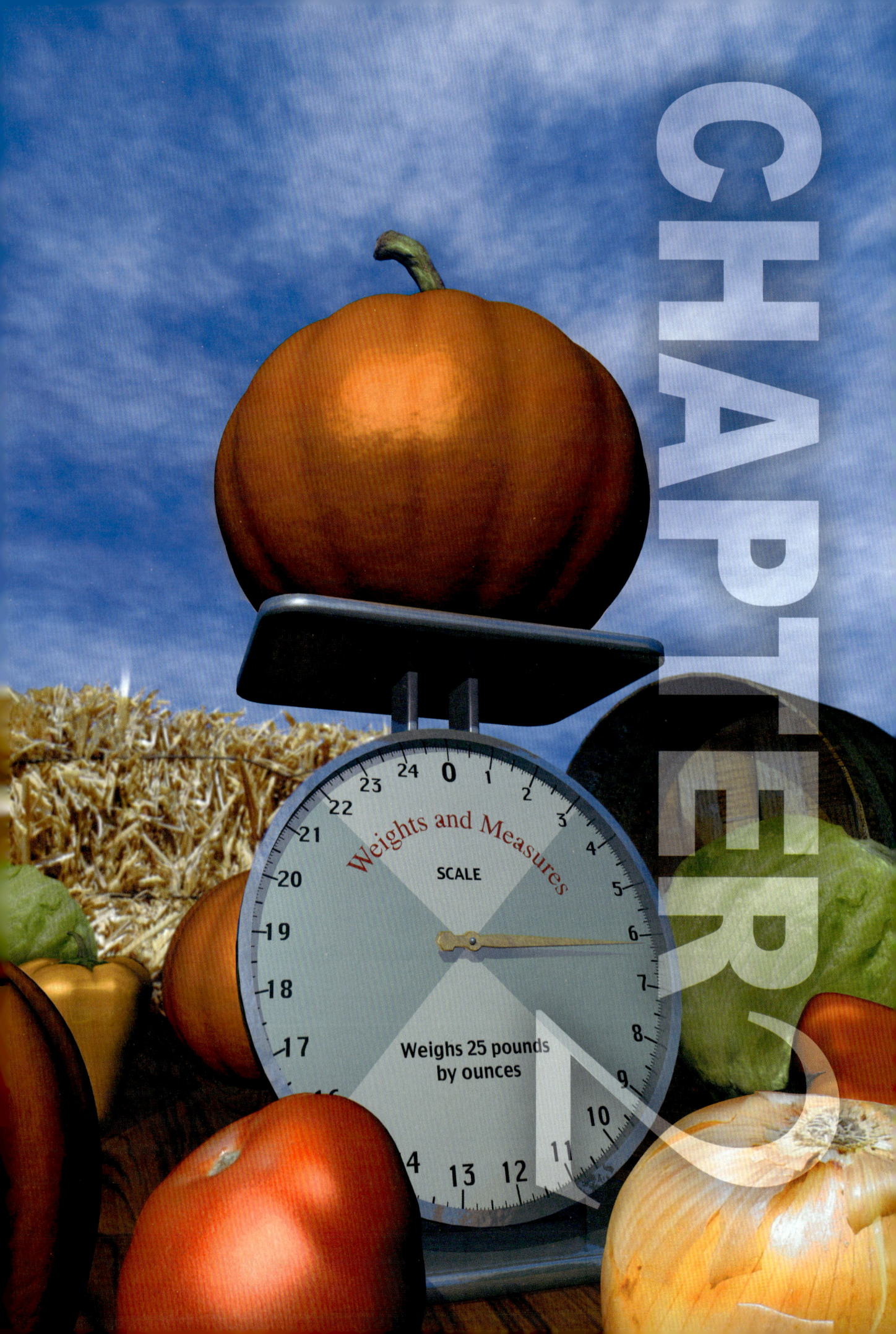

第2章
測量和問題解決

"The important thing in science is not so much to obtain new facts as to discover new ways of thinking about them."

Sir William Lawrence Bragg
(1890–1971)

在科學上，去獲得許多新事實不如發現這些事實的新思維方法來得重要。

威廉‧勞倫斯‧布拉格 男爵
（1890 － 1971）

2.1	測量全球溫度
2.2	科學記數法：寫大和小的數目
2.3	有效數字：記述數字以反映精密度
2.4	在計算過程中的有效數字
2.5	測量的基本單位
2.6	單位換算
2.7	解決多步驟的換算問題
2.8	乘方的單位
2.9	密度
2.10	數值的問題解決策略和解析圖

2.1　測量全球溫度

◀ 測量是我們的日常生活的一部分，在這張插圖裡，一個南瓜被秤重以估計價格。問題：你能夠在刻度上讀出重量嗎？

當科學家對於全球氣候變遷越來越憂心時，地球溫暖化已成為家喻戶曉的名詞。全球平均溫度影響著農業、天氣和海平面等所有一切事物，媒體已經報導全球溫度正持續增加中，這些報導是基於科學家分析分佈於全世界數千個溫度測量站之結果，該結果顯示在上個世紀全球平均溫度已經上升0.6℃。

注意那些科學家如何報導他們的結果，如果他們報導溫度增加僅0.6而沒有**單位**（unit），那將如何？結果將是不清楚的，單位在科學測量的報告和工作上是極為重要的，所以一定要把單位包含於其中。假如那些科學家將他們的結果報告多加了零（如0.60℃或0.600℃）或者以電腦計算許多測量值之結果來呈現（如0.58759824℃），這些結果都將傳送相同的訊息嗎？不見得。科學家接受表示測量值的標準方式是呈現的位數反映出測量的精密度，位數較多有較高的精密度，位數較少則精密度較低。數字的最末位通常具不確定性（uncertainty），例如上述報導溫度增加0.6℃，科學家們意指0.6±0.1℃（±表示加或減），即溫度上升可能高達0.7℃或者低至0.5℃，但不會是1.0℃。 在特定的測量裡，精密度是重要的，影響著與人們生活相關的政策決定。

2.2　科學記數法：寫大和小的數目

科學不斷地推出極大和極小的界限，例如現今我們能測量極短時間達0.000000000000001秒和測量極大距離達14,000,000,000光年（lightyears）。這些數字中的很多零在書寫上是麻煩的，因此科學家常使用**科學記數法**（scientific notation）來書寫。用科學記數法，0.000000000000001可寫成1×10^{-15}，而14,000,000,000可寫成1.4×10^{10}。以科學記數法表示的數字是由一個**小數部分**（decimal part，通常是在1和10之間的數目）以及一個**指數部分**（exponential part，以10為底的**指數，n**）。

$$1.2 \times 10^{-10} \leftarrow 指數(n)$$

小數部份　　指數部份

正的指數表示1乘以10乘了n次。

$10^0 = 1$

$10^1 = 1 \times 10$

$10^2 = 1 \times 10 \times 10 = 100$

$10^3 = 1 \times 10 \times 10 \times 10 = 1,000$

負的指數（-n）表示 1 除以 10 除了 n 次。

$10^{-1} = \dfrac{1}{10} = 0.1$

$10^{-2} = \dfrac{1}{10 \times 10} = 0.01$

$10^{-3} = \dfrac{1}{10 \times 10 \times 10} = 0.001$

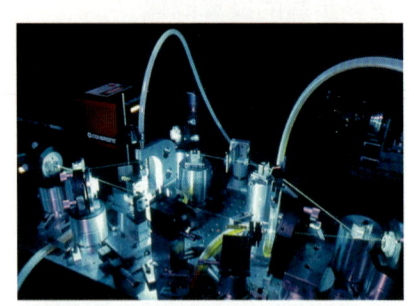

▲ 雷射可以測量極短的時間達 1×10^{-15} 秒。

要把數字轉換成科學記數，我們移動小數點以獲得1至10之間的數字，然後乘以適當之10的次方，例如，用科學記數法寫5983，我們將小數點向左方移動3個位數而得到5.983（在1 和10之間的數目），然後乘以1000以彌補移動小數點。

$5983 = 5.983 \times 1000$

因為1000是10^3，所以我們將其寫成：

$= 5.983 \times 10^3$

我們可以以一步驟來完成這個轉換，透過計算小數點移動的位數以獲得1至10之間的數字，而後寫出小數部分乘以10的小數點移動位數之次方。

$5983 = 5.983 \times 10^3$
  3 2 1

如前述之例，若小數點往左方移動，則次方為正；若小數點往右方移動，則次方為負。

$0.00034 = 3.4 \times 10^{-4}$
 1 2 3 4

2.3　有效數字：記述數字以反映精密度　　13

數字以科學記數法表示：

1. 移動小數點以獲得1至10之間的數字。
2. 由步驟1寫下結果，並乘以10的位數之次方。
   - 若小數點向左移，次方為正。
   - 若小數點向右移，次方為負。

範例 2.1　　科學計數法

2004 年美國人口估計是 293,168,000 人，以科學記數法表示這個數字。

解答：
$$293{,}168{,}000 \text{人} = 2.93168 \times 10^8 \text{人}$$

範例 2.2　　科學計數法

碳原子的半徑是大約 0.000000000070 m，以科學記數法表示這個數字。

解答：
$$0.000000000070 \text{ m} = 7.0 \times 10^{-11} \text{ m}$$

 觀念檢查站 2.1

一個灰塵斑點的半徑是 4.5×10^{-3} mm。用小數的表示法這數字可表示為：
(a) 4500 mm
(b) 0.045 mm
(c) 0.0045 mm
(d) 0.00045 mm

 ## 2.3　有效數字：記述數字以反映精密度

▲ 因為便士是整數，7便士表示 7.00000 便士，它是精確的數目，因此在計算過程中不限制有效數字。

　　如果你告訴人家你有7便士，在意思上是清楚的，便士一般是整數，7便士意思是7個整個便士，不太可能你有7.4便士。另一方面，如果你告訴人家你有一根10克的金棒，在意思上是不清楚的，金棒中黃金的實際數量取決於測量時的精密度，其次與用來測量的刻度或天平有關。正如我們剛學習的，測定量的表示反映出測量的不確定性，如果黃金測量是粗糙的，金棒可能被描述成含有「10克的黃金」，然而如果使用更精密的天平，金棒的金含量可被表示為「10.0 g」，甚至更精密的測量結果可表示為「10.00 g」。

呈現之科學數字除了最後一個是估計外，每位數字都是準確的。

14　第 2 章　測量和問題解決

▲ 10 克金條中黃金的數量取決於測量時的精密度。

例如，假設一數字為

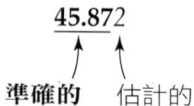

$$\underline{45.87}2$$

準確的　估計的

前4個數字是準確的，最後一位數字是估計的。

假定我們以一個每1克有一標線的天平來估量一個物體，並假定指針在1克標線和2克標線之間（▼圖2.1），但是非常接近1克標線，我們心理上將1克標線和2克標線之間分為10等分，並且估計指針大約落在1.2 g，然後我們將測量值寫為1.2克，表示1為確信的，而0.2是估計的。

每十分之一克有一標線的天平將要求我們以更多的數字來寫結果，例如，假設在更精密的天平，指針落於1.2 g標線與1.3 g標線之間（▼圖2.2），我們再次把兩條標線之間的空間分成10等分，並且估計第3位數字，對於圖中顯示者，我們表示為1.26 g。

▶ 圖 2.1 **估計十分之一克。**這個天平每 1 克有一標線，因此我們估計到十分之一的位置，為了在標記之間估計，心理上把二標線之間的空間分成 10 等分，並且估計最後一位數字，圖中讀數是 1.2 g。

▲ 圖 2.2 **估計百分之一克。**因為這個天平每 0.1 克有一標線，因此我們估計到百分之一的位置，正確的讀數是 1.26 g。

範例 2.3　　記述正確的數字

◀圖 2.3 的體重計每 1 lb 有一刻線，記述正確的讀數。

解答：
因為指針是在 147 與 148 lb 標線之間，我們心理上將兩標線和之間分為 10 等分，並估計下一位數字，這樣的話，結果應該被記為：

　　147.7 lb

如果你估計得稍微不同而寫為 147.6 lb，又如何呢？通常，最後數字一個單位的差別是可被接受的，因為最後的數字是估計的，而不同的人可能估計的稍微不同。不過，如果你寫為 147.2 lb，你將明顯地錯誤。

▲ 圖 2.3 **讀取體重計讀數。**

計算有效數字

測量值中持有非位置之數字（non-place-holding digits）稱為**有效數字**（significant figures或 significant digits），正如我們所見，其乃描述測定值的精密度。有效數字的數目越大，則測量的精密度就越大。我們能夠相當容易地判定一個數字的有效數字之多寡，然而如果數字含有零，我們必須區別是重要的零或僅是標示小數的位置。例如在0.002這個數字，前面的零僅是標示小數的位數，它們不會增加測量的精密度，而在0.00200這個數字裡，尾端的零是會增加測量的精密度。

判定一個數字的有效數字之多寡，應遵循下列規則：

1. 所有非零的數字都是有效的。

    1.05   0.0110

2. 內部的0（在兩個數字間的0）是有效的。

    4.0208   50.1

3. 尾端的零（在小數點之後的零）是有效的。

    5.10   3.00

4. 前面的零（在第一個非零數字左邊的零）不是有效的，它們只能提供小數點的確定位置。

    因此，0.0005這個數字只有1位有效數字。

5. 在數字末端但卻在小數點前面的零是含糊不清的，應該透過使用科學記數法來避免。

    例如，350有2個還是3個有效數字？將這個數字寫為3.5×10^2表示有2個有效數字，若寫成3.50×10^2則表示有3個有效數字。

精確數

精確數（exact numbers）**有無限多個有效數字**，精確數目來自於3個來源：

- 分離而不連接的物體之正確個數計算，例如3個原子表示3.00000…個原子。
- 定義的量（defined quantities），例如以公尺表示公分的數量，因為100 cm被定義為1 m，

    100 cm = 1 m   表示   100.00000… cm = 1.0000000… m

    注意某些轉換因子被定義的量並非如此。

- 方程式的一部分之整數，例如在方程式「半徑 = $\frac{直徑}{2}$」裡，數字2是精確的，因此有無限多個有效數字。

範例 2.4　　決定數字中有效數字的數目

下列各數字中有效數字有幾個？
(a) 0.0035
(b) 1.080
(c) 2371
(d) 2.97×10
(f) 1 打 = 12
(e) 100,000

解答：
(a) 0.0035　　2 個有效數字　　　　(b) 1.080　　4 個有效數字
(c) 2371　　　4 個有效數字　　　　(d) 2.97×10^5　　3 個有效數字
(e) 1 打 = 12　無限多個有效數字　　(f) 100,000　　不確定

觀念檢查站 2.2

研究人員報導精神漫遊者號最近在火星表面上測量溫度是 $-25.49\,^\circ F$，這表示實際溫度可以被假設為：
(a) 在 $-25.490\,^\circ F$ 和 $-25.499\,^\circ F$ 之間
(b) 在 $-25.48\,^\circ F$ 和 $-25.50\,^\circ F$ 之間
(c) 在 $-25.4\,^\circ F$ 和 $-25.5\,^\circ F$ 之間
(d) 正好是 $-25.49\,^\circ F$

2.4　在計算過程中的有效數字

當我們在計算過程中使用測量值時，計算的結果必須反映出測量值的精密度，我們在數學運算期間不應該減少或者增加其精密度。

乘法和除法的計算

在乘法或者除法的計算，**結果之有效數字的位數應與被計算數中具有最少有效數字者相同**。

例如：

$$5.02 \times 89.665 \times 0.10 = 45.0118 = 45$$

（3位有效數字）（5位有效數字）（2位有效數字）　　　　　　　　（2位有效數字）

其中間結果（藍色字體）四捨五入為2位有效數字，以與具有2位有效數字的被計算數（0.10）一致而反映出最低的精密度。對除法計算來說，我們遵循相同的規則。

$$5.892 \div 6.10 = 0.96590 = 0.966$$

（4位有效數字）　（3位有效數字）　　　　　　　（3位有效數字）

其中間結果（藍色字體）四捨五入為3位有效數字以與具有3位有效數字的被計算數（6.10）一致而反映出最低的精密度。

範例 2.5　在乘法和除法計算中的有效數字

進行下列計算，並表示成具有正確的有效數字。
(a) $1.01 \times 0.12 \times 53.51 \div 96$
(b) $56.55 \times 0.920 \div 34.2585$

解答：
(a) $1.01 \times 0.12 \times 53.51 \div 96 = 0.067556 = 0.068$
(b) $56.55 \times 0.920 \div 34.2585 = 1.51863 = 1.52$

加法和減法的計算

在加法和減法的計算中，**結果之小數位數應與被計算數中具有最少小數位數者相同**。

例如：

```
   5.74
   0.823
 + 2.651
   9.214 = 9.21
```

有時候在具有最少小數位數的被計算數右邊直接畫一條垂直線是有幫助的，這條線顯示答案中小數點應該的位數。

我們將中間答案四捨五入（藍色字體）而成為有2位小數位數，因為具有最少小數位數之被計算數（5.74）有2位小數位數。對減法計算來說，我們遵循相同的規則。例如：

```
    4.8
  - 3.965
    0.835 = 0.8
```

我們將中間答案四捨五入（藍色字體）而成為有1位小數位數，因為具有最少小數位數之被計算數（4.8）有1位小數位數。記得：**對乘法和除法的計算來說，具有最少的有效數字之被計算數決定答案中有效數字的位數。對加法和減來說，具有最少的小數位數之被計算數決定答案中的小數位數**。在乘法和除法，我們針對有效數字；在加法和減法，我們針對小數位數。

> **範例 2.6** 在加法和減法計算中的有效數字
>
> 進行下列計算,並表示成具有正確的有效數字。
>
> (a)　　　0.987
> 　　　+125.1
> 　　　　−1.22
>
> (b)　　　0.765
> 　　　　−3.449
> 　　　　−5.98
>
> **解答:**
>
> (a)　　　0.9̲87
> 　　　+125.1
> 　　　　−1.2̲2
> 　　　　124.8̲67 = 124.9
>
> (b)　　　0.76̲5
> 　　　　−3.44̲9
> 　　　　−5.98
> 　　　　−8.66̲4 = −8.66

🟡 包括乘法／除法和加法／減法的計算

在乘法／除法和加法／減法的計算過程中,首先做括號的部分,並確定中間答案的有效數字的位數,然後做剩下的部分。

例如:

$$3.489 \times (5.67 - 2.3)$$

首先我們做減法計算部分

$$5.67 - 2.3 = 3.37$$

我們使用減法規則確定中間答案(3.37)只有1位有效的小數位數,為了避免小錯誤,最好不要在此進行四捨五入,僅在最末位有效數字劃上底線作為提醒。

$$= 3.489 \times 3.3̲7$$

然後我們接著做乘法計算部分

$$3.489 \times 3.37 = 11.758 = 12$$

我們使用乘法規則確定中間答案(11.758)四捨五入為2位有效數字(12), 因為其被3.3̲7的2位有效數字所限制。

範例 2.7　計算過程中包括乘法／除法和加法／減法運算的有效數字

（a）$6.78 \times 5.903 \times (5.489 - 5.01)$
（b）$19.667 - (5.4 \times 0.916)$

解答：

（a）$6.78 \times 5.903 \times (5.489 - 5.01)$
　　$= 6.78 \times 5.903 \times (0.4\underline{7}90)$
　　$= 19.1707$
　　$= 19$
（b）$19.667 - (5.4 \times 0.916)$
　　$= 19.667 - (4.\underline{9}464)$
　　$= 14.7206$
　　$= 14.7$

觀念檢查站 2.3

下列計算結果何者的有效數字較多位？
（a）$3 + (15 / 12)$
（b）$(3 + 15) / 12$

2.5　測量的基本單位

　　數字本身幾乎不具有意義，讀這段句子：當我的兒子7時，他走3；當他4時，他可投擲他的棒球8，並說他的學校還有5。這段句子令人困惑，因為我們並不知道數字的意義，也就是沒有**單位**。然而當我們對數字加入單位時，意思變得清楚了：當我的兒子7個**月大**時，他走3**步**；當他4**歲**時，他可投擲他的棒球8**英呎**遠，並說離他的學校還有5**分鐘**遠。單位造成所有的一切差異。在化學裡單位是關鍵的，絕不能只單獨寫數字，必須要與單位一起使用，否則你的工作將像前面的句子一樣令人困惑。

▶ 科學使用儀器進行測量，每台儀器以特別的單位校正，若未如此，則測量將是無意義的。

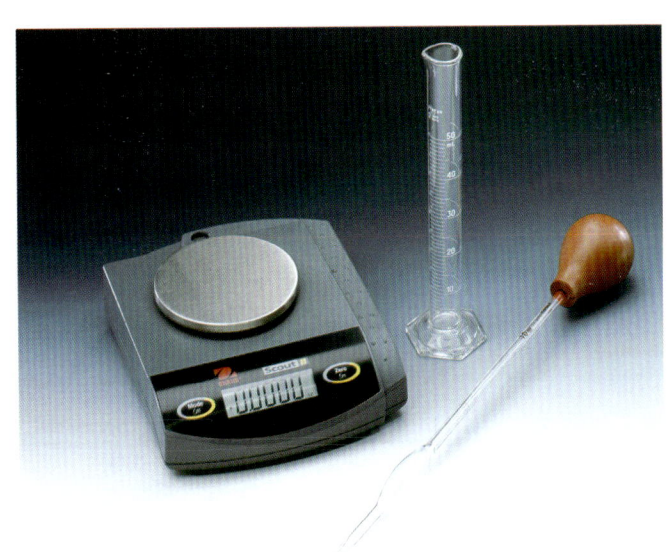

表 2.1 重要的 SI 標準單位

量	單位	符號
長度	公尺	m
質量	公斤	kg
時間	秒	s
溫度*	凱氏	K

*溫度單位在第 3 章討論。

兩個最常見的單位系統是**英制系統**（English system，在美國使用），以及**公制系統**（metric system，在世界其它大多數地方使用），英製系統使用單位如英吋（in）、碼（yd）和磅（lb），而公製使用公分（cm）、公尺（meter, m）、和公斤（kilogram, kg）。科學測量上最方便的系統是基於公製系統，其被稱為**國際系統**（International System）單位或稱**SI單位**，SI單位是整個世界的科學家同意的一套標準單位。

標準單位

SI系統的標準單位列於表2.1，它們包括以**公尺**（meter, **m**）作為長度的標準單位，以**公斤**（kilogram, **kg**）作為質量的標準單位，以及以**秒**（second, **s**）作為時間的標準單位。這些標準單位每個均被精密地定義，公尺被定義為光傳播1/299,792,458 s 所行經之距離（▼ 圖2.4）（光的速度是3.0×10^8 m/s），公斤被定義為保存在法國國際度量衡局的一塊金屬的質量（▼ 圖2.5），秒以原子鐘來定義（▼ 圖2.6）。

大多數人熟悉時間的SI標準單位，秒。不過，如果你居住在美國，你可能不是那麼熟悉公尺和公斤，公尺比碼長一些（1碼等於36英吋，而1公尺等於39.37英吋），因此，100 yd的足球場僅為91.4 m。

公斤是質量的計量單位，與重量不同。一個物體的**質量**（mass）是其所含物質的量之多寡，而一個物體的重量（weight）是其所受重力拉引的大小。因此，重量取決於重力，而質量與重力無關。例如，如果你在火星上秤自己的重量，由於火星的引力比地

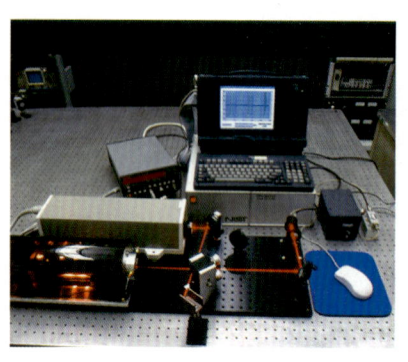

▲ 圖 2.4 **長度的標準**。1983 年，國際上一致同意，定義一公尺為光在真空中傳播 1/299,792,458 s 所行經的距離。**問題：** 你能夠想像為什麼像這樣精密的標準是必要的嗎？

▲ 圖 2.5 **質量的標準**。稱為「公斤 20」的國際標準公斤之複製品，被存放在華盛頓特區附近的國家標準與技術局。

▲ 圖 2.6 **時間的標準**。使用原子鐘，定義秒為銫-133 原子內特定的躍遷所發出的輻射波每振動 9,192,631,770 次所需的時間。

2.5 測量的基本單位

球的引力小，導致秤得較小的重量。在地球上150磅的人在火星上重量為57磅，然而人的質量是維持相同的。在地球上質量1公斤等於2.205磅的重量，因此如果我們用公斤來表示質量，150磅的人在地球上有大約68公斤的質量。質量的第二常用單位是克（g），定義如下：

$$1000 \text{ g} = 10^3 \text{ g} = 1 \text{ kg}$$

一個五分鎳幣（5¢）的質量約為5 g。

▲ 一個五分鎳幣的質量約為 5 g。

表 2.2 SI 字首乘數

字首	符號	乘數	
兆（tero-）	T	1,000,000,000,000	（10^{12}）
十億（giga-）	G	1,000,000,000	（10^9）
百萬（mega-）	M	1,000,000	（10^6）
仟（kilo-）	k	1,000	（10^3）
分（deci-）	d	0.1	（10^{-1}）
厘（centi-）	c	0.01	（10^{-2}）
毫（milli-）	m	0.001	（10^{-3}）
微（micro-）	μ	0.000001	（10^{-6}）
奈（nano-）	n	0.000000001	（10^{-9}）
皮（pico-）	p	0.000000000001	（10^{-12}）
飛（femto-）	f	0.000000000000001	（10^{-15}）

🌕 字首乘數

SI系統以標準單位使用**字首乘數**（prefix multipliers）（表2.2），這些乘數藉由10的乘方改變單位的值，例如，公里（仟米，kilometer, km）有字首千（**kilo-**），為1000的意思，因此：

$$1 \text{ km} = 1000 \text{ m} = 10^3 \text{ m}$$

與此類似，毫秒（millisecond, ms）有字首毫（**milli-**），為0.001或10^{-3}的意思。

$$1 \text{ ms} = 0.001 \text{ s} = 10^{-3} \text{ s}$$

字首乘數允許我們在表示測量值時，在單位的選擇上有較寬廣的範圍，而選擇的單位大小應該要與我們要測量的量相近。對特定的測量，字首乘數的選擇是相當方便的，例如，測量一個油炸圈餅的大小將使用公分（厘米，centimeters, cm），因為油炸圈餅的直徑大約8 cm。公分是常見的公制單位，它大約相當於你小指的寬度（2.54 cm = 1 in）。你也可以選擇公寸（分米，decimeter, dm）來表示油炸圈餅的直徑，其值為0.8 dm，但是你不應該選擇公里作為該直徑的單位而表示為0.00008 km，應該選擇大小與你要測量的量相近的（或者較小的）單位。考慮表示大約1.2×10^{-10} m的化學鍵（chemical bond）之長度，你應該使用那一個字首乘數？最方便的或許是皮米（picometer, pico = 10^{-12}），則化學鍵長度約為120 pm。

▲ 油炸圈餅的直徑大約 8 cm。問題：為什麼你不以公尺作為測量單位？

表 2.3 一些常見的單位與它們的等值關係

長度
1 公里（km） = 0.6214 英哩（mi）
1 公尺（m） = 39.37 英吋（in.）
             = 1.094 碼（yd）
1 英呎（ft） = 30.48 公分（cm）
1 英吋（in.） = 2.54 公分（cm）
             （精確的）

質量
1 公斤（kg） = 2.205 磅（lb）
1 磅（lb） = 453.59 克（g）
1 盎司（oz） = 28.35 克（g）

體積
1 公升（L） = 1000 毫升（mL）
           = 1000 立方公分（cm³）
1 公升（L） = 1.057 夸脫（qt）
1 美制加侖（gal） = 3.785 公升（L）

衍生單位

衍生單位是由其他單位形成，一般的衍生單位包括那些**體積**（volume），為了空間的測量。任何長度單位，當立方（3次方）時就成為體積的單位，因此，立方公尺（m^3）、立方公分（cm^3）和立方毫米（mm^3）全部都是體積的單位。以這些單位，一幢三房的房子約有630 m^3的體積，一罐蘇打汽水約有350 cm^3的體積，一粒稻米約有3 mm^3的體積。我們也使用**公升**（liter, **L**）和毫升（mL）來表示體積，1加侖等於3.785 L，1毫升相當於1 cm^3。表2.3列舉一些常見的單位和它們的等值關係。

> **觀念檢查站 2.4**
> 為了表示小兒麻痺症病毒的大小，它的直徑大約為 2.8×10^{-8} m，最方便的單位可能是：
> (a) Mm (b) mm
> (c) μm (d) nm

2.6 單位換算

單位在計算過程中是具關鍵性的，知道如何在計算過程中熟練地運用單位是你在本課程中將要學習的最重要技能之一。在計算過程中，單位幫助確認正確性，計算時單位應該一直被納入計算過程，我們將思考很多單位換算的計算。單位的相乘、相除及消去，就如同其他代數量的計算一樣。

記住：

1. 寫數字時總是要與單位一起寫，決不可忽視單位，它們是具關鍵性的。
2. 在你的計算過程中總是要包含單位，相乘及相除時將它們視為代數量，在計算過程中不要讓單位無緣無故的出現或消失，自始至終單位的轉換必須合乎邏輯。

將17.6 in. 轉換為公分，我們從表2.3知道1 in. = 2.54 cm，17.6 in.是多少公分？我們如下進行轉換：

$$17.6 \text{ in.} \times \frac{2.54 \text{ cm}}{1 \text{ in.}} = 44.7 \text{ cm}$$

單位 in. 消去，左邊最後僅剩單位 cm，在 in. 與 cm 之間的量 $\frac{2.54 \text{ cm}}{1 \text{ in}}$ 是一個**轉換因子**（conversion factor），它是一個 cm 在上而 in. 在下的分數。

2.6 單位換算

對大多數的轉換問題來說，我們被提供一已知單位的量，而被要求將此量轉換成另一個單位。這些計算採用下列形式：

給予的資料 × 轉換因子 = 尋求的資料

轉換因子是由兩個已知的等值量所建構，在我們的例子裡，2.54 cm = 1 in.，因此我們藉由等式兩邊除以1 in. 以建構轉換因子並消去該單位。

$$2.54 \text{ cm} = 1 \text{ in.}$$

$$\frac{2.54 \text{ cm}}{1 \text{ in.}} = \frac{1 \text{ in.}}{1 \text{ in.}}$$

$$\frac{2.54 \text{ cm}}{1 \text{ in.}} = 1$$

$\frac{2.54 \text{ cm}}{1 \text{ in.}}$ 等於1，可以用來在英吋和公分之間作轉換。假設我們想要執行反向的轉換，亦即從公分到英吋，若我們嘗試使用相同的轉換因子，則單位不會正確地消去。

$$44.7 \text{ cm} \times \frac{2.54 \text{ cm}}{1 \text{ in.}} = \frac{114 \text{ cm}^2}{\text{in.}}$$

此答案的單位和數值是錯誤的。在解決問題的過程中，總是要看最後的單位是否是正確的，以及看答案的量值是否有意義。本例中，我們的錯誤在於我們如何使用轉換因子，它必須被倒置才對。

$$44.7 \text{ cm} \times \frac{1 \text{ in.}}{2.54 \text{ cm}} = 17.6 \text{ in.}$$

轉換因子可以被倒置，因為它們等於1，而1的倒數還是1。

$$\frac{1}{1} = 1$$

因此，

$$\frac{2.54 \text{ cm}}{1 \text{ in.}} = 1 = \frac{1 \text{ in.}}{2.54 \text{ cm}}$$

本書中，我們利用**解析圖**（solution map）圖示前例之單位換算，解析圖是顯示解決問題之策略路線的具體綱要，對單位換算來說，解析圖集中於如何從某個單位轉變成另一個單位，從英吋轉變成公分的解析圖是：

in. → cm

$$\frac{2.54 \text{ cm}}{1 \text{ in.}}$$

24 第 2 章 測量和問題解決

從公分轉變成英吋的解析圖是：

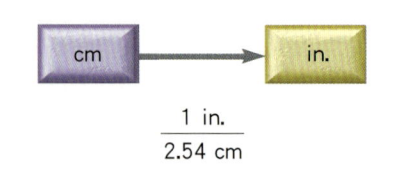

cm ⟶ in.

$$\frac{1 \text{ in.}}{2.54 \text{ cm}}$$

解析圖中每個箭號與一個轉換因子組合，該轉換因子以前一步的單位為分母並以後一步的單位為分子。對於這些只有一個步驟的問題，解析圖僅有適度的幫助，但是對於多步驟的問題，它就發展為解決問題之策略極有用的方法。利用解析圖解決單位換算的程序列於下列的左欄，中間和右邊的欄位示範如何使用該程序。

解決單位換算之問題	範例 2.8　單位換算	範例 2.9　單位換算
	將 7.8 km 轉換為英哩	將 0.825 m 轉換為毫米
1. 寫下已知的量和它的單位。	已知：7.8 km	已知：0.825 m
2. 寫下你要**求得**的量和它的單位。	試求：mi	試求：mm
3. 寫下適當的**轉換因子**，其中一些將會在問題中提供，其它你可以在課文的表格裡找到。	轉換因子： 　　1 km = 0.6214 mi（來自表2.3）	轉換因子： 　　1 mm = 10^{-3} m（來自表2.2）
4. 對問題寫出**解析圖**，從**已知**的量開始，並且在每個換算步驟劃一箭號，在每個箭號下面寫下該步驟適當的轉換因子。針對單位，解析圖應該在要求得的量上結束。	解析圖： km ⟶ mi $\dfrac{0.6214 \text{ mi}}{1 \text{ km}}$ 轉換因子中，轉換**前**的單位（km）在分母，轉換**後**的單位在分子（mi）。	解析圖： m ⟶ mm $\dfrac{1 \text{ mm}}{10^{-3} \text{ m}}$ 轉換因子中，轉換**前**的單位（m）在分母，轉換**後**的單位在分子（mm）。
5. 遵循解析圖去解決問題，從已知的量和它的單位開始，乘以適當的轉換因子，消去單位，到達希望**求得**的量。	解答： $7.8 \text{ km} \times \dfrac{0.6214 \text{ mi}}{1 \text{ km}} = 4.84692 \text{ mi}$	解答： $0.825 \text{ m} \times \dfrac{1 \text{ mm}}{10^{-3} \text{ m}} = 825 \text{ mm}$
6. 對答案四捨五入至正確的有效數字的位數，遵循在第 2.3 和 2.4 小節的有效數字規則，記住在你的答案中精確的轉換因子不可限制其有效數字的位數。	4.84692 mi = 4.8 mi 因為已知量有二位有效數字，所以我們四捨五入至二位有效數字。（如果可能的話，要對轉換因子獲得足夠的有效數字，以便它們不會在答案方面限制有效數字的位數）	825 mm = 825 mm 因為已知量有三位有效數字，所以我們對答案留下三位有效數字；且轉換因子是一個定義，因此不在答案方面限制有效數字的位數。
7. 檢查你的答案，查明單位是正確的，答案的量值是有物理意義的。	單位 mi 是正確的，答案的量值是合理的，一英哩比一公里長，因此以英哩表示的值應該比用公里表示的值小。	單位 mm 是正確的，量值是合理的，一毫米比一公尺短，因此用毫米表示的值應該比用公尺表示的值大。

2.7 解決多步驟的換算問題

> **✓ 觀念檢查站 2.5**
> 如果你需要把公尺的距離轉換成公里,你將使用哪一個轉換因子?
> (a) $1 \text{ m}/10^3 \text{ km}$ (b) $10^3 \text{ m}/1 \text{ km}$
> (c) $1 \text{ km}/10^3 \text{ m}$ (d) $10^3 \text{ km}/1 \text{ m}$

當解決多步驟換算問題時,我們遵循先前的程序,但僅對解析圖添加更多的步驟,在解析圖中每個步驟必須有一個轉換因子,該轉換因子以前一步的單位為分母並以後一步的單位為分子。例如,假定我們想要把194 cm轉化成英呎,我們以前述的綱要來建立此問題。

已知: 194 cm

試求: ft

轉換因子:

  2.54 cm = 1 in.

  12 in. = 1 ft

現在我們可以建立我們的解析圖,我們從已知量開始並針對單位,我們使用第一個轉換因子把公分轉換成英吋,接著把英吋轉換成英呎。

解析圖:

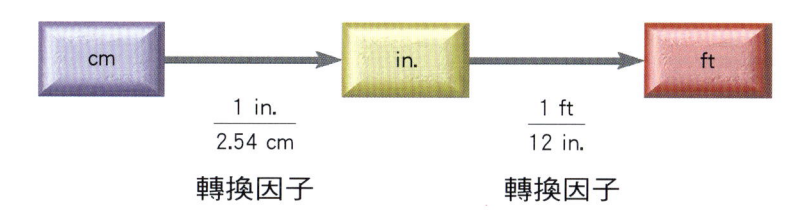

cm → in. → ft

   $\dfrac{1 \text{ in.}}{2.54 \text{ cm}}$ $\dfrac{1 \text{ ft}}{12 \text{ in.}}$

   轉換因子   轉換因子

一旦解析圖完成,我們遵循它來解決問題。

解答:

$$194 \text{ cm} \times \frac{1 \text{ in.}}{2.54 \text{ cm}} \times \frac{1 \text{ ft}}{12 \text{ in.}} = 6.3648 \text{ ft}$$

然後我們四捨五入至正確的有效數字的位數——本例中為3(194 cm有3位有效數字)。

  6.3648 ft = 6.36 ft

最後,我們檢查答案,答案的單位ft是正確的,且其量值似乎恰當,因為1英呎比1公分大,以英呎為單位的數值比用公分為單位的數值小是合理的。

第 2 章 測量和問題解決

範例 2.10　解決多步驟的換算問題

一義大利食譜要製作含奶油的義大利麵食醬需要奶油 0.75 L，你的量杯只能以杯數測量，你應該使用多少杯奶油？
4 杯 = 1 夸脫（qt）

1.	寫下已知的量和它的單位。	已知：0.75 L
2.	寫下你要**求得**的量和它的單位。	試求：杯數
3.	寫下適當的**轉換因子**，第二個轉換因子來自表 2.3。 注意：此刻如果你沒有所有需要的轉換因子也沒關係，因為當你在解決問題的過程，你將會找到你需要的。	轉換因子： 4 杯 = 1 qt 1.057 qt = 1 L
4.	針對問題寫出**解析圖**，針對單位，尋找適當的轉換因子，該轉換因子以前一步的單位為分母並以後一步的單位為分子。	解析圖： L → qt → 杯數 $\dfrac{1.057 \text{ qt}}{1 \text{ L}}$　$\dfrac{4 \text{ 杯}}{1 \text{ qt}}$
5.	遵循解析圖去解決問題，從已知的量和它的單位開始，乘以適當的轉換因子，消去單位，到達希望求得的量。	解答： $0.75 \text{ L} \times \dfrac{1.057 \text{ qt}}{1 \text{ L}} \times \dfrac{4 \text{ 杯}}{1 \text{ qt}} = 3.171$ 杯
6.	對最後的答案四捨五入至 2 位有效數字，因為已知量有 2 位有效數字。	3.171 杯 = 3.2 杯
7.	檢查你的答案，答案有正確的單位（杯），且似乎是合理的。我們知道一杯比一公升小，因此以杯數為單位的量值應該比用公升的量值大。	

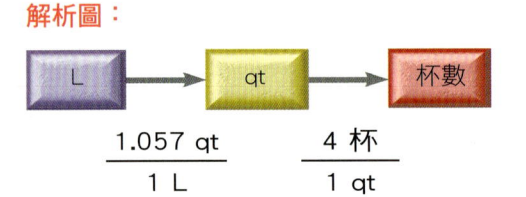

範例 2.11　解決多步驟的換算問題

一跑道每圈 255 公尺，要跑 10.0 公里，你應該跑多少圈？

已知：10.0 km

試求：圈數

注意每圈 255 公尺是公尺和圈數之間的轉換因子。

轉換因子：1 圈 = 255 m
　　　　　1 km = 10^3 m

解析圖：

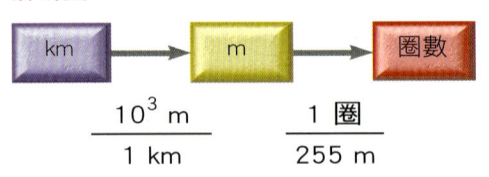

km → m → 圈數

$\dfrac{10^3 \text{ m}}{1 \text{ km}}$　$\dfrac{1 \text{ 圈}}{255 \text{ m}}$

中間答案（藍色字體）四捨五入為 3 位有效數字，因為它被已知量 10.0 km 的 3 位有效數字所限制。

解答：

$10.0 \text{ km} \times \dfrac{10^3 \text{ m}}{1 \text{ km}} \times \dfrac{1 \text{ 圈}}{255 \text{ m}} = 39.216$ 圈 = 39.2 圈

答案的單位是正確的，且答案的數值是有意義的。如果一圈是 255 m，則每公里（1000 m）約有 4 圈，因此你必須跑大約 40 圈才有 10 km。

2.8 乘方的單位

當換算的量含有乘方的單位時，例如立方公分（cm^3），轉換因子也必須自乘相同的次方。例如，假定我們想要將一台機車引擎大小為 1255 cm^3 換算為立方英吋時，我們知道

$$2.54 \text{ cm} = 1 \text{ in.}$$

大多數轉換因子的表格並不包括立方單位之間的轉換，但是我們能由基本單位的轉換因子導出它們的關係，我們將上列等式兩邊取立方來得到適當的轉換因子。

$$(2.54 \text{ cm})^3 = (1 \text{ in.})^3$$
$$(2.54)^3 \text{ cm}^3 = 1^3 \text{ in.}^3$$
$$16.387 \text{ cm}^3 = 1 \text{ in.}^3$$

我們可以分數的形式做相同的轉換：

$$\frac{1 \text{ in.}}{2.54 \text{ cm}} = \frac{(1 \text{ in.})^3}{(2.54 \text{ cm})^3} = \frac{1 \text{ in.}^3}{16.387 \text{ cm}^3}$$

然後我們按正常方式繼續轉換：

解析圖：

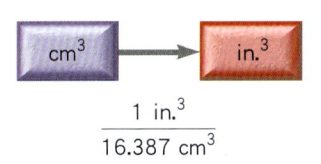

$$cm^3 \longrightarrow in.^3$$

$$\frac{1 \text{ in.}^3}{16.387 \text{ cm}^3}$$

解答： $1255 \text{ cm}^3 \times \dfrac{1 \text{ in.}^3}{16.387 \text{ cm}^3} = 76.5851 \text{ in.}^3 = 76.59 \text{ in.}^3$

範例 2.12　換算的量含有乘方的單位

一圓之面積為 2,659 cm^2，該面積相當於若干平方公尺？

按標準方式建立問題。	**已知**：2,659 cm^2 **試求**：m^2 **轉換因子**：1 cm = 0.01 m
由 cm^2 至 m^2 畫解析圖，注意你必須將轉換因子平方。	**解析圖：** $cm^2 \longrightarrow m^2$ $\dfrac{(0.01 \text{ m})^2}{(1 \text{ cm})^2}$
遵循解析圖解答問題，將答案四捨五入至 4 位有效數字，以反映已知量的 4 位有效數字。轉換因子是精確的，因此不會限制有效數字的位數。	**解答：** $2{,}659 \text{ cm}^2 \times \dfrac{(0.01 \text{ m})^2}{(1 \text{ cm})^2} = 2{,}659 \text{ cm}^2 \times \dfrac{10^{-4} \text{ m}^2}{1 \text{ cm}^2}$ $= 0.265900 \text{ m}^2 = 0.2659 \text{ m}^2$

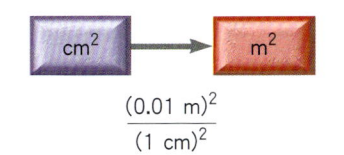

答案的單位是正確的，且其量值具有物理意義。1 平方公尺比 1 平方公分大得多，因此用平方公尺表示的數值應該比用平方公分的數值小得多。

範例 2.13　解決含有乘方單位的多步驟問題

美國平均每人一年的油消耗量為 15,615 dm³，相當於多少立方英吋？

轉換因子可由表 2.2 和 2.3 獲得。

已知：15,615 dm³

試求：in.³

轉換因子：
1 dm = 0.1 m
1 cm = 0.01 m
2.54 cm = 1 in.

解析圖：

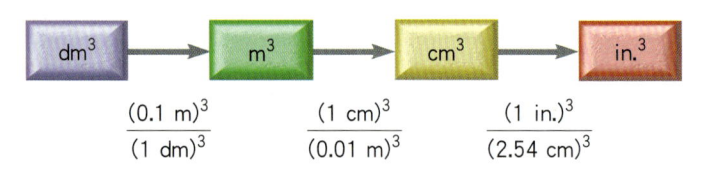

dm³ → m³ → cm³ → in.³

$\dfrac{(0.1\ m)^3}{(1\ dm)^3}$　$\dfrac{(1\ cm)^3}{(0.01\ m)^3}$　$\dfrac{(1\ in.)^3}{(2.54\ cm)^3}$

將答案四捨五入至5位有效數字，以反映已知量的5位有效數字（15,615 dm³）。轉換因子全部是精確的，因此不限制有效數字的位數。

解答：

$$15{,}615\ dm^3 \times \dfrac{(0.1\ m)^3}{(1\ dm)^3} \times \dfrac{(1\ cm)^3}{(0.01\ m)^3} \times \dfrac{(1\ in.)^3}{(2.54\ cm)^3}$$

$$= 9.5289 \times 10^5\ in.^3$$

答案的單位是正確的，且其量值是有意義的。1 立方英吋比 1 立方公寸小，因此用立方英吋表示的數值應該比用立方公寸表示的數值大。

✓ 觀念檢查站 2.6

你知道在 1 碼等於 3 英呎，則 1 立方碼有多少立方英呎？
(a) 3　　(b) 6
(c) 9　　(d) 27

2.9　密度

為什麼有些人願付超過3000美元買一輛由鈦製造的腳踏車？而鋼製的腳踏車強度相同卻僅需花部分價格即可。其差別當然在於質量，如果金屬的體積一樣，鈦有較少的質量，因此比鋼製腳踏車輕。而我們就說鈦比鋼的**密度較少**來描述。一物質的**密度**（density）是它的質量和它的體積的比值。

▲ 頂級腳踏車的骨架是由鈦製造的，因為它具有低密度和高強度的特性。鈦的密度為 4.50 g/cm³，而鐵的密度為 7.86 g/cm³。

$$\text{密度} = \dfrac{\text{質量}}{\text{體積}} \quad \text{或} \quad d = \dfrac{m}{V}$$

密度是物質的基本特性，不同的物質其密度不同。密度的單位是質量除以體積，最方便的表示為g/cm³或g/mL，表2.4列出一些常見物質的密度。鋁是密度最小的金屬之一，其密度為2.7 g/cm³；而

表 2.4 一些常見物質的密度

物質	密度 （g/cm³）
水	1.0
冰	0.92
乙醇	0.789
鉛	11.4
銅	8.96
金	19.3
鋁	2.7
鉑	21.4
鐵	7.86
鈦	4.50
木炭、橡木	0.57
玻璃	2.6

鉑是密度最大的金屬之一，其密度為 21.4 g/cm³；鈦的密度為 4.50 g/cm³。

密度的計算

物質的密度藉由物質本身的質量除以它的體積來計算，例如，某液體有 22.5 mL 的體積和 27.2 克的質量，我們使用上面的方程式來計算它的密度。

$$d = \frac{m}{V} = \frac{27.2 \text{ g}}{22.5 \text{ mL}} = 1.21 \text{ g/mL}$$

我們可以使用解析圖來解決含有方程式的問題，但是與純換算問題相較，在形式上有些不同。其解析圖顯示**方程式**如何把你從**已知**量帶到**尋求**量。對於此問題的解析圖為：

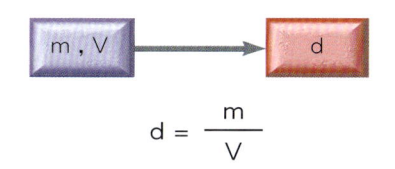

m , V → d

$$d = \frac{m}{V}$$

解析圖顯示 m 和 V 的值被代入方程式 $d = \frac{m}{V}$ 時就會獲致要求的結果 d。

範例 2.14　密度的計算

一個珠寶商出售一枚戒指給一名婦女，告訴她戒指是由鉑做的。婦女注意到這枚戒指僅有些許光澤，決定進行一項試驗以確定戒指的密度，她將這枚戒指放在天平上以秤出它的質量為 5.84 克，然後她求得這枚戒指**排開** 0.556 cm³ 的水，則這枚戒指是由鉑做成的嗎？鉑的密度是 21.4 g/cm³（排水法是測量不規則形狀物體的體積的常用方法，物體**排開** 0.556 cm³ 的水意指當物體沒入裝滿水的容器中時，0.556 cm³ 的水被溢出，因此物體的體積是 0.556 cm³）。

如果這枚戒指是鉑，它的密度應該與鉑的密度相同。

已知：
m = 5.84 g
V = 0.556 cm³

試求：d (g/cm³)

方程式：
$$d = \frac{m}{V}$$

解析圖：

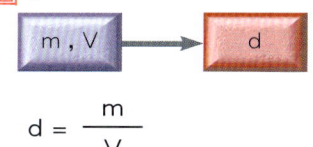

m , V → d

$$d = \frac{m}{V}$$

這枚戒指的密度實在明顯低於鉑，因此這枚戒指是一件贗品。

解答：
$$d = \frac{m}{V} = \frac{5.84 \text{ g}}{0.556 \text{ cm}^3} = 10.5 \text{ g/cm}^3$$

密度作為轉換因子

密度也能被認為是在質量和體積之間的一個轉換因子，我們可能知道一個物體的質量並且想要計算它的體積亦或反之。例如，假定我們需要密度1.32 g/cm³的某種液體68.4 g，且只有量筒可測量它的體積，我們應該量取多少體積？我們可以依標準轉換問題的方式那樣來建立這個問題。

已知：68.4 g

試求：體積（mL）

轉換因子：

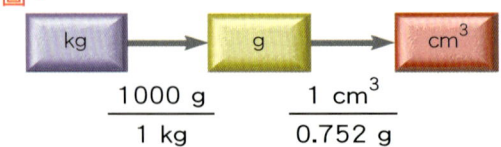

$$1.32 \text{ g/cm}^3$$
$$1 \text{ cm}^3 = 1 \text{ mL}$$

密度是質量和體積之間的轉換因子，為了從g轉換成mL，我們需要倒置密度，因為我們希望轉換前的單位（g）為分母，且轉換後的單位（cm³）為分子。我們的解析圖是：

解析圖：

$$g \rightarrow cm^3 \rightarrow mL$$

$$\frac{1 \text{ cm}^3}{1.32 \text{ g}} \quad \frac{1 \text{ mL}}{1 \text{ cm}^3}$$

解答：

$$68.4 \text{ g} \times \frac{1 \text{ cm}^3}{1.32 \text{ g}} \times \frac{1 \text{ mL}}{1 \text{ cm}^3} = 51.8 \text{ mL}$$

我們必須量取51.8 mL以得到68.4 g的液體。

範例 2.15　密度作為轉換因子

在一個汽車油箱裡的汽油質量為60.0 kg、密度為0.752 g/cm³，它的體積是若干 cm³？

已知：60.0 kg

試求：體積（cm³）

轉換因子：
$$0.752 \text{ g/cm}^3$$
$$1000 \text{ g} = 1 \text{ kg}$$

解析圖：

$$kg \rightarrow g \rightarrow cm^3$$

$$\frac{1000 \text{ g}}{1 \text{ kg}} \quad \frac{1 \text{ cm}^3}{0.752 \text{ g}}$$

解答：

$$60.0 \text{ kg} \times \frac{1000 \text{ g}}{1 \text{ kg}} \times \frac{1 \text{ cm}^3}{0.752 \text{ g}} = 7.98 \times 10^4 \text{ cm}^3$$

2.10 數值的問題解決策略和解析圖

在本章裡,你已經看見如何解決數值問題的一些例子,解決數值問題的能力是你在這門課程的學習上最為重要的事情之一,當你一見到問題時,你應該做什麼?有些學生會愣住了。為了避免這種情形發生,我們發展一個策略以解決問題。在2.6節我們發展一個策略或一個程序以解決簡單的單位換算問題,然後我們調整該程序以進行多步驟的單位換算問題及含有方程式的相關問題。現在我們將總結這些程序並歸納我們的策略以應用於本書中所遭遇到的大多數之數值問題,如同我們在2.6節所做的,在下列的左欄裡我們提供一般的程序以用於解決數值問題,中間和右邊的欄位顯示應用這個程序的兩個例子。

解決數值的問題

1. 寫下**已知**量和它的單位。
2. 寫下要**尋求**的量和它的單位。
3. 寫下適當的**轉換因子**和/或方程式。
4. 對問題畫出**解析圖**。
   - 對只與**換算**有關的問題,則針對單位。
   - 對與**方程式**有關的問題,就針對方程式。
5. 遵循解析圖去解決問題。

範例 2.16 單位換算

一個大規模反應需要 23.5 kg 的酒精樣品,應該使用多少公升的酒精?酒精的密度是 0.789 g/cm³。

已知:23.5 kg 酒精

試求:體積(L)

轉換因子:
0.789 g/cm³
1000 g = 1 kg
1000 mL = 1 L
1 mL = 1 cm³

解析圖:

kg → g → cm³ → mL → L

$\frac{1000\ g}{1\ kg}$　$\frac{1\ cm^3}{0.789\ g}$　$\frac{1\ mL}{1\ cm^3}$　$\frac{1\ L}{1000\ mL}$

解答:

$$23.5\ kg \times \frac{1000\ g}{1\ kg} \times \frac{1\ cm^3}{0.789\ g}$$
$$\times \frac{1\ mL}{1\ cm^3} \times \frac{1\ L}{1000\ mL}$$
$$= 29.7845\ L$$

範例 2.17 有方程式的單位換算

一個 55.9 kg 的人被沒入水槽中,排開 57.2 L 的水,則此人的密度為若干 g/cm³?

已知:m = 55.9 kg
V = 57.2 L

試求:密度(g/cm³)

轉換因子:
1000 g = 1 kg
1000 mL = 1 L
1 cm³ = 1 mL

$d = \frac{m}{V}$

解析圖:

m, V → d

$d = \frac{m}{V}$

解答:

$d = \frac{m}{V}$

將kg轉換為g:

$m = 55.9\ kg \times \frac{1000\ g}{1\ kg}$
$= 55.9 \times 10^3\ g$

將L轉換為cm³:

$57.2\ L \times \frac{1000\ mL}{1\ L} \times \frac{1\ cm^3}{1\ mL}$
$= 57.2 \times 10^3\ cm^3$

計算密度:

$d = \frac{m}{V} = \frac{55.9 \times 10^3\ g}{57.2 \times 10^3\ cm^3}$
$= 0.9772727\ g/cm^3$

6. 將答案四捨五入至正確的有效位數。	29.7845 L = 29.8 L	0.9772727 g/cm³ = 0.977 g/cm³
7. 檢查答案的量值和單位的正確性。	單位是正確的（L），且大小是合理的，因為密度小於 1 g/cm³，計算出的體積（29.8 L）應該是比質量（23.5 kg）大。	單位是正確的，因為質量用 kg 為單位而體積用 L 為單位時，彼此大小非常接近；密度接近於 1 g/cm³ 是有意義的。

習題

問答題

1. 長度、質量和時間的基本 SI 單位是什麼？

2. 畫出將一測量值由克轉換至磅之解析圖。

練習題

3. 完成下表：

小數記數法	科學記數法
2,000,000,000	————
————	1.21×10^9
0.000874	————
————	3.2×10^{11}

4. 讀取下列各項數值至正確的有效位數，實驗室玻璃器皿應該是由新月形的底部讀取。

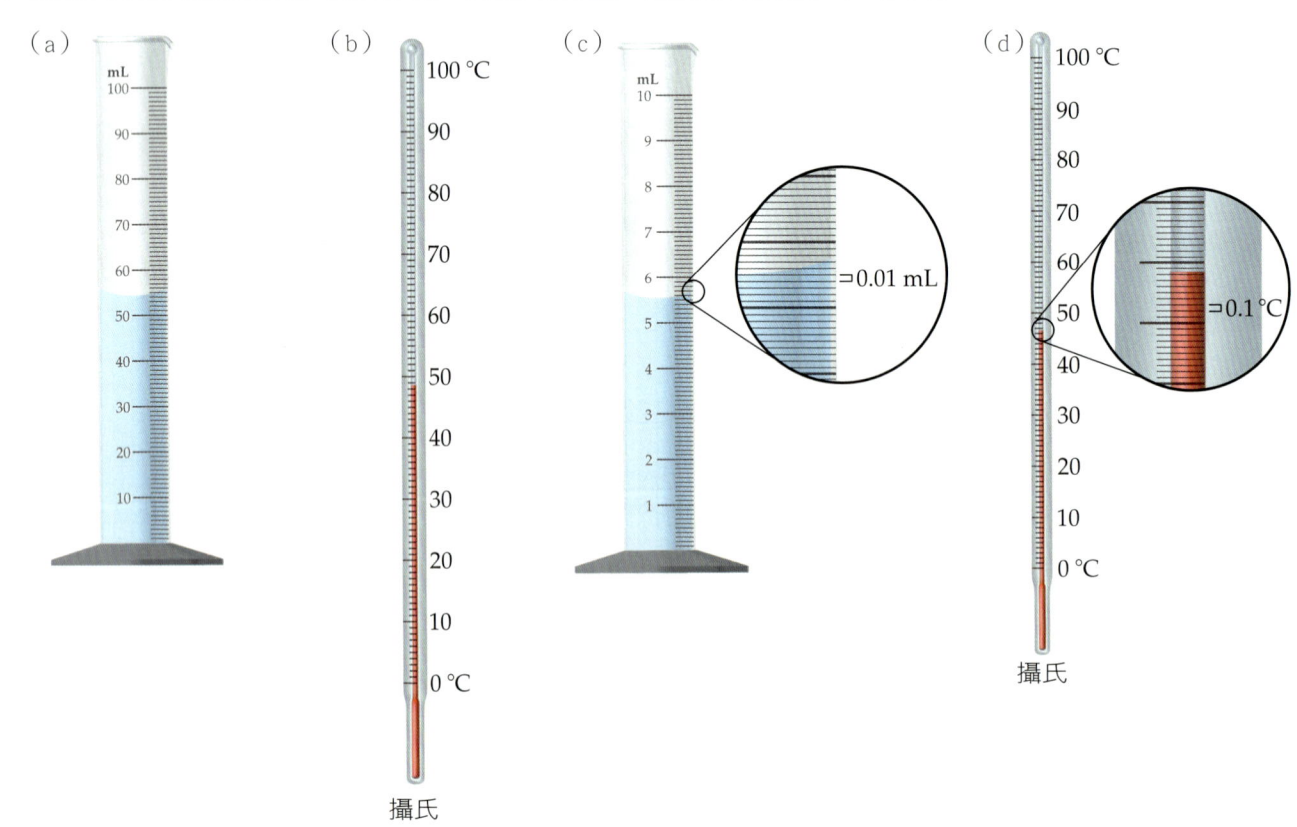

(a) 量筒 mL

(b) 溫度計 攝氏

(c) 量筒 mL ⊃0.01 mL

(d) 溫度計 攝氏 ⊃0.1 °C

5. 下列各項測量值有幾位有效位數？
   (a) 0.001125 m
   (b) 0.1125 m
   (c) 1.12500×10^4 m
   (d) 11205 m

6. 下列各數顯示於電算機上，對每一個數字四捨五入至 4 位有效數字。
   (a) 342.985318
   (b) 0.009650901
   (c) $3.52569241 \times 10^{-8}$
   (d) 1,127,436,092

7. 進行下列計算並且將答案表示為正確的有效位數。
   (a) $4.5 \times 0.03060 \times 0.391$
   (b) $5.55 \div 8.97$
   (c) $7.890 \times 10^{12} \div 6.7 \times 10^4$
   (d) $67.8 \times 9.8 \div 100.04$

8. 確定下列各項計算是否被進行到正確的有效位數，若否，改正它。
   (a) $(78.56 - 9.44) \times 45.6 = 3152$
   (b) $(8.9 \times 10^5 \div 2.348 \times 10^2) + 121 = 3.9 \times 10^3$
   (c) $(45.8 \div 3.2) - 12.3 = 2$
   (d) $(4.5 \times 10^3 - 1.53 \times 10^3) \div 34.5 = 86$

9. 在公制系統內進行下列單位轉換。
   (a) 2.14 kg 轉換成克
   (b) 6172 mm 轉換成公尺
   (c) 1316 mg 轉換成公斤
   (d) 0.0256 L 轉換成毫升

10. 在英制與公制系統之間進行下列單位轉換。
    (a) 22.5 in. 轉換成公分
    (b) 126 ft 轉換成公尺
    (c) 825 yd 轉換成公里
    (d) 2.4 in. 轉換成毫米

11. 一位賽跑者想要跑 10.0 km，她知道她跑步的速度是 7.5 mi/h，她必須跑多少分鐘？提示：使用 7.5 mi/h 作為距離和時間之間的轉換因子。

12. 某一食譜需要 5.0 qt 的牛奶，相當於多少立方公分？

13. 一所大小適度的房子有 215 m^2 的面積，該面積用下列單位表示時為若干？
    (a) km^2 (b) dm^2 (c) cm^2

14. 美國農田佔地總面積 954 億英畝，相當於多少平方英哩？（1 英畝 = 43,560 ft^2，1 mi = 5280 ft）。

15. 一未知金屬樣品之質量為 35.4 g，體積為 3.11 cm^3，計算它的密度並與表 2.4 相比以鑑定此金屬。

16. 乙二醇（防凍劑）的密度為 1.11 g/cm^3。
    (a) 該液體 417 mL 的質量為若干克？
    (b) 該液體 4.1 kg 的體積為多少公升？

17. 一塊金屬的體積為 13.4 $in.^3$，重量為 5.14 lb，它的密度是多少 g/cm^3？

18. 鋁的密度是 2.7 g/cm^3，它的密度是多少 kg/m^3？

19. 一個典型的後院游泳池容納 150 yd^3 的水，這些水的質量是多少磅？

20. 飛機燃料的質量在起飛之前必須仔細計算，如果一架 747 飛機含有 155,211 L 的燃料，這些燃料的質量為若干公斤？假設燃料的密度為 0.768 g/cm^3。

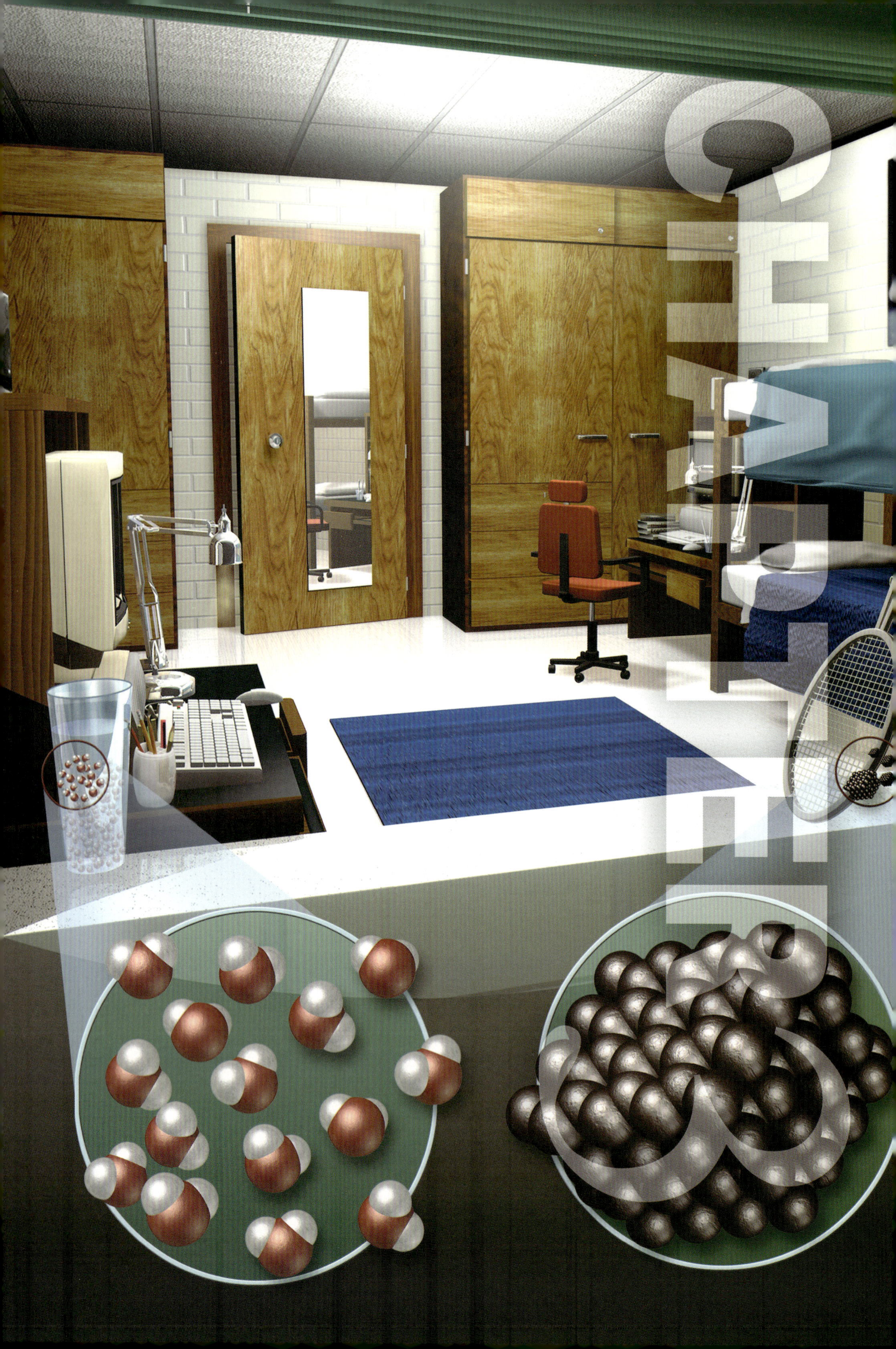
CHAPTER 3

第3章
物質和能量

3.1 在你的房間裏
3.2 物質是什麼？
3.3 物質依狀態分類：固體、液體和氣體
3.4 物質依組成分類：元素、化合物和混合物
3.5 如何區分物質：物理性質和化學性質
3.6 物質如何變化：物理變化和化學變化
3.7 質量守恆：沒有新的物質
3.8 能量
3.9 溫度：分子和原子的隨意運動
3.10 溫度變化：熱容量
3.11 能量和熱容量的計算

"Thus, the task is, not so much to see what no one has yet seen; but to think what nobody has yet thought, about that which everybody sees."

Erwin Schrödinger (1887–1961)

因此，這項工作，不是忙於去發現那個見所未見、聞所未聞的，而是去思考人人都見過也知道卻沒人審思過的事物。

爾文・薛丁格（1887 － 1961）

◀ 在這房間內你所見到的任何一件東西都是由物質製造的，學化學的我們有興趣的是如何去瞭解這些物質由那些分子與原子所組成，圖中左邊水杯中呈現的是水的分子結構而右邊網球拍內的是石墨化的碳纖維之碳原子。

3.1 在你的房間裏

環顧你房間的四周，在你的房間裡你看到了什麼？你可以看見書桌、床或一杯水，也許你向窗外看看，望過去可看見樹、草地或山。肯定你還能看到這本書以及放置此書的桌子。你看見的這些東西是由什麼製造而成的？它們都是由物質製造的，我們將會更簡潔而謹慎地定義什麼是物質。現在你知道你的書桌、床、杯中的水、樹、山丘和這本書都是物質；一些看不見的東西也都是由物質製造的，如吸入肺中的空氣，吹在皮膚上的風等等。事實上，任何一個物體都是由物質製造而成的。

空氣、水和木材這些均由不同種類的物質所組成，因此我們學習物質時首要的工作亦須能分辨它們的相似度與不同處，它們有何不同，它們為何不同，為何糖和鹽溶於水的性質有些相似，但砂和水的混合則不相同。學化學的我們對於各種物質的相似度和不同處以及它們如何反映組成它們的原子和分子之相似或差異性特別感興趣。對於巨觀和微觀的世界我們都想了解。

3.2 物質是什麼？

凡是佔有空間、具有質量的東西都可稱為**物質**（matter），例如：一些很容易看見的東西，鋼鐵、木材、塑膠等；另一些不易看見的，例如：空氣、灰塵等，也都可稱為物質。物質是由小到看不見的基本粒子，稱為**原子**（atoms）所組成（▶ 圖3.1），這些原子以2個或更多的數目以特別的排列方式互相鍵結在一起而形成**分子**

（molecules），近年來已可利用特別的顯微鏡清楚的看見原子及分子的圖像（如▼圖3.2及▼圖3.3）。

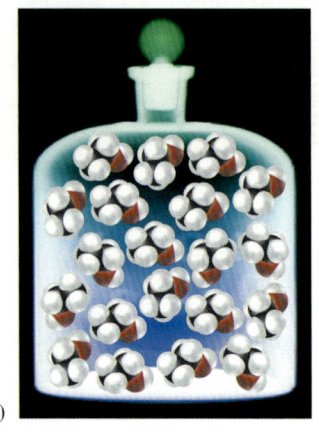

(a)
(b)

▲ 圖 3.1 **原子和分子**。所有的物質都是由原子所組成。(a) 有些物質是由單獨的原子所堆疊而成，如圖中之鋁罐。(b) 有些物質是由數種原子互相鍵結而成，這就是所謂的分子，如 (b) 圖瓶中的乙醇。

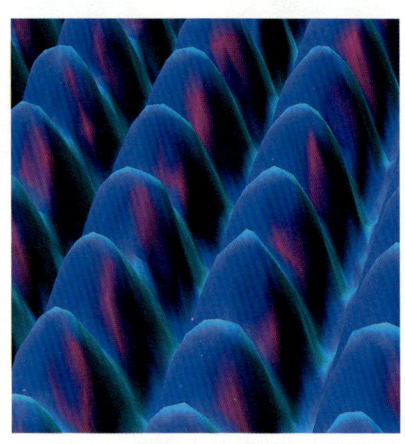

▲ 圖 3.2 鎳原子的穿透式掃描電子顯微鏡（STM）的影像圖。這 STM 可藉由原子般尺度的掃描頭去掃描個別的原子，而得到圖中所呈現的清晰鎳原子圖。

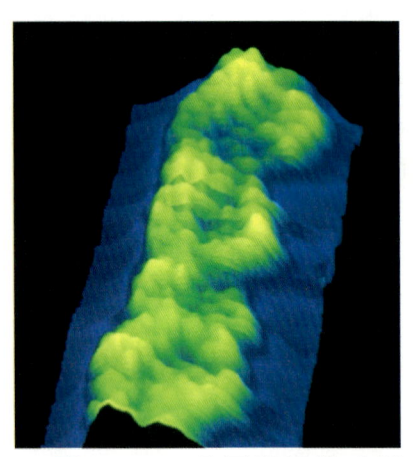

▲ 圖 3.3 DNA 分子的穿透式掃描電子顯微鏡（STM）的影像圖。DNA 是生命體中的遺傳物質，具有密碼轉譯的功能。

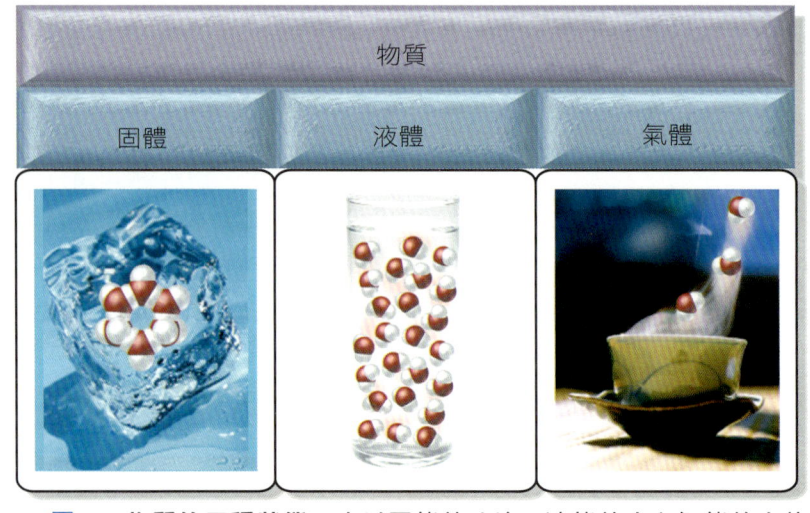

▲ 圖 3.4 **物質的三種狀態**。水以固態的冰塊，液態的水和氣態的水蒸氣存在著。在冰塊中，水分子是緊密的互相靠在一起，不能移動，在液態的水中，水分子也是緊密的互相靠在一起，但可自由移動，在氣態的水蒸汽中，水分子則相互遠離且彼此間沒有明顯的引力。

3.3 物質依狀態分類：固體、液體和氣體

物質有三種狀態，即：**固態、液態**和**氣態**（▲ 圖3.4）。在固態物質中，原子或分子緊密的堆排在固定的位置上，雖然鄰近的原子或分子會振動或搖動，但它們不能移動位置，因此固態的物質有固定的體積和形狀，例如：冰、鑽石、石英和鐵等。固態物質的排列可以是**結晶狀的**（crystalline）也可以是**非結晶狀的**（amorphous），**結晶狀的**原子或分子具有長而有序且重複的幾何圖案排列（▶ 如圖3.5a）；例如：鑽石和鹽類（▶ 如圖3.6）。而**非結**

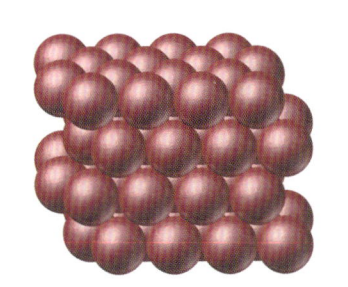

3.3 物質依狀態分類：固體、液體和氣體　37

(a) 結晶固體

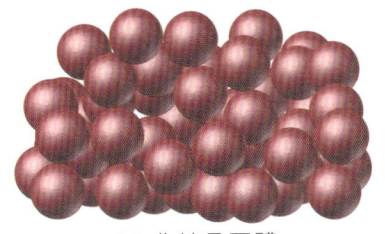

(b) 非結晶固體

▲ 圖 3.5 **固體物質的型態**。(a) 結晶固體，原子或分子在三度空間上的結構具有整齊有序的排列。(b) 非結晶固體，原子未呈現大範圍的有秩序排列。

▶ 圖 3.6 **鹽：一種結晶的固體**。氯化鈉是一個典型結晶固體的例子，鹽具有立方的形狀是因為它的原子以立方的方式整齊排列。

晶狀的原子或分子則欠缺重複的長而有序的排列（如圖3.5b）；例如：玻璃、橡膠和塑膠。

在液態物質中，原子或分子也像固態物質一樣互相緊密的靠在一起，所以也具有固定的體積，但是它們可以自由移動，所以它們的形狀會隨著容器的形狀而改變，例如：水、汽油、酒精和水銀等。

在氣態物質中，原子和分子以很遠的距離彼此分離著，可以無拘束的自由移動，因此氣體具有**可壓縮性**（compressible）（▼ 圖3.7）。例如當你對腳踏車的輪胎打氣時，因推入很多的氣態原子和分子，在空間固定的情況下，輪胎會漸漸變硬。氣體沒有固定的體積和形狀，它會隨著容器而變。例如氧氣、氮氣和二氧化碳等。這些固體、液體和氣體的性質歸納於表3.1中。

表 3.1 液體、固體和氣體的性質

狀態	原子／分子運動	原子／分子空間	形狀	體積	壓縮性
固體	在原點振動	緊密互靠	固定	固定	不可壓縮
液體	可移動	緊密互靠	不固定	固定	不可壓縮
氣體	可移動	遠離	不固定	不固定	可壓縮

▶ 圖 3.7 **為什麼氣體具有可壓縮性**？因為氣體的原子或分子彼此間未緊密靠著，空隙甚多，因此具有可壓縮性。

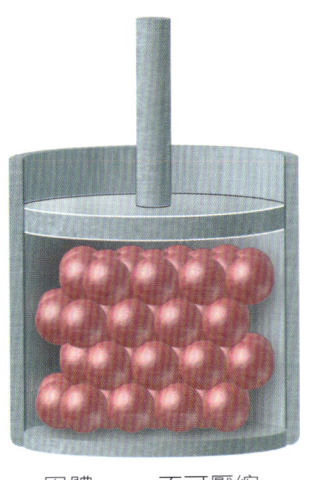

固體 —— 不可壓縮　　氣體 —— 可壓縮

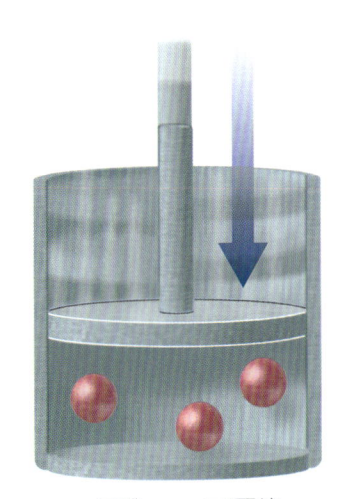

3.4 物質依組成分類：元素、化合物和混合物

物質除了可依據它的狀態來分類以外，尚可依它的組成來分類（▼圖3.8）。物質可以是**純物質**（pure substance）或**混合物**（mixture），純物質是只有單一種原子或分子所組成，而混合物則是由兩種或兩種以上不同的原子或分子以各種比例混合而成。

在純物質方面，氦和水是很好的例子，氦氣中只有氦原子而已，而水中也只有水分子而已，沒有其它的原子或分子摻入其中。

純物質又可分為兩種狀況：元素和化合物。例如氦是一個**元素**（element），它不能再細分為更簡單的物質，鉛筆中的石墨也是元素 —— 碳，沒有任何方法可再把它轉化成更簡單的物質，因為它是純碳。週期表中的所有元素均是純物質（請見本書封面內頁的週期表）。**化合物**（compound）也是屬於純物質，它是由兩種或兩種以上的元素以固定的比例結合而成的物質，因為大部分的元素均較活潑、易彼此結合而形成許多不同的化合物，因此化合物比元素更為常見，例如水、食鹽和糖均是化合物的很好例子。它們均可分解為更簡單的物質，例如：若把糖放入鍋中以火烤之，它將分解為碳

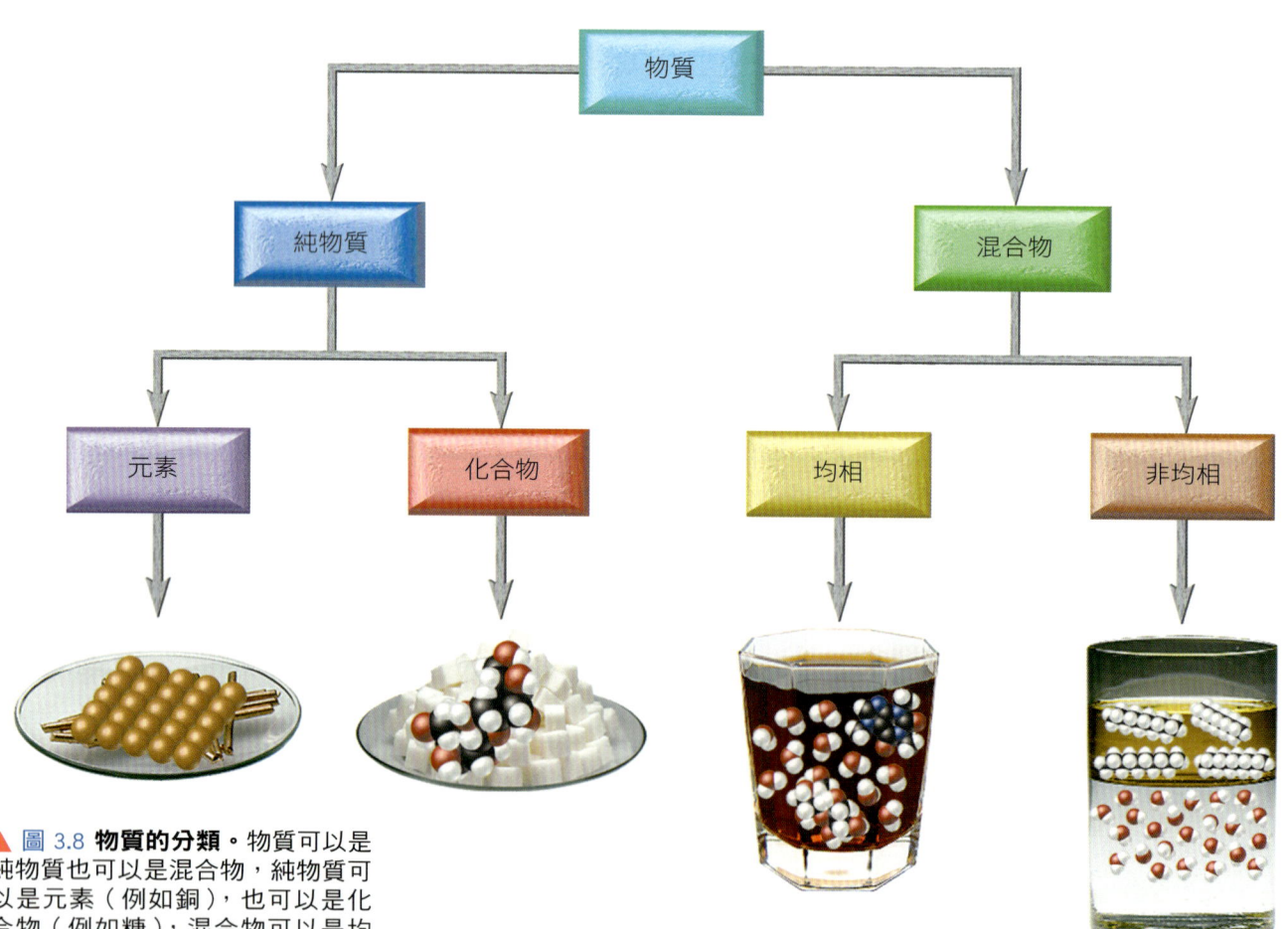

▲ 氦是一種純物質，只由氦原子所組成。

▲ 圖 3.8 **物質的分類**。物質可以是純物質也可以是混合物，純物質可以是元素（例如銅），也可以是化合物（例如糖），混合物可以是均相的（例如蘇打汽水），也可以是非均相的（例如汽油和水的混合）。

3.4 物質依組成分類：元素、化合物和混合物

（一種元素）和液態水（一種化合物），它將以蒸氣的形態飛散至空氣中。

在我們的環境中所遇到的主要物質大都是混合物，一杯蘋果汁、火焰、生菜沙拉和泥土等都是混合物的例子，它們含有各種不同的物質以特定的比例所組成，其它常見的例子如空氣、海水和黃銅。空氣主要是由氮氣及氧氣所組成，海水是由鹽和水所組成，而黃銅則是由銅和鋅所組成，這些混合物都由不同比例的物質所組成。冶金學家可以藉由調整較多量的鋅與銅混合而製得性質較脆的黃銅，以供特殊用途。混合物也可依照混合的均勻程度而分為**均相的混合物**（homogeneous mixture）及**非均相的混合物**（heterogeneous mixture）。例如油和水是非均相的，而鹽水則是均相的。

▶ 空氣和海水是常見的混合物例子，空氣主要成份是氮和氧，而海水則是鹽和水。

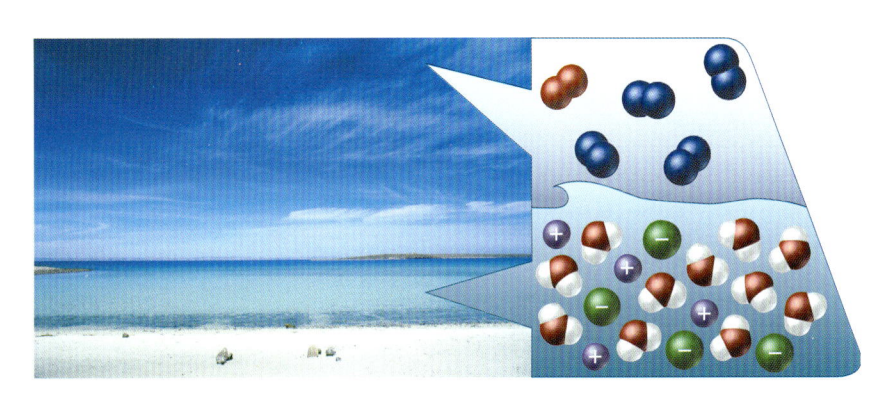

物質的分類綱要歸納於圖3.8中：

- 一物質可以分為純物質及混合物。
- 純物質又可以分為元素及化合物。
- 混合物可以分為均相或非均相。
- 混合物可各由兩種或兩種以上的元素或化合物所組成或共同由元素及化合物所組成。

範例 3.1　物質的分類

請將下列物質分類為純物質或混合物，如果它是純物質，請更加細分為元素或化合物；如果它是混合物請更加細分為均相或非均相。

(a) 鉛塊
(b) 海水
(c) 蒸餾水
(d) 義大利生菜沙拉

解答：

先看本書後面依字母排列的純元素表，若此物質的名稱在表中出現則是純物質而且是元素，如果不在表中，但它是純物質，則此物質一定是化合物，若不是純物質，則它一定是混合物，請用你的知識去判斷它是均相或是非均相。

(a) 鉛在元素表中，所以它是純物質而且是元素。
(b) 海水是由鹽和水所組成，所以它是混合物，它是均勻的組成，所以是均相的混合物。
(c) 蒸餾水不在元素表中，但它是純物質（水），因此它是化合物。
(d) 義大利生菜沙拉含有數種物質，因此它是混合物，它的每塊區域均有不同的組成數，所以是非均相的混合物。

▲ 水是純物質，它只含有水分子。

3.5 如何區分物質：物理性質和化學性質

在日常生活中我們依據物質的**性質**（properties）來分辨它們，不同的物質具有獨特的性質，例如水和酒可用它們的氣味來分辨而番茄醬和芥末則依顏色和美味來分辨。

在化學裏，若其組成未改變，我們就把它分類為**物理性質**，若組成改變了則把它分類為**化學性質**。例如汽油的氣味，它並未改變其組成，則歸類為物理性質，而汽油的燃燒，它已改變組成，所以歸類為化學性質。

若物質內的原子或分子未改變則稱為物理性質，例如水的沸點 —— 是物理性質 —— 是100℃，當水沸騰時它由液體變為氣體但氣態的水仍然具有相同的水分子（◀圖3.9）。另一方面，鐵的生銹則是屬於化學性質 —— 鐵已改變為氧化鐵（▼圖3.10）。物理性質包括氣味、滋味、顏色、熔點、沸點和密度等，而化學性質則包括腐蝕性、可燃性、酸度、毒性和其它化學的特性等。

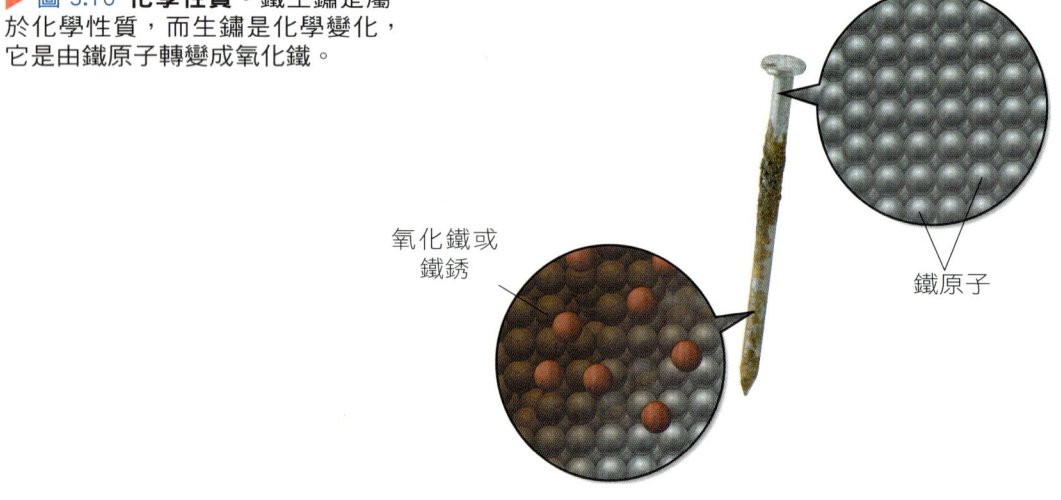

▲ 圖 3.9 **物理性質**。水的沸點是屬於物理性質而沸騰是物理變化，當水沸騰時，它轉變成氣體，但水分子仍然與液相的相同。

▶ 圖 3.10 **化學性質**。鐵生鏽是屬於化學性質，而生鏽是化學變化，它是由鐵原子轉變成氧化鐵。

氧化鐵或鐵銹

鐵原子

範例 3.2　物理性質和化學性質

請分辨下列各項是物理性質或化學性質：
(a) 銅在空氣中漸漸變成綠色
(b) 汽車上的塗料日久後變成無光澤
(c) 汽油溢出後快速的蒸發
(d) 鋁的質量較其它金屬輕（固定體積下）

解答：
(a) 銅變成綠色是它和空氣中的氧反應而形成的化合物，這是屬於化學性質。
(b) 汽車在日久失去光澤是被陽光曝曬及空氣中的氧反應所致，它是屬於化學性質。
(c) 汽油快速的揮發是由於它的低沸點所致，它是屬於物理性質。
(d) 鋁較輕是由於密度較小所致，它是屬於物理性質。

3.6 物質如何變化：物理變化和化學變化

我們每天都在看著物質發生變化，例如：冰塊熔化、鐵生銹和水果成熟，在這些物質中原子和分子組成裏發生什麼變化？這要看是屬於那一種變化。在**物理變化**方面，物質的外表變化了，但組成卻沒變，例如冰熔化時，看起來水和冰不一樣，但它們的組成卻都是相同的水分子；另一個例子，玻璃破了，但它們的組成還是玻璃，所以這都是屬於物理變化。

在**化學變化**方面，物質的組成已發生了變化，例如：銅在空氣中變綠色，即是因為銅和空氣中的氧氣發生反應而生成了新的化合物所以它是化學變化。

物理變化，例如：熔化、沸騰或只是破碎、削掉均屬之，而化學變化包含化學反應 —— 常伴生熱及顏色的改變，化學變化和物理變化主要的不同是在於分子和原子的層級。**在物理變化中，物質外表改變了，但組成的原子沒有改變，而在化學變化中，原子組成已改變而生成另一種新的物質。**

以丁烷為燃料的打火機可提供一個很好的物理變化及化學變化的例子，你常可在打火機的透明塑膠殼裏看見液態的丁烷，如果壓下燃料鈕，而沒有轉動火石，則可聽到丁烷溢出而由液體蒸發為氣體的嘶嘶聲（◀圖3.11），由於液體的丁烷及氣體的丁烷的分子均是由相同的丁烷分子所組成，因此屬於物理變化。

如果同時按下燃料鈕及打火石而產生火花則化學變化發生，丁烷的分子和空氣中的氧氣反應而生成新的二氧化碳及水的分子（◀圖3.12），由於丁烷的分子已變成了不同的分子所以是屬於化學變化。

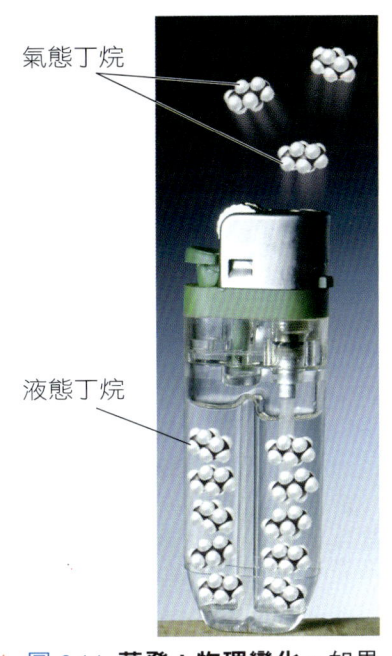

氣態丁烷
液態丁烷

▲ 圖 3.11 **蒸發：物理變化。** 如果壓下打火機的按鈕而沒轉動打火石，則一些液態的丁烷蒸發為氣態的丁烷，因為無論是液態或是氣態的丁烷都是由丁烷的分子所組成，這是一種物理變化。

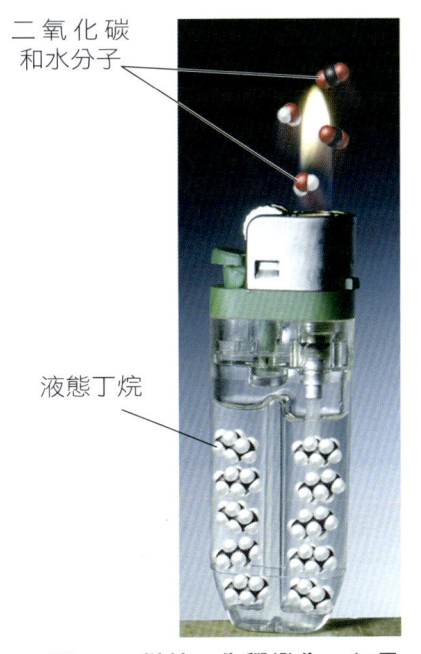

二氧化碳和水分子
液態丁烷

▲ 圖 3.12 **燃燒：化學變化。** 如果壓下打火機按鈕的同時也轉動打火石產生火花，則可使丁烷分子和空氣中的氧分子反應而產生火焰，並生成二氧化碳和水的分子，這是一種化學變化。

範例 3.3　物理變化和化學變化

判斷下列各項是物理變化或化學變化：
(a) 鐵生銹
(b) 指甲油的去光液（丙酮）蒸發
(c) 煤的燃燒
(d) 地毯經日光重複的曝曬而褪色

解答：
(a) 鐵生銹是因為它和空氣中的氧反應而生成氧化鐵，因此是化學變化。
(b) 指甲油的去光液（丙酮）蒸發，它是由液體變為氣體，組成相同因此是物理變化。
(c) 煤的燃燒是它和空氣中的氧反應而生成二氧化碳，因此是化學變化。
(d) 地毯經日光重複的曝曬而使地毯分子因日曬分解而變色，因此是化學變化。

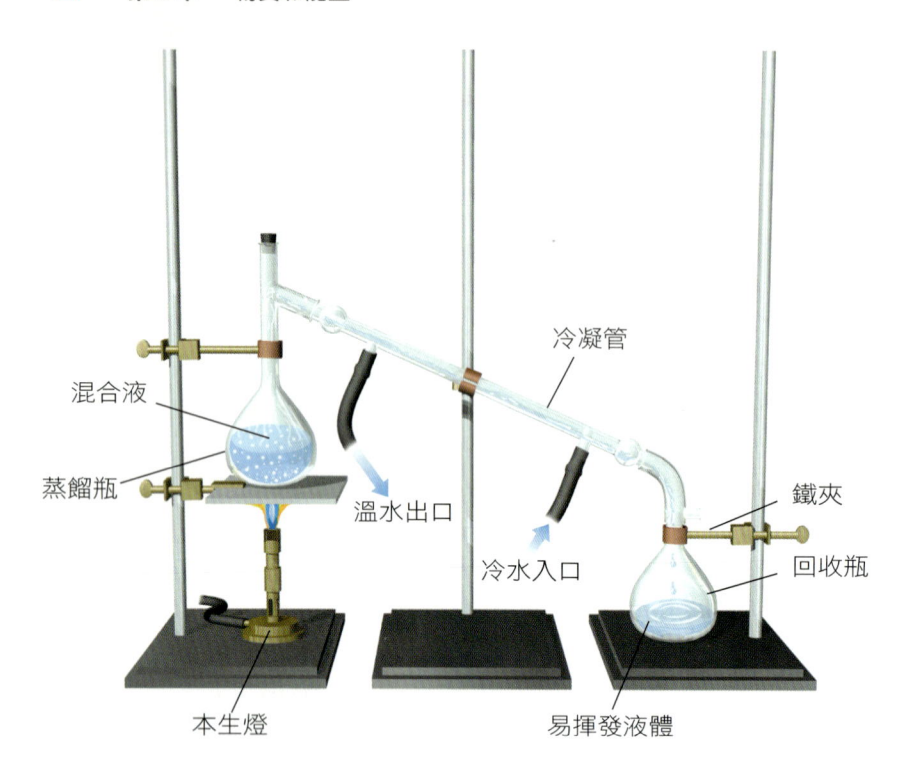

▲ 圖 3.13 **藉由蒸餾來分離兩種混合液體**。較低沸點的液體先蒸發，此蒸氣經收集冷凝後可轉變回液相。

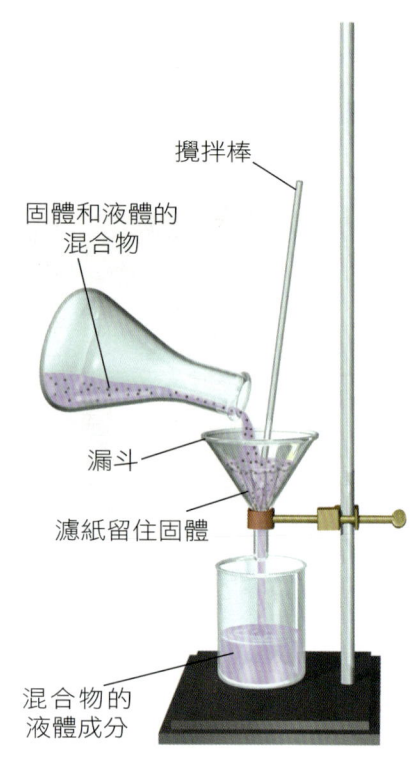

▲ 圖 3.14 **藉由過濾來分離固體和液體**。

藉由物理變化分離混合物

化學家經常希望藉由化合物不同的性質而加以分離物質，由於不同的成分有不同的性質所以此項分離的工作有時很容易有時卻很困難，例如：油和水不能互溶（不能混合），具有不同的密度，因此油會浮在水的上面，只要藉由**傾析**（decanting）—— 小心的倒出，就可將油倒入另一瓶中而分離。可互溶的液體則通常藉由**蒸餾**（distillation）而分離，因為較易**揮發**（volatile）的液體受熱後先沸騰，然後再經由冷凝管冷凝為液體而分離（▲ 圖3.13），如果混合物是由固體和液體所組成，則它們可藉由過濾來分離，濾液可通過濾紙而固體則留在濾紙上（▲ 圖3.14）。

3.7 質量守恆：沒有新的物質

我們的星球、頭髮甚至我們的身體都是由物質所組成。化學變化不能毀滅物質也不能創造新的物質，在第1章時曾描述法國科學家拉瓦錫藉著燃燒的研究而建立質量守恆定律，他說：

「在化學反應中物質既不能創造也不能毀滅。」

在化學變化中物質的總質量是固定的。當我們用打火機燃燒丁烷時，丁烷慢慢的消失了，因為它和氧形成二氧化碳和水而進入空氣中，這二氧化碳和水的生成量必須等於丁烷和氧的總質量。我們將在第8章討論這些化學反應的定量關係。

例如：58克的丁烷將與208克的氧生成176克的二氧化碳和90克的水

$$\underbrace{\text{丁烷} + \text{氧}}_{266g} \longrightarrow \underbrace{\text{二氧化碳} + \text{水}}_{266g}$$
$$58g + 208g \qquad\qquad 176g + 90g$$

原料丁烷和氧的總質量是266克而產物二氧化碳和水的總質量也是266克，因此質量是守恆的。

範例 3.4　質量守恆

一位化學家藉由3.9克的鉀與12.7克的碘反應而生成了16.6克的碘化鉀，請說明此現象符合質量守恆定律。

解答：

這鉀和碘的質量和是：

　　3.9克 ＋ 12.7克 ＝ 16.6克

由於原料鉀和碘的總質量等於產物碘化鉀的總質量，因此符合質量守恆定律。

3.8　能量

在宇宙中有兩種主要的成分，一種是物質另一種則是**能量**（energy），能量是表示**做功的能力**有多少。化學不只是談論物質而已，它還包含了很大的能量，在後面的章節中我們將可看到能量如何影響化學反應的進行。和物質一樣，能量也是守恆的，**能量守恆定律**（law of conservation energy）是說：

　　能量既不能創造，也不能毀滅。

在宇宙中總能量是固定且不變的，它只能以不同的形式互相轉換，但不能創造。

一個具有能量的物體可對另一個物體做功，它能讓另外一個物體移動，例如：一個滾動的撞球含有**動能**（kinetic energy），它可撞上另一個球而令它滾動。水壩裏的水含有**位能**（potential energy），因此高水位的水可流向低處，沖向渦輪機令其轉動而產生電能。而**電能**（electrical energy）則是電子流動伴隨的能量。

化合物中則含有**化學能**（chemical energy）── 例如燃燒汽油 ── 它能藉由內燃機而使汽車走動，或藉以加熱其它的物質，例如我們常利用貯存在天然氣的化學能產生熱溫暖我們的房間。

▲ 存在水壩中的水具有位能，當水流出水壩，則由位能轉變成動能，藉由發電機可更進一步的產生電能。

能量的單位

由於能量可由一種形式轉變為另一種形式，所以能量轉變之間需要有一個相同的單位加以應用。能量的SI制單位是**焦耳**（J），

第 3 章 物質和能量

這是為了紀念英國的科學家詹姆斯・焦耳（James Joule, 1818－1889）而命名，他當時曾證明只要總能量固定，能量可由一種形式轉換成另一種形式。能量的另一個常用單位是**卡（calorie, cal）**，卡是指1克的水升高1℃所需要的能量。卡的能量比焦耳大：1 cal = 4.184 J，若用大寫的C Calorie**（Cal）**，**稱為1大卡**，相當於1000個卡（cal）。電費的帳單通常使用另外一種能量單位 —— **仟瓦小時（kWh）**，電的成本大約每仟瓦小時是0.15元美金，列在表3.2的是不同能量單位和它們之間的轉換因子，而表3.3所示的是在不同狀況下，以不同能量單位所呈現的數值。

表 3.2 能量轉換因子

1 小卡（cal）	=	4.184 焦耳（J）
1 大卡（Cal）	=	1000 小卡（cal）
仟瓦小時（kWh）	=	3.60×10^6 焦耳（J）

表 3.3 以不同單位表示的能量

單位	1 g 的水升高 1℃ 所需要的能量	100 燭光電燈泡 1 小時需要的能量	美國人民平均一天所用掉的能量
焦耳（J）	4.18	3.6×10^5	9.0×10^8
小卡（cal）	1	8.6×10^4	2.15×10^8
大卡（Cal）	0.001	86	215,000
仟瓦小時（kWh）	1.1×10^{-6}	0.10	250

範例 3.5　能量單位的轉換

一枝棒棒糖含有 225 大卡的熱量，相當於多少焦耳？

解答：

用第 2 章（2.10 節）的程序來解此問題，此處要將大卡轉化為焦耳。

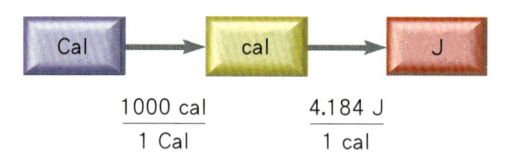

$$\text{Cal} \xrightarrow{\frac{1000 \text{ cal}}{1 \text{ Cal}}} \text{cal} \xrightarrow{\frac{4.184 \text{ J}}{1 \text{ cal}}} \text{J}$$

大卡 Cal 轉化成 cal 再轉化成焦耳（J），求得正確值後並寫出有效數字：

$$255 \text{ Cal} \times \frac{1000 \text{ cal}}{1 \text{ Cal}} \times \frac{4.184 \text{ J}}{1 \text{ cal}} = 9.41 \times 10^5 \text{ J}$$

✓ 觀念檢查站 3.1

有一位售貨員希望製作一個看起來很有效率的裝置，他希望這個裝置每年所消耗的能量數值要低，因此要選用以下那一種單位較為合適？

(a) J　　　　(b) cal
(c) Cal　　　(d) kWh

3.9 溫度：分子和原子的隨機運動

物質的溫度和紊亂運動的原子及分子有關，較熱的物體其原子和分子的運動較快且溫度較高。熱和溫度的觀念常被弄混，熱是能量的單位，由於溫度差引起熱能量的**交換**，而溫度則是物質熱能量的**量度**。一般而言，有三種不同的溫標：在美國大多使用**華氏溫標**（Fahrenheit scale, °F），在華氏溫標中0°F是指在濃鹽水的凝固溫度而100°F則是指人體的溫度。水在32°F凝固，212°F沸騰，室溫則大約在75°F。

▶ 圖 3.15 **華氏、攝氏、凱氏溫標的比較。** 華氏的刻度數較小，只有攝氏的 5/9 倍，攝氏和凱氏的刻度則相同。

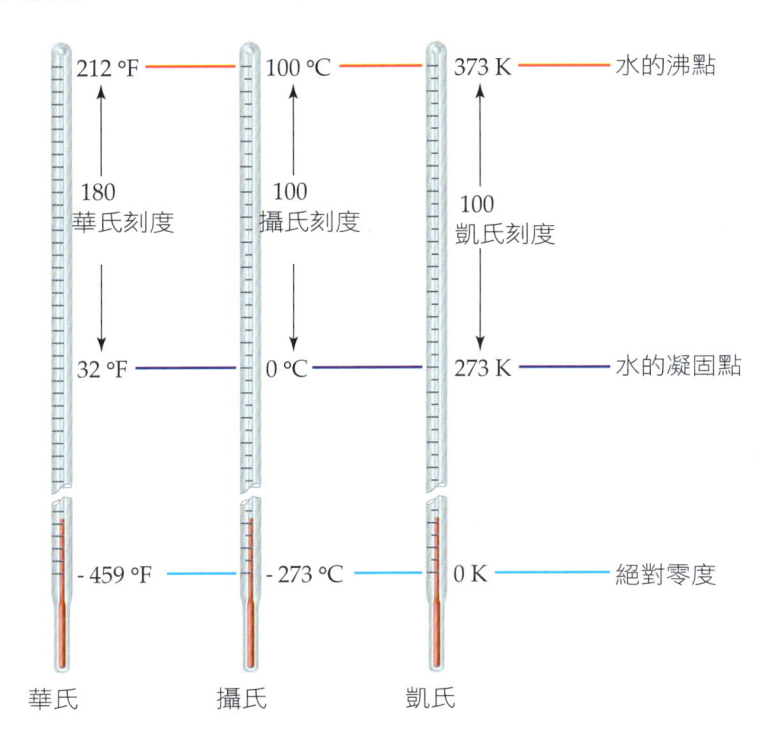

在科學上常用的溫標是**攝氏溫標**（Celsius scale, °C），0°C是指水凝固的溫度，而100°C是指水沸騰的溫度，室溫大約是在25°C。第三種溫標是**凱氏溫標**（Kelvin scale, K），它沒有負值，0K是最低的可能溫度，此時相對的華氏及攝氏溫標分別是（-459°F及-273°C），在此溫度下，所有的分子運動都將停止。**凱氏溫標**（K）刻度和攝氏溫標（°C）的相同，而華氏溫標的刻度則較攝氏溫標的為小（例如從水的凝固到沸騰間，°C是100個刻度（0°C到100°C）而°F是180個刻度（32°F到212°F）），三種溫標間的轉換可用以下的式子：

$$K = °C + 273$$
$$°C = \frac{(°F - 32)}{1.8}$$

例如212K轉換為°C可據此式求得如下之解：

$$K = °C + 273$$
$$°C = K - 273 = 212 - 273 = -61°C$$

範例 3.6　攝氏和凱氏溫標的轉換

-25℃轉換成凱氏溫標。

解答：

$$K = °C + 273$$
$$K = -25°C + 273 = 248 \text{ K}$$

範例 3.7　華氏和攝氏溫標的轉換

將 55 °F 轉換成攝氏℃。

解答：

$$°C = \frac{(°F-32)}{1.8}$$

$$°C = \frac{(55-32)}{1.8} = 12.778°C = 13°C$$

範例 3.8　華氏和凱氏溫標的轉換

將 310K 轉換成華氏溫標。

解答：

$$K = °C + 273$$
$$°C = K - 273 = 310 - 273 = 37°C$$

$$°C = \frac{(°F-32)}{1.8}$$

$$°F = 1.8°C + 32 = 1.8(37) + 32 = 98.6°F = 99°F$$

✓ **觀念檢查站 3.2**

下列各項溫度何者華氏與攝氏的相同
(a) 100°　　　　　　(b) 32°
(c) 0°　　　　　　　(d) -40°

3.10　溫度變化：熱容量

　　固定的熱對物體加熱，它的溫度會有何種改變？如果對一鋼製的鍋子加熱，它的熱會上升得很快，但加入一些水到鍋子裏則熱的上升立刻變慢，這是因為水要吸收較多的熱能。換言之，是因為水的**熱容量**（heat capacity）較大。物質的熱容量是一定量的物質每升高1℃所需的熱能（通常是以焦耳表示）。當物體的量是以克為單位時，該熱容量稱為**比熱容量**（specific heat capacity）或簡稱為**比熱**（specific heat），它的單位是J/g℃。表3.4所示的是一些常見物質的比熱容量。在表3.4中，水具有最高的比熱容量，因此需要最多的熱量才能改變它的溫度。

　　根據此現象，如果你從內陸地區到海岸地區，可以明顯的感覺到氣溫下降。夏天時，如果在加州的白天，內陸地區的沙加緬度（Sacramento）和在海邊的舊金山市（San Francisco）就有30°F的

3.11 能量和熱容量的計算

表 3.4 一些常見物質的比熱容量

物質	比熱容量（J/g°C）
鉛 lead	0.128
金 gold	0.128
銀 silver	0.235
銅 copper	0.385
鐵 iron	0.449
鋁 aluminum	0.903
乙醇 ethanol	2.42
水 water	4.184

溫差。舊金山可以有較涼快的68°F而沙加緬度則氣溫高達100°F，但日落後兩個城市的氣溫卻是相同，這可說明舊金山因為位於太平洋海岸，海水的熱容量很大，可吸收很多的熱，因此溫度不易上升，而位於內陸的沙加緬度由於土地的**熱容量**較小，能吸收的熱不多，因此太陽曬後溫度上升較多。同樣的，在美國有兩個州的氣溫從未超過100°F以上，顯然的一個是位於北端寒冷的阿拉斯加州；然而令人驚訝的，另一個是夏威夷 —— 海島州，由於海水的熱容量較高調節了溫度，因此不致於太熱。

▲ 舊金山甚至在夏天也有一個涼爽的季節，因為它位於有高熱容量的海洋邊。

✓ 觀念檢查站 3.3

如果你希望把一個金屬盤子加熱至高溫，需用何種材料？
(a) 銅　　　　　　　　　(b) 鐵
(c) 鋁　　　　　　　　　(d) 沒有差別

3.11 能量和熱容量的計算

一定量的熱加於物體上，它的溫度可升高多少要看物體的質量和比熱容量而定，它們之間的關係可用下式表示：

熱量 ＝ 質量 × 比熱容量 × 溫度差
$q = m \times C \times \Delta T$

q是熱量（以焦耳表示），m是物體的質量（以克表示），C是比熱容量（以J/g°C表示），而ΔT是**溫度的變化量**（以°C表示），這符號Δ表示**差額**之意，例如欲將一杯235克的茶由25°C加熱至100°C需要多少熱？

已知：
235克
水初溫25°C（T_i）
末溫100°C（T_f）

試求：
需多少熱量（q）

方程式：

$$q = m \times C \times \Delta T$$
$$= 235 \text{ g} \times 4.18 \dfrac{J}{g°C} \times (100.0°C - 25°C)$$
$$= 7.367 \times 10^4 J = 7.4 \times 10^4 J$$

把不同的變數代入方程式則可得到正確的答案，不過需要注意，要利用第2章的單位換算方法，得到正確的單位才可代入方程式，一般而言，若算出的q值是正值（+），表示熱加入物質（溫度增加），若q值是負值（-）則表示熱量自物體流出（溫度減少）。

範例 3.9　熱能和溫度改變的關係

鎵在室溫是固體的金屬，但在 29.9°C 會熔化，如果將鎵放在手中，它會熔化，2.5 克的鎵在你的手中由 25°C 升高到 29.9°C，需要吸收多少熱（鎵的比熱容量：0.372 J/g°C）？

解答：

$$q = m \times C \times \Delta T$$
$$= 2.5 \text{ g} \times 0.372 \dfrac{J}{g°C} \times (29.9°C - 25.0°C)$$
$$= 4.557 \text{ J} = 4.6 \text{ J}$$

範例 3.10　比熱容量和溫度改變的關係

一個化學系的學生得到一顆閃耀的金屬塊，她猜可能是黃金，她秤重得質量為 14.3 克，她加入 3.174 J 的熱，結果溫度從 25°C 升高至 52°C，試求其比熱容量，看看是否與黃金的相同。

解答：

$$q = m \times C \times \Delta T$$
$$C = \dfrac{q}{m \Delta T}$$
$$= \dfrac{174 \text{ J}}{14.3 \text{ g} \times (52°C - 25°C)}$$
$$= 0.4506 \dfrac{J}{g°C} = 0.45 \dfrac{J}{g°C}$$

與表 3.4 之金的比熱容量 0.128 J/g°C 比較，結果得知它不是純金。

習題

問答題

1. 何謂物質？請給一些例子。
2. 物質有那三種狀態？
3. 結晶和非結晶的固體有何不同？
4. 什麼是純物質？
5. 混合物和化合物有何不同？
6. 物理變化和化學變化有何不同？
7. 測量溫度常用那三種單位？

練習題

8. 下列純物質是屬於元素或化合物？
   - (a) 鋁
   - (b) 硫
   - (c) 甲烷
   - (d) 丙酮

9. 下列物質是純物質或混合物？如果是純物質請再細分為元素或化合物，若是混合物則再細分為均相或非均相。
   - (a) 氦氣
   - (b) 乾淨的空氣
   - (c) 冰淇淋
   - (d) 混凝土

10. 下列各項屬於物理性質或化學性質
    - (a) 銀的表面變色
    - (b) 鉻金屬發亮
    - (c) 金的顏色
    - (d) 丙烷的可燃性

11. 鋁塊 (a) 磨成鋁粉 (b) 點火而發出火焰和煙，(a) 和 (b) 是屬於化學變化或物理變化？

12. 一輛汽車內裝有 42 kg 的汽油，當它在引擎內燃燒後結合 168 kg 的 O_2 而生成 CO_2 及 H_2O，請問有多少 CO_2 及 H_2O 產生？

13. 以丁烷為燃料的打火機中，9.7 g 的丁烷結合了 34.7 g 的 O_2 而生成 29.3 g 的 CO_2，請問會有多少克的水產生？

14. 請轉換下列各項的單位
    - (a) 32.5 J = ? cal
    - (b) 562 cal = ? J
    - (c) 35.7 kJ = ? cal
    - (d) 287 cal = ? kJ

15. 請轉換下列各項的單位
    - (a) 25 kWh
    - (b) 249 cal = ? Cal
    - (c) 113 cal = ? kWh
    - (d) 44 kJ = ? cal

16. 請轉換下列各項的溫標
    - (a) 212 °F = ? °C
    - (b) 77 K = ? °F
    - (c) 25 °C = ? K
    - (d) 98.6 °F = ? K

17. 伏特加酒（Vodka）在冷凍庫中不會凝固，因為它含有高濃度的乙醇，純乙醇的凝固點是 -114 °C，請將此溫度轉化成 °F 及 K。

18. 97 g 的水由 42 °C 升高到 67 °C 需要多少熱量？

19. 24 g 的水吸收 248 cal 的熱後溫度可上升幾度 °C？

20. 某 11 g 的液體吸收 56 J 的熱後溫度由 10.4 °C 上升至 12.7 °C，此液體之比熱容量為何？

Everyday Chemistry

Coolers, Camping, and the Heat Capacity of Water

Have you ever loaded a cooler with ice and then added room temperature drinks? If you have, you know that the ice quickly melts. In contrast, if you load your cooler with chilled drinks, the ice lasts for hours. Why the difference? The answer is related to the high heat capacity of water within the drinks. As we just learned, water must absorb a lot of heat to raise its temperature, but it must also release a lot of heat to lower its temperature. When the warm drinks are placed into the ice, they release heat, which then melts the ice. The chilled drinks, on the other hand, are already cold, so they do not release much heat. It is always better to load your cooler with chilled drinks —— that way, the ice will last the rest of the day.

▲ The ice in a cooler loaded with cold drinks lasts much longer than the ice in a cooler loaded with warm drinks. Question: Can you explain why?

CAN YOU ANSWER THIS? Suppose you are cold-weather camping and decide to heat some objects to bring into your sleeping bag for added warmth. You place a large water jug and a rock of equal mass close to the fire. Over time, both the rock and the water jug warm to about 38 °C (100 °F). If you could bring only one into your sleeping bag, which one should you bring to keep you the warmest? Why?

媒體中的化學

永恆的運動

能量守恆定律可以指導能源的使用。能源的應用必須是收支相抵，我們無法在沒有輸入能量的情況下連續的從一個設備中得到能量。一台稱為永動機的機器（▶圖3.16）曾經被期望在沒有輸入能量的情況下產生能量，但是根據能量守恆定律，它是不可能存在的。曾經有媒體報導說，有一個系統看起來或許它產生的能量可比它所消耗的能量為多。例如，我曾經聽到一台收音機的談話節目中談到有關於能量和汽油耗費的問題，報導者建議我們可設計一個簡單的裝置，當開車時可對電瓶（電池）充電，然後再由電瓶的電使汽車繼續奔馳。像這樣的永動機，人們已期盼了數十年，不過這樣的想法違反了能量守恆定律。因為不可能在沒有輸入能量的情況下產生能量，就以這個永動型的電動汽車而言，它的最大錯誤就是電動汽車無法為它自己再充電，因為最後電瓶會沒電，也使汽車無法再向前走。

傳統的汽車可為電瓶充電是因為汽油燃燒的能量轉變為電能的關係，有些新式的混合汽車（電和汽油一起提供動力）可從煞車所

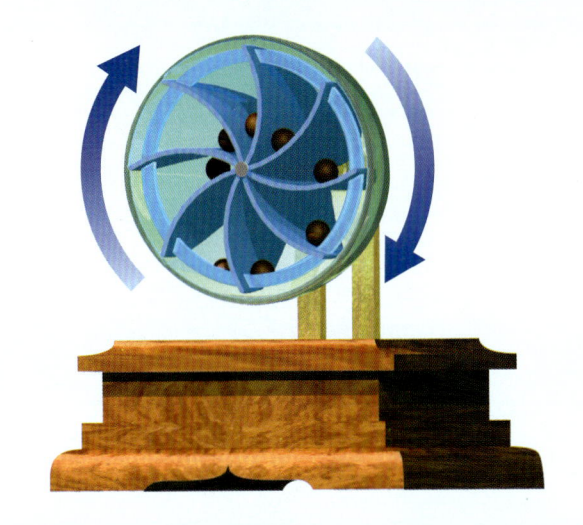

▲ 圖 3.16 **永動機的構想圖**。依據推測，輪軸中的滾動圓球可使輪軸永遠不停的轉動。**問題**：你能解釋它不可能成功的原因嗎？

得到的能量轉化成電能再給電瓶充電，不過它們絕不可能在沒有補充燃料的情況下無限期的跑著。我們的社會一直都需要能量，現在能源已顯現缺乏的狀況，因此必須找出新的能源。

你能回答這個問題嗎？如果你有一位朋友說他發明了一個新式的手電筒，可以不需要電池而永遠發亮，他要你出錢投資。在你開支票給他之前，你應該提出那些問題來問他？

CHAPTER 14

第 4 章
原子和元素

"Nothing exists except atoms and empty space; everything else is opinion."

Democritus (460–370 b.c.)

除了原子與虛空，無物存在；其餘的只是意見而已。

德謨克利圖（紀元前 460-370）

4.1　在梯伯隆城體驗原子
4.2　不可分割：原子理論
4.3　原子核
4.4　質子、中子和電子的性質
4.5　元素：由質子數來定義
4.6　週期律和週期表
4.7　離子：失去和獲得電子
4.8　同位素：中子數變動時
4.9　原子量

4.1　在梯伯隆城體驗原子

我和我的妻子最近很愉快的探訪美國的北加州，那是位於海邊的一個城鎮——梯伯隆（Tiburon），它坐落於舊金山灣旁的山坡上，可看美麗的海景。我們沿著水邊的小路走著，我總感覺到微風吹過海灣，能聽到海水在岸邊拍打的聲音，也可聞到海邊的空氣，為什麼會有那些感覺？答案很簡單——原子。

所有的物質都是由原子所組成，包括我們自己的身體。我們也是靠原子來體驗感覺，因此，我們可以聽、感覺、看和體驗，這些都和原子有關。原子是很小的粒子，海岸邊的一顆小鵝卵石內所含的原子數目多到算不出，它比舊金山海灣底下的鵝卵石的數目還要多，如果每個原子的體積都像小鵝卵石一樣，那麼它所堆出的體積會比聖母峰還要高（▶ 圖4.1）。原子是如此之小——然而它們構成了所有的物質。

連結微觀與巨觀世界的關鍵之鑰匙是原子。原子構成物質；原子的性質決定了物質的性質。**原子**是組成元素的最小單位，約有91種元素存在於自然界，因此自然界裏約有91種不同的原子。另外科學家們已成功的合成約20多種的元素（不存在於自然界）。

本章中我們將研究不同原子的差異、原子的結構及如何生成，我們也將學習由原子組成的元素及一些元素的性質。

◀ 所有的物質都是由原子所組成，海邊的岩石常由矽酸鹽中的矽和氧原子組成，海邊的空氣則含有氮和氧的分子，有時可聞到腐爛的死魚飄來的臭味，那是三乙胺的化合物。

▲ 圖 4.1 **原子的尺寸。**如果每個原子都像小石塊那麼大,那麼依照小石塊中的原子數堆起來的體積將比聖母峰還要高。

4.2 不可分割:原子理論

我們若以顯微鏡觀看物質將發現它似乎是連續性的,更無法發現物質是由微小的粒子所組成,因為它的放大倍數不夠大。事實上如果對一物質一直細分下去,將永遠都分不完,因為原子實在太小了。古希臘的一位哲學家德謨克利圖(Democritus 西元前460－370)說:「如果物質一直細分下去,最後將得到不可再分割的微小粒子。」他歸結得到一個理論:物質最終是由極小不可見的粒子所組成,稱此粒子為"**原子**",是指"不可再分割"的意思。但德謨克利圖的看法當時並沒有得到大家的認同。一直到19世紀,道耳吞(John Dalton)正式的提出這種原子理論才漸受到大家的認同。

道耳吞的原子理論可分為三部分:

1. 每個元素是由不可再分割的微小粒子 —— 原子所組成。
2. 相同元素的組成原子均有相同的質量和性質。
3. 異種原子若按一定比例結合在一起,可形成化合物。

現在大家已相信原子理論,甚至科學家不但可以用先進的電子顯微鏡看見原子,而且還可以操控及移動它們(▼ 圖4.2),因此物質確實是由原子所組成。

▲ Diogenes和Democritus的人像圖,一位中世紀的藝術家的想像畫,德謨克利圖是第一位提出物質是由原子組成的人。

▶ 圖 4.2 **用原子寫字。**IBM 的科學家用穿透式電子顯微鏡移動氙原子使它形成 IBM 的字型,此原子的形狀像圓錐形,有些古怪,一般而言,原子的形狀是球形。

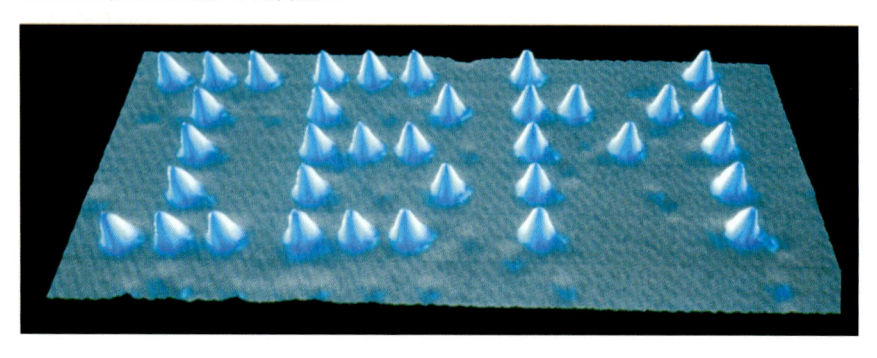

4.3 原子核

在19世紀末，科學家們確信物質是由不可毀壞的、永恆的原子所組成。然而那時一位英國的物理學家湯姆森（J. J. Thomson, 1856－1940）繪出一個複雜的原子圖，其中包含更小、更輕的基本粒子——**電子**（electron）。他發現電子是帶負電荷，且均勻散佈在許多不同種類的物質中，因此道耳吞的原子理論中所說的："原子是組成物質的基本單位且不可再分割"，顯然是仍有許多疑問。

原子是電中性的，所以原子中若有帶負電荷的電子，那麼它的正電荷應如何去平衡抵消？湯姆森提議說帶負電荷的電子散佈在均勻帶有正電荷的球狀體中，就像當時英國的一種甜點，葡萄乾均勻的散佈在布丁中一樣（◀圖4.3）。

西元1909年，拉塞福（Ernest Rutherford, 1871－1937），他在湯姆森實驗室工作，而且認為葡萄乾布丁的模型是對的，他設計一個實驗試圖去證明它，但實驗的結果卻是發現葡萄乾布丁的模型是錯誤的。

在他的實驗過程中，拉塞福直接用極小的正電荷粒子—— α 粒子，去撞擊金箔（▼圖4.4），以便探測金原子的結構，如果金原子確實像葡萄乾布丁的模型，那麼 α 粒子應該會直接穿透，而幾乎不發生偏折，但實驗的結果卻和他預期的不同：多數的 α 粒子確實是直接穿透金箔，但有一些粒子被偏折，甚至有些完全反彈回來（約20000分之1）。這項實驗結果讓拉塞福感到迷惑，為什麼會有這種奇怪的現象？那麼原子的結構又應該是如何才對？

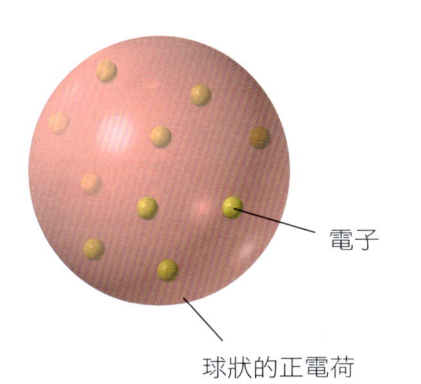

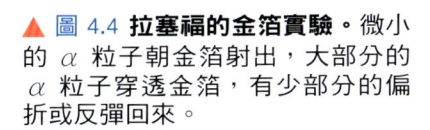

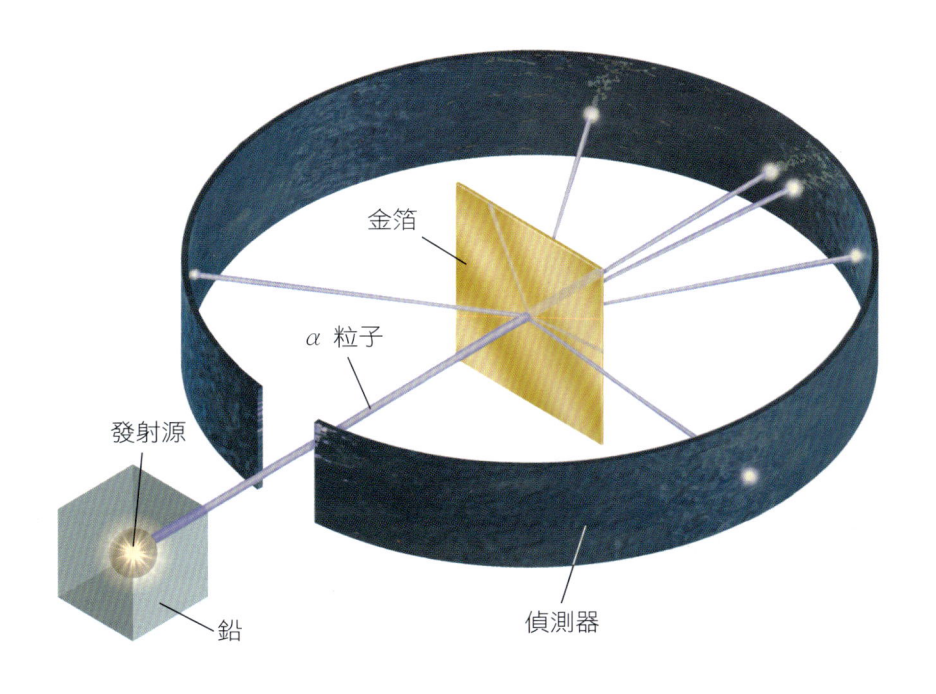

▲ 圖4.3 **原子的葡萄乾布丁模型**。這模型是由湯姆森所提出，負電荷（黃色）散佈在球狀的正電荷上（紅色）。

▲ 圖 4.4 **拉塞福的金箔實驗**。微小的 α 粒子朝金箔射出，大部分的 α 粒子穿透金箔，有少部分的偏折或反彈回來。

拉塞福建立一個新模型來解釋他的實驗結果（◀圖4.5），他認為物質應不是均勻的分散著，而是大部分的空間都是空的，只有一小區域具有非常密的物質，為了解釋他觀察到的偏折現象，原子中的正電荷應是集中在原子空間中的一小部分而已，根據這想法，他提出了**原子的核理論**，主要有3項基本部分：

1. 原子的質量和所有的正電荷大都位於一個稱為核的小核心裏。
2. 原子的體積大都是空的，帶負電荷的微小電子散佈在其中。
3. 帶負電的電子散佈在核的外面，而帶正電的質子位於核的裏面，電子、質子的數量相同，因此原子是電中性的。

後來，拉塞福和其他的人證明**原子核**（nucleus）中含有帶正電的**質子**（proton）和稱為**中子**（neutron）的電中性粒子。緊密的核，佔有99.9%的原子質量，但卻只佔原子的一小部分體積而已，電子散佈在原子的大部分體積中，但質量卻很輕（◀圖4.6）。拉塞福這項革命性的核理論是成功的，而且一直到今天仍然是對的。如果原子的核就像書上這一小點（‧），那麼電子就是大約散佈在距離此一小點（‧）約10公尺那麼遠，然而這一小點（‧）幾乎包含了整個原子的質量。

想像一下，如果原子核像大理石一樣的堆疊在一起，那麼這種物質將極為緊密，而且只要像一粒砂子的大小，它的質量將達500萬公斤（1000萬磅重），天文學家相信這樣的事情可存在於宇宙中的某一個地方：中子星和黑洞。

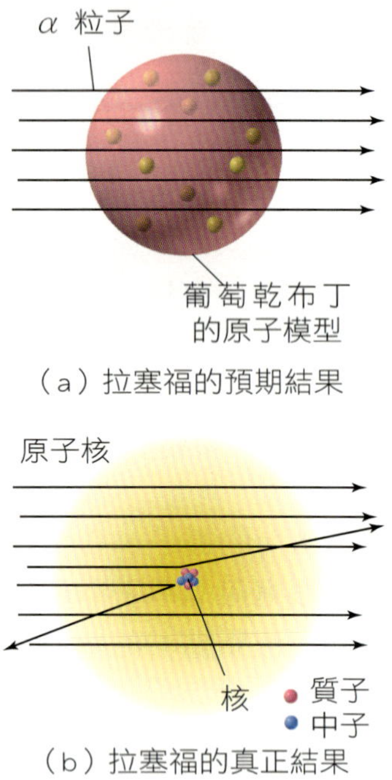

▲ 圖4.5 **原子核的發現。**（a）拉塞福實驗的預期結果：如果葡萄乾布丁的模型正確，α粒子應直接穿透金箔，幾乎不發生偏折。（b）拉塞福實驗的實際結果：一部分的α粒子偏折或彈回。只有如此才能解釋這種現象：所有的正電荷和質量應該是濃縮在一個比原子更小的空間裏。

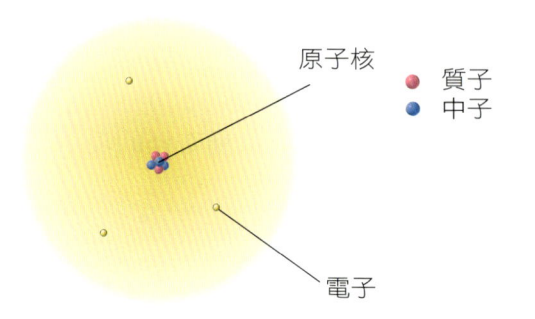

▶ 圖4.6 **原子核的核。**在這個模型裏99.9%的原子質量都濃縮在小的、密度大的原子核中，原子核內包含質子和中子，原子的其餘體積大部分是空的，由帶負電的電子佔據，原子核外的電子數目是與原子核內的質子數目相同，在此圖中，原子核是故意放大來看，而電子是用粒子來表示。

4.4 質子、中子和電子的性質

質子和中子有非常相似的質量，在SI單位中，質子的質量是1.67262×10^{-27}公斤，而中子的質量是接近1.67493×10^{-27}公斤。由於質量太小了，所以有一種較常用的表示法，**原子的質量單位**（atomic mass unit, **amu**），它是定義為碳原子質量的12分之1，因為碳原子含有6個質子和6個中子。在這amu的單位中，質子的質量是1.0073 amu，而中子的則為1.087 amu，相對的，較輕的電子只有0.00055 amu（0.00091×10^{-27}公斤），幾乎可以忽略此質量。

中子沒有電荷而質子和電子都具有**電荷**（charge），質子的電荷是 +1，而電子的電荷是 -1，它們的電荷大小相等但符號相反，

▲ 如果質子的質量像球棒，則電子就像它旁邊的穀粒，質子是大而重，幾乎是電子的 2000 倍。

4.4 質子、中子和電子的性質

因此當這兩個帶電粒子配成對時，電荷剛好可以互為抵消。就像質量是物質的基本性質一樣，電荷也是質子和電子的基本性質。

大多數的物質是電中性的，因為質子和電子處在一起且數目相同，因此電荷相互抵消。或許你曾經會有這種因為電荷過多而使頭髮互斥直立的經驗，若在一個乾燥的日子裏，用梳子梳理頭髮，將會使頭髮累積過剩的電荷而互相排斥。

電荷的性質歸納如下（◀圖4.7）：

1. 電荷是質子和電子的基本性質
2. 正電荷和負電荷會彼此互相吸引
3. 正電荷–正電荷，和負電荷–負電荷會互相排斥
4. 正電荷和負電荷的電性會彼此抵消，因此一個質子和一個電子配對在一起時會形成電中性。

▲ 圖 4.7 **電荷的性質。**

正電荷（紅）和負電荷（黃）相互吸引

正－正和負－負電荷相互排斥

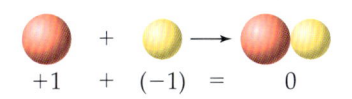

+1 + (−1) = 0

正電荷和負電荷互消

當物質獲得額外的電荷而產生不平衡的現象時，這些不平衡通常很快的就會被中和，例如在暴風雨中的閃電就是電荷被中和的結果。如果你有一種物質 —— 縱使是小如砂粒一般 —— 如果它只有由電子或質子組成，那麼此物質將會含有非常大的力量，而且很不穩定。幸好，這種事不會發生，因為物質內的質子和電子是共存在一起而且數目相同，因此物質是電中性的。質子和電子的性質歸納於表4.1。

表 4.1 次原子粒子

	質量（kg）	質量（amu）	電荷
質子	1.67262×10^{-27}	1.0073	+1
中子	1.67493×10^{-27}	1.0087	0
電子	0.00091×10^{-27}	0.00055	−1

✓ **觀念檢查站 4.1**

一個原子它的質量大約是 12 amu，它的電荷若要成為電中性，則下列何組正確？

(a) 6 個質子和 6 個電子
(b) 3 個質子和 3 個中子和 6 個電子
(c) 6 個質子和 6 個中子和 6 個電子
(d) 12 個中子和 12 個電子

▶ 物質通常是電中性，有相同的正電荷和負電荷，因此電性相互抵消，當物質的電荷失去平衡時，就像大雷雨那樣，它會以放出閃電的方式迅速平衡。

累積負電荷

電荷中和

累積正電荷

▲ 圖 4.8 元素是由原子核中的質子數目來區別。

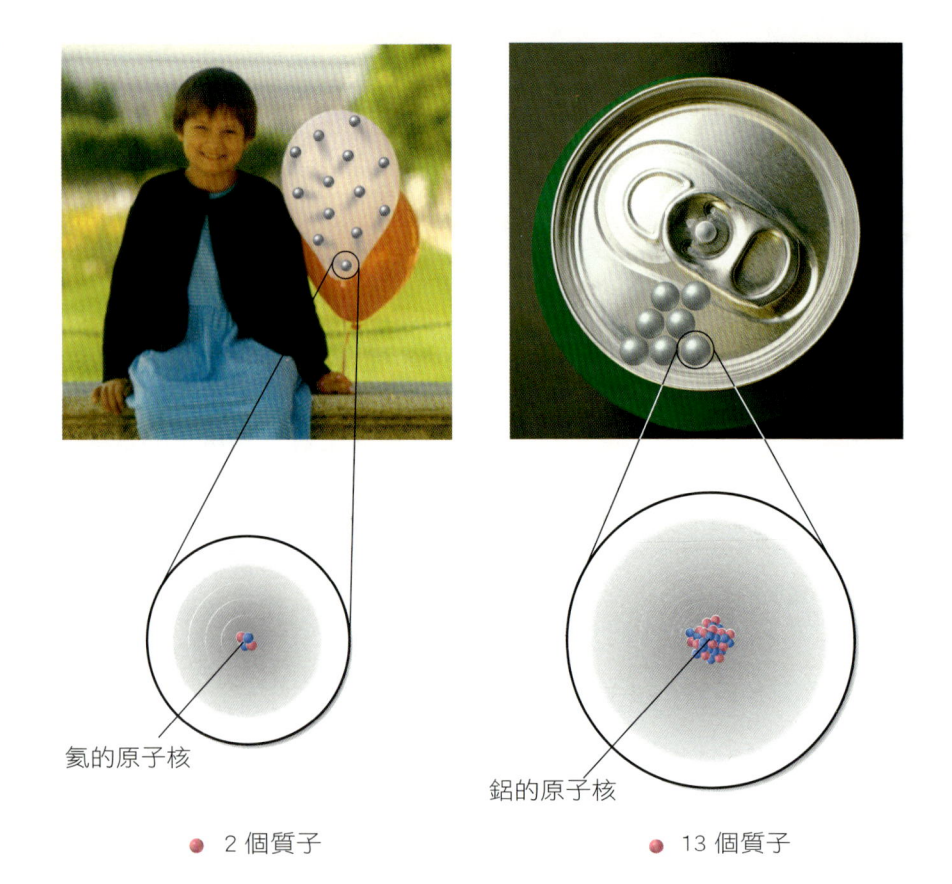

氦的原子核　● 2 個質子

鋁的原子核　● 13 個質子

4.5　元素：由質子數來定義

　　我們已經知道原子是由質子、中子和電子所組成的，然而原子核中的質子數和元素的種類有直接的關係。例如原子核中若有兩個質子，則此原子是氦；原子核中若有13個質子，則此原子是鋁；原子核中有92個質子，則此原子必定是鈾，因此，原子核中的質子數決定了原子的種類（▲ 圖4.8）。例如每個鋁原子的原子核中必定有13個質子，如果質子數不同，那一定是別種不同的元素。

　　原子核中的質子數稱為**原子序**（atomic number），它的符號以 Z 表示。週期表上所列的所有已知元素（▶ 圖4.9）就是依原子序排列而得，每個元素都用一個獨特的**化學符號**來表示，這符號以1個或2個字母縮寫而成，例如氦（He）、鋁（Al）、鈾（U）。

　　原子序和化學符號的關係是固定的。例如原子序為13，則其化學符號必定是鋁（Al），原子序為92則其化學符號必定是鈾（U），這也可以說明元素的種類是由原子序來決定的。

　　許多元素的化學符號是以英文來命名的，例如碳的符號是C是由carbon、矽（Si）是由silicon、而溴（Br）是由bromine縮寫而來，然而一些元素是由它們的拉丁文來命名，例如鉀（K）是由kalium、而鈉（Na）是由natrium縮寫而來。

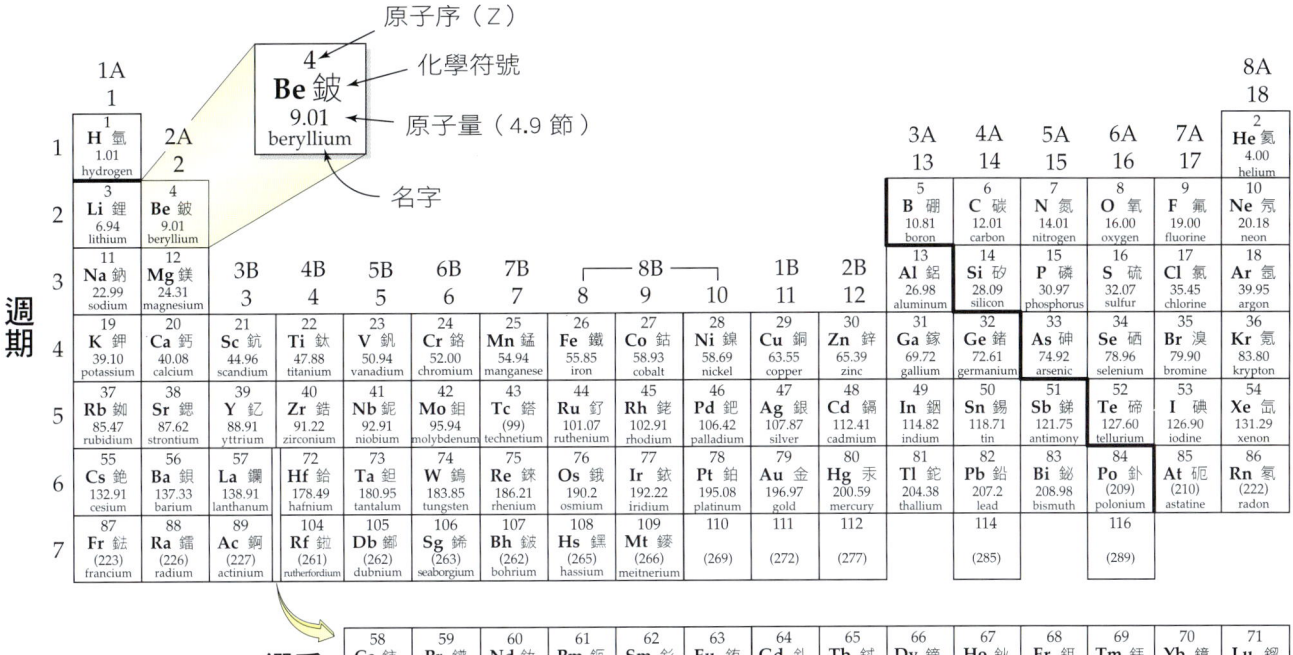

4.5 元素：由質子數來定義

圖 4.9 元素的週期表。

有些元素是由希臘或拉丁文縮寫而來，例如：元素經常以它們的性質來命名，例如氬（argon）係起源於希臘字argos，意思是「不活潑的」，這是由於氬具有化學惰性的性質 —— 不與其它元素反應。溴（bromine）是起源於希臘字bromos，是「惡臭」的意思，這是因為溴具有強烈的臭氣。

也有元素是以國家的名稱來命名，例如釙（polonium）是以波蘭（Poland）來命名；鍅（francium）是以法國（France）來命名；也有以科學家之名來命名的，像鋦（curium）以瑪麗‧居里（Marie Curie）來命名；鍆（mendelevium）是以門得列夫（Mendeleev）來命名。每一種元素的名稱符號和原子序都列在本書封面內頁的週期表裏，而以字母排列的週期表則列在本書封底的內頁中。

▶ 溴（bromine）這個名字起源於希臘語的單字 bromos，是"惡臭"的意思，在這張照片中紅棕色的氣體就是溴蒸氣，具有強烈的臭味。

▲ 鋦以瑪麗‧居里的名字來命名，她是一位化學家，曾協助發現放射性的工作，及發現2種新元素，曾得過兩次諾貝爾獎。

60 第 4 章 原子和元素

範例 4.1　原子序、原子符號和原子的名稱

寫出下列原子符號和原子序
（a）矽（silicon）
（b）鉀（potassium）
（c）金（gold）
（d）銻（antimony）

解答：
在週期表的族中很容易找到它們，也很容易在本書後封面內頁中的依字母排序的元素表中查得。

元素	符號	原子序
矽（silicon）	Si	14
鉀（potassium）	K	19
金（gold）	Au	79
銻（antimony）	Sb	51

4.6　週期律和週期表

▲ 郵票上的人像是門得列夫，俄國的化學教授，他提出週期律並排列出早期的週期表版本。

在19世紀時，一位俄國的化學教授 —— 門得列夫（Dmitri Mendeleev, 1834－1907）將眾多的元素組織成一個週期表。在他那個時代裏，大約已有65種元素被發現，透過許多化學家的研究，這些元素的原子量、化學活性和一些物理性質已被探究清楚，但是尚欠缺有系統的去組織它們。

在1869年，門得列夫注意到某些元素具有相似的性質，他發現**如果將這些元素依照原子量的增加而排列，它們的性質將會重複性的出現相似的性質**（▼圖4.10），他將此觀察到的現象歸納而得此**週期律**（periodic law）。

1	2	3	4	5	6	7	8	9	10	11	12	13	14	15	16	17	18	19	20
H	He	Li	Be	B	C	N	O	F	Ne	Na	Mg	Al	Si	P	S	Cl	Ar	K	Ca

▲ 圖 4.10 **再現的性質。** 表中的元素是依原子量的增加而排列，相同的顏色代表它的性質是相似的。

4.6 週期律和週期表

門得列夫將這些已知的65種元素的性質依照原子量的增加，由左至右排列，結果發現在垂直欄中的元素都具有相似的性質（◀圖4.11）。因為在那個時代裏尚有許多元素尚未被發現，所以他所列的表中尚有許多待填的空位，這些空位可預測將會有元素座落在此位置。例如他預測在矽（Si）元素的下方及位於鎵（Ga）和砷（As）之間必有一種類似矽的元素，結果在1886年，德國的化學家溫克勒（Winkler, 1838－1904）發現一個元素，幾乎與門得列夫預測的元素完全一致──鍺（Ge）。

門得列夫原先的元素列表已逐漸發展成為現在的**週期表**（periodic table），現在的週期表是依照原子序來排列的，這比當初以原子量來排列的準確許多，而且已有更多的元素被發現而排入週期表中。門得列夫的週期律是用觀察分類而得的，因此不能提供一個很正確的理由來說明這些現象，現在我們暫且接受此週期律，在第9章中，我們將會有較有力的理論來解釋這些現象。

週期表內的元素可以分類為金屬、非金屬和兩性元素（▼圖4.12），**金屬**位於週期表的左邊具有相似的性質。它們具有良好的熱和電的傳導性，具有延展性可被錘打成薄片，也可被拉成細絲製成網，具有光澤，並在化學變化中易失去電子。鎂、鐵、鉻和鈉都是很好的金屬例子。

非金屬位於週期表的右上方，由硼到砈之間的對角鋸齒線作為金屬和非金屬間的分界線。非金屬具有很多不同的性質，一些在室

▲ 圖 4.11 **製一個週期表。**如果將圖 4.10 的表把相似性質的元素排入直行的欄中，就可得到類似 Mendeleev 所排列的週期表。

▲ 矽，一種兩性元素，廣用於電腦和電子工業，圖中的矽晶片正在進行蝕刻以便製造電腦晶片。

▲ 圖 4.12 **金屬、非金屬和兩性元素。**週期表中的元素大致上可分為金屬、非金屬和兩性元素。

溫時是固體,一些則是氣體,它們的導熱性和導電性都不好,而且當它們在進行化學變化時大都傾向於得到電子。氧、氮、氯和碘都是很典型的非金屬例子。

位於金屬和非金屬邊界的鋸齒狀分界線上的元素稱為**兩性元素**(metalloids)或稱為**半金屬元素**(semimetals),又稱**半導體**(semiconductors)。它們具有半金屬的混合性質,可改變及控制它們的導電性,用以製造電子產品,如電腦、行動電話和許多現代化的小機件。矽、砷和鍺等都是兩性元素很好的例子。

範例 4.2　將元素分類為金屬、非金屬或兩性元素

分類下列各元素為金屬、非金屬或兩性元素?
(a) Ba
(b) I
(c) O
(D) Te

解答:
(a) 鋇是位於週期表的左邊,所以是金屬。
(b) 碘是位於週期表的右邊,所以是非金屬。
(c) 氧是位於週期表的右邊,所以是非金屬。
(d) 碲是位於週期表的中間偏右且沿著金屬和非金屬的分界線,所以是兩性元素。

週期表可以大略區分為**主族元素**(main-group elements)和**過渡元素**(transition elements)兩大類,主族元素的性質由它們在週期表的位置就可加以預測,而過渡元素或**過渡金屬**(transition metals)的性質則較不易由它們在週期表的位置加以預測(▼ 圖4.13)。位於週期表上,主族元素的每一直欄位稱為**族**(family)或**屬**(group)元素,而且在其欄位之上配有文字和數字。

同族元素通常具有相似的性質。例如8A族的元素又稱為**鈍氣**(noble gases)族,它們是具有化學惰性的氣體,最令人熟悉的鈍氣是氦,常用於填充氣球,而使它能往上飄。氦和其它的鈍氣一

▶ **圖 4.13 主族元素和過渡元素。** 週期表中的元素大致上可分為主族元素和過渡元素,主族元素可在它所在的位置預測應有的性質,但過渡元素很難以所在位置推測其性質。

週期	主族元素		過渡元素										主族元素					
	1A																	8A
1	1 H	2A	族數										3A	4A	5A	6A	7A	2 He
2	3 Li	4 Be											5 B	6 C	7 N	8 O	9 F	10 Ne
3	11 Na	12 Mg	3B	4B	5B	6B	7B		8B		1B	2B	13 Al	14 Si	15 P	16 S	17 Cl	18 Ar
4	19 K	20 Ca	21 Sc	22 Ti	23 V	24 Cr	25 Mn	26 Fe	27 Co	28 Ni	29 Cu	30 Zn	31 Ga	32 Ge	33 As	34 Se	35 Br	36 Kr
5	37 Rb	38 Sr	39 Y	40 Zr	41 Nb	42 Mo	43 Tc	44 Ru	45 Rh	46 Pd	47 Ag	48 Cd	49 In	50 Sn	51 Sb	52 Te	53 I	54 Xe
6	55 Cs	56 Ba	57 La	72 Hf	73 Ta	74 W	75 Re	76 Os	77 Ir	78 Pt	79 Au	80 Hg	81 Tl	82 Pb	83 Bi	84 Po	85 At	86 Rn
7	87 Fr	88 Ra	89 Ac	104 Rf	105 Db	106 Sg	107 Bh	108 Hs	109 Mt	110	111	112		114		116		

4.6 週期律和週期表

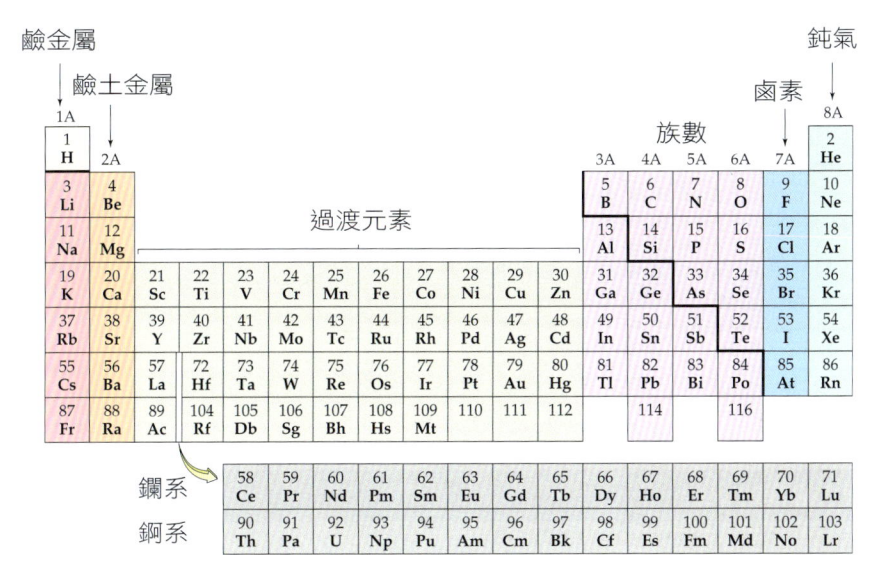

▲ 週期表中的 1A、2A、7A、8A 特別標示出來。

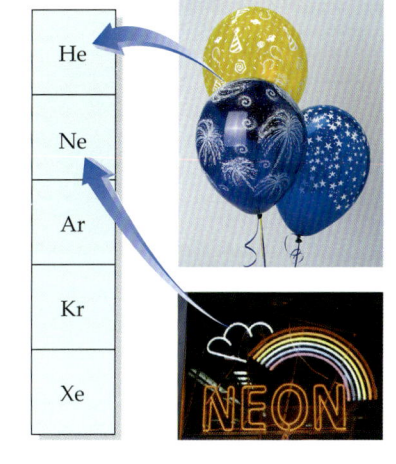

▲ 鈍氣包括氦（用於氣球）氖（用於霓虹燈）、氬、氪和氙。

樣，具有化學的穩定性，不會和其它元素形成化合物，因此充入氣球很安全。其它的鈍氣包括氖、氬、氪及氙，氖經常在霓虹燈裏使用；而氬在我們的空氣中佔有一小部分。1A 族的元素稱為**鹼金屬**（alkali metals），全都是活性很大的金屬，一小塊的鈉若丟入水中將立刻發生猛烈的爆炸，其它的鹼金屬包括鋰、鉀和銣。2A 族的元素稱為**鹼土金屬**（alkaline earth metals），雖然它們的反應性不如鹼金屬強烈，但反應性也頗大，例如將鈣丟入水中，它不會爆炸，但會立刻反應而產生氣泡，其它的鹼土金屬包括鎂、鍶和鋇。鎂是一種低密度的金屬。7A 族的元素稱為**鹵素**（halogens），是反應性非常強的非金屬，最令人熟悉的鹵素或許是氯，氯是一種黃綠色有刺激性的氣體，由於它的反應性強，因此常用於消毒或殺菌。其它的鹵素包括溴、碘和氟。氟是一種淡黃色的氣體；溴是一種紅棕色的液體，很容易蒸發為氣體；碘是一種紫色的固體。

▲ 鹼土金屬包括鈹、鎂（第一張照片，燃燒中）、鈣（第二張照片，丟入水中而冒泡）、鍶和鋇。

▲ 鹼金屬包括鋰（第一張照片）、鈉（第二張照片，丟入水中產生火花）、鉀、銣和銫。

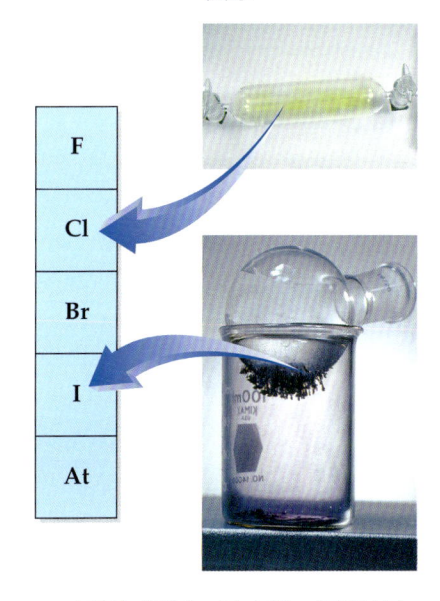

▲ 鹵素包括氟、氯（第一張照片）、溴、碘（第二張照片）和砈。

> **範例 4.3　元素的屬和族**
>
> 下列各元素屬於何屬或何族？
> (a) Mg　　　(b) N
> (c) K　　　　(d) Br
>
> **解答：**
> (a) Mg 是 2A 族，它是鹼土金屬的元素。
> (b) N 是 5A 族。
> (c) K 是 1A 族，它是鹼金屬的元素。
> (d) Br 是 7A 族，它是鹵素。

> ✓ **觀念檢查站 4.2**
>
> 下列敘述何者永遠不可能是對的？
> (a) 一個元素可以同時是過渡元素和金屬。
> (b) 一個元素可以同時是過渡元素和兩性元素。
> (c) 一個元素可以同時是兩性元素和鹵素。
> (d) 一個元素可以同時是主族元素和鹵素。

4.7　離子：失去和獲得電子

在化學反應中，原子經常失去電子或獲得電子而形成帶有電荷的粒子，稱為**離子**（ions）。例如中性的鋰（Li）原子含有3個質子和3個電子。然而在化學反應中鋰原子易失去一個電子（e^-）而形成鋰離子（Li^+）

$$Li \rightarrow Li^+ + e^-$$

這個鋰離子含有3個質子和2個電子，因此具有一個淨正電荷，此淨電荷寫在元素符號的右上角。通常的表示法是先寫淨電荷的數目，然後再寫電荷符號，例如2個正電荷應寫成2+而兩個負電荷應寫成2－，離子的電荷數是以電子的獲得或失去而依照下列公式來計算：

$$離子電荷 = 質子 - 電子$$
$$= \#p - \#e^-$$

此處的 "p" 是代表質子而 "e^-" 是代表電子。

以 Li^+ 為例：

$$離子電荷 = 3 - 2 = 1+$$

中性的氟原子含有9個質子和9個電子，然而在化學反應中氟原子易獲得一個電子而形成 F^- 離子：

$$F + e^- \rightarrow F^-$$

此F⁻離子含有9個質子和10個電子,因此淨電荷是 -1。

離子電荷 = 9-10
　　　　 = 1-

帶正電荷的離子稱為**陽離子**(cations),例如Li⁺,而帶負電荷的離子則稱為**陰離子**(anions),例如 F⁻。

離子的性質和原子完全不同,例如電中性的鈉原子(Na),反應性非常強,而鈉離子(Na^+)的反應性則呈現惰性。我們吃的氯化鈉(NaCl食鹽)就含有鈉離子(Na^+)。

一般而言,陽離子和陰離子都是同時存在的,因此再次的強調,一般的物質是以電中性的方式存在於自然界中。

範例 4.4　由質子數和電子數來計算電荷數

計算下列各組的電荷數。
(a) 鎂離子有 10 個電子。
(b) 硫離子有 18 個電子。
(c) 鐵離子有 23 個電子。

解答:

公式:離子電荷 = #p - #e⁻

元素的質子數可由週期表中的原子序求得。
(a) 鎂的原子序為 12,有 12 個質子　離子電荷 = 12 - 10 = 2+　(Mg^{2+})
(b) 硫的原子序為 16,有 16 個質子　離子電荷 = 16 - 18 = 2-　(S^{2-})
(c) 鐵的原子序為 26,有 26 個質子　離子電荷 = 26 - 23 = 3+　(Fe^{3+})

範例 4.5　由離子中計算質子數和電子數

求 Ca^{2+} 的質子數和電子數。

解答:

由週期表中可得到 Ca 的原子序是 20,因此 Ca 有 20 個質子,而電子數可由公式求得。

離子電荷 = #p - #e⁻
　　2+ = 20 - #e⁻
　　#e⁻ = 20 - 2 = 18

因此電子數是 18,鈣離子(Ca^{2+})有 20 個質子和 18 個電子。

🌑 離子和週期表

我們已經學得在化學反應中金屬具有失去電子的傾向而非金屬則具有獲得電子的傾向,利用週期表上的**主族元素**,我們可以預測那些元素會失去或獲得多少個電子。主族元素的1~8的數字,代表

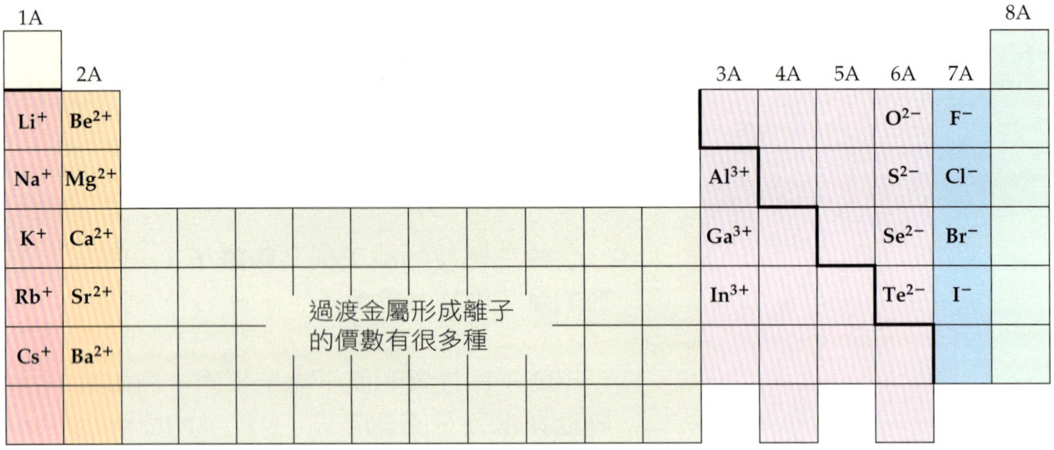

第 4 章 原子和元素

	1A	2A											3A	4A	5A	6A	7A	8A
	Li$^+$	Be^{2+}														O^{2-}	F$^-$	
	Na$^+$	Mg^{2+}											Al^{3+}			S^{2-}	Cl$^-$	
	K$^+$	Ca^{2+}											Ga^{3+}			Se^{2-}	Br$^-$	
	Rb$^+$	Sr^{2+}					過渡金屬形成離子的價數有很多種						In^{3+}			Te^{2-}	I$^-$	
	Cs$^+$	Ba^{2+}																

▶ 圖 4.14 過渡金屬形成離子的價數有很多種。

的是各族元素的**價電子**（velance electrons）。在第九章將會很仔細的討論有關於價電子的問題，現在我們只要知道價電子是位於原子最外層的電子。例如氧是在6A族，因此得知具有6個價電子，鎂位於2A族，因此得知它具有兩個價電子…等，由價電子的數目可以預知它在形成化合物時的鍵結能力，這將在第10章仔細的說明。

金屬或非金屬形成電荷的關鍵因素是：**主族元素易變為離子傾向的特性是因為可藉著失去或獲得電子以達成與惰性氣體相同的價電子數**。例如氧原子的價電子是6個，若再另外得到兩個電子則可使氧原子的價電子數變成8個，這恰與氖的價電子數相同，因此很安定，因此易形成O^{2-}。同樣的，鎂的價電子數是2，因此如果失去這2個價電子，也可以形成與氖相同的價電子數。

根據相同的原理，1A族的鹼金屬，都是傾向於失去一個電子而形成1＋的離子，而2A族的鹼土金屬則傾向於失去2個電子而形成2＋的離子。7A族的鹵素，則傾向於得到一個電子而形成1－的離子。週期表上的A族元素會形成離子之預測表列於▲圖4.14。

範例 4.6　由週期表的位置預測離子的電荷

由週期表的位置預測鋇和碘的離子型式。

解答：

鋇是2A族，它將生成2＋，（Ba^{2+}）。
碘是7A族，它將生成1－，（I^-）。

✓ 觀念檢查站 4.3

下列各離子中何者具有相同的電子數？
(a) Na^+ 和 Mg^{2+}
(b) F^- 和 Cl^-
(c) O^- 和 O^{2-}
(d) Ga^{3+} 和 Fe^{3+}

4.8 同位素：中子數變動時

相同元素中的所有原子都是具有相同的質子數，但它們卻不一定含有相同的中子數。中子的質量與質子幾乎相同（1 amu），所以中子數較多的原子必定會較重。這說明了當初道耳吞提出的原子理論在這方面是錯誤的，應該是相同的元素中的原子質量未必相同，例如所有的氖原子都具有10個質子，但中子數卻分別有10個、11個及12個（▼圖4.15）。自然界中之三種氖原子都存在，它們的質量有些微的不同，中子數越多的，質量越大，像這種質子數相同但中子數不同的原子稱為**同位素**（isotopes）。

在自然界中，鈹（Be）和鋁（Al）只有一種同位素，但氖（Ne）和氯（Cl）則有二種或二種以上的同位素。幸好在自然界中，每一種元素所含有的同位素的比例是固定的，例如氖原子裏90.48%含有10個中子，0.27%含有11個中子，而9.25%則是含有12個中子。這個意思是說每10000個氖原子中含有10個中子的有9048個，含有11個中子的有27個，而含有12個中子的有925個。這些百分比稱為同位素的**自然蘊藏百分比**（percent natural abundance），週期表內的每一種元素都有它獨特的同位素自然蘊藏百分比。

原子內的中子數與質子數的總和稱為**質量數**（mass number），以符號A表示：

質量數（A）= 質子數 + 中子數

氖有10個質子，而中子數分別有10、11和12個，因此它的質量數分別為20、21和22。

同位素通常以下列的符號表示：

$$^A_Z X$$

質量數 A，原子序 Z，化學符號 X

▶ 圖4.15 **氖的同位素**。自然界的氖有三種不同的同位素，Ne-20（有10個中子）、Ne-21（有11個中子）、Ne-22（有12個中子）。

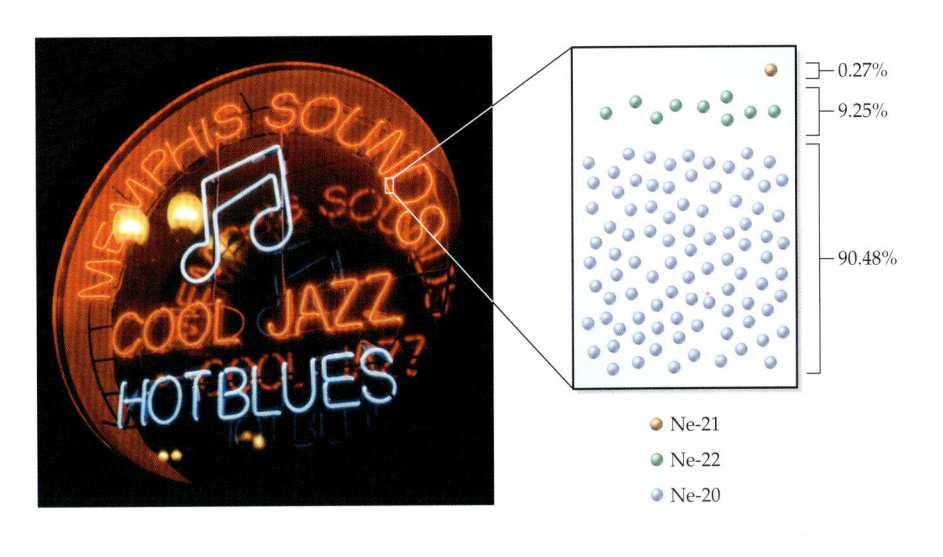

- 0.27%
- 9.25%
- 90.48%

● Ne-21
● Ne-22
● Ne-20

表 4.2 氖的同位素

符號	質子數	中子數	A（質量數）	自然界中的蘊含量
Ne-20 或 $^{20}_{10}$Ne	10	10	20	90.48%
Ne-21 或 $^{21}_{10}$Ne	10	11	21	0.27%
Ne-22 或 $^{22}_{10}$Ne	10	12	22	9.25%

此處的X是指化學符號，A是指質量數，而Z是指原子序，例如Ne的3種同位素表示如下：

$$^{20}_{10}\text{Ne} \quad ^{21}_{10}\text{Ne} \quad ^{22}_{10}\text{Ne}$$

化學符號Ne的原子序必定是10，每一種元素的符號和原子序必定成對出現，但是質量數卻會依中子數的不同而變動。同位素尚有另一種表示法，那是在化學符號和質量數之間加一連結線：

化學符號或名字　X－A　質量數

依此表示法，Ne的同位素可寫為：

Ne-20，氖-20
Ne-21，氖-21
Ne-22，氖-22

現將所學得的氖同位素列於表4.2中。

須注意的是，所有元素的同位素都必須要有相同的質子（否則將是不同的元素），中子的數目則是質量數減去原子序的差值。

範例 4.7　　原子序、質量數和同位素符號

碳同位素（含7個中子）的原子序（Z）、質量數（A）和同位素的符號為何？

解答：

由週期表可得碳的原子序（Z）是6，因此碳原子有6個質子，質量數（A）是7個中子與6個質子的和。

$$A = 6 + 7 = 13$$

因此 Z = 6，A = 13，此同位素之表示符號為 C-13 及 $^{13}_{6}$C

範例 4.8　　由同位素符號中求質子數及中子數。

鉻的同位素 $^{52}_{24}$Cr 中有多少個質子和中子？

解答：

質子數為 Z，因此，#P = Z = 24
中子數為質量數減去質子數，#n = A - Z = 52 - 24 = 28

✓ 觀念檢查站 4.4

若一原子的質量數是27，有14個中子，則此同位素是何種元素？

(a) 矽（Si）　　　　(b) 鋁（Al）
(c) 鈷（Co）　　　　(d) 鈮（Nb）

4.9 原子量

道耳吞的原子理論曾說：「所有相同元素中的原子都具有相同的質量」，然而由我們剛學過的同位素單元中，我們知道因為有同位素的關係，所以相同元素的原子並不具有相同的質量。道耳吞的原子理論並不完全正確。

我們可以用計算的方式求得每個元素中原子的平均質量 ── 稱為 **原子量** (atomic mass)，原子量的值已列於週期表中的元素符號的下方。例如氯 (Cl) 的原子量是 35.45 amu，這是自然界中兩種氯原子同位素 (Cl-35　34.97 amu　75.77%，Cl-37　36.97 amu　24.23%) 的平均質量，其原子量的計算公式為：

原子量 = (0.7577×34.97 amu) + (0.2423×36.97 amu) = 35.45 amu

此原子量的 35.45 amu 數值接近 Cl-35，因為自然界中 Cl-35 的含量較多。

在計算時應注意需將百分比轉換成小數點，例如：

75.77% = 75.77 / 100 = 0.7577
24.23% = 24.23 / 100 = 0.2423

一般而言，原子量的計算是依照下列的公式：

原子量 = (同位素1的分率 × 同位素1的質量) +
　　　　(同位素2的分率 × 同位素2的質量) +
　　　　(同位素3的分率 × 同位素3的質量) + ----

在自然界中，每一種同位素的蘊含百分比須先轉化成小數。原子量的用處很廣，在第6章中，我們將根據它來計算試樣中每一種元素的含量。

範例 4.9　原子量的計算

鎵 (Ga) 在自然界中有兩種同位素：Ga-69，68.9256 amu，含量 60.11% 及 Ga-71，70.9247 amu，含量 39.89%，請計算鎵的原子量。

解答：
先將百分比轉換成小數點：

Ga-69的分率 = $\frac{60.11}{100}$ = 0.6011

Ga-71的分率 = $\frac{39.89}{100}$ = 0.3989

原子量 = (0.6011×68.9256 amu) + (0.3989×70.9247 amu)
　　　 = 41.4312 amu + 28.2919 amu
　　　 = 69.7231 = 69.72 amu

習題

問答題

1. 列出 3 個次原子粒子並說明其性質。
2. 非金屬的性質為何？它位於週期表的何處？
3. 什麼是離子？

練習題

4. 下列敘述何者與道耳吞的原子理論不同？為什麼？
   (a) 所有的碳原子都是相同的。
   (b) 氦原子可以分裂為 2 個氫原子。
   (c) 一個氧原子可以和 1.5 個氫原子形成水分子。
   (d) 2 個氧原子可以和 1 個碳原子形成二氧化碳分子。

5. 下列有關於電子的敘述何者正確？
   (a) 電子間會互相排斥。
   (b) 電子會吸引質子。
   (c) 一些電子的電荷是 -1，一些則不具電荷。
   (d) 電子的質量遠低於中子。

6. 多少個電子的質量總和才會和一個質子的質量相似？

7. 寫出下列各元素的原子序
   (a) Co (b) Ir (c) U
   (d) Si (e) Be

8. 下列原子的原子核中有多少個質子？
   (a) Mn (b) Ag (c) Au
   (d) Pb (e) S

9. 寫出下列各元素的化學符號和原子序：
   (a) 碳 (b) 氮 (c) 鈉
   (d) 鉀 (e) 銅

10. 寫出下列各元素的名稱及原子序：
    (a) Au (b) Si (c) Ni
    (d) Zn (e) W

11. 下列各元素是屬於金屬、非金屬或兩性元素？
    (a) Sr (b) Mg (c) F (d) N (e) As

12. 下列各元素中那些是屬於主族元素？
    (a) Te (b) K (c) V (d) Re (e) Ag

13. 下列各元素中那些是屬於鹼土金屬？
    (a) 鈉 (b) 鋁 (c) 鈣 (d) 鋇 (e) 鋰

14. 完成下列各方程式
    (a) $Na \rightarrow Na^+ + _____$
    (b) $O + 2e^- \rightarrow _____$
    (c) $Ca \rightarrow Ca^{2+} + _____$
    (d) $Cl + e^- \rightarrow _____$

15. 下列各離子中的質子數及電子數為何？
    (a) K^+ (b) S^{2-} (c) Sr^{2+} (d) Cr^{3+}

16. 預測下列各元素可形成的離子。
    (a) Rb (b) K (c) Al (d) O

17. 下列各同位素之原子序及質量數為何？
    (a) 氫同位素，1 個中子。
    (b) 鉻同位素，27 個中子。
    (c) 鈣同位素，20 個中子。
    (d) 鉭同位素，108 個中子。

18. 下列各原子之質子數及中子數為何？
    (a) $^{23}_{11}Na$ (b) $^{266}_{88}Ra$
    (c) $^{208}_{82}Pb$ (d) $^{14}_{7}N$

19. 銣有 2 種同位素：Rb-85 及 Rb-87。Rb-85 的質量是 84.9118 amu，佔 72.17%；Rb-87 則為 86.9092，佔 27.83%。請計算 Rb 的原子量。

20. 溴的原子量為 79.904 amu，有 2 種同位素，Br-79 和 Br-81。
    (a) 如果 Br-79 佔 50.69%，則 Br-81 佔多少百分比%
    (b) 如果 Br-81 的質量是 90.9163 amu，則 Br-79 的質量為何？

Everyday Chemistry

Atoms and Humans

All matter is composed of atoms. What does that mean? What does it imply? It means that everything before you is composed of tiny particles too small to see. It means that even you and I are composed of these same particles. We acquired those particles from the food we have eaten over the years. The average carbon atom in our own bodies has been used by twenty other living organisms before we got it and will be used by other organisms after we die.

The idea that all matter is composed of atoms has far-reaching implications. It implies that our bodies, our hearts, and even our brains are composed of atoms acting according to the laws of chemistry and physics. Some have viewed this as a devaluation of human life. We have always wanted to distinguish ourselves from everything else, and the idea that we are made of the same basic particles as all other matter takes something away from that distinction . . . or does it?

CAN YOU ANSWER THIS? Do you find the idea that you are made of atoms disturbing? Why or why not?

Solid Matter?

If matter really is mostly empty space as Rutherford suggested, then why does it appear so solid? Why can I tap my knuckles on the table and feel a solid thump? Matter appears solid because the variation in the density is on such a small scale that our eyes can't see it. Imagine a jungle gym one hundred stories high and the size of a football field. It is mostly empty space. Yet if you viewed it from an airplane, it would appear as a solid mass. Matter is similar. When you tap your knuckle on the table, it is much like one giant jungle gym (your finger) crashing into another (the table). Even though they are both primarily empty space, one does not fall into the other.

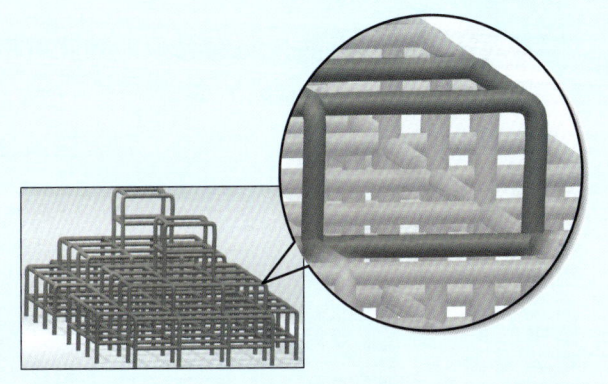

▲ Matter appears solid and uniform because the variation in density is on a scale too small for our eyes to see. Just as this scaffolding appears solid at a distance, so matter appears solid to us.

CAN YOU ANSWER THIS? Use the jungle gym analogy to explain why most of Rutherford's alpha-particles went right through the gold foil and why a few bounced back. Remember that his gold foil was extremely thin.

環境中的化學

在華盛頓的漢佛地區的放射性同位素

自然界中鉛的穩定同位素有 Pb-206，Pb-207 和 Pb-208。但是元素的同位素之原子核並非全部都很穩定，例如科學家可在實驗室中製造 Pb-185。在數秒鐘內，它們合成出來的 Pb-185 會從原子核中發出一些高能量的次原子粒子，並且使 Pb-185 轉變成另外一個不同的元素。

放出這些次原子粒子的現象稱為核輻射，同位素因為放射它們而具有放射性。核輻射與不穩定的原子核有關，它放出的高能量粒子會與生物體的分子作用，因而傷害人類及生物。一些像 Pb-185 的同位素在很短的時間裏放射出大量的輻射，但有些同位素放射的時間很長，有高達數百萬年，甚至幾十億年。

核能和核子武器工業都會產生含有數種不同性質的不穩定同位素 —— 核廢料，這些同位素大多會放射出很久的輻射線，因此處理這些核廢料是一個很麻煩的環境問題。例如，位於華盛頓的漢佛，50 年來為了製造核武器而生產核燃料，現在在那邊有 177 個地下儲槽，已裝有 5500 萬加侖的高階核廢料。在可預知的未來，這些具有放射性的核廢料將長時間的放射輻射物質，很不幸的，這些儲槽將來會因為久了而發生滲漏現象而流入環境，最後會污染水源及食物進而影響所有生物的健康。

美國現正在進行有史以來最大、最貴的環境清理工程，美國政府將用20年以上的時間，花費100億美元清理這些核廢料。

放射性的同位素並非全是有害而無利，其實好處也不少，例如 Tc-99 經常用於替病患診斷疾病，Tc-99 的輻射可使身體的內部器官產生清晰的圖像而幫助醫生診斷和發現感染。

你能回答這個問題嗎？ 請寫出下列各同位素的中子數量：Pb-206，Pb-207，Pb-208，Pb-185，Tc-99。

▶ 在華盛頓地區的漢佛儲存有 5500 萬加侖的核廢料，圖中的每個儲槽容量是 100 萬加侖。

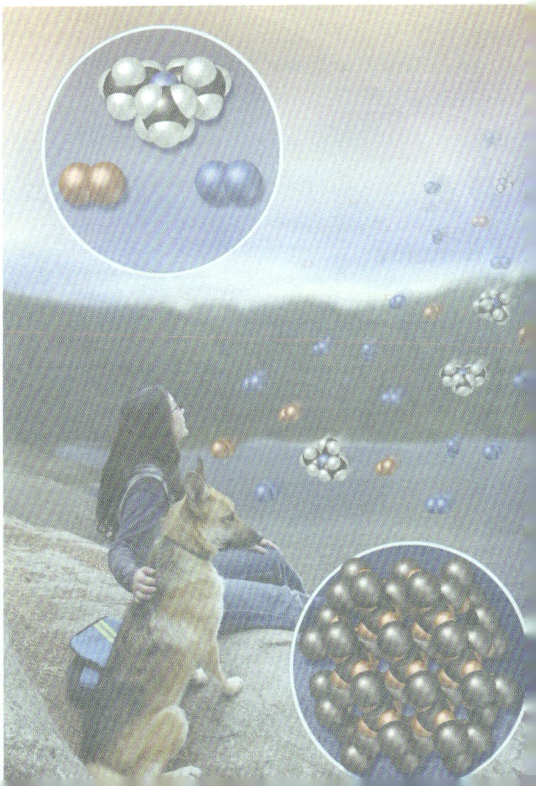

Across
1. A type of sugar
16. Element N
26. Thirsty?
42. Part of water
51. Not real sugar
66. ___ composition

CHAPTER 3

第5章
分子和化合物

5.1	糖和鹽
5.2	定組成的化合物
5.3	化學式：化合物的表示法
5.4	元素和化合物的分子觀點
5.5	離子化合物的化學式
5.6	命名法：化合物的命名
5.7	離子化合物的命名
5.8	分子化合物的命名
5.9	酸的命名
5.10	命名摘要
5.11	分子量：分子的質量或式量

"Almost all aspects of life are engineered at the molecular level, and without understanding molecules, we can only have a very sketchy understanding of life itself."

Francis Harry Compton Crick
(1916–2004)

幾乎生命的各方面都是在分子層次中工程化而成的，因而不了解分子，我們所知的就僅是生命自身這個粗略的輪廓而已。

弗蘭克‧哈利‧康普頓‧克里克
（1916 — 2004）

5.1 糖和鹽

鈉是有光澤的金屬（▼圖5.1），一遇空氣中的氧，立刻失去光澤，是反應性極強，具有毒性的元素。若不小心吃到一點點，就需要立即送醫。氯是一種淡黃色的氣體（▼圖5.2），也同樣是反應性很強的元素，但這兩種元素混合反應而生成的化合物（氯化鈉）不但沒有毒而且還是可增添食物風味的食鹽（▶圖5.3）。由此可知，元素變成化合物後的性質已完全改變。

糖也是化合物，由碳、氫和氧所組成，這些元素都具有獨特的性質。我們最熟悉的鉛筆芯（石墨）和鑽石，它們的成分都是碳。氫是十分易燃的氣體，可作為太空船的燃料，而氧是空氣的重要組成之一，當這三種元素組成糖時，得到的卻是甜的，白色的固體結晶。

◀ 蔗糖的分子中含有C、H、O三種原子，但蔗糖的性質和C、H、O原子的完全不同（化合物的性質和它的組成元素完全不同）。

▲ 圖 5.1 **鈉元素**。鈉是極為活潑的金屬—經切割與空氣接觸就會立刻失去光澤。

▲ 圖 5.2 **氯元素**。氯是黃色的刺激性氣體，具有高的活性和毒性。

▶ 圖 5.3 **氯化鈉**。食鹽的化合物是由鈉和氯反應而形成。

在第4章裏,我們已經得知元素是由質子、中子和電子所組成的,每一種元素都有它獨特的性質。在本章中,我們將學習如何藉由這些元素的組合而生成不同的化合物。自然界是如此奇妙,如何可以用很簡單的質子、中子和電子來製造非常複雜的物體,而正是這種複雜性甚至使生命成為可能。如果單靠存在於自然界的91種元素而沒有彼此作用結合來形成化合物,那麼就不可能創造出具有生命的組織體。

5.2 定組成的化合物

雖然我們在日常生活中常會遇到元素,但它們大多以化合物的形式出現,在第3章裏已說明,化合物和一些混合在一起的元素是不同的。在化合物中,元素是以固定的比例互相結合而成,但混合物卻是可用任意的比例混合而得。例如,氫和氧的混合物,它可用任意的比例混合而得,而由氫、氧原子組合而成的化合物 —— 水是不同的,水分子是由很明確的2個氫原子和1個氧原子所組成。

約瑟夫・普勞斯特(Joseph Proust,1754－1826)是第一位提出元素結合成化合物具有固定比例的化學家,他提出的**定比定律**或稱為**定組成定律**(law of constant composition)為:

對任一化合物的所有樣品都具有相同比例的組成元素。

例如,如果將水(H_2O)分解,則每得到2.0克氫,就會得到16.0克的氧,或氧和氫的質量比為:

$$質量比 = \frac{16.0 \text{ g O}}{2.0 \text{ g H}} = 8.0$$

無論這水來自於何處,任何純水都是以這種比例結合成化合物,定組成定律不僅適用於水分子,其它任何化合物也都適用。例如氨(NH_3),一種由氮和氫生成的化合物,每3.0克的氫就會含有14.0克的氮,其氮－氫的質量比為:

$$質量比 = \frac{14.0 \text{ g N}}{3.0 \text{ g H}} = 4.7$$

同樣的,無論來自何處,任何氨都是以這種比例結合成化合物。

▲ 圖 5.4 **混合物**。這氣球充滿了氫和氧的混合氣體,氫和氧的量可隨意變動。

5.3　化學式：化合物的表示法　77

▲ 圖 5.5 **化合物**。這氣球充滿了水，水分子是由氫和氧以固定的比例所組成（來源：JoLynn E. Funk）。

每個水分子都有 2 個氫原子（○）和 1 個氧原子（●）

▲ 圖 5.6 **化合物有固定的組成**。水分子無論來自何處都具有固定的氫和氧的比值。

每個水分子都有 2 個氫原子（○）和 1 個氧原子（●）

範例 5.1　定組成的化合物

由兩種不同地方取得的二氧化碳，分解後得到的組成元素之質量分別為 4.8 克的氧和 1.8 克的碳，以及 17.1 克的氧和 6.4 克的碳。試由這些結果證明它們都符合定組成定律。

解答：

第一個試樣：$\dfrac{氧的質量}{碳的質量} = \dfrac{4.8g}{1.8g} = 2.7$

第二個試樣：$\dfrac{氧的質量}{碳的質量} = \dfrac{17.1g}{6.4g} = 2.7$

兩種試樣的元素質量比均為 2.7，因此證明它們均符合定組成定律。

5.3　化學式：化合物的表示法

化合物常以化學式來表示，化學式中含有每一個組成元素的化學符號及相關元素的原子數量（標示在右下角），若下標的數字為 1 時可以省略。例如，水的化學式（H_2O）中顯示水分子是由氫原子和氧原子以 2：1 的比例所組成。

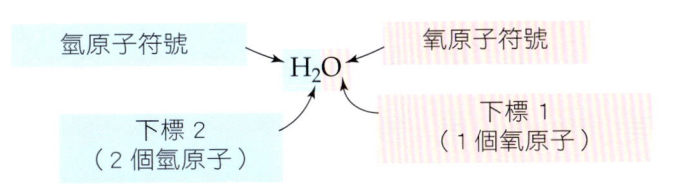

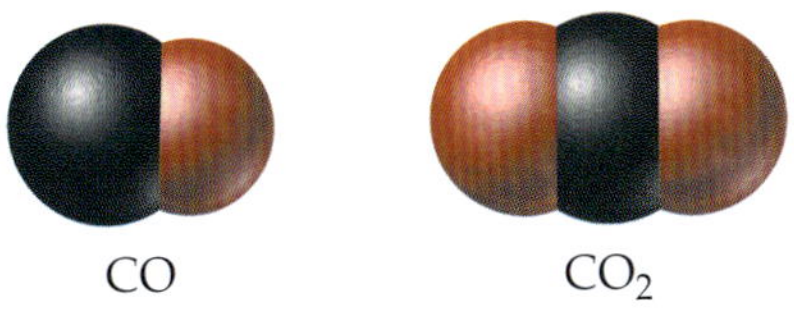

氫原子符號　　　　　　　氧原子符號
　　　　　　　H_2O
下標 2　　　　　　　　　下標 1
（2 個氫原子）　　　　　（1 個氧原子）

CO　　CO$_2$

▲ 化學式的下標不同，將是不同的化合物。

其餘常見的化學式如食鹽（NaCl），是由鈉原子及氯原子以 1：1 的比例所組成，蔗糖（$C_{12}H_{22}O_{11}$）則分別由碳、氫、氧三種原子以 12：22：11 的比例所組成。如果下標的數字改變了，則表示那已是另外一種化合物，組成性質將完全不同。例如，CO（一氧化碳）是空氣污染中傷害人類健康很嚴重的氣體，在汽車排出的廢氣中含量很多，若吸入人體會阻礙血液輸送氧的能力而令人致命。如果將CO中下標的數字由1改為2，則成為另一種化合物CO_2（二氧化碳），此種氣體化合物相較之下是無害的，是燃燒和人類呼吸的產物。我們自始至終一直吸進吐出一些CO_2的氣體而沒有受到傷害。因此謹記：

> 在化學式中的下標表示在化合物中每一原子種類的相對數字；對一特定化合物這數字絕不改變。

寫化學式時，通常是先寫金屬元素，因此食鹽的化學式是NaCl，並非ClNa，若化合物中不含金屬元素，則以在週期表中較靠近金屬位置之左邊或下方之元素先寫。在第4章中曾提及金屬元素位於週期表的左方而非金屬則位於右上方，例如二氧化碳及一氧化氮是CO_2和NO，不是O_2C及ON。在週期表中的同一直欄（族）中下方的元素寫在前面，因此二氧化硫應寫成SO_2而不是O_2S。依照這些規則，非金屬元素在寫化學式之優先順序列於表5.1。

表 5.1 非金屬元素在化學式中的排列順序

C	P	N	H	S	I	Br	Cl	O	F

靠左邊的元素優先寫在前面

範例 5.2　　寫化學式

寫出下列各項的化學式：
(a) 化合物由每3個氧原子搭配2個鋁原子所組成。
(b) 化合物由每個硫原子搭配3個氧原子所組成。
(c) 化合物由每個碳原子搭配4個氯原子所組成。

解答：
(a) 由於鋁是金屬，需寫在前面，因此化學式為 Al_2O_3。
(b) 在週期表中硫位於氧的下方，由表 5.1 知，硫應寫在前面，因此化學式為 SO_3。
(c) 在週期表中碳位於氯的左方，碳應寫在前面，因此化學式為 CCl_4。

有些化學式含有原子團的單位，當此原子團的數量超過1時用括弧括起來，然後在下標處寫出數字，例如，$Mg(NO_3)_2$表示這個化合物含有一個鎂原子（Mg）和2個硝酸根NO_3^-（根是代表原子團

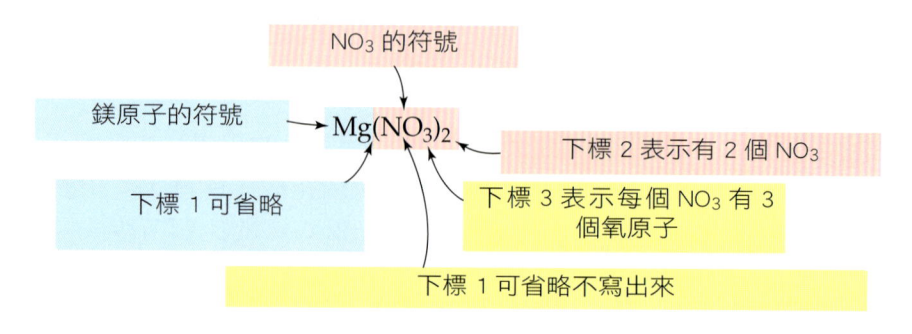

$Mg(NO_3)_2$

- 鎂原子的符號 → Mg
- 下標 1 可省略
- NO_3 的符號
- 下標 2 表示有 2 個 NO_3
- 下標 3 表示每個 NO_3 有 3 個氧原子
- 下標 1 可省略不寫出來

5.4 元素和化合物的分子觀點　79

之意）。原子團內之總原子數目可由括弧處之下標數字乘以括弧內之原子數而得，因此，Mg（NO₃）₂中，每個原子之總數為：

Mg：1個1Mg
N：1 × 2 = 2 N （括弧內的1乘括弧外的2）
O：3 × 2 = 6 O （括弧內的3乘括弧外的2）

範例 5.3　　化學式中每個原子的總數

請計算 Mg₃（PO₄）₂中每個原子之總數。

解答：
Mg：下標是3，因此有3個Mg原子
P：有2個P原子（括弧內的1乘括弧外的2）
O：有8個O原子（括弧內的4乘括弧外的2）

✓ 觀念檢查站 5.1

下列各化學式中何者具有最大的原子數？

(a) Al(C₂H₃O₃)₃　　　(b) Al₂(Cr₂O₇)₃
(c) Pb(HSO₄)₄　　　　(d) Pb₃(PO₄)₄
(e) (NH₄)₃PO₄

5.4　元素和化合物的分子觀點

在第3章中，我們曾學過純物質可以細分為元素和化合物，在此我們能依它們組成的基本單位更進一步的細分元素和化合物（▼圖5.7），元素中可分為原子或分子，而化合物中可分為分子或離子。

▶ 圖 5.7 **元素和化合物的分子觀。**

純物質
├─ 元素
│　├─ 原子型　例如：Ne
│　└─ 分子型　例如：O₂
└─ 化合物
　├─ 分子　例如：H₂O
　└─ 離子　例如：NaCl

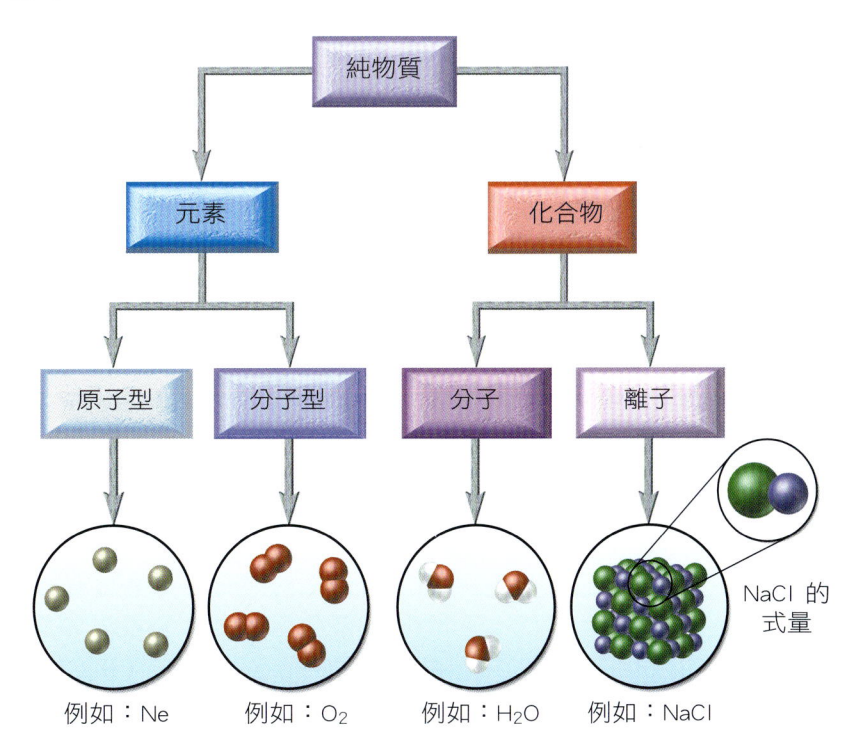

NaCl 的式量

原子元素

原子元素（atomic elements）在自然界中只以1個單一的原子存在，例如氦、銅和汞（◀圖5.8）都是由一種原子所組成。

▲ 圖 5.8 **原子元素。**汞只有一種汞金屬組合而成。

分子元素

分子元素（molecular elements）在自然界中，不以單一的原子存在，而是以相同元素的2個原子互相結合的方式存在著，例如H_2、O_2和Cl_2（▼圖5.9）。表5.2列出的是雙原子分子（▼圖5.10）。

▲ 圖 5.9 **分子元素。**氯分子由 2 個氯原子所組成的雙原子分子。

▲ 圖 5.10 **形成雙原子分子的元素。**黃色區塊的元素常形成雙原子分子，它們都是非金屬。

表 5.2 形成雙原子分子的元素

元素的名稱	基本單元的化學式
氫 hydrogen	H_2
氮 nitrogen	N_2
氧 oxygen	O_2
氟 fluorine	F_2
氯 chlorine	Cl_2
溴 bromine	Br_2
碘 iodine	I_2

分子化合物

分子化合物（molecular compounds）由2個或更多的非金屬元素所組成，例如水是由H_2O分子所組成，乾冰是由CO_2分子所組成（▶圖5.11），而丙酮則是由C_3H_6O的分子所組成。

離子化合物

離子化合物（ionic compounds）由金屬和非金屬原子所結合而成，金屬有失去電子的傾向，而生成帶正電的離子，非金屬則有獲得電子的傾向，而生成帶負電的離子，因此正負離子可彼此互相吸引。離子化合物的基本單元稱為**式單位**（formula unit），它是形成電中性的最小離子式。它並非單獨存在而只是代表整個離子晶體的大晶格中的一小部分而已，例如食鹽（NaCl）是由Na^+和Cl^-以1：1的

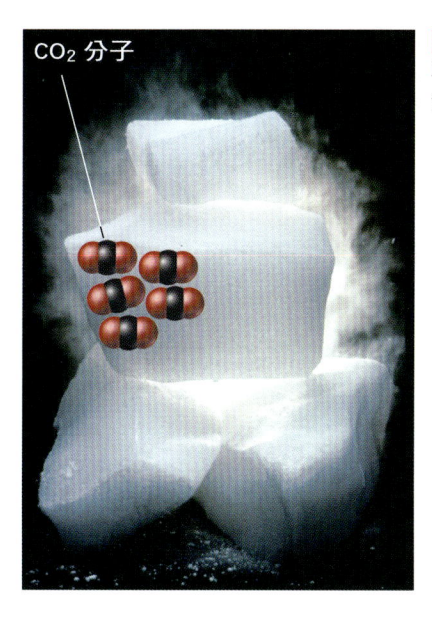

▶ 圖 5.11 **分子化合物。** 乾冰是由 CO_2 所組成的分子化合物。

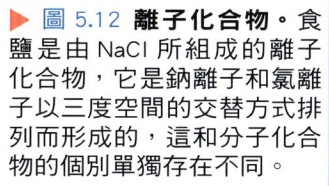

▶ 圖 5.12 **離子化合物。** 食鹽是由 NaCl 所組成的離子化合物，它是鈉離子和氯離子以三度空間的交替方式排列而形成的，這和分子化合物的個別單獨存在不同。

比例組成，而Na^+及Cl^-並不是一個Na^+配一個Cl^-的方式，而是以交替的方式存在於三度空間的結晶陣列中（▲ 圖5.12）。有時化學家以此離子化合物的式單位當成分子式，但這不是很正確的，因為離子化合物並不像分子化合物那般具有單獨的分子區隔。

範例 5.4　　物質的分類：原子元素、分子元素、分子化合物或離子化合物

將下列各項分類為：原子元素、分子元素、分子化合物或離子化合物。

(a) 氪（krypton）　　(b) $CoCl_2$　　(c) 氮（nitrogen）

(d) SO_2　　　　　　(e) KNO_3

解答：

(a) 氪是一種元素，且未列於表 5.2 的雙原子分子中，因此是一種原子元素。
(b) $CoCl_2$ 是由金屬（Co）和非金屬（Cl）所組成，因此是一種離子化合物。
(c) 氮是一種元素，且列於表 5.2 的雙原子分子中，因此是一種分子元素。
(d) SO_2 是由兩個非金屬所組成，因此是一種分子化合物。
(e) KNO_3 是由金屬鉀（K）和 2 種非金屬元素所組成（N，O），因此是一種離子化合物。

5.5　離子化合物的化學式

由於離子化合物必須保持電中性，而且在週期表中的各主族元素中，元素可預期的電荷只可形成一種價數的離子，因此可根據此性質寫出離子化合物的化學式，例如鈉原子和氯原子所組成的離子式單位為NaCl，因為Na通常是形成1+ 的陽離子，而Cl則是形成1- 的陰離子，為了能形成電中性，每個Cl^-需搭配一個Na^+。鎂和氯形成的離子化合物則必須是$MgCl_2$，因為Mg是生成2+ 的陽離子，而Cl是生成1- 的陰離子，為了要保持電中性，因此1個Mg^{2+}必須搭配2個Cl^-。

第 5 章 分子和化合物

一般而言：

- 離子化合物通常包含正離子和負離子。
- 在化學式中，陽離子的正電荷總數和陰離子的負電荷總數要相等。

寫離子化合物的化學式可依下列左欄的步驟來完成，2個例子則列於中間及右邊的欄位上。

寫離子化合物的化學式	範例 5.5 寫出鋁和氧原子所形成離子化合物的化學式。	範例 5.6 寫出鎂和氧原子所形成離子化合物的化學式。
1. 寫出金屬元素及非金屬元素的符號及電荷（在圖 4.14 中的週期表中可看到各族元素所具有的電荷）。	解答： Al^{3+} O^{2-}	解答： Mg^{2+} O^{2-}
2. 將離子之電荷數寫入對方離子的下標處（電荷的符號不必寫出）。	Al^{3+} O^{2-} ↓ Al_2O_3	Mg^{2+} O^{2-} Mg_2O_2
3. 使下標的數字按比例減至最低。	不能再減低 Al_2O_3 就是正確的式子	下標之數字各除以 2 $\frac{Mg_2O_2}{2} = MgO$
4. 檢查陽離子及陰離子的電荷數是否相等。	陽離子：2（3+）= 6+ 陰離子：3（2-）= 6- 數目相同，電荷互消。	陽離子：2+ 陰離子：2- 數目相同，電荷互消。

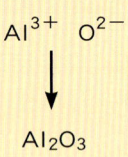

範例 5.7　寫離子化合物的化學式

寫出鉀和氧原子所形成離子化合物的化學式。

解答：

依據圖 4.14 之週期表寫出離子，將 K^+ 的電荷數寫入對方（O^{2-}）離子的下標

K^+　O^{2-}　→　K_2O

K_2O 已是最簡式，免再簡化
檢查電荷數：陽離子 = [2（1+）= 2+]　陰離子 = [1（2-）= 2-]
兩者總電荷數相等，因此正確的離子式為 K_2O。

5.6　命名法：化合物的命名

為了讓數量繁多的每一個化合物都具有一個專有的名稱，以便於看到名稱就可知道它的化學式（或看到化學式就知道它的名稱），於是化學家發展了一套命名的方法。不過有許多常見的化合物因為太熟悉了，所以常用它的俗名，例如H_2O的系統名是一**氧化**

二氫，而俗名是**水**，俗名就如同是化合物的綽號。在以下幾節中，將學習如何有系統地對離子和分子化合物命名。然而要記得我們也常使用慣用的俗名，這些俗名只能靠學習而熟悉。

5.7 離子化合物的命名

離子化合物是由一種金屬和一種（或一種以上的）非金屬所組成。離子化合物依照金屬離子的電荷數（價數）在形成化合物時會不會發生改變而分成兩種類型（▼圖5.13），如果它的陽離子電荷數均不會改變則稱為**第一型化合物**，例如鈉在形成任何化合物時均是1+，因此是屬於第一型化合物，一些會形成第一型化合物的金屬的例子列於表5.3中，更多的這類金屬請見圖4.14之週期表。

如果金屬的陽離子電荷數在形成化合物時會改變則稱為**第二型化合物**，例如鐵有時候是2+，有時候是3+，這類的金屬通常位於週期表中間的**過渡元素**區（▼圖5.14）。一些第二型的金屬例子列於表5.5中。

▶ 圖 5.13 **離子化合物的分類**。依照金屬的電荷數在形成化合物時是否會改變而分為兩類，第一型是不會改變的，而第二型是會改變的。

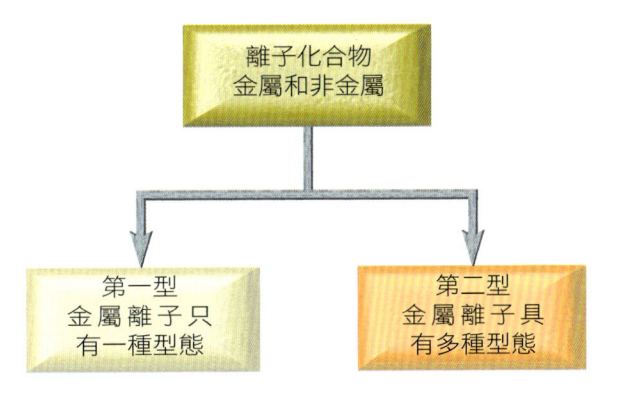

▲ 圖 5.14 **過渡金屬**。第二型的離子化合物大都是過渡金屬。

表 5.3 形成第一型離子化合物的金屬

金屬	離子	名字	族數
Li	Li$^+$	鋰（lithium）	1A
Na	Na$^+$	鈉（sodium）	1A
K	K$^+$	鉀（potassium）	1A
Rb	Rb$^+$	銣（rubidium）	1A
Cs	Cs$^+$	銫（cesium）	1A
Be	Be^{2+}	鈹（beryllium）	2A
Mg	Mg^{2+}	鎂（magnesium）	2A
Ca	Ca^{2+}	鈣（calcium）	2A
Sr	Sr^{2+}	鍶（strontium）	2A
Ba	Ba^{2+}	鋇（barium）	2A
Al	Al^{3+}	鋁（aluminium）	3A
Zn	Zn^{2+}	鋅（zinc）	＊
Ag	Ag$^+$	銀（silver）	＊

＊這些金屬的電荷不能藉由它的族數而推測。

第一型二元離子化合物的命名

二元化合物（binary compound）是指其中只含有2種不同的元素，第一型的二元離子化合物之命名依照下列的型式：

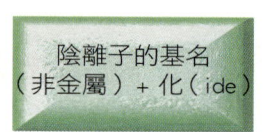

> 陽離子的名字（金屬）　　陰離子的基名（非金屬）+ 化（ide）

例如NaCl的名字是由陽離子"**鈉**"（sodium），接著是陰離子的基名，**氯**（chlor）後面再加**化**（-ide），英文全名是sodium chloride，而中文則倒過來先寫陰離子，再寫陽離子，所以全名是**氯化鈉**。

氯化鈉（NaCl, sodium chloride）

MgO的名字是由陽離子"**鎂**"（magnsium），接著是陰離子的基名，**氧**（ox）後面再加**化**（-ide），英文是magnesium oxide；而中文全名是**氧化鎂**。

氧化鎂（MgO, magnesium oxide）

在離子化合物中，一些常見非金屬的基名及電荷數列於表5.4中。

表 5.4 常見非金屬的基名及電荷數

非金屬	離子的符號	基名	陰離子名
氟（fluorine）	F⁻	fluor-	氟離子（fluoride）
氯（chlorine）	Cl⁻	chlor-	氯離子（chloride）
溴（bromine）	Br⁻	brom-	溴離子（bromide）
碘（iodine）	I⁻	iod-	碘離子（iodide）
氧（oxygen）	O²⁻	ox-	氧離子（oxide）
硫（sulfur）	S²⁻	sulf-	硫離子（sulfide）
氮（nitrogen）	N³⁻	nitr-	氮離子（nitride）

範例 5.8　第一型離子化合物的命名

請為 MgF_2 命名。

解答：
陽離子是鎂，magnesium，陰離子是氟，因此變成 fluoride，中文全名是氟化鎂（magnesium fluoride）。

第二型二元離子化合物的命名

含有2種不同元素的第二型二元離子化合物之命名依照下列的型式：

> 陽離子的名字（金屬）　（陽離子的電荷數以羅馬數字表示並用括號括之）　陰離子的基名（非金屬）+ 化（-ide）

表5.5中列出一些電荷數會改變而會形成第二型離子化合物的金屬，藉著這些金屬的電荷並依據形成離子化合物時總電荷數需為0的規則，可以推斷出需要的非金屬陰離子的數目，例如，FeCl₃，**鐵（iron）**，括弧內以羅馬字寫（Ⅲ）表陽離子價數，接著再加上陰離子基名**氯（chlor）**，後面再加**化（-ide）**，英文全名是iron（Ⅲ）chlioride；但一個三價鐵離子，須與三個一價氯離子化合，中文命名倒轉過來，陰離子個數在前，先寫陰離子，接著再寫陽離子，成為三氯化鐵。

三氯化鐵（FeCl₃, iron（Ⅲ） chlioride）

表 5.5 生成第二型離子化合物的金屬及它們常見的電荷

金屬	離子	名字	舊的名字*
鉻（chromium）	Cr^{2+}	亞鉻離子（chromium(II)）	chromous
	Cr^{3+}	鉻離子（chromium(III)）	chromic
鐵（iron）	Fe^{2+}	亞鐵離子（iron(II)）	ferrous
	Fe^{3+}	鐵離子（iron(III)）	ferric
鈷（cobalt）	Co^{2+}	亞鈷離子（cobalt(II)）	cobaltous
	Co^{3+}	鈷離子（cobalt(III)）	cobaltic
銅（copper）	Cu^{+}	亞銅離子（copper(I)）	cuprous
	Cu^{2+}	銅離子（copper(II)）	cupric
錫（tin）	Sn^{2+}	亞錫離子（tin(II)）	stannous
	Sn^{4+}	錫離子（tin(IV)）	stannic
汞（mercury）	Hg_2^{2+}	亞汞離子（mercury(I)）	mercurous
	Hg^{2+}	汞離子（mercury(II)）	mercuric
鉛（lead）	Pb^{2+}	亞鉛離子（lead(II)）	plumbous
	Pb^{4+}	鉛離子（lead(IV)）	plumbic

* 氧化鉻的老名字是chromous oxide，而新名字則是chromium(II) oxide，在本書中均使用新名字，不使用舊名字。

由於鐵的電荷 3+ 須藉由3個Cl⁻陰離子抵銷，因此化學式是FeCl₃。同樣的，鉻的電荷是2+，須由一個O²⁻陰離子中和，因此化學式是CrO，CrO的名字是由陽離子**鉻（chromium）**，括弧內以羅馬字寫（Ⅱ）表示陽離子價數，和**氧（ox-）**字尾加**化（-ide）**，全名是**氧化鉻（chromium（Ⅱ） oxide）**

氧化鉻（CrO, chromium（Ⅱ） oxide）

範例 5.9　請為 PbCl₄ 命名

解答：
Pb 是 4+ 因此需要 4 個 Cl⁻ 來搭配
　　　鉛（lead）　（Ⅳ）　chlor- 字尾加 ide-
lead（Ⅳ） chloride
四氯化鉛（PbCl₄, lead(IV) chloride）

🔵 多原子離子化合物的命名

有些離子化合物的電荷數是由原子團所提供，這些離子稱為**多原子離子**（polyatomic ions），列於表5.6中。多原子離子化合物的命名和前面所述的離子化合物命名法相似，但是如果其中原子團中的原子數目變更時，其名稱亦會跟著變動。例如，KNO_3依其陽離子，K^+，鉀，以及其多原子陰離子，NO_3^-，硝酸根而命名，其全名為硝酸鉀。$Fe(OH)_2$依其陽離子，鐵，和二價（II），以及其多原子陰離子，OH^-，氫氧根命名，其全名為氫氧化亞鐵。

例如：

硝酸鉀KNO_3 （potassium nitrate）
氫氧化亞鐵 $Fe(OH)_2$ （iron (II) hydroxide）

如果化合物是由多原子團的陽離子和陰離子所組成，則直接用此原子團的名字即可，例如NH_4NO_3的名字是硝酸銨。

硝酸銨（NH_4NO_3 ammonium nitrate）

表 5.6 一些常見的陰離子

名字	化學式	名字	化學式
醋酸根（acetate）	$C_2H_3O_2^-$	次氯酸根（hypochlorite）	ClO^-
碳酸根（carbonate）	CO_3^{2-}	亞氯酸根（chlorite）	ClO_2^-
碳酸氫根（hydrogen carbonate）	HCO_3^-	氯酸根（chlorate）	ClO_3^-
氫氧根（hydroxide）	OH^-	過氯酸根（perchlorate）	ClO_4^-
硝酸根（nitrate）	NO_3^-	過錳酸根（permanganate）	MnO_4^-
亞硝酸根（nitrite）	NO_2^-	硫酸根（sulfate）	SO_4^{2-}
鉻酸根（chromate）	CrO_4^{2-}	亞硫酸根（sulfite）	SO_3^{2-}
重鉻酸根（dichromate）	$Cr_2O_7^{2-}$	亞硫酸氫根（hydrogen sulfite or bisulfate）	HSO_3^-
磷酸根（phosphate）	PO_4^{3-}	硫酸氫根（hydrogen sulfate or bisulfate）	HSO_4^-
磷酸氫根（hydrogen phosphate）	HPO_4^{2-}	過氧根（peroxide）	O_2^{2-}
銨根（ammonium）	NH_4^+	氰根（cyanide）	CN^-

在表5.6中有許多含氧的原子離子團稱為**含氧陰離子團**（oxyanions）亦即在陰離子團中含有氧原子，此含氧陰離子團含有不同的氧原子數，它們的系統命名是依據在離子團中氧原子的數目來分辨。如果有2個離子時，氧原子較多的它的尾名各加**酸根**（-ate），較少的則加**亞**（-ite），例如NO_3^-是稱為**硝酸根**（nitrate），而NO_2^-則稱為**亞硝酸根**（nitrite）。如果同一系列的超過2個離子時，氧原子較少時字首須加上**次**（hypo-），意思是"較少"，而氧原子較多時字首加**過**（per-），意思是"較多"。因此ClO^-稱為**次氯酸根**（hypochlorite），意思是氧的數目比亞氯酸根的少，而ClO_4^-稱為**過氯酸根**（perchlorate）意思是"氧比氯酸根的多"。

範例 5.10 含有多原子離子團的離子化合物之命名

請為 K_2CrO_4 命名。

K_2CrO_4 是由鉀（potassium），及多原子離子 CrO_4^{2-} 所組成因此接 chromate。

解答：

鉻酸鉀（K_2CrO_4, potassium chromate）

5.8 分子化合物的命名

分子化合物是由2個或更多個非金屬所組成的，在本節中將學習2個非金屬元素所形成之化合物的命名，它們的名字將依照下列的形式：

| 字首 | 第一個元素的名字 | 字首 | 第2個元素的名字 + 化（-ide） |

在分子化合物英文的命名中，性質與金屬較接近的寫在前面（如前面表5.1所述），字首則依照各原子的數目依以下之方式標示：

- 一（mono- 1）　　五（penta- 5）
- 二（di- 2）　　　六（hexa- 6）
- 三（tri- 3）　　　七（hepta- 7）
- 四（tetra- 4）　　八（octa- 8）

如果寫在前面的元素只有一個，則字首一（mono-）可以省略（後面的元素則不可省略），例如CO_2應寫成：第一個元素碳（carbon），沒有字首，因為一（mono-）可以省略，接著的字首是二（di-），表示有2個氧原子，最後寫第二個元素的基名，氧（ox），並在字尾加上化（-ide）。

而中文的命名恰好是倒過來，性質較接近金屬的寫在後面，因此全名是二氧化碳，英文的全名是carbon dioxide。

二氧化碳（CO_2, carbon dioxide）

N_2O這個化合物又稱為笑氣，第一個元素是氮（nitrogen），字首是二（di-），表示有2個氮原子，接著是第二個元素的基名，氧（ox），字首是一（mono-），表示只有一個氧原子，並在字尾加上化（-ide）。

由於一（mono-）的字尾o是母音，且氧化（oxide）的第一個字也是o，因此可以合併成1個o而成為一氧（monoxide）：它的全名是一氧化二氮

N_2O（dinitrogen monoxide）

範例 5.11　分子化合物的命名

請為右列化合物命名：CCl_4、BCl_3、SF_6。

解答：

CCl_4：全名是 四氯化碳（carbon tetrachloride）
BCl_3：全名是 三氯化硼（boron trichloride）
SF_6：全名是 六氟化硫（sulfur hexafluoride）

5.9 酸的命名

酸是溶於水中會生成氫離子（H⁺）的分子化合物，酸中的H原子通常寫在化學式的前面，而一個或多個非金屬元素則寫在後面。由於酸的化合物具有酸味，因此稱為酸，它有溶解某些金屬的能力，例如：HCl是分子化合物，當它溶於水後會生成H⁺，（鹽酸）HCl溶於水後常以HCl（aq）來表示，（aq）是代表水溶液或溶於水之意，胃酸裏的成分就是鹽酸，所以當在嘔吐時胃酸碰到食道會很難受。

如果把鋅片丟入裝有鹽酸的燒杯中鋅片會漸漸溶解成鋅離子（Zn^{2+}），酸存在於許多食物中，例如檸檬。鹽酸也可用來清洗廁所的石灰質污垢。在本節中將學習如何對酸的化合物命名，但在第14章裏我們將更深入的學習酸的性質。酸能分為兩類：**二元酸**（binary acid）和**含氧酸**（oxyacid），二元酸只含有氫原子和非金屬，而含氧酸則含有氫，非金屬和氧（▼圖15.5）。

二元酸的命名

二元酸只含有氫原子和非金屬，而含氧酸則含有氫，非金屬和氧（圖5.15）。二元酸的命名依照下列的形式：

| hydro | 非金屬基名 + -ic | 酸 |

例如：鹽酸（HCl）的名字是氫氯酸（hydrochloric acid），而HBr的名字是氫溴酸（hydrobromic acid）。

▶ 圖 5.15 **酸的分類。** 依照酸中的元素數量可分為兩種，如果只含兩個元素稱為二元酸，如果含有氧，則稱為含氧酸。

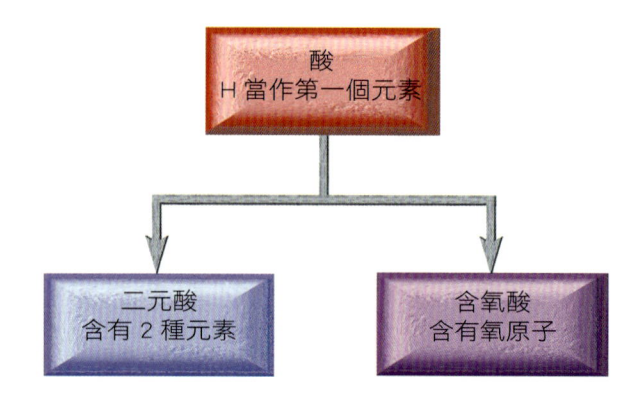

```
                酸
           H 當作第一個元素
          ↙              ↘
      二元酸              含氧酸
    含有 2 種元素        含有氧原子
```

範例 5.12　二元酸的命名

請為 H_2S 命名。

解答：
S 的基名是 Sulfur，因此名字是氫硫酸（hydrosulfuric acid），亦可稱硫化氫。

含氧酸的命名

含氧酸是由含氧陰離子團（oxyanions）衍生物（表5.6）而來的，例如HNO_3是由硝酸根（NO_3^-）衍生而來，H_2SO_3是由亞硫酸根（SO_3^-）衍生而來，而H_2SO_4是由硫酸根（SO_4^{2-}）衍生而來。這些酸依照中和含氧陰離子團所需的電荷數，因此含有1個或數個H^+。含氧酸的命名，是依含氧根基名字尾而定（▼ 圖5.16），形式如下：

字尾是**酸根**（-ate）時：

[含氧根基名 + -ic] [酸]

字尾是**亞酸根**（-ite）時：

[含氧根基名 + -ous] [酸]

因此**硝酸**（HNO_3）之名字是 **nitric acid**（含氧根是nitrate），而**亞硫酸**（H_2SO_3）之名字是 **sulfurous acid**（含氧根是sulfite）。

含氧酸（含有氧原子）
├─ 含氧酸的基名字尾是 -ate
└─ 含氧酸的字尾是 -ite

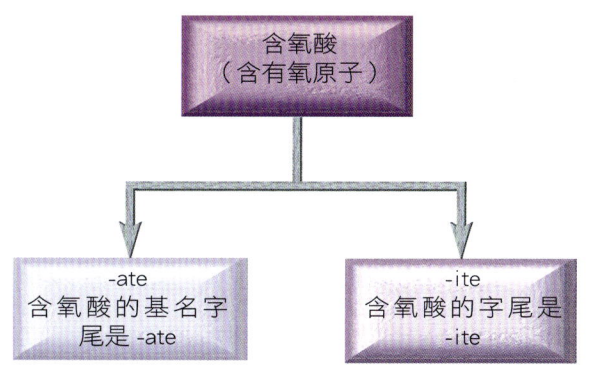

▲ 圖 5.16 **含氧酸的分類。**依照它們由何物衍生而來的字尾可分為兩類。

範例 5.13　含氧酸的命名

請為 $HC_2H_3O_2$ 命名。

解答：
含氧根是acetate，字尾是-ate，因此這酸的名字是acetic acid。中文名因含二個碳，是有機酸，故稱乙酸，又稱為醋酸。

5.10　命名摘要

化合物的命名有數個步驟，在本章學過的化合物命名法以 ▶ 圖5.17之流程圖作摘要式的說明，第一步是先決定化合物是屬於離子型或分子型，或是酸。離子化合物是由金屬和非金屬的元素所組成，分子化合物是由2個或2個以上的非金屬元素所組成，酸則是由氫原子及一個或一個以上的非金屬所組成。

第 5 章 分子和化合物

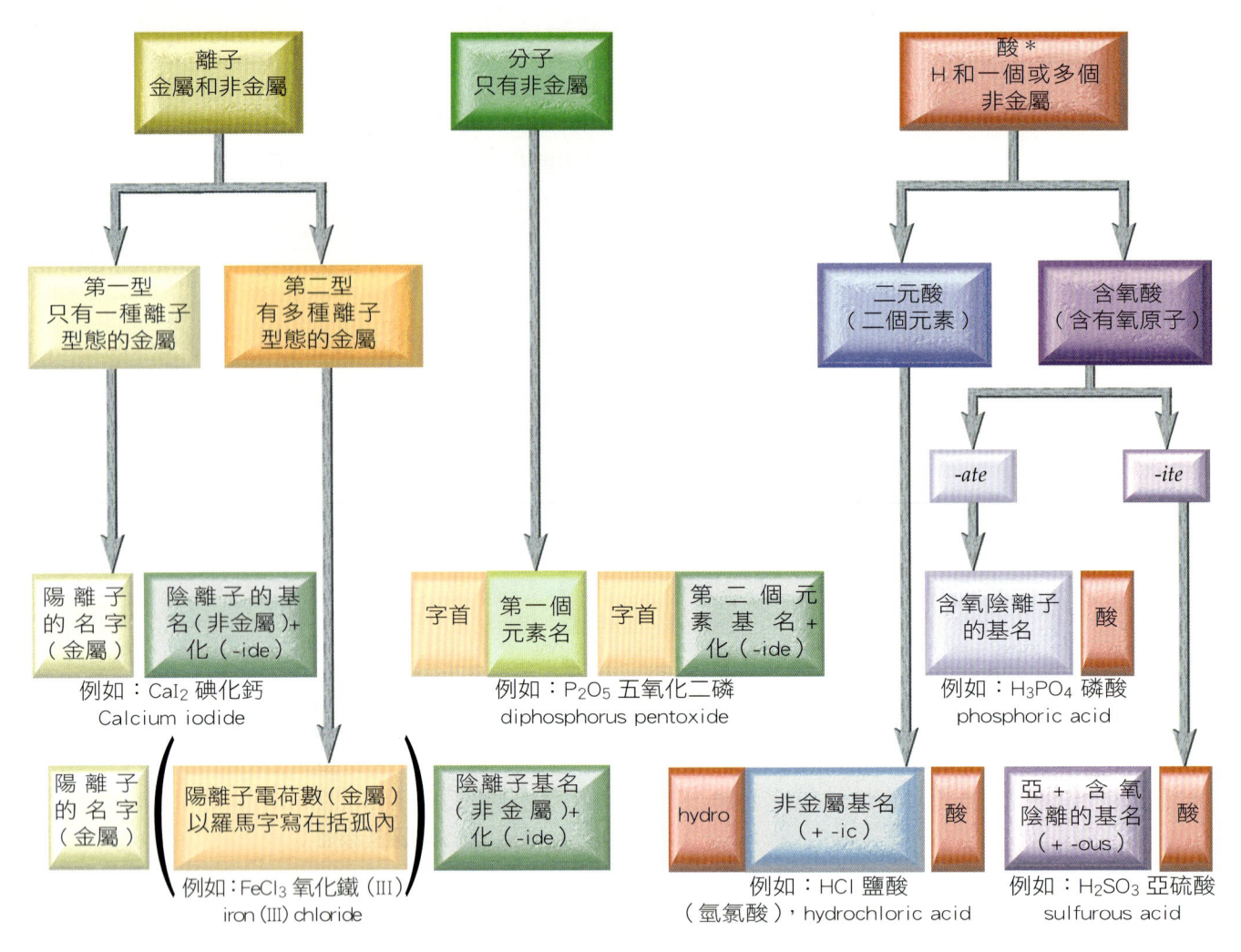

▲ 圖 5.17 命名流程圖。

流程圖內容：

- **離子**（金屬和非金屬）
  - **第一型**：只有一種離子型態的金屬
    - 陽離子的名字（金屬）+ 陰離子的基名（非金屬）+ 化（-ide）
    - 例如：CaI₂ 碘化鈣 Calcium iodide
  - **第二型**：有多種離子型態的金屬
    - 陽離子的名字（金屬）+（陽離子電荷數（金屬）以羅馬字寫在括弧內）+ 陰離子基名（非金屬）+ 化（-ide）
    - 例如：FeCl₃ 氧化鐵（III） iron (III) chloride

- **分子**（只有非金屬）
  - 字首 + 第一個元素名 + 字首 + 第二個元素基名 + 化（-ide）
  - 例如：P₂O₅ 五氧化二磷 diphosphorus pentoxide

- **酸** *（H 和一個或多個非金屬）
  - **二元酸**（二個元素）
    - hydro + 非金屬基名（+ -ic）+ 酸
    - 例如：HCl 鹽酸（氫氯酸），hydrochloric acid
  - **含氧酸**（含有氧原子）
    - **-ate**：含氧陰離子的基名 + 酸
      - 例如：H₃PO₄ 磷酸 phosphoric acid
    - **-ite**：亞 + 含氧陰離的基名（+ -ous）+ 酸
      - 例如：H₂SO₃ 亞硫酸 sulfurous acid

*酸必須在水溶液中

離子化合物

須先決定屬於第一型或第二型的離子化合物。週期表 1A 族及 2A 族之金屬和鋁通常是屬於第一型（圖4.14），過渡元素中的金屬則屬於第二型，分類型別後再依流程圖所示來命名。如果是多原子團的離子化合物，則將陽離子根及陰離子根的名稱依次寫出。

分子化合物

按照圖5.17之流程圖依次寫出第一個元素及第二個元素之字首及名字。

酸

須先決定是二元酸或是含氧酸，二元酸的命名可依▲ 圖5.17之流程命名。含氧酸則須更進一步的依照字尾來命名，例如字尾是 -ate 則加 -ic，是酸，字尾是 -ite 則加 -ous，是亞酸。

範例 5.14　以圖 5.17 來命名

請為右列化合物命名：CO、CaF_2、HF、$Fe(NO_3)_3$、$HClO_4$、H_2SO_3。

解答：

每個化合物依照圖 5.17 而得之，各列於下表：

化學式	路徑流程	名字
CO	Molecular（分子）	一氧化碳 carbon monoxide
CaF_2	Ionic → Type I →	氟化鈣 calcium fluoride
HF	Acid → Binary →	氫氟酸 hydrofluoric acid
$Fe(NO_3)_3$	Ionic → Type II →	硝酸鐵 iron(III) nitrate
$HClO_4$	Acid → Oxyacid → -ate →	過氯酸 perchloric acid
H_2SO_3	Acid → Oxyacid → -ite →	亞硫酸 sulfurous acid

5.11　分子量：分子的質量或式量

在第4章裏我們學得了原子、元素及利用同位素的分佈計算法算得元素的平均原子量。在本章中我們學得了分子和化合物，因此也須學習如何計算平均**分子量（或式量）**。任何化合物，**式量**的算法只是將各原子的原子量加起來即可。

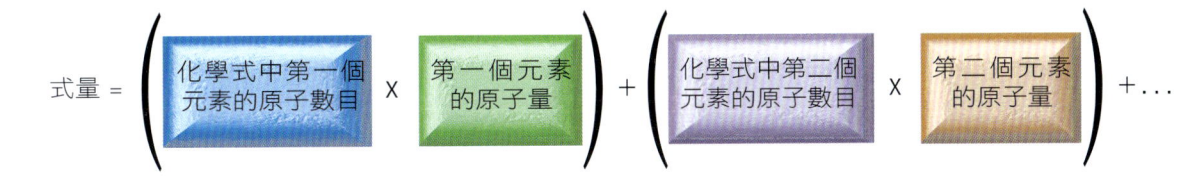

式量 = (化學式中第一個元素的原子數目 × 第一個元素的原子量) + (化學式中第二個元素的原子數目 × 第二個元素的原子量) + ...

例如：

水的式量（H_2O）是：式量 = 2（1.01 amu）+ 16.00（1 amu）= 18.02 amu

氯化鈉的式量（NaCl）是：式量 = 22.99 amu + 35.45 amu = 58.44 amu

在第6章裏我們將會利用分子量或式量去計算試樣中的分子數。

範例 5.15　計算式量

請計算四氯化碳（CCl_4）的式量。

解答：

把化學式中每一原子的原子量加起來：

式量 = 1 ×（C的原子量）+ 4 ×（Cl的原子量）

= 12.01 amu + 4（35.45 amu）

= 153.81 amu

第 5 章　分子和化合物

> **觀念檢查站 5.2**
> 下列化合物中那一個的式量最大？
> （a）O_2　　　　　（b）O_3
> （c）H_2O　　　　（d）H_2O_2

習題

問答題

1. 何謂定組成定律？是誰發現的？
2. 寫化學式時何者寫在前面？
3. 分子元素和原子元素有何不同？請列出可形成雙原子分子的元素。
4. 二元酸命名的基本型式為何？

練習題

5. 有 2 個 NaCl 的試樣做分解試驗，一個試樣生成 4.65 g Na 及 7.16 g Cl，而另一個試樣生成 7.45 g Na 及 11.5 g Cl 這些結果符合定組成定律嗎？為什麼？

6. 依據右列情況寫一個化學式：1 個氮原子搭配 3 個溴原子。

7. 下列各化學式中有多少個氧原子？
   （a）H_3PO_4　　　　（b）Na_2HPO_4
   （c）$Ca(HCO_3)_2$　（d）$Ba(C_2H_3O_2)_2$

8. 下列各化學式中各原子的數目為何？
   （a）$MgCl_2$　　　　（b）$NaNO_3$
   （c）$Ca(NO_2)_2$　　（d）$Sr(OH)_2$

9. 下列各元素將形成原子或分子？
   （a）He　　　　（b）Cl
   （c）O　　　　（d）Na

10. 下列各化合物是屬於離子型或分子型？
    （a）CS_2　　　　（b）CuO
    （c）KI　　　　　（d）PCl_3

11. 根據下列配對的元素寫出離子化合物的化學式
    （a）Sr 和 O　　　（b）Na 和 O
    （c）Al 和 S　　　（d）Mg 和 Br

12. 根據下列各項左邊的元素與右邊的每一元素寫出形成化合物的化學式
    （a）K　　N、O、F
    （b）Ba　 N、O、F
    （c）Al　 N、O、F

13. 寫出下列第一型離子化合物的名稱
    （a）CsCl　　　　（b）$SrBr_2$
    （c）K_2O　　　（d）LiF

14. 寫出下列第二型離子化合物的名稱
    （a）$CrCl_2$　　　（b）$CrCl_3$
    （c）SnO_2　　　（d）PbI_2

15. 寫出下列含有多原子離子的名稱
    （a）$Ba(NO_3)_2$　　（b）$Pb(C_2H_3O_2)_2$
    （c）NH_4I　　　　（d）$KClO_3$
    （e）$CoSO_4$　　　（f）$NaClO_4$

16. 寫出下列各分子化合物的名稱
    （a）SO_2　　（b）NI_3　　（c）BrF_5
    （d）NO　　　（e）N_4Se_4

17. 寫出下列各酸的名稱：
    （a）$HClO_2$　　　（b）HI
    （c）H_2SO_4　　　（d）HNO_3

18. 寫出下列各酸的化學式：
    （a）磷酸　　（b）氫溴酸　　（c）亞硫酸

19. 寫出下列各化合物的式量
    （a）SO_2　　　　（b）$CaCl_2$
    （c）CCl_4　　　　（d）$Mg(NO_3)_2$

20. 依照式量的大小排列下列化合物：Ag_2O、PtO_2、$Al(NO_3)_3$、PBr_3。

Everyday Chemistry

Polyatomic Ions

A glance at the labels of household products reveals the importance of polyatomic ions in everyday compounds. For example, the active ingredient in household bleach is sodium hypochlorite, which acts to destroy color-causing molecules in clothes (bleaching action) and to kill bacteria (disinfection). A box of baking soda contains sodium bicarbonate (sodium hydrogen carbonate), which acts as an antacid when consumed in small amounts and also as a source of carbon dioxide gas in baking. The pockets of carbon dioxide gas make baked goods fluffy rather than flat.

Calcium carbonate is the active ingredient in many antacids such as Tums and Alka-Mints. It neutralizes stomach acids, relieving the symptoms of indigestion and heartburn. Too much calcium carbonate, however, can cause constipation, so Tums should not be overused. Sodium nitrite is a common food additive used to preserve packaged meats such as ham, hot dogs, and bologna. Sodium nitrite inhibits the growth of bacteria, especially those that cause botulism, an often fatal type of food poisoning.

CAN YOU ANSWER THIS? Write a formula for each of these compounds, which contain polyatomic ions: sodium hypochlorite, sodium bicarbonate, calcium carbonate, sodium nitrite.

▲ Compounds containing polyatomic ions are present in many consumer products.

▲ The active ingredient in bleach is sodium hypochlorite.

環境中的化學

酸雨

當雨水與空氣污染物（如一氧化氮，NO）混合時，酸雨就產生了，NO 的主要來源是車輛和燃煤電廠的廢氣。酸雨對美國東北部造成很大的損害，因為從美國中西部的電廠飄來的廢氣產生了比正常雨水高出 10 倍酸度的酸雨。

當酸雨落入河川、湖泊時，酸會使鱒魚、蝸牛、蛤等較脆弱的水生物死亡，酸雨也會溶解土壤中的營養及破壞樹葉而使樹木受傷。

酸會溶解碳酸鈣（灰石），它是大理石及混凝土的主要成分。鐵是鋼中的主要成分，也會因酸雨而生鏽，因此很多雕像、大樓和很多美國東部的橋樑以及由石灰石製成的歷史墓碑都已受到酸雨的損害。

▲ 酸雨使許多材料受損，包括用石灰石做的墓碑、大樓和雕像，這個問題影響全世界 —— 這個受損的怪物像是位於巴黎的聖母瑪麗亞大教堂。

▲ 一片被酸雨損傷的森林。

酸雨的問題已呈現多年，美國國會在 1990 年通過立法，規範空氣淨化的法案，其中包含 SO_2 的排放管制，因此已使得美國東北部的酸雨危害緩和了許多，隨著時間的過去，若繼續實施防範酸雨計畫，將來湖泊、河川和森林應可逐漸恢復原狀。

你能回答這個問題嗎？ 請寫出下列各化合物的名字：NO、NO_2、SO_2、HNO_3、$CaCO_3$。

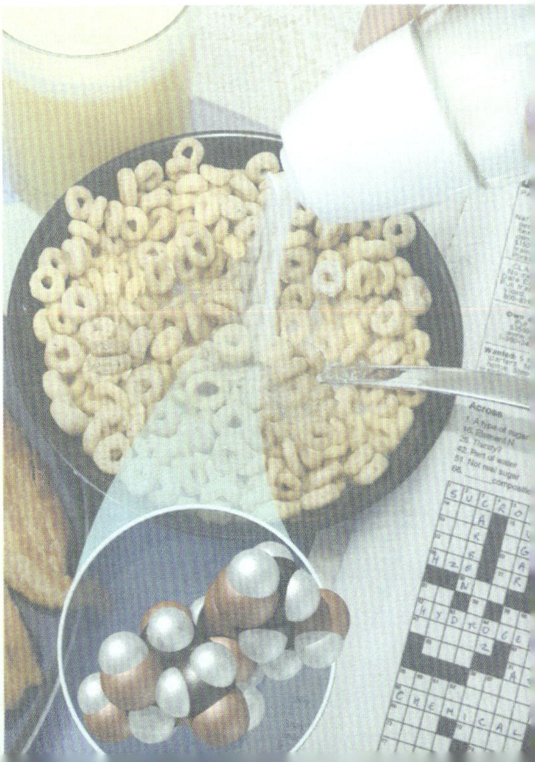

CHAPTER 6

第 6 章

化學組成

6.1	有多少的鈉？
6.2	由磅重計數釘子
6.3	由克重計數原子
6.4	由克重計算分子數
6.5	化學式作為轉換因子
6.6	化合物的質量百分率組成
6.7	從化學式中求質量百分率組成
6.8	計算化合物的實驗式
6.9	計算化合物的分子式

"By definition, a chemist believes in the existence of a new substance only when he has seen the substance, touched it, weighed and examined it, confronted it with acids, bottled it, and when he has determined its 'atomic weight.'"

Eve Curie (1904 − 2007)

從定義上來說，一個化學家僅有當他已經看到這個實體，摸得到它，秤了並檢驗了它，用酸處理過它，裝了瓶，同時已經確定了它的原子量以後，他才認定這個新物質的存在。

伊芙‧居禮（1904 − 2007）

6.1 有多少的鈉？

鐵的採礦需要知道在已知量的鐵礦石裡有多少鐵。

估計源自於氟氯碳化物對臭氧耗盡的威脅，就需要知道在已知數量的氟氯碳化物中有多少的氯。

普通的餐桌鹽是一種稱為氯化鈉的化合物。在氯化鈉裡的鈉與高血壓有關係。在這章裡，我們學習如何確定在已知量的氯化鈉裡有多少的鈉。

鈉是一種重要的飲食礦物質，主要以氯化鈉（食鹽）被消耗，其與體液的調控有關。飲食中的鈉過量食用會引起體液鈉含量的提升而導致高血壓。高血壓，依序會增加中風和心臟病發作的風險。因此，有高血壓的人們應該限制他們對鈉的攝取。美國食品及藥品管理局（FDA）推薦一個人每天鈉的消耗量應低於2.4克（2400毫克）。不過，因為鈉通常以氯化鈉的形式被消耗，了解究竟有多少的鈉被消耗總是件不容易的事。你可以消耗多少克的氯化鈉但仍在食品及藥品管理局建議之下呢？

為了回答這個問題，我們需要知道氯化鈉的**化學組成**（chemical composition）。從第5章中，我們知道它的化學式，NaCl，因此我們知道一個鈉離子就有一個氯離子。但是，因為鈉和氯的質量不同，僅從化學式不是很清楚能看出鈉質量和氯化鈉質量之間的關係。在本章裡，我們學習怎樣使用化學式裡的訊息，及原子量和化學式質量，去計算在已知量的化合物裡其所含組成元素的量（反之亦然）。

化學組成是重要的，不只是為了估計飲食中的鈉含量，除此之外對其他議題也同樣地重要。以一家鐵礦公司為例，一定想知道它能從已知數量的鐵礦石中獲得多少的鐵；對於發展以氫作為一種具有潛力燃料頗感興趣的公司，必定想要知道從已知數量的水中能抽取多少的氫。很多環境問題也需要化學組成的知識。例如，對耗盡臭氧之威脅的估計，就需要知道在已知量的特定氟氯碳化物中如Freon-12（CF_2Cl_2）有多少的氯。回答這些問題需要了解化學式內在之間的關係，以及原子數或分子數及其質量之間的關係，在本章中，我們將學習這些關係。

98　第 6 章　化學組成

6.2　由磅重計數釘子

有些五金店銷售釘子以磅重計算。這比一個個計算數量去賣要簡單許多，因為顧客常需要數以百計的釘子，所以計算它們要花很久的時間。然而，顧客仍舊可以知道在這些已知重量的釘子裡有多少支。這個問題類似於詢問一定質量的元素裡有多少的原子，對原子而言，不論如何，我們必需利用它的質量作為一種方法去計算它們，因為原子非常小且個別計數又太多。就算你看得見原子並且只要你活著每天24小時都去計數它們，而終其一生充其量你也不過數了像沙粒般大小的微粒所包含的原子數罷了。無論如何，就如同五金店裡的顧客，想知道在已知的重量裏有多少支釘子一樣，我們想要知道已知質量裡的原子數，究竟我們該怎麼做呢？

假設五金店顧客要買2.60磅中等尺寸的釘子，進一步假設一打釘子重0.150磅，那顧客買了多少支的釘子？這個計算需要經過2次的轉換：一次是磅和打之間，另一次是打與釘子數之間。第一部份的轉換因子是每打釘子的重量。

$$0.150\text{磅釘子} = 1\text{打釘子}$$

第二部份的轉換因子是一打釘子的重量。

$$1\text{打釘子} = 12\text{支釘子}$$

同題的解析圖為：

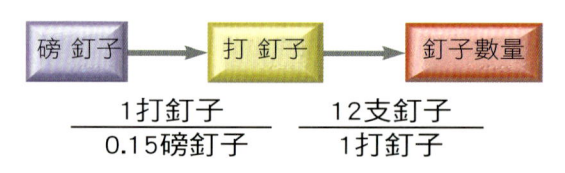

磅 釘子 → 打 釘子 → 釘子數量

$$\frac{1\text{打釘子}}{0.15\text{磅釘子}} \quad \frac{12\text{支釘子}}{1\text{打釘子}}$$

以2.60磅為開始，利用解析圖當為引導，我們從磅數轉換成釘子數。

$$2.60\text{磅釘子} \times \frac{1\text{打釘子}}{0.15\text{磅釘子}} \times \frac{12\text{支釘子}}{1\text{打釘子}} = 208\text{支釘子}$$

所以顧客他買了2.60磅的釘子，得到208支釘子。他由秤重計算出釘子支數，若顧客購買大小不同尺寸的釘子時，在第一次的轉換因子 —— 一磅對打的關係會改變，但第二次的轉換因子不變，一打相當於12支釘子，尺寸大小則不必留意。

3.4 磅釘子

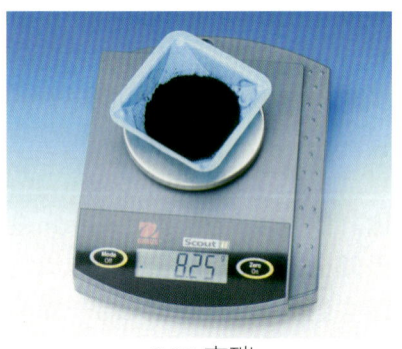

8.25 克碳

▲ 問到在已知重量的釘子裡有多少的釘子類似於問及在已知質量的元素裏有多少的原子，在這兩案例中，我們都由秤重來計算物體。

6.3 由克重計數原子

測定在一定質量樣品中的原子數相似於在一定重量樣品的釘子數，但數字有所不同。至於釘子，在我們的轉換中，利用打為轉換數，但原子對打而言太過於小。我們需要一個較大的數值，因為原子太小了，化學家把"打"稱為**莫耳mole**（mol），它的值為6.022×10^{23}。

$$1 \text{ mol} = 6.022 \times 10^{23}$$

這個數值亦稱為**亞佛加厥數**（Avogadro's number），此由亞佛加厥（Amadeo Avogadro, 1776－1856）所命名。關於莫耳第一件事情，是要了解它能夠明確說明任何有關亞佛加厥的數量。例如，1莫耳的彈珠相當於有6.022×10^{23}個彈珠，1莫耳的砂粒相當於有6.022×10^{23}個砂粒。而**1莫耳的任何物質具有6.022×10^{23}個單位的此物質**。1莫耳的原子、離子或分子通常是組成物體適當大小的量。例如22個銅便士約含有1莫耳的銅（Cu）原子和1對大的氦氣球約含有1莫耳的氦（He）原子。

第二件要了解的事情是，莫耳怎樣得到它的特定值。**莫耳的數值被定義為12 g 純的碳－12恰等於其所含的原子數。**

此莫耳定義提供我們質量（碳的克重）和原子數（亞佛加厥數）之間的關係。這個關係我們即將見到，即如何由秤重去計算原子數。

▲ 22 個銅便士約含 1 莫耳的銅原子。

莫耳與原子數之間的轉換

莫耳與原子數之間的轉換相似於打與釘子之間的轉換，轉換原子的莫耳和原子數，我們僅利用轉換因子即可。

$$\frac{1 \text{ mol原子}}{6.022 \times 10^{23} \text{個原子}} \quad 或 \quad \frac{6.022 \times 10^{23} \text{個原子}}{1 \text{ mol原子}}$$

例如，假如我們要將3.5mol的氦換成氦原子數，我們以標準方式建立問題。

已知：3.5 mol He

試求：He 原子數

轉換因子：1 mol He = 6.022×10^{23} 個 He 原子

解析圖：我們接著畫出解析圖顯示從氦莫耳至氦原子的轉換。

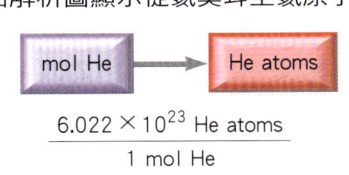

mol He → He atoms

$$\frac{6.022 \times 10^{23} \text{ He atoms}}{1 \text{ mol He}}$$

▲ 兩個大氦氣球含約 1 莫耳的氦氣。

$$\text{化學式質量} = 1（\text{C 原子質量}）+ 2（\text{O 原子質量}）$$
$$= 1（12.01\ \text{amu}）+ 2（16.00\ \text{amu}）$$
$$= 44.01\ \text{amu}$$

因此莫耳質量為：

$$\text{莫耳質量} = 44.01\ \text{g/mol}$$

元素的莫耳質量可作為元素克重與莫耳之間的轉換因子，所以化合物的質量也可作為化合物克重與莫耳之間的轉換因子。例如，假設我們欲求22.5g乾冰（固態CO_2）樣品的莫耳數。我們以一般方式建立問題。

已知：22.5g CO_2

試求：mol CO_2

轉換因子：44.01 g CO_2 = 1 mol CO_2（CO_2 的莫耳質量）

解析圖：解析圖顯示莫耳質量如何將化合物克重轉換成化合物莫耳數。

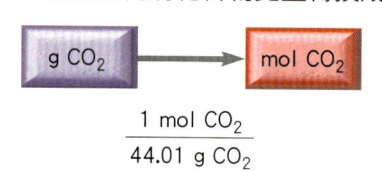

g CO_2 → mol CO_2

$$\frac{1\ \text{mol}\ CO_2}{44.01\ \text{g}\ CO_2}$$

解答：

$$22.5\ \text{g} \times \frac{1\ \text{mol}\ CO_2}{44.01\ \text{g}} = 0.511\ \text{mol}\ CO_2$$

範例 6.4　莫耳觀念 —— 化合物克重與莫耳數之間的轉換

計算 1.75 mol 水的質量（克重）。

以一般方式建立問題，你已知水的莫耳數，求它的質量，以莫耳質量作為轉換因子。	**已知**：1.75 mol H_2O **試求**：g H_2O **轉換因子**： H_2O 莫耳質量 = 2（H 原子質量）+（O 原子質量） 　　　　　　　 = 2（1.01）+ 1（16.00） 　　　　　　　 = 18.02 g/mol
畫出解析圖顯示 mol H_2O 轉換成 g H_2O。	**解析圖**： mol H_2O → g H_2O $$\frac{18.02\ \text{g}\ H_2O}{1\ \text{mol}\ H_2O}$$
依解析圖解問題。以 1.75 mol 水開始，利用莫耳質量轉換成水的克重。	**解答**： $$1.75\ \text{mol}\ H_2O \times \frac{18.02\ \text{g}\ H_2O}{\text{mol}\ H_2O} = 31.5\ \text{g}\ H_2O$$

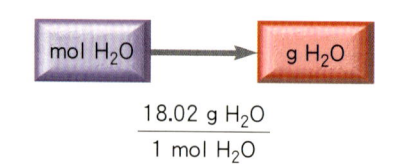

化合物克重與分子數之間的轉換

假設我們欲求22.5g乾冰（固態CO_2）樣品的分子數。

問題的解析圖：

$$g\ CO_2 \longrightarrow mol\ CO_2 \longrightarrow CO_2\ 分子$$

$$\frac{1\ mol\ CO_2}{44.01\ g\ CO_2} \qquad \frac{6.022 \times 10^{23}\ CO_2\ 分子}{1\ mol\ CO_2}$$

注意在解析圖中的第一個部份是為計算22.5 g乾冰的莫耳數。解析圖的第二部份顯示從莫耳轉換成分子數，續解析圖之後，我們可得到：

$$22.5\ g\ CO_2 \times \frac{1\ mol\ CO_2}{44.01\ g\ CO_2} \times \frac{6.022 \times 10^{23}\ CO_2\ 分子}{1\ mol\ CO_2}$$

$$= 3.08 \times 10^{23}\ CO_2\ 分子$$

範例 6.5　莫耳觀念 —— 化合物質量與分子數之間的轉換

試求 4.78×10^{24} 個 NO_2 分子的質量有多少？

以一般方式建立問題，你已知NO_2的分子數與欲求其質量。需要NO_2的莫耳質量和莫耳的分子數作為轉換因子。	**已知**：$4.78 \times 10^{24}\ NO_2$ 分子 **試求**：$g\ NO_2$ **轉換因子**：$6.022 \times 10^{23} = 1\ mol$ 　　　　NO_2莫耳質量 $= 1$（原子質量N）$+ 2$（原子質量O） 　　　　　　　　　　$= 14.01 + 2(16.00)$ 　　　　　　　　　　$= 46.01\ g/mol$
解析圖有二個步驟，第一個步驟將NO_2分子數轉換為NO_2莫耳數。第二個步驟，從NO_2莫耳數轉換成NO_2質量。	**解析圖**： NO_2分子 $\longrightarrow$ $mol\ NO_2$ $\longrightarrow$ $g\ NO_2$ $\dfrac{1\ mol\ NO_2}{6.022 \times 10^{23}\ NO_2 分子} \quad \dfrac{46.01\ g\ NO_2}{1\ mol\ NO_2}$
利用解析圖為指引，以NO_2分子數為開始，乘上適當轉換因子後，求得NO_2克重。	**解答**： $4.78\ g\ NO_2\ 分子 \times \dfrac{1\ mol\ NO_2}{6.022 \times 10^{23}\ NO_2\ 分子} \times \dfrac{46.01\ g\ NO_2}{1\ mol\ NO_2} = 365\ g\ NO_2$

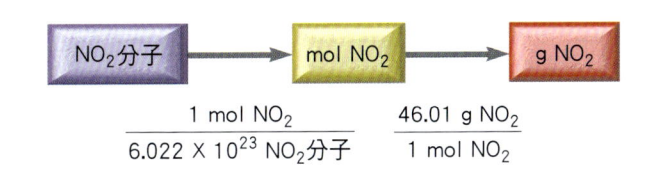

✓ 觀念檢查站 6.2

若我們在原子質量單位裡，欲將化合物的化學式質量改以公斤而不是以公克表示等於化合物的莫耳質量，則

（a）莫耳大小必定大於亞佛加厥數。
（b）莫耳大小必定小於亞佛加厥數。
（c）莫耳大小將不受影響。

6.5 化學式作為轉換因子

為了決定在已知量的特定化合物(如氯化鈉)中有多少的特定元素（如鈉），我們可用簡單的類比去了解這些關係。問及在已知量的氯化鈉中有多少的鈉與問及在已知量的苜宿有多少葉子是相似的。例如，假若我們要知道14根的苜宿有多少葉子，我們需要葉子與苜宿之間的轉換因子。對於苜宿，轉換因子來自於我們對於它的知識 —— 我們知道每一根苜宿有3片葉子，我們就可寫

$$3 \text{片葉子} \equiv 1 \text{根苜宿}$$

像其他的轉換因子，這個等值關係提供了葉子與苜宿之間的關係。我們利用等值符號（≡），因為當3片葉子不等於1根苜宿，3片葉子恰等值於1根苜宿，意即當每1根苜宿必需有3片葉子方才完整，用這個轉換因子，我們能夠輕易找出14根苜宿的葉子。這解析圖如下：

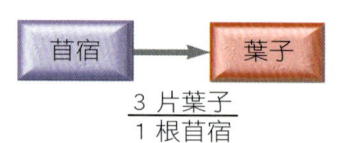

$$\text{苜宿} \longrightarrow \text{葉子}$$
$$\frac{3 \text{片葉子}}{1 \text{根苜宿}}$$

我們以苜宿為開始，去解問題和轉換成葉片數。

$$14 \text{ 根苜宿} \times \frac{3 \text{ 片葉子}}{1 \text{ 根苜宿}} = 42 \text{ 片葉子}$$

同樣地，化學式提供我們在特定化合物中，元素之間的等值關係。例如，二氧化碳分子式（CO_2）意指每個CO_2分子有2個O原子。我們寫這為：

$$2 \text{ O 原子} \equiv 1 \text{ } CO_2 \text{分子}$$

正如3葉片 ≡ 1苜宿，也可寫成3打葉片 ≡ 1打苜宿，對於分子，我們可寫成：

$$2\text{個 O 原子} \equiv 1\text{個 } CO_2 \text{ 分子}$$

不論如何，對於原子與分子，我們一般計算以莫耳為準。

$$2 \text{莫耳O} \equiv 1 \text{ 莫耳} CO_2$$

像這些的轉換因子 —— 它可直接來自於化學式，我們可在已知量的化合物裡決定出組成元素的分率。

▲ 從我們對苜宿芽的知識裡，知道每一根苜宿芽有三片葉子。我們可用等值關係來表示。

▶ 這些都是等值的。

8隻腳 ≡ 1隻蜘蛛 　　4支腳 ≡ 1張椅子 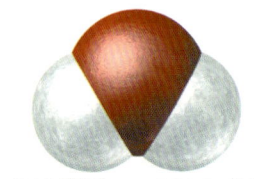　　2 H 原子 ≡ 1 H_2O 分子

化合物莫耳和組成元素莫耳之間的轉換

假若我們要知道在 18 mol 的二氧化碳中，氧的莫耳數，我們的解析圖為：

$$\text{mol } CO_2 \longrightarrow \text{mol O}$$

$$\frac{2 \text{ mol O}}{1 \text{ mol } CO_2}$$

然後我們可計算出氧的莫耳數：

$$18 \text{ mol } CO_2 \times \frac{2 \text{ mol O}}{1 \text{ mol } CO_2} = 36 \text{ mol O}$$

範例 6.6　化學式作為轉換因子 —— 化合物莫耳和組成元素莫耳之間的轉換

試求在 1.7 mol $CaCO_3$ 中的 O 莫耳數有若干？

以一般方式建立問題，你已知 $CaCO_3$ 的莫耳數與欲求 O 的莫耳數。從化學式可得轉換因子，每一個 $CaCO_3$ 單元有三個 O 原子。	**已知**：1.7 mol $CaCO_3$ **試求**：mol O **轉換因子**：3 mol O = 1 mol $CaCO_3$
解析圖顯示轉換因子如何從化學式的 $CaCO_3$ 莫耳數轉換成 O 的莫耳數。	**解析圖**： $$\text{mol } CaCO_3 \longrightarrow \text{mol O}$$ $$\frac{3 \text{ mol O}}{1 \text{ mol } CaCO_3}$$
依解析圖解題。化學式的下標是精確的，所以從不限制有效數字。	**解答**： $$1.7 \text{ mol } CaCO_3 \times \frac{3 \text{ mol O}}{1 \text{ mol } CaCO_3} = 5.1 \text{ mol O}$$

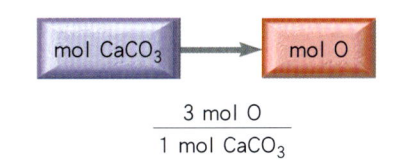

化合物克重與組成元素克重之間的轉換

假設我們欲知在 15 g 的氯化鈉中鈉含有多少克。化學式提供我們 NaCl 莫耳數與 Na 莫耳數之間的關係。

$$1 \text{ mol Na} \equiv 1 \text{ mol NaCl}$$

為了利用這個關係，我們需要 **mol** NaCl，但我們只有 **g** NaCl。我們可利用 NaCl 的**莫耳質量**將 g NaCl 轉換成 mol NaCl。最後我們再以 Na 的莫耳質量轉換成 g Na。解析圖是：

$$\text{g NaCl} \longrightarrow \text{mol NaCl} \longrightarrow \text{mol Na} \longrightarrow \text{g Na}$$

$$\frac{1 \text{ mol NaCl}}{58.44 \text{ g NaCl}} \quad \frac{1 \text{ mol Na}}{1 \text{ mol NaCl}} \quad \frac{22.99 \text{ g Na}}{1 \text{ mol Na}}$$

請注意,在我們可利用化學式作為轉換因子之前,我們必須從 g NaCl 轉換成 mol NaCl。

化學式提供我們物質莫耳數之間的關係,而不是克重之間的關係。

我們依解析圖解問題。

$$15 \text{ g NaCl} \times \frac{1 \text{ mol NaCl}}{58.44 \text{ g NaCl}} \times \frac{1 \text{ mol Na}}{1 \text{ mol NaCl}} \times \frac{22.99 \text{ g Na}}{1 \text{ mol Na}} = 5.9 \text{ g Na}$$

在一已知質量的化合物中,欲求得元素的質量,一般解問題的模式為:

化合物**質量** → 化合物**莫耳數** → 元素**莫耳數** → 元素**質量**

利用原子量或莫耳質量完成質量與莫耳數之間的轉換,利用化學式中內在的關係,去完成莫耳數與莫耳數之間的轉換(▼ 圖6.2)。

1 mol CCl$_4$ ≡ 4 mol Cl

▲ 圖 6.2 **從化學式了解莫耳關係**。化學式的內在關係允許我們進行化合物莫耳數與組成元素莫耳數之間的轉換。

範例 6.7　　化學式作為轉換因子 —— 化合物克重與組成元素之間的轉換

香旱芹酮(Carvone,C$_{10}$H$_{14}$O)是綠薄荷油中的主要成分,它有愉悅氣味和薄荷的香味。它常被添加在口香糖、利口酒、香皂及香水中,試求在55.4g的Carvone中碳的質量有多少?

以一般方法從問題裡摘錄重要訊息。你已知香旱芹酮質量和欲求它組成元素之一的質量。 你需要三個轉換因子,第一個是香旱芹酮莫耳質量。第二個轉換因子是從化學式中 C 莫耳和香旱芹酮莫耳之間的轉換。 第三個轉換因子是碳的莫耳質量。	**已知**:55.4g C$_{10}$H$_{14}$O **試求**:g C **轉換因子**: 　莫耳質量 = 10(12.01) + 14(1.01) + 1(16.00) 　　　　　 = 120.1 + 14.14 + 16.00 　　　　　 = 150.2 g/mol 　10 mol C ≡ 1 mol C$_{10}$H$_{14}$O 　1 mol C = 12.01 g
解析圖建立在 克 → 莫耳 → 莫耳 → 克 記住,轉換因子從化學式中的莫耳關係獲得(10 mol C ≡ 1 mol C$_{10}$H$_{14}$O);當我們已知香旱芹酮的克重,我們必須首先將 g 轉換成 mol。	**解析圖**: g C$_{10}$H$_{14}$O → mol C$_{10}$H$_{14}$O → mol C → g C $\dfrac{1 \text{ mol C}_{10}\text{H}_{14}\text{O}}{150.2 \text{ g C}_{10}\text{H}_{14}\text{O}}$ 　$\dfrac{10 \text{ mol C}}{1 \text{ mol C}_{10}\text{H}_{14}\text{O}}$ 　$\dfrac{12.01 \text{ g C}}{1 \text{ mol C}}$
依解析圖解問題,以 C$_{10}$H$_{14}$O 的 g 重開始,乘上適當的轉換因子以求得 g C。	**解答**: $55.4 \text{ g C}_{10}\text{H}_{14}\text{O} \times \dfrac{1 \text{ mol C}_{10}\text{H}_{14}\text{O}}{150.2 \text{ g C}_{10}\text{H}_{14}\text{O}} \times \dfrac{10 \text{ mol C}}{1 \text{ mol C}_{10}\text{H}_{14}\text{O}} \times \dfrac{12.01 \text{ g C}}{1 \text{ mol C}} = 44.3 \text{ g C}$

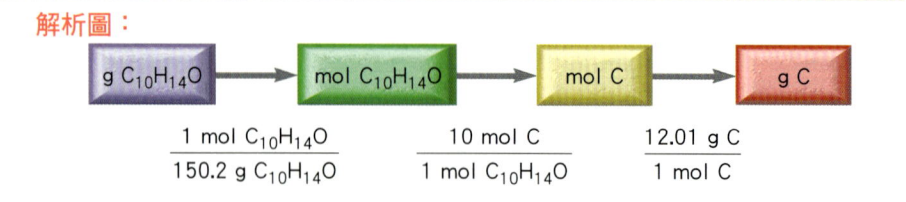

6.6 化合物的質量百分率組成

另一種方法可利用化合物的元素質量百分率組成來表示，在一已知化合物中某一元素的數量。元素的**質量百分率組成**（mass percent composition）或是簡稱為**質量百分率**（mass percent）是元素在化合物總質量的百分率。例如，鈉在氯化鈉的質量百分率組成是39%；即100g的氯化鈉樣品含有39 g的鈉。利用下列式子可從實驗數據決定出質量百分率組成。

$$\text{元素X的質量百分率} = \frac{\text{化合物中的X樣品質量}}{\text{化合物樣品質量}} \times 100\%$$

例如：假如0.358g的鉻樣品與氧反應生成0.523g的金屬氧化物。則鉻的質量百分率是：

$$\text{Cr質量百分率} = \frac{\text{Cr質量}}{\text{金屬氧化物質量}} \times 100\%$$

$$= \frac{0.358g}{0.523g} \times 100\% = 68.5\%$$

質量百分率組成可利用在元素成份克重與化合物克重之間的轉換因子，例如，我們見過鈉在氯化鈉中的質量百分率組成為39%。這樣寫成：

$$39 \text{ g 鈉} = 100 \text{ g 氯化鈉}$$

或寫成分數的形式：

$$\frac{39 \text{ g Na}}{100 \text{ g NaCl}} \text{ 或 } \frac{100 \text{ g NaCl}}{39 \text{ g Na}}$$

這些分數是g Na和g NaCl之間的轉換因子。

範例 6.8　利用質量百分率組成為轉換因子

FDA 建議你每日消耗的鈉必須小於 2.4 g，那你在 FDA 指導方針之下，可消耗多少 g 的氯化鈉？氯化鈉中的質量百分率為 39%。

以一般方式建立問題，以氯化鈉中鈉的質量百分率為轉換因子。	**已知**：2.4 g Na **試求**：g NaCl **轉換因子**：39 g Na = 100 g NaCl
解析圖以 g Na 為開始，利用質量百分率為轉換因子去求得 g NaCl。	**解析圖**： g Na → g NaCl $$\frac{100 \text{ g NaCl}}{39 \text{ g Na}}$$
	解答： $$2.4 \text{ g Na} \times \frac{100 \text{ g NaCl}}{39 \text{ g Na}} = 6.2 \text{ g NaCl}$$ ▶ 12.5 小包的鹽含有 6.2 g NaCl。

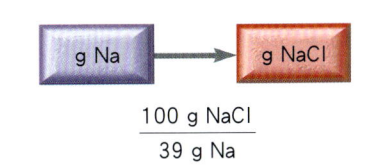

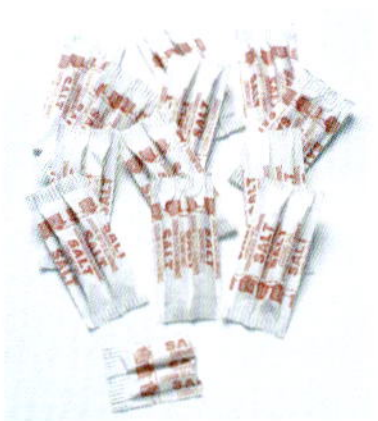

6.7 從化學式中求質量百分率組成

在上節中,我們已見過如何由實驗數據中計算質量百分率組成及如何利用質量百分率組成為轉換因子。我們也能從化合物化學式中計算任一元素的質量百分率。依據化學式,化合物中元素X的質量百分率是:

$$\text{元素X的質量百分率 (mass \%)} = \frac{\text{在1莫耳化合物中元素X的質量}}{\text{1莫耳化合物的質量}} \times 100\%$$

假設舉例,我們要計算在二氯二氟甲烷CCl_2F_2中Cl的質量百分率組成。氯的質量百分率可由下列得知

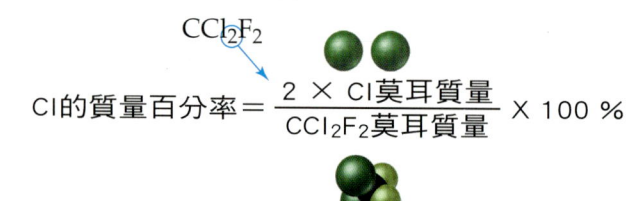

$$\text{Cl的質量百分率} = \frac{2 \times \text{Cl莫耳質量}}{CCl_2F_2\text{莫耳質量}} \times 100\%$$

Cl的莫耳質量必須乘上2,因為在化學式的下標有2個Cl,意即1莫耳的CCl_2F_2含有2莫耳Cl原子。CCl_2F_2的莫耳質量計算如下:

$$\text{莫耳質量} = 1(12.01) + 2(35.45) + 2(19.00) = 120.91 \text{ g/mol}$$

所以在CCl_2F_2中Cl的莫耳質量是

$$\text{Cl的質量百分率} = \frac{2 \times \text{Cl莫耳質量}}{CCl_2F_2\text{莫耳質量}} \times 100\%$$

$$= \frac{2 \times 35.45 \text{ g}}{120.91 \text{ g}} \times 100\% = 58.64\%$$

範例 6.9 質量百分率組成

計算 Freon-114($C_2Cl_4F_2$) 中氯的質量百分率。

已知Freon-114化學式,尋求Cl的質量百分率,所需要的式子如先前的提供,依據化合物的化學式計算化合物中元素的質量百分率。	**已知**:$C_2Cl_4F_2$ **試求**:Cl 的質量百分率 **方程式**: $$\text{元素 X 的質量百分率} = \frac{\text{1莫耳化合物中元素X的質量}}{\text{1莫耳化合物的質量}}$$
解析圖簡單地顯示在 1 莫耳 $C_2Cl_4F_2$ 中 Cl 的質量和 $C_2Cl_4F_2$ 的莫耳質量,然後代入質量百分率式子中,求出 Cl 的質量百分率。	**解析圖**: 化學式 → Cl 質量百分率 $$\text{Cl質量百分率} = \frac{4 \times \text{莫耳質量 Cl}}{\text{莫耳質量 } C_2Cl_4F_2} \times 100\%$$

計算式中所需的部份並代入其值於式中，求出 Cl 的質量百分率。

解析：

$$4 \times \text{莫耳質量}_{Cl} = 4(35.45\text{ g}) = 141.8\text{ g}$$

$$\text{莫耳質量}_{C_2Cl_4F_2} = 2(12.01) + 4(35.45) + 2(19.00)$$
$$= 24.02 + 141.8 + 38.00$$
$$= \frac{203.8\text{ g}}{\text{mol}}$$

$$\text{Cl 質量百分率} = \frac{4 \times \text{莫耳質量}_{Cl}}{\text{莫耳質量}_{C_2Cl_4F_2}} \times 100\%$$

$$= \frac{141.8\text{ g}}{203.8\text{ g}} \times 100\% = 69.58\%$$

✓ 觀念檢查站 6.3

下列哪一種化合物具有最高的氧質量百分率（回答這個問題不需要執行任何的計算）？

(a) CrO
(b) CrO$_2$
(c) CrO$_3$

6.8 計算化合物的實驗式

▶ 我們剛學習過如何從化合物的化學式計算出質量百分率組成。我們也能夠用其他的方式進行嗎？

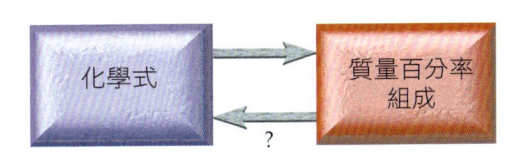

在前節中我們已學過如何從化學式中計算質量百分率組成，但我們也能夠用其他的方式嗎？我們能夠由質量百分率組成計算化學式嗎？這是很重要的，因為化合物的實驗室分析通常不直接地提供化學式，更確切地說，他們僅提供在化合物中每一元素的相對質量百分率。假如，若我們在實驗室裡將水分解成氫與氧，我們就能測量所產生氫和氧的質量，我們可以從這類數據得到化學式嗎？

化學式 ⇌ 質量百分率組成
?

答案是有限制的可以。我們能夠得到化學式，但它是**實驗式**（empirical formula），與**分子式**（molecular formula）對照，分子式提供的是在分子中每一種原子的特定數，實驗式則表示化合物中所含每個原子種類的最小的整數比。實驗式不必定代表分子，例如，過氧化氫是化合物，含有氫和氧，分子式 H$_2$O$_2$，意即過氧化氫分子由兩個氫原子與兩個氧原子所組成。

H$_2$O$_2$

過氧化氫
分子式 H$_2$O$_2$
實驗式 HO

然而，過氧化氫的實驗式是 HO，是氫與氧原子最小的整數比。一些實驗式與分子式與它們代表分子的其他例子列於下表。

實驗式	分子式	俗名	分子
CH	C₆H₆	苯	
CH	C₂H₂	乙炔	
CH₂O	C₆H₁₂O₆	葡萄糖	
CO₂	CO₂	二氧化碳	

請注意，有些例子，具有不同分子式的不同化合物，卻有相同的實驗式；也請注意，有些化合物的實驗式和分子式是一樣的。

分子式永遠是實驗式乘上一個整數。
分子式 ＝ 實驗式 × n　　　n = 1,2,3...

例如，H_2O_2 是 HO × 2 和 C_6H_6 是 CH × 6

HO × 2 ⟶ H_2O_2　　　　　CH × 6 ⟶ C_6H_6

由實驗數據計算實驗式

假設我們在實驗室中分解水的樣品，可產生3.0g氫和24g氧，那我們如何從這些數據中得到實驗式？

我們知道實驗式表示著原子比或原子莫耳比，但它不是代表質量比，因此首先我們必須將數據由克重轉換成莫耳，每一個元素我們有多少莫耳？為了轉換成莫耳，很簡單地以每一個質量除以該元素的莫耳質量。

$$莫耳_H = 3.0\ g\ H \times \frac{1\ mol\ H}{1.01\ g\ H} = 3.0\ mol\ H$$

$$莫耳_O = 24\ g\ O \times \frac{1\ mol\ O}{16.00\ g\ O} = 1.5\ mol\ O$$

從這些數據，我們得知每1.5莫耳的氧就有3莫耳的氫。我們現在可寫出水的虛擬化學式為：

$H_3O_{1.5}$

為了使我們的化學式中的下標成為整數值，我們簡單地將所有的下標值除以其中的最小值，在本例中為1.5。

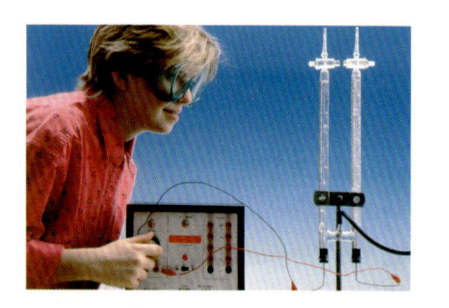

▲ 水可藉由電流分解成氫和氧，我們如何能從水的組成元素質量找出水的實驗式？

$$H_{\frac{3}{1.5}}O_{\frac{1.5}{1.5}} = H_2O$$

水的實驗式在此例中剛好就是分子式H_2O。由如下的程序可依實驗數據得出化合物的實驗式。左側欄位為程序綱要，中間及右側欄位為如何應用程序的兩個案例。

從實驗數據獲取實驗式	範例 6.10	範例 6.11
	某化合物含有氮和氧，在實驗室裡分解產生 24.5g 氮和 70.0g 氧。計算該化合物的實驗式。	阿斯匹靈（aspirin）在實驗室分析得知其質量百分率組成為 C　60.00% H　4.48% O　35.53% 求其實驗式。
1. 寫出樣品化合物每一個元素的已知質量。假如你已知質量百分率組成。假設是 100g 樣品，從已知百分率計算每一元素的質量。	已知： 　　24.5 g N 　　70.0 g O 試求：實驗式	已知： 　　在100 g 樣品中有： 　　60.00 g C 　　4.48 g H 　　35.53 g O 試求：實驗式
2. 利用每一元素的莫耳質量為轉換因子，將步驟 1 中的每一個質量轉換成莫耳。	解答： $24.5 \text{ g N} \times \dfrac{1 \text{ mol N}}{14.01 \text{ g N}}$ $= 1.75 \text{ mol N}$ $70.0 \text{ g O} \times \dfrac{1 \text{ mol O}}{16.00 \text{ g O}}$ $= 4.38 \text{ mol O}$	解答： $60.00 \text{ g C} \times \dfrac{1 \text{ mol C}}{12.01 \text{ g C}}$ $= 4.996 \text{ mol C}$ $4.48 \text{ g H} \times \dfrac{1 \text{ mol H}}{1.01 \text{ g H}}$ $= 4.44 \text{ mol H}$ $35.53 \text{ g O} \times \dfrac{1 \text{ mol O}}{16.00 \text{ g O}}$ $= 2.221 \text{ mol O}$
3. 利用每一元素的莫耳數為下標，寫出化合物的虛擬化學式。	$N_{1.75}O_{4.38}$	$C_{4.996}H_{4.44}O_{2.221}$
4. 化學式中所有的下標除以其中的最小數。	$N_{\frac{1.75}{1.75}}O_{\frac{4.38}{1.75}} \longrightarrow N_1O_{2.5}$	$C_{\frac{4.996}{2.221}}H_{\frac{4.44}{2.221}}O_{\frac{2.221}{2.221}} \longrightarrow C_{2.25}H_2O_1$
5. 若下標不是整數，則將所有的下標乘以最小的整數值（如下表）以取得整數的下標。	$N_1O_{2.5} \times 2 \longrightarrow N_2O_5$ 正確的實驗式為 N_2O_5。	$C_{2.25}H_2O_1 \times 4 \longrightarrow C_9H_8O_4$ 正確的實驗式為 $C_9H_8O_4$。

分數	乘上此數取得整數
_.10	10
_.20	5
_.25	4
_.33	3
_.50	2
_.66	3
_.75	4

114 第 6 章 化學組成

範例 6.12　試由反應數據計算實驗式

3.24g 的鈦樣品與氧作用生成 5.40g 的金屬氧化物，試求該氧化物的化學式？

開始以一般方式建立問題。	已知：3.24 g Ti 　　　5.40 g 氧化物 試求：實驗式
1. 寫出（或計算）化合物樣品中每一元素的質量。 在本例中，我們已知最初鈦樣品的質量和樣品與氧反應後的氧化物質量，兩者的差值即是氧的質量	解答： 3.24 g Ti 氧質量 ＝ 氧化物質量 － 鈦質量 　　　＝ 5.40 g － 3.24 g 　　　＝ 2.16 g O
2. 利用每一元素的莫耳質量為轉換因子，將步驟 1 中的每一質量轉換成莫耳。	$3.24 \text{ g Ti} \times \dfrac{1 \text{ mol Ti}}{47.88 \text{ g Ti}} = 0.0677 \text{ mol Ti}$ $2.16 \text{ g O} \times \dfrac{1 \text{ mol O}}{16.00 \text{ g O}} = 0.135 \text{ mol O}$
3. 寫出化合物的虛擬化學式利用步驟 2 中所得的每一元素莫耳數為下標。	$Ti_{0.0677}O_{0.135}$
4. 在式子中所有的下標除以其中的最小值。	$Ti_{\frac{0.0677}{0.0677}} O_{\frac{0.135}{0.0677}} \longrightarrow TiO_2$
5. 若下標不是整數，則所有下標乘以最小整數使其成為正整數的下標。	當下標已是正整數時，則最後的步驟是不需要的，正確的實驗式為 TiO_2。

6.9　計算化合物的分子式

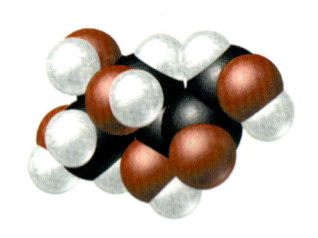

▲ 果糖，在水果中的一種糖類。

若你已知化合物的莫耳質量，那你就可從實驗式求得化合物的分子式，回想6.8節中，分子式永遠是一個整數乘以實驗式。

分子式 ＝ 實驗式 × n　　n＝1, 2, 3, ...

假設我們要從果糖的實驗式CH_2O和它的莫耳質量180.2 g/mole，找出它的分子式（水果中的一種糖類）。我們知道分子式是CH_2O的整數倍。

分子式 ＝ CH_2O × n

我們也知道莫耳質量是整數乘以**實驗式莫耳質量**，其為在實驗式中所有元素質量的總和。

莫耳質量 ＝ 實驗式莫耳質量 × n

對某一特定的化合物而言，其n值在兩者之間都是相同的。因此我們可由計算莫耳質量與實驗式莫耳質量的比值求得n。

$$n = \frac{莫耳質量}{實驗式莫耳質量}$$

果糖的實驗式莫耳質量是 = 1(12.01) + 2(1.01) + 16.00 = 30.03 g/mol。因此，n是：

$$n = \frac{180.2 \text{ g/mol}}{30.03 \text{ g/mol}} = 6$$

我們接著可利用此n值去求出分子式。

$$分子式 = CH_2O \times 6 = C_6H_{12}O_6$$

範例 6.13　由實驗式及莫耳質量計算分子式

萘（naphthalene）是含有碳與氫的一種化合物，常被作為樟腦丸（mothballs），它的實驗式為 C_5H_4，莫耳質量 128.16 g/mole，試求其分子式。

以一般方式建立問題。你已知實驗式與化合物的莫耳質量，欲尋求分子式。	**已知**： 　　實驗式 = C_5H_4 　　莫耳質量 = 128.16 g/mol **試求**：分子式
分子式是 n 乘上實驗式，為了求得 n，以莫耳質量除以實驗式莫耳質量。	**解答**： 　　實驗式莫耳質量 = 5(12.01) + 4(1.01) 　　　　　　　　　= 64.09 g/mol 　　$n = \dfrac{莫耳質量}{實驗式質量} = \dfrac{128.16 \text{ g/mol}}{64.09 \text{ g/mol}} = 2$
因此，分子式是 2 乘上實驗式。	分子式 = $C_5H_4 \times 2 = C_{10}H_8$

化學與健康

飲用水的加氟

在 20 世紀初，科學家發現人們所喝的飲用水含有天然的氟離子較其他未含有的水，有較少數的蛀牙。以嚴格的水準來說，氟化物可強化牙齒琺瑯質，它能預防牙齒的蛀蝕。為了努力改善大眾健康，從 1945 年起氟化物已經被人為地添加到飲用水中補充。今天在美國，大約 62% 的人口喝人工添加氟化物的飲用水。美國牙科協會和公共衛生代理商估計飲用水加氟可降低牙齒 40% 到 65% 的蛀蝕。

不過，公共飲用水的加氟，經常引起爭論。一些反對者爭辯氟化物可從其他的來源來利用，諸如牙膏、漱口藥、滴劑與丸劑，因而不該被加到飲用水中。想要氟化物的任何人能從這些可選擇的來源得到它，他們辯論著，並且政府不應該把氟化物加給一般大眾。其他的辯論者認為加氟相關的風險太大。的確，過多的氟化物能引起牙齒變得棕色與牙斑，是一種已知使牙齒氟中毒的條件。氟含量高時，會導致氟骨症，這會出現骨頭變脆及關節炎的情況。科學界一致公認，如許多礦物質一樣，在特定的含量下（每天1-4毫克），氟化物對健康有益，但過高的劑量則有不利的影響。因此，多數主要城市在他們的飲用水中添加約 1 mg/L的氟化物。由於成年人每天的飲水量約1到2公升，他們可自飲用水中獲取有益健康的氟化物量。

你能回答這個問題嗎？ 氟化物如氟化鈉（NaF）經常被加到水中。F^- 在 NaF 裡的質量百分率組成是多少？多少克的 NaF 該被加到 1500 L 的水中，使氟化物達到 1.0 mg F^-/L 的水準？

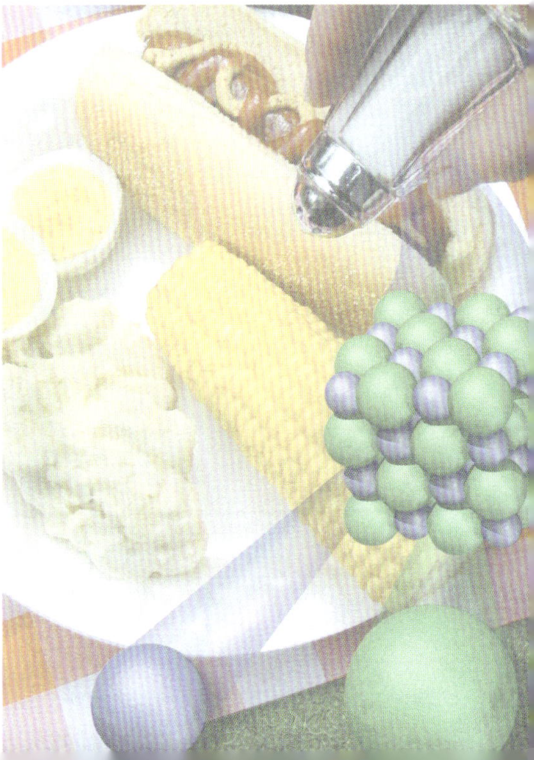

CHAPTER 7

第 7 章

化學反應

"Chemistry ... is one of the broadest branches of science if for no other reason that, when we think about it, everything is chemistry."

Luciano Caglioti (1933–)

化學是科學中分支最寬廣的其中之一，假如沒有其他理由，當我們考慮它時，一切事物都是化學。

路西安諾・卡各利奧堤(1933 －)

- 7.1 幼稚園裡的泥火山、汽車和洗衣店的清潔劑
- 7.2 化學反應的證據
- 7.3 化學方程式
- 7.4 如何寫出化學平衡方程式
- 7.5 水溶液與溶解度：化合物溶解於水中
- 7.6 沉澱反應：在水溶液中形成固體的反應
- 7.7 在溶液中反應化學方程式的寫法：分子、完全離子及淨離子方程式
- 7.8 酸鹼與氣體釋放反應
- 7.9 氧化－還原反應
- 7.10 化學反應的分類

7.1 幼稚園裡的泥火山、汽車和洗衣店裡的清潔劑

你曾經在幼稚園裡製作過泥火山嗎？為了噴出效果，它填充了醋、烘培蘇打粉和紅色食用著色劑。你有踩過汽車油門並察覺到當車輛前進時的加速嗎？你對清洗衣服時為什麼洗衣店裡清潔劑的洗衣效果比一般的肥皂要更好，覺得納悶嗎？這其中的每一個過程都依賴**化學反應** —— 一種或多種物質轉變成不同的物質。

在傳統的幼稚園火山實驗裡，烘培蘇打粉（碳酸氫鈉）與食用醋裡的醋酸反應形成二氧化碳氣體、水及醋酸鈉，剛形成的二氧化碳氣泡自混合物中脫離而出，造成噴出的效果。反應發生在液體中且形成氣體稱為**氣體釋放反應**（gas evolution reactions），類似的反應有引起氣泡的抗酸劑，如Alka-Seltzer。

當你在開車時，碳氫化合物如辛烷（在汽油中）與空氣中的氧反應形成二氧化碳氣體和水（▶圖7.1）。這個反應產生熱，它被利用在汽車引擎中使氣體膨脹得以加速汽車前進，像這樣的反應，當一個物質與氧反應，釋出熱並形成含有一個氧以上的化合物，稱為**燃燒反應**，它是**氧化還原反應**（oxidation-reduction reactions）的分支，是電子從一個物質轉移到另一個物質。鐵鏽的形成和無光澤的汽車塗料都是氧化還原反應的另一例子。

為何洗衣店裡清潔劑的洗衣效果勝於肥皂，其理由之一就是它所含的物質可以軟化硬水。硬水中含有可溶性的鈣（Ca^{2+}）和鎂（Mg^{2+}）離子，這些離子干擾了肥皂的作用而與它反應生成灰色

◀ 在太空梭主引擎裏，分別儲存於中央燃料槽中的氫分子 H_2（白色）和氧分子 O_2（紅色）反應劇烈地形成水分子 H_2O，反應釋出的能量以協助推動太空梭至太空。

圖7.1 燃燒反應。 在汽車引擎裡，像來自汽油的辛烷（C_8H_{18}）那樣的的碳氫化合物與空氣中的氧結合，反應形成二氧化碳和水。

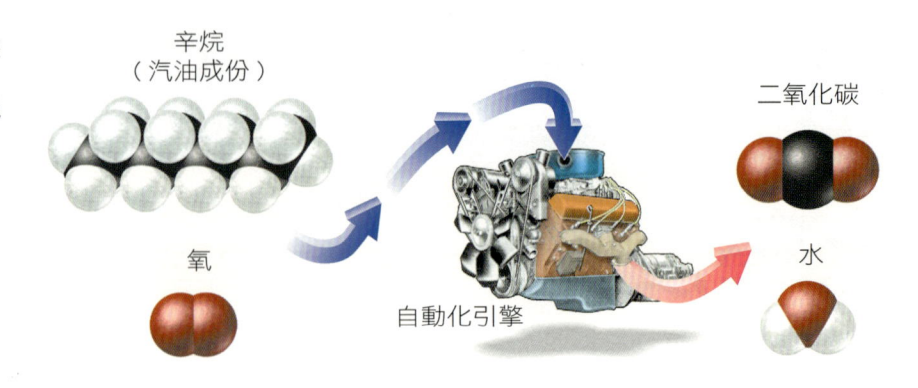

辛烷（汽油成份）

氧

自動化引擎

二氧化碳

水

▲ 圖 7.2 肥皂與水。 肥皂與純水形成肥皂水（左），但是與硬水中的離子反應（右）形成灰色的殘餘物會附著在衣服上。

黏滑性稱為凝乳的物質或肥皂浮垢（▲ 圖7.2）。假如你曾用普通的肥皂洗過自己的衣物，你就可以注意到灰白色的肥皂浮垢殘留在你的衣服上。

洗衣店清潔劑會阻礙凝乳的形成，由於它們含有如碳酸鈉（Na_2CO_3）之類的物質可將水中的鈣和鎂離子移除。當碳酸鈉溶解於水，它會解離成鈉離子（Na^+）和碳酸根離子（CO_3^{2-}），溶解的碳酸根離子與硬水中的鈣及鎂離子反應，形成碳酸鈣（$CaCO_3$）與碳酸鎂（$MgCO_3$）等固體，這些固體完全地沉積在送洗衣物堆的底部，結果從水中可將離子去除。換言之，在洗衣店裡清潔劑所含的物質可與硬水中的離子反應而除去它們。像這樣在水中形成固體物質的反應稱為**沉澱反應**（precipitation reactions）。沉澱反應也可利用在工業廢水中將溶解的有毒金屬去除。

化學反應的發生圍繞在我們四周和身體內。它們包括在我們的許多日常用品和實驗中，化學反應能夠相當簡單，像氫和氧的結合形成水；或者它們也可以是錯綜複雜的，像蛋白質分子是由上千種較簡單分子所合成。在一些的案例中，如發生在游泳池裡的中和反應，當酸加入以調整水的酸度時，這時化學反應不是單靠眼睛就能清楚留意到的；而在其他的例子裡，如在煙囪裡產生的燃燒反應與發射時太空梭下的火焰，那些化學反應則是很明顯的。在所有的例子中，不論如何，化學反應會引起構成物質的分子和原子的排列起變化，許多時候，在我們的實驗裡那些分子的改變都會引起宏觀的變化。

7.2 化學反應的證據

假如我們能夠看見組成物質的原子和分子，我們就可以輕易鑑別化學反應。是某種原子與其他原子結合形成化合物呢？是形成新分子呢？還是原來的分子分解了呢？或是在分子中的原子彼此的位置改變呢？若上述只是其中之一或有更多狀況發生，那就證實有化學反應發生。當然，在一般正常的情況下，我們無法見到原子或分子，所以我們需要有其他的方法去鑑別化學反應。

▲ 圖 7.3 **沉澱反應**。從原先澄清的溶液中形成固體即是化學反應的證據。

▲ 圖 7.4 **氣體釋放反應**。氣體的形成就是化學反應的證據。

　　幸運地，許多化學反應，當它們發生時都會產生易於察覺的改變。例如在鮮亮色彩襯衫裡的染料分子反覆暴露在陽光下，襯衫的色澤會褪去。同樣地，幼兒用的溫度感測湯匙裡，因埋藏在湯匙裡的塑料分子受熱而產生顏色的變化。這些**顏色的變化**就是化學反應的證據。

　　鑑別化學反應其他的改變包括在原來澄清的溶液中**固體**的形成（▲ 圖7.3）或是**氣體的形成**（▲ 圖7.4）。投入Alka-Seltzer片劑到水中或將烘培蘇打與醋（如我們在幼稚園裡的泥火山舉例）混合，兩者都是化學反應的好例子。它們都會產生氣體 —— 在液體中氣體以氣泡形式是可見到的。

　　熱的吸收或**釋放**（heat absorption or emission）如同**光的釋放**（light emission）也都是反應的證據。例如，天然氣的火焰產生熱與光。一個化學冷卻包當隔開兩邊物質的塑膠隔板打通之後會變冷。這些變化暗示著化學反應的發生。

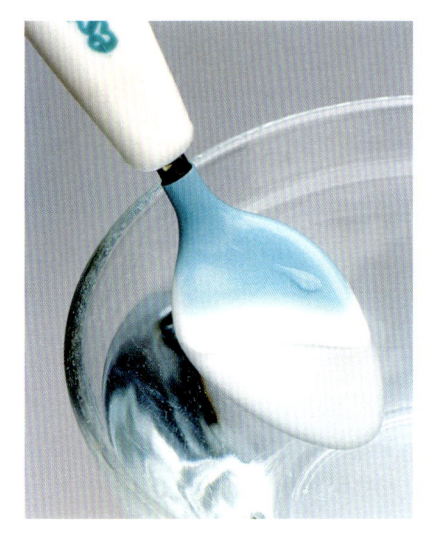

▲ 幼兒用的溫度感測湯匙加溫之後立即改變顏色，是由於增溫所引起的反應。

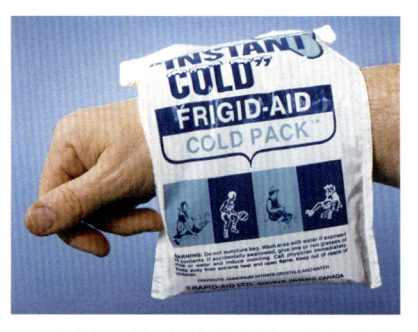

▲ 由於吸熱或放熱引起溫度的變化是化學反應的證明。化學冷卻包會變冷是由於隔開兩邊物質的塑膠隔板打通之後的吸熱反應。

總結來說，下列每一個都是提供化學反應的證據。

- 顏色改變 
- 當你加入一物質到溶液中有氣體的形成 
- 在澄清的溶液中有固體形成 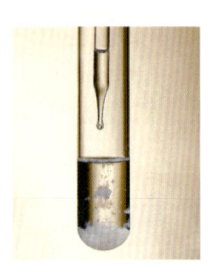
- 光的釋出 
- 熱的釋放或吸收

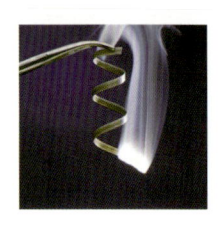

▲ 圖 7.5 **沸騰：一種物理變化。**當水沸騰時，有氣泡的形成和氣體的釋出可是沒有發生化學變化，因為氣體就如同液體水一般，同樣也是水分子的組成。

儘管上述的變化提供了化學反應的證據，但它們還不是**最可靠的**證據。唯有化學分析顯示起始物質已改變成其他的物質，才能確定地證實已有化學反應發生，否則我們可能被欺騙，例如當水沸騰形成氣泡，但沒有發生化學反應，沸騰的水形成氣態水蒸氣，但水與水蒸汽同樣是水分子的組成 —— 沒有發生化學變化（◀ 圖7.5）；在另一方面，化學反應可以發生而無任何明顯的徵兆，現在的化學分析技術可以證實反應是真實地發生了。發生在原子和分子級層上的改變才能確認是否已發生了化學反應。幸運地是大部份的時候分子的改變也能產生上述結果的變化，因此我們能夠察覺。

範例 7.1　化學反應的證據

下列哪一個屬於化學反應？為什麼？
(a) 冰加熱後熔化
(b) 電流通過水，結果形成氫氣和氧氣的氣泡在水中上升
(c) 鐵生鏽
(d) 當汽水打開後氣泡的形成

解答：
(a) 非化學反應；冰熔化形成水，但是冰與水都是水分子的組成。
(b) 化學反應；水分解成氫氣和氧氣，氣泡便是證明。
(c) 化學反應；鐵變成氧化鐵，在變化過程中會改變顏色。
(d) 非化學反應；雖然是氣泡，它只是二氧化碳自液體脫離出。

7.3 化學方程式

化學反應可使用**化學方程式**（chemical equation）來描述。例如，天然瓦斯火焰所發生的反應，如同在你家廚房火爐裡一樣，是甲烷（CH_4）與氧（O_2）的反應形成二氧化碳（CO_2）與水（H_2O）。這個反應可用下列方程式描述：

$$CH_4 + O_2 \rightarrow CO_2 + H_2O$$
　　反應物　　　　　　　產物

物質在方程式的左邊稱為**反應物**（reactant），在右邊的物質被稱為**生成物**或**產物**（product）。我們經常在緊接著分子式之後，指定每一反應物或產物的狀態。如果我們補充這些在我們的方程式中，它就變成為：

$$CH_4(g) + O_2(g) \rightarrow CO_2(g) + H_2O(g)$$

（g）表示這些物質是在反應中為氣態。在化學反應裡常見的反應物和產物狀態及它們的使用符號摘錄於表7.1中。

對天然氣燃燒的方程式看得更仔細些，在方程式的兩邊各有多少的氧原子？

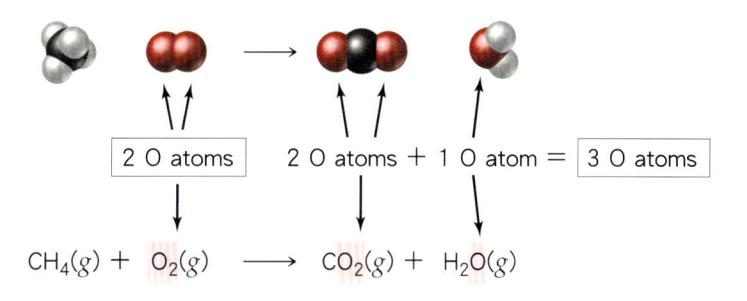

表 7.1 方程式中反應物與生成物狀態縮寫指引

縮寫符號	狀態
（g）	氣態
（l）	液態
（s）	固態
（aq）	水溶液*

*（aq）是**水溶液**的稱號，意即物質可溶於水中 當物質溶於水 該混合物稱為**溶液**（見7.5節）。

2 O atoms　　2 O atoms + 1 O atom = 3 O atoms

$$CH_4(g) + O_2(g) \longrightarrow CO_2(g) + H_2O(g)$$

在左邊有兩個氧，在右邊有三個氧。那右邊多出的這個氧來自何處呢？化學方程式描述真實的化學反應，原子不能夠就這樣出現或消失，因為正如我們所知在自然界中原子不能輕易地出現或消失，注意同樣地左邊有四個氫原子與右邊僅有兩個。

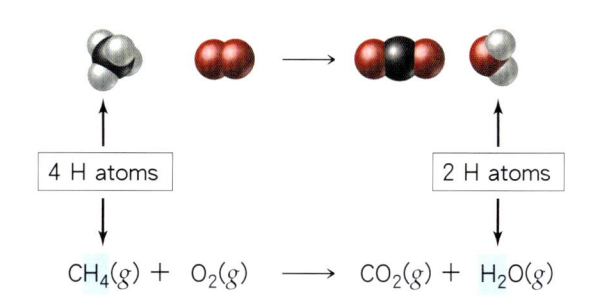

4 H atoms　　　　　　　2 H atoms

$$CH_4(g) + O_2(g) \longrightarrow CO_2(g) + H_2O(g)$$

為修正這些問題，我們必須建立一個完整的**平衡的方程式**（balanced equation），意即我們必須加入係數（非下標）去確認在方程式的兩邊每一種類的原子數是相等的，當反應時不會有新的原子形成，舊有的原子也不會消失 —— 物質必定守恆。

範例 7.4　平衡化學方程式

寫出固態鋁與硫酸水溶液生成硫酸鋁水溶液與氫氣的平衡方程式。

利用你在第 5 章的化學命名的常識寫出含有每一個反應物和生成物分子式的方程式骨架。每一個化合物的分子式在你開始平衡方程式之前就必須是正確的。	解答： $Al(s) + H_2SO_4(aq) \rightarrow Al_2(SO_4)_3(aq) + H_2(g)$
因為鋁與氫兩者都作為純元素，所以最後才平衡它們。硫與氧在方程式每一邊都只出現在一個化合物中，所以先平衡它們。硫與氧也是多原子的離子部份，保留不動在方程式的兩邊；平衡多原子性離子把它視為一個單元。有 3 SO_4^{2-} 離子在方程式右邊，故在H_2SO_4前面放入3。	$Al(s) + 3H_2SO_4(aq) \rightarrow Al_2(SO_4)_3(aq) + H_2(g)$
其次再平衡 Al，在方程式右邊有 2 個 Al 原子，因此在方程式左邊 Al 前放入 2。	$2Al(s) + 3H_2SO_4(aq) \rightarrow Al_2(SO_4)_3(aq) + H_2(g)$
接著平衡H，在左邊有6個H原子，因此在右邊 $H_2(g)$ 前面放入3。	$2Al(s) + 3H_2SO_4(aq) \rightarrow Al_2(SO_4)_3(aq) + 3H_2(g)$
最後在每一邊的原子數加總，確認方程式已完成平衡。 方程式已完成平衡。	$2Al(s) + 3H_2SO_4(aq) \rightarrow Al_2(SO_4)_3(aq) + 3H_2(g)$ 反應物　　　　生成物 2 Al atom　→　2 Al atom 6 H atom　→　6 H atom 3 S atom　→　3 S atom 12 O atom　→　12 O atom

範例 7.5　平衡化學方程式

平衡下列方程式。

$Fe(s) + HCl(aq) \rightarrow FeCl_3(aq) + H_2(g)$

因為Cl在方程式兩邊都只出現在一個化合物中，所以首先平衡它。在方程式左邊有1個Cl原子和在右邊有3個Cl原子．平衡氯，在HCl前面放上3。	解答： $Fe(s) + 3HCl(aq) \rightarrow FeCl_3(aq) + H_2(g)$
因為H與Fe為自由元素，所以最後才平衡它們。在方程式左邊有1個Fe原子且在右邊也有1個Fe原子，所以Fe是已經完成平衡的。在方程式左邊有3個H原子且在右邊有2個H原子，為了平衡H，在H_2前面放上3/2（此方法你不必修正其他先前已平衡過的元素）。	$Fe(s) + 3HCl(aq) \rightarrow FeCl_3(aq) + \frac{3}{2} H_2(g)$
當方程式含有係數是分數時，整個的方程式乘以 2，使其成為整數。	$[\ Fe(s) + 3HCl(aq) \rightarrow FeCl_3(aq) + \frac{3}{2} H_2(g)\ ] \times 2$ $2Fe(s) + 6HCl(aq) \rightarrow 2FeCl_3(aq) + 3H_2(g)$
最後將每一邊的原子數加總以檢查方程式是否已完成平衡。 方程式已平衡。	$2Fe(s) + 6HCl(aq) \rightarrow 2FeCl_3(aq) + 3H_2(g)$ 反應物　　　　生成物 2 Fe atom　→　2 Fe atom 6 Cl atom　→　6 Cl atom 6 H atom　→　6 H atom

7.5 水溶液與溶解度：化合物溶解於水中

在水溶液裡發生的反應是最為普通且重要的。**水溶液**（aqueous solution）是物質溶於水的均勻混合物。例如，氯化鈉（NaCl）溶液，也稱為鹽溶液，由氯化鈉溶在水裡所組成。它們存在於海洋和在活體細胞裡。你可能曾親自添加食鹽到水中形成NaCl溶液，當你把NaCl加入水攪拌時，它好像消失了。不過，你知道NaCl仍然在那裡，因為你品嚐起來水仍有鹹味。NaCl怎樣在水裡溶解呢？

當如NaCl那樣的離子化合物在水裡溶解時，它們通常解離成組成它們的離子。NaCl溶液以NaCl(aq)表示，不含任何NaCl單體，而是溶解成Na$^+$離子和Cl$^-$離子。

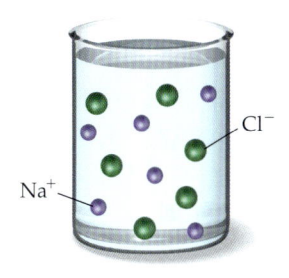

氯化鈉溶液含有獨立的Na$^+$與Cl$^-$離子

我們知道NaCl以各自獨立的鈉離子和氯離子狀態存在溶液中，因為氯化鈉溶液可傳導電流，這需要自由移動帶電粒子的存在。物質（例如NaCl）在溶液中完全解離成離子稱為**強電解質**，其溶液稱為**強電解液**（strong electrolyte solution）（◀圖7.6）。同樣地，AgNO$_3$溶液以AgNO$_3$(aq)表示，不含任何AgNO$_3$單體，而是溶解成Ag$^+$離子和NO$_3^-$離子，它也是一個強電解溶液。當化合物含有多原子離子如NO$_3^-$溶解時，多原子離子通常以完整的單位體溶解。

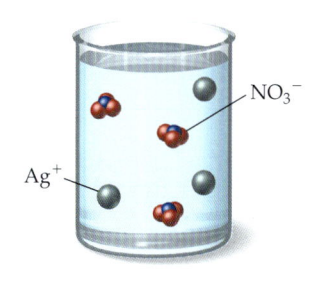

硝酸銀溶液含有獨立的Ag$^+$與NO$_3^-$離子

不是所有離子化合物都可以溶解於水，以AgCl為例，不會溶解於水。假如我們加AgCl到水裡，它仍維持著固態AgCl同時在水底部以白色固體呈現。

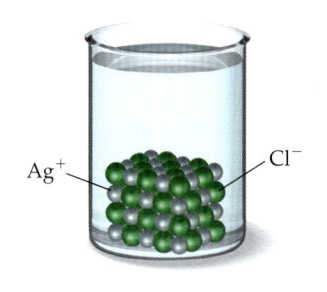

當氯化銀加入水後，它仍保持著AgCl的固體，它不會溶解成獨立的離子。

▲ 圖 7.6 **離子做為導體。**（a）純水不會導電。（b）在氯化鈉溶液中的離子會導電，使燈泡發亮。這些溶液稱為強電解質溶液。

溶解度

化合物若它可溶解於特定的液體中則是**可溶性的**（soluble），若它不能溶解於液體中則是**不溶性的**（insoluble）。以NaCl為例，可溶於水，假如我們混合氯化鈉固體於水中，它會溶解並形成強電解液；相反地AgCl不溶解於水，假如我們混合固體氯化銀於水中，它在液體水中仍然保持為固體。

沒有一種容易的方法可以告訴我們某一個特定的化合物是可溶於水還是不溶。對離子性化合物來說，無論如何，這已有經驗規則從許多化合物的觀測報告中歸納出，這些被稱為**溶解度規則**（solubility rule）並摘錄於表7.2。例如，溶解度規則說明含鋰離子的化合物是可溶的。意即化合物例如LiBr、LiNO$_3$、Li$_2$SO$_4$、LiOH和Li$_2$CO$_3$將全部溶解於水形成強的電解溶液。若一化合物含有Li$^+$，它就是可溶解的。同樣地，溶解度規則說明含NO$_3^-$離子的化合物是可溶的。意即化合物例如AgNO$_3$、Pb(NO$_3$)$_2$、NaNO$_3$、Ca(NO$_3$)$_2$和Sr(NO$_3$)$_2$會全溶解於水形成強的電解溶液。

表 7.2 溶解度規則

化合物含有下列離子時，多數可溶	例外
Li$^+$、Na$^+$、K$^+$、NH$_4^+$	沒有
NO$_3^-$、C$_2$H$_3$O$_2^-$	沒有
Cl$^-$、Br$^-$、I$^-$	任何此三者之一的離子與 Ag$^+$、Hg$_2^{2+}$或 Pb^{2+}配對，化合物是不溶性的
SO$_4^{2-}$	當 SO$_4^{2-}$與 Sr^{2+}、Ba^{2+}、Pb^{2+}或 Ca^{2+}配對，化合物是不溶性的
化合物含有下列離子時，多數不可溶	例外
OH$^-$、S^{2-}	任此兩者之一離子與 Li$^+$、Na$^+$、K$^+$、或 NH$_4^+$配對，化合物是可溶性的
	當S^{2-}與Ca^{2+}、Sr^{2+}或Ba^{2+}配對，化合物是可溶性的
	當 OH$^-$與 Ca^{2+}、Sr^{2+}或 Ba^{2+}配對，化合物是輕微可溶的*
CO$_3^{2-}$、PO$_4^{3-}$	任此兩者之一離子與 Li$^+$、Na$^+$、K$^+$、或 NH$_4^+$配對，化合物是可溶性的

＊就許多目的而言，這些化合物可被視為不溶性的。

溶解度規則陳述若化合物含有CO$_3^{2-}$離子則是不溶的。因此，化合物如CuCO$_3$、CaCO$_3$、SrCO$_3$和FeCO$_3$不會溶解於水。注意溶解度規則含有許多的例外。例如，化合物含有CO$_3^{2-}$離子與Li$^+$、Na$^+$、K$^+$或 NH$_4^+$配對時，則是可溶。於是Li$_2$CO$_3$、Na$_2$CO$_3$、K$_2$CO$_3$和(NH$_4$)$_2$CO$_3$全部都是可溶的。

範例 7.6　判別哪一個化合物可溶解

判別下列每一個化合物是可溶或不可溶。

(a) AgBr
(b) $CaCl_2$
(c) $Pb(NO_3)_2$
(d) $PbSO_4$

解答：
(a) 不可溶；化合物所含的 Br^- 通常可溶，但 Ag^+ 是個例外。
(b) 可溶；化合物所含的 Cl^- 通常可溶，但 Ca^{2+} 亦不例外。
(c) 可溶；化合物所含的 NO_3^- 總是可溶。
(d) 不可溶；化合物所含的 SO_4^{2-} 通常可溶，但 Pb^{2+} 是個例外。

7.6　沉澱反應：在水溶液中形成固體的反應

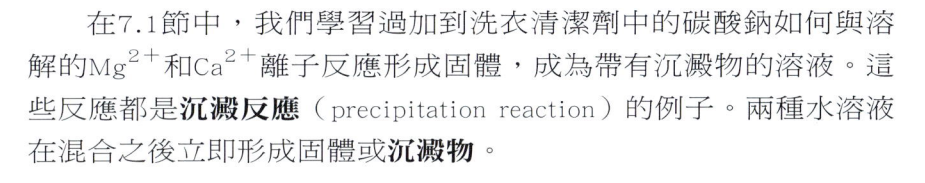

在7.1節中，我們學習過加到洗衣清潔劑中的碳酸鈉如何與溶解的 Mg^{2+} 和 Ca^{2+} 離子反應形成固體，成為帶有沉澱物的溶液。這些反應都是**沉澱反應**（precipitation reaction）的例子。兩種水溶液在混合之後立即形成固體或**沉澱物**。

沉澱反應在化學裡是很普遍的。以碘化鉀和硝酸鉛為例，當兩者溶於水後，都是無色的強電解質液（見溶解規則），當兩個溶液合併後，立即形成亮黃色沉澱物。這個沉澱反應可用下述化學方程式描述。

$$2KI(aq) + Pb(NO_3)_2(aq) \rightarrow PbI_2(s) + 2KNO_3(aq)$$

當兩種溶液混合時，不會總是都發生沉澱反應。例如，若KI(g) 和NaCl(aq) 兩種溶液合併後，不會發生變化（◀圖7.8）。

$$KI(aq) + NaCl(aq) \rightarrow 無反應$$

▲ 圖 7.7 **沉澱反應**。當碘化鉀溶液與硝酸鉛（Ⅱ）溶液混合後，形成亮黃色的 $PbI_2(s)$ 沉澱物。

▲ 圖 7.8 **無反應**。當碘化鉀溶液與氯化鈉溶液混合後，不會發生反應。

預測沉澱反應

預測沉澱反應的關鍵在於了解：**唯有不溶性的化合物才能形成沉澱**。在一個沉澱反應中，含有溶解化合物的兩種溶液化合，產生不溶解的化合物沉澱物。例如圖7.7的沉澱反應。

$$2KI(aq) + Pb(NO_3)_2(aq) \rightarrow PbI_2(s) + 2KNO_3(aq)$$
　　可溶　　　　可溶　　　　　不可溶　　　可溶

KI和 $Pb(NO_3)_2$ 都是可溶的，但沉澱物 PbI_2 是**不溶性的**。在混合之前，KI(aq) 與 $Pb(NO_3)_2(aq)$ 溶解於各自的溶液中。

KI(*aq*)   Pb(NO₃)₂(*aq*)

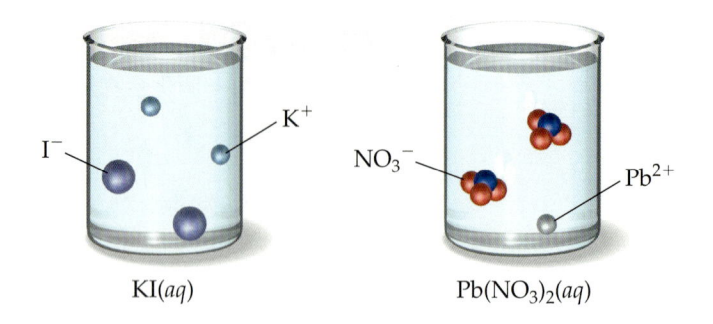

溶液混合的瞬間，所有的四種離子都存在。

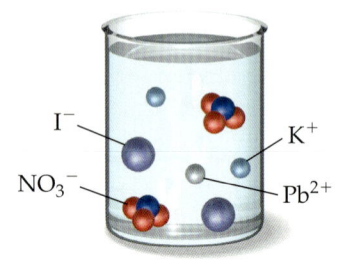

KI(*aq*) 和 Pb(NO₃)₂(*aq*)

但，現在就可能有新的化合物產生 —— 可能的不溶性物。具體而言，這時一個化合物的陽離子能夠與另一化合物的陰離子配對，形成新的（可能的不溶性）生成物。

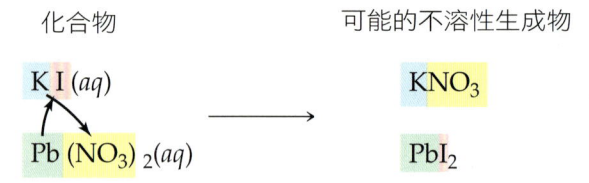

化合物　　　　　　　　可能的不溶性生成物

K I (*aq*)　　　　　　　　　KNO₃

Pb (NO₃)₂(*aq*)　　　　　　PbI₂

假若**可能的不溶性的**（potentially insoluble）生成物都是**可溶的**，那就不會有反應的發生。若可能的不溶性生成物其中之一或兩者都是**確實不溶性的**（indeed insoluble），就會發生沉澱反應。在本例中，KNO₃是可溶的，但PbI₂是不可溶的，因此，PbI₂是沉澱物。

為了預測兩種溶液混合後，究竟是否會發生沉澱反應，並且寫出其反應方程式，其步驟列於如下的程序方欄中。照例，步驟顯示於左欄位，兩個應用的例子列於中間與右欄位中。

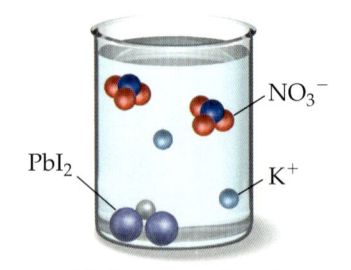

PbI₂(*s*) 和 KNO₃(*aq*)

寫出沉澱反應方程式

	範例 7.7	**範例 7.8**
	寫出碳酸鈉和氯化銅（II）溶液混合所發生（若有）的沉澱反應方程式。	寫出硝酸鋰和硫酸鈉溶液混合後所發生（若有）的沉澱反應方程式。

1. 寫出作為反應物混合的兩個化合物的分子式，列出化學方程式的反應物。

   解答：
   $Na_2CO_3(aq) + CuCl_2(aq) \rightarrow$

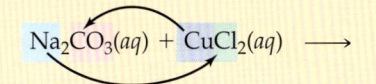

   解答：
   $LiNO_3(aq) + Na_2SO_4(aq) \rightarrow$

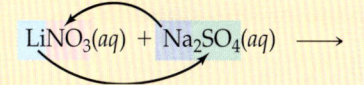

2. 在方程式之後，寫出從反應物所能形成的可能不溶性生成物。它們由一個反應物的陽離子與另一個反應物的陰離子結合而成。

   $Na_2CO_3(aq) + CuCl_2(aq) \longrightarrow$

   可能的不溶性產物：
   NaCl   CuCO₃

   $LiNO_3(aq) + Na_2SO_4(aq) \longrightarrow$

   可能的不溶性產物：
   NaNO₃   Li₂SO₄

3. 利用溶解度規則去判定那一個可能不溶性生成物是確實不溶性的。

   NaCl 是可溶的（化合物的 Cl⁻ 一般是可溶的，且 Na⁺ 亦不例外）。
   CuCO₃ 是不溶的（化合物的 CO_3^{2-} 通常是不可溶的，且 Cu^{2+} 亦不例外）。

   NaNO₃ 是可溶的（化合物所含的 NO_3^- 是可溶和 Na⁺ 亦不例外）。
   Li₂SO₄ 是可溶的（化合物所含的 SO_4^{2-} 是可溶的和 Li⁺ 亦不例外）。

4. 若所有的可能不溶性生成物是可溶的，就沒有沉澱物，則在箭頭之後寫上 **"無反應"**。

   這例子有不溶性的生成物，我們就可進行下一個步驟。

   $LiNO_3(aq) + Na_2SO_4(aq) \rightarrow$

   無反應

5. 若可能不溶性生成物其中之一是確實不溶性的，就寫出它們的分子式 (s) 作為反應的生成物 (s)，利用 (s) 表明為固體。任何可溶的生成物以 (aq) 表明為水溶液。

   $Na_2CO_3(aq) + CuCl_2(aq) \rightarrow$
   $CuCO_3(s) + NaCl(aq)$

6. 平衡方程式，記住只有在係數這部份可以調整，不可在下標部份。

   $Na_2CO_3(aq) + CuCl_2(aq) \rightarrow$
   $CuCO_3(s) + 2NaCl(aq)$

範例 7.9   預測並寫出沉澱反應方程式

寫出醋酸鉛（II）和硫酸鈉溶液混合後所發生的沉澱反應（若有），假如沒有反應發生就寫**無反應**。

1. 寫出兩個化合物的分子式作為化學方程式中的反應物。

   解答：
   $Pb(C_2H_3O_2)_2(aq) + Na_2SO_4(aq) \rightarrow$

2. 在方程式之後，寫出由反應物能夠形成的可能不溶性生成物分子式。一個反應物的陽離子與另一個反應物的陰離子結合。調整下標以確認所有的分子式都是呈電中性。

   $Pb(C_2H_3O_2)_2(aq) + Na_2SO_4(aq) \longrightarrow$
   可能的不溶性產物
   NaC₂H₃O₂   PbSO₄

3. 利用溶解度規則去判定那一個可能不溶性生成物是確實不溶性的。

   NaC₂H₃O₂ 是可溶的（含有 Na⁺ 的化合物都是可溶）。
   PbSO₄ 是不溶的（化合物含有 SO_4^{2-} 通常可溶，但 Pb^{2+} 是例外）。

4. 若所有可能的不溶性生成物是可溶的就不會有沉澱物，那就在箭頭符號旁寫**無反應**。

   當我們有不溶性生成物，就進行下一步驟。

5. 若可能的不溶性生成物之一是確實不溶性的，寫出它們的分子式 (s) 作為反應的生成物 (s)，利用 (s) 表明為固體。寫出任何可溶的生成物以 (aq) 表明為水溶性。

   $Pb(C_2H_3O_2)_2(aq) + Na_2SO_4(aq) \rightarrow PbSO_4(s)$
   $+ NaC_2H_3O_2(aq)$

6. 平衡方程式

   $Pb(C_2H_3O_2)_2(aq) + Na_2SO_4(aq) \rightarrow PbSO_4(s)$
   $+ 2NaC_2H_3O_2(aq)$

觀念檢查站 7.2

那些反應的結果會形成沉澱物？

(a) $NaNO_3$ + CaS
(b) $MgSO_4$ + CaS
(c) $NaNO_3$ + $MgSO_4$

7.7 在溶液中反應化學方程式的寫法：分子、完全離子和淨離子方程式

考慮下列沉澱反應方程式：

$$AgNO_3(aq) + NaCl(aq) \rightarrow AgCl(s) + NaNO_3(aq)$$

這個是**分子方程式**（molecular equation）的寫法，該方程式顯示在反應中每一個化合物完整的中性化學式。但發生在水溶液中的反應方程式可寫成水溶液下的離子化合物正常地在溶液中解離。例如，先前的方程式可寫成如下：

$$Ag^+(aq) + NO_3^-(aq) + Na^+(aq) + Cl^-(aq) \rightarrow AgCl(s) + Na^+(aq) + NO_3^-(aq)$$

像這樣一個的方程式表示反應物與生成物它們確實存在於溶液中，稱為**完全離子方程式**（complete ionic equations）。

注意在完全離子方程式裡，溶液中的某些離子在方程式的兩邊顯示沒有改變，這些離子稱為**旁觀離子**（spectator ions），因為它們在反應中並沒有參與反應。

$$Ag^+(aq) + \underline{NO_3^-(aq)} + \underline{Na^+(aq)} + Cl^-(aq) \longrightarrow AgCl(s) + \underline{Na^+(aq)} + \underline{NO_3^-(aq)}$$

旁觀離子

為了簡化方程式與更清楚地釐清發生了什麼變化，旁觀離子可以被省略掉。

$$Ag^+(aq) + Cl^-(aq) \rightarrow AgCl(s)$$

像這樣的一個方程式，它僅顯示在反應中真正會產生沉澱物的離子，稱為**淨離子方程式**（net ionic equations）。另舉一例，HCl(aq) 和 NaOH(aq) 之間的反應如下：

$$HCl(aq) + NaOH(aq) \rightarrow H_2O(l) + NaCl(aq)$$

HCl、NaOH、NaCl以離子的形式彼此獨立的存在於溶液中，則該反應的完全離子方程式為：

$$H^+(aq) + Cl^-(aq) + Na^+(aq) + OH^-(aq) \rightarrow H_2O(l) + Na^+(aq) + Cl^-(aq)$$

為了寫出淨離子方程式，我們移去旁觀離子，那些在方程式兩邊不改變的離子。

$$H^+(aq) + \cancel{Cl^-(aq)} + \cancel{Na^+(aq)} + OH^-(aq) \longrightarrow H_2O(l) + \cancel{Na^+(aq)} + \cancel{Cl^-(aq)}$$

旁觀離子

淨離子方程式是 $H^+(aq) + OH^-(aq) \rightarrow H_2O(l)$

總結：

- **分子方程式**是完整地以反應中每一個化合物中性的分子式來表示的化學方程式。
- **完全離子方程式**是表示著在溶液中實際存在的所有離子的化學方程式。
- **淨離子方程式**是僅顯示在反應中實際參與反應的離子的方程式。

範例 7.10　寫出完全離子和淨離子方程式

發生在水溶液中的沉澱反應如下：

$$Pb(NO_3)_2(aq) + 2LiCl(aq) \rightarrow PbCl_2(s) + 2LiNO_3(aq)$$

寫出這反應的完全離子和淨離子方程式。

由水溶液中的離子性化合物分開列出其所組成的離子，以寫出完全離子方程式。$PbCl_2(s)$ 仍保留為一個單元。	**解答：** **完全離子方程式：** $$Pb^{2+}(aq) + 2NO_3^-(aq) + 2Li^+(aq) + 2Cl^-(aq) \rightarrow$$ $$PbCl_2(s) + 2Li^+(aq) + 2NO_3^-(aq)$$
消去那些在反應中不曾改變的旁觀離子，寫出淨離子方程式。	$$Pb^{2+}(aq) + \cancel{2NO_3^-(aq)} + \cancel{2Li^+(aq)} + 2Cl^-(aq) \rightarrow$$ $$PbCl_2(s) + \cancel{2Li^+(aq)} + \cancel{2NO_3^-(aq)}$$ **淨離子方程式：** $$Pb^{2+}(aq) + 2Cl^-(aq) \rightarrow PbCl_2(s)$$

7.8 酸鹼與氣體釋放反應

有兩種不同性質的反應發生在溶液中，其一為**酸鹼反應**（acid-base reaction）── 是酸與鹼混合之後形成水的反應，另一為**氣體釋放反應** ── 會產生氣體的反應。像沉澱反應一樣，這些反應都是其中之一反應物的陽離子與另一反應物的陰離子所化合而成的。我們將在下一節見到，有許多氣體釋放反應同時也是酸鹼反應。

酸─鹼（中和作用）反應

我們曾在第5章學習過，酸是一種以酸味為特性的化合物，它可以溶解一些金屬和在溶液中形成H^+離子之傾向。鹼是一種以苦味為特性的化合物，它有滑滑的感覺和在溶液中形成OH^-離子之傾向。一些常見的酸鹼列於表7.3。酸與鹼也常在日常的物質中發現到。食物中如檸檬、萊姆及醋都含有酸，肥皂、咖啡及鎂乳都含有鹼。

▲ 食物中如檸檬，萊姆及醋都含有酸。

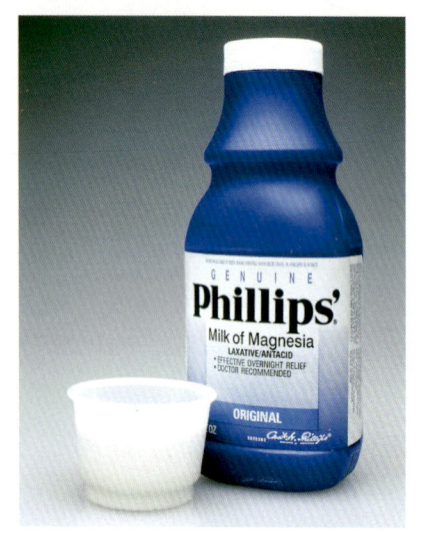

▲ 鎂乳是呈鹼性嚐起來有苦味。

當酸與鹼混合後，來自於酸的$H^+(aq)$離子與來自於鹼的$OH^-(aq)$離子形成$H_2O(l)$。例如，先前所提到的鹽酸與氫氧化鈉的反應。

$$HCl(aq) + NaOH(aq) \longrightarrow H_2O(l) + NaCl(aq)$$
$$\text{酸} \quad\quad \text{鹼} \quad\quad\quad \text{水} \quad\quad \text{鹽}$$

酸鹼反應（亦稱為**中和反應**，neutralization reaction）通常形成水與離子化合物 —— 稱為**鹽** —— 它通常保持溶解於溶液中。多數酸鹼反應的淨離子方程式可寫成：

$$H^+(aq) + OH^-(aq) \longrightarrow H_2O(l)$$

酸鹼反應的另一個例子是硫酸與氫氧化鉀之間的反應。

$$H_2SO_4(aq) + 2KOH(aq) \longrightarrow 2H_2O(l) + K_2SO_4(aq)$$
$$\text{酸} \quad\quad\quad \text{鹼} \quad\quad\quad \text{水} \quad\quad \text{鹽}$$

再一次，注意酸與鹼反應形成水與鹽的圖示：

$$\text{酸} + \text{鹼} \longrightarrow \text{水} + \text{鹽} \quad\quad (\text{酸─鹼反應})$$

當書寫酸─鹼反應方程式時，鹽的分子式寫法利用5.5節中書寫離子化合物化學式的程序進行。

表 7.3 一些常見的酸鹼

酸	化學式	鹼	化學式
鹽酸	HCl	氫氧化鈉	NaOH
溴酸	HBr	氫氧化鋰	LiOH
硝酸	HNO_3	氫氧化鉀	KOH
硫酸	H_2SO_4	氫氧化鈣	$Ca(OH)_2$
過氯酸	$HClO_4$	氫氧化鋇	$Ba(OH)_2$
醋酸	$HC_2H_3O_2$		

範例 7.11　寫出酸–鹼反應方程式

寫出 HNO_3 水溶液與 $Ca(OH)_2$ 水溶液之間作用的分子與淨離子反應式。

	解答
你必須先確認那些物質是酸與鹼。首先寫出反應架構，以通用圖示依序寫出酸 + 鹼，變成水 + 鹽。	$HNO_3(aq) + Ca(OH)_2(aq) \rightarrow H_2O(l) + Ca(NO_3)_2(aq)$ 　　酸　　　　　鹼　　　　　　水　　　　鹽
再次平衡方程式。	$2HNO_3(aq) + Ca(OH)_2(aq) \rightarrow 2H_2O(l) + Ca(NO_3)_2(aq)$
寫出淨離子方程式，消除仍留在方程式兩邊相同的離子。	$2H^+(aq) + 2OH^-(aq) \rightarrow 2H_2O(l)$ 或可簡化為 $H^+(aq) + OH^-(aq) \rightarrow H_2O(l)$

🌕 氣體釋放反應

　　一些水溶液反應會形成氣態的生成物。這些反應如本章前述我們所學過的，稱為氣體釋放反應。某些氣體的釋放反應，當反應物其中之一的陽離子與另一的陰離子反應時，會直接形成氣態的生成物；例如，當硫酸與硫化鋰反應會形成硫化氫氣體。

$$H_2SO_4(aq) + Li_2S(aq) \longrightarrow H_2S(g) + Li_2SO_4(aq)$$
　　　　　　　　　　　　　　　　　　　　氣態

另外一些的氣體釋放反應會先經由中間產物產生，然後再分解成氣體。例如鹽酸水溶液與碳酸氫鈉水溶液混合，就發生如下的反應：

$$HCl(aq) + NaHCO_3(aq) \longrightarrow H_2CO_3(aq) + NaCl(aq) \longrightarrow H_2O(l) + CO_2(g) + NaCl(aq)$$
　　氣態

中間產物 H_2CO_3 不安定且會分解形成 H_2O 與 CO_2 氣體，這個反應與在第7.1節的幼稚園火山幾乎相同，它與醋酸及碳酸氫鈉的混合有關。

$$HC_2H_3O_2(aq) + NaHCO_3(aq) \rightarrow H_2CO_3(aq) + NaC_2H_3O_2(aq)$$
$$\rightarrow H_2O(l) + CO_2(g) + NaC_2H_3O_2(aq)$$

起泡是由於剛形成的二氧化碳氣體，其他重要的氣體釋放反應也可由 H_2SO_3 或 NH_4OH 的中間生成物來形成。

$$HCl(aq) + NaHSO_3(aq) \rightarrow H_2SO_3(aq) + NaCl(aq) \rightarrow$$
$$H_2O(l) + SO_2(g) + NaCl(aq)$$

$$NH_4Cl(aq) + NaOH(aq) \rightarrow NH_4OH(aq) + NaCl(aq) \rightarrow$$
$$H_2O(l) + NH_3(g) + NaCl(aq)$$

▲ **氣體釋放反應**：醋（醋酸的稀釋液）和烘培蘇打（碳酸氫鈉）產生二氧化碳。

第 7 章 化學反應

在水溶液中反應形成氣體的主要化合物類型和氣體形式,列於表7.4中。

表 7.4 接受氣體釋放反應的化合物類型

化合物類型	中間產物	釋放出的氣體	範例
硫化物	沒有	H_2S	$2HCl(aq) + K_2S(aq) \rightarrow H_2S(g) + 2KCl(aq)$
碳酸鹽和重碳酸鹽	H_2CO_3	CO_2	$2HCl(aq) + K_2CO_3(aq) \rightarrow H_2O(l) + CO_2(g) + 2KCl(aq)$
亞硫酸鹽和重亞硫酸鹽	H_2SO_3	SO_2	$2HCl(aq) + K_2SO_3(aq) \rightarrow H_2O(l) + SO_2(g) + 2KCl(aq)$
銨	NH_4OH	NH_3	$NH_4Cl(aq) + KOH(aq) \rightarrow H_2O(l) + NH_3(g) + KCl(aq)$

範例 7.12　寫出氣體釋放反應方程式

當你混合硝酸和碳酸鈉溶液,請寫出所發生的氣體釋放反應的分子方程式。

開始先寫出方程式架構包括反應物和生成物,以其中之一反應物陽離子和另一個反應物的陰離子結合的形式。	**解答:** $HNO_3(aq) + Na_2CO_3(aq) \longrightarrow H_2CO_3(aq) + NaNO_3(aq)$
你必須識別出 $H_2CO_3(aq)$ 會分解成 $H_2O(l)$ 和 $CO_2(g)$ 並寫出正確的方程式。	$HNO_3(aq) + Na_2CO_3(aq) \rightarrow H_2O(l) + CO_2(g) + NaNO_3(aq)$
最後,進行平衡方程式。	$2HNO_3(aq) + Na_2CO_3(aq) \rightarrow H_2O(l) + CO_2(g) + 2NaNO_3(aq)$

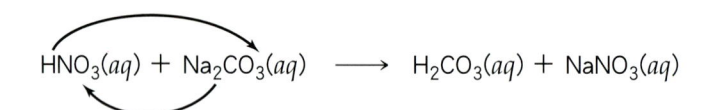

7.9　氧化-還原反應

反應中涉及了電子的轉移稱為**氧化-還原反應**(oxidation-reduction reaction)。氧化還原反應是鐵生鏽、頭髮的漂染和電池產生的電力等的原由。許多的氧化還原反應包括了物質與氧的作用。

$2H_2(g) + O_2(g) \rightarrow 2H_2O(g)$
(太空梭產生動力的反應)

$4Fe(s) + 3O_2(g) \rightarrow 2Fe_2O_3(s)$
(鐵生鏽)

$CH_4(g) + 2O_2(g) \rightarrow CO_2(g) + 2H_2O(g)$
(天然氣的燃燒)

不過,氧化還原反應可以不需要有氧的存在。例如,鈉和氯之間作用形成食鹽($NaCl$)。

$2Na(s) + Cl_2(g) \rightarrow 2NaCl(s)$

同樣的,鈉與氧作用形成氧化鈉是類似的反應。

$4Na(s) + O_2(g) \rightarrow 2Na_2O(s)$

7.9 氧化－還原反應

這兩個反應有何共同點呢？這兩個案例鈉（金屬具有失去電子的傾向）都與非金屬（具有得到電子傾向）反應，鈉原子失去電子轉移給非金屬原子。氧化反應在基本定義上是**失去電子**，還原反應是**得到電子**。

注意到氧化反應與還原反應必須一起發生。如果一個物質失去電子（氧化反應），於是另一個物質必須得到電子（還原反應），因而由此能夠辨識氧化還原反應。

氧化還原反應是下列其中之一：

- 物質與元素態氧作用
- 金屬與非金屬作用
- 更廣義來說，一個物質轉移電子給另外一個物質。

範例 7.13　氧化－還原反應的辨識

下列哪一個是氧化－還原反應？

(a) $2Mg(s) + O_2(g) \rightarrow 2MgO(s)$
(b) $2HBr(aq) + Ca(OH)_2(aq) \rightarrow 2H_2O(l) + CaBr_2(aq)$
(c) $Ca(s) + Cl_2(g) \rightarrow CaCl_2(s)$
(d) $Zn(s) + Fe^{2+}(aq) \rightarrow Zn^{2+}(aq) + Fe(s)$

解答：

(a) 氧化還原反應；Mg 與氧元素作用
(b) 非氧化還原反應；它是酸鹼反應
(c) 氧化還原反應；金屬與非金屬反應
(d) 氧化還原反應；Zn 轉移 2 個電子給 Fe^{2+}

燃燒反應

燃燒反應是氧化還原反應的一種類型。它們的重要性是因為許多我們社會的能源皆來自於燃燒反應。燃燒反應的特質是由一種物質與 O_2 作用形成含一個或多個氧的含氧化合物，通常包含了水。燃燒反應也會放出熱。例如在7.3節中我們已見過天然氣（CH_4）與氧氣反應形成二氧化碳和水。

$$CH_4(g) + 2O_2(g) \rightarrow CO_2(g) + 2H_2O(g)$$

正如我們在本章已學習過的燃燒反應驅動汽車。例如：辛烷是汽油其中的成分之一，它與氧反應形成二氧化碳和水。

$$2C_8H_{18}(l) + 25O_2(g) \rightarrow 16CO_2(g) + 18H_2O(g)$$

乙醇是酒精性飲料中的醇類，它也與氧燃燒反應形成二氧化碳和水。

$$C_2H_5OH(l) + 3O_2(g) \rightarrow 2CO_2(g) + 3H_2O(g)$$

▲ 發生在汽車引擎汽缸裡的辛烷燃燒反應。

化合物含有碳與氫 —— 或碳、氫及氧，通常在燃燒後形成二氧化碳和水。其他的燃燒反應包括碳與氧反應形成二氧化碳：

$$C(s) + O_2(g) \rightarrow CO_2(g)$$

和氫與氧反應形成水：

$$2H_2(g) + O_2(g) \rightarrow H_2O(g)$$

範例 7.14　寫出燃燒反應

寫出甲醇液體（CH_3OH）燃燒的平衡方程式。

先寫出骨幹方程式以顯示 CH_3OH 與 O_2 形成 CO_2 和 H_2O。	解答： $CH_3OH(l) + O_2(g) \rightarrow CO_2(g) + H_2O(g)$
利用 7.4 節的規則來平衡骨幹方程式。	$2CH_3OH(l) + 3O_2(g) \rightarrow 2CO_2(g) + 4H_2O(g)$

7.10　化學反應的分類

這一章我們從頭到尾都在解釋不同類型的化學反應。我們曾經見過沉澱反應、酸鹼反應、氣體釋放反應、氧化－還原反應和燃燒反應的各種例子。我們可以將那些不同形式的反應以組織流程圖表示如下。

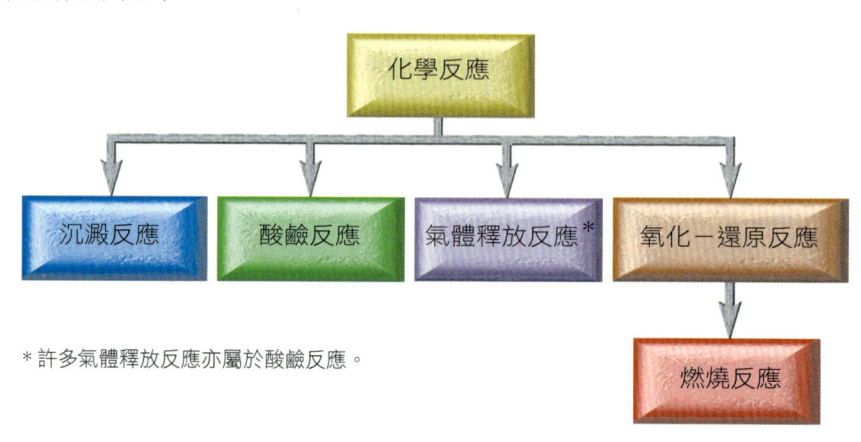

```
           化學反應
    ┌────┬────┼────┬────┐
  沉澱  酸鹼  氣體   氧化－還原反應
  反應  反應  釋放反應*      │
                         燃燒反應
```

＊許多氣體釋放反應亦屬於酸鹼反應。

這個分類圖解以反應發生（如沉澱物的產生或電子的轉移）時的化學類型或現象為著眼點。不過，另外亦可由反應時的原子或原子團的作用方式來進行化學反應的分類。

由原子作用所進行的化學反應分類

許多化學反應可分成下列四種類型。在這個分類系統裡，文件中的（A、B、C、D）分別代表著原子或原子團。

反應類型	方程式通式
合成或結合反應（synthesis or combination）	A + B → AB
分解反應（decomposition）	AB → A + B
置換反應（displacement）	A + BC → AC + B
雙置換反應（double-displacement）	AB + CD → AD + CB

合成或結合反應

在**合成**或**結合反應**中，較簡單的物質結合成較複雜的物質。較簡單的物質可能是元素，例如鈉和氯結合形成氯化鈉。

$$2Na(s) + Cl_2(g) \rightarrow 2NaCl(s)$$

$$2\ Na(s) + Cl_2(g) \longrightarrow 2\ NaCl(s)$$

▲ 合成反應中，兩個較簡單的物質結合形成一個更複雜的物質。在這系列的圖片中我們看到金屬鈉和氯氣，當它們結合發生化學反應形成氯化鈉。

較簡單的物質也可以是化合物，例如氧化鈣和二氧化碳結合後形成碳酸鈣。

$$CaO(s) + CO_2(g) \rightarrow CaCO_3(s)$$

上面這兩個案例，合成反應的一般通式如下：

$$A + B \rightarrow AB$$

合成反應的其他例子包括：

$$2H_2(g) + O_2(g) \rightarrow 2H_2O(l)$$
$$2Mg(s) + O_2(g) \rightarrow 2MgO(s)$$
$$SO_3(g) + H_2O(l) \rightarrow H_2SO_4(aq)$$

分解反應

在**分解反應**裡，一個複雜物質分解成較簡單的物質。該簡單物質可能是元素，例如氫和氧氣就是當電流通過水，水受到分解作用所形成的。

$$2H_2O(l) \xrightarrow{\text{電流}} 2H_2(g) + O_2(g)$$

$2H_2O(l) \longrightarrow 2H_2(g) + O_2(g)$

▲ 當電流通過水，水遭到分解反應形成氫氣和氧氣。

該簡單物質也可以是化合物，如氧化鈣和二氧化碳就是加熱碳酸鈣所致。

$$CaCO_3(s) \xrightarrow{熱} CaO(s) + CO_2(g)$$

上面這兩個案例，分解反應的一般通式為：

$$AB \rightarrow A + B$$

其他的分解反應包括：

$$2HgO(s) \xrightarrow{熱} 2Hg(l) + O_2(g)$$

$$2KClO_3(s) \xrightarrow{熱} 2KCl(s) + 3O_2(g)$$

$$CH_3I(g) \xrightarrow{光} CH_3(g) + I(g)$$

注意大多數的分解反應需要能量，以熱、電流和光的形式使它們發生。這是因為化合物通常是安定的，必須利用能量去分解它們。紫外光較可見光具有更多的能量，因而能使許多化合物分解，**紫外線**或**紫外光**（Ultraviolet或UV light）是在光譜中的紫外線範圍（光在第9章中有更詳盡的討論）。

置換反應

在**置換作用**或**單置換反應**中，一個元素與化合物中另一個元素置換，舉例來說，金屬鋅加入到氯化銅（II）的溶液中，於是鋅置換銅。

$$Zn(s) + CuCl_2(aq) \rightarrow ZnCl_2(aq) + Cu(s)$$

置換反應的一般通式為：

$$A + BC \rightarrow AC + B$$

其他的置換反應例子包括：

$$Mg(s) + 2HCl(aq) \rightarrow MgCl_2(aq) + H_2(g)$$
$$2Na(s) + 2H_2O(l) \rightarrow 2NaOH(aq) + H_2(g)$$

在上一個方程式中，假如我們把水寫成HOH(l)，則能看得更清楚。

$$2Na(s) + 2HOH(l) \rightarrow 2NaOH(aq) + H_2(g)$$

雙置換反應

在**雙置換反應**中，兩個元素或在兩個不同化合物中的原子團互換位置形成兩個新的化合物。例如，在水溶液中，硝酸銀裡的銀與氯化鈉中的鈉改變位置形成氯化銀固體與硝酸鈉水溶液。

▶ 在單置換反應中，一個元素與化合物中的另一個元素置換，當鋅金屬浸入到氯化銅（Ⅱ）溶液中，鋅原子取代在溶液中的銅原子。

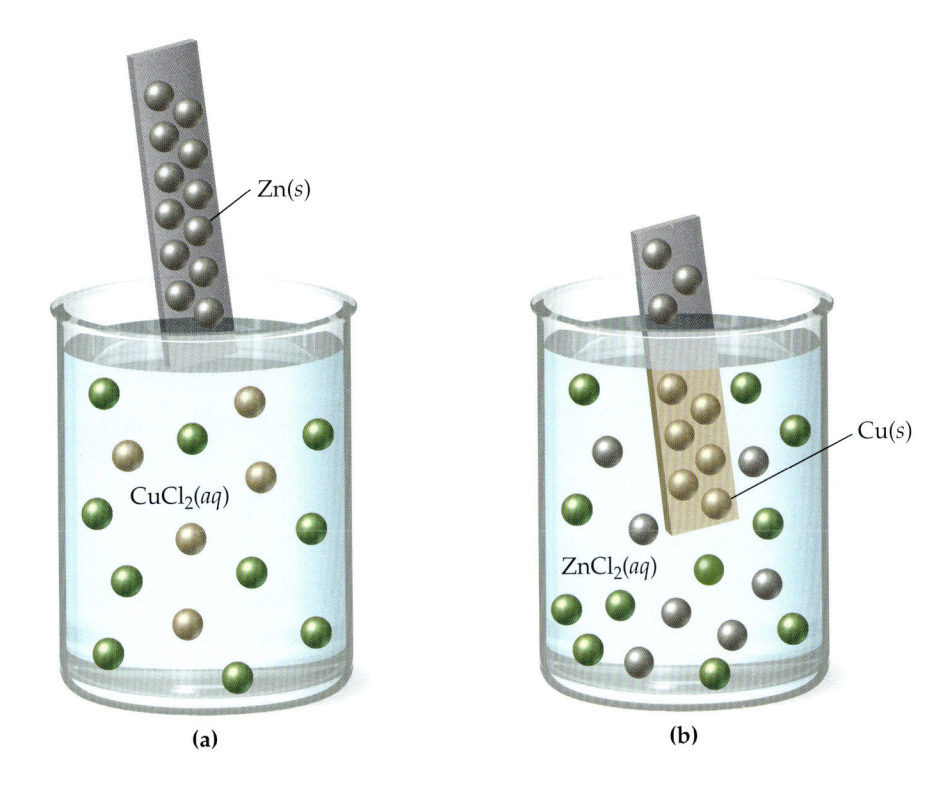

$AgNO_3(aq) + NaCl(aq) \rightarrow AgCl(s) + NaNO_3(aq)$

雙置換反應的一般通式為：

$AB + CD \rightarrow AD + CB$

有關雙置換反應的其他例子包括：

$HCl(aq) + NaOH(aq) \rightarrow H_2O(l) + NaCl(aq)$
$2HCl(aq) + Na_2CO_3(aq) \rightarrow H_2CO_3(aq) + 2NaCl(aq)$

正如我們已於7.7節所學過的，$H_2CO_3(aq)$不安定且分解形成$H_2O(l)$ + $CO_2(g)$，所以整個方程式如下：

$2HCl(aq) + Na_2CO_3(aq) \rightarrow H_2O(l) + CO_2(g) + 2NaCl(aq)$

分類流程圖

這個化學反應的分類系統流程圖如下：

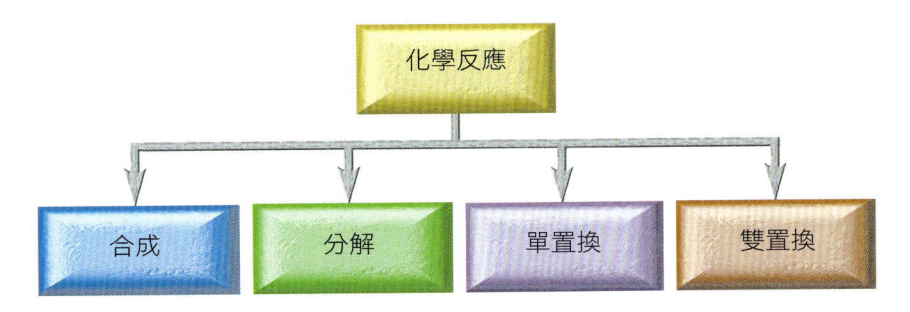

化學反應
├─ 合成
├─ 分解
├─ 單置換
└─ 雙置換

當然沒有一個單一的分類系統是完整的,因為所有的化學反應在某些感覺上都是獨一無二的。不過,兩個分類系統,一個以化學發生的型態為中心,另一個是以原子或原子團的作用為著眼點,都十分有用,因為它們能幫助我們了解化學反應間的相似性和差異性。

範例 7.15　依照原子的作用所進行的化學反應分類

下列的反應是屬於合成、分解、單置換或雙置換反應。

(a) $Na_2O(s) + H_2O(l) \rightarrow 2NaOH(aq)$
(b) $Ba(NO_3)_2(aq) + K_2SO_4(aq) \rightarrow BaSO_4(s) + 2KNO_3(aq)$
(c) $2Al(s) + Fe_2O_3(s) \rightarrow Al_2O_3(s) + 2Fe(l)$
(d) $2H_2O_2(aq) \rightarrow 2H_2O(l) + O_2(g)$
(e) $Ca(s) + Cl_2(g) \rightarrow CaCl_2(s)$

解答:
(a) 合成;一個較複雜的物質由兩個較簡單的物質所形成。
(b) 雙置換;Ba 與 K 互變位置形成兩個新的化合物。
(c) 單置換;在 Al_2O_3 中 Al 取代了 Fe。
(d) 分解;一個複合物質分解成兩個較簡單的物質。
(e) 合成;一個較複雜的物質由兩個較簡單的物質所形成。

觀念檢查站 7.3

沉澱反應與酸鹼反應也可以被分類為:
(a) 合成反應
(b) 分解反應
(c) 單置換反應
(d) 雙置換反應

習題

問答題

1. 列出下列方程式兩邊每一種原子的總原子數,該方程式是否已完成平衡?
   (a) $2Ag_2O(s) + C(s) \rightarrow CO_2(g) + 4Ag(s)$
   (b) $Pb(NO_3)_2(aq) + 2NaCl(aq) \rightarrow PbCl_2(s) + 2NaNO_3(aq)$
   (c) $C_3H_8(s) + O_2(s) \rightarrow 3CO_2(g) + 4H_2O(g)$

2. 何謂溶解度規則?它們如何使用?

練習題

3. 下列哪些是化學反應?為什麼?
   (a) 當鋁箔被放入藍色的硝酸銅溶液裡時,純銅在鋁箔上沈積。藍色溶液的顏色褪去。
   (b) 液態乙醇放置於冷凍櫃中變成固體。
   (c) 當硝酸鋇和硫酸鈉的溶液被混合時,有白色沈澱物的形成。
   (d) 當酵母被加入一種糖和水氣泡的混合物,幾天之後,糖消失,發現在水裡有乙醇。

4. 一種商業漂白頭髮的混合物被用於棕色的頭髮變成金黃色。有化學反應的發生嗎?若有,為什麼有?若沒有,則為什麼沒有?

5. 寫出下列平衡的化學方程式:
   (a) 固態銅與固態硫起反應形成固態硫化銅。
   (b) 二氧化硫氣體與氧氣反應形成三氧化硫氣體。
   (c) 鹽酸水溶液與固態的氧化錳(IV)起反應形成氯化錳(II)水溶液、液體水和氯氣。
   (d) 液態苯與氧氣反應形成二氧化碳和液體水。

6. 寫出下列平衡的化學方程式：
   (a) 固態鎂與硝酸銅水溶液反應形成硝酸鎂水溶液和固態銅。
   (b) 五氧化二氮氣體分解形成二氧化氮和氧氣。
   (c) 固態鈣與硝酸水溶液反應形成硝酸鈣水溶液和氫氣。
   (d) 液態甲醇（CH_3OH）與氧氣反應形成氣體的二氧化碳和氣體的水。

7. 寫出酵母對糖（$C_6H_{12}O_6$）的發酵平衡化學方程式，糖的水溶液與水反應形成乙醇水溶液和二氧化碳氣體。

8. 平衡下列化學方程式。
   (a) $BaO_2(s) + H_2SO_4(aq) \rightarrow BaSO_4(s) + H_2O_2(aq)$
   (b) $Co(NO_3)_3(aq) + (NH_4)_2S(aq) \rightarrow Co_2S_3(s) + NH_4NO_3(aq)$
   (c) $Li_2O(s) + H_2O(l) \rightarrow LiOH(aq)$
   (d) $Hg_2(C_2H_3O_2)_2(aq) + KCl(aq) \rightarrow Hg_2Cl_2(s) + KC_2H_3O_2(aq)$

9. 確定下列每個化學方程式是否已正確地平衡。如不是，請改正它。
   (a) $Rb(s) + H_2O(l) \rightarrow RbOH(aq) + H_2(g)$
   (b) $2N_2H_4(g) + N_2O_4(g) \rightarrow 3N_2(g) + 4H_2O(g)$
   (c) $NiS(s) + O_2(g) \rightarrow NiO(s) + SO_2(g)$
   (d) $PbO(s) + 2NH_3(g) \rightarrow Pb(s) + N_2(g) + H_2O(l)$

10. 確定下列每種化合物是可溶還是不可溶。對於可溶化合物，寫出呈現在溶液中的離子。
    (a) $NaNO_3$
    (b) $Pb(C_2H_3O_2)_2$
    (c) $CuCO_3$
    (d) $(NH_4)_2S$

11. 確定下列每種化合物是否在正確的欄位裡。如果不是，把它移到正確的位置。

可溶的	不可溶的
K_2S	K_2SO_4
$PbSO_4$	Hg_2I_2
BaS	$Cu_3(PO_4)_2$
$PbCl_2$	MgS
Hg_2Cl_2	$CaSO_4$
NH_4Cl	SrS
Na_2CO_3	Li_2S

12. 完成和平衡下列方程式。如果沒有反應發生，就寫無反應。
    (a) $NH_4Cl(aq) + AgNO_3(aq) \rightarrow$
    (b) $NaCl(aq) + CaS(aq) \rightarrow$
    (c) $CrCl_2(aq) + Li_2CO_3(aq) \rightarrow$
    (d) $KOH(aq) + FeCl_3(aq) \rightarrow$

13. 確定下列的沉澱反應方程式是否正確。如果不是，寫出正確的方程式。如果沒有反應發生 就寫無反應。
    (a) $Ba(NO_3)_2(aq) + (NH_4)_2SO_4(aq) \rightarrow BaSO_4(s) + 2NH_4NO_3(aq)$
    (b) $BaS(aq) + 2KCl(aq) \rightarrow BaCl_2(aq) + K_2S(aq)$
    (c) $2KI(aq) + Pb(NO_3)_2(aq) \rightarrow PbI_2(s) + 2KNO_3(aq)$
    (d) $Pb(NO_3)_2(aq) + 2LiCl(aq) \rightarrow 2LiNO_3(s) + PbCl_2(aq)$

14. 判定在如下的完全離子方程式中的旁觀離子。
    $Pb^{2+}(aq) + 2C_2H_3O_2^{-}(aq) + 2K^{+}(aq) + 2Br^{-}(aq) \rightarrow PbBr_2(s) + 2C_2H_3O_2^{-}(aq) + 2K^{+}(aq)$

15. 寫出下列反應的平衡完全離子和淨離子方程式。
    (a) $AgNO_3(aq) + KCl(aq) \rightarrow AgCl(s) + KNO_3(aq)$
    (b) $CaS(aq) + CuCl_2(aq) \rightarrow CuS(s) + CaCl_2(aq)$
    (c) $NaOH(aq) + HNO_3(aq) \rightarrow H_2O(l) + NaNO_3(aq)$
    (d) $2K_3PO_4(aq) + 3NiCl_2(aq) \rightarrow Ni_3(PO_4)_2(s) + 6KCl(aq)$

16. 完成下述酸鹼反應並將其平衡。
    (a) $HCl(aq) + Ba(OH)_2(aq) \rightarrow$
    (b) $H_2SO_4(aq) + KOH(aq) \rightarrow$
    (c) $HClO_4(aq) + NaOH(aq) \rightarrow$

17. 完成下列氣體釋放反應並將其平衡。
    (a) $HBr(aq) + NaHCO_3(aq) \rightarrow$
    (b) $NH_4I(aq) + KOH(aq) \rightarrow$
    (c) $HNO_3(aq) + K_2SO_3(aq) \rightarrow$
    (d) $HI(aq) + Li_2S(aq) \rightarrow$

18. 下列反應中的哪個是氧化還原反應？
    (a) $Ba(NO_3)_2(aq) + K_2SO_4(aq) \rightarrow BaSO_4(s) + 2KNO_3(aq)$
    (b) $Ca(s) + Cl_2(g) \rightarrow CaCl_2(s)$
    (c) $HCl(aq) + NaOH(aq) \rightarrow H_2O(l) + NaCl(aq)$
    (d) $Zn(s) + Fe^{2+}(aq) \rightarrow Zn^{2+}(aq) + Fe(s)$

19. 把下列每個化學反應歸類為合成、分解、單置換或者雙置換反應。
    (a) $K_2S(aq) + Co(NO_3)_2(aq) \rightarrow 2KNO_3(aq) + CoS(s)$
    (b) $3H_2(g) + N_2(g) \rightarrow 2NH_3(g)$
    (c) $Zn(s) + CoCl_2(aq) \rightarrow ZnCl_2(aq) + Co(s)$
    (d) $CH_3Br(g) \xrightarrow{紫外線} CH_3(g) + Br(g)$

20. NO 是一種污染物，由機動車輛所排放出，它經由下述的反應所形成。
    (a) $N_2(g) + O_2(g) \rightarrow 2NO(g)$

    在大氣中，NO 加入一個氧原子形成 NO_2，NO_2 接著與紫外光依照下述反應起交互作用。

    (b) $NO_2(g) \xrightarrow{紫外線} NO(g) + O(g)$

    這些剛形成的新鮮氧原子然後和空氣中的氧反應形成臭氧，它是光煙霧的主要成份。

    (c) $O(g) + O_2(g) \rightarrow O_3(g)$

    把在前述的每個反應分類成為合成，分解，單置換或者雙置換反應

環境中的化學

臭氧耗盡的反應

在第 6 章的「環境中的化學：氯在氟氯碳化物」中，我們學習過在氟氯碳化物中的氯原子使臭氧層減少，它通常抵擋住有害的紫外線保護著地球上的生命。透過研究，化學家發現這個臭氧耗盡的反應是這樣發生地。

臭氧層通常在較高的大氣層中依下列的反應來形成。

(a) $O_2(g) + O(g) \longrightarrow O_3(g)$

當氟氯碳化物飄移到大氣層的上層後，它們暴露在紫外線下並遭遇下列反應。

(b) $CF_2Cl_2(g) \xrightarrow{\text{紫外線}} CF_2Cl(g) + Cl(g)$

原子態的氯與逐漸減少的臭氧反應，依照下列的反應不斷持續循環。

(c) $Cl(g) + O_3(g) \longrightarrow ClO(g) + O_2(g)$

(d) $O_3(g) \xrightarrow{\text{紫外線}} O_2(g) + O(g)$

(e) $O(g) + ClO(g) \longrightarrow O_2(g) + Cl(g)$

請注意到在最終的反應，原子態的氯是可以再生，而且可經過再循環再消耗更多的臭氧。透過這個循環反應單一的氟氯碳化物能夠消耗掉數千個臭氧分子。

你可以回答這個問題嗎？請將（a-e）的反應進行分類，是合成、分解、單置換或雙置換反應。

化學與健康

中和過多的胃酸

你的胃通常含有酸用以消化食物。特定的食物和壓力會增加你胃的酸度使其處於不舒服的狀態，導致胃酸過多或胃灼熱。抗酸劑它的工作是與胃酸起中和反應。抗酸劑可應用不同的鹼作為中和劑，例如 Tums 含有 $CaCO_3$，鎂乳含有 $Mg(OH)_2$ 及 Mylanta 含有 $Al(OH)_3$，它們所有都具中和胃酸和減緩胃灼熱的相同效果。

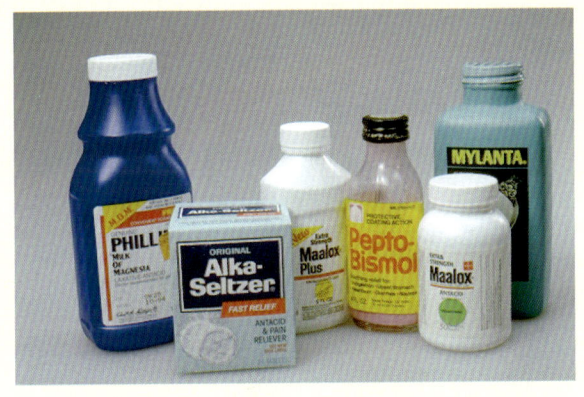

▲ 抗酸劑含鹼例如 $Mg(OH)_2$、$Al(OH)_3$ 和 $NaHCO_3$

你能夠回答這個嗎？ 假設胃酸是 HCl，寫出左述每一種抗酸劑中和胃酸的表示方程式。

▲ 鹼在抗酸劑裡中和過多的胃酸，減緩胃的灼熱感與胃酸。

CHAPTER 8

第 8 章
化學反應的計量

"Man masters nature not by force but by understanding. That is why science has succeeded where magic failed: because it has looked for no spell to cast."

Jacob Bronowski (1908–1974)

人類能掌控自然不是靠強力而是靠理解。這就是為什麼科學能成功而魔術失敗：因為科學不尋求魔咒。

雅各‧布隆諾斯基（1908-1974）

- 8.1 地球暖化：過多的二氧化碳
- 8.2 鬆餅的製作：原料之間的關係
- 8.3 分子的製備：莫耳之間的轉換
- 8.4 分子的製備：質量之間的轉換
- 8.5 更多的鬆餅：限量反應物、理論產量和產率
- 8.6 由反應物的最初質量求知限量反應物、理論產量和產率

8.1 地球暖化：過多的二氧化碳

地球的平均溫度取決於進入且溫暖了地球的陽光和逸散入太空而冷卻了地球的熱之間的平衡而定。在地球大氣中某些特定的氣體稱之為**溫室氣體**，因為它會吸收熱而影響了上述的平衡關係，那些氣體的行為就像是溫室裡的玻璃，它們讓陽光進入大氣層溫暖地球，但卻防止熱的流出（◀圖8.1）。若沒有溫室氣體，熱會流出更多，那麼地球的平均溫度會比目前約低60°F，加勒比海的觀光客將身處於21°F的冰雪環境中，而不是目前熱帶區81°F的熱烤。反之，假如在大氣中溫室氣體濃度增加，那麼地球的平均溫度必然會上升。

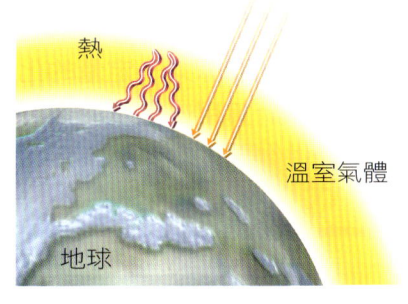

▲ 圖 8.1 **溫室效應**。溫室氣體行為就像是溫室中的玻璃，它允許可見光能量進入大氣層但阻礙熱能的逸散。

近年來科學家因為在大氣層中CO_2濃度不斷地上升變得擔心，對於氣候而言，CO_2是影響最顯著的溫室氣體。CO_2濃度的上升導致大氣對熱的持存，因而使**地球暖化**增加了地球平均溫度。自1860年以來，大氣中CO_2含量已增加了25%，地球平均溫度增加了0.6°C（約 1.1°F）（▶圖8.2）。

最主要導致CO_2濃度上升的原因是燃燒石化燃料，石化燃料 —— 天然氣、石油及煤炭提供我們社會90%的能量需求，但無論如何它們燃燒後會產生CO_2。例如辛烷是汽油中的一種成份（C_8H_{18}），燃燒反應如下：

$$2C_8H_{18}(l) + 25O_2(g) \longrightarrow 16CO_2(g) + 18H_2O(g)$$

◀石化燃料的燃燒，如辛烷生成水與二氧化碳為產物。二氧化碳是一種溫室氣體，它被相信是導致全球暖化的原因。

由平衡的反應式顯示每2 mol的辛烷燃燒後會產生16 mol的CO_2。當我們知道全世界整年的石化燃料的消耗後，我們就能估算出全球整年CO_2的產量。簡單地計算顯示全球整年CO_2的產出來自於石化燃料的燃燒 —— 正好與量測大氣中CO_2的增加相符合，這意味著石化燃料的燃燒確實回應在大氣中CO_2含量的增加上。

149

解答：開始先寫出每一反應物實際的量，接著以解析圖計算每一反應物可製得多少的生成物。

$$53.2 \text{ g Na} \times \frac{1 \text{ mol Na}}{22.99 \text{ g Na}} \times \frac{2 \text{ mol NaCl}}{2 \text{ mol Na}} \times \frac{58.44 \text{ g NaCl}}{1 \text{ mol NaCl}} = 135 \text{ g NaCl}$$

$$65.8 \text{ g Cl}_2 \times \frac{1 \text{ mol Cl}_2}{70.91 \text{ g Cl}_2} \times \frac{2 \text{ mol NaCl}}{1 \text{ mol Cl}_2} \times \frac{58.44 \text{ g NaCl}}{1 \text{ mol NaCl}} = 108 \text{ g NaCl}$$

↑ 限量反應物　　　　　　　　　　　　　　　↑ 最小量的生成物

所以Cl_2可製得最小量的生成物（108g NaCl少於135g NaCl），因此它是限量反應物。注意限量反應物不必定就是具有最小質量的，在這例子中，Na的克數小於Cl_2，但是Cl_2是限量反應物，因為它製得的NaCl最少，因此NaCl的理論產量是108g，生成物數量的多少以合理的限量反應物為基礎。

現在假設合成已進行完成，NaCl實際產量為86.4g，那產率是多少？產率的計算是很簡單地：

$$\text{產率} = \frac{\text{實際產量}}{\text{理論產量}} \times 100\% = \frac{86.4 \text{ g}}{108 \text{ g}} \times 100\% = 73\%$$

範例 8.5　尋求限量反應物與理論產量

氨能被下列反應式所合成。

$$2NO(g) + 5H_2(g) \longrightarrow 2NH_3(g) + 2H_2O(g)$$

試問從 45.8g 的 NO 和 12.4g 的 H_2，最多可以合成多少克的 NH_3？

雖然這個問題不是特意要問到限量反應物，但必需找出以決定理論產量，即合成氨的最大生成量。以一般的方法開始建立問題。

已知：45.8 g NO，12.4g H_2

試求：最大量的 NH_3（理論產量）

轉換因子：
2 mol NO ≡ 2 mol NH_3
5 mol H_2 ≡ 2 mol NH_3

$$\text{莫耳質量 NO} = \frac{30.01 \text{ g NO}}{1 \text{ mol NO}}$$

$$\text{莫耳質量 H}_2 = \frac{2.02 \text{ g H}_2}{1 \text{ mol H}_2}$$

主要的轉換因子是每一反應物莫耳數和氨莫耳數之間的化學計量關係，其他的轉換因子是簡單的NO，H_2和NH_3的莫耳質量關係。

$$\text{莫耳質量 NH}_3 = \frac{17.04 \text{ g NH}_3}{1 \text{ mol NH}_3}$$

限量反應物的尋求，經由每一反應物能夠製得多少生成物的計算，得知可製得最小量生成物的反應物為限量反應物。

解析圖：

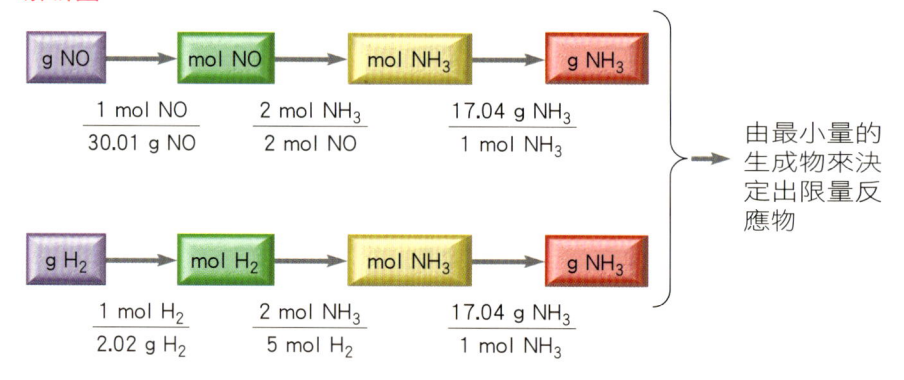

g NO → mol NO → mol NH_3 → g NH_3

$\frac{1 \text{ mol NO}}{30.01 \text{ g NO}}$　　$\frac{2 \text{ mol NH}_3}{2 \text{ mol NO}}$　　$\frac{17.04 \text{ g NH}_3}{1 \text{ mol NH}_3}$

g H_2 → mol H_2 → mol NH_3 → g NH_3

$\frac{1 \text{ mol H}_2}{2.02 \text{ g H}_2}$　　$\frac{2 \text{ mol NH}_3}{5 \text{ mol H}_2}$　　$\frac{17.04 \text{ g NH}_3}{1 \text{ mol NH}_3}$

→ 由最小量的生成物來決定出限量反應物

8.6 由反應物的最初質量求知限量反應物、理論產量和產率

接下來由解析圖中每一個反應物開始的實際量去計算生成物的量。

解答：

$$45.8 \text{ g NO} \times \frac{1 \text{ mol NO}}{30.01 \text{ g NO}} \times \frac{2 \text{ mol NH}_3}{2 \text{ mol NO}} \times \frac{17.04 \text{ g NH}_3}{1 \text{ mol NH}_3} = 26.0 \text{ g NH}_3$$

限量反應物 　　　　　　　　　　　　　　　最小量的生成物

$$12.4 \text{ g H}_2 \times \frac{1 \text{ mol H}_2}{2.02 \text{ g H}_2} \times \frac{2 \text{ mol NH}_3}{5 \text{ mol H}_2} \times \frac{17.04 \text{ g NH}_3}{1 \text{ mol NH}_3} = 41.8 \text{ g NH}_3$$

這裡的NO可形成26.0g的NH_3，而H_2可形成41.8g的NH_3，因此NO為限量反應物，以及最多可形成26.0g NH_3的理論產量。

範例 8.6　尋求限量反應物、理論產量和產率

反應如下所示：

$$Cu_2O(s) + C(s) \longrightarrow 2Cu(s) + CO(g)$$

當 11.5g 的 C 和 114.5g 的 Cu_2O 反應，可製得 87.4 g 的 Cu，試求限量反應物、理論產量和產率。

先以一般方式建立問題。	**已知**：87.4 g Cu 產物 **試求**： 　　限量反應物 　　理論產量 　　產率
主要的轉換因子是每一反應物莫耳與銅莫耳的化學計量關係。其他的轉換因子是簡單的氧化亞銅、碳和銅的莫耳質量關係。	**轉換因子**： 1 mol Cu_2O ≡ 2 mol Cu 1 mol C ≡ 2 mol Cu 莫耳質量 Cu_2O = 143.08 g / mol 莫耳質量 C = 12.01 g / mol 莫耳質量 Cu = 63.54 g / mol

解析圖顯示如何由最初的 Cu_2O 與 C 質量尋求最後銅的質量。限量反應物製得最小量的生成物並決定了理論產量。

解析圖：

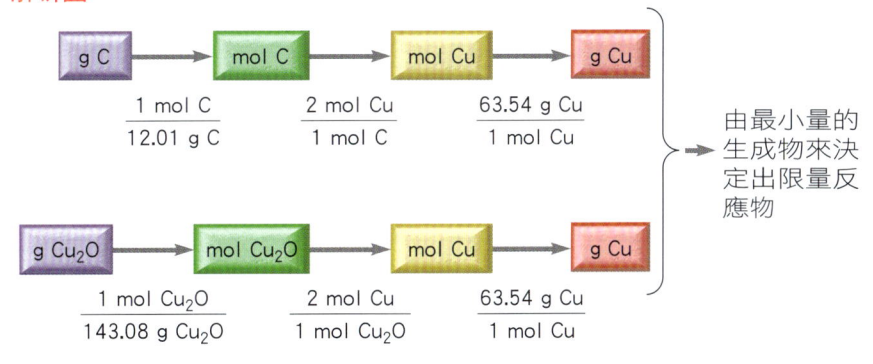

g C → mol C → mol Cu → g Cu

$$\frac{1 \text{ mol C}}{12.01 \text{ g C}} \quad \frac{2 \text{ mol Cu}}{1 \text{ mol C}} \quad \frac{63.54 \text{ g Cu}}{1 \text{ mol Cu}}$$

g Cu_2O → mol Cu_2O → mol Cu → g Cu

$$\frac{1 \text{ mol Cu}_2\text{O}}{143.08 \text{ g Cu}_2\text{O}} \quad \frac{2 \text{ mol Cu}}{1 \text{ mol Cu}_2\text{O}} \quad \frac{63.54 \text{ g Cu}}{1 \text{ mol Cu}}$$

由最小量的生成物來決定出限量反應物

所以 Cu_2O 可製得最小量的產物，是限量反應物。理論產量是簡單地可由限量反應物製得。產率是實際產量（87.4g Cu）除以理論產量（101.7 g Cu）乘以 100％。

解答：

$$11.5 \text{ g C} \times \frac{1 \text{ mol C}}{12.01 \text{ g C}} \times \frac{2 \text{ mol Cu}}{1 \text{ mol C}} \times \frac{63.54 \text{ g Cu}}{1 \text{ mol Cu}} = 122 \text{ g Cu}$$

$$114.5 \text{ g Cu}_2\text{O} \times \frac{1 \text{ mol Cu}_2\text{O}}{143.08 \text{ g Cu}_2\text{O}} \times \frac{2 \text{ mol Cu}}{1 \text{ mol Cu}_2\text{O}} \times \frac{63.54 \text{ g Cu}}{1 \text{ mol Cu}} = 101.7 \text{ g Cu}$$

限量反應物 　　　　　　　　　　　　　　　最小量的生成物

理論產量 = 101.7 g Cu

$$產率 = \frac{實際產量}{理論產量} \times 100\% = \frac{87.4 \text{ g}}{101.7 \text{ g}} \times 100\% = 85.9\%$$

習題

問答題

1. 為什麼反應化學計量很重要？你能夠舉些例子說明嗎？

2. 寫出在下列反應中每一個反應物和生成物彼此間關係的轉換因子。
   $N_2(g) + 3H_2(g) \longrightarrow 2NH_3(g)$

3. 在第2題中，多少個氫氣分子方能與2個分子的氮氣完全反應？多少 mol 的 H_2 可與 2mol 的 N_2 完全反應？

4. 在化學反應中，何謂限量反應物？

5. 在下列化學反應中
   $A + 2B \longrightarrow C + D$
   若你有12g的A與24g的B，則下列敘述何者為正確？
   (a) A 為限量反應物
   (b) B 為限量反應物
   (c) 若 A 的莫耳質量少於 B 則 A 為限量反應物
   (d) 若 A 的莫耳質量大於 B 則 A 為限量反應物

練習題

6. 在下列化學反應中
   $A + 2B \longrightarrow C$
   若完全反應則可得 C 若干莫耳？
   (a) 1 mol A   (b) 1 mol B
   (c) 2 mol A   (d) 2 mol B

7. 反應如下所示，請計算在下述的各條件下，完全反應時會形成多少莫耳的 NO_2。
   $2N_2O_5(g) \longrightarrow 4NO_2(g) + O_2(g)$
   (a) 1.3 mol N_2O_5
   (b) 5.8 mol N_2O_5
   (c) 4.45 × 10^3 mol N_2O_5
   (d) 1.006 × 10^{-3} mol N_2O_5

8. 利用下列已平衡的反應式與下表中相關的反應物及生成物的莫耳數，在空白處填入其他的反應物與生成物適當的莫耳數於表列中。
   $N_2H_4(g) + N_2O_4 \longrightarrow 3N_2(g) + H_2O(g)$

mol N_2H_4	mol N_2O_4	mol N_2	mol H_2O
___	2	___	___
6	___	___	___
___	___	___	8
___	5.5	___	___
3	___	___	___
___	___	12.4	___

9. 下列為丁烷的燃燒反應式。
   (a) 完成平衡式
   $C_4H_{10}(g) + O_2(g) \longrightarrow CO_2(g) + H_2O(g)$
   (b) 4.9 mol 的丁烷需要多少 mol 氧氣才足以反應？

10. 如反應式所示，當分別在 (a) 與 (b) 的狀態下，反應物完全反應形成生成物時，會得多少克產物（假設其他反應物劑量多於所需）？
    $2Al(s) + Fe_2O_3(s) \longrightarrow Al_2O_3(s) + 2Fe(l)$
    (a) 4.7 g Al
    (b) 4.7 g Fe_2O_3

11. 如下列酸－鹼反應式所示，計算下列 (a) 到 (c) 中，需要多少克的酸才能與2.5g的鹼中和？
    (a) $HCl(aq) + NaOH(aq) \longrightarrow H_2O(l) + NaCl(aq)$
    (b) $2HNO_3(aq) + Ca(OH)_2(aq) \longrightarrow 2H_2O(l) + Ca(NO_3)_2(aq)$
    (c) $H_2SO_4(aq) + 2KOH(aq) \longrightarrow 2H_2O(l) + K_2SO_4(aq)$

12. 硫酸可以溶解鋁金屬，如下列反應式。假如你要溶解 22.5g 的鋁塊，那需要多少克的硫酸？在鋁塊完全反應的同時會產生多少克的氫氣？
    $2Al(s) + 3H_2SO_4(aq) \longrightarrow Al_2(SO_4)_3(aq) + 3H_2(g)$

13. 反應式如下所示，
    $2A + 4B \longrightarrow 3C$
    在 (a) 到 (d) 的個別狀態下，A 與 B 何者為限量反應物？
    (a) 2 mol A，5 mol B
    (b) 1.8 mol A，4 mol B
    (c) 3 mol A，4 mol B
    (d) 22 mol A，40 mol B

14. 反應如下所示，計算起始反應物在下述（a）到（d）的狀態下，產物的理論產量若干？

    A + 2B ⟶ 3C

    （a）1 mol A，1 mol B
    （b）2 mol A，2 mol B
    （c）1 mol A，3 mol B
    （d）32 mol A，68 mol B

15. 反應式如下所示，

    $CaO(s) + CO_2(g) \longrightarrow CaCO_3(s)$

    某化學家取 14.4g 的 CaO 與 13.8g 的 CO_2 作用，反應結束後，化學家收集到 19.4g 的 $CaCO_3$，請判定該反應中的限量反應物、理論產量與產率。

16. 鉛離子可被 NaCl 自溶液中沉澱出如下述反應所示。

    $Pb^{2+}(aq) + 2NaCl(aq) \longrightarrow PbCl_2(s) + 2Na^+(aq)$

    當 135.8g 的鹽加入含有 195.7g 鉛離子的溶液後，形成 $PbCl_2$ 的沉澱，經過濾、乾燥後得到 252.4g 重的沉澱物。請判定該反應的限量反應物 $PbCl_2$ 理論產量與產率。

17. 阿斯匹靈可在實驗室中以醋酸酐（$C_4H_6O_2$）與水楊酸（$C_7H_6O_3$）反應形成。阿斯匹靈（$C_9H_8O_4$）與醋酸（$C_2H_4O_2$），平衡反應式如下：

    $C_4H_6O_3 + C_7H_6O_3 \longrightarrow C_9H_8O_4 + C_2H_4O_2$

    在實驗室合成裡，某一學生以 5.00 mL 的醋酸酐（密度＝ 1.08 g/mL）和 2.08 g 水楊酸反應。完全反應後學生收集到 2.01 g 的阿斯匹靈，請判別在反應中的限量反應物阿斯匹靈的理論產量及產率？

18. 正如我們所見的，科學家日益擔心因大氣層中二氧化碳含量的增加，所引起地球暖化的潛在威脅。全世界每年所燃燒的石化燃料相當於 7.0×10^{12} kg 的石油。假設所有的石油換算成以辛烷（C_8H_{18}）的形式，試計算每年全世界燃燒石化燃料會產生多少公斤的二氧化碳（提示：先寫出辛烷燃燒平衡方程式）。若在大氣中含有 3.0×10^{15} kg 的二氧化碳。試問多久時間以後會因石化燃料的燃燒會使大氣中的二氧化碳含量增加到 2 倍。

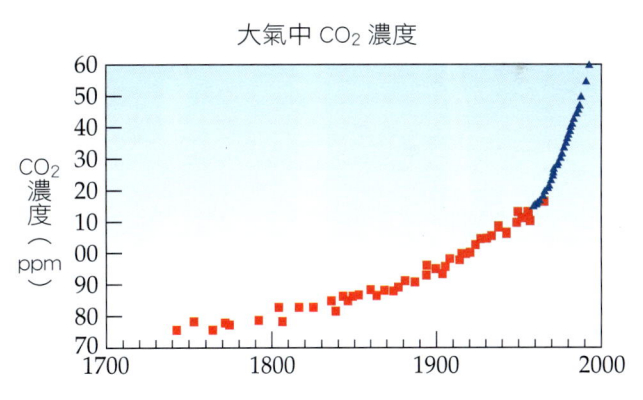

▲ 從 1860 年至 2000 年大氣中的 CO_2 濃度。

Everyday Chemistry

Bunsen Burners

(a) No air   (b) Small amount of air   (c) Optimum   (d) Too much air

▲ Bunsen burner at various stages of air intake adjustment.

In the laboratory, we often use Bunsen burners as heat sources. These burners are normally fueled by methane. The balanced equation for methane (CH_4) combustion is:

$$CH_4(g) + 2O_2(g) \longrightarrow CO_2(g) + 2H_2O(g)$$

Most Bunsen burners have a mechanism to adjust the amount of air (and therefore of oxygen) that is mixed with the methane. If you light the burner with the air completely closed off, you get a yellow, smoky flame that is not very hot. As you increase the amount of air going into the burner, the flame becomes bluer, less smoky, and hotter. When you reach the optimum adjustment, the flame has a sharp, inner blue triangle, no smoke, and is hot enough to melt glass easily. Continuing to increase the air beyond this point causes the flame to become cooler again and may actually extinguish it.

CAN YOU ANSWER THIS? Can you use the concepts from this chapter to explain the changes in the Bunsen burner as the air intake is adjusted?

媒體中的化學

富氧燃料的爭議

我們已見過汽油成份之一辛烷的燃燒平衡化學方程式為：

$2C_8H_{18}(l) + 25O_2(g) \longrightarrow 16CO_2(g) + 18H_2O(g)$

我們也曾學習過如何平衡化學方程式以提供反應物之間的數值關係。前述的方程式顯示 25 mol O_2 要完全反應需要有 2 mol C_8H_{18}。若在汽車引擎的汽缸裡沒有足夠的 O_2 與導入的辛烷量完全反應，那該怎麼辦？對很多反應來說，反應物的短缺僅表示那就有較少的生成物形成。我們在這章的後段裡學習了。不過，對於某些反應，反應物的短缺會引起其他的──所謂副反應，副反應與所要求的反應一起發生。在本例中辛烷和汽油的其他主要組成，那些副反應導致污染物的產生，例如一氧化碳（CO）和臭氧（O_3）。

在 1990 年，美國國會為努力降低空氣污染，透過修正清潔空氣法案要求石油公司必需在汽油裡添加某些物質，以防止這些副反應的發生，在燃燒期間添加劑具有增加氧含量的效果，這樣的汽油稱為富氧燃料。在石油公司裡首選的附加劑是一種稱為 MTBE（甲基第三丁基醚，methyl tertiary butyl ether）的化合物。改善的結果是確認的，在很多主要城市的一氧化碳和臭氧含量顯著減少。

不過，MTBE化合物在環境中不易被生物所分解，開始出現在提供給居民使用的飲用水中，進入飲用水的MTBE是經由加油站所溢出，從小船電動機和地下儲槽的洩漏。結果很明顯地，MTBE使飲用水在原來乾淨的標準上，給予有松節油般的臭味與腐臭的味覺，它也是被懷疑的可能致癌物。大眾的反應非常快速和戲劇化，已經有幾次集體的訴訟被正式提出，對抗MTBE製造商，對抗懷疑洩漏它的加油站和對抗把MTBE加進汽油的石油公司。幾個州已經轉而去取締MTBE加入到汽油中，以及美國國會也對MTBE發出聯邦禁令。但這些不會升高問題點，無論如何，MTBE被加到汽油中是為滿足1990年空氣淨化法修正案的要求是一種方法。是不是聯邦政府會暫時中止這些要求，直到一種MTBE的代用品被發現？還是政府該完全移除這項要求，鬆動空氣淨化法？答案可沒那麼簡單。不過，由穀類發酵所製成的酒精，是一種準備好取代MTBE的東西，它具有相同的降低污染效果又沒有對健康的危害有關連。石油公司最初沒使用酒精，因為它比MTBE昂貴。現在他們正得付出代價。

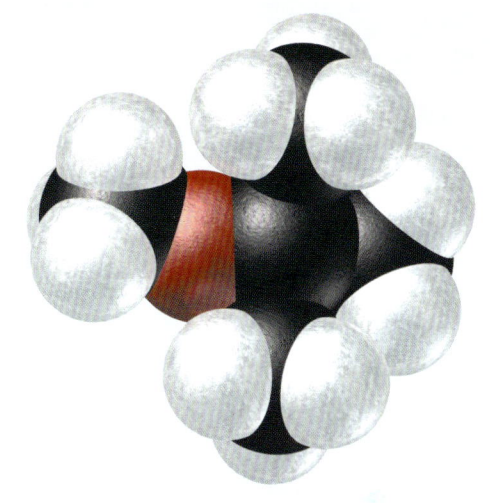

你能回答這個問題嗎？ 多少莫耳的氧（O_2）才能與 425 mol 的辛烷完全反應（相當於一個 15 加侖的汽車油箱容量）？

CHAPTER 5

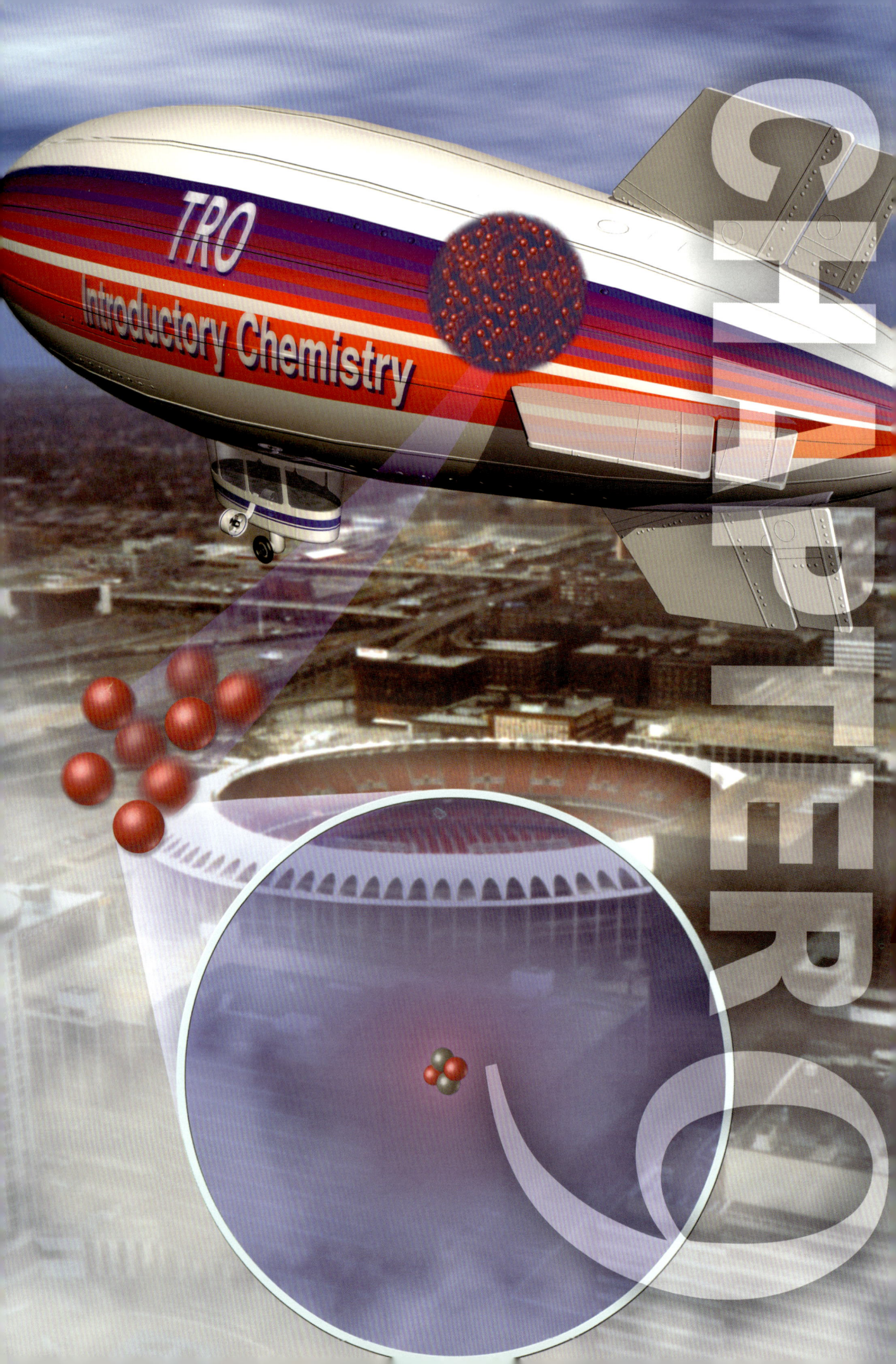

TRO
Introductory Chemistry

第 9 章

原子中的電子與週期表

"Anyone who is not shocked by quantum mechanics has not understood it."

Niels Bohr (1885–1962)

哪個不受到量子力學震撼的，哪個就是不懂量子力學的人。

尼爾‧波耳（1885－1962）

- 9.1 飛船、氣球與原子模型
- 9.2 光：電磁輻射
- 9.3 電磁光譜
- 9.4 波耳模型：具有軌道的原子
- 9.5 量子力學模型：具有軌域的原子
- 9.6 量子力學軌域
- 9.7 電子組態與週期表
- 9.8 量子力學模型的解釋力
- 9.9 週期表的趨勢：原子大小、游離能以及金屬特徵

9.1 飛船、氣球與原子模型

▲ 亨德堡飛船填充具有反應性及可燃性的氫氣。問題：是什麼原因使得氫氣具有反應性呢？

◀ 現在的飛船填充是惰性的氦氣。氦原子核具有兩個質子，所以電中性的氦原子具有兩個電子，是相當穩定的型態。本章我們將學習相關之模型，可用來解釋氦的惰性以及其他元素的反應性。

或許你曾看過一艘固特異（Goodyear）飛船在天空中漂浮。固特異飛船常常會出現在一些運動錦標賽的現場上空，例如玫瑰杯保齡球賽、INDY 500大賽以及美國高爾夫球公開錦標賽等。它過去也出現在自由女神一百週年慶祝會上，同時也在無數次的電影以及電視節目中出現過。飛船內在的穩定性使得它能提供電視或影片非常壯觀的世界俯瞰景象。

固特異飛船就好像是一個大氣球。但是，它不像飛機一樣，飛機必須快速地移動以維持在空中飛行，而一艘飛船可飄浮在空中，因為它充滿了一種比空氣還要輕的氣體。固特異飛船填充的是氦氣，其他在歷史上的飛船則是使用氫氣做為浮力的來源。例如，過去曾建造過叫亨德堡（Hindenburg）號的最大飛船，便是填充氫氣，結果證明是最糟糕的選擇，因為氫氣是一種具有反應性以及可燃性的氣體。在1937年5月6日，當亨德堡正將登陸紐澤西州，做它第一次橫渡大西洋之旅時，突然爆炸起火，導致船身毀壞以及97位旅客中的36位旅客喪生。顯然是當亨德堡要登陸時，外洩的氫氣被引燃，因而導致毀滅船身的爆炸（亨德堡的船身材料是由可燃性物質所建造，因此部分責任也可歸咎於此）。

相同的意外不會發生在固特異飛船身上，因為它填充的是惰性、不可燃的氦氣，而氦氣可以熄滅火花甚至可以熄滅燃燒。

為何氦氣是惰性的？氦原子中使得氦氣具有惰性的究竟是什麼？另一方面，為何氫氣具有反應性？回顧第5章便可知，氫氣是以雙氫原子之型態存在，氫原子如此活潑以致於它自己會與自己發生

167

鹼土族金屬

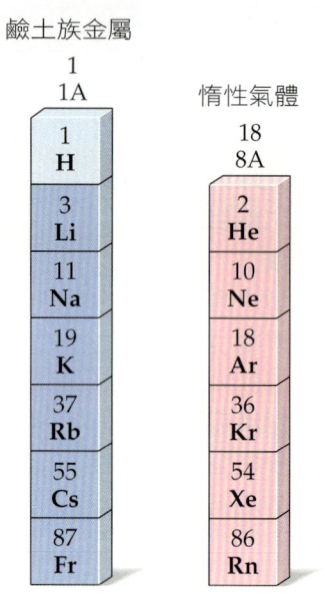

1 1A	
1 H	
3 Li	
11 Na	
19 K	
37 Rb	
55 Cs	
87 Fr	

惰性氣體

18 8A
2 He
10 Ne
18 Ar
36 Kr
54 Xe
86 Rn

惰性氣體是化學鈍性的，鹼土族金屬則是化學反應性的，為什麼呢？

反應，進而形成氫分子。究竟是什麼使得氫原子如此具有反應性？氫與氦之間的差異，是什麼可解釋它們之間不同的反應性？

當我們檢查氫與氦的性質時，我們對自然做一些觀察。在第4章所討論的門得列夫的週期定律便對元素的性質歸納了許多相似的觀察結果，即：當元素以增加原子序之順序排列時，某組性質會週期性地循環發生。我們知道，氫的反應性會重現在鋰、鈉以及其他第一族金屬上。我們也知道，氦的惰性會重現在氖、氬以及其他惰性氣體上。科學方法的關鍵部分是去觀察自然事情以及制訂出一個經由大規模觀察所歸納出來的定理。現在，我們需要一個模型或是理論來對這些觀察與定理賦予基本的理由。

在本章中，我們將細查兩個重要的模型：波耳模型以及量子力學模型，進而可為氦的惰性、氫的反應性以及週期定律提出解釋。這些模型解釋了電子是如何存在於原子當中以及這些電子是如何影響這些元素的化學以及物理性質？例如，我們知道，鈉傾向於形成正一價的離子，而氟傾向於形成負一價的離子。我們知道，一些元素是屬於金屬態，一些元素是屬於非金屬態；惰性氣體是化學鈍性的，而鹼土族金屬則是化學反應性的。但是，我們不知道原因為何？本章的模型將能解釋原因為何。

這些模型是早在1900年代就被發展出來，造成在物理科學上的一項革命，改變了我們對於物質在最根本層級上的基礎觀念。創建這些模型的科學家有波耳、薛丁格以及愛因斯坦，連他們也被他們自己的發現給驚愕住了。波耳宣稱：「哪個不受到量子力學震撼的，哪個就是不懂量子力學的人」。薛丁格感嘆地說：「我不喜歡量子力學，但遺憾的是，我所做的任何事都與它有關」。愛因斯坦不相信量子力學，堅決主張：「上帝不跟宇宙萬物玩骰子」。

▲ 尼爾‧波耳（Niels Bohr，左），爾文‧薛丁格（Erwin Schrödinger，右）以及阿爾伯特‧愛因斯坦（Albert Einstein）在量子力學之發展上扮演重要之角色，卻也被他們自己的理論所迷惑。

然而，量子力學模型具有如此強有力的解釋威力以致於現今幾乎不被質疑了。它構成了現在週期表的基礎以及我們對於化學鍵結的瞭解。它的應用範圍包含雷射、電腦和半導體元件以及它給予人們一個新思維去設計能治療疾病的藥物。在很多方面，量子力學對於原子而言，是現代化學的基石。

9.2 光：電磁輻射

▲ 當水面受到撥動時便會產生水波，由撥動處傳播出去。

在我們說明原子的模型之前，必須瞭解一些有關光的事情，因為原子與光的交互作用可以幫助塑造這些模型。光對我們每一位來說都非常熟悉，我們要看見這個世界就必須要靠它，但是我們不太瞭解光是什麼？不像目前大部分在這本書所知悉的，光並非是物質，因為它沒有質量。光是一種**電磁輻射**（electromagnetic radiation），是一種以定速 3×10^8 m/s（186,000 mi/s）穿越空間的能量。以此速度而言，在赤道產生的一束光能以1/7秒的時間環繞地球一圈。如此極端快的速度就是造成你聽見爆炸聲音之前先看到空中的煙火之部分理由。煙火爆炸的亮光幾乎是瞬間抵達你的眼睛，而聲音的傳遞則是比較慢，要花久一點的時間。

在量子力學出現之前，光僅被描述成穿越空間的電磁能波。你可能熟知水波（想像一下，一個石頭掉入池塘所產生的波紋）或是你可以藉由快速地上下移動繩索的末端來造成一個繩波。無論是哪一個例子，當波經由水或是沿著繩子運動時，它都帶有能量。

通常**波長**（λ, wavelength），即兩鄰近波峰的間距（▼ 圖9.1），是用來表達波的特徵。對可見光而言，波長決定其顏色。例如，橘光的波長會比藍光的波長來得長。由太陽或是日光燈所產生的白光則是包含了一系列的波長，因此也就包含了一系列的顏色。我們可以在彩虹裡或是當白光通過稜鏡之後看見紅、橙、黃、綠、

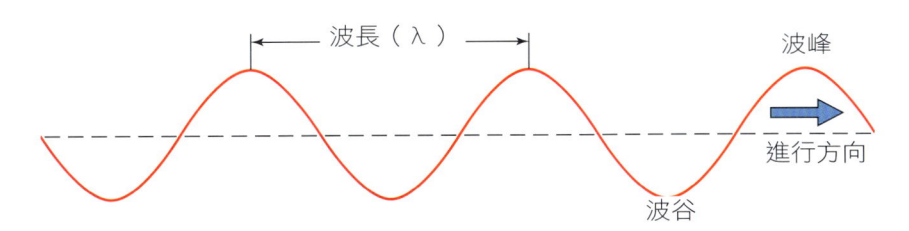

▲ 圖9.1 **波長**。光的波長定義為鄰近兩個波峰的間距。

▲ 圖9.2 **白光的構成要素**。當光通過一個稜鏡時會被分開成為它的組成顏色，即紅、橙、黃、綠、藍、靛、紫。

▲ 圖9.3 **物體中的顏色**。一件紅色的襯衫會顯示出紅色，是因為除了紅色被它反射之外，其餘顏色全被它吸收。

藍、靛、紫（▲ 圖9.2）。紅光具有750奈米（nm, 1 nm = 10^{-9} m）的波長，是可見光中最長的波長。紫色光具有400奈米的波長，其波長為可見光中最短的。在白光中存在的色澤是我們每天在視野中能看見彩色的原因。例如，紅色的襯衫看起來是紅色，是因為它反射紅光（◀ 圖9.3）。我們的眼睛只能看見反射光，使得襯衫顯現紅色。

光波常常也會以**頻率**（ν, frequency）來表徵，即每秒鐘循環的次數或是通過一定點的波峰數。波長與頻率是互為倒數關係，即波長越短的，頻率越高。例如，與紅光相比之下，藍光具有較高的頻率。

早在20世紀時，科學家如愛因斯坦以及其他人發現，某些實驗結果不能以波的型態來解釋，而必須以粒子的型態來解釋。在這些描述當中說道，例如一道經過的閃光就像似一條粒子流。光的粒子被稱為**光子**（photon），我們可以把光子想成是一個裝有光能的單一小包。小包中所攜帶能量的多寡則視光的波長而定，即波長越短，能量越大。就像水波一樣，假如波峰之間越是緊密地靠在一起，表示其所攜帶較多的能量，可想像一下海浪衝擊海灘的情況；當光波之波峰緊密地靠在一起時，表示光波攜帶較多的能量。因此，比起紅色光（波長較長）來說，紫色光（波長較短）的每個光子所攜帶的能量較多。

總結：

- 電磁輻射是能量的一種形式，它以定速3×10^8 m/s穿越空間，同時它表現出似波以及似粒子之兩種性質。
- 電磁輻射的波長決定了它的一個光子所攜帶的能量。波長越短，每個光子所攜帶的能量越大。
- 電磁輻射的頻率和能量是與其波長成反比的關係。

9.3 電磁光譜

電磁輻射的波長範圍是從 10^{-16} m（伽瑪射線）到 10^6 m（無線電波）。可見光只是**電磁光譜**中的一小部分，電磁光譜則是涵蓋了所有的波長範圍。▼圖9.4顯示全部的電磁光譜圖，其中右邊是短波長以及高頻輻射，左邊則是長波長以及低頻輻射。可見光只是在中間區域很小的一部份而已。

還記得短波長的每個光子所攜帶之能量是大於長波長的光子所攜帶之能量。因此，具有最高能量的光子便是**珈瑪射線**，即是具有最短波長的電磁輻射形式。珈瑪射線是由太陽、星球以及地球上某些不穩定原子核所產生的。人們暴露在珈瑪射線之下是非常危險的，因為珈瑪射線光子的高能量能傷害生物分子。

比珈瑪射線波長長一些，在電磁光譜上次於珈瑪射線的，便是我們熟知用在醫療用途上的**X-光**（x-ray）。X-光可穿透能阻擋可見光的物質，因此被用來顯像體內的骨骼及器官。和珈瑪射線一樣，X光光子攜帶足夠的能量，因此能傷害生物細胞。每年暴露幾次在X-光之下是無害的，過度的暴露在X光之下會增加得到癌症的風險。

在電磁光譜中，位於X-光與可見光之間的則是**紫外線**或稱**UV光**（ultraviolet或UV light），對我們最為熟知的便是它為太陽光裡會造成人們曬傷或是曬黑的組成。雖然與珈瑪射線以及X-光的能量不一樣，但是紫外線依舊攜帶足夠的能量會傷害生物分子，過度的暴露在紫外線之下會增加皮膚癌以及白內障的風險，同時可能造成過早的肌膚皺紋。接著紫外線之後的下一個光譜則是**可見光**，從紫色（

▼圖9.4 電磁光譜圖。

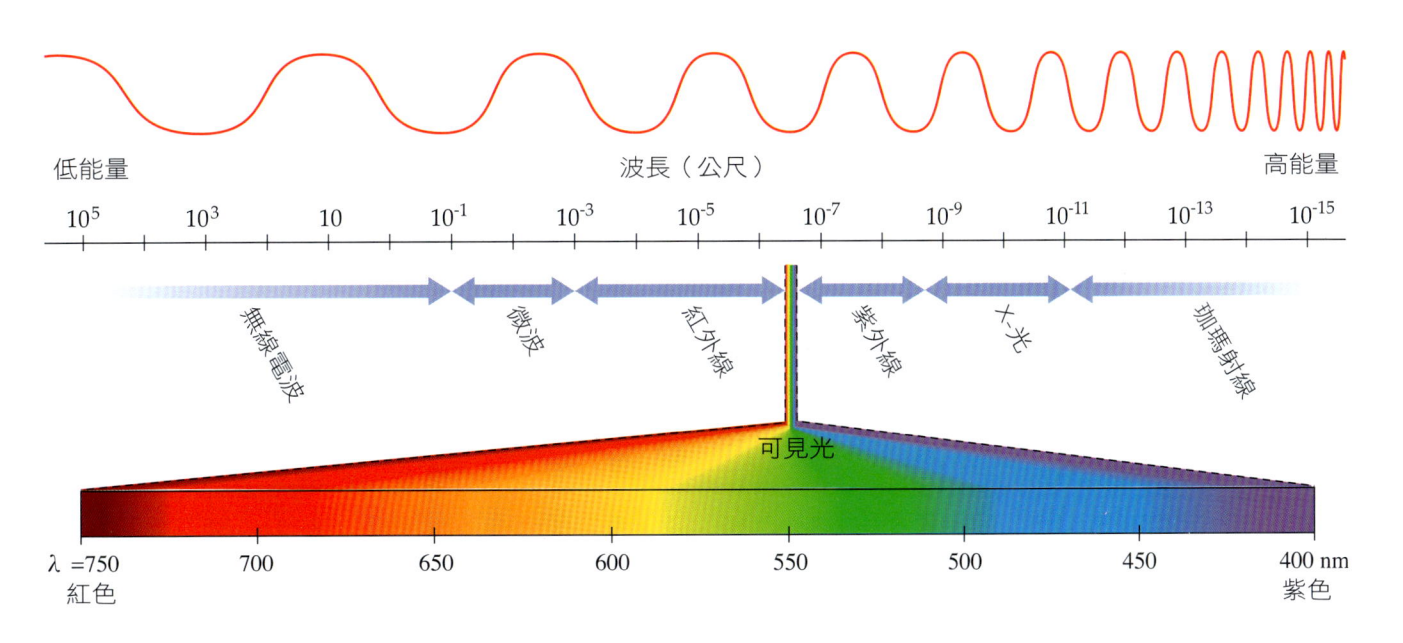

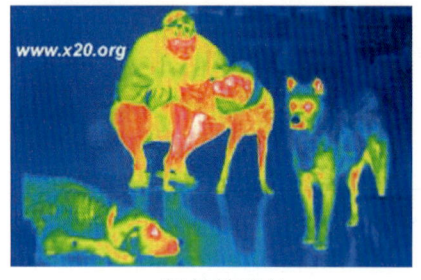

波長較短、能量較高）到紅色（波長較長、能量較短）。可見光光子不會傷害生物分子，但是它會使得在我們眼中的分子發生重排，然後傳送訊號到我們的腦裡以致於產生視覺。

在可見光外比可見光波長更長的便是**紅外線**（infrared light）。當你將手放置接近於一個熱體時，你所感受的熱便是紅外線。所有溫暖的物體，包含人體，都會散發出紅外線。然而人們的眼睛是無法看見紅外線的，只有紅外線感應器能偵測到它，並且常常用作夜視技術，可在黑暗裡看東西。在紅外線光譜區內，溫熱的物體，如人體，能發光，有點像似在可見光區內的日光燈發光一樣。

超出於紅外線之外，波長更長的則是**微波**（microwaves），可用來當作雷達以及微波爐之用。微波光具有較長的波長，因此，比起可見光、紅外線來，每個微波光子具有較低的能量，但是它能有效地被水吸收，因而能加熱含有水分的物質。因此，凡是具有水分的物質，如食物，將其放入微波爐中時都能被加熱；但是，不含有水分之物質，如盤子，則不會被加熱。

最長的波長則是**無線電波**（radio waves），被用來傳遞AM或是FM電波的訊息、行動電話訊息、電視機訊息以及其他形式的通訊等。

▲ 溫體，如人體或是動物，所散發的紅外線可以很容易地被紅外線照相機所偵測。在紅外線相片當中，紅色表最高溫區，藍色表示最低溫區（注意，照片證實了熟知的觀念，那就是健康的狗有冷鼻子）。

範例 9.1　波長、能量與頻率

請依據下列項目之增加來排序三種電磁輻射：可見光、X-光以及微波。
（a）波長
（b）頻率
（c）光子的能量

（a）依據波長時：
對照圖9.4，可看見X-光具有最短的波長，其次是可見光，然後是微波。

答案：
X-光，可見光，微波

（b）依據頻率時：
因為頻率與波長成反比，波長越長、頻率越短，因此依照頻率來排序時，剛好與波長是相反的結果。

微波，可見光，X-光

（c）依據光子的能量時：
光子的能量會隨著波長的增加而減少，但是會隨著頻率的增加而增加。因此光子的能量排序與頻率的排序相同。

微波，可見光，X-光

9.4 波耳模型：具有軌道的原子

當一個原子吸收了熱、光或是電的形式之能量以後，它通常會以光的方式將此能量再釋放出來。例如，霓虹燈招牌便是由一個或是多個填充氣體氖原子的玻璃管所組成。當電流通過燈管時，氖原子吸收了部分電能並且以熟知的霓虹燈招牌的紅光方式再釋放出其吸收的能量（◀ 圖9.5）。假如在玻璃管中裝入不相同的原子時，其所釋放出來的光會是不同的顏色。換言之，特定元素的原子會釋放出獨一無二的顏色（或是獨一無二的波長）。例如，汞原子釋放出來的光會呈現藍色，氫原子釋放出來的光會呈現粉紅色（▼ 圖9.6），以及氦原子釋放出來的光會呈現橘黃色。

▲ 圖9.5 **霓虹燈招牌**。在玻璃管中的氖原子吸收電能之後再以光的形式釋放此能量。

仔細地檢查由氫、氦以及氖原子所釋放出來的光，可以發現每一個都具有各自不同的顏色或是波長。就像日光燈所發出的白光，便可藉由將其穿透過一個稜鏡將它分開成個別的組成波長。所以，由燃燒氫、氦或者氖所釋放出來的光，可藉由通過一個稜鏡也能將其分開成為個別組成的波長（▶ 圖9.7）。這個結果被稱為**發射光譜**（emission spectrum）。請注意介於白光光譜以及氫、氦、氖發射光譜之間的差異性。白光光譜是**連續的**，即光的強度是不間斷的或者是流暢地橫跨全可見光區，在所有的波長範圍內只有一些輻射區，但是沒有間隙。然而，氫、氦、氖的發射光不是連續的，它們是由在特定波長下的亮點或亮線以及在這些亮線之間的完全黑暗區所組成。因為在原子裡所釋放出來的光線會與原子裡之電子的運動有關，所以一個可以用來解釋電子如何存在於原子中的模型必須能夠解釋這些光譜。

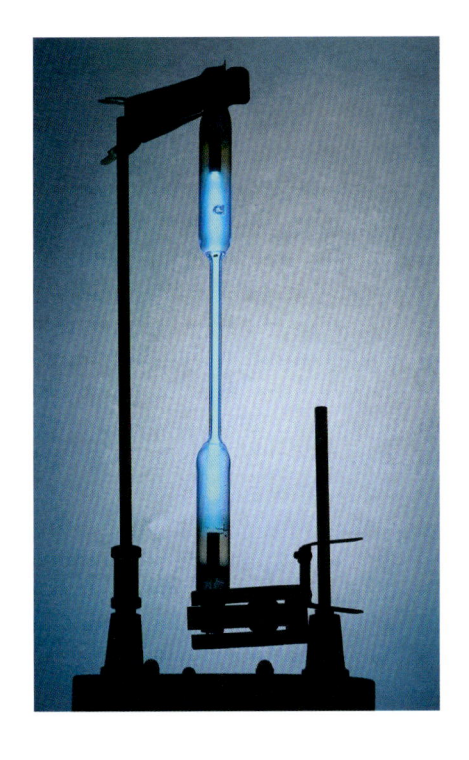

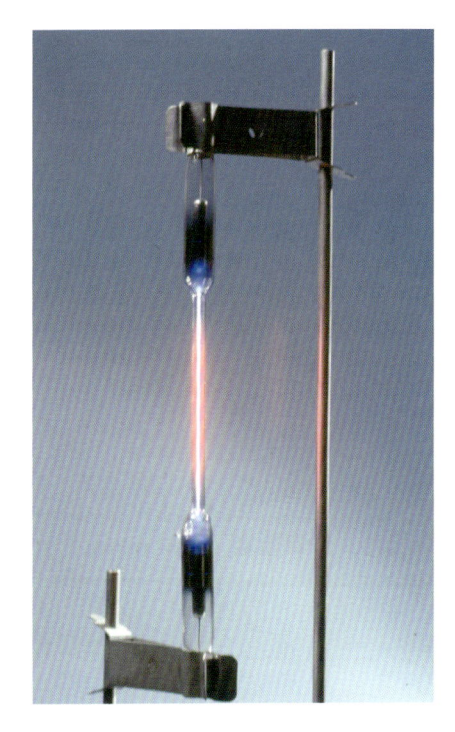

▶ 圖9.6 **由不同元素所釋放出來的光**。由汞燈（左）所釋放出來的光呈現藍色，由氫燈（右）所釋放出來的光呈現粉紅色。

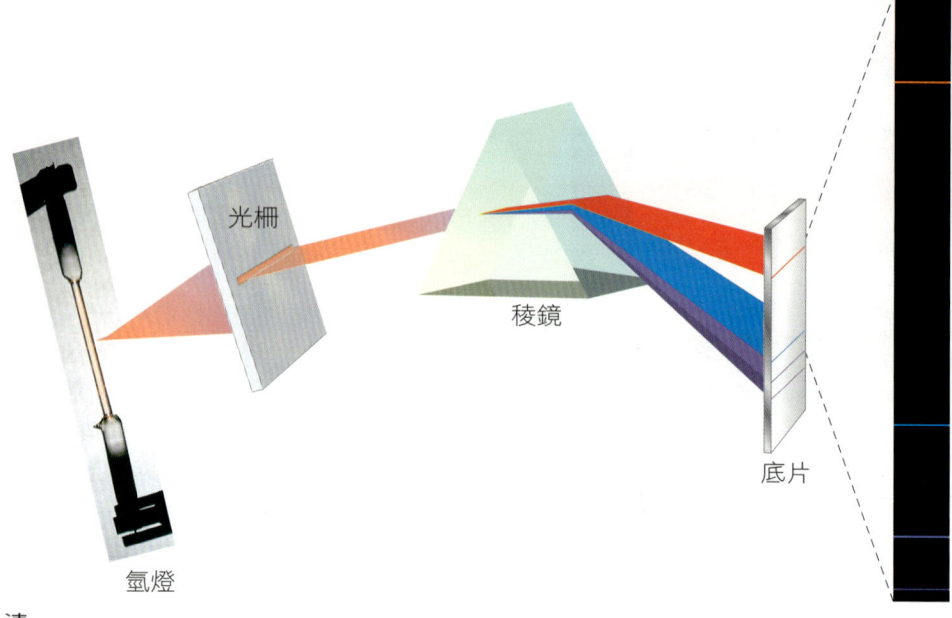

▶ 圖9.7 **發射光譜**。白光光譜是連續的,在每一個波長下都有一些輻射釋放。然而,單一元素的發射光譜僅含有特定的波長。每一個元素都能產生自己獨一無二的發射光譜。

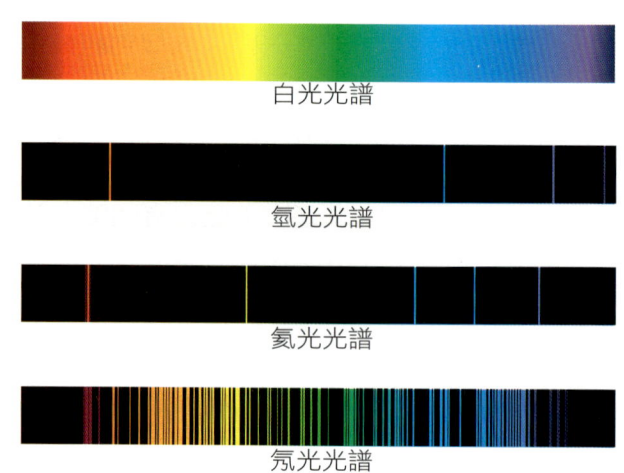

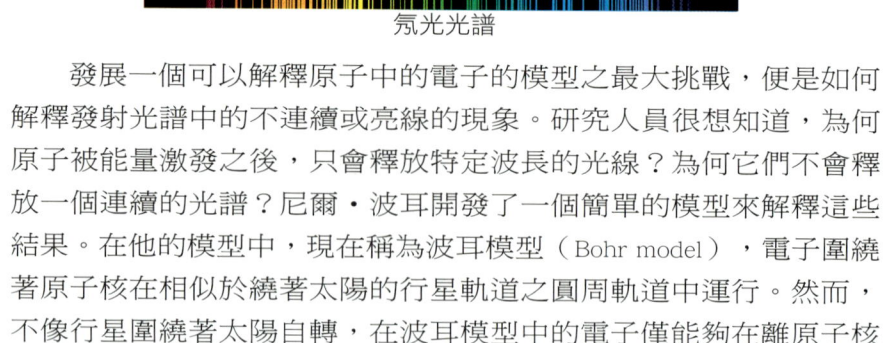

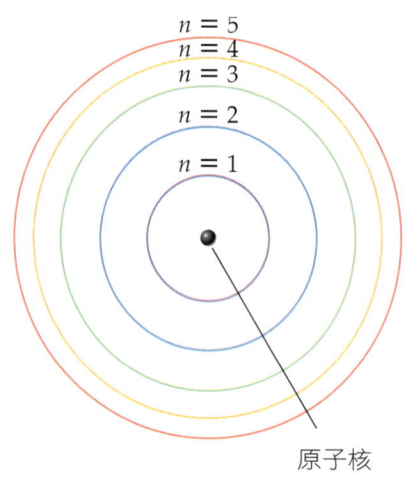

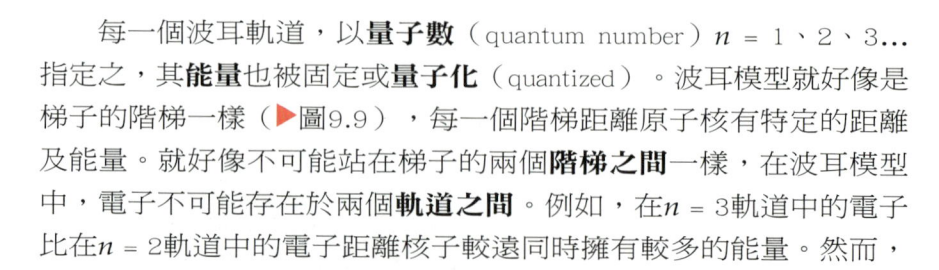

氫燈　光柵　稜鏡　底片

白光光譜

氫光光譜

氦光光譜

氖光光譜

▲ 圖9.8 **波耳軌道（Bohr orbits）**。

發展一個可以解釋原子中的電子的模型之最大挑戰,便是如何解釋發射光譜中的不連續或亮線的現象。研究人員很想知道,為何原子被能量激發之後,只會釋放特定波長的光線?為何它們不會釋放一個連續的光譜?尼爾•波耳開發了一個簡單的模型來解釋這些結果。在他的模型中,現在稱為波耳模型（Bohr model）,電子圍繞著原子核在相似於繞著太陽的行星軌道之圓周軌道中運行。然而,不像行星圍繞著太陽自轉,在波耳模型中的電子僅能夠在離原子核**特定及固定的**距離上運行（◀ 圖9.8）。

每一個波耳軌道,以**量子數**（quantum number）n = 1、2、3⋯指定之,其**能量**也被固定或**量子化**（quantized）。波耳模型就好像是梯子的階梯一樣（▶ 圖9.9）,每一個階梯距離原子核有特定的距離及能量。就好像不可能站在梯子的兩個**階梯之間**一樣,在波耳模型中,電子不可能存在於兩個**軌道之間**。例如,在 n = 3軌道中的電子比在 n = 2軌道中的電子距離核子較遠同時擁有較多的能量。然而,

9.4 波耳模型：具有軌道的原子

一個電子不可能存在於兩軌道之中間距離或能量狀態，因為這些軌道被量子化。只要一個電子留存於某個已知軌道中時，它便不會吸收或是釋放光線，同時它的能量維持為固定的常數。

當原子吸收能量之後，存在於這些固定軌道中的一個電子便會被激發或是躍遷至另一個距離原子核較遠的軌道上（◀ 圖9.10），同時因此處於高能量狀態（此行為類比於在梯子上往上移一個階梯一樣）。然而，在此新的組態中，此原子較不穩定，同時此電子很快地會落回或是**釋放**（relax）回到低能量軌道（此行為可類比為在梯子上往下移一個階梯一樣）。像這樣的行為，原子會釋放出含有精確能量的光線之光子，稱為一個**量子**（quantum）的能量，此能量即是兩軌道之間的能量差。

因為在一個光子中的能量直接與其波長有關，因此光子擁有一特定的波長。所以，由被激發原子所釋放出來的光是由特定光線在特定波長所組成，每一條光線都與兩個軌道之間的特定躍遷有關。例如，在氫發射光譜中的486奈米光線表示是一個電子從 $n = 4$ 軌道釋放回到 $n = 2$ 軌道（▼ 圖9.11）。同樣的道理，657奈米（較長波長因此較低能量）的光線表示是一個電子由 $n = 3$ 的軌道釋放回到 $n = 2$ 的軌道。請注意，在兩個較親近軌道之間的躍遷所產生的能量會較兩個較遠離的軌道之間的躍遷所產生的能量來得低（因此波長較長）。

波耳原子模型最成功之處便是在於它能預測氫發射光譜的光線。但是，它不能預測其他含有多於一個電子的元素的發射光譜。因此，外加其他原因之故，波耳模型便被其他較為精密複雜的模型，稱為量子力學或是波動力學模型所取代。

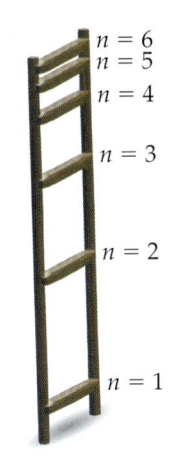

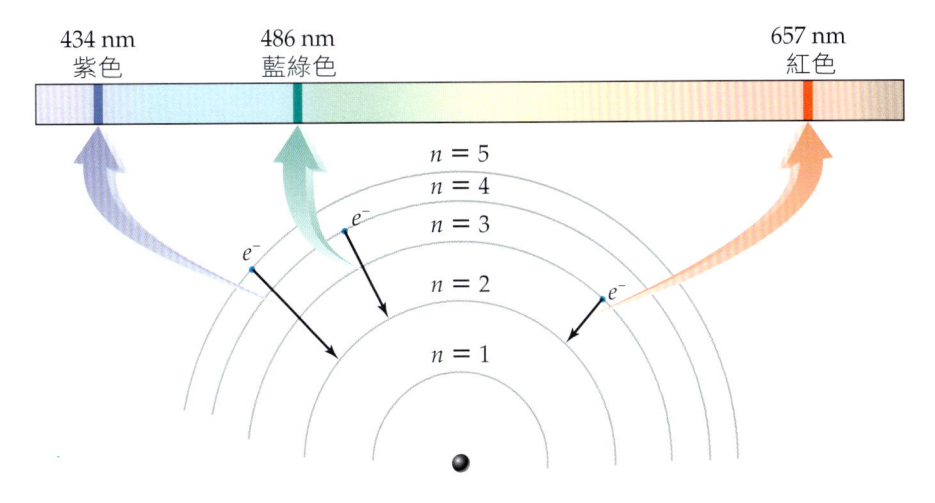

▲ 圖9.9 **波耳（Bohr）能量梯子**。波耳軌道就好像是一個梯子上的階梯。電子可以位在任一個階梯之上，但是不可能位在兩階梯之間。

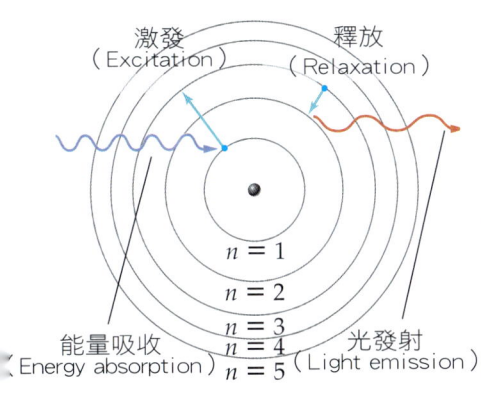

▲ 圖9.10 **激發與發射**。當氫原子吸收能量之後，其中一個電子便會被激發到一個高能階的軌道之上，此電子會再釋放，並以發射一光子的模式回到一低階能量的軌道。

▶ 圖9.11 **氫的發射線**。氫發射光譜中的657奈米光線是指一電子由 $n = 3$ 軌道釋放到 $n = 2$ 軌道上；486奈米光線是指一電子由 $n = 4$ 軌道釋放到 $n = 2$ 軌道上；434奈米光線是指一電子由 $n = 5$ 軌道釋放到 $n = 2$ 軌道上。

波耳模型之摘要：

- 電子存在於量子化的軌道中，此軌道具有特定、固定的能量以及離原子核有特定、固定的距離。

- 當能量加入到原子裡，電子會被激發到高能階的軌道之上。

- 當原子發射光時，電子會從高能階軌道回到低能階軌道上。

- 所發射光之能量（因此即是波長）對應於在兩軌道之間躍遷的能量差。由於這些能量是固定且不連續的，因此所發射出來光的能量亦是固定且不連續的。

✓ 觀念檢查站 9.1

在一次躍遷過程中，氫原子中的一個電子由 n = 3 階層落回到 n = 2 階層；在第二個躍遷過程中，氫原子中的一個電子由 n = 2 階層落回到 n = 1 階層。對照由第一次躍遷所發射出來的輻射，試問由第二次躍遷所發射出來的輻射將會具有

(a) 低的頻率
(b) 小的能量（每個光子）
(c) 短的波長
(d) 長的波長

9.5 量子力學模型：具有軌域的原子

在取代波耳原子模型之量子力學模型中，軌道已經由具有量子力學的**軌域**（orbitals）所取代。軌域不同於軌道所代表的意義，軌域不具有特定讓電子遵循的路徑，而是具有一個能顯示電子可能被發現的統計分佈之或然率圖像。這是一個非直覺、難以想像的電子特性。在量子力學中的一項革命性的觀念便是電子**不再**像粒子之行為，飛梭穿越於空間之中。一般而言，我們不能夠描述它們精確的路徑。軌域不能精確地表示一個電子如何運行，取而代之，軌域則是一個或然率圖像，用來顯示被探究原子的電子在何處最可能被發現。

🔵 棒球路徑與電子或然率圖像

為了瞭解軌域，讓我們對照棒球之行為與電子之行為。想像一下一個棒球由投手踏板擲向捕手本壘板（◀ 圖9.12）。當棒球由投手傳送到捕

◀ **圖9.12 棒球遵循可預測的路線。**
當棒球經由投手傳遞到捕手時，棒球會遵循一個定義明確的路徑。

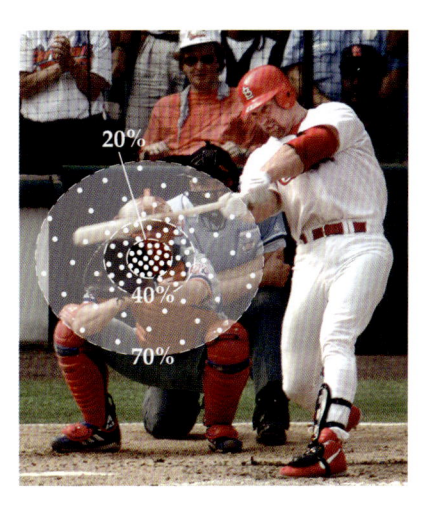

9.6 量子力學軌域 177

手時，棒球的路徑可以很容易地被追蹤。當棒球穿越空中時，捕手可以注視這個棒球並且精確地預測此棒球將會穿過本壘之何處，他甚至能將其手套放置在正確的位置來捕捉此棒球。對於一個電子而言，此情況便不會發生。像光子一樣，電子表現出波－粒子之雙重性質。此雙重性質導致出一種不可能去追蹤它行徑的行為。假如一個電子從投手踏板被擲出，投向本壘板，**就算它每次都是被用相同之方式擲出**，則每次它可能著陸在不同之處。棒球具有可預測之路徑，電子則無。

在電子的量子力學世界裡，捕手無法精確地得知每次投擲的電子會從何處穿越本壘。捕手將無法把手套放在正確的位置上來捕捉電子。然而，假若捕手掌握上百次電子的投擲軌跡，他將會觀察到一個具有再現性、統計的電子穿越本壘的圖譜。他甚至可以在打擊區繪出圖像用來顯示一個電子穿越某區域的或然率（◀圖9.13）。這些圖像稱之為**或然率圖像**（probability maps）。

▲ 圖9.13 **電子是不可預測的。**為了描述一個被"投擲"的電子之行為，你將必須建立一個它穿越本壘處的或然率圖像。

🔴 從軌道到軌域

在波耳模型中，一個軌道便是一個圓形路徑，類比於一個棒球的路徑，顯示電子是圍繞著原子核運行。在量子力學模型中，一個軌域是指一個或然率圖像，相似於捕手所繪的或然率圖像。它表示，當一個原子被探究時，在任意位置處電子被發現的相對可能性。就如同波耳模型具有不同半徑之軌道一樣，量子力學模型具有不同形狀的軌域。

9.6 量子力學軌域

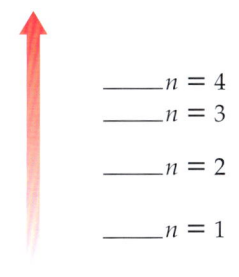

在波耳的原子模型中，單一量子數具體指定一個軌道。在量子力學模型中，具體指定一個軌域需要一個數字以及一個字母。例如，在量子力學模型中的低能階軌域，即相似於在波耳模型中的 $n = 1$ 軌道，被稱為**1s軌域**。它被具體地以數字1以及字母 s 指定之。此數字被稱為**主量子數**（n，principal quantum number），具體地指定出軌域的**主殼層**（principal shell）。主量子數越大，軌域的能量便越高。可能的主量子數是 $n = 1, 2, 3\ldots$，當 n 增加時，能量隨之增加（◀圖9.14）。因為此 $1s$ 軌域具有最低可能的主量子數，所以它處於最低的能量殼層，同時具有最低可能的能量。

這樣的字母表示此軌域的**次殼層**（subshell），具體指定其形狀。這種可能的字母是 s、p、d以及f，每一個字母具有不同之形狀。在s次殼層中，軌域具有一個球型的形狀。不像是顯示電子路

$\underline{\quad} n = 4$
$\underline{\quad} n = 3$
$\underline{\quad} n = 2$
$\underline{\quad} n = 1$

能量

▲ 圖9.14 **主量子數。**主量子數（$n = 1, 2, 3, \ldots$）決定了氫量子力學軌域的能量。

第9章　原子中的電子與週期表

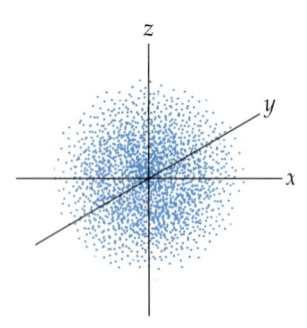

▲ 圖9.15　**1s軌域的或然率圖像。** 此作圖中的點密度與發現電子之或然率成正比。越接近中間處，點密度越大，表示越接近原子核附近，發現電子之或然率越高。

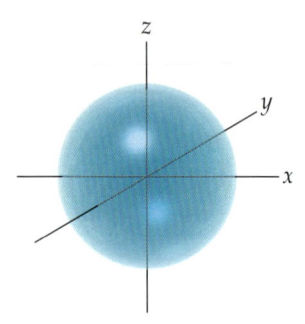

▲ 圖9.16　**1s軌域之形狀表示。** 因為在圖9.15中，圍繞在原子核周圍之電子密度分佈是對稱的，即在所有方向上是相同的，因此我們可以利用一個球體來呈現1s軌域。

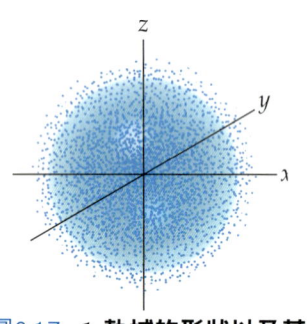

▲ 圖9.17　**1s軌域的形狀以及其電子或然率。** 1s軌域的形狀圖示重疊在點密度圖示之上。我們看出當電子存在於1s軌域裡時，它最可能在球中被發現。

▶ 圖9.18　**次殼層。** 在一定主殼層裡的次殼層數等於主殼層之n值。

徑的$n=1$之波耳模型，此1s量子力學軌域是一個三度空間的或然率圖像。這些或然率圖像最適合以點來表示之（◀圖9.15），點的密度與發現電子之或然率成正比。

我們可以用另一個類比性來瞭解這個或然率圖像，想像電子任意地繞著原子核運行，也想像一下每十或十五分鐘拍一張的電子之照片。前一秒鐘，電子非常接近原子核，下一秒鐘它便可能遠離原子核。每一個照片顯示一個點，代表在那時電子相對於原子核之位置。假如你拍上幾百張照片，同時將它們重疊在一起，你將會獲得或然率圖像如圖9.16，即一個統計的表達方式，顯示何處電子所出現的時間較多。請注意，對於1s軌域而言，越接近原子核之處，其點密度越大，反之越遠離原子核之處，點密度越小。這表示電子在離原子核較近之處比較遠之處來得較可能被發現。

軌域也可以一個幾何形狀來呈現，這些幾何形狀包含了大部分電子可能被發現的容積。例如，1s軌域可以呈現為一個球型（◀圖9.16），此球體包含了90％當時被發現的電子。假如我們將代表1s軌域的點密度圖像與其形狀圖像相重疊（◀圖9.17），我們可以發現，大部分的點都會落在球體裡，表示當電子在1s軌域裡時，它最可能在此球體中被發現。

在室溫之下，一個未受干擾的氫原子之單一電子便是存在於1s軌域裡，這被稱為氫原子的**基態**（ground state）或是最低能量狀態。然而，就像波耳模型一樣，量子力學模型允許電子基於吸收能量之後而躍遷到高能量軌域。是哪些高能量軌域呢？它們又看似如何呢？

下一個軌域便是主量子數$n=2$的這些軌域。不同於$n=1$，僅含有唯一的一個次殼層（被特定為s）的主殼層，$n=2$主殼層含有兩個次殼層，被特定為 s 與 p。

—已知的主殼層中之次殼層數等於n值。

主殼層	次殼層數	指明次殼層的字母
$n=4$	4	s　p　d　f
$n=3$	3	s　p　d
$n=2$	2	s　p
$n=1$	1	s

9.6 量子力學軌域 179

因此，n = 1的主殼層具有一個次殼層，n = 2的主殼層具有兩個次殼層，以此類推（▲圖9.18）。此s次殼層含有一個2s軌域，此2s軌域具有比1s軌域較高之能量且比1s軌域範圍來得大一些（◀圖9.19），但是，其他在形狀方面則是相似。p次殼層則含有三個2p軌域（▼圖9.20），全都具有相同的似啞鈴形狀，但是不同的方位。

緊接著下一個主殼層，n = 3，具有三個次殼層，被指定為s、p以及d。此s與p次殼層含有3s與3p軌域，與2s和2p軌域具有相同之形狀，但是軌域較大、能量較高。d次殼層具有五個d軌域，如▼圖9.21所示。下一個主殼層，n = 4，具有四個次殼層，被指定為s、p、d以及f，其中s、p以及d次殼層與n = 3的相似。此f次殼層具有七個軌域（被稱為4f軌域），其形狀在本書中則不予考慮。

如同我們已經討論過的，氫的單一電子通常存在於1s軌域裡，因為電子會找出可提供最低能量的軌域。在氫原子中，其餘的軌域通常是空的。然而，被一個氫原子所吸收的能量可以造成電子從1s軌域跳躍（做躍遷）到一個較高能量的軌域上。當電子處於一個較高能量的軌域時，此氫原子被稱作是處於**激發狀態**（excited state）。

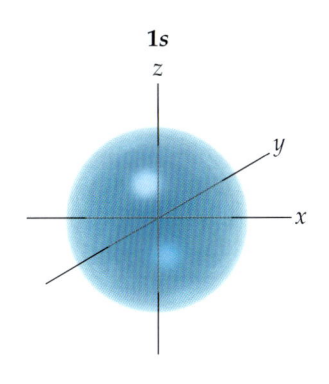

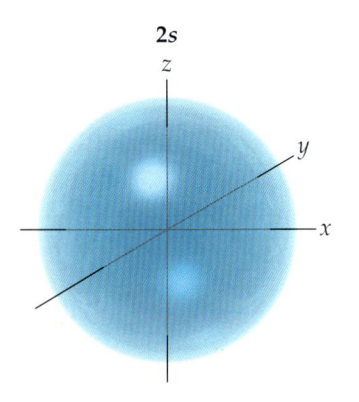

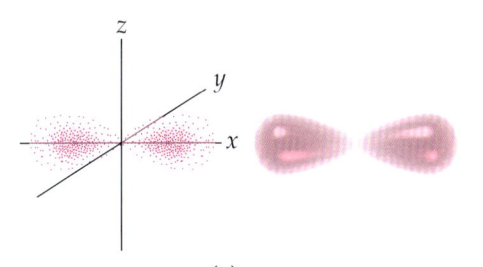

▲ 圖9.19 **2s軌域**。2s軌域與1s軌域非常相似，只是其軌域範圍較大。

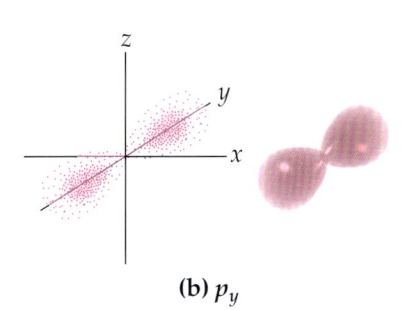

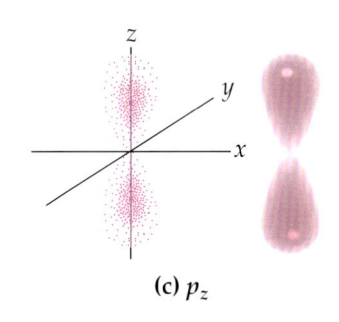

(a) p_x (b) p_y (c) p_z

▲ 圖9.20 **2p軌域**。

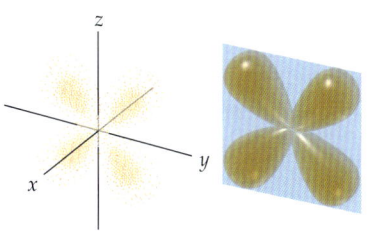

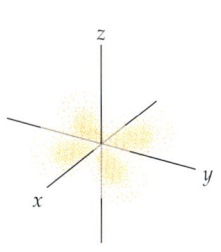

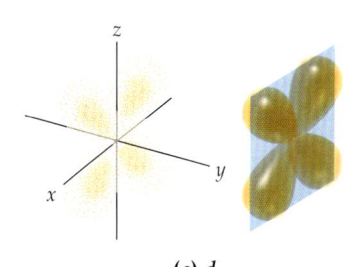

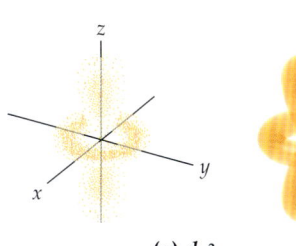

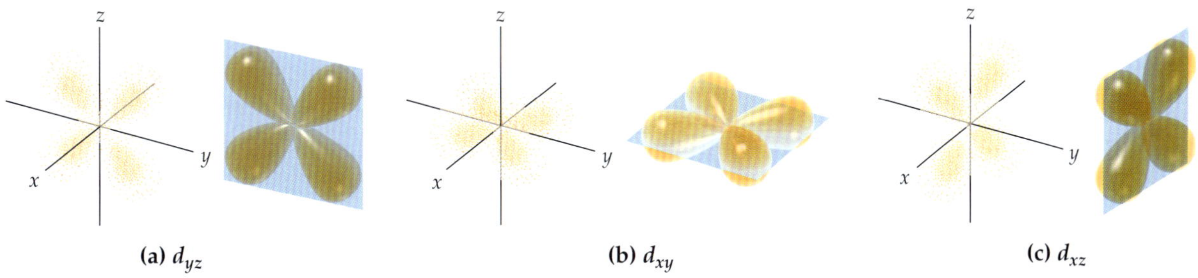

(a) d_{yz} (b) d_{xy} (c) d_{xz}

▲ 圖9.21 **3d軌域**。

(d) $d_{x^2-y^2}$ (e) d_{z^2}

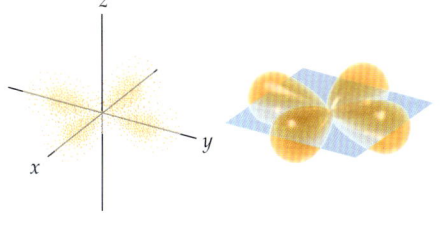

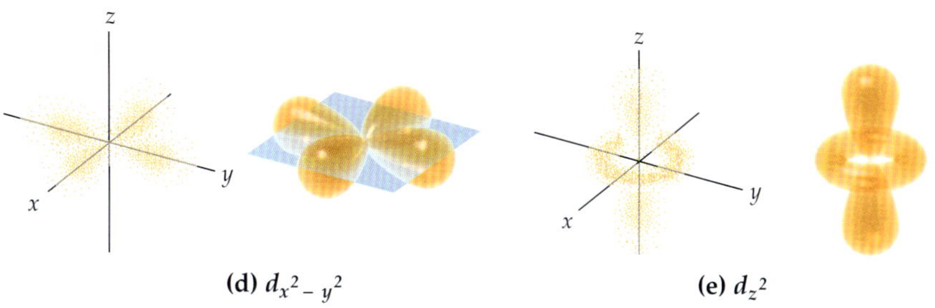

由於處於高能量狀態，因此激發狀態是不穩定的，這個電子通常將會落回（釋放）到一個低能量的軌域裡。在此過程當中，電子通常會以光的形式來發射能量。如同在波耳模型中，涉及躍遷時介於兩軌域之間的能量差異便決定了發射光的波長（能量越大、波長越短）。除了波耳模型之外，量子力學也可以預測氫的亮線光譜。然而，量子力學也能預測其他元素的亮線光譜。

電子組態：電子如何佔據軌域？

對於一個特定的原子，一個**電子組態**（electron configuration）簡單顯示被電子所佔據的軌域。例如，對於一個基態氫原子的電子組態是：

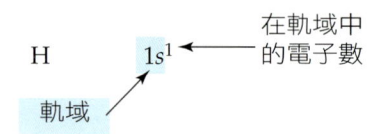

$$H \quad 1s^1 \leftarrow \text{在軌域中的電子數}$$
$$\text{軌域}$$

此電子組態告訴我們氫的單一電子是存在於 $1s$ 軌域中。

另一個表達此資訊的方式則是利用一個**軌域圖**（orbital diagram），此軌域圖可提供相同的資訊，但是，是以方盒子代表軌域，以箭號代表電子。對於一個基態氫原子的軌域圖則是：

$$H \quad \boxed{\uparrow}$$
$$1s$$

此方盒子表示 $1s$ 軌域，在方盒子裡的箭號表示在 $1s$ 軌域裡的電子。在軌域圖中，箭頭的方向（指向上或是指向下）表示**電子的自旋**（electron spin），是一項電子的基本性質。所有的電子均具有自旋性。**庖立不相容原理**（Pauli exclusion principle）說明，一個軌域最多具有兩個相反自旋的電子。我們利用兩個具有相反方向之箭號 ↑↓ 來表示之。例如，對於氦原子而言，其具有兩個電子，因此其電子組態以及軌域圖則如下所示：

電子組態　　　軌域圖
$$He \quad 1s^2 \quad \boxed{\uparrow\downarrow}$$
$$1s$$

因為我們知道電子會先佔據可提供的最低能量軌域，同時因為我們也知道，在每一個軌域裡，只有兩個電子（具相反的自旋）被許可存在，因此，只要我們知道軌域能量的排序，我們便可以繼續建立剩餘其他元素的基態電子組態。▶圖9.22顯示具多電子之原子的許多軌域能量的排序。

請注意，對於多電子原子而言，在主殼層中之次殼層不會具有相同的能量。因此，除了氫之外，在其他元素中，其能量排序不是

圖 9.22 多電子之原子的軌域能量排序。 在相同之主殼層裡，不同之次殼層具有不同之能量。

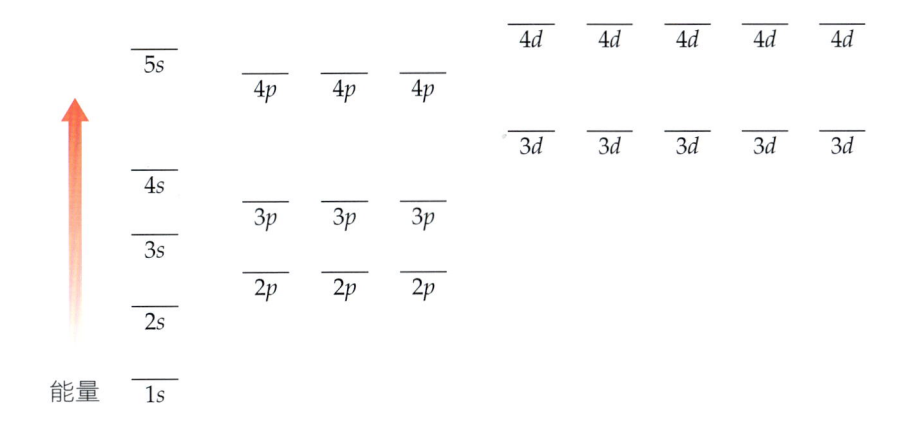

由主量子數單獨來決定的。例如，4s次殼層之能量便低於3d次殼層之能量，雖然它的主量子數較大。使用此相對能量排序，我們可以為其他元素寫出其基態電子組態以及軌域圖。對鋰而言，其具有三個電子，因此它的電子組態與軌域圖如下：

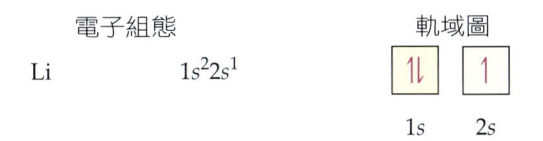

電子組態　　　　　　軌域圖

Li　　　$1s^2 2s^1$

　　　　　　　　　　1s　2s

對於碳而言，其具有六個電子，因此它的電子組態與軌域圖如下：

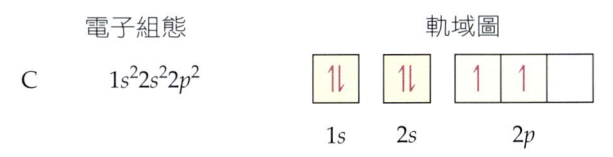

電子組態　　　　　　軌域圖

C　　　$1s^2 2s^2 2p^2$

　　　　　　　　　1s　2s　2p

注意，碳的2p電子會單獨地佔據p軌域（等能量的），而不是成對地佔據在一個軌域裡。這是依據**韓德定則**（Hund's Rule）之結果，此定則說明當電子填入於相同能量之軌域中時，電子會先單獨地填入一個軌域裡，而且每一個單獨被填入的電子會具有平行相同的自旋方向。

在我們為其他元素寫出其電子組態之前，讓我們摘要一下我們目前之所學：

- 電子佔據軌域以便將原子的能量最小化；因此，在高能軌域被填入之前，低能軌域會先填入電子。軌域之填入會依據下列順序：*1s 2s 2p 3s 3p 4s 3d 4p 5s 4d 5p 6s*（◀ 圖9.23）。

- 一個軌域最多只能容納兩個電子。當兩個電子同時佔據一個相同的軌域時，它們必須具有相反之自旋方向。此為皆知的庖立不相容原理。

- 當有相同能量的軌域可提供時，電子會先以單獨且具有平行自旋方式佔據之，而不是以成對方式填入。此為皆知的韓德定則。

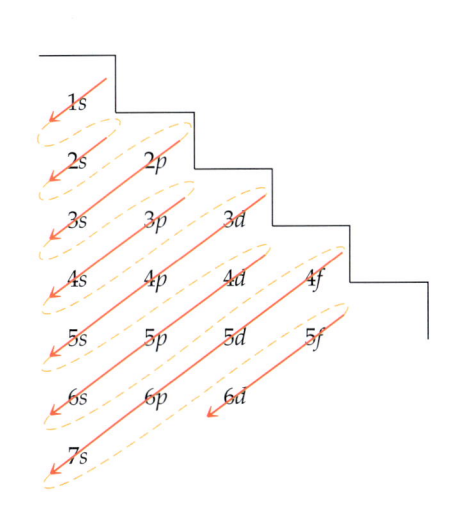

▲ **圖 9.23 軌域填入順序。** 箭頭表示軌域填入之順序。

考慮原子序3到10的元素之電子組態及軌域圖

元素符號（#e⁻）	電子組態	軌域圖
Li (3)	$1s^2 2s^1$	[↑↓]$_{1s}$ [↑]$_{2s}$
Be (4)	$1s^2 2s^2$	[↑↓]$_{1s}$ [↑↓]$_{2s}$
B (5)	$1s^2 2s^2 2p^1$	[↑↓]$_{1s}$ [↑↓]$_{2s}$ [↑][ ][ ]$_{2p}$
C (6)	$1s^2 2s^2 2p^2$	[↑↓]$_{1s}$ [↑↓]$_{2s}$ [↑][↑][ ]$_{2p}$
N (7)	$1s^2 2s^2 2p^3$	[↑↓]$_{1s}$ [↑↓]$_{2s}$ [↑][↑][↑]$_{2p}$
O (8)	$1s^2 2s^2 2p^4$	[↑↓]$_{1s}$ [↑↓]$_{2s}$ [↑↓][↑][↑]$_{2p}$
F (9)	$1s^2 2s^2 2p^5$	[↑↓]$_{1s}$ [↑↓]$_{2s}$ [↑↓][↑↓][↑]$_{2p}$
Ne (10)	$1s^2 2s^2 2p^6$	[↑↓]$_{1s}$ [↑↓]$_{2s}$ [↑↓][↑↓][↑↓]$_{2p}$

請注意 p 軌域是如何被填入的。因為韓德定則的結果，在填入成對電子之前，會先以單獨電子填入 p 軌域之中。氖的電子組態表現出 $n = 2$ 主殼層完全被填滿的狀況。當填寫原子序大於氖原子或任何其他惰性氣體的電子組態時，通常會把前面之惰性氣體的電子組態，以此惰性氣體縮寫之化學符號放置於括號中來表示。例如，鈉的電子組態是：

Na $1s^2 2s^2 2p^6 3s^1$

它也可以寫成：

Na $[Ne]3s^1$

其中[Ne]表示$1s^2 2s^2 2p^6$，即氖的電子組態。

若要寫一個元素的電子組態，必須先由週期表查到其原子序，此序號等於中性原子的電子數量，然後使用圖9.22或是圖9.23的填

9.6　量子力學軌域　183

入順序，將電子分佈於適當的軌域當中。請記住，一個軌域最多只能填入兩個電子。因此：

- s次殼層只有1個軌域，因此只能擁有2個電子。
- p次殼層具有3個軌域，因此能擁有6個電子。
- d次殼層具有5個軌域，因此能擁有10個電子。
- f次殼層具有7個軌域，因此能擁有14個電子。

範例 9.2　電子組態

請寫出下列每一個元素的電子組態。

(a) Mg
(b) S
(c) Ga

(a) 鎂具有12電子。分佈2個於$1s$軌域中，2個於$2s$軌域中，6個於$2p$軌域中以及2個於$3s$軌域中。你也可以利用惰性氣體核心標記法來較為簡潔地寫出其電子組態。對於鎂而言，我們使用[Ne]來表示$1s^22s^22p^6$。

解答：

Mg　$1s^22s^22p^63s^2$

或

Mg　[Ne]$3s^2$

(b) 硫具有16電子。分佈2個於$1s$軌域中，2個於$2s$軌域中，6個於$2p$軌域中，2個於$3s$軌域中以及4個於$3p$軌域中。你可以利用[Ne]表示$1s^22s^22p^6$，以便較為簡潔地寫出此電子組態。

S　$1s^22s^22p^63s^23p^4$

或

S　[Ne]$3s^23p^4$

(c) 鎵具有31個電子。分佈2個於$1s$軌域中，2個於$2s$軌域中，6個於$2p$軌域中，2個於$3s$軌域中，6個於$3p$軌域中，2個於$4s$軌域中，10個於$3d$軌域中以及1個於$4p$軌域中。注意，d次殼層具有5個軌域，因此可以容納10個電子。你可以利用[Ar]表示$1s^22s^22p^63s^23p^6$，以便較為簡潔地寫出此電子組態。

Ga　$1s^22s^22p^63s^23p^64s^23d^{10}4p^1$

或

Ga　[Ar]$4s^23d^{10}4p^1$

範例 9.3　寫出軌域圖

請寫出矽的軌域圖。

解答：

因為矽的原子序為14，因此它有14個電子。為每一個軌域畫出一個方盒子，然後將最低能量的$1s$軌域放在最左邊，然後依序放置其他高能軌域到右邊。

　　□　　□　　□□□　　□　　□□□
　　$1s$　$2s$　　$2p$　　$3s$　　$3p$

分佈14個電子到軌域中，允許每個軌域最多放置2個電子，同時記著韓德定則（Hund's Rule），則可完成軌域圖如下：

Si　　↑↓　↑↓　↑↓ ↑↓ ↑↓　↑↓　↑ ↑ □

　　　$1s$　$2s$　　$2p$　　$3s$　　$3p$

觀念檢查站 9.2

下列哪一對元素在 p 軌域裡具有全部相同的電子數？
(a) 鈉與鉀
(b) 鉀與氪
(c) 磷與氮
(d) 氬與鈣

9.7 電子組態與週期表

價電子

價電子（valence electron）是指存在於主殼層之最外層的電子（具有最高主量子數 n 之主殼層）。這些電子非常重要，因為他們涉及到化學鍵，我們將於下一章看到。不存在於主殼層之最外層的電子被稱為**核心電子**（core electrons）。例如，矽具有 $1s^22s^22p^63s^23p^2$ 的電子組態，因此具有 4 個價電子（即那些存在於 $n = 3$ 主殼層中的）以及 10 個核心電子。

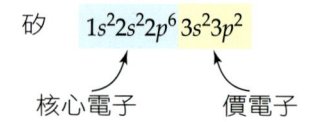

矽　　$1s^22s^22p^6\,3s^23p^2$

　　　　↑　　　　↑
　　核心電子　　價電子

範例 9.4　價電子與核心電子

請寫出硒的電子組態，同時確認它的價電子與核心電子。

解答：

藉由從硒的原子序（34）決定其全部的電子數之後，可寫出硒的電子組態，然後將電子分佈於適當的軌域裡。

　　硒　　$1s^22s^22p^63s^23p^64s^23d^{10}4p^4$

價電子就是位於最外面主殼層之電子。對硒而言，最外面之主殼層是 $n = 4$ 的殼層，其含有 6 個電子（2 個在 $4s$ 軌域中，4 個在 $4p$ 軌域中）。其餘電子，包含這些在 $3d$ 軌域裡的，都是核心電子。

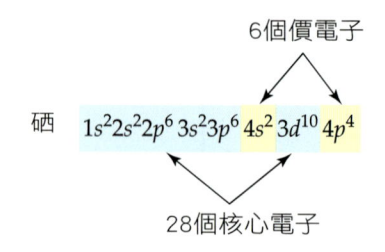

6 個價電子

硒　$1s^22s^22p^6\,3s^23p^6\,4s^2\,3d^{10}\,4p^4$

28 個核心電子

▶ 圖9.24 **前18個元素的外圍電子組態。**

1A	2A	3A	4A	5A	6A	7A	8A
1 **H** $1s^1$							2 **He** $1s^2$
3 **Li** $2s^1$	4 **Be** $2s^2$	5 **B** $2s^22p^1$	6 **C** $2s^22p^2$	7 **N** $2s^22p^3$	8 **O** $2s^22p^4$	9 **F** $2s^22p^5$	10 **Ne** $2s^22p^6$
11 **Na** $3s^1$	12 **Mg** $3s^2$	13 **Al** $3s^23p^1$	14 **Si** $3s^23p^2$	15 **P** $3s^23p^3$	16 **S** $3s^23p^4$	17 **Cl** $3s^23p^5$	18 **Ar** $3s^23p^6$

▲ 圖9.24顯示在週期表裡前18個元素，列在每一個元素下面的則是它們的外圍電子組態。當你橫向移動通過一行時，你會發現軌域正符合一般準則的次序在填充電子。當你向下移動一列時，最高的主量子數會增加，但是在每一個次殼層中的電子數量卻維持一樣。因此，在一列（或是一家族）之中的元素，全部具有相同的價電子以及相似的外圍電子組態。

一個相似的模式存在於全體週期表中（▼ 圖9.25）。注意，因為軌域填充順序的關係，週期表可以被分為幾個區塊，用以表示特別次殼層的電子填充。

- 在週期表左邊前兩行是 s 區塊，具有ns^1（第一行）以及 ns^2（第二行）的外圍電子組態。
- 在週期表右邊的六行是 p 區塊，具有ns^2np^1、ns^2np^2、ns^2np^3、ns^2np^4、ns^2np^5（鹵素），以及 ns^2np^6（惰性氣體）的外層電子組態。
- 過渡金屬是 d 區塊。
- 鑭系元素以及錒系元素（也稱為內過渡金屬）是 f 區塊。

s-區塊元素　*p*-區塊元素　*d*-區塊元素　*f*-區塊元素

週期 \ 族	1 1A	2 2A	3 3B	4 4B	5 5B	6 6B	7 7B	8	9 8B	10	11 1B	12 2B	13 3A	14 4A	15 5A	16 6A	17 7A	18 8A
1	1 **H** $1s^1$																	2 **He** $1s^2$
2	3 **Li** $2s^1$	4 **Be** $2s^2$											5 **B** $2s^22p^1$	6 **C** $2s^22p^2$	7 **N** $2s^22p^3$	8 **O** $2s^22p^4$	9 **F** $2s^22p^5$	10 **Ne** $2s^22p^6$
3	11 **Na** $3s^1$	12 **Mg** $3s^2$											13 **Al** $3s^23p^1$	14 **Si** $3s^23p^2$	15 **P** $3s^23p^3$	16 **S** $3s^23p^4$	17 **Cl** $3s^23p^5$	18 **Ar** $3s^23p^6$
4	19 **K** $4s^1$	20 **Ca** $4s^2$	21 **Sc** $3d^14s^2$	22 **Ti** $3d^24s^2$	23 **V** $3d^34s^2$	24 **Cr** $3d^54s^1$	25 **Mn** $3d^54s^2$	26 **Fe** $3d^64s^2$	27 **Co** $3d^74s^2$	28 **Ni** $3d^84s^2$	29 **Cu** $3d^{10}4s^1$	30 **Zn** $3d^{10}4s^2$	31 **Ga** $4s^24p^1$	32 **Ge** $4s^24p^2$	33 **As** $4s^24p^3$	34 **Se** $4s^24p^4$	35 **Br** $4s^24p^5$	36 **Kr** $4s^24p^6$
5	37 **Rb** $5s^1$	38 **Sr** $5s^2$	39 **Y** $4d^15s^2$	40 **Zr** $4d^25s^2$	41 **Nb** $4d^45s^1$	42 **Mo** $4d^55s^1$	43 **Tc** $4d^55s^2$	44 **Ru** $4d^75s^1$	45 **Rh** $4d^85s^1$	46 **Pd** $4d^{10}$	47 **Ag** $4d^{10}5s^1$	48 **Cd** $4d^{10}5s^2$	49 **In** $5s^25p^1$	50 **Sn** $5s^25p^2$	51 **Sb** $5s^25p^3$	52 **Te** $5s^25p^4$	53 **I** $5s^25p^5$	54 **Xe** $5s^25p^6$
6	55 **Cs** $6s^1$	56 **Ba** $6s^2$	57 **La** $5d^16s^2$	72 **Hf** $5d^26s^2$	73 **Ta** $5d^36s^2$	74 **W** $5d^46s^2$	75 **Re** $5d^56s^2$	76 **Os** $5d^66s^2$	77 **Ir** $5d^76s^2$	78 **Pt** $5d^96s^1$	79 **Au** $5d^{10}6s^1$	80 **Hg** $5d^{10}6s^2$	81 **Tl** $6s^26p^1$	82 **Pb** $6s^26p^2$	83 **Bi** $6s^26p^3$	84 **Po** $6s^26p^4$	85 **At** $6s^26p^5$	86 **Rn** $6s^26p^6$
7	87 **Fr** $7s^1$	88 **Ra** $7s^2$	89 **Ac** $6d^17s^2$	104 **Rf** $6d^27s^2$	105 **Db** $6d^37s^2$	106 **Sg** $6d^47s^2$	107 **Bh**	108 **Hs**	109 **Mt**	110 (271.15)	111 (272.15)	112 (277)		114 (285)		116 (289)		

鑭系	58 **Ce** $4f^26s^2$	59 **Pr** $4f^36s^2$	60 **Nd** $4f^46s^2$	61 **Pm** $4f^56s^2$	62 **Sm** $4f^66s^2$	63 **Eu** $4f^76s^2$	64 **Gd** $4f^75d^16s^2$	65 **Tb** $4f^96s^2$	66 **Dy** $4f^{10}6s^2$	67 **Ho** $4f^{11}6s^2$	68 **Er** $4f^{12}6s^2$	69 **Tm** $4f^{13}6s^2$	70 **Yb** $4f^{14}6s^2$	71 **Lu** $4f^{14}5d^16s^2$
錒系	90 **Th** $6d^27s^2$	91 **Pa** $5f^26d^17s^2$	92 **U** $5f^36d^17s^2$	93 **Np** $5f^46d^17s^2$	94 **Pu** $5f^67s^2$	95 **Am** $5f^77s^2$	96 **Cm** $5f^76d^17s^2$	97 **Bk** $5f^97s^2$	98 **Cf** $5f^{10}7s^2$	99 **Es** $5f^{11}7s^2$	100 **Fm** $5f^{12}7s^2$	101 **Md** $5f^{13}7s^2$	102 **No** $5f^{14}7s^2$	103 **Lr** $5f^{14}6d^17s^2$

▲ 圖9.25 **元素的外圍電子組態。**

請注意，除了氦以外，對任何主族群元素而言，其價電子數等於其該列的族群數。例如，我們可以說氯有七個價電子，因為它存在於具有7A族群數的列中。在週期表中的行數等於最高主殼層數（n 值）。例如，因為氯存在於第三行，所以它的最高主殼層是 $n = 3$層。

過渡金屬具有一種與其他主族元素有些不同的電子組態。當你在 d 區塊橫向移動一行時，你會發現 d 軌域正在填入電子（圖9.29）。然而，在橫越每一行過渡元素系列，正在填充的 d 軌域之主量子數等於週期表的行數減一（在第四行，$3d$ 軌域填充；在第五行，$4d$ 軌域填充；如此類推）。對於第一行過渡系列元素而言，其外圍電子組態是 $4s^2 3d^x$（$x = d$軌域電子數），具有2個例外：鉻是 $4s^1 3d^5$ 以及銅是 $4s^1 3d^{10}$。此例外是由於半填滿以及全填滿的 d 次殼層會特別穩定的關係。除此之外，當你橫向移動通過週期表時，在任何一行過渡系列元素上，其外圍殼層電子數都不會改變的。換言之，**過渡系列元素表示內層軌域的填充而價電子數幾乎不變**。

現在我們可以看著週期表的編排系統，讓我們可以簡單地基於元素之所在，寫出任何元素的電子組態。例如，假若我們要寫磷的電子組態，其內部電子便是在週期表中，處在其前面之惰性氣體氖的電子組態。所以我們可以用[Ne]來表示磷的內部電子。我們可以追蹤介於氖與磷之間的元素以及分配電子到適當的軌域裡（◀ 圖9.26）。記得最高的值可由行數獲得（對磷而言是3），因此我們可以[Ne]開始，然後當我們橫向追蹤經過 s 區塊時，便可加入兩個 $3s$ 電子，接著橫向追蹤經過 p 區塊之後便到達磷，其位於 p 區塊的第三行。因此其電子組態是：

磷　　[Ne] $3s^2 3p^3$

請注意，磷處於5A列，因此其具有5個價電子，同時其外圍電子組態為 $ns^2 np^3$。

總結之，基於元素處於週期表的所在位置，可以依循這些步驟為元素寫出其電子組態。

- 對任何一個元素而言，其內層電子組態就是在週期表中緊接地處於其之前的惰性氣體的電子組態。可利用惰性氣體加上括號來表達此電子組態。
- 這些外圍電子可從週期表中之特定區塊（s，p，d 或是 f）裡的元素位置來推論。追蹤介於在前面惰性氣體與有興趣元素之間的元素並且分配電子到適當的軌域裡。
- 最高主量子數（最高 n 值）等於此元素在週期表中之行數。
- 對於任何一個具有 d 電子的元素，其最外層 d 電子的主量子數（n 值）等於該元素的週期表行數減一。

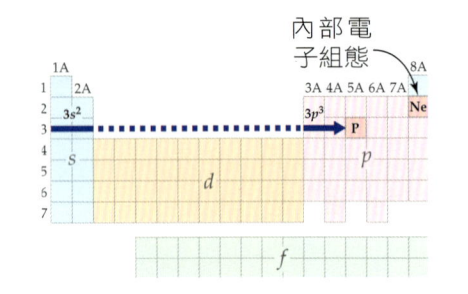

▲ 圖9.26 **磷的電子組態**。可以利用磷在週期表中的位置來決定其電子組態。

9.8 量子力學模型的解釋力　187

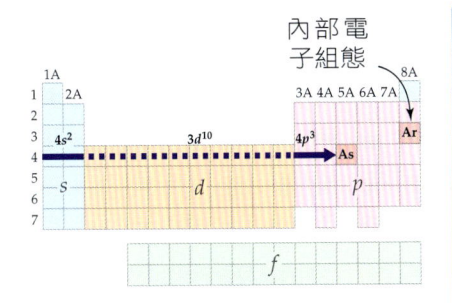

▲ 圖9.27 **砷的電子組態。** 可以利用砷在週期表中的位置來決定其電子組態。

範例 9.5　請由週期表來寫電子組態

請利用週期表來寫出砷的電子組態。

解答：

在週期表中，位在砷之前的惰性氣體是氬，所以內部電子是[Ar]。追蹤介於氬與砷之間的元素以便獲得外圍電子組態，同時分配電子到適當的軌域中。記得最高 n 值可由週期表的行數（對砷而言是4）給定。所以我們由[Ar]開始，然後當我們橫向追蹤通過s區塊，添加兩個 s 電子，接著當我們橫向追蹤通過 d 區塊時，再添加10個3d電子（d 次殼層的 n 值等於其週期表的行數減一），最後橫向通過 p 區塊到達砷，再添加3個 $4p$ 電子，因為磷位在 p 區塊的第三列（◀圖9.27）。

此電子組態是：

砷　　[Ar]$4s^2 3d^{10} 4p^3$

✓ 觀念檢查站 9.3

下列哪一個元素具有最少的價電子？
(a) 硼
(b) 鈣
(c) 釩
(d) 鉻
(e) 鎵

9.8　量子力學模型的解釋力

▲ 圖9.28 **惰性氣體的電子組態。** 惰性氣體均具有8個價電子（氦除外）以及完全填滿的外圍主殼層。

在本章一開始，我們習知量子力學模型可以解釋元素的化學性質，例如氦的惰性、氫的反應性以及週期律，現在我們可以知道為何如此。**元素的化學性質絕大多數是由其所含有的價電子所決定**。它們的性質會以一個週期的樣式來變化，因為價電子數是具有週期性的。

因為在週期表同一列之元素具有相同之價電子數，同時它們也具有相似的化學性質。例如，惰性氣體除了氦具有2個價電子以外，其餘均具有8個價電子（◀圖9.28）。雖然在這本書裡，我們沒有學習量子力學的量化（或數值化）觀念，但是理論計算告訴我們具有8個價電子（或是氦具有2個）之原子，其能量會特別低，因此特別穩定。因此，惰性氣體是化學穩定的，如此相對地它們便是惰性或是非反應性的。

電子組態非常接近惰性氣體的元素會最具化學反應性，因為它們可以藉由失去或是獲得少數的電子來構成惰性氣體的電子組態。鹼金屬（第一族）是最具反應性金屬之一，因為它們的外圍電子組態（ns^1）是一個電子，高於一個惰性氣體的組態（▶圖9.29）。假如它們可以反應而失去這個 ns^1 電子，它們便構成了一個惰性氣體組態。這可以解釋此原因，如我們在第四章所學的，第一族金屬有形成正一價陽離子的傾向。例如，考慮鈉的電子組態：

鹼金屬

1 1A
3 **Li** $2s^1$
11 **Na** $3s^1$
19 **K** $4s^1$
37 **Rb** $5s^1$
55 **Cs** $6s^1$
87 **Fr** $7s^1$

▲ 圖9.29 **鹼金屬的電子組態。** 所有鹼金屬均含有ns^1的電子組態，因此比惰性氣體組態多出一個電子。在反應中，它們傾向失去電子，形成正一價的離子，同時構成一個惰性氣體的組態。

鈉　　$1s^2 2s^2 2p^6 3s^1$

在反應中，鈉會失去它的$3s$電子，形成一個具有氖電子組態的正一價離子。

Na$^+$　　$1s^2 2s^2 2p^6$
Ne　　$1s^2 2s^2 2p^6$

同樣地，具有ns^2外圍電子組態的鹼土族金屬，也傾向是反應性金屬，即失去它們的ns^2電子，形成正二價的離子（▼圖9.30）。例如，考慮鎂：

Mg　　$1s^2 2s^2 2p^6 3s^2$

在反應中，鎂會失去它的兩個$3s$電子，形成一個具有氖電子組態的正二價離子。

Mg^{2+}　　$1s^2 2s^2 2p^6$

在週期表的另一邊，鹵素是最具反應性的非金屬元素之一，因為它們的電子組態是$ns^2 np^5$（▼圖9.31）。它們只差惰性氣體電子組態一個電子，因此傾向獲得這個電子，形成負一價的離子。例如，考慮氟：

F　　$1s^2 2s^2 2p^5$

鹼土族金屬

2 2A
4 **Be** $2s^2$
12 **Mg** $3s^2$
20 **Ca** $4s^2$
38 **Sr** $5s^2$
56 **Ba** $6s^2$
88 **Ra** $7s^2$

圖9.30 **鹼土族金屬的電子組態。** 所有鹼土族金屬均含有ns^2的電子組態，因此比惰性氣體組態多出2個電子。在反應中，它們傾向失去2個電子，形成正二價的離子，同時構成一個惰性氣體的組態。

鹵素

17 7A
9 **F** $2s^2 2p^5$
17 **Cl** $3s^2 3p^5$
35 **Br** $4s^2 4p^5$
53 **I** $5s^2 5p^5$
85 **At** $6s^2 6p^5$

▲ 圖9.31 **鹵素的電子組態。** 所有鹵素均含有$ns^2 np^5$的電子組態，因此比惰性氣體組態少一個電子。在反應中，它們傾向獲得一個電子，形成負一價的離子，同時構成一個惰性氣體的組態。

9.9 週期表的趨勢：原子大小、離子化能以及金屬特徵　189

在反應中，氟會獲得一個額外的2p電子，形成一個具有氖電子組態的負一價離子。

$$F^- \quad 1s^2 2s^2 2p^6$$

▼圖9.32顯示了形成可預測離子的元素（在第4章中首先介紹過）。請注意，這些離子的電荷是如何反應出它們的電子組態 —— 這些元素形成具有惰性氣體組態的離子。

1	2					3	4	5	6	7	8
Li	Be²								O²	F	
Na	Mg²					Al³			S²	Cl	
K	Ca²					Ga³			Se²	Br	
Rb	Sr²					In³			Te²	I	
Cs	Ba²										

過渡金屬形成具有不同電荷之陽離子

▲ 圖9.32 **形成可預測離子的元素。**

9.9　週期表的趨勢：原子大小、游離能以及金屬特徵

量子力學模型也可以解釋其他週期表的趨勢，例如原子大小、游離能以及金屬特徵。我們將一一檢驗這些趨勢。

🔵 原子大小

一個**原子的大小**（atomic size）是取決於最外層電子距離原子核有多遠。當我們橫向移動經過週期表中的一個週期時，我們知道電子正填入具有相同主量子數（n）的軌域裡。因為一個軌域的大小主要是由主量子數來決定，因此在同一個週期裡，電子正填入大約相同大小的軌域裡。然而，每橫越週期一步，在原子核中的質子數也會增加。質子數的增加會對電子產生較大的拉引力，實際進而造成原子變小，因此：

當你橫移一週期或橫移一行到週期表的右邊時，原子的大小會遞減，如▶ 圖9.33所示。

當你在週期表中於同一列向下移動時，最高主量子數（n）會增加。因為一個軌域的大小會隨著主量子數增加而變大，因此，當你於同一列向下移動時，佔據最外圍軌域的電子會離原子核較遠，所以：

當你在週期表中於同一列或同一族向下移動時，原子的大小會遞增，如圖9.33所示。

▶圖9.33 **週期性質：原子的大小。** 在週期表中，原子大小隨著向右橫移一週期而遞減；在同一族隨著向下移動而遞增。

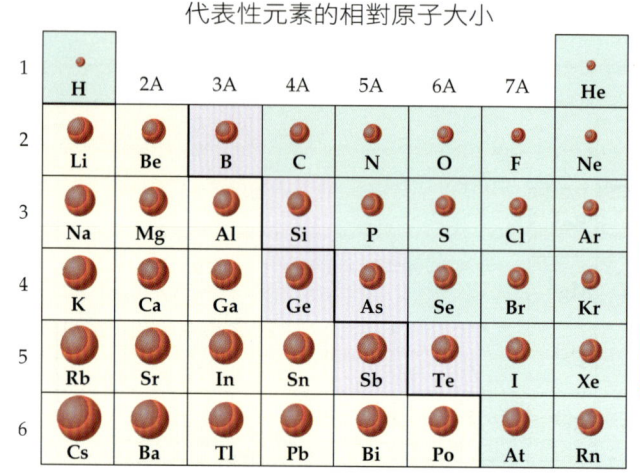

代表性元素的相對原子大小

原子大小隨著向右橫移一週期而遞減

在同一族向下移動，原子大小隨著遞增

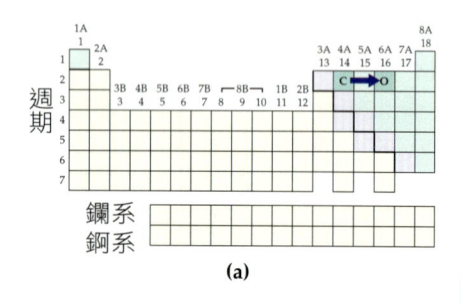

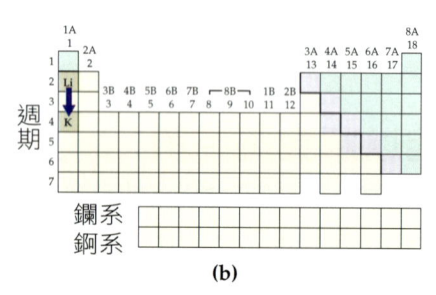

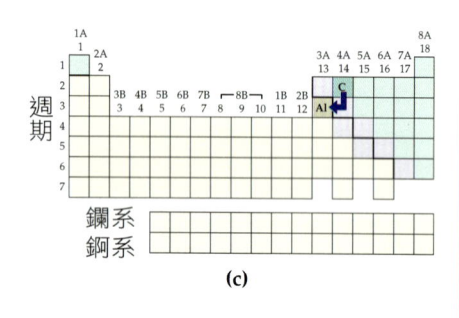

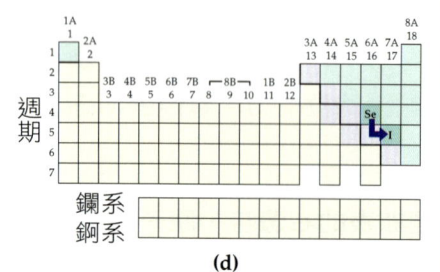

範例 9.6　原子的大小

由以下各對原子中，選出較大的一個原子

(a) 碳或氧

(b) 鋰或鉀

(c) 碳或鋁

(d) 硒或碘

解答：

(a) 碳或氧

碳原子比氧原子大，因為在週期表上，我們追蹤介於碳與氧之間的路徑時，我們必須在同一週期上，往右移動。當你往右移動時，原子的大小變小。

(a) 鋰或鉀

鉀原子比鋰原子大，因為在週期表上，我們追蹤介於鋰與鉀之間的路徑時，我們必須在同一列上，往下移動。當你往同一列下方移動時，原子的大小變大。

(a) 碳或鋁

鋁原子大於碳原子，因為在週期表上，我們追蹤介於碳與鋁之間的路徑時，我們必須在同一列上往下移動（原子變大），然後在同一週期上往左移動（原子變大）。兩者效應加在一起都是增大原子之大小。

(a) 硒或碘

僅根據週期性質而言，我們無法斷定何者較大，因為當我們追蹤介於硒與碘之間的路徑時，我們先在同一列上往下移動（原子變大），然後在同一週期上往右移動（原子變小）。兩者效應互相抵銷。

游離能

一個原子的**游離能**（ionization energy）就是指，在氣相狀態將一個原子之電子移走所需要的能量。例如，鈉的游離可以下式表示之。

$$Na + 游離能 \rightarrow Na^+ + 1e^-$$

基於你對電子組態之所知，你會如何預測游離能的趨勢呢？移走一個鈉的電子比移走一個氯的電子，何者會需要較多或較少的能量？我們知道鈉具有一個 $3s^1$ 的外圍電子組態以及氯具有一個 $3s^2 3p^5$ 的外圍電子組態。因為從鈉移去一個電子將會獲得一個惰性氣體組態，但是從氯移去一個電子則不會，因此我們預期鈉會具有較低的游離能。我們可以將此概念用以下敘述來予以一般化：

當你在週期表中，橫向移動通過一週期或是一行到週期表的右邊，游離能會遞增（▼ 圖9.34）。

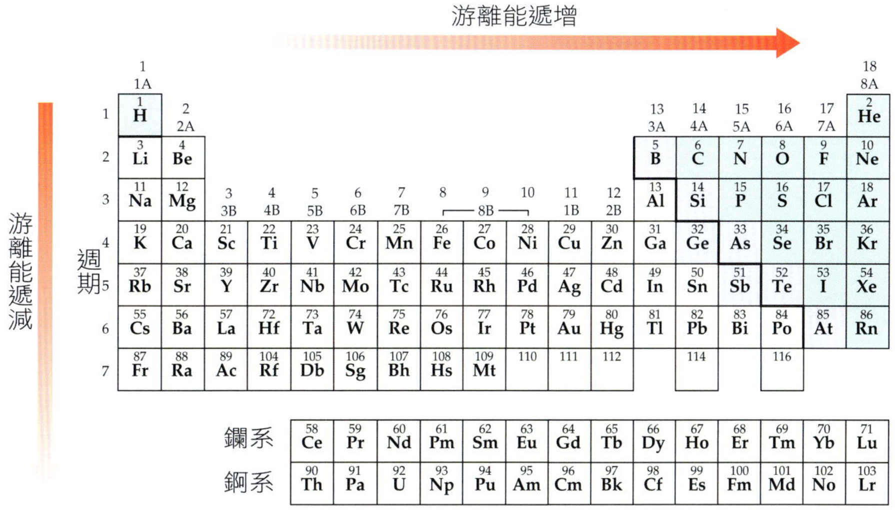

▶ 圖9.34 **週期性質：游離能。** 在週期表中，當你向右橫移一週期時，游離能會遞增；於同一列向下移動時，游離能會遞減。

當你於同一列向下移動時，游離能會發生何事？就我們已經所習知的，當我們於同一列向下移動時，主量子數（n）會遞增。在已知的次殼層裡，具有較高主量子數的軌域會比具有較低主量子數的軌域來得大，因此，當你於同一列向下移動時，在最外圍主殼層中的電子會遠離帶正電荷的原子核，同時比較不會被緊密地束縛住。如此，隨著你於同一列向下移動時，會導致一個較低的游離能（若電子不被緊密地束縛住時，它便較容易被拉走）。因此：

當你在週期表中，於同一列或同一族向下移動時，游離能會遞減（▲ 圖9.34）。

請注意，游離能的趨勢與原子大小之趨勢是吻合的。較小之原子較不易被游離，因為其電子被束縛較緊。因此，當你橫向經過一週期時，原子大小會遞減，游離能會遞增。同樣地，當你在同一列向下移動時，原子大小會遞增，游離能會遞減，因為電子遠離原子核，因此較少被緊密地束縛住。

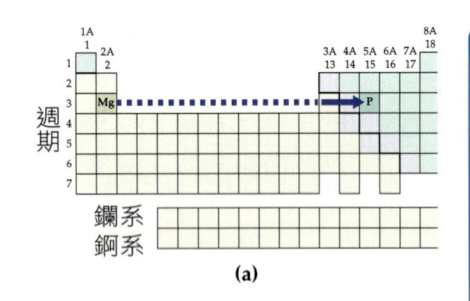

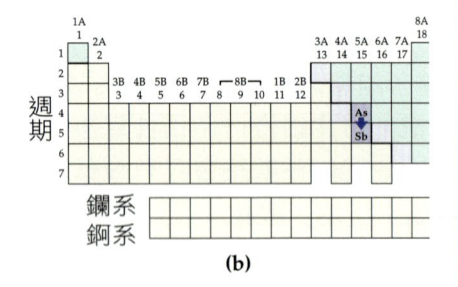

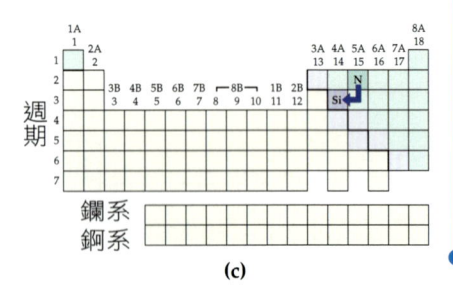

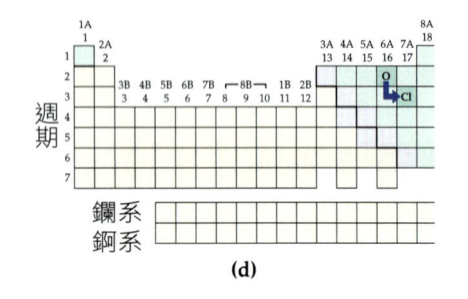

範例 9.7　游離能

由以下各對元素中，選出具有較高游離能的

(a) 鎂或磷
(b) 砷或銻
(c) 氮或矽
(d) 氧或氯

解答：

(a) 鎂或磷

磷比鎂具有較高的游離能，因為當我們在週期表上追蹤鎂與磷之間的路徑時，我們在同一週期中是由左移向右邊，當你移到右邊時，游離能增加。

(b) 砷或銻

砷比銻具有較高的游離能，因為當我們在週期表上追蹤砷與銻之間的路徑時，我們是在同一列向下移動。當你在同一列向下移動時，游離能減少。

(c) 氮或矽

氮比矽具有較高的游離能，因為當我們在週期表上追蹤氮與矽之間的路徑時，我們是在同一列向下移動（游離能減少），然後在同一週期上再向左移（游離能減少）。這些效應結合在一起都是減少游離能。

(d) 氧或氯

僅根據週期性質而言，我們無法斷定何者具有較大的游離能，因為當我們追蹤介於氧與氯之間的路徑時，我們先在同一列上往下移動（游離能減少），然後在同一週期上往右移動（游離能增加）。兩者效應有互相抵銷的傾向。

🟡 金屬的特徵

就如同我們在第4章所學，在化學反應中，金屬傾向於失去電子。當你在週期表中橫向移動經過一週期時，游離能會遞增，表示在化學反應中，電子較少可能被失去。因此：

當你在週期表中，橫向移動通過一週期或是一行到週期表的右邊，金屬的特徵會遞減（▶ 圖9.35）。

當你在週期表中於同一列向下移動時，游離能會遞減，使得電子較容易在反應中失去。因此：

當你在週期表中，於同一列或是同一族向下移動時，金屬的特徵會遞增（▶ 圖9.35）。

基於量子力學模型，這些趨勢解釋了我們在第4章所學的金屬以及非金屬之分類。金屬被發現趨向在週期表的左側，非金屬（氫例外）趨向在右上方。

9.9 週期表的趨勢：原子大小、離子化能以及金屬特徵

▶ 圖9.35 **週期性質：金屬的特徵。** 在週期表中，當你向右橫移一週期時，金屬的特徵會遞減；向下移動一列時，金屬的特徵會遞增。

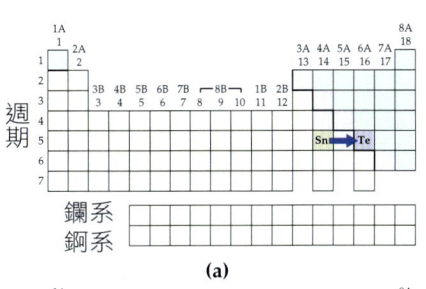

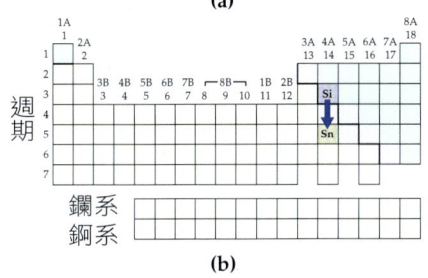

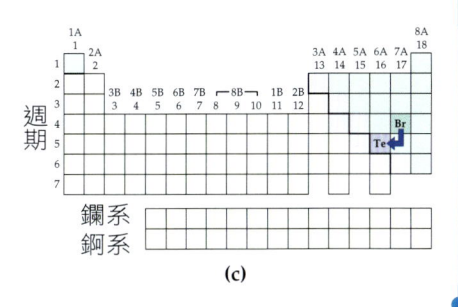

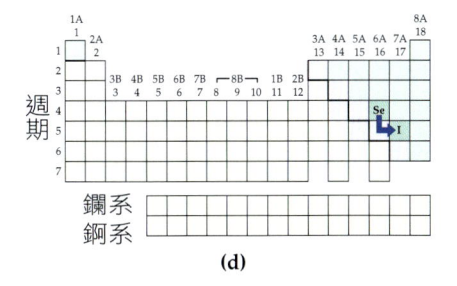

範例 9.8　金屬的特徵

由以下各對元素中，選出具有較具金屬性的

（a）錫或碲

（b）矽或錫

（c）溴或碲

（d）硒或碘

解答：

（a）錫或碲

錫比碲較具金屬特性，因為當我們在週期表上追蹤錫與碲之間的路徑時，我們在同一週期中是由左移向右邊。當你移到右邊時，金屬特徵減少。

（b）矽或錫

錫比矽較具金屬特性，因為當我們在週期表上追蹤錫與矽之間的路徑時，我們是向下移動一列。當你向下移動一列時，金屬特徵增加。

（c）溴或碲

碲比溴較具金屬特性，因為當我們在週期表上追蹤溴與碲之間的路徑時，我們是向下移動一列（金屬特徵增加），然後在同一週期上再向左移（金屬特徵增加）。這些效應結合在一起都是增加金屬特徵。

（d）硒或碘

僅根據週期性質而言，我們無法斷定何者較具金屬特性，因為當我們追蹤介於硒與碘之間的路徑時，我們先在同一列上往下移動（金屬特徵增加），然後在同一週期上往右移動（金屬特徵減少）。兩者效應有互相抵銷的傾向。

習題

問答題

1. 光速有多快？
2. 光的波長與其單位光子所攜帶之能量有何關係？
3. 為何微波爐會對食物加熱，但不會加熱放食物的盤子？
4. 何種電磁輻射被用來當作通訊元件使用，如手機？
5. 請說明波耳軌道與量子力學軌域之差異為何？
6. 何謂庖立不相容原理？為何在寫電子組態時，此原理很重要？
7. 何謂韓德定則？為何在寫軌域圖時，此定則很重要？
8. 請說明價電子與核心電子之差異性為何？
9. 請舉例說明量子力學模型所具有的解釋力。
10. 為何第一族元素傾向形成正一價的離子？第七族元素傾向形成負一價的離子？
11. 請說明下列各項之週期趨勢為何？
    (a) 離子化能量
    (b) 原子大小
    (c) 金屬特徵

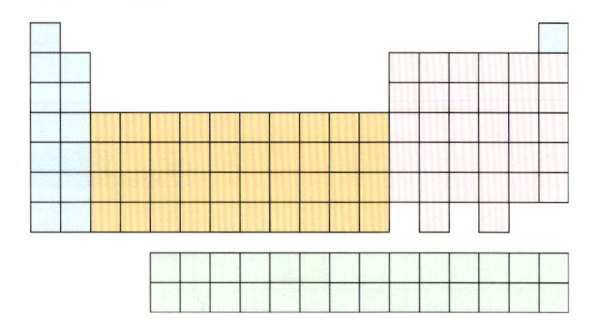

練習

12. 以下何種電磁輻射具有最長的波長？
    (a) 可見光   (b) 紫外線
    (c) 紅外線   (d) X-光

13. 請依據單位光子能量之遞減來排序下列的電磁輻射。
    (a) 珈瑪射線 (b) 無線電波
    (c) 微波   (d) 可見光

14. 請依據下列各項來排序可見光、紅外線以及無線電波
    (a) 單位光子能量遞減
    (b) 頻率遞減
    (c) 波長遞減

15. 在氫發射光譜中，有兩個發射波長，分別是410nm以及434nm。其中一個是由於 $n = 6$ 到 $n = 2$ 的躍遷，另一個是由於 $n = 5$ 到 $n = 2$ 的躍遷。請問那個波長是由那個躍遷所造成的？

16. 根據氫原子的量子力學模型，下列何者之電子躍遷會產生具有較長波長的光？2p 到 1s 或者 3p 到 1s。

17. 寫出下列元素之完整的電子組態。
    (a) 碳   (b) 鈉
    (c) 氬   (d) 矽

18. 寫出下列元素之完整的軌域圖，同時指出每個元素的未成對電子數。
    (a) 鈹   (b) 碳
    (c) 氟   (d) 氖

19. 請寫出以下各元素的完整電子組態，同時指出價電子以及核心電子。
    (a) 硼   (b) 氮
    (c) 銻   (d) 鉀

20. 下列各元素各有多少價電子？
    (a) 氧   (b) 硫
    (c) 溴   (d) 銣

21. 請給予下列週期表中各列元素的外圍電子組態。
    (a) 1A   (b) 2A
    (c) 5A   (d) 7A

22. 請在下列各對元素中，選出具有較高游離能者。
    (a) 鈉或銣   (b) 鎵或鍺
    (c) 磷或碘   (d) 磷或錫

23. 能佔據 $n = 3$ 量子殼層之最大電子數目為多少？

24. 請解釋下列電子組態哪裡有錯？請依據其電子數寫出正確的電子組態。
    (a) $1s^32s^32p^9$ (b) $1s^32s^22p^62d^4$
    (c) $1s^21p^5$ (d) $1s^22s^22p^83s^23p^3$

25. 物質的波性質首先是由Louis de Broglie所提出，他提出一個粒子的波長（λ）與它的質量（m）以及速度（v）有下列的關係式：$\lambda = h/mv$，其中h是蒲朗克常數（Planck's constant）（6.626×10^{-34} J·s）。試計算下列各項的de Broglie波長：(a) 一個0.0459 kg的高爾夫球以速度95m/s運行；(b) 一個以 3.88×10^6 m/s運行的電子。你是否能解釋為何物質的波性質對電子較明顯，對高爾夫球則否（註：質量以kg來表示）？

化學與健康

癌症的輻射處理

X－光以及珈瑪射線（gamma ray）有時被稱為離子化輻射線，因為在它們光子中的高能量可以將原子或是分子予以游離。當離子化輻射線與生物分子相互作用之後，離子化輻射線能永久性地改變甚至毀壞生物分子。

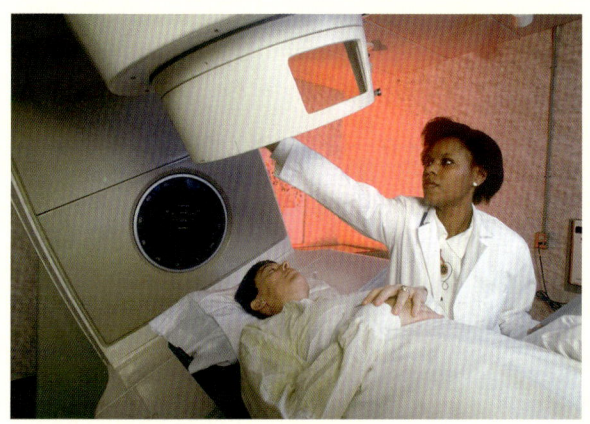

▲ 正在接受放射治療的癌症病患。

因此，我們一般都想嘗試去限制我們暴露在離子化輻射線之下。然而，醫生則是可以利用離子化輻射線來破壞存在於不想要的細胞中之分子，如癌細胞。

在輻射治療（或是放射治療）中，醫生將X-光或是珈瑪射線光束瞄準在癌的腫瘤上面，這離子化的輻射線會傷害帶有基因資訊的腫瘤細胞分子，這些資訊對於細胞的成長與分裂是必要的，細胞因此會死亡或是停止分裂。離子化輻射線也會傷害健康細胞裡的分子；然而，癌細胞分裂的速度要比健康細胞來得快，因此它們對於基因的損壞較敏感。但是，在治療期間，健康的細胞也會受損，導致副作用的產生，如疲勞、肌膚受損以及掉髮等。醫生設法藉由適當的遮蔽使健康細胞的照射減到最低，同時藉著多方向瞄準腫瘤方式，使得健康細胞之曝光降到最低，同時也使得癌細胞的曝光提升到最大（▼圖9.36）。另一項健康細胞暴露輻射後的副作用則是它們也可能因此變成癌細胞。所以癌症的處理方法可能會致癌。那我們為何還要繼續使用它呢？如同大多數的疾病治療一樣，放射治療會伴隨著一定的風險。然而，我們一直在冒著風險，而許多時候是因風險相對較少的理由。例如，我們總是要開車，我們便是在冒著精神損失甚至死亡的風險。為什麼呢？因為我們意識到好處，例如可以去食品雜貨店去買食物，就值得去冒這個風險。此情況相似於癌症治療以及任何其他的治療。癌症治療的好處（即或許可以治癒一個將會殺死你的癌症）就是一項值得冒的風險（即增加一些罹患未來的癌症機會）。

你能回答此題嗎？ 為何可見光無法破壞癌腫瘤？

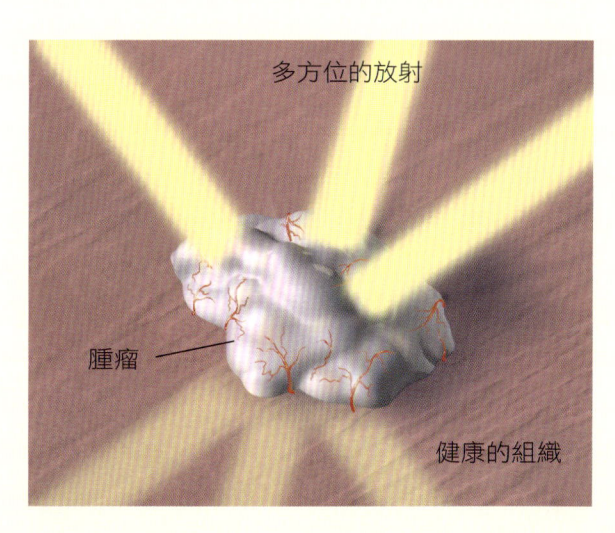

多方位的放射
腫瘤
健康的組織

▲ **圖9.36 放射治療。**放射研究者藉著從不同方位來瞄準腫瘤，可使得對於健康組織的傷害降至最低。

磁共振影像

我們已經習知，當原子中之電子由高能階軌域躍遷至低能階軌域時，原子會發射具有特定波長的輻射。這些躍遷以及相關的輻射之科學被稱為光譜學。對一位化學家而言，光譜學是一項非常重要的工具，讓化學家藉由觀察原子與分子是如何與輻射之間交互作用而來分析原子與分子。光譜學，特別是在磁共振影像（magnetic resonance imaging, MRI），已變成醫學上的一項重要工具。

MRI是基於一種稱為核磁共振（nuclear magnetic resonance）或是NMR的光譜學。不像是之前討論的發射光譜，涉及電子在能階之間的躍遷，NMR涉及原子核在能階中的躍遷。

去瞭解NMR最佳方式便是去把原子核想像成一個小磁鐵（▼圖.9.37）。當這些磁鐵放在一個外加的磁場當中時，它們會因為外加磁場而自我排列以便將能量減至最低（就像是指南針會因為地球的磁場而自我對位）。然而，就像一個原子中的一個電子的能量被量化一樣，在一個外加磁場裡，原子核的能量可以被量化，但僅有某種、固定的能量被許可如此。這些固定的能量對應到相對於此外加磁場的固定

▲ 圖9.37 **原子核當作一磁鐵。** 一個原子核就像似一個小磁鐵，它會因為一個外加磁場而自我排列。

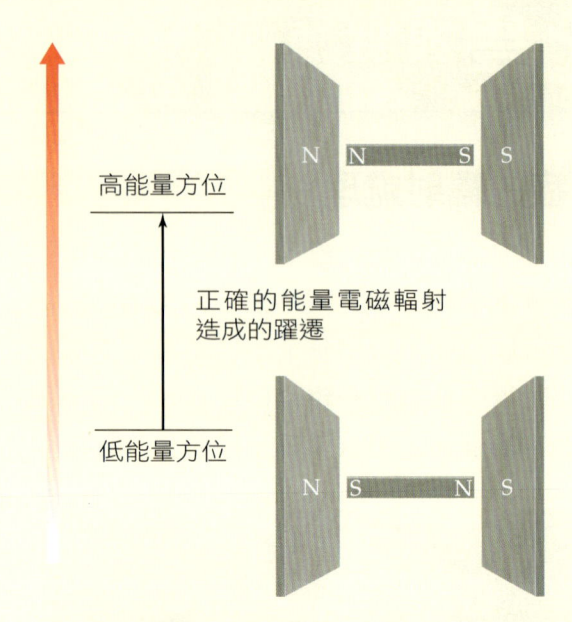

▲ 圖9.38 **核能階。** 在一個外加磁場中，原子核的能量對應不同的方位，可以被量化。正確能量的光將會造成原子核由一個方位躍遷至另一個方位。

方位。在最簡單的例子中，有兩個方位是許可的，即一個方位比另一個方位的能量低（▲圖9.38）。

正確能量的電磁輻射將會造成原子核在此二方位之間的一個躍遷。造成此躍遷所需要的輻射能將依據介於此方位之間的能量間隔大小而定，進而依據外加磁場的強度而定。在一般的NMR光譜中，樣品會被放置於一個均勻的磁場中。擊中樣品的電磁輻射波長可被改變，以便找出造成介於此二許可方位之間躍遷的波長或是頻率。此頻率被稱為共振頻率。

在MRI中，樣品便是病患。原子核便是來自於包含在病患組織裡的水分子之氫原子。然而，不是將病患放置於一個均勻的磁場裡，而是將病患放置在一個可於空間變換磁場強度的磁場裡。例如，病患的左側之磁場強度最強，右側則是較弱。然後病患左側的

原子核具有一個比起右側較高能量的共振頻率。藉著圖示這些共振頻率（每一個共振頻率代表在空間裡一個不同的位置），MRI可以獲得一個顯著清楚及詳細之病患內部組織的影像。

你能回答這個問題嗎？ 造成上述例子（人左側之磁場較右側強）中躍遷所需要的波長，在左側的較長？還是在右側的較長？請解釋。

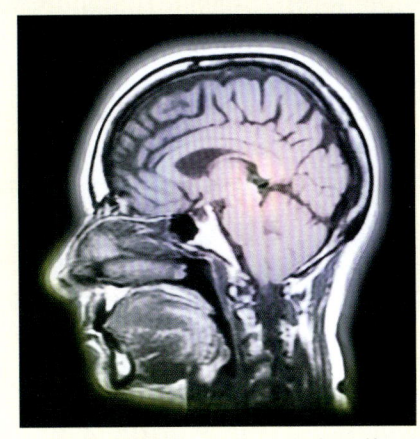

▲ 圖9.39 **磁共振影像。** MRI可產生顯著而清楚的病患的內部組織影像。

泵送離子：原子大小與神經衝動

無論此時你正在做什麼？在百萬個細胞裡的微小泵正辛苦地在工作來補足你的身體。這些泵位在細胞薄膜裡，負責推動許多不同離子進出細胞。其中最重要的離子是鈉離子與鉀離子，但是，這些離子卻是以相反的方向被泵送。此結果是因為每一個離子具有化學梯度之緣故：鈉離子在細胞外面之濃度比在細胞內部之濃度要來得高，而鉀離子則正好相反。

位在細胞膜裡的離子泵就好像在高樓建築物中的水泵一樣，抵抗重力將水泵送到屋頂上。在薄膜中的其他結構稱為離子通道，就像是建築物裡的水龍頭。當它們因為離子濃度梯度之驅動而暫時地打開鈉和鉀離子的缺口時，離子便會流經薄膜，其中鈉離子會流入，鉀離子會流出。這些離子脈衝是基於在腦部、心臟以及遍及全身的神經訊息傳輸。因此，你的每一個動作或是每一個思考是靠這些離子的流動來傳達。

這些泵以及通道是如何來區辨鈉與鉀離子呢？這些離子泵是如何選擇性地將鈉離子移出以及將鉀離子送入細胞呢？回答此問題之前，我們必須先更嚴謹地核驗鈉及鉀離子。兩者皆是第一族金屬的陽離子，所有第一族金屬傾向於失去一個電子，去形成具有正一

Na^+ K^+

價電荷的陽離子，因此這不能成為決定性的因素。但是鉀（原子序19）在週期表中是直接位於鈉（原子序11）的下方，同時基於週期性質它會比鈉來得大。鉀離子的半徑是133pm，鈉離子半徑則是95pm（回顧第2章，1pm = 10^{-12}m）。在細胞薄膜中的泵與通道是如此之敏感，以致於他們能分辨這兩個離子之間的大小，同時能選擇性地只許可一個或另一個通過。這就是神經訊號傳遞的結果，它讓你能閱讀此篇文章。

你能回答這個問題嗎？ 其他離子，包含鈣和鎂離子，對於神經訊號傳遞也是重要的。請由小到大之順序來安排下列離子：K^+，Na^+，Mg^{2+}以及Ca^{2+}。

或是**路易士結構**（Lewis structures）來表示分子。這些結構，畫起來相當簡單，具有極佳的預測能力。它只要花幾分鐘便可以利用路易士理論來判斷是否特定的一組原子將會形成一個穩定的分子，以及這個分子看起來會像什麼。雖然現在的化學家也使用較為先進的鍵結理論來有效預測分子的性質，但是路易士理論依然是最簡單的方法，可快速地每天做與分子相關事宜之預測。

10.2 以點來表達價電子

在前一章當中，我們習知價電子是指在最外圍主殼層中的電子。因為價電子在鍵結中是最重要的，因此路易士理論便將焦點放在這裡。在路易士理論中，元素的價電子是用點來表達，圍繞在此元素符號的周圍。此結果稱為**路易士結構**或是**點結構**。例如，氧的電子是：

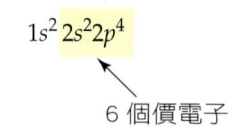

$$1s^2\ 2s^22p^4$$

6 個價電子

路易士結構是：

·Ö: ← 6 個點表示價電子

每一個點表示一個價電子。這些點圍著此元素符號而放置，每一邊最多有兩點。電子的正確位置並不嚴格要求，在本書中，我們先單一地填入一點，然後再填一點使它們成對。

對於全部第二週期元素的路易士結構是：

Li· ·Be· ·Ḃ· ·Ċ· ·Ṅ: ·Ö: :F̈: :N̈e:

路易士結構讓我們可以很容易地看見在一個原子中的價電子數。具有八個價電子，特別穩定，特別容易辨明，因為它們有八個點，即**八隅體**（octet）。

氦是一個特例。它的電子組態以及路易士結構如下：

$1s^2$ He:

氦的路易士結構僅含有兩個點（**二隅體**，duet）。對氦而言，一個二隅體表示一個穩定的電子組態。

在路易士理論中，對鍵結原子而言，一個**化學鍵**（chemical bond）涉及電子的共用與轉移，以便達成穩定的電子組態。假如是電子被轉移，此鍵則是**離子鍵**（ionic bond）。假如是電子被共用，此鍵則是**共價鍵**（convalent bond）。無論是何者，鍵結原子均獲得穩定的電子組態。就如我們所見，一個穩定的組態通常是由八個在最外層或是價殼層的電子所組成。這個觀察導致**八隅體規則**（octet rule）：

在化學鍵結中，原子會轉移或是共用電子，以致於所有獲得的外圍殼層具有八個電子。

氫、鋰以及鈹是例外：這些元素均是當其最外圍殼層具有兩個電子時，才完成它的穩定性。

範例 10.1　寫出元素的路易士結構

請寫出磷的路易士結構。

因為磷是存在於週期表的第 5A 族中，因此它有五個價電子。以五點圍繞在磷的符號周圍來表示之。

解答：

$\cdot \overset{\cdot}{\underset{\cdot}{\text{P}}} :$

10.3　離子化合物的路易士結構：電子轉移

回顧第5章，當金屬與非金屬鍵結時，電子會由金屬轉移到非金屬上，金屬變成一個陽離子，非金屬變成一個陰離子。陽離子與陰離子之間的吸引力形成一個離子化合物。在路易士理論中，我們藉由從金屬移動電子點到非金屬上，來表達此行為。例如，鉀和氯具有下列的路易士結構。

K· 　:Cl̈:

當鉀和氯鍵結時，鉀會轉移它的電子到氯去。

K· 　:Cl̈: ⟶ K⁺ [:C̈l̈:]⁻

電子的轉移給予氯一個八隅體（就像圍繞在氯周圍的八個點）以及留給鉀前一個主殼層的八隅體，如今變成是價殼層。鉀因為失去電子，變成帶正電荷；氯因為獲得電子，變成帶負電荷。一個陰離子的路易士結構通常寫在一個在右上角（在括弧外面）帶有電荷的括弧中。正負電荷彼此互相吸引，形成KCl化合物。

範例 10.2　寫出離子的路易士結構

請寫出 MgO 化合物的路易士結構。

藉著畫兩點圍繞在鎂符號周圍以及畫六點圍繞在氧符號周圍，便可以畫出鎂和氧的路易士結構。

解答：

·Mg·　　·Ö:

在氧化鎂中，鎂會失去兩個價電子，形成一個正二價，氧會獲得兩個電子，形成一個負二價，取得一個八隅體。

Mg^{2+} $[:\ddot{O}:]^{2-}$

對於離子化合物，路易士理論可以正確地預測化學分子式。例如，對於鉀和氯之間所生成的化合物而言，路易士理論可以預測一個鉀陽離子對應一個氯陰離子，即是KCl。例如在另一個例子中，考慮鈉和硫之間所形成的離子化合物。對於鈉和硫而言，其路易士結構為：

Na·　·S̈:

請注意，鈉必須失去它的一個價電子以便獲得一個八隅體（在前一個主殼層中），而硫必須獲得兩個電子以便完成一個八隅體。因此，介於鈉和硫之間所形成之化合物，每一個硫原子要對應兩個鈉原子。此路易士結構如下：

Na^+ $[:\ddot{S}:]^{2-}$ Na^+

兩個鈉原子，每一個失去它的一個價電子，而硫原子獲得2個電子同時達成一個八隅體。此正確的化學分子式是Na_2S。

範例 10.3　使用路易士理論去預測一個離子化合物的化學式

請使用路易士理論去預測鈣與氯之間所形成的化合物之分子式

藉著畫兩點圍繞在鈣符號周圍以及畫七點圍繞在氯符號周圍，便可以畫出鈣和氯的路易士結構。

解答：

·Ca·　　:C̈l:

鈣必須失去它的兩個價電子（藉以在前一個主殼層裡達成一個八隅體），氯僅需獲得一個電子去達成一個八隅體。因此鈣與氯之間所形成之化合物必須是每一個鈣對應兩個氯。

$[:\ddot{Cl}:]^{-}$ Ca^{2+} $[:\ddot{Cl}:]^{-}$

因此，此分子式是 $CaCl_2$。

✓ 觀念檢查站 10.1

下列哪一個非金屬與鋁形成離子化合物之後會具有 Al_2X_3 的分子式（X 表示此非金屬）？

(a) Cl　　(b) S
(c) N　　(d) C

10.4 共價的路易士結構：共用電子

回顧第5章，當非金屬與非金屬相鍵結時，會產生分子化合物。分子化合物含有的是共價鍵，其中電子是被共用而不是被轉移。在路易士理論中，為了達成八隅體（或氫的二隅體），我們藉由允許鄰近原子共用它們的價電子來表達共價鍵。例如，氫和氧具有下列的路易士結構：

$$H \cdot \quad \cdot \ddot{\underset{\cdot \cdot}{O}} :$$

在水分子中，氫和氧共用它們的電子，以致於每一個氫原子獲得一個二隅體以及氧原子獲得一個八隅體。

$$H : \ddot{\underset{\cdot \cdot}{O}} : H$$

被共用的電子，即出現在兩原子之間的點，兩種原子皆可計算出八隅體（或是二隅體）。

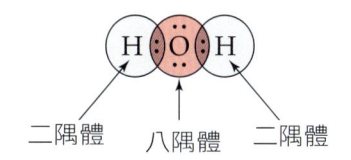

介於兩原子之間被共用的電子被稱為**鍵結對**電子（bonding pair electrons），而僅單獨在一個原子上的電子被稱為**孤電子對**（lone pair electrons）。

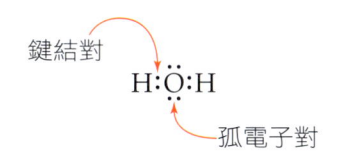

通常我們會用一短線來表示鍵結對電子，以便強調它們是一個化學鍵。

$$H - \ddot{\underset{\cdot \cdot}{O}} - H$$

路易士理論也能解釋為何鹵素會形成雙原子分子。考慮氯的路易士結構。

$$: \ddot{\underset{\cdot \cdot}{Cl}} :$$

假如兩個氯原子成對在一起，它們每一個都能獲得一個八隅體。

$$: \ddot{\underset{\cdot \cdot}{Cl}} : \ddot{\underset{\cdot \cdot}{Cl}} : \quad 或 \quad : \ddot{\underset{\cdot \cdot}{Cl}} - \ddot{\underset{\cdot \cdot}{Cl}} :$$

當我們檢查基本的氯時，它的確是以一個雙原子分子形式存在，如同路易士理論所預測。對於其他鹵素而言也是相同為真。

同樣地，路易士理論預測氫，具有如下的路易士結構：

$$H\cdot$$

應當是以 H_2 形式存在。當兩個氫原子分享它們的共價電子時，他們每一個都能獲得一個二隅體，對氫而言是一個穩定組態。

$$H:H \text{ 或 } H-H$$

再一次指出，路易士理論是正確的。在大自然中，氫是以 H_2 分子的元素態形式存在。

雙鍵與參鍵

在路易士理論中，兩個原子可以分享超過一組以上的電子對來達成八隅體。例如，我們從第5章知道，氧是以雙原子分子（O_2）形式存在。一個氧原子的路易士結構是：

$$\cdot\ddot{O}:$$

假如我們將兩個氧原子配成對在一起且試著寫成一個路易士結構，我們會沒有足夠的電子去給予每一個氧原子一個八隅體。

$$:\ddot{O}:\ddot{O}:$$

然而，我們可以藉著移動一組孤電子對到鍵結區域來轉變到額外的鍵結對裡。

$$:\ddot{O}:\ddot{O}: \longrightarrow :\ddot{O}::\ddot{O}: \text{ 或 } :\ddot{O}=\ddot{O}:$$

現在，每一個氧原子便具有一個八隅體，因為此額外鍵結對使得兩個氧原子皆可算出一個八隅體。

八隅體 ── :Ö::Ö: ── 八隅體

當兩個電子對被兩個原子之間分享時，此結果之鍵結是一個**雙鍵**（double bond）。一般而言，雙鍵會比單鍵來得短且強。例如，在一個氧－氧雙鍵裡，介於兩個氧原子核之間的距離是 121 pm。在單鍵裡，其值則是 148 pm。

原子也能分享三組電子對。考慮 N_2 的路易士結構。因為每一個氮原子具有五個價電子，因此對 N_2 而言，其路易士結構有十個電子。一個首先的企圖則是將路易士結構寫成：

$$:\ddot{N}:\ddot{N}:$$

和 O_2 一樣，對於兩個氮原子而言，我們沒有足夠的電子來滿足八隅體規則。然而，假如我們轉變兩組額外的孤電子對到鍵結對中，則每一個氮原子便能獲得一個八隅體。

$$:\!N\!:\!N\!: \longrightarrow \;\; :\!N\!:\!:\!:\!N\!: \;\; 或 \;\; :\!N\!\equiv\!N\!:$$

此結果之鍵結稱為一個**參鍵**（triple bond）。參鍵會比雙鍵還要來得短且強。例如，在一個氮－氮參鍵裡，介於兩個氮原子核之間的距離是110 pm。在一個雙鍵裡，其值則是124 pm。當我們檢查大自然中的氮時，我們發現它的確是以一個雙原子分子的型態存在，而且在此兩原子之間具有一個非常強而短化學鍵。此化學鍵是如此的強，以致於很難將其打斷，使得N_2成為一個比較不具反應性的分子。

10.5 寫出共價化合物的路易士結構

依循下列步驟，寫出一個共價化合物的路易士結構：

1. **寫出分子正確的骨架結構**。一個分子的路易士結構必須具有一個正確位置的原子。例如，對水而言，假如你是由氫原子先開始寫，然後緊接著寫下一個氫，最後末端再寫一個氧（HHO），你不可以寫出這樣的一個路易士結構。本質上，氧是中央原子，氫是末端原子（位於末端）。此正確的骨架結構是HOH。

    對於任何分子而言，要完全曉得正確的骨架結構的唯一方法，便是藉由檢驗其在大自然中的結構。然而，我們可以藉由記著兩項指導方針，寫出可能的骨架結構。第一，**氫原子總是在末端**。因為氫僅需要一個二隅體，它將絕不會是一個中央原子，因為中央原子至少必須形成兩個化學鍵，而氫僅能形成一個。第二，**許多分子有對稱的傾向**，所以當一個分子具有幾個相同型態的原子時，它們會傾向於處在末端位置。然而，這第二個指導方針有許多的例外。假如骨幹結構不清楚時，本書將會提供你正確的骨幹結構。

2. **藉由求得分子中每一個原子之價電子數目的總和，來計算路易士結構中的電子總數**。記得，對於任何主族元素的價電子數是等於它在週期表中的族數。**假如你替一個多原子的離子寫路易士結構，當計算電子總數時，此離子的電荷必須加以考慮**。每一個負電荷是加一個電子，每一個正電荷是減一個電子。

3. **將電子分佈到各原子，盡可能給予各原子八隅體結構（或是對氫給予二隅體）**。一開始藉由在每一對原子之間放置兩個電子，這樣會有最起碼的鍵結電子。然後分佈剩餘的電子，首先分給末端原子，然後分給中央原子，盡可能給予各原子八隅體結構。

4. **假如任何原子缺八隅體，必要時去形成雙鍵或是參鍵，以便給予它們八隅體**。做此步驟時，是藉由將孤電子對由末端原子上移到與中央原子鍵結的區域中。

206 第 10 章 化學鍵

此程序的一個簡要版本顯示在下面左列當中。兩個使用此規則的例子，顯示在中間及右列當中。

寫出共價化合物的路易士結構	範例 10.4	範例 10.5
1. 寫出分子正確的骨架結構。	請寫出 CO_2 的路易士結構。 **解答：** 遵循對稱的指導方針，我們可寫出： O C O	請寫出 CCl_4 的路易士結構。 **解答：** 遵循對稱的指導方針，我們可寫出： Cl Cl C Cl Cl
2. 藉著將分子中每一個原子之價電子的總和，來計算路易士結構中的電子總數。	對於畫出路易士結構所需的全部電子數 = $\begin{pmatrix}碳的價\\電子數\end{pmatrix} + 2\begin{pmatrix}氧的價\\電子數\end{pmatrix}$ = 4 + 2(6) = 16	對於畫出路易士結構所需的全部電子數 = $\begin{pmatrix}碳的價\\電子數\end{pmatrix} + 4\begin{pmatrix}氯的價\\電子數\end{pmatrix}$ = 4 + 4(7) = 32
3. 將電子分佈到各原子，盡可能給予各原子八隅體結構（或是對氫給予二隅體）。以鍵結電子開始，然後接著著手在末端原子上的孤電子對，最後著手在中央原子的孤電子對。	首先畫出鍵結電子 O:C:O （16 個電子用去 4 個） 下一步是畫出末端原子上的孤電子對 :Ö:C:Ö: （16 個電子用去 16 個）	首先畫出鍵結電子 Cl Cl:C:Cl Cl （32 個電子用去 8 個） 下一步是畫出末端原子上的孤電子對 :Cl: :Cl:C:Cl: :Cl: （32 個電子用去 32 個）
4. 假如任何原子缺八隅體，必要時去形成雙鍵或是三鍵，以便給予他們八隅體。	從氧原子上移走孤電子對到鍵結區去形成雙鍵。 :Ö:C:Ö: ⟶ :Ö::C::Ö:	因為所有的原子都有八隅體，因此路易士結構已完成。

🔵 寫出多原子離子的路易士結構

我們可以遵循相同的程序來寫多原子離子的路易士結構，但是當我們要計算寫路易士結構之電子數時，我們必須特別要花心思在離子的電荷上面。對於一個負電荷而言，要加一個電子；對於一個正電荷而言，要減一個電子。我們通常會將一個多原子離子的路易士結構寫在括弧裡，同時將此離子之電荷寫在右上角。例如，假設我們要寫 CN^- 離子的路易士結構，我們開始先寫骨幹結構。

CN

10.5 寫出共價化合物的路易士結構

接下來我們由總計每個原子之價電子數，計算出路易士結構所需之電子總數，同時加入一個代表負電荷的電子數。

路易結構所需的總電子數 = (碳的價電子數) + (氮的價電子數) + 1
= 4 + 5 + 1
= 10

加一個電子代表離子的一個負電荷

然後我們放兩個電子於兩個原子對之間

C:N　（10 個電子用去 2 個）

然後分佈其餘之電子

:C̈:N̈:　（10 個電子用去 10 個）

因為兩個原子均未具有八隅體，因此我們可以移動兩組孤電子對到鍵結區，以便形成一個參鍵，給予兩個原子八隅體。我們也將路易士結構封入在括弧中，同時將離子之電荷寫在右上角。

[:C:::N:]⁻　或　[:C≡N:]⁻

範例 10.6　寫出多原子離子的路易士結構

請寫出 NH_4^+ 離子的路易士結構。

	解答：
從寫骨幹結構開始。因為氫一定是末端原子，同時遵循對稱指導方針，將氮原子放在中央，被四個氫原子所圍繞。	H H N H H
總計每個原子之價電子數，計算出路易士結構所需之電子總數，同時減去一個代表正電荷的電子數。	路易士結構所需的總電子數 = 5 + 4 − 1 = 8 （4 為氫的價電子數；5 為氮的價電子數；減一個電子代表離子的一個正電荷）
接著放兩個電子於每個原子對之間。	H H:N̈:H　（8 個電子用去 8 個） H
因為氮原子具有一個八隅體以及每一個氫原子具有二隅體，因此電子的安置便算是完成了。將整個路易士結構寫在一個括弧當中，同時將離子的電荷寫在右上角。	⎡ H ⎤⁺　　⎡ H ⎤⁺ ⎢H:N̈:H⎥　或　⎢H—N—H⎥ ⎣ H ⎦　　⎣ H ⎦

八隅體規則的例外

路易士理論在它的預測中常常是正確的；但是，也有例外。例如，假如我們試著為NO來寫其路易士結構，其有11個電子，我們所能做的便是：

$$:\dot{N}::\ddot{O}: \quad 或 \quad :\dot{N}=\ddot{O}:$$

此氮原子不具有八隅體，所以這不是偉大的路易士結構。然而，NO是存在於大自然當中。為什麼呢？就和任何簡單的理論一樣，路易士理論並不足夠周密使得每一次都是正確。對於具有奇數個電子的分子而言，它不可能寫出好的路易士結構，然而這些分子卻存在於大自然當中。對於這些狀況，我們盡可能簡單地寫出它的路易士結構。另一個對於八隅體是明顯的例外者，便是硼，它傾向以圍繞在它周圍的六個電子，而非八個，去形成化合物。例如，BF_3以及BH_3，兩者皆存在於大自然當中，對於B而言，皆缺乏一個八隅體。

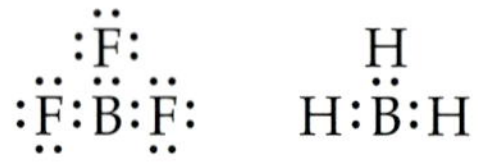

第三種八隅體的例外形式也是常見的。一些分子，如SF_6以及PCl_5，在其路易士結構當中圍繞在中央原子周圍的電子超過八個。

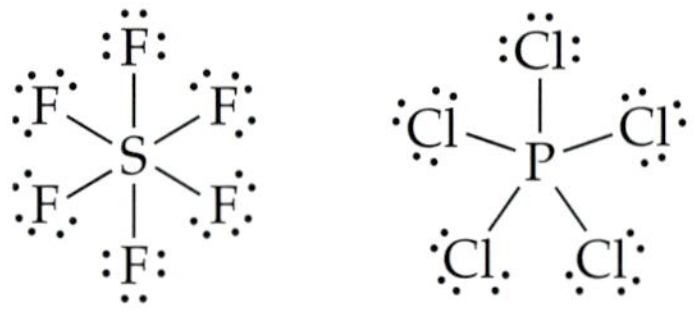

這些情況常常被稱為擴充的八隅體（expanded octets）。在還沒論及這些之前，本書並沒有涵蓋擴充的八隅體。不管這些例外能廣泛地被此理論所涵蓋，對於瞭解化學鍵結而言，路易士理論依然是一個非常有效且簡單的方法。

✔ 觀念檢查站 10.2

哪兩個物質在其路易士結構當中具有相同的孤電子對數目？

(a) H_2O 與 H_3O^+
(b) NH_3 與 H_3O^+
(c) NH_3 與 CH_4
(d) NH_3 與 NH_4^+

10.6 共振：相同分子的等效路易士結構

當我們在寫路易士結構時，我們會發現，對於一些分子，我們可以寫出不只一種正確的路易士結構。例如，當考慮寫出SO_2的路易士結構時。我們以寫骨幹結構開始：

O S O

然後我們求出價電子的總數

路易士結構所需的全部電子數
=（硫的價電子數）+ 2（氧的價電子數）
= 6 + 2(6)
= 18

然後我們放兩個電子於每兩個原子對之間

O:S:O　（18個電子用去 4 個）

然後分佈其餘之電子，首先分佈到末端原子上

:Ö:S:Ö:　（18個電子用去 16 個）

最後分佈到中央原子上

:Ö:S̈:Ö:　（18個電子用去 18 個）

因為中央原子缺乏八隅體，因此我們可以從氧原子上移動一組孤電子對到鍵結區，以便形成一個雙鍵，給予所有原子八隅體。

:Ö::S̈:Ö:　或　:Ö=S̈—Ö:

然而，我們也可以與另外一個氧原子形成一個雙鍵。

:Ö—S̈=Ö:

這兩個路易士結構是相同正確的。像這樣的例子，對於一個相同的分子，我們可以寫出兩個以上等效（或幾乎等效）路易士結構，我們發現，此分子是以一個平均或是介於兩個路易士結構之間的中間體形式存在於大自然當中。對SO_2而言，兩個中的任何一個路易士結構都將預測SO_2應當具有兩種不同的鍵（一個是雙鍵、一個是單鍵）。然而當我們檢驗大自然中的SO_2時，我們發現，此兩種鍵，介於雙鍵與單鍵之間，在強度以及長度上均是等效且居中的。我們用路易士理論來說明此事時，會用一個雙箭頭來表達此分子之兩種結構，稱為**共振結構**（resonance structures）。

:Ö=S̈—Ö:　⟷　:Ö—S̈=Ö:

SO_2真實的結構則是介於此二共振結構之間的中間體。

範例 10.7　寫出共振結構

請寫出 NO_3^- 離子的路易士結構，包含共振結構。

由骨幹結構開始寫起，利用對稱指導方針，將三個氧原子放置末端。	解答： 　　　O O　N　O
加總價電子（加一個電子以說明負一價的電荷）以決定路易士結構所需之總電子數。	路易士結構所需的總電子數 = 5 + 3(6) + 1 = 24 氮的價電子數　　3（氧的價電子數） 加一個電子代表離子的一個負電荷
然後放兩個電子於每兩個原子對之間	O O:N:O　　（24 個電子用去 6 個）
然後分佈其餘之電子，首先分佈到末端原子上	:Ö: :Ö:N:Ö:　　（24 個電子用去 24 個）
因為沒有剩餘電子去完成中央原子之八隅體，因此可以從氧原子上移動一組孤電子對到與氮鍵結的區域，便形成一個雙鍵。將整個路易士結構寫在一個括弧當中，同時將離子的電荷寫在右上角。	$\left[\begin{array}{c}:\ddot{O}:\\ :\ddot{O}:N::\ddot{O}:\end{array}\right]^{-}$ 或 $\left[\begin{array}{c}:\ddot{O}:\\ \vert\\ :\ddot{O}-N=\ddot{O}:\end{array}\right]^{-}$
注意，你可用其他兩個氧原子來形成雙鍵。	$\left[\begin{array}{c}:\ddot{O}:\\ \vert\\ :\ddot{O}=N-\ddot{O}:\end{array}\right]^{-}$ 或 $\left[\begin{array}{c}:\ddot{O}:\\ \Vert\\ :\ddot{O}-N-\ddot{O}:\end{array}\right]^{-}$
因為三個路易士結構同樣正確，因此寫出三個結構當作共振結構。	$\left[\begin{array}{c}:\ddot{O}:\\ \vert\\ :\ddot{O}=N-\ddot{O}:\end{array}\right]^{-} \longleftrightarrow \left[\begin{array}{c}:\ddot{O}:\\ \Vert\\ :\ddot{O}-N-\ddot{O}:\end{array}\right]^{-} \longleftrightarrow \left[\begin{array}{c}:\ddot{O}:\\ \vert\\ :\ddot{O}-N=\ddot{O}:\end{array}\right]^{-}$

10.7　預測分子的形狀

路易士理論結合**價殼層電子對排斥理論**（valence shell electron pair repulsion, **VSEPR**）可以用來預測分子的形狀。VSEPR是基於**電子群**（electron groups）——孤電子對、單鍵或是多重鍵——彼此互相排斥的簡單想法。介於電子群負電荷之間，作用在中央原子上的排斥作用決定了此分子的構形。例如，考慮CO_2，其具有下列路易士結構：

$$:\ddot{O}=C=\ddot{O}:$$

10.7 預測分子的形狀

CO₂的構形是由介於兩電子群（或雙鍵）之間，作用在中央碳原子上的排斥作用所決定。這兩個電子群會盡可能地彼此遠離，導致一個具有180°鍵角以及一個**線性的**（linear）CO₂構形。

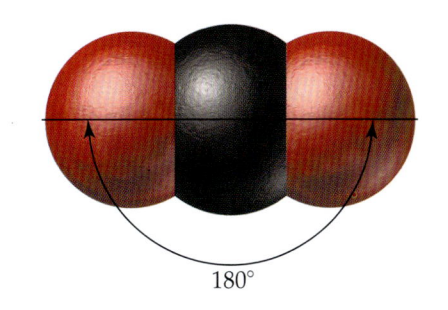

180°

另一個例子，考慮H₂CO分子，其路易士結構是：

$$\begin{array}{c} :\!\ddot{O}\!: \\ \| \\ H\!-\!C\!-\!H \end{array}$$

此分子具有三個電子群圍繞在其中央原子周圍。此三個電子群會盡可能地彼此遠離，導致一個具有120°鍵角以及一個**平面三角的**（trigonal planar）構形。

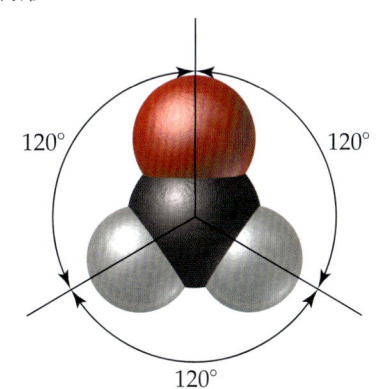

120°　120°　120°

假如一個分子具有四個電子群圍繞在其中央原子，如CH₄，它會具有一個帶有109.5°鍵角的**四面體**（tetrahedral）構形。

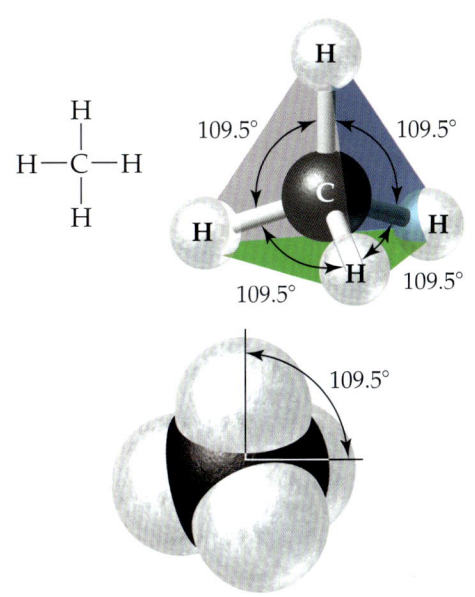

$$\begin{array}{c} H \\ | \\ H\!-\!C\!-\!H \\ | \\ H \end{array}$$

109.5°

電子群彼此互相排斥，造成此四面體形狀，此四面體能讓此四電子群之分離達到最大狀態。當我們在紙上寫CH₄的結構時，似乎此分子是具有90°鍵角的正方平面。然而，在三度空間中，電子群會藉著形成此四面體構形而盡可能地彼此遠離。

前面所舉的每一個例子是中央原子僅被電子的鍵結群所圍繞。一個分子中具有孤電子對圍繞在其中央原子周圍時，則會發生何事？這些孤電子對也會排斥其他電子群。例如，考慮NH₃：

$$H-\underset{..}{N}-H$$
$$|$$
$$H$$

此四個電子群（一組孤電子對以及三組鍵結對）彼此之間會盡可能地遠離。若是我們僅看這些電子，我們會發現這**電子構形**（electron geometry），即電子群的幾何安排，是四面體的。

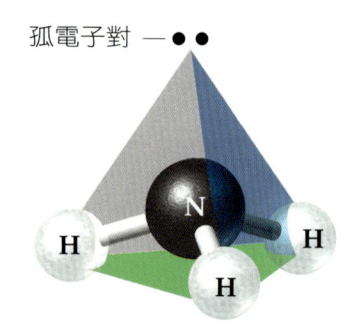

孤電子對 —●●

然而，此**分子構形**（molecular geometry），即原子的構形排列是**三角錐體**（trigonal pyramidal）的。

三角錐結構

注意，雖然電子構形與分子構形不同，但是電子構形與分子構形是有關連的。換言之，孤電子對會在鍵結電子對上發揮其影響力。

考慮最後一個例子，H₂O。其路易士結構是：

$$H-\underset{..}{\overset{..}{O}}-H$$

因為它有四個電子群，所以它的電子構形也是屬於四面體的。

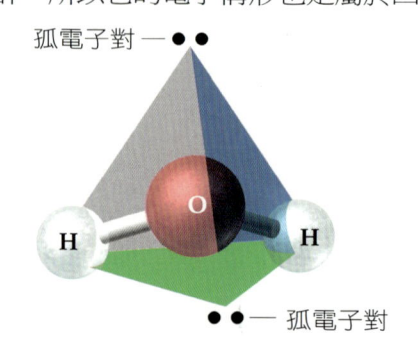

孤電子對 —●●

●●— 孤電子對

然而，它的分子構形卻是屬於**彎曲形**（bent）的。

彎曲結構

表10.1基於電子群總數、鍵結群數目以及孤電子對數目，歸納一個分子的電子以及分子之構形。

表 10.1 電子與分子之構形

電子群*	鍵結群	孤電子對	電子構形	電子群夾角**	分子構形	例子	
2	2	0	線性	180°	線性	$:\ddot{O}=C=\ddot{O}:$	
3	3	0	平面三角	120°	平面三角	$\begin{array}{c}\ddot{O}:\\\parallel\\H-C-H\end{array}$	
3	2	1	平面三角	120°	彎曲	$:\ddot{O}=\ddot{S}-\ddot{O}:$	
4	4	0	四面體	109.5°	四面體	$\begin{array}{c}H\\\mid\\H-C-H\\\mid\\H\end{array}$	
4	3	1	四面體	109.5°	三角錐體	$\begin{array}{c}H-\ddot{N}-H\\\mid\\H\end{array}$	
4	2	2	四面體	109.5°	彎曲	$H-\ddot{\ddot{O}}-H$	

* 只計算圍繞在中央原子周圍的電子群。以下每一項被認定為一個電子群：一組孤電子對、一個單鍵、一個雙鍵以及一個參鍵。
** 此處所列的角度是理想值。在特定分子中的實際角度可以有幾度的變化。

為了判斷任何分子的構形，我們使用以下的程序。和以往一樣，我們在左列給予步驟，利用此步驟的兩個例子則是寫在中央與右側。

利用 VSEPR 來預測構形

	範例 10.8 預測 PCl₃ 的電子與分子構形。	**範例 10.9** 預測 [NO₃]⁻ 離子的電子與分子構形。
1. 畫出分子的路易士結構。	解答：PCl₃ 具有 26 個電子。  :Cl: :Cl:P:Cl:	解答：[NO₃]⁻ 具有 24 個電子。 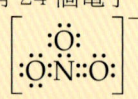 [:Ö: :Ö:N::Ö:]⁻
2. 決定圍繞在中央原子周圍的電子群總數。孤電子對、單鍵、雙鍵以及參鍵都計算為一個電子群。	中央原子（P）具有四個電子群。	中心原子（N）有三個電子群（此雙鍵是一個電子群）。
3. 決定圍繞在中央原子周圍的鍵結群數目以及孤電子對數目。這應當由第二步驟的結果來加總。鍵結群應當包含單鍵、雙鍵以及參鍵。	 :Cl: :Cl:P:Cl: ↑ 孤電子對 圍繞在 P 周圍的四個電子群中的三個是鍵結群，一個是孤電子對。	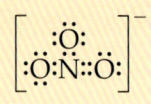 [:Ö: :Ö:N::Ö:]⁻ 無孤電子對 圍繞在 N 周圍的全部三個電子群是鍵結群。
4. 使用表 10.1 來判斷電子及分子之構形。	電子的構形是四面體（四個電子群）以及分子的構形，即分子的形狀，是三角錐體（四個電子群、三個鍵結群以及一組孤電子對）。	電子的構形是平面三角（三個電子群）以及分子的構形，即分子的形狀，是平面三角形（三個電子群、三個鍵結群以及沒有孤電子對）。

✓ **觀念檢查站 10.3**

以下何者是必然導致一個分子構形等同於其電子構形的條件？
（a）介於中央原子與末端原子之間有雙鍵的出現。
（b）有兩個以上相同的末端原子鍵結到中央原子上。
（c）在中央原子上有一組以上的孤電子對出現。
（d）在中央原子上沒有任何的孤電子對。

🔴 在紙上表達分子的構形

因為分子構形是三度空間的，因此在兩度空間的紙上，常常很難來表達它們。很多化學家使用下列代表化學鍵的符號，在兩度空間的紙上面來顯示三度空間的結構。

—	⦀	▶
直線	斷線	楔形線
紙平面的鍵結	穿入紙平面的鍵結	穿出紙平面的鍵結

在本書中主要使用過的分子構形可利用此符號顯示於此：

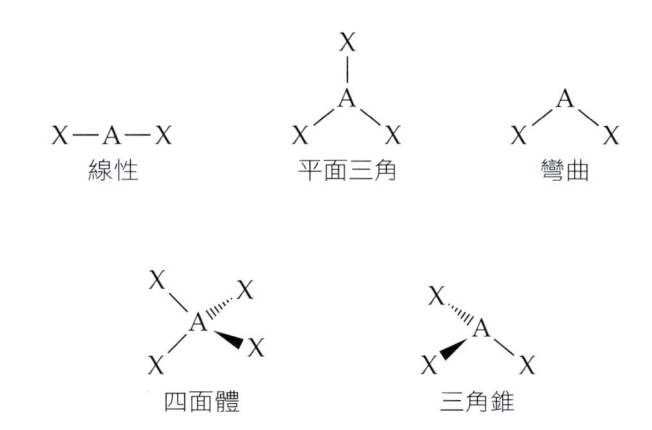

X—A—X
線性

X—A(—X)—X (平面三角)

A(—X)—X 彎曲

四面體

三角錐

10.8 電負度與極性：為何油和水不互溶

假如你將油和水合併在一個容器中，它們會區分成兩個明顯的區域（◀圖10.1）。為什麼呢？水分子中一定是有某因素使得它們串連在一起而聚集在一個區域裡，同時排除油分子使其進入另一個區域裡。此因素是什麼？我們可以由檢驗水的路易士結構來著手瞭解這個答案。

$$H-\ddot{O}-H$$

介於氧與氫之間的兩個鍵，每一個鍵是由一個電子對所組成，即兩個電子是由介於其間的氧與氫原子所共用。此氧與氫每個原子對此電子對都捐出了一個電子；然而，就像不守規矩的小孩一樣，它們不公平地共用這些電子。氧原子拿了超過公平共用的電子。

▲ 圖 10.1 **油和水不互溶。**問題：為什麼？

電負度

一個元素在共價鍵內對電子吸引的能力稱為**電負度**（electronegatinity）。氧比氫更具有電負度，那表示，論平均此共用的電子較可能在氧原子附近發現勝過於在氫原子附近。考慮兩個 OH 鍵中的一個：

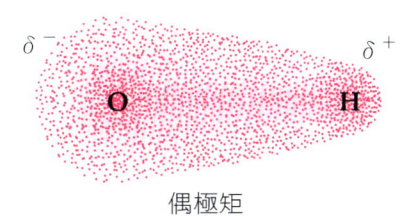

δ^- O   H δ^+

偶極矩

因為電子對是不平均的被共用（氧獲得較多的分享），此氧原子具有部分負電荷，以符號 δ^-（delta minus）來表示。此氫原子（獲得較少的分享）具有部分正電荷，以符號 δ^+（delta plus）來表示。這樣的結果是不勻稱的電子共用即是一種**偶極矩**（dipole mo-

▶ 圖 10.2 **元素的電負度**。Linus Pauling 介紹了顯示於此的尺度。他任意地設定氟的電負度為 4.0，同時相對於氟，計算出其他的電負度值。

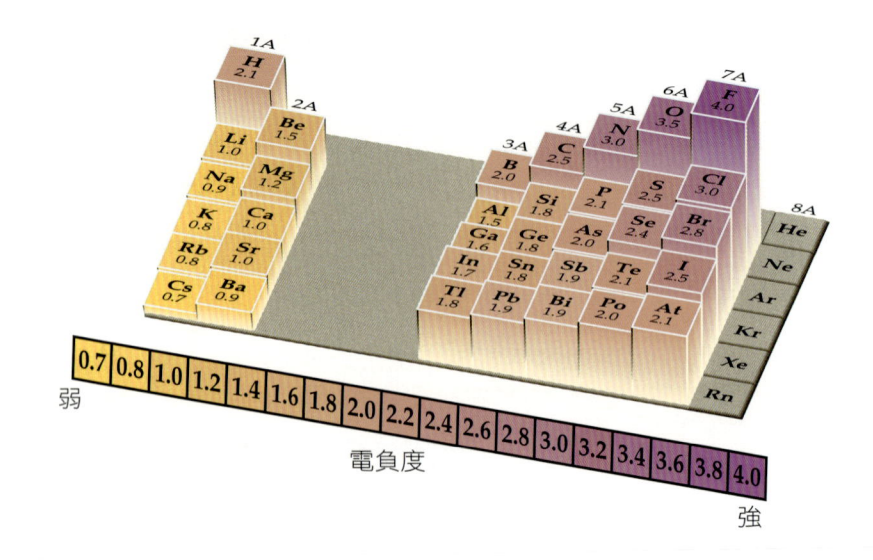

▲ 圖 10.3 **純共價鍵**。在 Cl_2 中，兩個 Cl 原子均等地共用電子。這是一個純共價鍵。

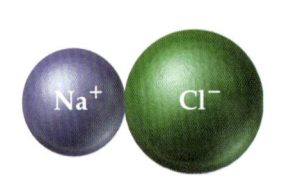

▲ 圖 10.4 **離子鍵**。在 NaCl 中，鈉完全地轉移一個電子給 Cl。這是一個離子鍵。

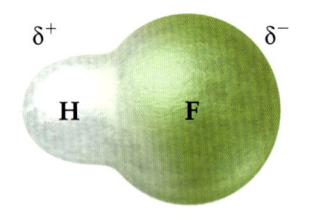

▲ 圖 10.5 **極性共價鍵**。在 HF 中，電子被共用，但是此共用的電子比較可能在 F 勝於在 H 上面被發現。此鍵是極性共價的。

ment），也就是在此鍵結裡有電荷的分離。具有偶極矩的共價鍵稱為**極性共價鍵**（polar covalent bonds）。此偶極矩的大小以及此鍵的極性程度是依據在此鍵中介於兩元素的電負度以及鍵強度差異而定。對於一個固定的鍵強度，電負度差異越大，偶極矩會越大，同時此鍵會越極化。

▲ 圖10.2顯示元素的相對電負度。請注意，在週期表中，當你經過一週期走到右側，電負度會遞增，同時當你在週期表中向下走過一列時，電負度會遞減。假如具有相同電負度的兩個元素形成一個共價鍵，它們會公平地共用這電子，同時沒有偶極矩。例如，氯分子是由兩個氯原子所組成（當然具有相同的電負度），具有一個共價鍵其電子被均等共用（◀圖10.3）。此鍵沒有偶極矩，同時此分子是**非極性的**（nonpolar）。

假如介於兩元素之間的鍵有很大的電負度差異，例如像一般發生在金屬與非金屬之間，則電子是完全地轉移，同時此鍵是離子鍵。例如，鈉和氯會形成離子鍵（◀圖10.4）。

假如介於兩元素之間有中庸的電負度差異，例如介於不同的非金屬之間，則此鍵是極性共價的。例如，HF便是形成一個極性共價鍵（◀圖10.5）。

此觀念整理於表10.2中以及▶圖10.6裡。

表 10.2 電負度差異對鍵形式的效應

電負度差異（△EN）	鍵形式	例子
零（0 － 0.4）	純共價鍵	Cl_2
中庸（0.4 － 2.0）	極性共價鍵	HF
大（2.0 ＋）	離子鍵	NaCl

10.8 電負度與極性：為何油和水不互溶 217

純（非極性）共價鍵：
電子均等共用

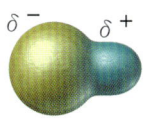

極性共價鍵：
電子不均等共用

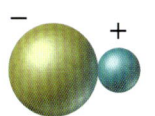

離子鍵：
電子轉移

▶ 圖 10.6 **鍵型態的連續**。鍵的型態（純共價的、極性共價的或是離子的）與兩鍵結原子之間的電負度差異有關。

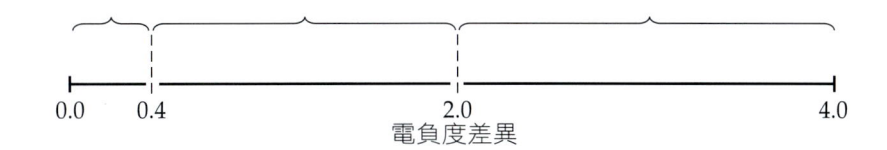

0.0　0.4　　　　　　　2.0　　　　　　　　4.0
電負度差異

範例 10.10　請將鍵結依純共價鍵、極性共價鍵或是離子鍵來分類

請判斷下列各對原子之間所形成的鍵是純共價鍵、極性共價鍵或是離子鍵。

(a) Sr 與 F
(b) N 與 Cl
(c) N 與 O

解答：

(a) 從圖10.2，我們可發現Sr（1.0）以及F（4.0）的電負度。此電負度差異（△EN）是：

　　△EN = 4.0 － 1.0 = 3.0

使用表10.2，我們將此鍵分類為離子鍵。

(b) 從圖10.2，我們可發現N（3.0）以及Cl（3.0）的電負度。此電負度差異（△EN）是：

　　△EN = 3.0 － 3.0 = 0

使用表10.2，我們將此鍵分類為純共價鍵。

(c) 從圖10.2，我們可發現N（3.0）以及O（3.5）的電負度。此電負度差異（△EN）是：

　　△EN = 3.5 － 3.0 = 0.5

使用表10.2，我們將此鍵分類為極性共價鍵。

極性鍵與極性分子

我們剛剛學會如何分辨極性鍵。若是一個或一個以上的極性鍵存在於一個分子中，總是會導致一個極性分子嗎？這個答案是否定的。一個**極性分子**（polar molecule）是指一個分子具有極性鍵，此極性鍵加在一起之後，彼此不會相互抵銷，而會形成一個淨偶極矩。對於雙原子分子而言，你可以很容易地辨識極性與非極性分子。假如一個雙原子分子具有一個極性鍵，則此分子便是極性的。然而，對於具有兩個以上原子的分子，那麼要分辨極性與非極性就會比較困難些，因為兩個或多個極性鍵可能會抵銷其中的一個。例如，考慮二氧化碳：

$$:\ddot{O}=C=\ddot{O}:$$

每一個C=O鍵是極性的，因為氧與碳具有不同的電負度（3.5與2.5）。然而，因為CO_2有一個線性的構形，因此一個鍵的偶極矩會完全抵銷另一個鍵的偶極矩，同時此分子是非極性的。我們可以用一個簡單的類比便可以明瞭此例。考慮每個極性鍵就如同一條繩索對中央原子拖引。在CO_2分子裡，我們可以看見兩條繩索如何在背對背方向上拖引，彼此互相抵銷：

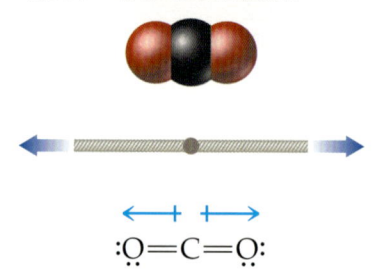

$:\ddot{O}=C=\ddot{O}:$

我們也可以用箭頭（或向量）點出負極的方向以及放一正號在正極處（如上面所顯示的二氧化碳）來表達極性鍵。假如此箭頭（或向量）完全是背向相指，如在二氧化碳中，則此偶極矩會抵銷。

在另一方面，水則具有兩個不會抵銷的偶極矩。假如我們想像每一個鍵如同一條繩索，拖引氧原子，我們可以看見，因為鍵之間的夾角之故，兩條繩索的拖引不會抵銷：

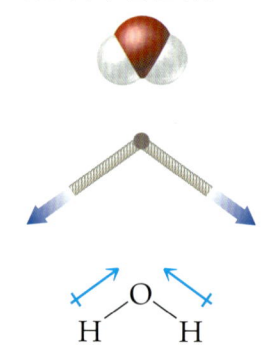

結果，水是一個極性分子。我們可以利用對稱性來當作指標去判斷是否一個具有極性鍵之分子是真的極性的。高度對稱的分子將傾向是非極性的，縱然它們具有極性鍵，因為此鍵的偶極矩（或是繩索的拖引）傾向抵銷。具有極性鍵的非對稱分子將會傾向是極性的，因為鍵的偶極矩（或是繩索的拖引）不傾向抵銷。表10.3 總結不同的一般狀況。

總結，判斷一個分子是否是極性的：

- **判斷是否具有極性鍵**。假如兩個鍵結原子具有不同的電負度，則此鍵是極性的。假如沒有極性鍵，則此分子是非極性的。
- **判斷極性鍵加在一起之後是否會形成一個淨偶極矩**。你首先必須使用VSEPR來決定分子的構形。然後設想每一個鍵如同一條繩索，拖引中央原子。此分子是高度對稱的嗎？繩索的拖引會抵銷嗎？假如是，那便沒有淨偶極矩，同時此分子是非極性的。假如分子是非對稱性的以及此繩索之拖引不會抵銷，則此分子是極性的。

10.8　電負度與極性：為何油和水不互溶

表 10.3 相加偶極矩的一般狀況來判斷一個分子是否是極性的

非極性
兩個相同極性鍵以反方向相指，將會抵銷。此分子是非極性的。

極性
兩個極性鍵之間具有一個小於 180° 的角度，將不會抵銷。此分子是極性的。

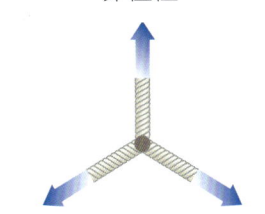

非極性
三個相同極性鍵彼此位在 120°，將會抵銷。此分子是非極性的。

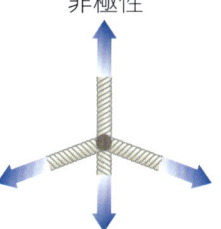

非極性
四個相同極性鍵以四面體安排（彼此位在 109.5°），將會抵銷。此分子是非極性的。

極性
三極性鍵以三角錐形安排（109.5°），將不會抵銷。此分子是極性的。

注意：在所有的極性鍵抵銷的狀況中，鍵結是被假設成相同的。

假若一個或是多個鍵與其他鍵是不同的，則鍵將不會抵銷，同時分子是極性的。

範例 10.11　判斷一個分子是否是極性的

判斷 NH_3 是否是極性的。

由畫出 NH_3 的路易士結構開始。因為 N 與 H 具有不同的電負度，因此此鍵具有極性。

解答：

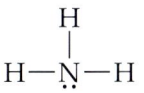

NH_3 的構形是三角錐體（四個電子群、三個鍵結群以及一組孤電子對）。畫一個 NH_3 的三度空間圖片，同時想像每一個鍵便是一條繩索，正在被拖引。此繩索之拖引不會抵銷，同時此分子是極性的。

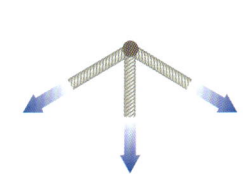

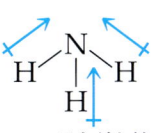

NH_3 是極性的

一個分子極性與否非常重要，因為極性分子傾向不同於非極性分子之行為。例如，水和油不互溶，因為水分子是極性的，而組成油的分子一般而言是非極性的。極性分子會強烈地與其他極性分子相互作用，因為一個分子的正端會被另一個分子的負端吸引，就好像磁鐵的南極端會被另一個磁鐵的北極端吸引一樣（▼ 圖10.7）。一個極性與非極性分子的混合體就相似於小的磁性與非磁性顆粒之混合體一樣。磁性顆粒聚集在一起，但是不包含非磁性顆粒，彼此分開成不同的區域（▼ 圖10.8）。同樣地，極性分子吸引其它的極性分子聚集在一起，形成並且區分出一個將非極性分子排除在外的區域。（▼ 圖10.9）

▲ 圖 10.7 **偶極－偶極吸引**。就如同一個磁鐵的北極被另一個磁鐵的南極吸引，所以一個具有偶極的分子之正極端會被另一個帶有偶極分子的負極端所吸引。

▲ 圖 10.8 **磁性的與非磁性的顆粒**。磁性的顆粒彼此會相互吸引，但是會排除非磁性的顆粒。此行為可類比於極性與非極性分子。

▶ 圖 10.9 **極性與非極性分子**。極性與非極性分子的相混合，就好像是磁性與非磁性顆粒相混合，會分開成明顯的區間，因為極性分子彼此之間會相互吸引，將非極性分子排除在外。**問題**：你能想到此行為的一些例子嗎？

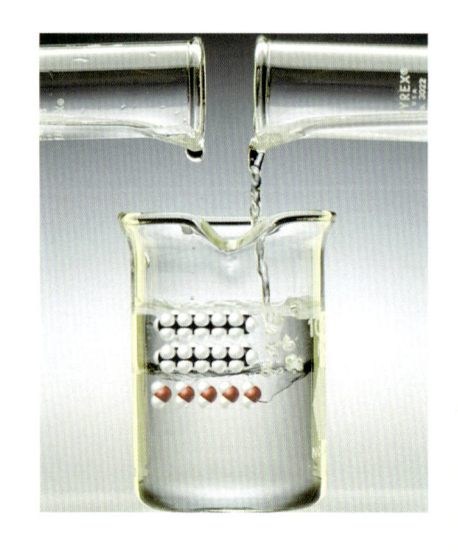

習題

問答題

1. 在路易士理論中，何謂八隅體？何謂二隅體？
2. 根據路易士理論，何謂化學鍵？
3. 離子鍵與共價鍵之間有何差異性？
4. 孤電子對與鍵結對電子有何差異性？
5. 在物理性質上，雙鍵、參鍵與單鍵有何不同？
6. 你如何決定一個分子的路易士結構之電子數目？
7. 為何八隅體規則會有例外？舉例說明。
8. 何謂共振結構？其有何必要性？
9. 在 VSEPR 中，電子構形與分子構形有何差異性？
10. 何謂電負度？
11. 在週期表中，何元素具有最強的電負度？
12. 何謂偶極矩？
13. 假如一個分子具有極性鍵，此分子本身是極性的嗎？是或不是，請說明。

練習題

14. 請寫出下列每一個元素的電子組態，同時寫出對應的路易士結構。標明哪些在電子組態中的電子被包含在路易士結構中。
    (a) N (b) C
    (c) Cl (d) Ar

15. 請寫出下列每一個元素的路易士結構。
    (a) K (b) Al
    (c) P (d) Ar

16. 請寫出下列每一個離子的路易士結構。
    (a) Cl^- (b) Se^{2-}
    (c) Na^+ (d) Mg^{2+}

17. 請判斷下列各化合物是否已是一個離子或是共價路易士結構的最佳表達？
    (a) Rb_2O (b) CO_2
    (c) Al_2S_3 (d) NO

18. 利用路易士理論去決定由下列元素所形成的化合物之化學式。
    (a) Sr 與 Se (b) Ba 與 Cl
    (c) Na 與 S (d) Al 與 O

19. 請寫出下列每一個分子的路易士結構
    (a) H_2CO（碳是中央原子）
    (b) H_3COH（碳和氧兩者皆是中央原子）
    (c) H_3COCH_3（氧是介於兩個碳之間）
    (d) H_2O_2

20. 請判斷下列路易士結構錯在哪裡？同時寫出正確的結構。
    (a) :N=N:
    (b) :S̈—Si—S̈:
    (c) H—H—Ö:
    (d) :Ï—N—Ï:
           |
          :Ï:

21. 請判斷下列每一個分子的電子與分子構形。對於超過一個中央原子的分子，請標明每一個中央原子的構形。
    (a) CH_3OH（骨幹結構 H_3COH）
    (b) H_3COCH_3（骨幹結構 H_3COCH_3）
    (c) H_2O_2（骨幹結構 HOOH）

22. 請依據鍵的極性遞增，排序下列雙原子分子：ICl、HBr、H_2、CO。

23. 請將下列分子歸類為極性或是非極性。
    (a) CS_2 (b) SO_2
    (c) CH_4 (d) CH_3Cl

24. 判斷下列各化合物是離子的或是共價的，同時寫出適當的路易士結構
    (a) HCN (b) ClF
    (c) MgI_2 (d) CaS

25. 下列每一個化合物都含有離子與共價鍵。請為每一個化合物寫出其離子的路易士結構，包含在括弧中的離子之共價鍵。若是需要，請寫出共振結構。
    (a) $RbIO_2$ (b) $Ca(OH)_2$
    (c) NH_4Cl (d) $Sr(CN)_2$

Everyday Chemistry

How Soap Works

Imagine eating a greasy cheeseburger with both hands and no napkins. By the end of the meal, your hands are coated with grease and oil. If you try to wash them with only water, they remain greasy. However, if you add a little soap, the grease washes away. Why? As we learned previously, water molecules are polar and the molecules that compose grease and oil are nonpolar. As a result, water and grease repel each other.

The molecules that compose soap, however, have a special structure that allows them to interact strongly with both water and grease. One end of a soap molecule is polar while the other end is nonpolar.

The polar head of a soap molecule strongly attracts water molecules, while the nonpolar tail strongly attracts grease and oil molecules. Soap is a sort of molecular liaison, one end interacting with water and the other end interacting with grease. Soap therefore allows water and grease to mix, removing the grease from your hands and washing it down the drain.

CAN YOU ANSWER THIS? Consider the following detergent molecule. Which end do you think is polar? Which end is nonpolar?

$$CH_3(CH_2)_{11}OCH_2CH_2OH$$

Soap molecule

Polar head attracts water   Nonpolar tail attracts grease

環境中的化學

臭氧的路易士結構

臭氧是三個氧鍵結在一起的一種氧形式。它的路易士結構是由下列兩種共振所組成：

$$:\ddot{O}=\ddot{O}-\ddot{O}: \longleftrightarrow :\ddot{O}-\ddot{O}=\ddot{O}:$$

將臭氧的路易士結構與氧的路易士結構加以比較：

$$:\ddot{O}=\ddot{O}:$$

你認為哪一個分子，O_3 或是 O_2，具有較強的氧—氧鍵？假如你推論是 O_2，那你是對的。O_2 具有一個純粹的雙鍵。另一方面，O_3，具有一個介於單鍵與雙鍵之間的中間體，所以 O_3 具有較弱的鍵。此效應是有意義的。當我們在第 6 章中學習到在環境中的化學時，O_3 可以遮蔽我們避免有害的紫外線進入地球的大氣層。O_3 是十分理想地適於去做此事，因為光子波長在 280-320 nm（太陽光對人體最危險的波長）剛好足以破壞臭氧的鍵結。在此程序當中，光子被吸收。

$$:\ddot{O}-\ddot{O}=\ddot{O}: + \text{紫外線} \longrightarrow :\ddot{O}=\ddot{O}: + \cdot\ddot{O}\cdot$$

然而，相同的紫外線波長不具有足夠之能量去破壞 O_2 較強的雙鍵，而是讓紫外線穿透過去。當臭氧層連續變薄，在我們大氣層當中便沒有其它的分子可以來做這個臭氧做的事情。因此，我們持續，甚至加強消耗臭氧化合物的禁令，是相當重要的。

你能回答這個問題嗎？ 為何以下臭氧的路易士結構是不正確的？

$$:\ddot{O}-\ddot{O}-\ddot{O}: \qquad :\ddot{O}=O=\ddot{O}:$$

化學與健康

被分子的形狀所戲弄

人工甜味劑，例如阿斯巴糖（Aspartame），嚐起來甜甜的，但是含有極少、甚至沒有卡路里。為什麼呢？因為味覺與卡路里值是兩個完全分開的食物性質。一個食物的卡路里值與此食物被代謝時所釋放出來的能量有關。例如，蔗糖因氧化而被代謝成二氧化碳與水：

$$C_{12}H_{22}O_{11} + 6O_2 \rightarrow 12CO_2 + 11H_2O + 5644kJ$$

當你的身體代謝一莫耳蔗糖時，他便獲得5644kJ的能量。一些甜味劑，例如糖精，完全不會被代謝，它們只是通過身體，沒有改變，因此沒有卡路里。其它的人工甜味劑，例如阿斯巴糖，是會被代謝的，但是比起蔗糖而言，它含有非常低的卡路里含量（對於一定量的甜味劑）。

然而，食物的味道與其代謝無關。味道的知覺作用起源於舌頭，其專屬的味覺細胞可當作高度敏感及專門的分子偵測器。這些細胞可以從一口食物中的幾千個不同分子裡偵測出糖分子。此辨識的主要基礎便是分子的形狀。

一個味覺細胞的表面含有專屬的蛋白質分子，稱為味覺感受體。一個特殊的味覺劑，即一個能讓我們辨別味道的分子，緊貼合身地存在於味覺感受體蛋白質上的一個特殊囊中，稱為活性位置，就像是一把鑰匙放在一把鎖當中（參閱 15.12 節）。例如，一個糖分子正好合身於此糖感受體蛋白質之活性位置，稱為 Tlr3。當糖分子（鑰匙）進入此活性位置（鎖），不同的 Tlr3 蛋白質之次組件便會分裂開來。此分裂會造成一系列的事件，導致神經訊號的傳遞，此傳遞會達到腦部，同時指示出一個甜的味覺。

人造甜味劑嚐起來會甜甜的是因為它們合身於正常能結合蔗糖的感受體囊。事實上，阿斯巴糖與糖精兩者實際上都比糖更能強烈地結合到 Tlr3 蛋白質裡的活性位置上！因為如此，人造甜味劑會比糖還要來得甜。阿斯巴糖會像 200 倍的蔗糖一樣，由味覺細胞誘發相同的神經訊號傳遞量。

這種鎖與鑰的形式，即介於一個蛋白質的活性位置與一個特別分子之間的匹配，不僅對於味覺很重要，對於許多其它的生物功能亦是如此。例如，免疫的反應、嗅覺的感應以及許多藥物作用的形式都會依據介於分子與蛋白質之間的形狀特定交互作用。事實上，科學家判斷鑰匙與鎖的生物分子之形狀的能力大部分是基於過去 50 年在生物學上所發生的革命。

你能回答這個問題嗎？ 蛋白質是長鏈的的分子，其中每一個環節便是一個胺基酸。最簡單的胺基酸是胺基乙酸，其具有以下之結構：

$$\begin{array}{c} H \quad\; :O: \\ | \quad\;\; | \\ H-N-C-C-\ddot{O}-H \\ | \quad\; | \\ H \quad H \end{array}$$

請判斷在胺基乙酸中每一個內部原子的構形，同時做一個三度空間的分子描述。

CHAPTER 1

第 11 章

氣體

"We live immersed at the bottom of a sea of elemental air."

Evangelista Torricelli (1608–1647)

我們沉浸在元素之氣的大海底裏生活。

伊凡葛里斯塔·托里拆利

（1608-1647）

- 11.1 超長吸管
- 11.2 分子動力論：氣體模型
- 11.3 壓力：分子持續碰撞的結果
- 11.4 波以耳定律：壓力與體積
- 11.5 查理定律：體積與溫度
- 11.6 併合氣體定律：壓力、體積與溫度
- 11.7 亞佛加厥定律：體積與莫耳數
- 11.8 理想氣體定律：壓力、體積、溫度與莫耳數
- 11.9 混合氣體：為何深海潛水夫呼吸氣為氦與氧混合氣
- 11.10 化學反應中的氣體

11.1 超長吸管

大多數的小孩喜歡速食勝過家常飲食，我喜歡到速食餐廳，將吸管一枝一枝地延長成為超長吸管，用它來喝橘子汽水。藉由許多頭尾相連接的吸管，就能站在椅子上喝到放置在地板的橘子汽水，這樣的科學活動父母親或許不太認同，但是，我經常和弟弟比賽，誰能用較長的連接吸管喝到橘子汽水，通常是我贏。

當我坐在樹屋的時候，是否能藉由超長吸管而喝到地上的橘子汽水？我能在十層樓的樓頂喝到嗎？那似乎是不可能的。為何無法用長於10.3公尺的吸管吸到橘子汽水呢？

吸管之所以有吸取的功能，是因為吸管內外的壓力差所造成的。稍後將對壓力有較詳細的定義。由◀圖11.1得知氣體碰撞外壁而產生壓力，氣體分子碰撞表面所施加的力，就像球在牆上彈跳所產生的力，其中壓力就是碰撞的結果。氣體分子數量的多寡，是決定氣體壓力大小的因素之一。地球表面海平面上的大氣平均壓力是101,325 N/m^2，如果用英制單位就是14.7 lb/in^2。

在橘子汽水的杯中放入吸管，剛開始吸管內外的壓力是相同的，因此，橘子汽水不會因為放置吸管而造成液面上升（如▶圖11.2a所示），在吸管上吸一口氣以後，移除了吸管內一些氣體分子，使得吸管內碰撞數目降低，也就是壓力降低（如圖11.2b所示），而吸管外的壓力依舊，如此，造成吸管外的壓力高過於吸管內之壓力，促使較大的壓力迫使吸管內汽水液面的上升，進而流到嘴裡。

氣體分子

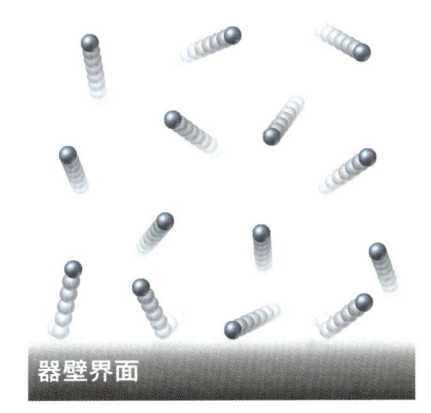

器壁界面

▲ 圖 11.1 **氣體壓力。**氣體碰撞外壁而產生壓力。

◀圖中用吸管喝飲料時，由於管內氣體移動，造成管內與管外壓力產生壓力差，促使吸管內之液體向上移動。

225

▶ 圖 11.2 **吸管吸取汽水**。(a) 在橘子汽水的杯中放入吸管，剛開始管內外的壓力是相同的，所以，吸管內外的液面是等高。(b) 在吸管上吸一口氣，使管內壓力降低，而吸管外壓力較高的液體，壓迫吸管內的液面上升。

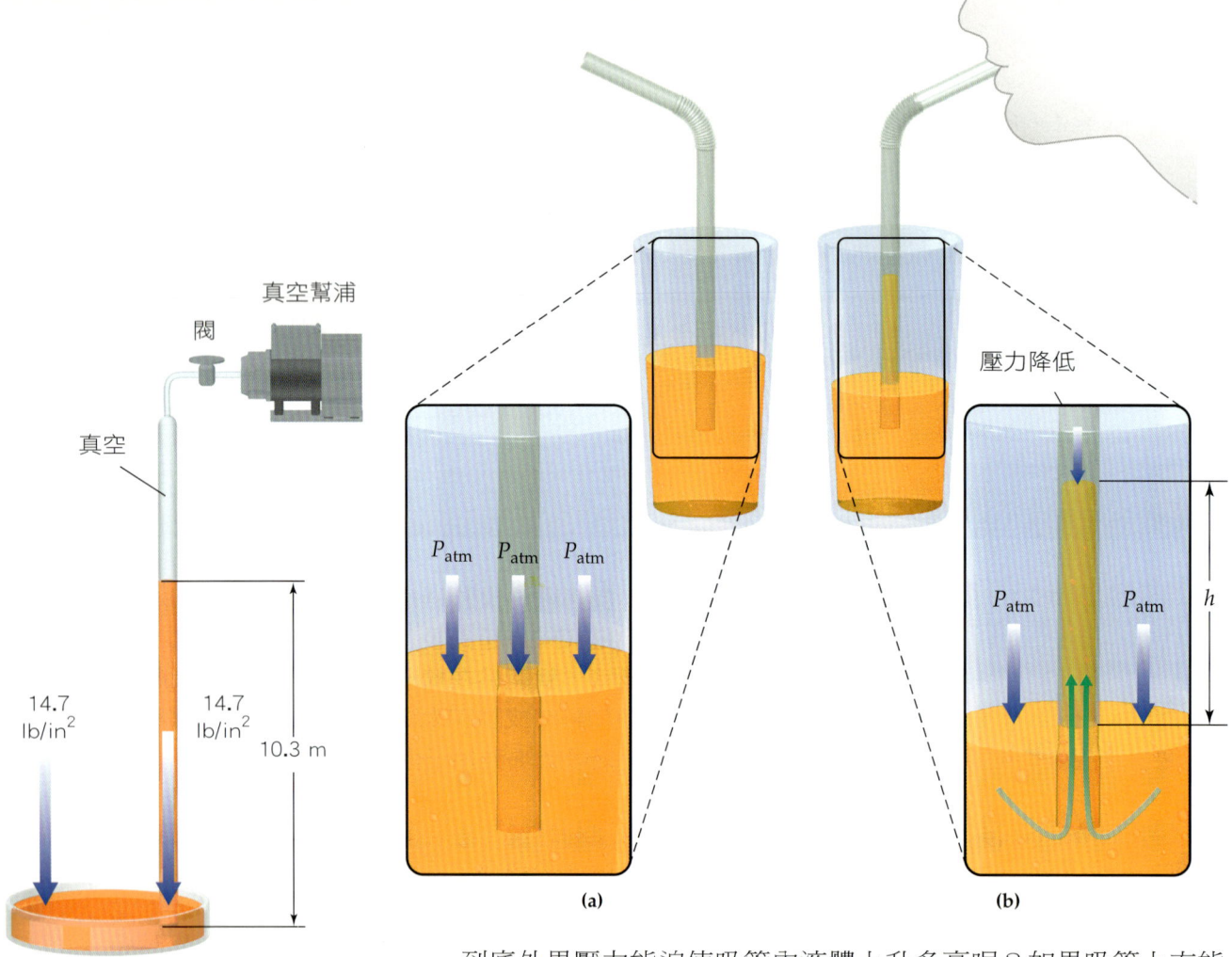

▲ 圖 11.3 **大氣壓力**。當吸管上方能形成完全真空時，大氣壓力將迫使橘子汽水上升的總高度大約是 10 公尺。在大氣的氣體分子中，具有同樣的壓力（14.7 lb/in^2），能使得水柱上升的高度是 10.3 公尺。

到底外界壓力能迫使吸管內液體上升多高呢？如果吸管上方能形成完全真空時，吸管外汽水平面的壓力，能使橘子汽水（大部份是水）上升大約10.3 m 的高度（如 ◀圖11.3所示）。因為10.3 m 高度的水柱，相當於大氣中氣體分子具有101,325 N/m^2 或是14.7 lb/in^{2}的壓力。換句話說，橘子汽水在吸管內會盡量上升到它的重量所產生的壓力，等於大氣分子展現的壓力為止。

11.2 分子動力論：氣體模型

在過去的章節中，我們了解模型或理論對了解自然現象的重要性。而氣體的簡單模型稱為**分子動力論**（kinetic molecular theory）。本章要檢驗此模型，並且以此模型預測在不同狀態下多數氣

11.2 分子動力論：氣體模型

體的行為。就像其他模型一樣，分子動力論並不完美而無法解釋某些狀況，然而，在此書中我們針對適用良好的形態說明之。

分子動力論有以下假設（如▼ 圖11.4所示）：

1. 氣體是等速直線運動的分子或原子。
2. 氣體間並沒有吸引或排斥的作用力，因此，氣體間的碰撞是完全彈性碰撞。
3. 氣體間的碰撞距離遠大於氣體本身的大小。
4. 氣體平均動能與溫度（K）成正比，也就是說：高溫下氣體的運動較快。

▶ 圖 11.4 **理想氣體簡易描述**。碰撞氣體間的距離，遠大於氣體分子本身大小。實際上的差距比圖中所顯示的差異大多了。

分子動力論：

1. 氣體是持續運動的碰撞粒子。
2. 氣體間沒有吸引或排斥的作用力，碰撞為完全彈性碰撞。
3. 碰撞氣體間的距離遠大於氣體本身大小。
4. 溫度上升促使氣體運動速率增加。

氣體

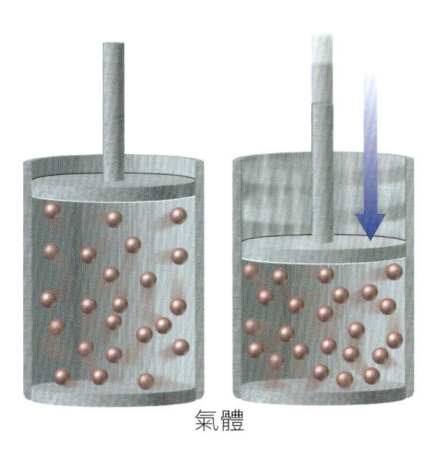

▲ 圖11.5 **氣體可壓縮性**。氣體粒子間具相當空隙，使得氣體可壓縮。

分子動力論能確實預知氣體的性質，就像3.3節所述，氣體

- 具有可壓縮性、
- 具有容器的形狀及體積、
- 密度較液體及固體來得低

組成氣體的原子或分子，彼此間因為有相當距離，當外力作用在氣體上時，其中的原子或分子被壓得更靠近，使得氣體具有可壓縮性。相同情形下，液體及固體的原子或分子間，因靠得夠近，而不可壓縮。氣體具可壓縮性，可藉由移動活塞的氣體容器觀察到，當外界施壓時則活塞被推動向下（如◀ 圖11.5所示）。如果容器裝填的是液體或固體，當外界施壓時，則無法使活塞向下推動（如◀ 圖11.6所示）。

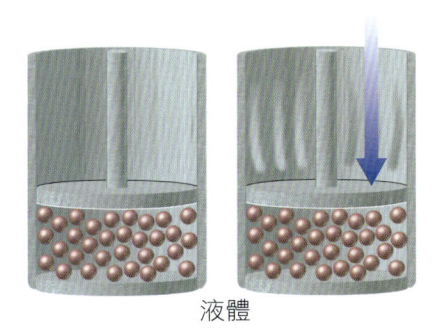

液體

▲ 圖 11.6 **液體不具可壓縮性**。液體粒子間空隙太小，使得液體不可壓縮。

相較於原子或分子間相互作用的固體或液體，氣體間的原子或分子不會與其他粒子作用（或更精確的說，氣體間的作用力幾乎可忽略）。氣體以直線運動相互碰撞，並且撞擊容器器壁，如此，氣體充滿整個容器（如◀圖11.7所示），因此認為容器的形狀及體積即是氣體的形狀及體積。

▲ 圖11.7 容器的形狀即為氣體的形狀。

▲ 在1大氣壓100°C狀態下，1罐350 ml的橘子汽水中，全部的水轉換成氣體，相當於1700罐汽水罐的體積。

11.3 壓力：分子持續碰撞的結果

由分子動力論的預測，能使吸管具有吸取液體功能的因素是壓力。氣體分子或原子間相互持續碰撞容器壁所造成的結果即是**壓力**（pressure）。因為有壓力，所以能用吸管來喝飲料、籃球會膨脹以及氣體能進出肺部。地球也因為大氣壓力的改變而產生風，並由壓力的改變而幫助氣象的預測。壓力圍繞在我們四周，甚至在我們體內。氣體壓力就是：在單位面積內氣體粒子碰撞周遭表面的作用力。

$$壓力 = \frac{作用力}{面積}$$

有幾個因素促使氣體具有壓力，其中之一是固定體積中所含氣體粒子的數目（如◀圖11.8所示）。氣體粒子愈少，則壓力愈小。當爬山或搭飛機時，單位體積中的空氣只有較少量的氣體粒子，因此使得壓力下降，也因此大多數的機艙有調整壓力的設施（請參閱本章「Everyday Chemistry」專欄有關「Airplane Cabin Pressurization」主題的探討）。

因壓力的降低使得耳朵內氣體容納腔感到疼痛（如▶圖11.9所示），以爬山為例，周遭大氣壓力下降，而此時耳內氣體容納腔的內壓仍維持不變，如此會造成不平衡，因較大內壓使內耳耳膜向外鼓起而造成疼痛。適時的張嘴一兩次，促使耳腔內過剩氣體排出，即可平衡內外壓力而減輕疼痛。

▲ 圖11.8 **壓力**。因為壓力是氣體分子彼此間以及與圍繞它們的器壁相碰撞的結果，當一定體積內的分子數增加，則壓力增加。

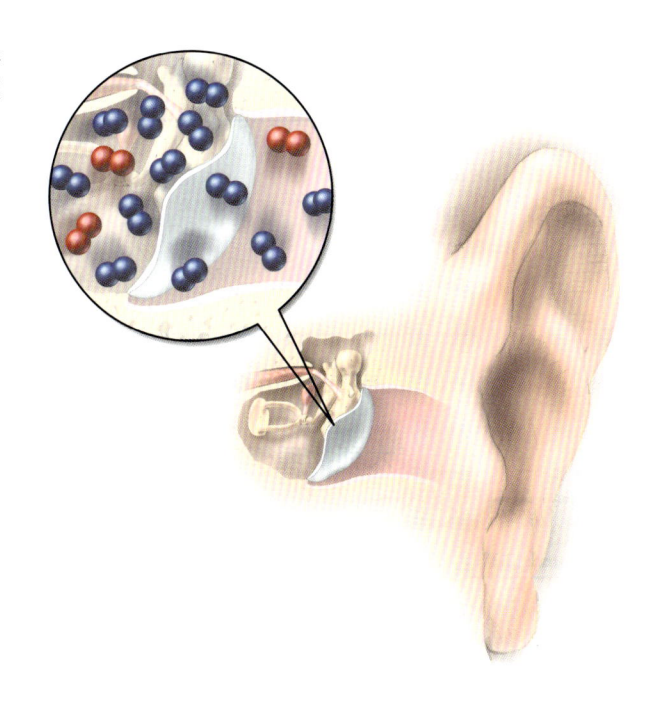

▶ 圖 11.9 **壓力不平衡**。爬山或搭飛機所造成耳內疼痛是因為耳腔壓力與外界壓力不平衡所導致。

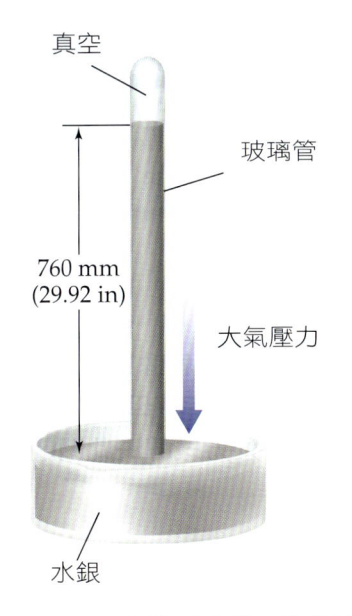

▲ 圖 11.10 **水銀壓力計**。海平面平均大氣壓力能壓擠水銀管柱上升760 mm。

壓力單位

最常用的壓力單位是**大氣壓**（atmosphere, **atm**），是海平面上的平均壓力。

1 atm = 海平面上的平均壓力

登山腳踏車輪胎能承受6 atm 的膨脹壓力，而喜馬拉亞山頂的壓力只有0.311 atm。

壓力的SI單位是**帕**（pascal, **Pa**），定義成每平方公尺施以1牛頓的力。

$1 \text{ Pa} = 1 \text{ N}/\text{m}^2$

Pa 是非常小的壓力單位，1 atm 等於101,325 Pa。

1 atm = 101,325 Pa

第三種壓力單位，**毫米汞柱**（millimeter of mercury, **mm Hg**），可用水銀壓力計測量壓力（如◀ 圖11.10所示）。將抽真空的玻璃管倒立放置在水銀槽中即成為壓力計，在11.1節的內容裡，液體平面被大氣壓力推上真空玻璃管內，就我們所知，水能被海平面上的平均大氣壓力推上10.3 m的高度；然而，對於密度較高的水銀，只能被推上0.760 m或760 mm的高度。如果測量壓力使用較短的0.760 m高度的水銀管柱，比用水柱的10.3 m方便多了。

壓力計中因壓力的改變，使水銀柱造成上升或下降，其中當壓力上升將使水銀管柱的高度上升，壓力下降則使水銀管柱高度隨之下降，1 atm 壓力將擠壓水銀管柱升高760 mm，也就是說1 atm 等於760 mm Hg。

時會由單向閥門引空氣進入圓筒，而下壓把手將使圓筒內的體積減少而造成內壓增加，其中氣體所增加的力，是沿著另一個單向閥門進入輪胎或需要膨脹的物件裡。

氣體壓力與體積間的關係可由氣體定律來描述，此定律能顯示其中某性質的改變能影響另外其他性質的變化。氣體體積及壓力間的關係是波以耳（Robert Boyle, 1627-1691）所發現稱之為**波以耳定律**（Boyle's law）。

波以耳定律：氣體體積與壓力成反比。

$$V \propto \frac{1}{P}$$ （∝ 意指「成正比」）

當一個增加而使另一個減少，則稱兩者的關係是反比（如▼圖11.12所示）。由打氣筒得知：當氣體體積減少，則壓力增加。以分子動力論的敘述是：如果氣體體積減少，而相同氣體粒子數擠在較小體積內，將促使撞擊容器壁的次數增加，如此將使壓力增加（如▼圖11.13所示）。

▶圖 11.12 **體積與溫度**。(a) 如圖所示：J形管是用來測量在不同壓力下（即注入水銀到J形管內），氣體端的體積變化情形，得知當壓力增加則氣體體積減少。(b) 氣體體積曲線是壓力的函數。

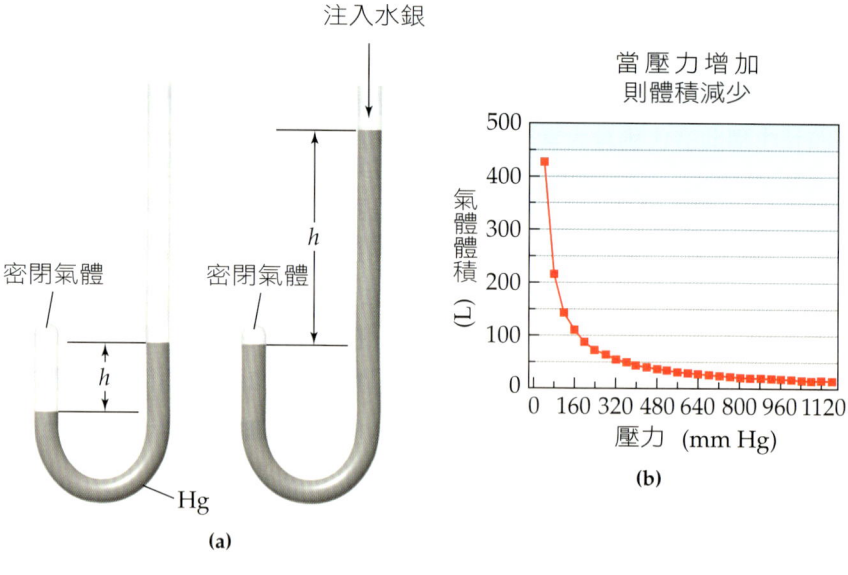

▶圖 11.13 **體積與壓力：分子觀點**。當氣體體積減少，氣體分子間與氣體對單位容器壁面積碰撞的次數將增加，如此將引發壓力升高。

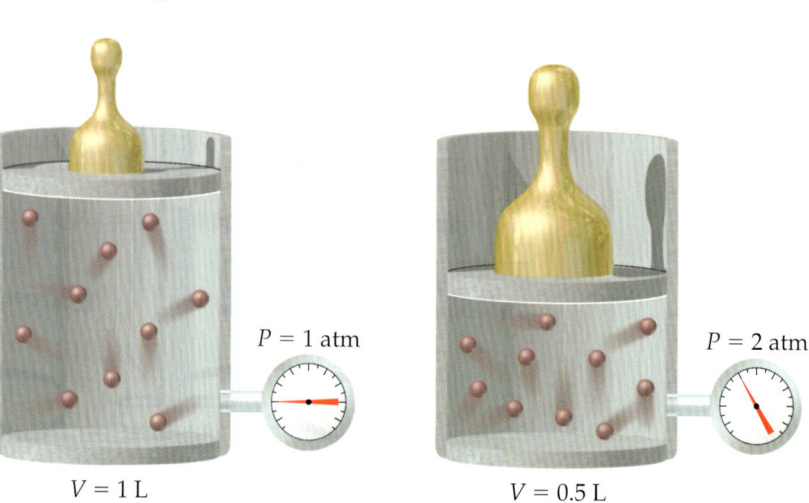

▶ 圖 11.14 **深水中的壓力**。潛水夫潛入水中每加深 10 m,周遭的水重使他所承受的壓力增加 1 atm,在 20 m 深的地方,潛水夫所承受的總壓力是 3 atm(其中 1 atm 來自大氣壓力而另外 2 atm 則來自水重)。

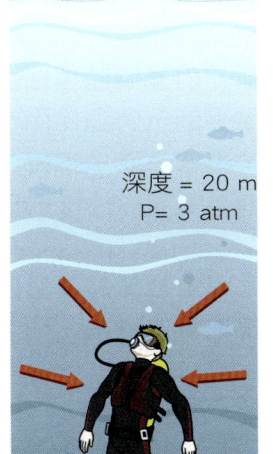

使用水肺的潛水夫在他們拿到證照時,他們就懂了波以耳定律,了解為何快速游向海平面是危險的。潛入水中的潛水夫每加深 10 m,周遭的水重將使他所承受的壓力多增加 1 atm(如▲圖11.14所示)。潛水夫所使用的水肺壓力調節器,可移出空氣使肺部呼吸與外壓達成一致,否則潛水夫將無法吸入空氣(參閱「Everyday Chemistry」專欄關於「Extralong Snorkels」的討論)。當潛水夫潛入 20 m 深的地方,調節器將移出空氣使肺部呼吸與周遭的 3 atm 達成一致,其中包括正常 1 atm 大氣壓力,加上 20 m 深水的重量是 2 atm(如▼圖11.15所示)。

▶ 圖 11.15 **解壓的危險**。(a) 潛水夫在 20 m 深的地方所承受的壓力是 3 atm,則呼吸空氣調節成 3 atm。(b) 若充滿 3 atm 空氣的肺部,迅速游向海平面,肺部因外壓是 1 atm 而爆裂。

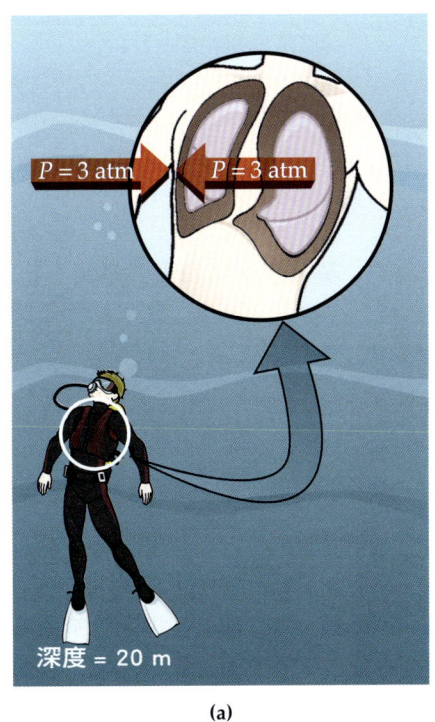

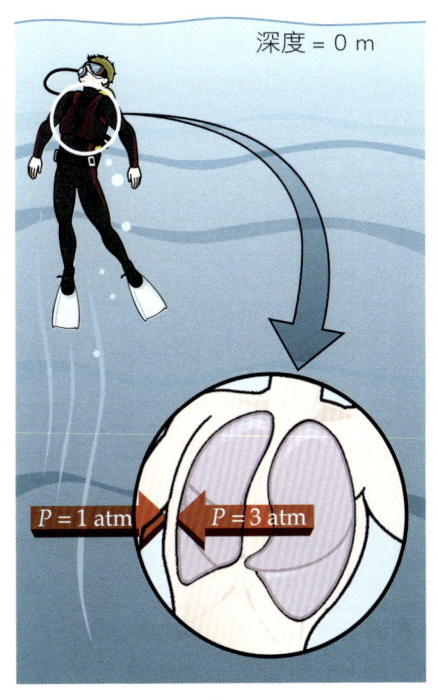

假如潛水夫吸入充滿肺部為3 atm的空氣,且快速游向呼吸僅需1 atm的海平面,在肺內的氣體體積將發生什麼變化?因為壓力減為1/3,則肺內氣體體積將增為3倍,如此將嚴重傷害肺部,甚而死亡。潛水夫肺部內氣體體積增加非常大時,當然不能維持呼吸,如果快速游向海平面,將迫使由嘴部釋出,無論如何潛水最重要規則是不可屏息,潛水夫必須緩慢上升持續呼吸,藉由調節器帶走空氣壓力而在回到海平面前恢復到1 atm的壓力。

只要在溫度固定及氣體數量固定的情況下,波以耳定律可藉由壓力改變,計算出氣體體積,或者藉由體積改變計算出氣體壓力。為方便於計算,可寫出波以耳定律:

$$因\ V \propto (1/P),\ 所以\ V = \frac{常數}{P}$$

兩邊各自乘以壓力:

$$PV = 常數$$

這樣的關係是正確的,因為如果壓力增加則體積減少,同時 P × V的乘積總是得到相同的常數,對於兩種不同的狀態可設定如下:

$$P_1V_1 = 常數 = P_2V_2 \quad 或是$$
$$P_1V_1 = P_2V_2$$

其中P_1、V_1是氣體開始的壓力及溫度,P_2、V_2是後來的壓力及溫度。例如:如果要計算氣體的壓力,其最初的壓力及溫度為 765 mm Hg及1.78 L,而後來壓縮體積成為1.25 L,則可組合上述問題如下:

已知:

P_1 = 765 mm Hg
V_1 = 1.78 L
V_2 = 1.25 L

試求:P_2

方程式:解答這個問題需要適當方程式,如下所列:

$$P_1V_1 = P_2V_2$$

解析圖:

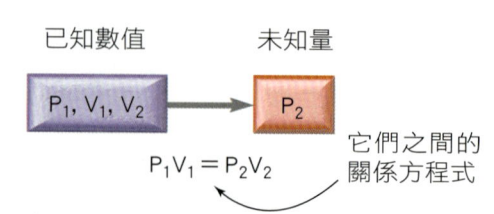

已知數值 → 未知量
P_1, V_1, V_2 → P_2
$P_1V_1 = P_2V_2$ 它們之間的關係方程式

由解析圖得知:可藉由所列方程式及代入已知數值,計算出未知量。

解答：藉由解出方程式可得出未知量（P_2）。

$$P_1V_1 = P_2V_2$$

$$P_2 = \frac{P_1V_1}{V_2}$$

最後將數值代入方程式中計算得出答案。

$$P_2 = \frac{P_1V_1}{V_2}$$

$$= \frac{(765 \text{ mm Hg})(1.78 \text{ L})}{1.25 \text{ L}}$$

$$= 1.09 \times 10^3 \text{ mm Hg}$$

範例 11.2　波以耳定律

含有可移動活塞的圓筒容器中，具有 4.0 atm 壓力及 6.0 L 體積，當容器中的壓力降為 1.0 atm 時，容器體積為何？

已知開始時的壓力、體積及變化後的壓力。	已知： $P_1 = 4.0$ atm $V_1 = 6.0$ L $P_2 = 1.0$ atm
	試求：V_2
這個問題要使用波以耳定律。	方程式：$P_1V_1 = P_2V_2$
由已知量畫出解析圖。藉由波以耳定律列出方程式關係即可計算出未知量。	解析圖： $P_1, V_1, P_2 \rightarrow V_2$ $P_1V_1 = P_2V_2$
解出方程式則可得出未知量（V_2）。將數值代入方程式中計算得出答案。	解答： $P_1V_1 = P_2V_2$ $V_2 = \dfrac{V_1P_1}{P_2}$ $= \dfrac{(6.0 \text{ L})(4.0 \text{ atm})}{1.0 \text{ atm}}$ $= 24$ L

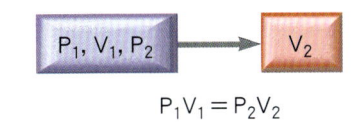

11.5　查理定律：體積與溫度

你曾注意到熱空氣上升嗎？你曾注意到家中樓上較暖和？或是看過熱氣球飛行？熱氣球藉由加熱器暖化裡面的空氣，於是使得熱氣球能在周圍的較涼空氣中上升；在固定壓力下，增加溫度則氣體體積增加，使熱空氣上升。只要相同質量或相同數量的氣體加熱後，體積增加而密度降低，因為密度是質量除以體積，而低密度氣船飄浮在高密度的空氣中就像木頭浮在水中一般。

第 11 章　氣體

▶ 由查理定律得知熱氣球中的氣體經由加熱使它膨脹，當熱氣球內空氣被加熱使它的密度降低，便能使它飄浮在四周較冷的空氣中。

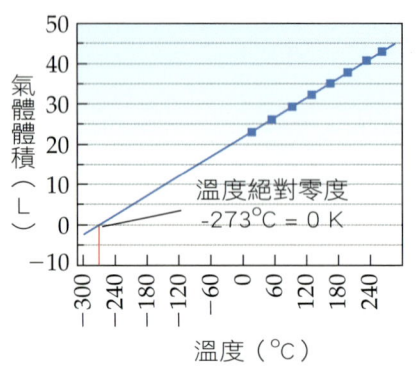

▲ 圖 11.16 **體積與溫度**。氣體體積隨溫度增加而依線性增加。

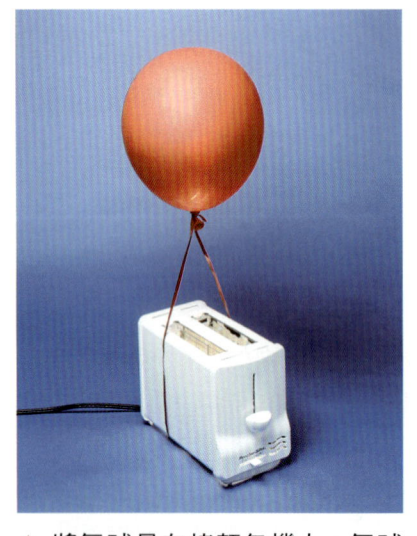

▲ 將氣球吊在烤麵包機上，氣球內空氣因受熱使得氣球會膨脹。

在恆定壓力下，改變溫度，測量其氣體體積，則測量的結果顯示在 ◀ 圖11.16中，圖中得知體積與溫度間的關係：當溫度增加則氣體體積增加，且溫度與體積成**線性關係**，如果兩變數是成線性關係，則兩點可以連成一直線。

另一個有趣的性質是藉由**外插法**（extrapolation）延伸到最低測量值，由延伸直線得知在 -273℃時體積為0，回想在第3章時 -273℃相當於0 K，是最低可能溫度，在外插線中低於 -273℃時，氣體體積為負值，這是物理上的不可能。基於這個理由，我們把0 K定為**絕對零度**（absolute zero），低於此是不存在的溫度。

法國數學及物理學家查理（J.A.C. Charles, 1746-1823），最早嚴謹地定量出氣體體積與溫度間的關係，查理對氣體很感興趣並且是第一批就登上充滿氫氣飛船之一的人，查理所陳述的定律稱為**查理定律**（Charles's law）。

查理定律：氣體的體積（V）與凱氏溫度（T）成正比。

$$V \propto T$$

假如兩者之間有正比關係，則其中一個因某些因素而增加那麼另一個也隨之增加。例如：氣體溫度（K）成為2倍，則體積也成為2倍；氣體溫度（K）成為3倍，則體積也成為3倍，依此類推。根據分子動力論亦是如此：氣體溫度增加，則氣體粒子運動加快，在外界壓力維持不變的情形下，氣體體積增加（如 ▶ 圖11.17所示）。

我們可實驗把氣球吊在烤麵包機上來印證查理定律，當氣球內空氣被加熱，可察覺氣球膨脹；相反的，把氣球吊在冰庫或放在0℃的戶外，則察覺氣球萎縮。

11.5 查理定律：體積與溫度

只要壓力及氣體的量固定不變，就可依據查理定律來改變溫度以計算氣體體積，或者改變體積以計算氣體溫度。為了方便計算，可用如下不同方式來表示查理定律：

因為 V ∝ T，所以 V = 常數 × T

兩邊各除以T，可得：

V / T = 常數

如果溫度增加，則體積會以等比例增加，所以比值V / T總是為常數，因此，對於兩種不同的測量可視為：

V_1 / T_1 = 常數 = V_2 / T_2 或是

$$\frac{V_1}{T_1} = \frac{V_2}{T_2}$$

其中V_1、T_1是氣體開始的體積及溫度，V_2、T_2是後來的體積及溫度，其中**所有溫度必需以凱氏溫度表示**。

例如：要計算氣體開始的溫度及體積是298 K及2.37 L，後來加熱到354 K，依正規方式組合上述問題如下：

已知：

T_1 = 298 K　　V_1 = 2.37 L　　T_2 = 354 K

試求：V_2

方程式：$\dfrac{V_1}{T_1} = \dfrac{V_2}{T_2}$

解析圖：解析圖就是由已知數值透過方程式計算未知量。

已知數值　　　　未知量

T_1, V_1, T_2 → V_2

$\dfrac{V_1}{T_1} = \dfrac{V_2}{T_2}$ ← 它們之間的關係方程式關係方程式係方

解答：藉由所列方程式及代入已知數值可計算出未知量（V_2）。

$$\frac{V_1}{T_1} = \frac{V_2}{T_2}$$

$$V_2 = \frac{V_1}{T_1} T_2$$

最後將數值代入方程式中計算得出答案。

$$V_2 = \frac{V_1}{T_1} T_2$$

$$= \frac{2.37 \text{ L}}{298 \text{ K}} \; 354 \text{ K}$$

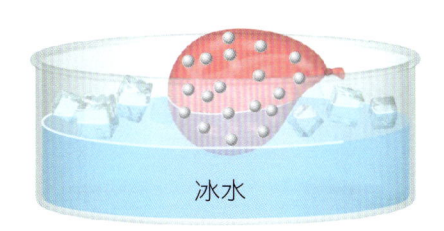

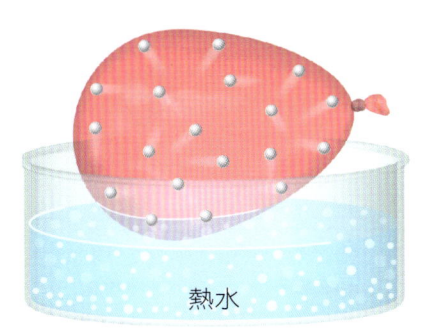

$$= 2.82 \text{ L}$$

▲ 圖 11.17 **體積與溫度：分子觀點**。氣球由冰水浴移到熱水浴的過程中，氣體分子因溫度增加使得運動加快，如果外界壓力維持不變，氣體分子將使氣球膨脹而具有較大體積。

範例 11.3　查理定律

在固定壓力未知溫度下，氣體體積是 2.80 L，當氣體浸泡在冰水中（0°C）體積減少到 2.57 L，則開始的溫度為多少 K 及多少°C？（為了區分兩種溫度，以 t 表示°C 溫度，以 T 表示 K 溫度）

已知開始的體積，及狀態改變後的溫度和體積，計算出起始時的溫度，各以攝氏及凱氏標出（°C 及 K）。

由查理定律解出答案。

已知：

$V_1 = 2.80$ L
$V_2 = 2.57$ L
$t_2 = 0$ °C

試求： T_1 及 t_1

方程式：

$$\frac{V_1}{T_1} = \frac{V_2}{T_2}$$

由已知量畫出解析圖，藉由查理定律列出方程式關係則可計算出未知量。

解析圖：

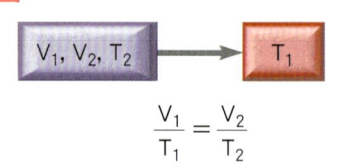

$V_1, V_2, T_2 \longrightarrow T_1$

$$\frac{V_1}{T_1} = \frac{V_2}{T_2}$$

藉由所列方程式及代入已知數值可計算出未知量（T_1）。

解答：

$$\frac{V_1}{T_1} = \frac{V_2}{T_2}$$

$$T_1 = \frac{V_1}{V_2} T_2$$

在氣體方程式的計算中必須以凱氏溫度（K）代入得到 T_1。再轉換成攝氏溫度（°C）得到 t_1。

$T_2 = 0 + 273 = 273$ K

$T_1 = \frac{V_1}{V_2} T_2$

$= \frac{2.80 \text{ L}}{2.57 \text{ L}} \times 273$ K

$= 297$ K

$t_1 = 297 - 273 = 24$ °C

11.6　併合氣體定律：壓力、體積與溫度

在固定溫度狀態下，波以耳定律表示 P 與 V 的關係，在固定壓力狀態下，查理定律表示 V 與 T 的關係。如果壓力與溫度同時改變，對體積將如何影響？因為體積與壓力成反比（$V \propto 1/P$），而與溫度成正比（$V \propto T$），可表示為：

$$V \propto \frac{T}{P} \quad \text{或是} \quad \frac{PV}{T} = \text{常數}$$

因此就某一氣體，在兩組不同狀態下可表示成**併合氣體定律**（combined gas law）。

$$\frac{P_1 V_1}{T_1} = \frac{P_2 V_2}{T_2}$$

併合氣體定律適用在氣體的量不變的情況，且溫度要以凱氏溫度表示。

11.6 併合氣體定律：壓力、體積與溫度 239

在具有可移動活塞的圓筒中，筒內開始的體積是 3.65 L，而壓力及溫度分別是 755 mm Hg 及 302 K，狀態改變後的壓力為 687 mm Hg 溫度是 291 K，則體積為何？

已知：

$P_1 = 755$ mm Hg　　$T_1 = 302$ K

$V_1 = 3.65$ L　　　　$P_2 = 687$ mm Hg

$T_2 = 291$ K

試求： V_2

方程式：

$$\frac{P_1V_1}{T_1} = \frac{P_2V_2}{T_2}$$

解析圖： 解析圖就是由已知數值透過方程式到未知量。

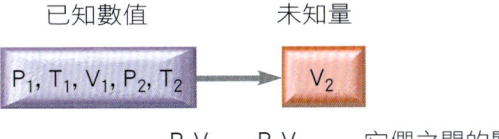

已知數值　　　　未知量

P_1, T_1, V_1, P_2, T_2 → V_2

$$\frac{P_1V_1}{T_1} = \frac{P_2V_2}{T_2}$$ ← 它們之間的關係程式關係程式係程式

解答： 藉由所列方程式及代入已知數值可計算出未知量（V_2）。

$$\frac{P_1V_1}{T_1} = \frac{P_2V_2}{T_2}$$

$$V_2 = \frac{P_1V_1T_2}{T_1P_2}$$

最後將數值代入方程式中計算得出答案。

$$V_2 = \frac{P_1V_1T_2}{T_1P_2}$$

$$= \frac{755 \text{ mm Hg} \times 3.65 \text{ L} \times 291 \text{ K}}{302 \text{ K} \times 687 \text{ mm Hg}}$$

$$= 3.87 \text{ L}$$

範例 11.4　併合氣體方程式

氣體開始的體積是 158 mL，壓力及溫度分別是 735 mm Hg 及 34 ℃，氣體體積壓縮成 108 mL 而溫度為 85 ℃，則狀態改變後的壓力為多少 mm Hg？

已知開始的壓力、溫度和體積，及狀態改變後的溫度和體積，求出狀態改變後的壓力。

已知：

$P_1 = 735$ mm Hg

$t_1 = 34$ ℃　　$t_2 = 85$ ℃

$V_1 = 158$ mL　　$V_2 = 108$ mL

試求： P_2

用併合氣體方程式解答。

方程式：

$$\frac{P_1V_1}{T_1} = \frac{P_2V_2}{T_2}$$

解析圖就是由已知數值透過併合氣體方程式所顯示的必要關係而得到未知量。

解析圖：

P_1, T_1, V_1, T_2, V_2 → P_2

$$\frac{P_1V_1}{T_1} = \frac{P_2V_2}{T_2}$$

藉由所列方程式及代入已知數值可計算出未知量（P_2）。

解答：

$$\frac{P_1V_1}{T_1} = \frac{P_2V_2}{T_2}$$

$$P_2 = \frac{P_1V_1T_2}{T_1V_2}$$

$T_1 = 34 + 273 = 307\ K$
$T_2 = 85 + 273 = 358\ K$

計算前要把溫度單位轉換成凱氏溫度。

最後將數值代入方程式中計算出 P_2。

$$P_2 = \frac{735\ mm\ Hg \times 158\ mL \times 358\ K}{307\ K \times 108\ mL}$$

$$= 1.25 \times 10^3\ mm\ Hg$$

✓ 觀念檢查站 11.2

氣體在具活塞的筒狀容器內，因加熱使其溫度（K）成為兩倍，則：
（a）壓力及體積都成為 2 倍
（b）體積不變壓力成為 2 倍
（c）壓力不變體積成為 2 倍
（d）體積成為 2 倍，但壓力僅是一半

11.7　亞佛加厥定律：體積與莫耳數

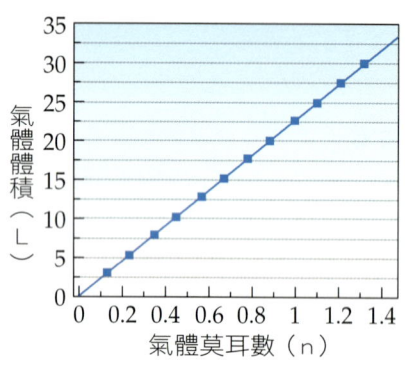

▲ 圖 11.18 **體積與莫耳數**。氣體體積隨氣體莫耳數的增加而依線性增加。

在固定氣體數量時，我們已經知道V、P及T之間的關係，然而，當氣體數量改變時又如何呢？在固定溫度及壓力下，對氣體體積與莫耳數之間做了一些量測的結果，如◀圖11.18所示，得知氣體體積與莫耳數成線性關係，以外插法將直線延伸到氣體莫耳數為0時，氣體體積也是0。這個關係最早由亞佛加厥（Amadeo Avogadro, 1776-1856）所提出，因此稱為**亞佛加厥定律**（Avogadro's law）。

亞佛加厥定律：氣體體積與莫耳數（n）成正比。

$$V \propto n$$

由正比關係得知：氣體莫耳數增加，體積隨之增加，此情形依然遵循分子動力論：在固定壓力及溫度下，如果氣體莫耳數增加，則氣體粒子佔有較大體積。

以吹氣球為例，來體驗亞佛加厥定律，每一次吹氣，就增加氣體粒子數量到氣球內部，使氣球體積增加（如◀圖11.19所示）。**只要在氣體的溫度及壓力固定下**，亞佛加厥定律可由氣體的數量多寡計算出氣體體積。亞佛加厥定律可表示成：

$$\frac{V_1}{n_1} = \frac{V_2}{n_2}$$

▲ 圖 11.19 **吹氣**。吹氣球時，因氣體數量的增加而使體積增加。

其中V_1及n_1分別是開始時氣體的體積及莫耳數，而V_2與n_2則是變化後的體積與莫耳數。在氣體狀態的計算方式，亞佛加厥定律類似於其他氣體定律的一般用法，如下列例子。

範例 11.5　亞佛加厥定律

在溫度及壓力固定的狀態下，4.8 L 氦氣中有 0.22 mol 的氦。需要增加多少 mol 的氦能使其體積是 6.4 L？

已知開始的體積和莫耳數，及狀態改變後的莫耳數。	**已知**： $V_1 = 4.8$ L $n_1 = 0.22$ mol $V_2 = 6.4$ L
	試求：n_2
用亞佛加厥定律解答。	**方程式**： $$\frac{V_1}{n_1} = \frac{V_2}{n_2}$$
由已知量畫出解析圖。藉由亞佛加厥定律列出方程式關係可計算出未知量。	**解析圖**： $V_1, n_1, V_2 \rightarrow n_2$ $$\frac{V_1}{n_1} = \frac{V_2}{n_2}$$
解出方程式可得出未知量（n_2），將數值代入方程式中計算得出答案。	**解答**： $$\frac{V_1}{n_1} = \frac{V_2}{n_2}$$ $$n_2 = \frac{V_2}{V_1} n_1$$ $$= \frac{6.4 \text{ L}}{4.8 \text{ L}} \times 0.22 \text{ mol}$$ $$= 0.29 \text{ mol}$$
因為氣球內原先已經有 0.22 mol，因此計算出變化後的莫耳數還要減去原有的量才是要增加的莫耳數。	要增加的數量 = 0.29 - 0.22 = 0.07 mol

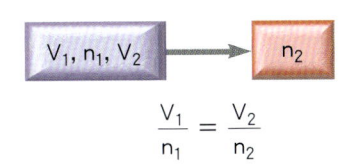

11.8　理想氣體定律：壓力、體積、溫度與莫耳數

將已經了解的氣體狀態關係組合成單一的式子，就已知關係為：

$$V \propto \frac{1}{P} \quad (\text{波以耳定律})$$

$$V \propto T \quad (\text{查理定律})$$

$$V \propto n \quad (\text{亞佛加厥定律})$$

併合上述關係：

$$V \propto \frac{nT}{P}$$

氣體體積正比於氣體莫耳數及溫度，而反比於氣體壓力，以符號R取代其間的比例關係，此比例常數稱為**理想氣體常數**（ideal gas constant）。

$$V = \frac{RnT}{P}$$

整理得到：

$$PV = nRT$$

此方程式稱為**理想氣體定律**（ideal gas law），R值為理想氣體常數：

$$R = 0.0821 \frac{L \cdot atm}{mol \cdot K}$$

理想氣體定律包含了一些已經學過的氣體定律，例如：波以耳定律就是在氣體數量（n）氣體溫度（T）固定情形下：$V \propto 1/P$ 的關係，以下由理想氣體定律推導波以耳定律：

$$PV = nRT$$

首先兩邊同除P：

$$V = \frac{nRT}{P}$$

將固定的變數放在括號內：

$$V = (nRT) \times \frac{1}{P}$$

因為n、R、T都是常數：

$$V = (常數) \times \frac{1}{P}$$

這就是波以耳定律 $\left(V \propto \frac{1}{P} \right)$。

理想氣體定律同樣能夠表示其他變數之間的關係，例如查理定律就是在氣體壓力（P）及氣體數量（n）固定情形下，體積正比於溫度的關係，如果在固定氣體體積及固定氣體莫耳數情況下，加熱氣體，這個問題運用在髮膠或除臭劑噴霧罐，甚至是用完的物件上的警告標籤，一個幾乎是空的噴霧罐並非真正的空無一物，而是含有一定量積在管中的氣體，如果加熱這些罐子會發生什麼事？在固定體積及固定莫耳數的情形下，以理想氣體定律能清楚得知壓力與溫度間的關係：

$$PV = nRT$$

兩邊同時除以V：

$$P = \frac{nRT}{V}$$

$$P = \left(\frac{nR}{V}\right)T$$

其中n和V是常數，且因R永遠是常數：

$$P = 常數 \times T$$

在固定氣體數量及固定體積情形下，溫度增加則壓力增加，在噴霧罐中壓力增加會導致罐子爆裂，因此噴霧罐不能加熱或者焚化，表11.2摘錄所有氣體定律。

理想氣體定律有四個變數（P, V, n, T），給出其中三個，就能決定第四個的數值，理想氣體定律中的任一個數量都包含有氣體常數（R）。

表 11.2 簡易氣體定律與理想氣體定律間的關係

改變量	固定量	理想氣體定律	簡易氣體定律	簡易定律名稱
V, P	n, T	$PV = nRT$	$P_1V_1 = P_2V_2$	波以耳定律
V, T	n, P	$\dfrac{V}{T} = \dfrac{nR}{P}$	$\dfrac{V_1}{T_1} = \dfrac{V_2}{T_2}$	查理定律
P, T	n, V	$\dfrac{P}{T} = \dfrac{nR}{V}$	$\dfrac{P_1}{T_1} = \dfrac{P_2}{T_2}$	給呂薩克定律
P, n	V, T	$\dfrac{P}{n} = \dfrac{RT}{V}$	$\dfrac{P_1}{n_1} = \dfrac{P_2}{n_2}$	
V, n	T, P	$\dfrac{V}{n} = \dfrac{RT}{P}$	$\dfrac{V_1}{n_1} = \dfrac{V_2}{n_2}$	亞佛加厥定律

- 壓力（P）單位：atm
- 體積（V）單位：L
- 氣體數量（n）單位：mol
- 溫度（T）單位：K

在1.2 L容器，溫度為298 K，氣體數量為0.18 mol時的壓力為何？

已知：

$n = 0.18$ mol

$V = 1.2$ L

$T = 298$ K

試求： P

方程式： 以理想氣體定律表示

$PV = nRT$

解析圖： 解析圖由已知數值透過理想氣體定律到未知量。

n, V, T → P

$PV = nRT$

解答： 由已知數值解出方程式得出未知量（P）。

$PV = nRT$

$P = \dfrac{nRT}{V}$

將數值代入方程式中計算得出答案。

$$P = \dfrac{0.18 \text{ mol} \times 0.0821 \dfrac{\text{L} \cdot \text{atm}}{\text{mol} \cdot \text{K}} \times 298 \text{ K}}{1.2 \text{ L}}$$

$$= 3.7 \text{ atm}$$

其他單位抵銷後得到壓力單位為 atm。

範例 11.6　理想氣體定律

在壓力及溫度為 1.37 atm 和 315 K 時，氮氣數量為 0.845 mol 的體積為何？

已知氣體的莫耳數、壓力和溫度，要計算出體積。	已知： n = 0.845 mol P = 1.37 atm T = 315 K
	試求：V
以理想氣體定律解答。	方程式： PV = nRT
解析圖由已知數值透過理想氣體定律以得到未知量。	解析圖： n, P, T → V PV = nRT
將已知數值代入方程式計算出未知量（V）。	解答： PV = nRT $V = \dfrac{nRT}{P}$ $V = \dfrac{0.845 \text{ mol} \times 0.0821 \dfrac{\text{L} \cdot \text{atm}}{\text{mol} \cdot \text{K}} \times 315 \text{ K}}{1.37 \text{ atm}}$ =16.0 L

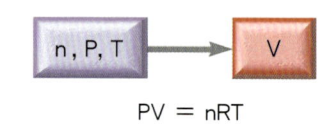

用於理想氣體定律的已知狀態，它的單位與理想氣體常數的單位不同時，在計算理想氣體方程式時要轉換成正確的單位，用以下範例驗證。

範例 11.7　需要單位轉換的理想氣體定律

在壓力 24.3 psi、體積 3.2 L、溫度 25℃的籃球內，計算其中氣體的莫耳數。

已知氣體的壓力、體積和溫度，要計算出氣體莫耳數。	已知： P = 24.3 psi V = 3.2 L t = 25℃
以理想氣體定律解答。	試求：n
	方程式：PV = nRT
解析圖由已知數值透過理想氣體定律以得到未知量。	解析圖： P, V, T → n PV = nRT

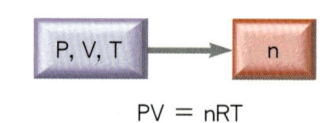

11.8 理想氣體定律：壓力、體積、溫度與莫耳數 245

將已知數值代入方程式計算出未知量（n）。

已知數值代入方程式前要先將 P 及 t 轉換成正確的單位後，代入方程式計算出未知量（n）。

解答：

$$PV = nRT$$

$$n = \frac{PV}{RT}$$

$$P = 24.2 \text{ psi} \times \frac{1 \text{ atm}}{14.7 \text{ psi}} = 1.6462 \text{ atm}$$

$$T = t + 273$$
$$= 25 + 273 = 298 \text{ K}$$

$$n = \frac{1.6462 \text{ atm} \times 3.2 \text{ L}}{0.0821 \frac{\text{L} \cdot \text{atm}}{\text{mol} \cdot \text{K}} \times 298 \text{ K}}$$

$$= 0.22 \text{ mol}$$

由理想氣體定律得到氣體莫耳質量

理想氣體定律與量測所得的質量結合，計算出氣體莫耳質量。例如：溫度為298 K 壓力為1.06 atm 的氣體質量為0.136 g，其體積是0.112L，計算出氣體的莫耳質量。

已知：

m = 0.136 g   V = 0.112 L
T = 298 K   P = 1.06 atm

試求： 莫耳質量（g/mol）

方程式： 需要理想氣體定律及莫耳質量的定義兩個方程式來解答

$$PV = nRT$$

$$莫耳質量 = \frac{質量}{莫耳數}$$

解析圖： 解析圖分兩部份：首先由 P、V、T 算出氣體莫耳數，再將氣體質量除以莫耳數，則可得到莫耳質量。

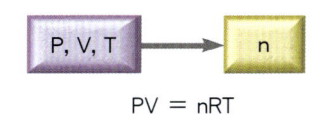

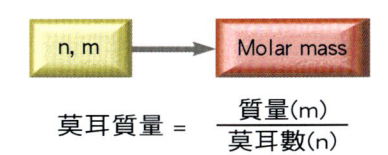

P, V, T → n
$$PV = nRT$$

n, m → Molar mass

$$莫耳質量 = \frac{質量(m)}{莫耳數(n)}$$

解答：

$$PV = nRT$$

$$n = \frac{PV}{RT}$$

$$= \frac{1.06 \text{ atm} \times 0.112 \text{ L}}{0.0821 \frac{\text{L} \cdot \text{atm}}{\text{mol} \cdot \text{K}} \times 298 \text{ K}}$$

$$= 4.85 \times 10^{-3} \text{ mol}$$

$$\text{莫耳質量} = \frac{\text{質量}(m)}{\text{莫耳數}(n)}$$

$$= \frac{0.136\ g}{4.85 \times 10^{-3}\ mol}$$

$$= 28.0\ g/mol$$

因此這種氣體是氮氣。

範例 11.8　利用理想氣體定律及質量的測量計算莫耳質量

溫度為 55℃，壓力為 886 mm Hg 的氣體 0.311 g，其體積是 0.225 L，計算出氣體的莫耳質量。

已知氣體的質量、體積、溫度和壓力，要計算出氣體莫耳質量。	**已知：** m = 0.311 g　　V = 0.225 L t = 55℃　　　P = 886 mm Hg **試求：** 莫耳質量（g/mol）
需要理想氣體定律及莫耳質量之定義的兩個方程式來解答。	**方程式：** PV = nRT $$\text{莫耳質量} = \frac{\text{質量}(m)}{\text{莫耳數}(n)}$$
首先由 P、V 和 T 算出氣體莫耳數，再將氣體質量除以莫耳數，則可得到莫耳質量。	**解析圖：** P, V, T → n PV = nRT n, m → Molar mass $$\text{莫耳質量} = \frac{\text{質量}(m)}{\text{莫耳數}(n)}$$
首先由理想氣體定律算出 n。	**解答：** PV = nRT $$n = \frac{PV}{RT}$$
計算方程式以前，先將壓力轉換成 atm，溫度轉換成 K。	$P = 886\ \text{mm Hg} \times \dfrac{1\ atm}{760\ \text{mm Hg}} = 1.1658\ atm$ T = 55℃ + 273 = 328 K
由方程式算出氣體莫耳數 n。	$$n = \frac{1.1658\ atm \times 0.225\ L}{0.0821\ \dfrac{L \cdot atm}{mol \cdot K} \times 328\ K}$$ $$= 9.7406 \times 10^{-3}\ mol$$
最後將氣體質量除以莫耳數，則可得到莫耳質量。	$$\text{莫耳質量} = \frac{\text{質量}(m)}{\text{莫耳數}(n)}$$ $$= \frac{0.311\ g}{9.7406 \times 10^{-3}\ mol}$$ $$= 31.9\ g/mol$$

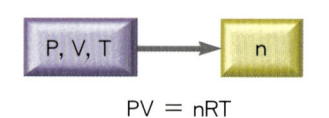

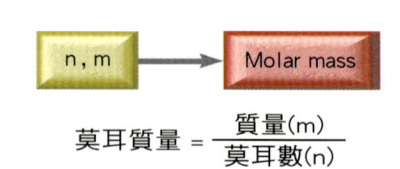

11.9　混合氣體：為何深海潛水夫呼吸氣為氦與氧混合氣　　247

雖然理想氣體定律完整的推導超出本書的範圍，但它仍然遵守分子動力論。因此，只有在分子動力論的狀況下，理想氣體定律才能維持，即理想氣體定律僅適用於氣體處於理想狀態下（如▼ 圖11.20所示），而理想狀態就是（a）氣體粒子的大小遠小於氣體間的距離（b）氣體間的作用力可以省略（如▼ 圖11.21所示）。

理想氣體狀態
・高溫
・低壓

非理想氣體狀態
・低溫
・高壓

分子間作用力

・氣體粒子大小小於氣體間的距離
・氣體粒子間的作用力可以省略

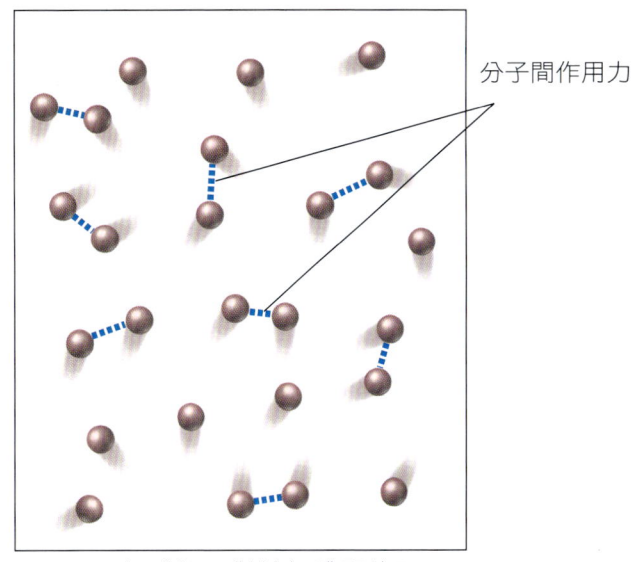

・氣體粒子對於氣體間的距離比較起來較明顯
・氣體間的作用力明顯

▲ 圖 11.20 **理想氣體狀態**。在高溫低壓的狀態下氣體動力論的假設成立。

▲ 圖 11.21 **非理想氣體的行為狀態**。在低溫高壓的狀態下氣體動力論的假設不正確。

理想狀態的假設在高壓（氣體間的距離變小）及低溫（氣體移動緩慢使氣體間的作用力明顯）下不成立。本書中所討論的問題都視為理想氣體行為。

11.9　混合氣體：為何深海潛水夫呼吸氣為氦與氧混合氣

許多氣體為混合氣體而非單一的氣體，以呼吸的空氣為例：其中包括78%氮氣、21%氧氣、0.9%氬氣、0.03%二氧化碳（如表11.3所示）和其它少量的氣體。依照分子動力論：混合氣體中單一成份氣體的行為與其他成份氣體無關。以空氣中氮氣的壓力（佔了總壓力的78%）為例，是與混合物中其他氣體的存在無關；同樣的，氧氣壓力（佔了總壓力的21%），也與其他氣體無關的。混合氣體中單一成份所呈現的壓力稱為該成份的**分壓**（partial pressure），成份分壓為混合氣體的總壓乘以組成成份比率（如▶ 圖11.22所示）。

成份分壓 = 組成成份比率 × 混合氣體總壓

表 11.3 乾空氣的成份

氣體	體積百分比（%）
氮氣（N_2）	78
氧氣（O_2）	21
氬氣（Ar）	0.9
二氧化碳（CO_2）	0.03

第 11 章　氣體

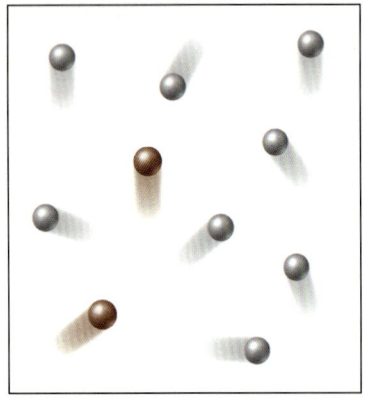

混合氣 (80% He, 20% Ne)
P_{tot} = 1.0 atm
P_{He} = 0.80 atm
P_{Ne} = 0.20 atm

▲ 圖 11.22 **分壓**。混合氣體包含 80% 的氦氣及 20% 的氖氣，其總壓是 1 atm，則其中氦氣的分壓為 0.8 atm，氖氣的分壓是 0.2 atm。

以 1 atm 的空氣中氮氣分壓（P_{N_2}）為例：

$$P_{N_2} = 0.78 \times 1 \text{ atm}$$
$$= 0.78 \text{ atm}$$

同樣在 1 atm 的空氣中氧氣分壓（P_{O_2}）是：

$$P_{O_2} = 0.21 \times 1 \text{ atm}$$
$$= 0.21 \text{ atm}$$

混合氣體的總壓等於混合物中每一成份分壓的總和：

$$P_{tot} = P_a + P_b + P_c + \cdots$$

其中 P_{tot} 是混合氣體的總壓，P_a, P_b, P_c, …是成份氣體的分壓，上述的關係稱為**道耳吞分壓定律**（Dalton's law of partial pressure）。

1 atm 的空氣：

$$P_{tot} = P_{N_2} + P_{O_2} + P_{Ar}$$
$$= 0.78 \text{ atm} + 0.21 \text{ atm} + 0.01 \text{ atm}$$
$$= 1.0 \text{ atm}$$

範例 11.9　總壓與分壓

氦氣、氖氣及氬氣的混合氣體總壓是 558 mm Hg，如果氦氣的分壓是 341 mm Hg 及氖氣的分壓是 112 mm Hg，則氬氣的分壓是多少？

已知混合氣體的總壓及 2 個成份氣體的分壓，能計算出第 3 個成份的分壓。	**已知：** P_{tot} = 558 mm Hg P_{He} = 341 mm Hg P_{Ne} = 112 mm Hg **試求：** P_{Ar}
用道耳吞分壓定律來計算。	**方程式：** $P_{tot} = P_a + P_b + P_c + \cdots$
將已知的數值代入道耳吞分壓定律，就能計算出氬氣的分壓。	**解答：** $P_{tot} = P_{He} + P_{Ne} + P_{Ar}$ $P_{Ar} = P_{tot} - P_{He} - P_{Ne}$ 　　= 558 mm Hg － 341 mm Hg － 112 mm Hg 　　= 105 mm Hg

深海潛水與分壓

　　肺部呼吸是吸入分壓為 0.21 atm 的氧氣，以爬山時總壓減少為例，則氧氣的分壓將同時減少，在總壓僅僅是 0.311 atm 的聖母峰的山頂上，氧氣的分壓則只有 0.065 atm。在先前的學習中，因為低氧所造成生理上的狀況稱為**高山症**（hypoxia）或缺氧症，輕度高山症

11.9 混合氣體：為何深海潛水夫呼吸氣為氦與氧混合氣 249

海平面
$P_{tot} = 1$ atm
$P_{N_2} = 0.78$ atm
$P_{O_2} = 0.21$ atm

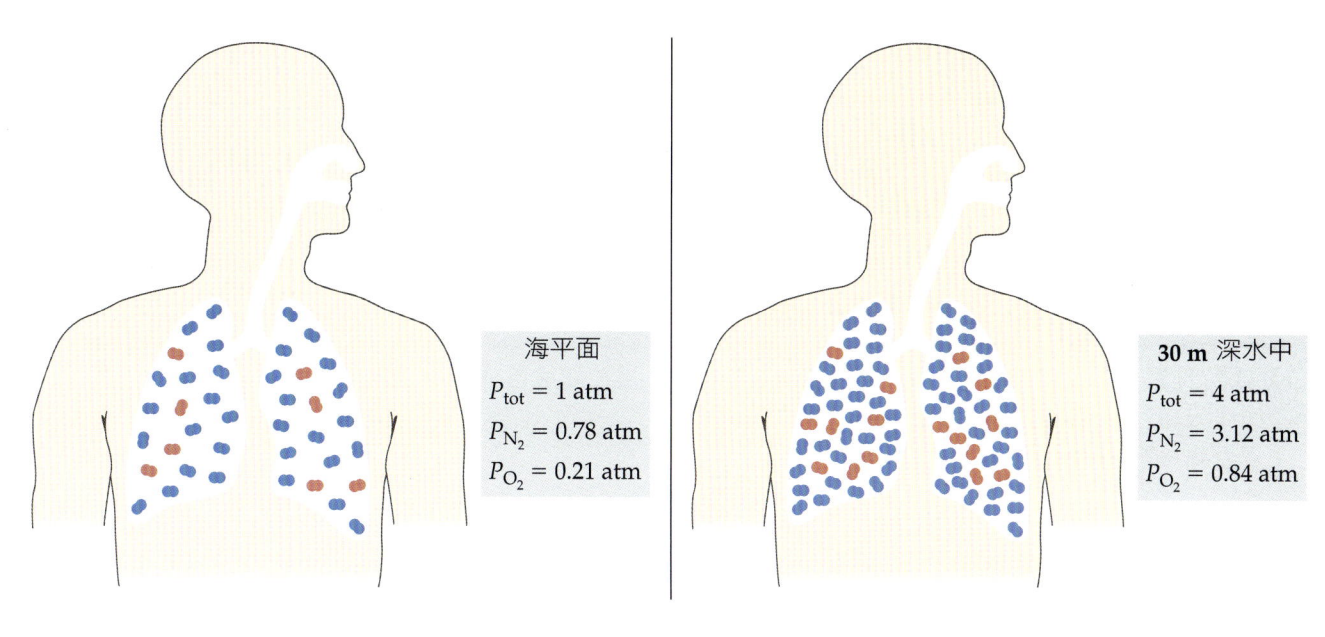

30 m 深水中
$P_{tot} = 4$ atm
$P_{N_2} = 3.12$ atm
$P_{O_2} = 0.84$ atm

▲ 圖 11.23 **太多不一定好。** 人的呼吸在於肺部內有較大的氧氣分壓，較大的氧氣分壓在肺部促使體內組織有較大量的氧氣，當氧氣分壓增高到 1.4 atm 時，將造成氧氣中毒（圖 11.23 其中紅球為氧分子藍球為氮分子）。

會造成頭昏眼花、頭痛和呼吸急促，當 P_{O_2} 低於 0.1 atm 的嚴重高山症，將導致神智不清甚至死亡，因此想要攀登聖母峰的登山者，要攜帶呼吸用的氧氣。

高氧量同樣會產生生理上的影響。潛水夫的水肺就是用來調節呼吸，30 m 深的潛水夫呼吸的總壓是 4.0 atm，其中 P_{O_2} 大概是 0.84 atm，氧氣分壓增加的結果，使得肺部內氧濃度的增加（如▲圖 11.23 所示），也造成人體組織有較高濃度的氧氣，當氧氣分壓增高到 1.4 atm 時，體內組織的氧氣濃度隨之增加而造成**氧氣中毒**（oxygen toxicity）（如◀圖 11.24 所示），將會導致肌肉抽蓄、視力模糊和痙攣，潛水夫若沒有適當調節壓力的裝置，而潛水太深會因為氧氣中毒而死亡。

第二個問題是肺部內的氮氣隨著呼吸增了壓的空氣而增加，在 30 m 深的潛水夫呼吸氮的分壓 $P_{N_2} = 3.1$ atm，此時會使體內組織及分泌液中的氮氣濃度增加。當 P_{N_2} 高於 4 atm 時會發生稱為**氮氣昏迷**（nitrogen narcosis）或**深度的狂迷**（rapture of the deep）的情況，此時潛水夫感到蹣跚步伐就像酒醉一般。

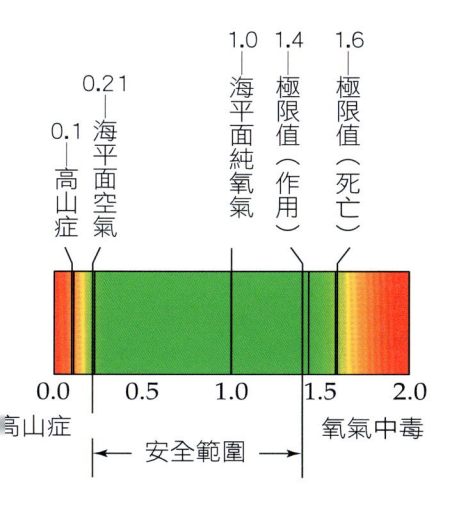

▲ 圖 11.24 **氧氣分壓的極限。** 在海平面上空氣中氧氣的分壓是 0.21 atm。假如此分壓降到 50%，結果會有缺氧症。高氧量也有害，但僅在氧的分壓增加到 7 倍或 7 倍以上時才會中毒。

為了避免氧氣中毒及氮氣昏迷，深海潛水夫在 50 m 以上需呼吸特殊混合氣體，稱為氦氧氣（Heliox）的混合氣，含有氦氣及氧氣。這種混合氣中氧氣比率通常比空氣中來得小，可避免氧氣中毒，其中的氦氣取代氮氣可避免氮氣昏迷。

範例 11.10　分壓、總壓與組成百分比

計算潛水夫在 100 m 深壓力為 10 atm 所使用 Heliox 中包括 2.0% 的氧氣其分壓是多少。

已知混合氣中氧氣的百分比及總壓，要計算出氧氣分壓。	**已知：** O_2 百分比 = 2.0% P_{tot} = 10 atm **試求：** P_{O_2}
需要成份分壓與總壓之間的方程式。	**方程式：** 成份分壓 = 成份組成百分比 × 總壓
先由百分比除以 100 計算出 O_2 組成百分比。由 O_2 組成百分比乘以總壓計算出氧氣分壓。	**解答：** O_2 組成百分比 = 2.0/100 = 0.02 P_{O_2} = 0.02 × 10 atm = 0.2 atm

🔸 排水集氣

當化學反應的產物是氣體時，通常利用排水集氣的方式收集，產生氫氣的來源如下列方程式：

$$Zn(s) + 2HCl(aq) \rightarrow ZnCl_2(aq) + H_2(g)$$

當氫氣形成時氣泡，可藉由排除水而集中在集氣瓶裡，然而用這種方式所收集的氫氣並不純，而是與水蒸氣分子混合的氣體。混合氣體中，水的分壓與溫度有關稱為**蒸氣壓**（vapor pressure）（如表11.4及▶圖11.26所示），高溫下，使更多氣體分子蒸發，因此溫度增加則蒸氣壓增加。

▲ 圖 11.25 **蒸氣壓。** 藉由排水的方式來收集化學反應所產生的氣體，水分子會混合在氣體之中，混合氣體中水的蒸氣壓，是在收集氣體當時的溫度所呈現的水的蒸氣壓。

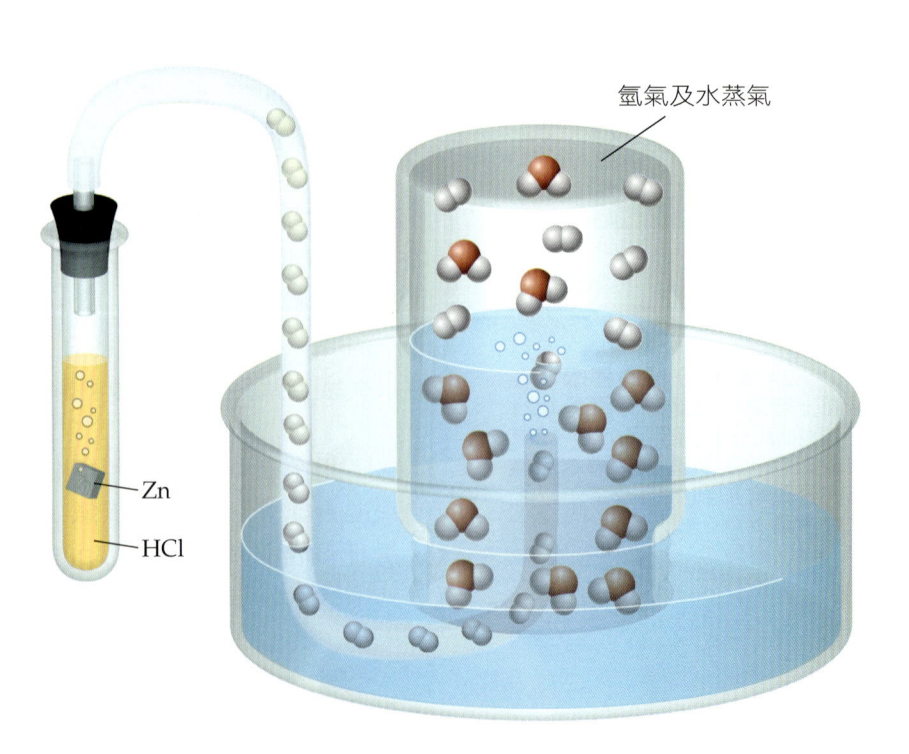

表 11.4 水蒸氣壓與溫度

溫度 (°C)	水蒸氣壓 (mm Hg)
10 °C	9.2
20 °C	17.5
25 °C	23.8
30 °C	31.8
40 °C	55.3
50 °C	92.5
60 °C	149.4
70 °C	233.7
80 °C	355.1

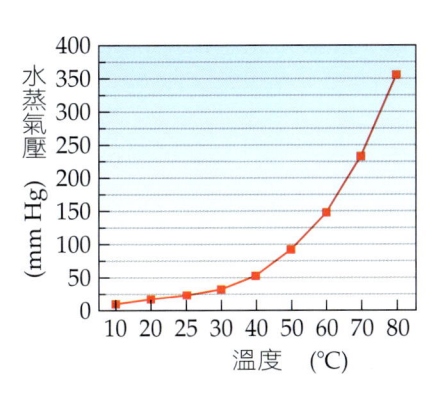

▲ 圖 11.26 **溫度函數的水蒸氣壓。** 溫度增加水蒸氣壓增加。

在25°C，758 mm Hg情況下，進行排水集氣法收集氫氣，則氫氣分壓為何？因為總壓是758 mm Hg，而在25°C時的水蒸氣壓為23.8 mm Hg。

$$P_{tot} = P_{He} + P_{H_2O}$$
$$758 \text{ mm Hg} = P_{He} + 23.8 \text{ mm Hg}$$

因此

$$P_{He} = 758 \text{ mm Hg} - 23.8 \text{ mm Hg}$$
$$= 734 \text{ mm Hg}$$

在混合氣體中氫氣分壓為734 mm Hg。

11.10 化學反應中的氣體

在第8章已學習化學方程式中的計量數，能視為反應物的莫耳數與產物的莫耳數間的轉換因子，藉由轉換因子，能決定在化學反應中多少量的反應物能產生多少量產物，或者在完全反應時，反應物之間所需要的用量。以解析圖來表示這類的計算

A莫耳數 → B莫耳數

其中A和B為反應中的兩種不同物質，其間的轉換因子來自於已平衡的化學方程式中之計量係數。

在包含氣體反應物或氣體產物的化學反應中，在已知溫度及壓力狀態下，氣體的量特別以其體積表示。在這種狀況下，可藉由理想氣體定律的壓力、體積和溫度而得知莫耳數。

$$n = \frac{PV}{RT}$$

可利用計量係數，來轉換反應中的數量。以合成氨氣為例：

$$3H_{2(g)} + N_{2(g)} \rightarrow 2NH_{3(g)}$$

在381 K，1.32 atm的狀態下2.5 L的氫氣，完全反應能形成多少莫耳的NH_3？其中氮氣是過量。

已知：

  V = 2.5 L

  T = 381 K

  $P(H_2)$ = 1.32 atm

試求： mol NH_3

方程式及轉換因子：

  PV = nRT

  3 mol H_2 = 2 mol NH_3

解析圖： 首先由已知P、V和T代入理想氣體方式，計算出 mol H_2，再利用計量係數，將 mol H_2 轉化成 mol NH_3。

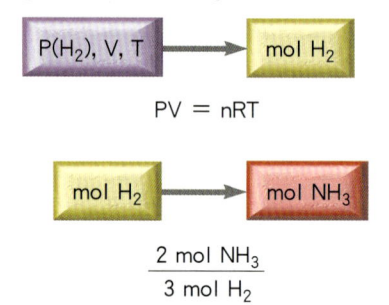

$$P(H_2), V, T \xrightarrow{PV = nRT} \text{mol } H_2$$

$$\text{mol } H_2 \xrightarrow{\frac{2 \text{ mol } NH_3}{3 \text{ mol } H_2}} \text{mol } NH_3$$

解答： 首先由理想氣體方式計算出 n。

  PV = nRT

  $n = \dfrac{PV}{RT}$

由已知P、V和T代入理想氣體方式

$$n = \dfrac{1.32 \text{ atm} \times 2.5 \text{ L}}{0.0821 \dfrac{\text{L} \cdot \text{atm}}{\text{mol} \cdot \text{K}} \times 381 \text{ K}}$$

  = 0.1055 mol H_2

將mol H_2轉化成mol NH_3

$$0.1055 \text{ mol } H_2 \times \dfrac{2 \text{mol } NH_3}{3 \text{ mol } H_2} = 0.070 \text{ mol } NH_3$$

有足夠的氫氣可形成氨。

範例 11.11　化學反應中的氣體

在 350 K，755 mm Hg 的狀態下 294 g 的 $KClO_3$ 完全反應能產生多少升 O_2？

$$2KClO_3(g) \rightarrow 2KCl(s) + 3O_2(g)$$

已知化學反應中反應物的質量。在固定溫度與壓力下，計算出產物氣體的體積。	**已知：** 294 g 的 $KClO_3$ $P(O_2)$ = 755 mm Hg T = 350 K **試求：** $V(O_2)$
要先知道 $KClO_3$ 的莫耳質量，及從理想氣體定律得知計量係數。	**方程式及轉換因子：** 1 mol $KClO_3$ = 122.5 g 2 mol $KClO_3$ = 3 mol O_2 PV = nRT
首先由 g $KClO_3$ 轉化成 mol $KClO_3$，再算出 mol O_2。已知 P 和 T 代入理想氣體方式計算出 $V(O_2)$。	**解析圖：** g $KClO_3$ → mol $KClO_3$ → mol O_2 $\dfrac{1\ mol\ KClO_3}{122.5\ g\ KClO_3}$　$\dfrac{3\ mol\ O_2}{2\ mol\ KClO_3}$ n (mol O_2), P, T → V (O_2) PV = nRT
g $KClO_3$ 轉化成 mol $KClO_3$，再算出 mol O_2。 解理想氣體方式。 先將壓力轉化成 atm。 已知 P 和 T 代入理想氣體方式計算出 $V(O_2)$。	**解答：** $294\ g\ KClO_3 \times \dfrac{1\ mol\ KClO_3}{122.5\ g\ KClO_3} \times \dfrac{3\ mol\ O_2}{2\ mol\ KClO_3} = 3.60\ mol\ O_2$ PV = nRT $V = \dfrac{nRT}{P}$ $P = 755\ mm\ Hg \times \dfrac{1\ atm}{760\ mm\ Hg} = 0.99342\ atm$ $V = \dfrac{3.60\ mol \times 0.0821\ \dfrac{L \cdot atm}{mol \cdot K} \times 305\ K}{0.99342\ atm}$ = 90.7 L

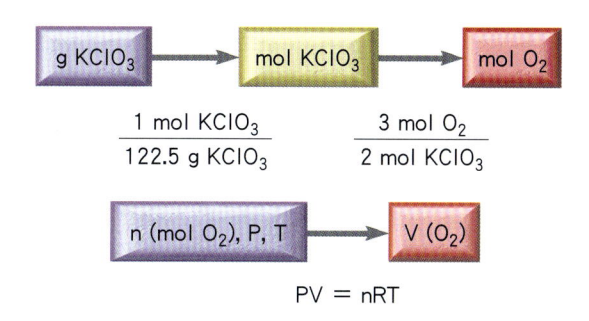

🟡 標準溫度及標準壓力下的莫耳體積

在 0℃(273K)，1 atm 情形下 1 mol 氣體，能由理想氣體定律算出氣體體積，這個狀態下的溫度及壓力稱為**標準溫度及標準壓力**（standard temperature and pressure, **STP**），此時 1mol 所呈現的體積為理想氣體的**莫耳體積**（molar volume）。以理想氣體定律表示莫耳體積：

$$V = \dfrac{nRT}{P}$$

$$V = \dfrac{1.00\ mol \times 0.0821\ \dfrac{L \cdot atm}{mol \cdot K} \times 273\ K}{1.00\ atm}$$

$$= 22.4\ L$$

因此在標準狀態下得到下列等量的轉換因子：

$$1 \text{ mol} \equiv 22.4 \text{ L}$$

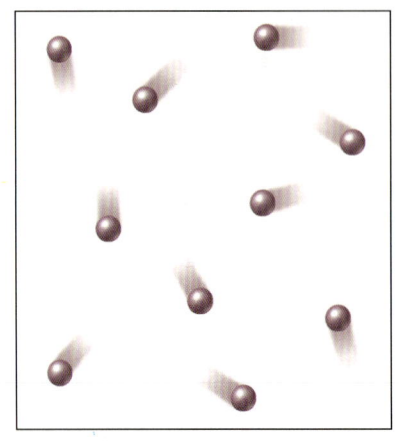

在 STP 下 1 mol He
體積 = 22.4 L
質量 = 4.00 g

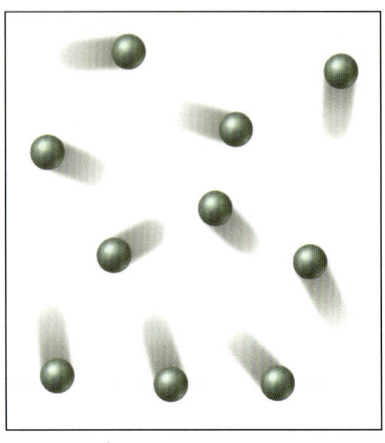

在 STP 下 1 mol Xe
體積 = 22.4 L
質量 = 131.3 g

▲ 任何氣體在標準狀態下（STP）體積為 22.4 L。

在標準狀態（STP）下，0.879 mol的$CaCO_3$進行下列反應，則計算CO_2的升數？

$$CaCO_3 (s) \rightarrow CaO (s) + CO_2(g)$$

以下列程序解答。

已知：0.879 mol 的 $CaCO_3$

試求：CO_2 的升數

轉換因子：

$$1 \text{ mol} \equiv 22.4 \text{ L (STP)}$$
$$1 \text{ mol } CaCO_3 = 1 \text{ mol } CO_2$$

解析圖：

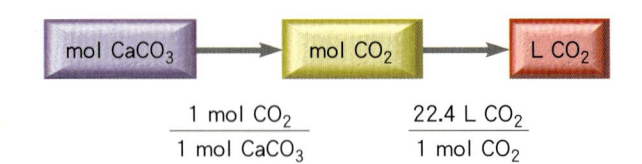

mol $CaCO_3$ $\xrightarrow{\dfrac{1 \text{ mol } CO_2}{1 \text{ mol } CaCO_3}}$ mol CO_2 $\xrightarrow{\dfrac{22.4 \text{ L } CO_2}{1 \text{ mol } CO_2}}$ L CO_2

解答：

$$0.879 \text{ mol的}CaCO_3 \times \dfrac{1 \text{ mol } CO_2}{1 \text{ mol } CaCO_3} \times \dfrac{22.4 \text{ L } CO_2}{1 \text{ mol } CO_2} = 19.7 \text{ L } CO_2$$

範例 11.12　運用莫耳體積計算

在標準狀態（STP）下，1.24 L 的 H_2 進行下列反應，則會產生 H_2O 的克數？

$$2H_2(g) + O_2(g) \rightarrow 2H_2O(g)$$

已知化學反應中反應物的體積，在 STP 下計算出產物氣體的質量。

要知道 H_2 跟 O_2 反應的化學計量關係。

已知：1.24 L 的 H_2

試求：H_2O 的克數

轉換因子：
1 mol = 22.4 L (STP)
2 mol H_2 ≡ 2 mol H_2O
18.02 g H_2O = 1 mol H_2O

首先由 L H_2 轉化成 mol H_2，再算出 mol H_2O 轉化成 g H_2O。

解析圖：

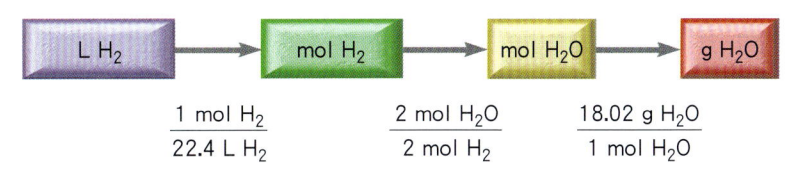

L H_2 → mol H_2 → mol H_2O → g H_2O

$\dfrac{1\ mol\ H_2}{22.4\ L\ H_2}$　$\dfrac{2\ mol\ H_2O}{2\ mol\ H_2}$　$\dfrac{18.02\ g\ H_2O}{1\ mol\ H_2O}$

已知 1 mol = 22.4 L (STP) 代入計算出 H_2O 的克數。

解答：

$$1.24\ L\ 的 H_2 \times \dfrac{1\ mol\ H_2}{22.4\ L\ H_2} \times \dfrac{2\ mol\ H_2O}{2\ mol\ H_2} \times \dfrac{18.02\ g\ H_2O}{1\ mol\ H_2O}$$

$$= 0.998\ g\ H_2O$$

習題

問答題

1. 何謂壓力？
2. 分子動力論的主要假設。
3. 解釋為何熱氣球能升空。
4. 何謂理想氣體定律？
5. 何謂分壓？

練習題

6. 將下列壓力轉成以 atm 表示。
   (a) 879 torr
   (b) 19.5 psi
   (c) 30.07 in.Hg
   (d) 98.4×10^3 Pa

7. 完成下表

Pa	atm	mmHg	torr	psi
882 Pa	___	6.62 mmHg	___	___
___	0.558 atm	___	___	___
___	___	___	___	24.8 psi
___	___	___	764 torr	___
___	___	249 mmHg	___	___

8. 原先體積 3.8L 溫度 305K 的氣球，加熱到 385K，此時的體積？

9. 用查理定律完成下表

V_1	T_1	V_2	T_2
1.08 L	25.4 °C	1.33 L	____
____	77 K	228 mL	298 K
115 cm^3	____	119 cm^3	22.4 °C
232 L	18.5 °C	____	96.2 °C

10. 含有可移動活塞的圓筒容器中有氣體 0.87 mol 及 334 mL 體積，當容器中的氣體增加 0.22 mol 時，容器體積增加多少？

11. 壓力是 735 mmHg、體積是 5.3 L 及溫度是 28°C 的氣體樣本，當體積維持在 5.3 L，而溫度提升為 86°C 時，則該氣體的壓力為何？

12. 氣筒內的壓力是 1.8 atm、體積是 28.5 L 及溫度是 298 K，則氣筒內的氣體莫耳數為何？

13. 壓力是 886 torr、體積是 224 mL 和溫度是 55°C 的氣體，其質量是 38.8 mg，則該氣體的莫耳質量為何？

14. 包含下列氣體的混合氣，其分壓如下所示，則混合氣的總壓為何？

    P_{N_2}=355 torr, P_{O_2}=128 torr, P_{He}=229 torr

15. 混合氣包括 78% 的 N_2 及 22% 的 O_2，如果總壓是 1.12 atm，則各成份的分壓為何？

16. 計算下列氣體在 STP 下的體積

    (a) 2.5 mol He
    (b) 5.9 mol N_2
    (c) 32.7 mol Cl_2
    (d) 41 mol CH_4

17. 根據下列化學反應：

    $C(s) + H_2O(g) \rightarrow CO(g) + H_2(g)$

    當 1.45 mol 的 C 完全反應會形成多少 L 的氫氣？假設在 1 atm 及 355 K 的狀態下收集氫氣。

18. 用理想氣體定律計算氣體在STP下的體積是22.4 L。

19. 在實驗室氫氣的來源常常由下列化學反應的發生而產生

    $Zn(s) + 2HCl(aq) \rightarrow ZnCl_2(aq) + H_2(g)$

    要在 25°C，748 mmHg 狀態下收集 325 mL 的氫氣需要多少 g 的 Zn 反應？

20. 在下列化學反應中消耗2.45 kg的CO，在STP狀態下，會有多少L的氣體會產生？

    $CO(g) + H_2O(g) \rightarrow CO_2(g) + H_2(g)$

21. 相同溫度下的下列氣體，何者有最大壓力，請說明之。

    (a)

    (b)

    (c)

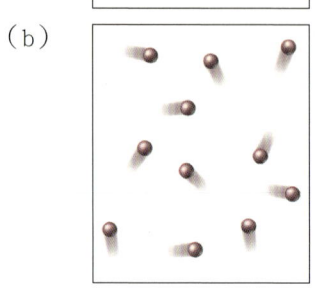

22. 下圖表示氣體在壓力是 1 atm、體積是 1 L、溫度是 25°C 的狀態下，當體積降為 0.5 L、溫度升為 250°C 時，畫下相似圖示，說明壓力變化情形。

    $V = 1.0$ L
    $T = 25$ °C
    $P = 1.0$ atm

23. 汽車安全氣囊能避免嚴重撞擊下列化學反應因撞擊而產生：

    $2NaN_3(s) \rightarrow 2Na(s) + 3N_2(g)$

    如果汽車安全氣囊的體積是 11.8 L，假設在 STP 下，要放置多少 g 的 NaN_3，才能使氣囊脹滿氣體。

Everyday Chemistry

Airplane Cabin Pressurization

Most commercial airplanes fly at elevations between 25,000 and 40,000 ft. At these elevations, atmospheric pressure is below 0.50 atm, much less than the 1.0 atm of pressure to which our bodies are accustomed. The physiological effects of these lowered pressures —— and the correspondingly lowered oxygen levels —— include dizziness, headache, shortness of breath, and even unconsciousness. Consequently, commercial airplanes pressurize the air in their cabins. If, for some reason, an airplane cabin should lose its pressurization, passengers are directed to breathe oxygen through an oxygen mask.

Cabin air pressurization is accomplished as part of the cabin's overall air circulation system.

▲ Commercial airplane cabins must be pressurized to a pressure greater than the equivalent atmospheric pressure at an elevation of 8,000 ft.

As air flows into the plane's jet engines, the large turbines at the front of the engines compress it. Most of this compressed (or pressurized) air exits out the back of the engines, creating the thrust that drives the plane forward. However, some of the pressurized air is directed into the cabin, where it is cooled and mixed with existing cabin air. This air is then circulated through the cabin through the overhead vents. The air leaves the cabin through ducts that direct it into the lower portion of the airplane. About half of this exiting air is mixed with incoming, pressurized air to circulate again. The other half is vented out of the plane through an outflow valve. This valve is adjusted to maintain the desired cabin pressure. Federal regulations require that cabin pressures in commercial airliners be greater than the equivalent of outside air pressure at 8,000 ft.

CAN YOU ANSWER THIS? Atmospheric pressure at elevations of 8,000 ft average about 0.72 atm. Convert this pressure to millimeters of mercury, inches of mercury, and pounds per square inch. Would a cabin pressurized at 500 mm Hg meet federal standards?

Everyday Chemistry

Extralong Snorkels

Several episodes of The Flintstones featured Fred Flintstone and Barney Rubble snorkeling. Their snorkels, however, were not the modern kind, but long reeds that stretched from the surface of the water down to many meters of depth. Fred and Barney swam around in deep water while breathing air provided to them by these extralong snorkels. Would this work? Why do people bother with scuba diving equipment if they could simply use 10-m snorkels the way that Fred and Barney did?

When we breathe, we expand the volume of our lungs, lowering the pressure within them (Boyle's law). Air from outside our lungs then flows into them. Extralong snorkels, such as those used by Fred and Barney, donot work because of the pressure caused by water at depth. A diver at 10-m experiences a pressure of 2 atm that compresses the air in his lungs to a pressure of 2 atm. If the diver had a snorkel that went to the surface—where the air pressure is 1 atm—air would flow out of his lungs, not into them. It would be impossible to breathe.

CAN YOU ANSWER THIS? Suppose a diver takes a balloon with a volume of 2.5 L from the surface, where the pressure is 1.0 atm, to a depth of 20-m, where the pressure is 3.0 atm. What would happen to the volume of the balloon? What if the end of the balloon was on a long tube that went to the surface and was attached to another balloon, as shown in the drawing? Which way would air flow as the diver descends?

▲ Fred and Barney used reeds to breathe air from the surface, even when they were at depth. This would not work because the pressure at depth would push air out of their lungs, preventing them from breathing.

▶ If one end of a long tube with balloons tied on both ends were submerged in water, in which direction would air flow?

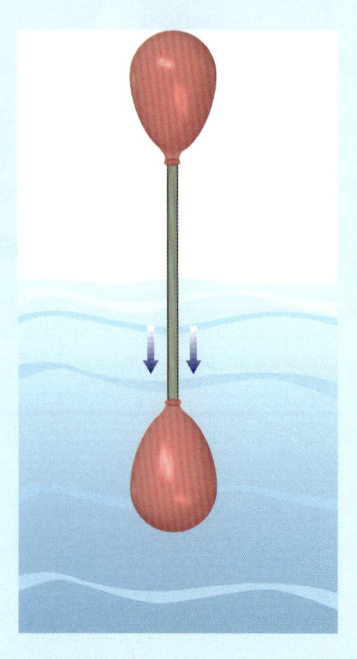

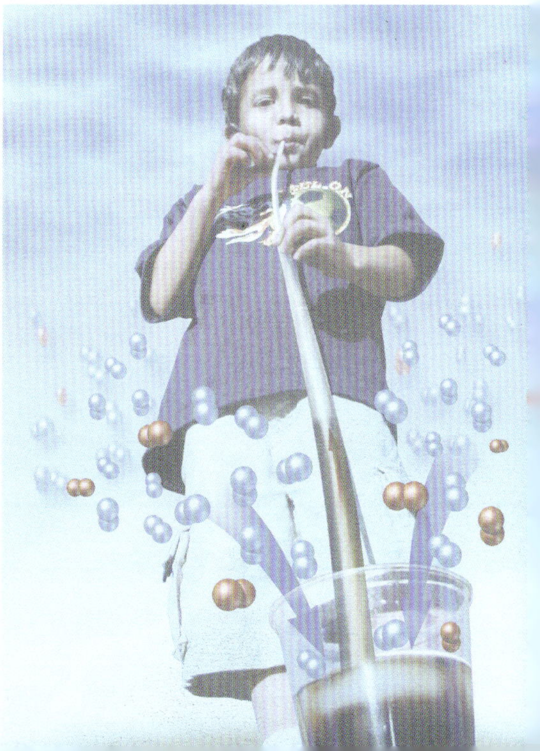

CHAPTER 12

第 12 章

液體、固體和分子間作用力

"It will be found that everything depends on the composition of the forces with which the particles of matter act upon one another; and from these forces ... all phenomena of nature take their origin."

Roger Joseph Boscovich (1711–1787)

人們發現一切事物靠力的組成，並藉由此物質粒子彼此才能作用，亦經由這些力量…所有的自然現象都源自於它們。

羅傑・約瑟夫・伯思考維屈
（1711 － 1787）

- 12.1 分子間作用力
- 12.2 液體與固體之性質
- 12.3 分子間作用力：表面張力與黏度
- 12.4 蒸發與凝結
- 12.5 熔化、凝固與昇華
- 12.6 分子間作用力之型態：分散力、偶極－偶極力和氫鍵
- 12.7 結晶固體之型態：分子固體、離子固體和原子固體
- 12.8 水：令人驚嘆的分子

12.1 分子間作用力

咬住糖棒品嚐甜味，喝一杯濃咖啡品嚐苦味。是什麼原因引起這樣的口感？答案是大部份的味覺依賴分子間的作用力。例如，咖啡中的特定分子作用在舌頭上具有分子感測器的特定細胞的表面。這些感測器有極高的獨特性，有的感覺苦，有的感覺甜，這種作用開啟一個訊號，到達大腦使我們感覺到苦，苦的感覺通常是不愉快的，是因為許多分子因苦而有毒，因此苦的感覺幫助我們避免中毒。

咖啡中苦的分子與舌頭味覺感測分子之間的相互作用，是由**分子間作用力**（intermolecular forces）引起的，這種吸引力是存在於兩分子**間**的。生物不僅將分子間作用力應用在品嚐味道上，同時也應用在其他的生理程序，像19章的蛋白質分子結構及12.6節的DNA結構，都與分子間的作用力有關。

咖啡中苦的分子與舌頭感測的作用力是高度特定的；但是，比較不具特殊性的作用力也存在物質之間。這些分子間作用力是呈現液體或固體狀態的理由。某一物質究竟是固態、液態或氣態，取決於其分子間作用力的大小，這種作用力與此物質所含的熱能量有關。回顧3.9節，談到溫度的增加，使組成物質的分子或原子的不規則運動增加。伴隨此運動的能量稱為**熱能**（thermal energy）。熱能越小，相應的分子間作用力越弱，則其狀態較像氣體；相反的，熱能越大則分子間的作用力越強，而物質狀態像液體或固體。

◀ 感受得到味道是因為食物或飲料的分子與舌表面感測器產生作用。這種理解顯示咖啡因分子是其中之一的物質，使得咖啡有時嚐起來有點苦味。

12.2 液體與固體之性質

我們都很熟悉固體與液體,常見的液體包含:水、汽油、按摩油和指甲油清潔劑等;常見的固體包含:冰、乾冰、鑽石等。相較於氣體——其分子和原子彼此間遠距離分離——液體及固體的分子或原子彼此間的距離較小是彼此緊密接觸在一起(如▼圖12.1所示)。

▶ 圖 12.1 **氣體、液體及固體狀態。**

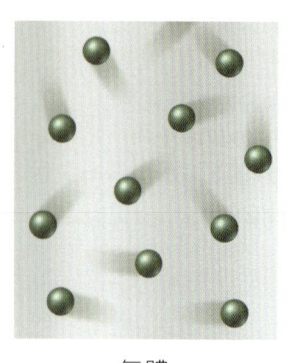

氣體　　　　液體　　　　固體

液體與固體的差異,在於組成它們的分子或原子移動自由度的差別。在液體中,雖然分子或原子近距離接觸,但彼此間仍能自由移動;而固體的分子或原子固定於一定的位置,因此雖受到熱能影響,只能在固定位置上振動。固體及液體顯見的性質如下面所列:

液體性質

- 與氣體相較密度較大
- 無特定形狀;由容器來決定體積形狀
- 具固定體積而不易壓縮

固體性質

- 與氣體相較密度較大
- 具固定形狀;無法由容器來決定體積形狀
- 具固定體積而不易壓縮
- 具結晶性(有排序的)或不具結晶性(沒排序的)

固體、液體與氣體的特性比較摘錄在表12.1。

跟氣體比較,液體原子或分子彼此非常靠近,因此,液體密度較高,在25°C時液態水的密度為1.0 g/cm^3,而100°C,1 atm的氣態密度為5.9×10^{-4} g/cm^3,因為液體原子或分子自由流動,所以裝體容器的形狀就是液體的形狀,把水倒入錐形瓶,錐形瓶的形狀就是水的形狀(如◀圖12.2所示)。液體中的原子或分子,已夠緊密接觸而不容易再壓得更近,因此液體不易壓縮。

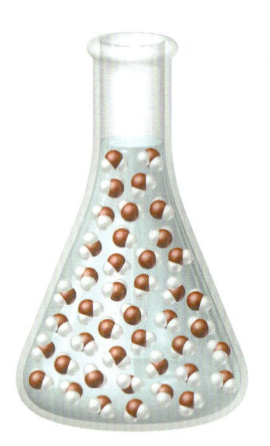

▲ 圖 12.2 **裝液體容器的形狀就是液體的形狀。** 因為液體分子相互自由移動,因此裝液體容器的形狀就是液體的形狀。

12.3　分子間作用力：表面張力與黏度　　263

表 12.1 物質狀態的性質

狀態	密度	形狀	體積	分子間作用力的強度*	例子
氣體	低	不固定	不固定	弱	氣態二氧化碳（CO_2）
液體	高	不固定	固定	中等	液態水（H_2O）
固體	高	固定	固定	強	糖（$C_{11}H_{22}O_{11}$）

*以熱能表示

　　就像液體一樣，因為組成固體的物質彼此也非常靠近，使得固體比氣體密度高，也稍高於液體密度，水是例外情形，固體冰密度稍小於液體水的密度。相較於液體或氣體，固體有一定形狀組成，固體的分子或原子固定在位置上僅能在固定點上振動（如◀圖12.3所示）。像液體一樣，固體具有固定體積：因組成固體的分子或原子緊密接觸而不能被壓縮。在3.3節論述：因為原子或分子的依序排列與立體排列，使固體具有**結晶性**（crystalline）；如果原子或分子沒有長而有序的排列，則固體即**呈現無定形**（amorphous）。

▲ 圖12.3 **具有固定形狀的固體。**像冰這種固體，分子固定在一定位置上，但可在固定點上振動。

12.3　分子間作用力：表面張力與黏度

　　分子間作用力明顯的表現在液體及固體上。沒有分子間的作用力，固體及液體將不存在。在液體中我們也觀察到其他顯而易見的分子間作用力。

🟡 表面張力

　　釣魚的漁夫小心地拋擲了一個綁有一些羽毛使看起來像昆蟲的小金屬鉤做餌，在流動溪流表面上懸浮以引誘鱒魚（如◀圖12.4所示）。

　　液體傾向最小表面積的**表面張力**（surface tension），使假餌懸浮；水的表面略有增加，則假餌會沉入水中，因為表面水分子緊緊與內部水分子有作用（如▶圖12.5所示），如果表面分子無法從表面外端的力達成平衡，因此產生向下的淨作用力。表面積在作用力的影響傾向最小。此亦可藉由迴紋針小心放置在水面，來觀察表面張力（如▶圖12.6所示）。密度比水大的迴紋針將懸浮在水面上，輕拍迴紋針克服表面張力後，會使迴紋針沉入水中。分子間作用力的增加使表面張力增加，無法將迴紋針懸浮在汽油表面，因為汽油分子間的作用力小於水分子間的作用力。

▲ 圖12.4 **浮動誘蚊鉤。**比水重的假蚊鉤誘餌，懸浮在溪流或湖泊表面上，是因為水的表面張力的關係。

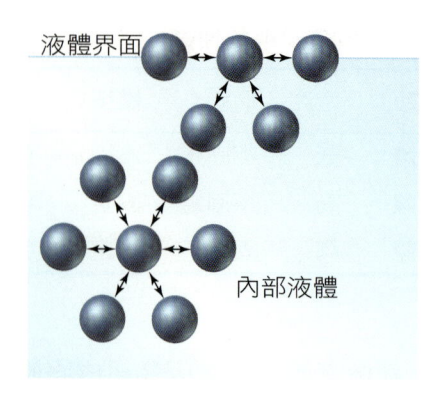

264 第 12 章 液體、固體和分子間作用力

▲ 圖 12.5 **表面張力的源由。**表面液體分子，僅一邊與其相鄰的分子作用使表面產生淨張力，此張力使表面積傾向最小，而對抗貫穿。

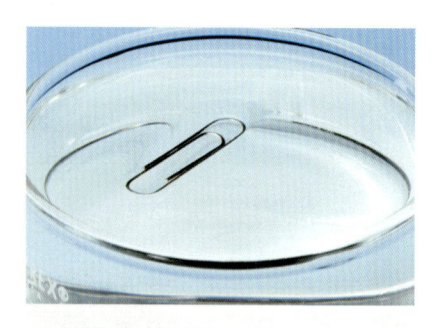

▲ 圖 12.6 **表面張力的作用。**小心放置迴紋針在水的表面，因水的表面張力使它浮在水面。

黏度

另一顯著分子間的作用力，是可阻礙液體流動的**黏度**（viscosity），以比汽油更黏的機油與比水還要黏的楓糖漿（如◀圖12.7所示）為例，物質具有較強分子間作用力，則黏度將較大而使分子間較不易自由移動，因此阻礙物質的流動。

▲ 圖 12.7 **黏度。**楓糖漿比水的黏度要大，是因為楓糖漿分子間作用力較強，使得流動較不容易。

12.4　蒸發與凝結

放置沒有蓋子的一杯水，數日後杯內水位漸減，為什麼？第一個原因是：表面的水分子受相鄰分子較少的吸引力，因而束縛不緊，以致於更容易離開液體而脫逸。其次是：液體分子在特定溫度，具有能量分佈（如▼圖12.8所示）。在任一時刻，液體分子有比一般平均移動較慢的，但也有較快的分子，這些移動較快的分子，具有足夠能量逃脫液體表面稱之為**蒸發**（evaporation）或**汽化**（vaporization），此為液體狀態轉變成氣體狀態的物理變化（如▶圖12.9所示）。潑一些水在桌上，經幾小時後會蒸發，如果潑水表面積較大，則較容易蒸發。將水加熱，使較多分子有較高熱能可逃

▶ 圖 12.8 **能量分佈。**某一溫度分子或原子有如圖所示的動能分佈，僅少數分子具有逃脫的能量，高溫時具逃脫能量的分子數增加。

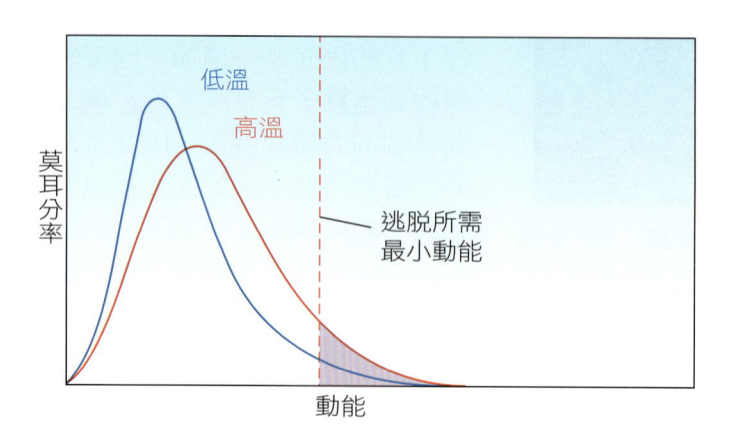

脫液體表面，而使得蒸發變快。若以酒精取代杯中的水，因為酒精分子間的作用力小於水分子間作用力，而使酒精蒸發比水的蒸發要快。一般而言，能使蒸發速率增加的狀況：

- 表面積增加
- 溫度增加
- 降低分子間作用力

　　液體較易蒸發的稱為**揮發性**（volatile），不容易汽化的稱為**非揮發性**（nonvolatile），酒精比水具揮發性，而機油為非揮發性。

　　將水放在密閉容器中，水分子不會蒸發掉，因為離開液體表面的分子，蒸發到水面上的空間裡，這些氣體分子又碰撞容器壁而彈回撞擊水面而**凝結**（condensation）。凝結是物質由氣相轉變成液相的物理變化。

　　蒸發與凝結是相反過程，蒸發是液體轉變成氣體，而凝結則是氣體轉變成液體。當液態水一開始放進密閉容器中時，水面上空間中的氣體分子較少，因此，蒸發發生得比凝結更快（如▼ 圖12.10a所示）；然而，隨著水蒸氣分子的數目增加，也使凝結的速率增加（如圖12.10b所示），當蒸發速率與凝結速率相同時（如圖12.10c所示）就達到**動態平衡**（dynamic equilibrium），就是液面上水蒸氣的數目維持固定的**蒸氣壓**（vapor pressure）。蒸氣壓即是氣體與液體達動態平衡時氣體分壓，在25℃水的蒸氣壓是23.8 mm Hg。蒸氣壓的增加是因為：

- 溫度增加
- 降低分子間作用力

　　蒸氣壓與表面積的大小無關，因為表面積的增加，同等影響蒸發速率與凝結速率。

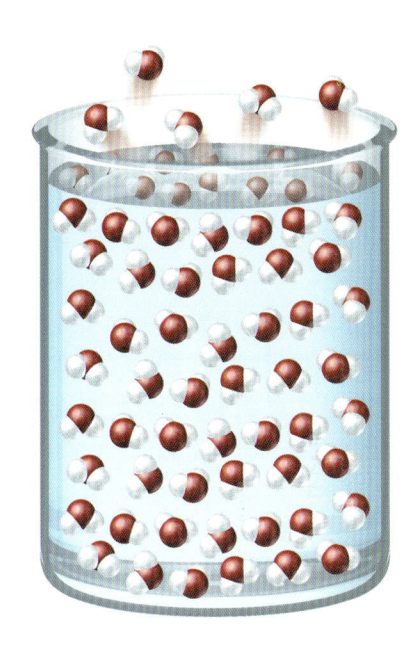

▲ 圖 12.9 **蒸發**。液體表面分子相較於內部分子束縛較小其間較有活力的會逃脫到氣相稱之為蒸發。

▶ 圖 12.10 **蒸發與凝結**。(a) 水先放進密閉容器中水分子開始蒸發。(b) 水蒸氣分子的數目增加，有些集結而凝結成液體。(c) 當蒸發速率與凝結速率相同時，達動態平衡，而液面上水蒸氣的數目維持固定。

蒸發速率 ＝ 凝結速率

(a)　　(b)　　(c) 達平衡

沸騰

在開放容器中,增加水溫則熱能使水分子離開液面成為水蒸氣,溫度增加越高,氣化越快。沸點(boiling point)是液體蒸氣壓(液體內部分子足夠脫逃液面到氣相時的熱能所呈現壓力)相等於在液面上壓力時之溫度(如◀圖12.11所示)。在1大氣壓下的沸點稱為**正常沸點**(normal boiling point)。水的正常沸點是100°C。水達100°C有氣泡產生,這些氣泡包裹著由液態水轉變成的水蒸氣,氣泡浮上水面成為水蒸氣,當液體達到沸點,再加熱僅僅加速沸騰速度,而無法提高沸點溫度(如▼圖12.12所示),因此,1atm水的沸騰溫度為100°C,當所有水變成蒸氣後,蒸氣的溫度才會高於100°C。

▼ 圖 12.11 **沸騰**。足夠熱能使水中的液體分子以包含水蒸氣分子的氣泡方式變成氣體。

▶ 圖 12.12 **沸騰的加熱曲線**。從室溫加熱到沸騰的水溫分佈,其中沸騰為維持在100°C,直到液體被蒸發。

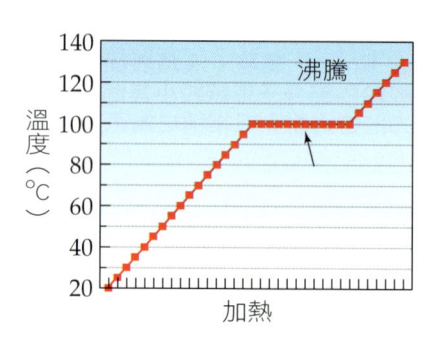

觀念檢查站 12.1

下列何種物質所組成的氣體能使一壺水快速沸騰?
(a) H_2　　　　(b) H_2O
(c) O_2　　　　(d) H_2O_2

蒸發與凝結的能量學

蒸發是**吸熱反應**(endothermic):即液體要變成氣體,需吸收熱量用來使分子逃脫液體的束縛。停止對沸水加熱,則因蒸發而散失熱,水溫很快就降至沸點以下而停止沸騰。我們的身體利用蒸發作為冷卻機制,當我們身體過熱時,就流汗,皮膚上都是汗水;而當水蒸發時,運動較快的水分子就飛逸到空氣中,運動慢的還留在皮膚上,這樣的過程能降低皮膚上水分子的總熱量而形成冷卻效應。吹電扇能感到涼快,是將皮膚表面的汗吹離後,促使更多汗水氣化帶走更多熱,而帶來涼快的效果。當空氣中水蒸氣含量高時,汗較不易蒸發,排汗的冷卻系統較不理想。

凝結是**放熱反應**(exothermic):當氣體凝結成為液體時會釋出熱量。當手不小心放在蒸氣水壺上時,會有被蒸氣燙到的感覺,在皮膚上的蒸氣冷卻成水的同時會放熱而感到灼熱。沿岸城市的夜晚在冬季,水蒸氣的凝結使空氣不致於像在沙漠那麼乾,而所釋出的熱讓氣溫降低也較緩慢；然而在沙漠空氣中只有少量的濕氣凝結因而有較大的溫降。

🟡 蒸發熱（heat of vaporization）

蒸發 1 mol 的液體所需要的熱量稱為**蒸發熱**（heat of vaporization, $\triangle H_{vap}$），水正常沸點（100°C）的蒸發熱是40.7 kJ/mol。

$$40.7 \text{ kJ/mol} + H_2O(l) \rightarrow H_2O(g) \quad （在100°C）$$

當1 mol水蒸氣凝結時有同等的熱量，但是釋放熱量而不是吸收。

$$H_2O(g) \rightarrow H_2O(l) + 40.7 \text{ kJ/mol} \quad （在100°C）$$

不同液體有不同蒸發熱（如表12.2所示），蒸發熱是**隨溫度而改變**的函數。對一液體而言，溫度越高越容易蒸發，且有較低蒸發熱的液體也較容易蒸發。

表 12.2 不同液體的蒸發熱及在 25°C時的沸點

液體	化學式	正常沸點（°C）	沸點時蒸發熱（kJ/ mol）	25°C時蒸發熱（kJ/ mol）
水	H_2O	100	40.7	44.0
異丙醇	C_3H_8O	82.3	39.9	45.4
丙酮	C_3H_6O	56.1	29.1	31.0
二乙醚	$C_4H_{10}O$	34.5	26.5	27.1

可利用液體蒸發熱，計算一定量液體蒸發所需熱量。蒸發熱可當為莫耳液體與蒸發液體所需熱量間的轉換因子。以沸點時蒸發25.0 g的水，所需要的熱量為例。以下列方式計算：

已知：25.0 g H_2O

試求：熱量（kJ）

轉換因子：

$\triangle H_{vap}$ = 40.7 kJ/ mol （在100°C）

1 mol H_2O = 18.02 g H_2O

解析圖：

g H_2O → mol H_2O → kJ

$\dfrac{1 \text{ mol } H_2O}{18.02 \text{ g } H_2O}$ $\quad$ $\dfrac{40.7 \text{ kJ}}{1 \text{ mol } H_2O}$

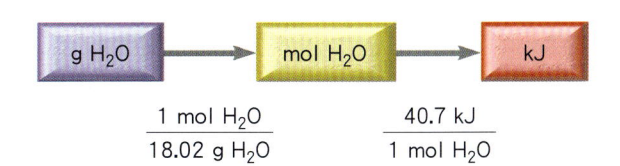

由已知水的質量、水的莫耳質量，轉換成水的莫耳數及由蒸發熱轉換成所需熱量組成解析圖。

解答：

$$25.0 \text{ g } H_2O \times \dfrac{1 \text{ mol } H_2O}{18.02 \text{ g } H_2O} \times \dfrac{40.7 \text{ kJ}}{1 \text{ mol } H_2O} = 56.5 \text{ kJ}$$

範例 12.1　利用蒸發熱計算

計算在沸點時多少克水蒸發後所需熱量是 155 kJ。

以右列方式計算。由已知所需熱量計算出多少克水能被蒸發，而轉換因子有水的蒸發熱及水的莫耳質量。	**已知**：所需熱量是 155 kJ **試求**：g H$_2$O **轉換因子**： ΔHvap = 40.7 kJ / mol（在100°C） 18.02 g H$_2$O = 1 mol H$_2$O
由已知所需熱量、水的莫耳數轉換成水的克數組成解析圖。	**解析圖**： kJ → mol H$_2$O → g H$_2$O $\dfrac{1 \text{ mol H}_2\text{O}}{40.7 \text{ kJ}}$　$\dfrac{18.02 \text{ g H}_2\text{O}}{1 \text{ mol H}_2\text{O}}$
依據解析圖計算出答案。	**解答**： $155 \text{ kJ} \times \dfrac{1 \text{ mol H}_2\text{O}}{40.7 \text{ kJ}} \times \dfrac{18.02 \text{ g H}_2\text{O}}{1 \text{ mol H}_2\text{O}} = 68.6 \text{ g}$

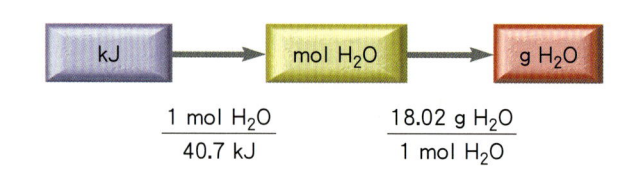

12.5　熔化、凝固與昇華

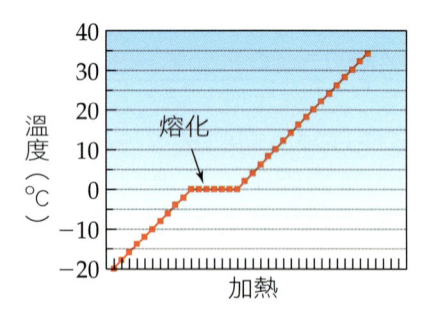

當固體增加熱能，使組成固體的分子或原子振動加速，**熔點**（melting point）即是固體轉變成液體時不改變的溫度，此時能以足夠的熱能克服分子間作用力使固態轉成液態。冰的熔點是0°C，當固體達到熔點時再加熱，只加快熔解速度，而無法提高熔點溫度（如◀圖12.13所示）。當所有冰變成水後，加熱溫度才會高於0°C。在1 atm下冰水的混合液是0°C。

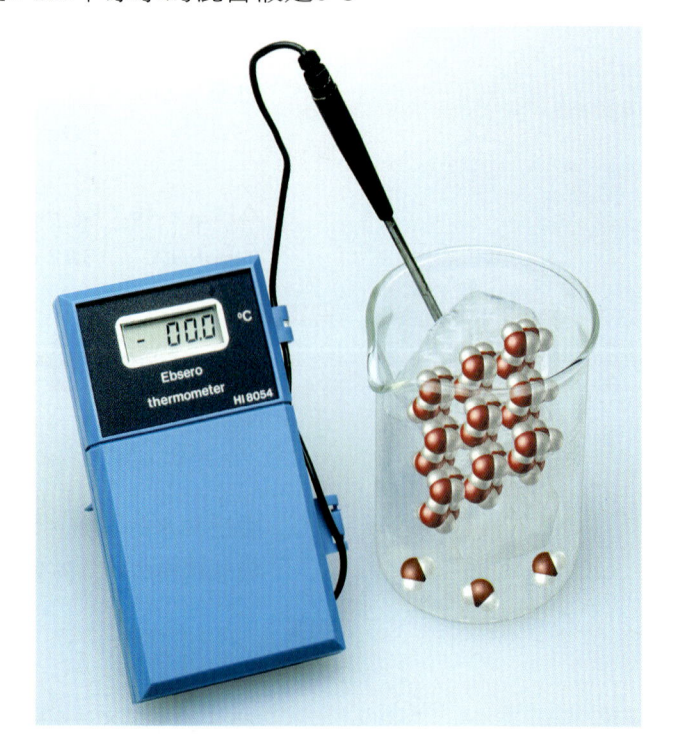

▲ 圖 12.13 **熔化加熱曲線。** 冰從-20°C加熱到35°C的溫度變化圖，熔化過程中溫度保持在0°C直到冰完全熔化為止。

▶ 當冰熔化時水分子脫離固體結構成為液體。冰與水共存的溫度是0°C。

12.5 熔化、凝固與昇華

熔化與凝固的能量學

通常將冰塊放入飲料中降低溫度，其中冰塊熔化是由固體冰變化成液體水是吸熱反應，因此，冰熔化從飲料中的液體吸熱而使飲料變冷。

熔化的相反程序是凝固，當液體凝固成固體時是放熱反應。水在冷凍庫成為冰是放熱反應，由冷凍庫的循環系統移除熱量，如果循環系統無法移除熱量則水無法完全冷凍成冰，開始冷凍時的吸熱暖化冷凍庫，而阻礙了進一步冷凍。

熔化熱

熔化 1 mol 固體所需熱量稱為**熔化熱**（heat of fusion, $\triangle H_{fus}$），水的熔化熱是 6.02 kJ/mol。

$$6.02 \text{ kJ/mol} + H_2O(s) \rightarrow H_2O(l)$$

當 1 mol 水凝固時有同等的熱量，但是釋放熱量而不是吸收。

$$H_2O(l) \rightarrow H_2O(s) + 6.02 \text{ kJ/mol}$$

不同的物質有不同的熔化熱（如表 12.3 所列）。

表 12.3 多種物質的熔化熱

液體	化學式	熔化溫度（°C）	熔化熱（kJ/mol）
水	H_2O	0.00	6.02
異丙醇	C_3H_8O	-89.5	5.37
丙酮	C_3H_6O	-94.8	5.69
二乙醚	$C_4H_{10}O$	-116.3	7.27

通常熔化熱小於蒸發熱，即熔化 1 mol 冰所需熱量小於蒸發 1 mol 水所需熱量，因為蒸發要求分子間完全分離，則分子間的作用力必須完全克服。反之，熔化只需克服部份分子間作用力，仍容許分子保持接觸且可相互移動。

可利用熔化熱來計算一定量的固體熔化時所需的熱量。熔化熱可作為固體的莫耳數與熔化固體所需熱量間的轉換因子，以熔化 25.0 g 的冰所需要的熱量為例，以下列方式計算。

已知：25.0 g H_2O

試求：熱量（kJ）

轉換因子：

$\triangle H_{fus}$ = 6.02 kJ/mol

1 mol H_2O = 18.02 g H_2O

解析圖：

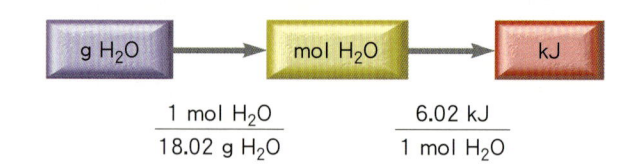

g H₂O → mol H₂O → kJ

$$\frac{1 \text{ mol H}_2\text{O}}{18.02 \text{ g H}_2\text{O}} \qquad \frac{6.02 \text{ kJ}}{1 \text{ mol H}_2\text{O}}$$

由已知冰的質量和冰的莫耳質量，轉換成冰的莫耳數及由熔化熱轉換成所需熱量組成解析圖。

解答：

$$25.0 \text{ g H}_2\text{O} \times \frac{1 \text{ mol H}_2\text{O}}{18.02 \text{ g H}_2\text{O}} \times \frac{6.02 \text{ kJ}}{1 \text{ mol H}_2\text{O}} = 8.35 \text{ kJ}$$

範例 12.2　利用熔化熱計算

計算多少克冰熔化後，吸收熱量是 237 kJ。

以右列方式計算。由已知所需熱量計算出多少克冰能被熔化，而轉換因子有冰的熔化熱及水的莫耳質量。	**已知：** 所需熱量是 237 kJ **試求：** g H₂O（冰） **轉換因子：** $\triangle H_{fus}$ = 6.02 kJ/ mol 1 mol H₂O = 18.02 g H₂O
由已知所需熱量、水的莫耳數轉換成水的克數組成解析圖。	**解析圖：** kJ → mol H₂O → g H₂O $\frac{1 \text{ mol H}_2\text{O}}{6.02 \text{ kJ}} \qquad \frac{18.02 \text{ g}}{1 \text{ mol H}_2\text{O}}$
依據解析圖計算出答案。	**解答：** $237 \text{ kJ} \times \frac{1 \text{ mol H}_2\text{O}}{6.02 \text{ kJ}} \times \frac{18.02 \text{ g}}{1 \text{ mol H}_2\text{O}} = 709 \text{ g}$

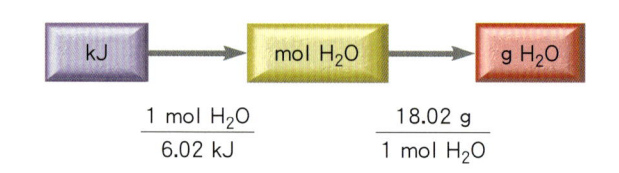

昇華

昇華（sublimation）是物質直接由固體變成氣體的物理變化，當分子受內部束縛較小，離開固體表面直接成為氣體時，此為物質的昇華現象。例如：固態二氧化碳的乾冰在常壓下不會熔化，在 -78°C 狀態下 CO₂ 分子，具備足夠能量脫離乾冰表面直接成為氣體。低於 0°C 的冰會慢慢昇華。寒冷氣候的冰雪即使是低於 0°C 也會緩慢消失。同樣地，離開冰凍庫一段時間的冰塊或即使冷凍庫裡低於 0°C 的冰塊，都會慢慢變成小塊。這兩種情況，冰塊都是直接昇華成水蒸氣。

對於長時間將食物冰存在不透氣塑膠袋內的冷凍食物，具有昇華現象，以快速冷凍（deep-freezing）避免食物因冰存太久而乾涸，且在較低溫度下，使昇華速率減緩，維持較長時間的食物冰存。

▲ 固體二氧化碳稱為乾冰，此固體昇華而不熔化即直接由固體二氧化碳變成氣體二氧化碳。

12.6 分子間作用力之型態：分散力、偶極－偶極力和氫鍵

室溫下組成物質的分子或原子，其間作用力的強度決定物質是固態、液態或氣態，強的分子間作用力，傾向於具有高熔點及高沸點的液體或固體，而弱的分子間作用力，傾向於具有低熔點及低沸點的氣體。在本書中，僅針對三種典型分子間作用力討論，以其強度的增加次序分為分散力、偶極－偶極力及氫鍵。

分散力

呈現在所有分子與原子中，瞬間欠缺或分散的分子間作用力稱為**分散力**（dispersion force 或 London force）。在分子或原子中，電子組態波動而形成分散力。因為分子或原子都有電子因而都具有分散力。電子瞬間不均勻分佈促使具有分散力。以氦原子的2個電子，在想像的結構1－3中移動的位置為例（如◀ 圖12.14所示），任一結構電子不對稱的環繞著原子核，以結構3為例，2個電子都在氦原子的左側，而造成輕微負電荷（δ^-），原子的右側則因沒有電子，而形成輕微正電荷（δ^+）。

短暫電荷移動造成**瞬間偶極**（instantaneous dipole或temporary dipole），一個氦原子的瞬間偶極，誘導鄰近原子的瞬間偶極（如▼ 圖12.15所示），部份帶正的鄰近瞬間偶極原子，又吸引另外一個部份帶負的瞬間偶極原子，此吸引力稱為分散力。

分散力的大小，在於電子移動或**極化**（polarize）所造成瞬間極性電子雲的大小來決定。因較大電子雲受原子核的牽制較小，而具有較大極性，因此分散力較大，在其他變數固定情形下隨著莫耳質量增加，分散力增加。例如表12.4所列惰性氣體莫耳質量增加，惰性氣體沸點增加。然而，單一莫耳質量並不能決定分散力的大小，但比較相似元素或化合物的分散力，可以視為一個引導方向。

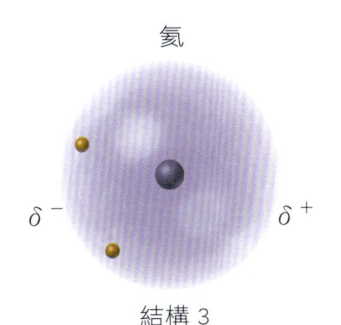

▲ 圖 12.14 **瞬間偶極**。氦原子電子組態的任意波動造成瞬間極性。

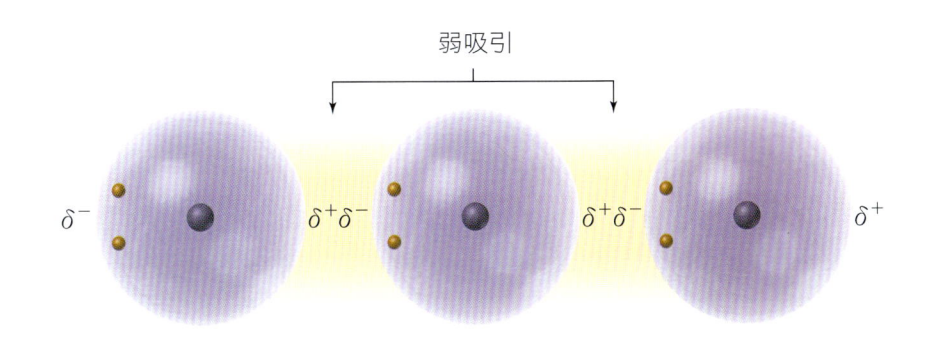

▲ 圖 12.15 **分散力**。任何氦原子的瞬間極性誘導鄰近原子的瞬間極性，而鄰近原子又吸引另外一個，此吸引力稱為分散力。

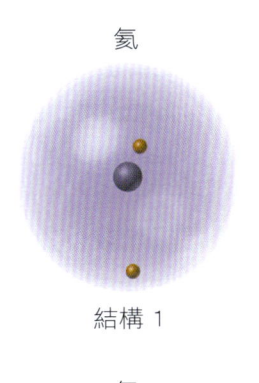

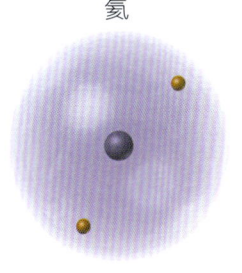

表 12.4 惰性氣體沸點

惰性氣體	莫耳質量（g/mol）	沸點（K）
He	4.00	4.2
Ne	20.18	27
Ar	39.95	87
Kr	83.80	120
Xe	131.29	165

範例 12.3　分散力

鹵素：Cl_2、I_2 何者沸點較高？

解答：
Cl_2 的莫耳質量：70.90 g/mol。I_2 的莫耳質量：253.81 g/mol。
因為 I_2 的莫耳質量較大則有較大分散力及較高沸點。

偶極－偶極力

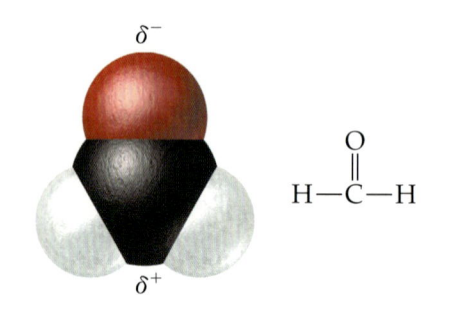

偶極－偶極力（dipole-dipole force）存在於所有極性分子中，極性分子具有**永久偶極**（permanent dipole），是與鄰近分子的永久偶極的相互作用（如◀圖12.16所示）。具有永久偶極的極性分子，帶正電端吸引另一分子的負電端，這個吸引力是偶極－偶極力（如◀圖12.17所示）。因此，有相近莫耳質量的分子，極性分子比非極性分子有較高的熔點及沸點。記住所有分子間都存在分散力（包括極性分子），而極性分子間則增加了偶極－偶極力，因此比起相近莫耳質量的非極性分子相對地昇高了熔點及沸點，以下列兩個化合物為例：

▲ 圖 12.16 **永久偶極**。甲醛為極性分子因此有永久偶極。

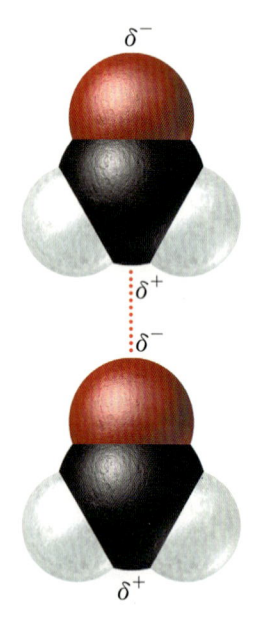

▲ 圖 12.17 **偶極－偶極引力**。極性分子帶正電端吸引鄰近分子的負電端因而產生偶極－偶極力。

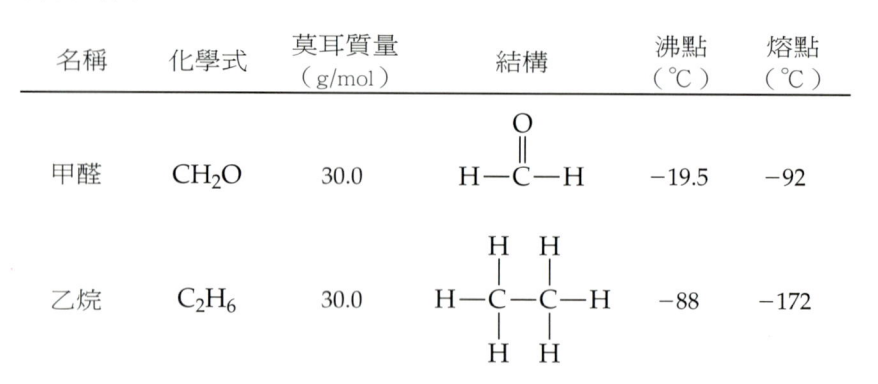

名稱	化學式	莫耳質量（g/mol）	結構	沸點（℃）	熔點（℃）
甲醛	CH_2O	30.0	H—C(=O)—H	−19.5	−92
乙烷	C_2H_6	30.0	H₃C—CH₃	−88	−172

極性甲醛相較於非極性的乙烷有較高熔點及沸點，雖然兩者的莫耳質量相同。

構成液體的極性也是決定液體**互溶性**（miscibility）的重要因素。互溶性是混合兩者而不會分離成兩相的能力。一般而言，極性液體互溶但與非極性液體不溶，極性的水與非極性戊烷（C_5H_{12}）不互溶就是一例（如▶圖12.18所示）。同樣的，水與非極性的油不互溶，因此，手的油污或衣服的油漬無法僅用水來清除。

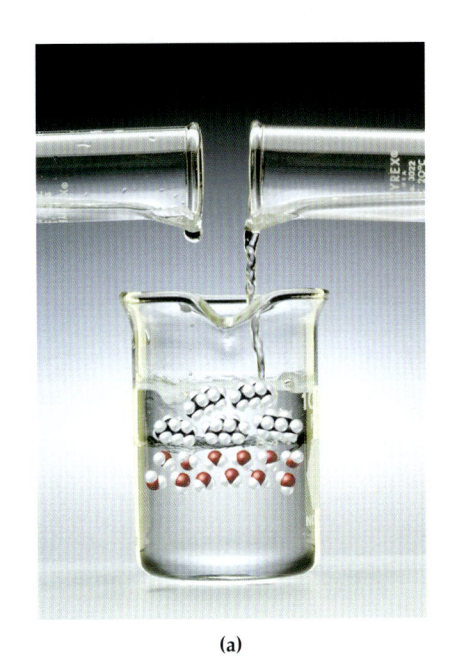

12.6 分子間作用力的型態：分散力、極性－極性和氫鍵　　**273**

▲ 圖 12.18 **極性與非極性化合物。**（a）戊烷是非極性物質，無法與極性的水互溶。（b）相同理由沙拉調味料中的油與醋有明顯的分離層。（c）在油輪的漏油事件中，石油與海水不互溶。

範例 12.4　　偶極－偶極力

下列分子何者有偶極－偶極力？
(a) CO_2　(b) CH_2Cl_2　(c) CH_4

解答：
極性分子則具有偶極－偶極力，因此需要決定分子是否為極性：

1. 決定分子是否具有極性鍵。
2. 決定極性鍵的加總是否有淨偶極矩（10.8節）。

(a) C 及 O 的電負度（electro-negativities）分別是 2.5 及 3.5，因此 CO_2 有極性鍵，而且 CO_2 的結構圖是線形。因此鍵的極性抵銷，使 CO_2 為非極性分子則不具有偶極－偶極力。

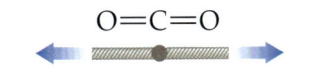

$$O=C=O$$

非極性；不具有偶極－偶極力

(b) C、H 及 Cl 的電負度分別是 2.5、2.1 及 3.5，因此 CH_2Cl_2 有兩個極性鍵（C－Cl）及兩個近乎非極性鍵（C－H），而且 CH_2Cl_2 的結構圖是四面體。因為 C－Cl 鍵及 C－H 鍵的不同而無法抵銷極性而有淨偶極矩，因此 CH_2Cl_2 為極性分子具有偶極－偶極力。

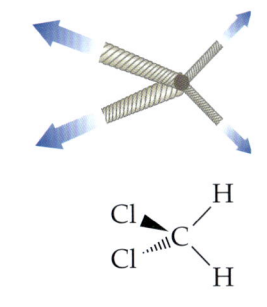

極性；具有偶極－偶極力

(c) C 及 H 的電負度分別是 2.5 及 2.1，因此 C－H 近乎非極性鍵，而且 CH₄ 的結構圖是四面體。因為 C－H 鍵的抵銷極性而沒有淨偶極矩，因此 CH₄ 為非極性分子不具有偶極－偶極力。

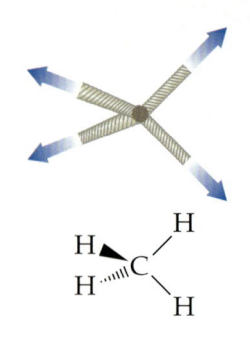

非極性；不具有偶極－偶極力

氫鍵

極性的分子含有氫原子直接與氟、氧和氮鍵結，顯示增加了一種分子間的作用力稱為**氫鍵**（hydrogen bond），以 HF、NH₃、H₂O 為例，三者都有氫鍵。氫鍵是一種**超強**的偶極－偶極力。由於在氫和這些具電負度元素間大差值的電負度，以及這些原子體積較小的特質（因此鄰近分子彼此就容易靠得很近），因而在每一個這些分子中的 H 與鄰近的 F、O 或 N 之間引起了一種很強的吸引力，此作用力即是氫鍵，以 HF 為例：H 原子與鄰近分子中的 F 原子有很強作用力（如 ◀ 圖 12.19 所示）。

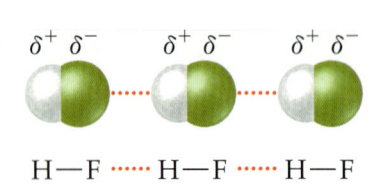

▲ 圖 12.19 **氫鍵**。HF 分子中的 F 原子強烈吸引鄰近分子中的 H 原子，此作用力稱為氫鍵。

氫鍵並非化學鍵，化學鍵是發生**在分子內各原子**間作用力，通常比氫鍵要強。氫鍵僅是化學共價鍵強度的 2－5%，就像分散力、偶極－偶極力一樣，氫鍵只是發生在**分子間**的作用力，其中氫鍵是三者中最強的，在莫耳質量相近的物質，可預知具氫鍵的物質有較高熔點及沸點。

以下列兩個化合物比較之：

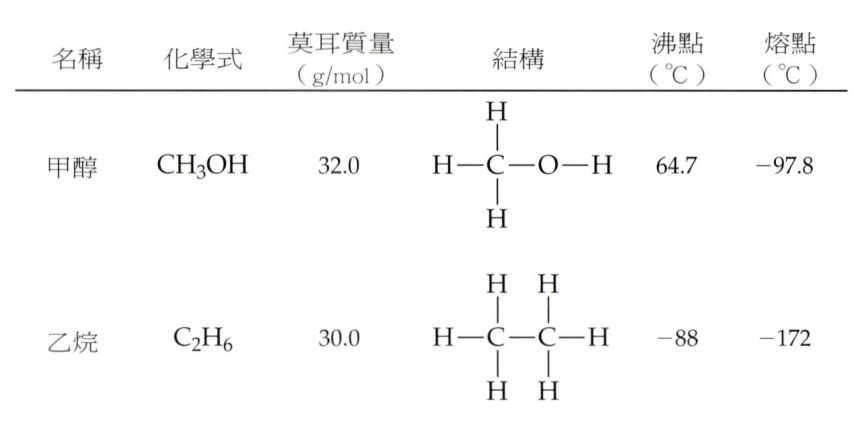

名稱	化學式	莫耳質量 (g/mol)	結構	沸點 (℃)	熔點 (℃)
甲醇	CH_3OH	32.0	H–C(H)(H)–O–H	64.7	−97.8
乙烷	C_2H_6	30.0	H–C(H)(H)–C(H)(H)–H	−88	−172

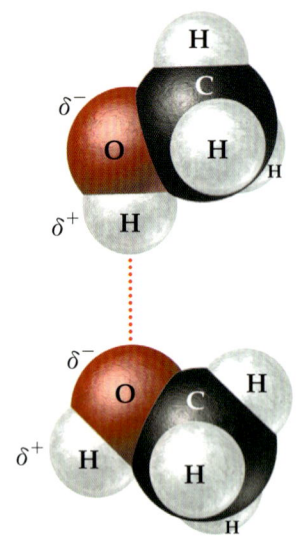

▲ 圖 12.20 **甲醇中的氫鍵**。甲醇中的 H 原子直接鍵結在 O 原子上，因此與其他甲醇分子形成氫鍵，其中 H 原子與鄰近分子的 O 原子作用。

因為甲醇中的 H 原子直接鍵結在 O 原子上，因此分子間的作用力是氫鍵，鍵結在 O 原子上的 H 原子與鄰近分子的 O 原子作用（如 ◀ 圖 12.20 所示），這個強的作用力使甲醇沸點為 64.7 ℃，結果，在室溫時是液體。水是另一個分子間具有氫鍵的例子（如 ▶ 圖 12.21 所

12.6 分子間作用力的型態：分散力、極性－極性和氫鍵 　**275**

示），就一個低莫耳質量（18.0 g/mol）的水，卻有驚人的高沸點（100℃）。在生物分子間氫鍵很重要，其中蛋白質的型式深受氫鍵影響，且DNA靠氫鍵來結合。

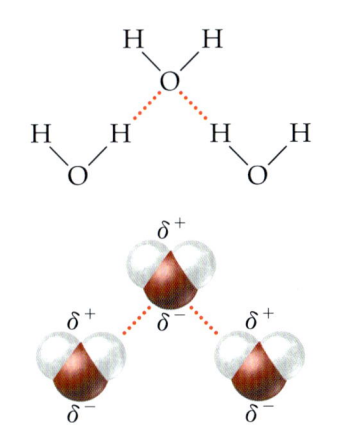

▲ 圖 12.21 **水中的氫鍵**。水分子間有很強的氫鍵。

範例 12.5　氫鍵

在室溫時，下列化合物其中有一個是液體，是哪一個？為什麼？

$$\underset{\text{甲醛}}{\overset{\displaystyle O}{\underset{\displaystyle \|}{H-C-H}}} \qquad \underset{\text{一氟甲烷}}{\overset{\displaystyle H}{\underset{\displaystyle H}{H-\overset{|}{\underset{|}{C}}-F}}} \qquad \underset{\text{過氧化氫}}{H-O-O-H}$$

解答：

甲醛（30.03 g/mol）、

一氟甲烷（34.03 g/mol）、

過氧化氫（34.03 g/mol）

三者的莫耳質量相近，因此三者的分散力大小相近。

三者都是極性分子都有偶極－偶極力，過氧化氫是唯一有H原子直接鍵結在F, N或O上的化合物，因此只有過氧化氫具有氫鍵，也使得過氧化氫的沸點最高。如果三者只有一個是液體，那過氧化氫就是液體，因為：一氟甲烷及甲醛分別**含有**（contain）有F原子、H原子及O原子、H原子，但H原子並沒有跟F及O原子**直接鍵結**（directly bonded），不會產生氫鍵。

表 12.5 分子間作用力的型態

力的型態	相對強度	存在於	例子
分散力	較弱但隨莫耳質量遞增	所有原子及分子	H_2
偶極－偶極力	中	僅是極性分子	HCl
氫鍵	強	含有 H 原子直接鍵結在 F、N 或 O 上的分子	HF

不同型態的分子間作用力摘錄在表12.5，分散力是最弱的分子間作用力，是所有原子及分子都有的作用力，會隨莫耳質量的增加而增加。在小分子中通常這些力量是微弱的，然而隨著高莫耳質量的分子這些作用力實質上變得重要。而極性分子則具有偶極－偶極力。氫鍵，最強的分子間作用力存在於含有氫原子直接與氟、氧和氮鍵結的分子中。

> **觀念檢查站 12.2**
> 乾冰昇華是克服何種作用力？
> （a）碳及氧原子間的化學鍵
> （b）二氧化碳分子間的氫鍵
> （c）二氧化碳分子間的分散力
> （d）二氧化碳分子間的偶極－偶極力

12.7 結晶固體之型態：分子固體、離子固體和原子固體

在12.2節中，固體分為原子或分子排列整齊的結晶固體，及沒有依序排列的非結晶固體，其中結晶固體以組成單位不同，可區分成三類：分子固體、離子固體、原子固體（如▶圖12.22所示）。

分子固體

固體以**分子**為組成單位稱為**分子固體**（molecular solids），其中冰（固體水）及乾冰（固體二氧化碳）都是分子固體，以分子間作用力（包括分散力、偶極－偶極力、氫鍵）維繫分子固體。冰以氫鍵聚集成固體，而乾冰以分散力聚集成固體。整體而言，分子固體具有低至中低的熔點；其中：冰的熔點0°C，乾冰在 -78.5°C 昇華。因此，分子間作用力較強時則熔點較高。

▶ 圖 12.22 **結晶固體的分類一覽表。**

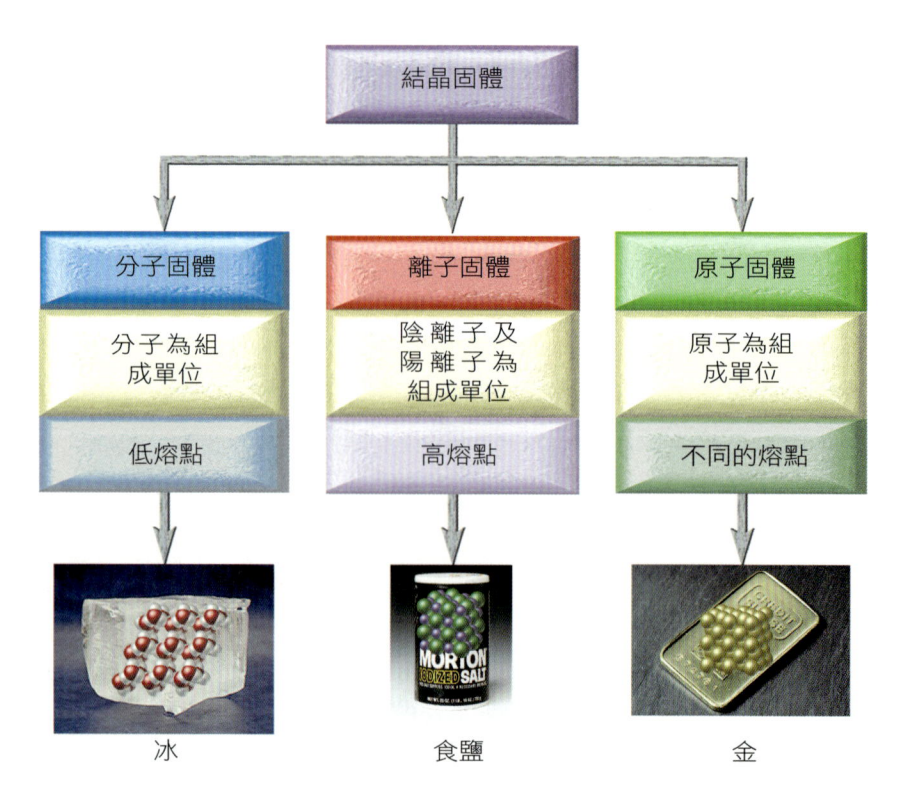

結晶固體
- 分子固體：分子為組成單位；低熔點 — 冰
- 離子固體：陰離子及陽離子為組成單位；高熔點 — 食鹽
- 原子固體：原子為組成單位；不同的熔點 — 金

離子固體

固體以**式單位**（formula units）為組成單位的稱為**離子固體**（ionic solids），而式單位是組成化合物的陽離子與陰離子中性集合體的最小單位，其中食鹽（NaCl）及氟化鈣（CaF$_2$）都是離子固體。離子固體以陰、陽離子的靜電吸引力維繫。舉例來說，在NaCl中，因為晶格是以Na$^+$陽離子和Cl$^-$陰離子在三維空間以交互方式排列，所以在整個固體晶格中Na$^+$陽離子和Cl$^-$陰離子是以相同的引力吸引在一起。換句話說，把離子固體維繫在一起的力量實際上就是離子鍵。因為離子鍵的強度大於前面討論的所有分子間作用力，所以，離子固體的熔點大於分子固體的熔點，其中NaCl的熔點801°C，而CS$_2$（高莫耳質量的分子固體）的熔點 -110°C。

原子固體

固體以**個別原子**為組成單位稱為**原子固體**（atomic solids），其中鑽石（C）、鐵（Fe）及固態氙（Xe）都是原子固體。原子固體以作用力不同，可區分成三類：**共價原子固體**（covalent atomic solids）、**非鍵結原子固體**（nonbonding atomic solids）、**金屬原子固體**（metallic atomic solids）（如▼圖12.23所示）。

像鑽石就是共價原子固體，以共價鍵聚集成固體，鑽石本身（如▶圖12.24所示）每個碳原子形成四個共價鍵，與其它四個碳結合形成四面體構形。這個結構在整個晶體上延伸，所以鑽石晶體可被視為由這些共價鍵結合而成的巨大分子。因為共價鍵結合力很強，共價原子固體具高熔點，其中鑽石約在3800°C熔化。

▶ 圖 12.23 **原子固體的分類一覽表。**

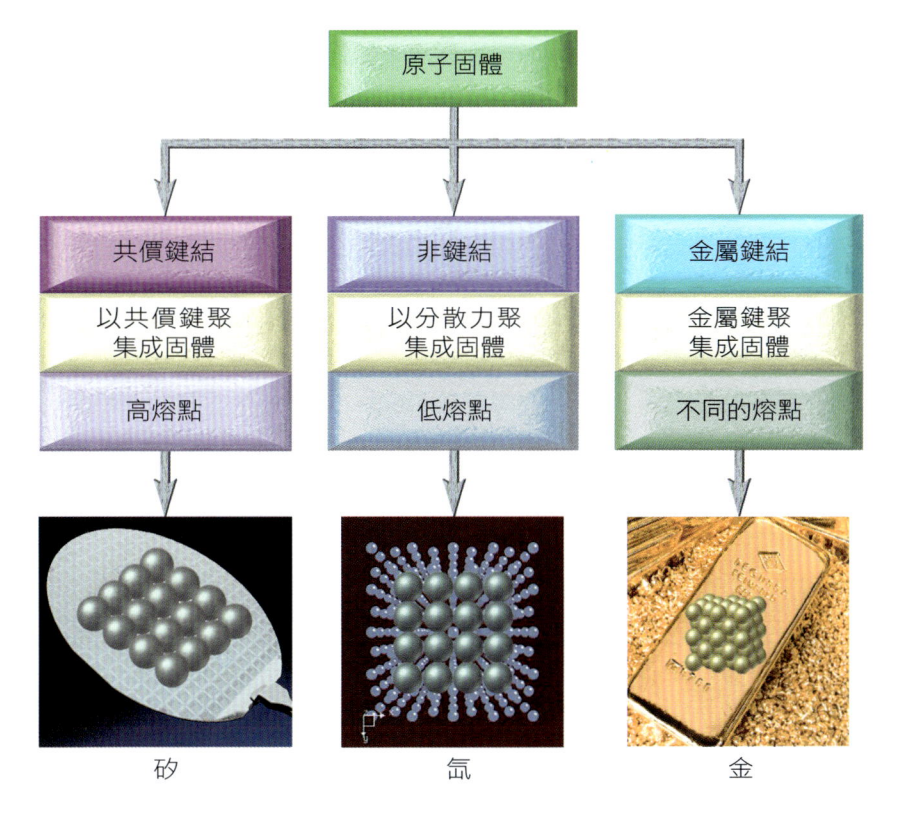

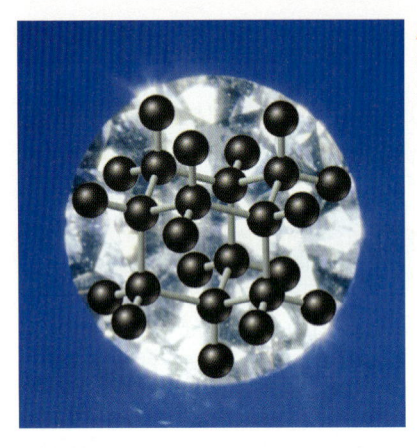

▲ 圖 12.24 **鑽石：原子共價固體。** 鑽石中的碳原子以共價鍵形成三維六角型。

▶ 圖 12.25 **金屬原子固體結構。** 原子提供一個或多個電子而形成電子海是金屬最簡單的模型，金屬由金屬陽離子及陰電荷的電子海所組成。

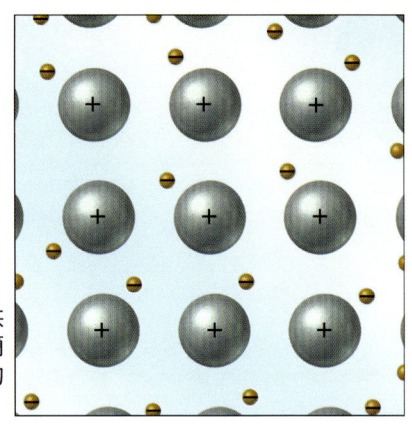

像固體氖就是非鍵結原子固體，以鍵結力較弱的分散力聚集成固體，氖原子有穩定的電子組態，不會形成共價鍵結。因此，原子固體氖的熔點很低（大約是 -112℃），正如其它非鍵結原子固體具有很低的熔點。

金屬原子固體，像鐵，具有各種不同的熔點。金屬是以金屬鍵集結而成的，最簡單的模型是金屬鍵由帶正電的金屬離子在電子海中所組成的（如▲ 圖12.25所示）。金屬鍵具有各種不同的強度，像金屬汞其熔點低於室溫；而其他金屬則具相對高的熔點，像鐵的熔點是1809℃。

> **範例 12.6　結晶固體的形態確認**
>
> 指認下列固體是分子固體、離子固體或原子固體。
> （a）$CaCl_{2(s)}$　（b）$Co_{(s)}$　（c）$CS_{2(s)}$
>
> **解答：**
> （a）$CaCl_2$ 是金屬原子與非金屬結合的離子化合物，$CaCl_2$ 在 772℃ 熔解，所以是離子固體。
> （b）Co 在 1768℃ 熔解，所以是金屬原子固體。
> （c）CS_2 是非金屬鍵結成分子化合物，CS_2 在 -110℃ 熔解，因此形成分子固體。

12.8　水：令人驚嘆的分子

水，顯而易見的，是地球上最平常及最重要的液體。它充滿在河流、湖泊、海洋及我們周遭。它的固體形式，幾乎覆蓋了整個南極大陸（Antarctica），以及北極圈（North Pole）的大面積和最高的山峰上。它的氣態形式，使我們的空氣濕潤。我們喝水、排汗水，我們的排出物也溶於水。實際上，我們身體質量的大部分都是水。生命沒有水是不可能存在的。而且在地球的大部分地方只要有水存在，則有生命存在。最近在火星上發現有水存在的證據──過去

12.8 水：令人驚嘆的分子

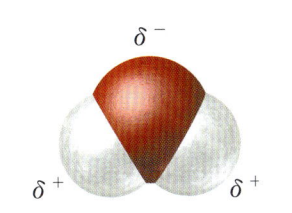

▲ 圖 12.26 **水分子**。

▲ 冰凍萵苣無法長期冷凍而保存，因為水冷凍後膨脹使細胞破裂。

有，現在也有 —— 燃起了在那邊尋找生命或過去曾經有過生命證據的希望。水真是令人驚歎不已。

水是獨特的液體，它有低的莫耳質量（18.02g/mole），但在室溫下卻是液態。再也沒有其他類似的低莫耳質量的化合物能在室溫下以液態呈現。舉兩個例子為證：氮（28.02g/mole）和二氧化碳（44.01g/mole）在室溫是氣態。水有相對高的熔點（就其低莫耳質量而言），可檢驗有水分子的結構來了解何以如此。水分子彎曲的構形和O-H鍵所呈現的高極性的性質導致分子具有重要意義的偶極矩。水的兩個O-H鍵（氫直接與氧鍵結）讓水分子間形成很強的氫鍵，因而有較高的熔點。水的高極性也讓它能溶解許多其他極性化合物和離子化合物。水是活組織的主要溶劑，能輸送營養物和其他重要化合物到全身。

水的凝固也是獨特的，水凝固時的體積膨脹，不像其他物質凝固時的體積變小。這樣看起來似乎是不起眼的性質差異，卻具有極重要的影響。例如，因為液態水凝固時體積膨脹，冰的密度就小於水，結果，冰塊和冰山就浮在水面。在冬天的水面上有一層凍結的冰層能確保湖中的水不再凍結。假如冰層下沉，會讓居於水底的水族生物死亡，而且可能使得湖水全凍為固體，實際上就消滅了湖中的所有水族生物。

水結冰後能膨脹，是無法讓大部份物質長期冷凍的原因之一。水在結凍細胞中，會因膨脹而使細胞破裂；就像水管中的水結冰後，使水管爆裂一般，因此，許多高水含量的食物無法長期冰存得很好。以冰凍蔬菜為例，將萵苣放置冰庫，當退冰時則鬆散且萎頓。冷凍食品工業以**快速冷凍**（flash-freezing）方式，來處理蔬菜及食物，此迅速程序不讓水分子進入晶體結構。由於沒有水膨脹問題，則可使食物長久保持而無損傷。

習題

問答題

1. 為何水具有小滴球形？
2. 何謂蒸發？何謂凝結？
3. 什麼是液體的沸點？何謂正常沸點？
4. 何謂氫鍵？為何化合物會有氫鍵？

練習題

5. 下列何者有較嚴重的燒傷：
   潑灑 0.5 g 的 100°C 的水在手上，或者允許 0.5 g 的 100°C 的水蒸氣凝結在手上。

6. 為何在埃佛勒斯峰（Mt. Everest，高度為 8848 公尺）水的沸點是 70°C，解釋之。

7. 在 100°C 要氣化 34.8 g 的水需要多少的熱量？

8. 下列分子其分子間的作用力的種類為何？
   （a）Kr　（b）N_2　（c）CO　（d）HF

9. 下列非極性分子何者沸點最高？原因為何？
   （a）CH_4　　　　　（b）CH_3CH_3
   （c）$CH_3CH_2CH_3$　（d）$CH_3CH_2CH_2CH_3$

10. 甲醇（CH_3OH）與水（H_2O）是否互溶？原因為何？

11. 確認下列是分子、離子或原子固體？
    （a）Ar(s)　　（b）H_2O(s)
    （c）K_2O(s)　（d）Fe(s)

12. 下列配對固體何者熔點較高？原因為何？
    （a）Ti(s) 及 Ne(s)　（b）H_2O(s) 及 H_2S(s)
    （c）Kr(s) 及 Xe(s)　（d）NaCl(s) 及 CH_4(s)

13. 冰具有負值的熱量，若要吃 58 g 的冰（因為要使冰熔化），將會失去多少熱量（以不同熱量單位表示）
    （a）J(joules)
    （b）kJ(kilojoules)
    （c）cal(calories)(1 cal=4.18J)
    （d）Cal(kilocalories)(1Cal=1000cal)

14. 假設水的密度是 1.0 g/mL，需多少 g 的冰熔化才能使 352 mL 的水從溫度 25°C 變為 5°C。

15. 在 145°C，1 mol 的水蒸氣變成 -50°C 的冰，會釋放出多少 kJ 的熱量（水蒸氣的比熱是 1.84 J/g°C，而冰的比熱是 2.09 J/g°C）

16. 解釋下列化合物沸點的趨勢，其中水為何具特殊性。

化合物	沸點
H_2Te	-2 °C
H_2Se	-41.5 °C
H_2S	-60.7 °C
H_2O	+100 °C

Everyday Chemistry

Why Are Water Drops Spherical?

Have you ever seen a close-up photograph of tiny water droplets (▼ Figure 12.27) or carefully watched water in free fall? In both cases, the distorting effects of gravity are diminished, and the water forms nearly perfect spheres. On the space shuttle, the complete absence of gravity results in floating spheres of water (▼Figure 12.28). Why? Water drops are spherical because of the surface tension caused by the attractive forces between water molecules. Just as gravity pulls matter within a planet or star inward to form a sphere, so intermolecular forces pull water molecules inward to form a sphere. The sphere minimizes the surface-area-to-volume ratio, thereby minimizing the number of molecules at the surface.

A collection of magnetic marbles provides a good physical model of a water drop. Each magnetic marble is like a water molecule, attracted to the marbles around it. If you agitate these marbles slightly, so that they can find their preferred configuration, they tend toward a spherical shape (▼Figure 12.29) because the attractions between the marbles cause them to minimize the number of marbles at the surface.

CAN YOU ANSWER THIS? How would the tendency of a liquid to form spherical drops depend on the strength of intermolecular forces? Would liquids with weaker intermolecular forces have a higher or lower tendency to form spherical drops?

▲ Figure 12.27 An almost perfect sphere If a water droplet is small enough, it will largely be free of the distorting effects of gravity and be almost perfectly spherical.

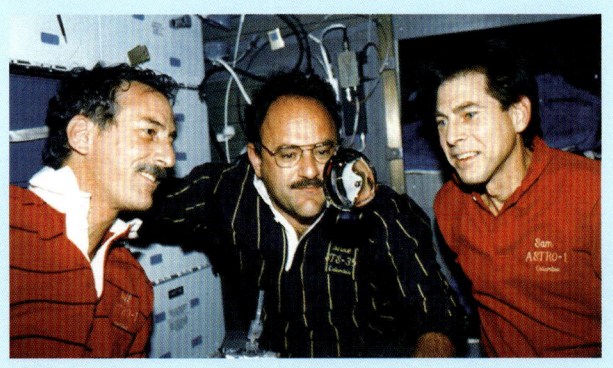

▲ Figure 12.28 A perfect sphere In the absence of gravity, as in this picture taken on the space shuttle, water assumes the shape of a sphere.

▲ Figure 12.29 An analogy for surface tension Magnetic marbles tend to arrange themselves in a spherical shape.

CHAPTER 13

第 13 章

溶液

"Life can be thought of as water kept at the right temperature in the right atmosphere in the right light for a long enough period of time."

N. J. Berrill (1903–1996)

生命能夠被比擬為：水在適當的光中適當的氣壓下以適當溫度存留一段足夠長的時間。

N. J. 柏爾雷勒（1903-1996）

- 13.1 溶液：均勻混合物
- 13.2 固體溶解在水中的溶液：如何製造冰糖
- 13.3 氣體在水中的溶液：汽水如何產生嘶嘶聲
- 13.4 載明溶液的濃度：質量百分率
- 13.5 載明溶液的濃度：體積莫耳濃度
- 13.6 溶液的稀釋
- 13.7 溶液的化學計量
- 13.8 凝固點下降與沸點上升：讓水在較低溫凝固及在較高溫沸騰
- 13.9 滲透作用：為何喝鹽水會導致脫水

13.1 溶液：均勻混合物

尼歐斯湖（Lake Nyos）位於西非的喀麥隆（Cameroon in West Africa），曾經在1986年8月22日由湖底冒出二氧化碳，造成超過1700人和約3000頭牛死亡的悲劇。在尼歐斯湖底的二氧化碳和水的混合液就是一種**溶液**（solution）。溶液是兩種或兩種以上物質混合而成的均勻混合液。我們的周遭離不了溶液，我們每天所遇到的液體和氣體實際上大部分是溶液。大多數人提起溶液時，會認為是固體溶解在水中。例如，海水是鹽和其他固體溶解在水中的溶液，而我們的血液是數種固體（及一些氣體）溶解在水中的溶液。然而，仍有許多其他種類的溶液。溶液可能由氣體和液體、液體和另一種液體、固體和氣體等所組成，亦或者有其他的組合類型（參閱表13.1）。

然而，最常見的是水中含有固體、液體或氣體的溶液，稱為**水溶液**（aqueous solutions），水溶液對生命是重要的，亦是本章的主要焦點。水溶液的一般例子包括糖水和鹽水，二者均為固體和水組

◀ 由 Nyos 湖（位於西非的喀麥隆）冒出的二氧化碳氣泡流入鄰近的山谷，二氧化碳來自該湖湖底，在湖底二氧化碳受水的壓力而溶解於水溶液中，當湖裡的層次被擾亂時，由於壓力的減少，二氧化碳由溶液中釋出。

表 13.1 一般溶液的類型

溶液相	溶質相	溶劑相	實例
氣體溶液	氣體	氣體	空氣（主要為氧氣和氮氣）
液體溶液	氣體	液體	汽水（CO_2 和水）
	液體	液體	伏特加酒（酒精和水）
	固體	液體	海水（鹽和水）
固體溶液	固體	固體	黃銅（銅和鋅）與其他合金

表 13.2 一般的實驗室溶劑

極性溶劑	非極性溶劑
水（H_2O）	己烷（C_6H_{14}）
丙酮（CH_3COCH_3）	乙醚（$CH_3CH_2OCH_2CH_3$）
甲醇（CH_3OH）	甲苯（C_7H_8）

成的溶液。與此類似，酒精性飲料為酒精與水混合所形成的液體溶液，而汽水為氣體與水形成水溶液的例子。

溶液至少包括兩個成分，含量較多的成分通常稱為**溶劑**（solvent），含量較少的成分稱為**溶質**（solute）。在二氧化碳和水的溶液中，二氧化碳是溶質，而水是溶劑。在鹽和水的溶液裡，鹽是溶質，而水是溶劑。因為水在地球上含量豐富，因此它是很常見的溶劑。不過，其他的溶劑在實驗室甚至在家裡也經常被使用，特別以非極性（nonpolar）的溶質所形成溶液。例如，你可能使用油漆稀釋劑（一種非極性溶劑）去除腳踏車或鋼珠軸承上的油污，油漆稀釋劑可溶解油污（或者與油污形成溶液）以便將其從金屬除去。通常，極性（polar）溶劑溶解極性溶質或離子性溶質，而非極性溶劑溶解非極性溶質。此種趨勢遵循「**相似者相溶**」（Like dissolves like）的法則，因此，相似的溶劑溶解相似的溶質。表13.2 列舉一些極性和非極性的實驗室溶劑。

觀念檢查站 13.1
請預測下列化合物中何者最不易溶於水？
(a) CCl_4 (b) CH_3Cl
(c) H_2S (d) KF

13.2 固體溶解在水中的溶液：如何製造冰糖

我們已經見過數個固體溶於水中形成溶液的例子，例如海水是鹽和其他固體溶解在水中的溶液，一杯甜咖啡是糖和其他固體溶解在水中的溶液。然而，並非所有的固體均可溶於水中，我們已經知道非極性固體如豬油並不溶於水，碳酸鈣和沙等固體也不溶於水。

當固體被置入水中時，維持固體結合在一起的吸引力（溶質－溶質之間的交互作用）和水分子與固體粒子之間的吸引力（溶劑－溶質之間的交互作用）會形成競爭。例如，當氯化鈉投入水中時，Na⁺陽離子和Cl⁻陰離子彼此之間的吸引力會與Na⁺及Cl⁻和水分子之間的吸引力形成競爭（▼圖13.1a）。對鈉離子的吸引力是存在於鈉離子的正電荷和水的偶極矩（dipole moment）的負電端之間（▼圖13.1b），對氯離子的吸引力是存在於氯離子的負電荷和水的偶極矩的正電端之間。就NaCl而論，水的吸引力較大贏了競爭，因此氯化鈉可溶於水（▶圖13.2）。就碳酸鈣而論，Ca²⁺離子和CO₃²⁻離子之間的吸引力較大，因此碳酸鈣不溶於水。

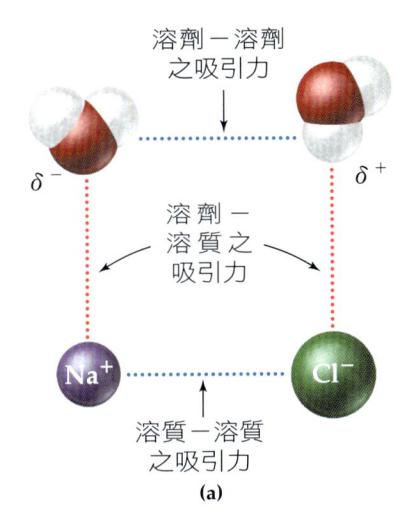

▲ 圖13.1 **固體如何溶解於水中。** (a) 當NaCl被投入水中時，水分子和Na⁺離子及Cl⁻離子之間的吸引力（溶劑－溶質之吸引力）克服Na⁺離子與Cl⁻離子之間的吸引力（溶質－溶質之吸引力）。(b) 水的偶極矩的正電端吸引帶負電的離子，水的偶極矩的負電端吸引帶正電的離子，結果水分子圍繞NaCl的離子並把它們分散在溶液裡。

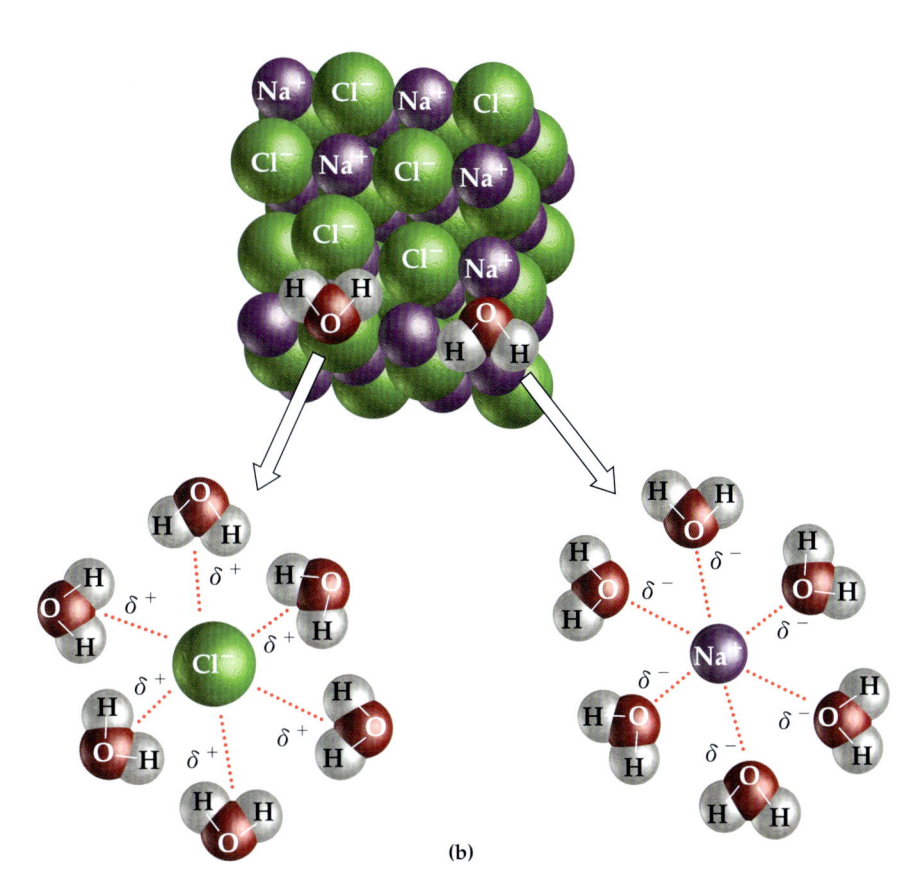

溶解度與飽和

化合物的**溶解度**（solubility）被定義為一定量的液體裡所能溶解該化合物的數量（通常為克數），例如，25°C時氯化鈉的溶解度是每100克水溶36克NaCl，而碳酸鈣的溶解度接近零。每100克水溶有36克NaCl的溶液稱為飽和的氯化鈉溶液，**飽和溶液**（saturated solution）是指在該溶液條件下溶有最大量的溶質，如果額外的溶質被加入飽和溶液中，它將不會再被溶解。**不飽和溶液**（unsaturated solution）是指溶液中溶有少於最大量的溶質。如果額外的溶質被加入不飽和溶液中，它將會再被溶解。**過飽和溶液**（supersaturated solution）是指溶液中溶有多於正常最大量的溶質，多出的溶質通常會由過飽和溶液中沈澱出來（或逸散出來）。

286 第 13 章 　溶液

▶ 圖 13.2 **氯化鈉溶液。**氯化鈉溶液中，Na$^+$離子與 Cl$^-$離子分散在水中。

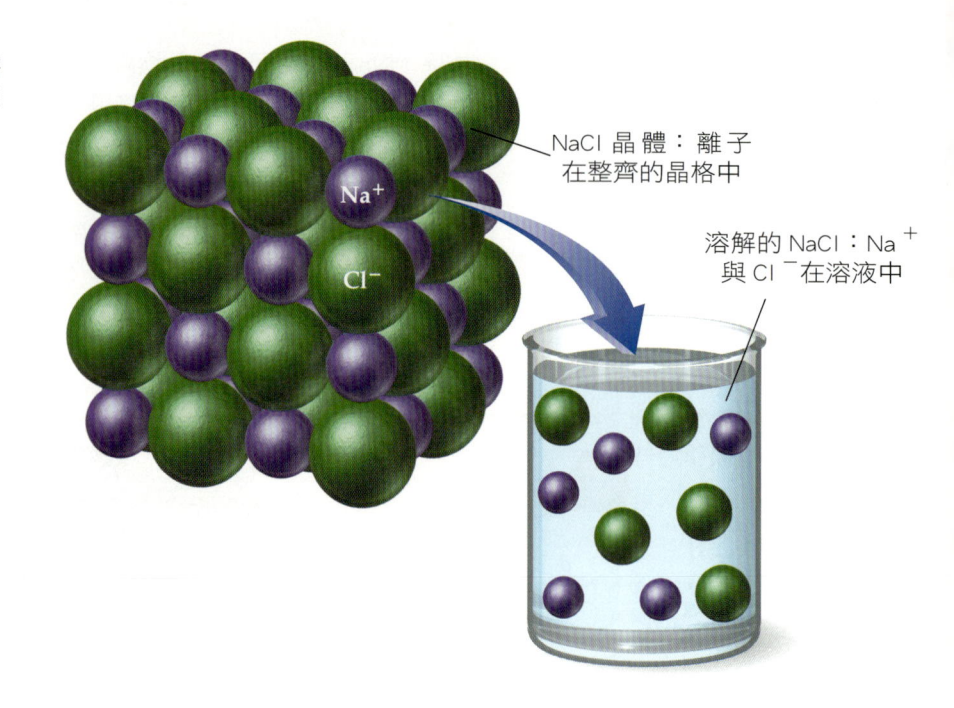

NaCl 晶體：離子在整齊的晶格中

溶解的 NaCl：Na$^+$與 Cl$^-$在溶液中

　　在第7章我們學習溶解度規則（solubility rules），這使我們對離子固體的溶解度有了性質上的描述，若分子固體具有極性也能溶於水中，例如蔗糖具有極性因此可溶於水中，非極性的固體如豬油和植物油通常難溶於水。

電解質溶液：溶解的離子固體

　　在糖水（含有分子固體）與鹽水（含有離子固體）之間有重要的差異（▶ 圖13.3），在鹽水中溶解的粒子是離子，而在糖水中溶解的粒子是分子。在鹽水中的離子是移動的帶電粒子，因此可以導電。就如我們在7.5節所學，一溶液中含有分離為離子的溶質稱為**電解質溶液**（electrolyte solution），糖水含有溶解的糖分子但並不能導電，稱為**非電解質溶液**（nonelectrolyte solution）。通常，溶解的離子固體形成電解質溶液，而溶解的分子固體形成非電解質溶液。

▶ 過飽和溶液含有超過正常最大量的溶質，有時候過飽和溶液可能暫時呈現穩定狀態，如圖中的醋酸鈉溶液，但是任何擾亂，例如投入一小粒固體醋酸鈉（a），將引起固體由溶液中析出（b, c）。

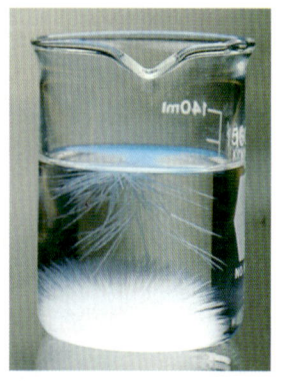

(a)　　　　　　　(b)　　　　　　　(c)

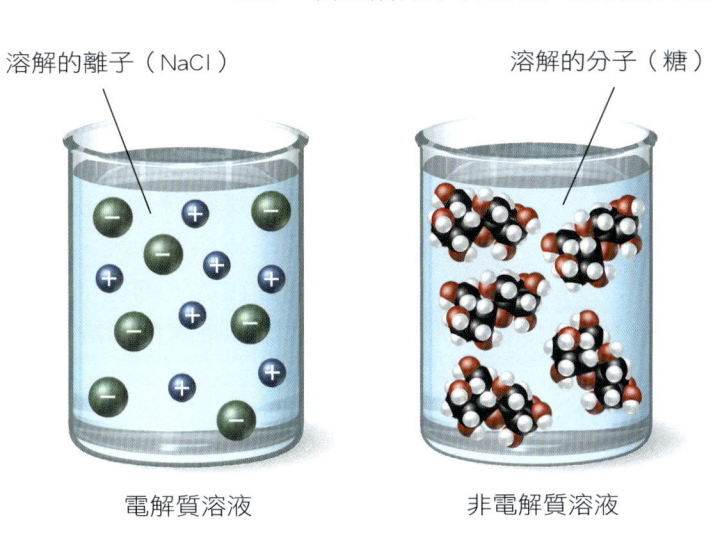

13.2 固體溶解在水中的溶液：如何製造冰糖 **287**

▶ 圖 13.3 **電解質和非電解質溶液。**電解質溶液含有溶解的離子（帶電的粒子），因此可導電；非電解質溶液含有溶解的的分子（中性粒子），因此不導電。

溶解的離子（NaCl）　　　溶解的分子（糖）

電解質溶液　　　　　非電解質溶液

溶解度如何隨溫度而變化

固體在水中的溶解度與溫度有顯著的關係，你是否曾注意到糖在熱茶裡比在冷茶裡容易溶解？通常，固體在水中的溶解度隨溫度的增加而增加（▼ 圖13.4）。例如，硝酸鉀在20°C的溶解度大約是37克/100克水。不過，在50°C時溶解度上升到88克/100 克水。一種稱為**再結晶**（recrystallization）的技術是純化固體的一個常見的方法，足量的固體被放進高溫的水中（或者一些其他溶劑）以建立一飽和溶液，當此溶液冷卻時，因溶解度減少，導致一些固體從溶液中析出。如果溶液緩慢地冷卻，固體析出時將會形成晶體，由於晶體的結構傾向於排斥雜質，因而可形成更純淨的固體。

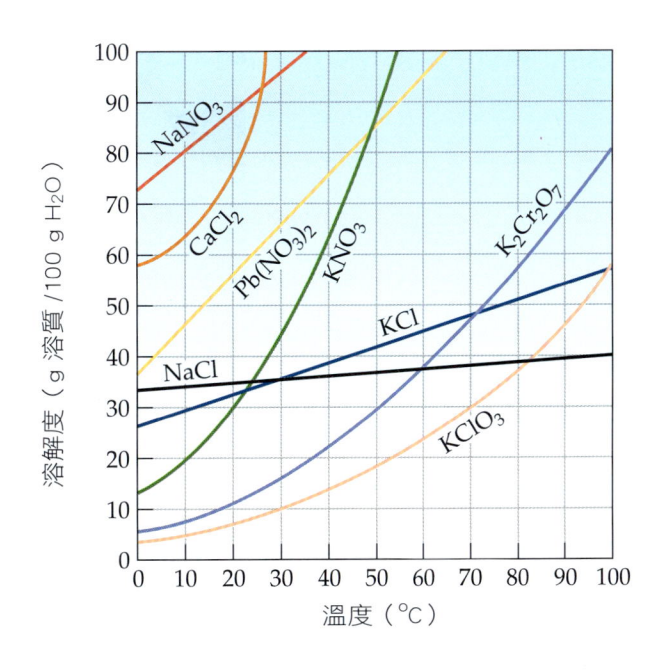

▲ 圖 13.4 **一些離子固體的溶解度與溫度的關係。**

冰糖

如果你製作冰糖，你會見到相似的效應。為了製作冰糖，飽和的蔗糖（餐桌糖）溶液在高溫下製備，一條細線被懸入該溶液中，且溶液被冷卻達數天，當溶液冷卻時即成為過飽和溶液，因而蔗糖晶體便會在這根細線上生長，幾天之後，美麗和美味的冰糖的結晶塊便會覆蓋細線而形成。

▲ 冰糖由經過再結晶生長的蔗糖晶體組成。

13.3 氣體在水中的溶液：汽水如何產生嘶嘶聲

在尼歐斯湖底的水和汽水是氣體溶解在液體的二個例子，都是二氧化碳和水的溶液。大多數暴露在空氣中的液體含有一些溶解的氣體，例如湖水和海水含有溶解的氧氣以供魚類生存所需，我們的血含有溶解的氮氣、氧氣和二氧化碳，即使是自來水也含有溶解的氮和氧。

藉由加熱你可以看到溶解在一般的自來水中的氣體，在水到達沸點之前，你將看見小氣泡在水中形成，這些氣泡是來自溶解在溶液中的空氣（大多為氮氣和氧氣），一旦水沸騰，氣泡的形成變得更為劇烈 —— 這些大氣泡是由水蒸汽組成。這些來自溶液中的空氣與固體的溶解（溶解度隨溫度增加而**增加**）有所不同，氣體在水

冰汽水　　　溫汽水

▲ 溫汽水的氣泡嘶嘶聲比冰汽水大，是因為二氧化碳的溶解度隨增加的溫度而減少。

▶ 圖 13.5 **壓力和溶解度。**液體上方有較高的壓力，氣體較易溶解於液體中。

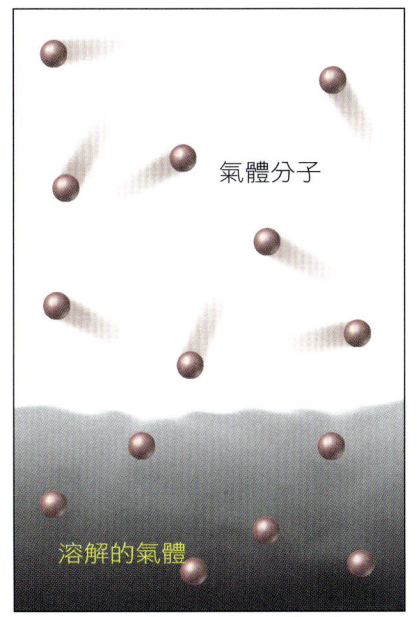

氣體分子

溶解的氣體

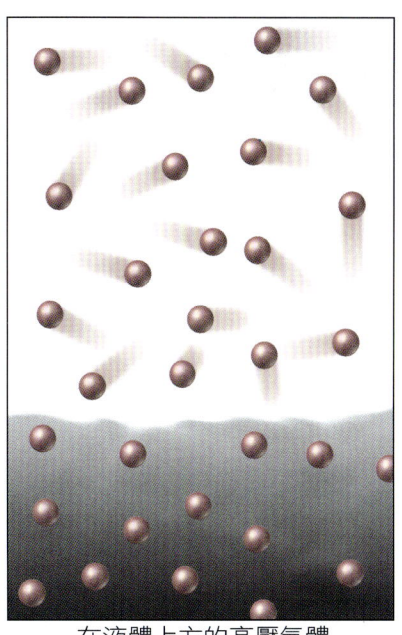

在液體上方的低壓氣體　　　　在液體上方的高壓氣體

中的溶解度隨溫度的增加而**減少**，當水的溫度上升時，溶液中溶解的氮氣和氧氣的溶解度減少，因此這些氣體由溶液中逸出而在罐底周遭形成小氣泡。溫熱汽水的氣泡比冰冷汽水多的原因是氣體的溶解度隨溫度的增加而減少，室溫時二氧化碳的溶解度較低溫時低，因此在室溫下由溶液中逸出的二氧化碳較低溫時快（更多的氣泡）。

　　氣體的溶解度也取決於壓力，在液體上方有較高的壓力，氣體較易溶解於液體中（▲ 圖13.5）。在一罐汽水密封之前，大量二氧化碳藉由幫浦打入汽水罐內以提供壓力。當汽水罐被打開時，壓力被釋放而使二氧化碳的溶解度減少，氣泡產生而冒了出來（▼ 圖 13.6）。

▶ 圖 13.6 **砰一聲！嘶嘶作響！** 一罐汽水被二氧化碳加壓，當汽水罐被打開時，壓力被釋放，二氧化碳在溶液中的溶解度降低而導致氣泡從溶液冒出。

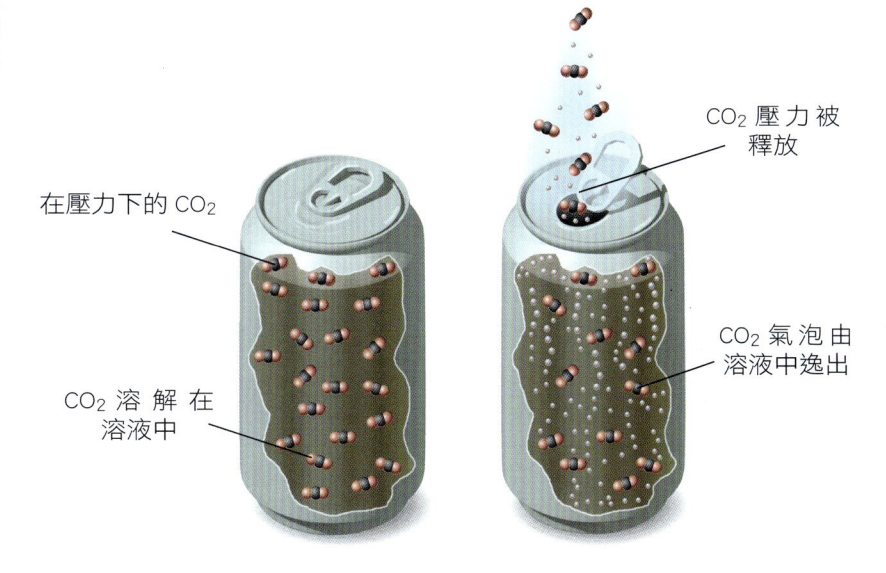

在壓力下的 CO_2

CO_2 溶解在溶液中

CO_2 壓力被釋放

CO_2 氣泡由溶液中逸出

13.4 載明溶液的濃度：質量百分率

我們已知，在溶液中溶質的數量是溶液的重要特性，**稀溶液**（dilute solution）是指溶液中含有少量的溶質，**濃溶液**（concentrated solution）是指溶液中含有大量的溶質。**質量百分率**（mass percent）是表示溶液濃度的一個常見的方式。

質量百分率

質量百分率是指每100克溶液中所含溶質的克數，例如濃度14%的溶液表示每100克溶液中含有14克溶質。在計算質量百分率時，以溶質的質量除以溶液（溶質與溶劑之和）的質量，再乘以100%。

$$質量百分率 = \frac{溶質質量}{溶液質量} \times 100\%$$

例如，假定你想要計算含有15.3克NaCl和155.0克水的NaCl溶液之質量百分率，你可以如往常一樣去建立問題。

已知：
   15.3 g NaCl
   155.0 g H₂O

試求： 質量百分率

方程式： 此問題需要使用定義質量百分率的方程式

$$質量百分率 = \frac{溶質質量}{溶液質量} \times 100\%$$

解答： 溶液質量 = NaCl 的質量 + H₂O 的質量
   = 15.3 g + 155.0 g
   = 170.3 g

將數值代入方程式中

$$質量百分率 = \frac{溶質質量}{溶液質量} \times 100\%$$

$$= \frac{15.3 \text{ g}}{170.3 \text{ g}} \times 100\%$$

$$= 8.98\%$$

此溶液為質量百分率8.98% NaCl。

範例 13.1　計算質量百分率

計算含有 27.5 克酒精（C_2H_6O）和 175 mL H_2O 的溶液之質量百分率（水的密度是 1.00 g/mL）。

首先建立問題，提供給你的是酒精的質量和水的體積，並要求計算溶液的質量百分率。

已知：
   27.5 g C_2H_6O
   175 mL H_2O

試求： 質量百分率

利用定義質量百分率和水的密度的方程式作為轉換因子。

方程式和轉換因子：

$$質量百分率 = \frac{溶質質量}{溶液質量} \times 100\%$$

$$d(H_2O) = \frac{1.00 g}{mL}$$

為求得質量百分率，你需要溶液的質量，其為乙醇質量加上水的質量，而水的質量可藉由水的體積乘以密度這個轉換因子來獲得。

解答：

$$水的質量 = 175 \text{ mL } H_2O \times \frac{1.00 \text{ g}}{mL} = 175 \text{ g}$$

$$溶液質量 = C_2H_6O\text{質量} + H_2O\text{質量}$$
$$= 27.5 \text{ g} + 175 \text{ g}$$
$$= 202.5 \text{ g}$$

$$質量百分率 = \frac{溶質質量}{溶液質量} \times 100\%$$
$$= \frac{27.5 \text{ g}}{202.5 \text{ g}} \times 100\%$$
$$= 13.6\%$$

質量百分率的計算應用

溶液的質量百分率可以被用來作為溶質質量與溶液質量二者之間的轉換因子，此方法的主要關鍵是將質量百分率寫成分數形式。

$$質量百分率 = \frac{g \text{ 溶質}}{100 \text{ g 溶液}}$$

例如一含3.5%氯化鈉的溶液有下列的轉換因子：

$$\frac{3.5 \text{ g NaCl}}{100 \text{ g 溶液}} \qquad 轉換 \text{ g 溶液} \rightarrow \text{g NaCl}$$

這個轉換因子將溶液的克數轉換成NaCl的克數，如果你想要逆向轉換，僅需倒置轉換因子。

$$\frac{100 \text{ g 溶液}}{3.5 \text{ g NaCl}} \qquad 轉換 \text{ g NaCl} \rightarrow \text{g 溶液}$$

以下為使用質量百分率作為轉換因子的實例說明，假設一個水溶液中含有質量百分率8.5%的二氧化碳，則28.6 L的水溶液中含有多少克的二氧化碳（假設溶液的密度是1.03 g/mL）？我們以正常的模式來建立問題。

已知：

8.5% CO_2

28.6 L溶液

試求： g CO_2

轉換因子： 主要的轉換因子是溶液的質量百分率，表示如下：

$$\frac{8.5 \text{ g } CO_2}{100 \text{ g 溶液}}$$

第 13 章　溶液

我們也需要溶液的密度和L與mL之間的轉換因子

$$\frac{1.03 \text{ g}}{\text{mL}}$$

$$1000 \text{ mL} = 1 \text{ L}$$

解析圖：解析圖由「L 溶液」開始，首先轉換成「mL 溶液」，再使用密度轉換成「g 溶液」，最後使用質量百分率（以分數表示）為轉換因子將「g 溶液」轉換成「g CO_2」

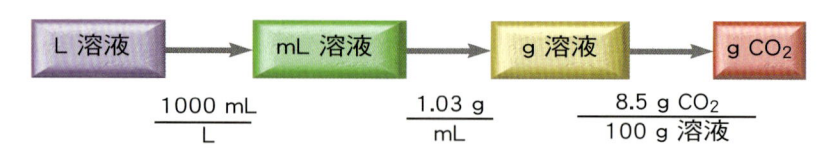

$$\boxed{\text{L 溶液}} \xrightarrow{\frac{1000 \text{ mL}}{\text{L}}} \boxed{\text{mL 溶液}} \xrightarrow{\frac{1.03 \text{ g}}{\text{mL}}} \boxed{\text{g 溶液}} \xrightarrow{\frac{8.5 \text{ g } CO_2}{100 \text{ g 溶液}}} \boxed{\text{g } CO_2}$$

解答：最後，我們遵循解析圖計算答案

$$28.6 \text{ L 溶液} \times \frac{1000 \text{ mL}}{\text{L}} \times \frac{1.03 \text{ g}}{\text{mL}} \times \frac{8.5 \text{ g } CO_2}{100 \text{ g 溶液}} = 2.5 \times 10^3 \text{ g } CO_2$$

在這個例子裡，我們使用質量百分率將一已知的**溶液**數量轉換成存在於溶液中的**溶質**數量，在範例13.2中，我們使用質量百分率將一已知的**溶質**數量轉換成含有溶質的**溶液**數量。

範例 13.2　質量百分率的計算應用

一瓶清涼飲料含有質量百分率 11.5% 的蔗糖（$C_{12}H_{22}O_{11}$），此清涼飲料體積若干毫升時共含有 85.2 克蔗糖（假設密度為 1.00 g/mL）？

已知：

　　11.5% $C_{12}H_{22}O_{11}$

　　85.2 g $C_{12}H_{22}O_{11}$

試求：mL 溶液（清涼飲料）

轉換因子：

$$\frac{11.5 \text{ g } C_{12}H_{22}O_{11}}{100 \text{ g 溶液}}$$

$$d = \frac{1.00 \text{ g}}{\text{mL}}$$

解析圖：

$$\boxed{\text{g } C_{12}H_{22}O_{11}} \xrightarrow{\frac{100 \text{ g 溶液}}{11.5 \text{ g } C_{12}H_{22}O_{11}}} \boxed{\text{g 溶液}} \xrightarrow{\frac{1 \text{ mL}}{1.00 \text{ g}}} \boxed{\text{mL 溶液}}$$

解答：

$$85.2 \text{ g } C_{12}H_{22}O_{11} \times \frac{100 \text{ g 溶液}}{11.5 \text{ g } C_{12}H_{22}O_{11}} \times \frac{1 \text{ mL 溶液}}{1.00 \text{ g}} = 741 \text{ mL 溶液}$$

13.5 載明溶液的濃度：體積莫耳濃度

表示溶液濃度的第二種方式是**體積莫耳濃度**（molarity, **M**），定義為每公升溶液中所含溶質的莫耳數，溶液的體積莫耳濃度可以下式計算：

$$體積莫耳濃度\,(M) = \frac{溶質莫耳數}{溶液公升數}$$

▶ 圖13.7 **配製特定體積莫耳濃度的溶液。** 為配製1.00 L的1.00 M NaCl溶液，首先將1.00 莫耳（58.44 g）的氯化鈉加入量瓶中，然後加水稀釋至總體積1.00 L。問題：如果你將1 L的水加入1 莫耳的氯化鈉中，將發生什麼狀況？最終的濃度是1M嗎？

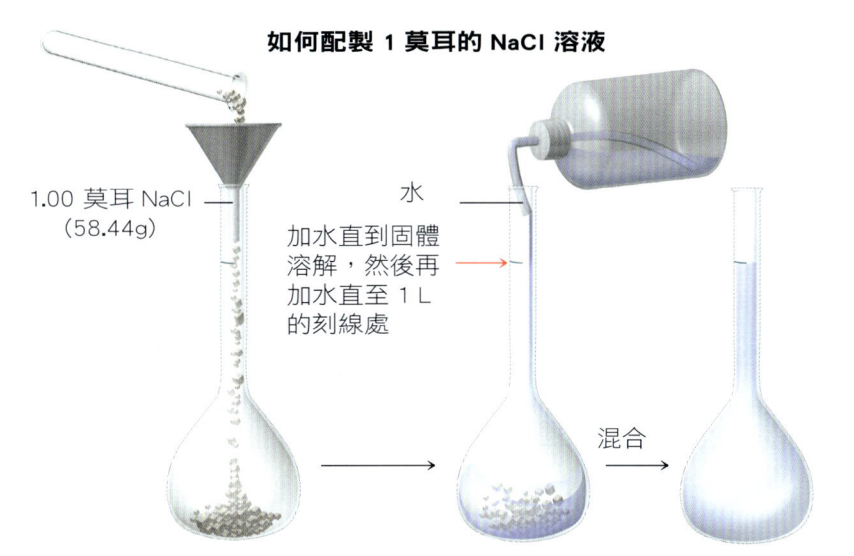

如何配製 1 莫耳的 NaCl 溶液

1.00 莫耳 NaCl（58.44g）

水

加水直到固體溶解，然後再加水直至 1 L 的刻線處

混合

首先加入 1.00 莫耳的 NaCl　　　　　1.00 莫耳的 NaCl 溶液

注意體積莫耳濃度是每公升**溶液**所含溶質的莫耳數，而不是每公升溶劑，為了配製明確的體積莫耳濃度，你通常先將溶質放進量瓶中，然後加水至最終希望的溶液體積。例如要配製1.00 L的1.00 M NaCl溶液，你先將1.00莫耳的NaCl加入量瓶中，然後加水直至達1.00 L的溶液。你不能將1.00莫耳的NaCl與1.00 L的水混合，因為那會使總體積超過1.00 L，而使體積莫耳濃度小於1.00 M。

計算體積莫耳濃度時，僅以溶質的莫耳數除以溶液（溶質**與**溶劑混合後）的公升數。例如計算1.58莫耳的蔗糖稀釋成總體積5.0 L的糖水溶液之體積莫耳濃度。可按正常模式建立問題。

已知：

　　1.58莫耳的$C_{12}H_{22}O_{11}$

　　5.0 L 溶液

試求： 體積莫耳濃度（M）

方程式： 本問題需要使用定義體積莫耳濃度的方程式

$$體積莫耳濃度\,(M) = \frac{溶質莫耳數}{溶液公升數}$$

解答： 將正確的數值代入方程式並計算出答案

$$體積莫耳濃度 (M) = \frac{溶質莫耳數}{溶液公升數}$$

$$= \frac{1.58 \text{ mol } C_{12}H_{22}O_{11}}{5.0 \text{ L 溶液}}$$

$$= 0.32 \text{ M}$$

範例 13.3　計算體積莫耳濃度

15.5 g 的 NaCl 加入燒杯中，然後加水使成 1.50 L 的 NaCl 溶液，計算此溶液之體積莫耳濃度。

已知：
15.5 g NaCl
1.50 L 溶液

試求： 體積莫耳濃度（M）

方程式與轉換因子：

$$莫耳濃度 (M) = \frac{溶質莫耳數}{溶液公升數}$$

$$NaCl \text{ 的莫耳質量} = \frac{58.44 \text{ g}}{1 \text{ mol}}$$

解答：

$$NaCl \text{ 的莫耳數} = 15.5 \text{ g NaCl} \times \frac{1 \text{ mol NaCl}}{58.44 \text{ g NaCl}} = 0.2652 \text{ mol NaCl}$$

$$莫耳濃度 (M) = \frac{溶質莫耳數}{溶液公升數}$$

$$= \frac{0.2652 \text{ mol NaCl}}{1.50 \text{ L 溶液}}$$

$$= 0.177 \text{ M}$$

🔸 體積莫耳濃度的計算應用

溶液的體積莫耳濃度可以作為溶質的莫耳數與溶液的公升數二者之間的轉換因子，例如對每個 1 L 溶液而言，0.500 M NaCl 溶液含有 0.500 mol NaCl。

$$\frac{0.500 \text{ mol NaCl}}{\text{L 溶液}} \quad 轉換 \text{ L 溶液} \rightarrow \text{mol NaCl}$$

這個轉換因子將溶液的公升數轉換成 NaCl 的莫耳數，如果你想要逆向轉換，僅需倒置轉換因子。

$$\frac{\text{L 溶液}}{0.500 \text{ mol NaCl}} \quad 轉換 \text{ mol NaCl} \rightarrow \text{L 溶液}$$

例如，0.758 M 蔗糖（$C_{12}H_{22}O_{11}$）水溶液 1.72 L 中含有多少克的蔗糖？我們以正常的模式來建立問題。

已知：

0.758 M C$_{12}$H$_{22}$O$_{11}$

1.72 L 溶液

試求： g C$_{12}$H$_{22}$O$_{11}$

轉換因子： 主要的轉換因子是溶液的體積莫耳濃度，表示如下：

$$\frac{0.758 \text{ mol C}_{12}\text{H}_{22}\text{O}_{11}}{\text{L 溶液}}$$

我們也需要蔗糖的莫耳質量：

$$\text{C}_{12}\text{H}_{22}\text{O}_{11} \text{的莫耳質量} = \frac{342.34 \text{ g}}{\text{mol}}$$

解析圖： 解析圖由「L 溶液」開始，首先使用體積莫耳濃度將其轉換成「mol C$_{12}$H$_{22}$O$_{11}$」，然後使用莫耳質量將莫耳數轉換成「g C$_{12}$H$_{22}$O$_{11}$」。

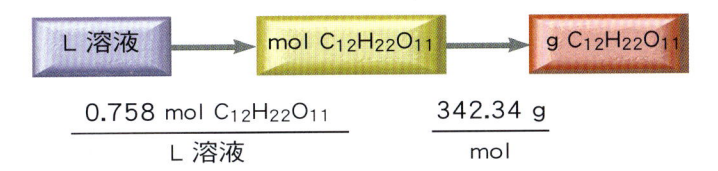

L 溶液 → mol C$_{12}$H$_{22}$O$_{11}$ → g C$_{12}$H$_{22}$O$_{11}$

$$\frac{0.758 \text{ mol C}_{12}\text{H}_{22}\text{O}_{11}}{\text{L 溶液}} \quad \frac{342.34 \text{ g}}{\text{mol}}$$

解答： 最後，我們遵循解析圖計算答案。

$$1.72 \text{ L 溶液} \times \frac{0.758 \text{ mol C}_{12}\text{H}_{22}\text{O}_{11}}{\text{L 溶液}} \times \frac{342.34 \text{ g C}_{12}\text{H}_{22}\text{O}_{11}}{\text{mol C}_{12}\text{H}_{22}\text{O}_{11}}$$

$$= 446 \text{ g C}_{12}\text{H}_{22}\text{O}_{11}$$

在這個例子裡，我們使用體積莫耳濃度將一已知的溶液數量轉換成存在於溶液中的溶質數量，在範例13.4中，我們使用體積莫耳濃度將一已知的溶質數量轉換成含有溶質的溶液數量。

範例 13.4　體積莫耳濃度的計算應用

多少公升的 0.114 M NaOH 溶液含有 1.24 mol 的 NaOH？

已知：

0.114 M NaOH

1.24 mol NaOH

試求： L 溶液

轉換因子：

$$\frac{0.114 \text{ mol NaOH}}{\text{L 溶液}}$$

解析圖：

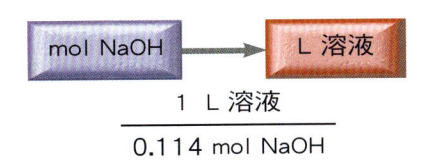

mol NaOH → L 溶液

$$\frac{1 \text{ L 溶液}}{0.114 \text{ mol NaOH}}$$

解答：

$$1.24 \text{ mol NaOH} \times \frac{\text{L 溶液}}{0.114 \text{ mol NaOH}} = 10.9 \text{ L 溶液}$$

離子濃度

一個含有分子化合物的溶液，其所表示的濃度通常反映溶質實際上存在於溶液中的濃度。例如 1 M 的葡萄糖（$C_6H_{12}O_6$）溶液表示每公升溶液中含有 1 mol 的 $C_6H_{12}O_6$；然而若含有離子化合物的溶液，其所表示的濃度反映溶質在溶液中解離前的濃度，例如 1 M 的 $CaCl_2$ 溶液每公升含有 1 mol 的 Ca^{2+} 及 2 mol 的 Cl^-，存在於溶液中的個別離子的濃度通常能由總濃度推斷出，如下例所示。

範例 13.5　離子濃度

試求 1.50 M 的 Na_3PO_4 溶液中 Na^+ 及 PO_4^{3-} 的體積莫耳濃度。

已知：

　　1.50 M Na_3PO_4

試求： Na^+ 及 PO_4^{3-} 的體積莫耳濃度

解答：

　　Na^+ 的體積莫耳濃度 = 3（1.50 M）= 4.50 M

　　PO_4^{3-} 的體積莫耳濃度 = 1.50 M

13.6　溶液的稀釋

為避免浪費實驗室貯藏室的空間，溶液通常以稱為**庫存溶液**（stock solutions）的濃縮形式儲存，例如鹽酸通常以 12 M 的庫存溶液儲存。然而，很多實驗程序要求更低濃度的鹽酸溶液，因此化學家必須將庫存溶液稀釋到需要的濃度，通常以水來稀釋一定量的庫存溶液，我們如何知道需使用多少庫存溶液進行稀釋？解決這個問題最簡單的方法是使用下列稀釋方程式：

$$M_1V_1 = M_2V_2$$

其中 M_1 和 V_1 分別是初始濃溶液的莫耳濃度和體積，而 M_2 和 V_2 分別是最終稀溶液的莫耳濃度和體積。莫耳濃度與體積相乘可得到溶質的莫耳數（M × V = mol），稀釋前後溶質的莫耳數是不會改變的，因此上列方程式得以成立。例如，假設一實驗室程序要求 5.00 L 的 1.50 M KCl 溶液，你要如何由 12.0 M 的庫存溶液來配製？可按正常模式建立問題。

已知： M_1 = 12.0 M

　　　　M_2 = 5.00 M

　　　　V_2 = 5.00 L

試求： V_1

方程式： $M_1V_1 = M_2V_2$

13.6 溶液的稀釋　　297

解答：解出此方程式以求得 V_1（庫存溶液所需要的體積）

$$M_1V_1 = M_2V_2$$

$$V_1 = \frac{M_2V_2}{M_1} = \frac{1.50 \; \frac{mol}{L} \times 5.00 \; L}{12.0 \; \frac{mol}{L}} = 0.625 \; L$$

因此，我們藉由將 0.625 L 的庫存溶液稀釋至總體積 5.00 L（V_2），稀釋後的溶液將是 1.50 M 的 KCl（▼ 圖 13.8）。

▶ 圖 13.8 **藉由稀釋較濃的溶液來配製稀溶液。**

如何由 12.0 M 的庫存溶液配製 5.00 L 的 1.50 M KCl 溶液

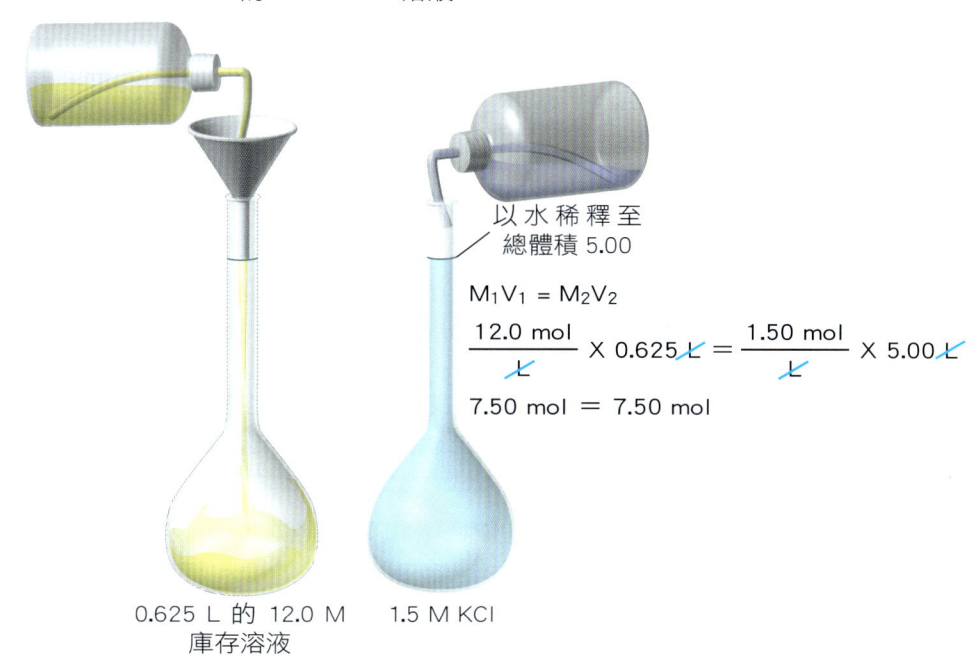

以水稀釋至總體積 5.00

$$M_1V_1 = M_2V_2$$

$$\frac{12.0 \; mol}{L} \times 0.625 \; L = \frac{1.50 \; mol}{L} \times 5.00 \; L$$

$$7.50 \; mol = 7.50 \; mol$$

0.625 L 的 12.0 M 庫存溶液　　1.5 M KCl

範例 13.6　　溶液稀釋

你應該將 0.100 L 的 15 M NaOH 溶液稀釋成多少體積才可得到 1.0 M NaOH 溶液？

已知：$V_1 = 0.100 \; L$
　　　$M_1 = 15 \; M$
　　　$M_2 = 1.0 \; M$

試求：V_2

方程式：$M_1V_1 = M_2V_2$

解答：

$$M_1V_1 = M_2V_2$$

$$V_2 = \frac{M_1V_1}{M_2} = \frac{15 \; \frac{mol}{L} \times 0.100 \; L}{1.0 \; \frac{mol}{L}} = 1.5 \; L$$

13.7 溶液的化學計量

我們在第7章討論時，說明很多化學反應在水溶液中發生，例如沈澱反應、中和反應及氣體釋放反應都在水溶液中發生。在第8章，我們學習如何在化學計量的計算中，使用化學方程式的係數作為反應物莫耳數與生成物莫耳數之間的轉換因子。例如，這些轉換因子經常被用來由已知反應物的數量決定化學反應的產物生成量，或由已知另一反應物的數量來決定完全反應之反應物的需要量。此類計算的一般解析圖為

A之莫耳數 → B之莫耳數

其中A與B為反應中兩個不同的物質，且二者間的轉換因子為化學方程式平衡後的化學計量係數。

含有水溶液的反應，反應物和產物的數量可用體積和濃度方便的具體表示，我們可以利用體積和濃度去計算反應物和產物的莫耳數，然後使用化學計量係數再轉換成反應中其他物質的數量。對於此類的計算，其一般的解析圖為

A之體積 → A之莫耳數 → B之莫耳數 → B之體積

其中體積和莫耳數之間的轉換可使用溶液的莫耳濃度來達成，例如，思考下列硫酸的中和反應

$$H_2SO_4(aq) + 2NaOH(aq) \rightarrow Na_2SO_4(aq) + 2H_2O(l)$$

完全中和0.225 L的0.175 M H_2SO_4溶液，需0.125 M NaOH溶液多少體積？

我們按正常模式建立問題。

已知：0.225 L H_2SO_4 溶液
0.175 M H_2SO_4
0.125 M NaOH

試求：L NaOH 溶液

轉換因子：此問題的轉換因子是兩溶液的莫耳濃度以及 H_2SO_4 莫耳數與 NaOH 莫耳數之間的化學計量關係（由平衡的化學方程式）。

$$M(H_2SO_4) = \frac{0.175 \text{ mol } H_2SO_4}{\text{L } H_2SO_4 \text{ 溶液}}$$

$$M(NaOH) = \frac{0.125 \text{ mol NaOH}}{\text{L NaOH 溶液}}$$

$$1 \text{ mol } H_2SO_4 \equiv 2 \text{ mol NaOH}$$

解析圖：此問題的解析圖與其他化學計量的解析圖相似，我們首先使用 H_2SO_4 溶液的體積和莫耳濃度以得到 H_2SO_4 的莫耳數，然後我們使用由反應方程式得知的化學計量係數來將 H_2SO_4 的莫耳數轉換為 NaOH 的莫耳數，最後我們使用 NaOH 的莫耳濃度去求得 NaOH 溶液的公升數。

解答：為了解此問題，我們依隨解析圖計算出答案

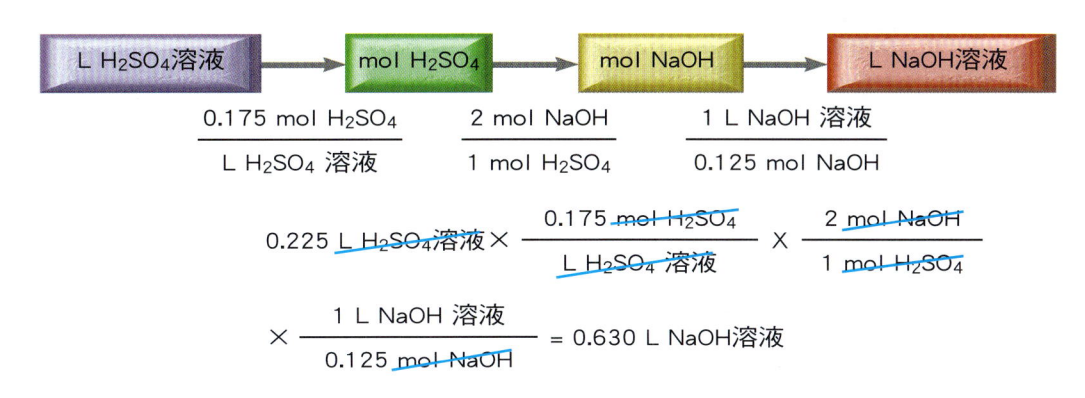

$$L\ H_2SO_4\text{溶液} \to mol\ H_2SO_4 \to mol\ NaOH \to L\ NaOH\text{溶液}$$

$$\dfrac{0.175\ mol\ H_2SO_4}{L\ H_2SO_4\ \text{溶液}} \quad \dfrac{2\ mol\ NaOH}{1\ mol\ H_2SO_4} \quad \dfrac{1\ L\ NaOH\ \text{溶液}}{0.125\ mol\ NaOH}$$

$$0.225\ L\ H_2SO_4\text{溶液} \times \dfrac{0.175\ mol\ H_2SO_4}{L\ H_2SO_4\ \text{溶液}} \times \dfrac{2\ mol\ NaOH}{1\ mol\ H_2SO_4}$$

$$\times \dfrac{1\ L\ NaOH\ \text{溶液}}{0.125\ mol\ NaOH} = 0.630\ L\ NaOH\text{溶液}$$

取 0.630 L NaOH 溶液以完全中和 H_2SO_4。

範例 13.7　溶液的化學計量

思考下列沈澱反應：

$$2\ KI(aq) + Pb(NO_3)_2(aq) \to PbI_2(s) + 2\ KNO_3(aq)$$

完全沈澱 0.104 L 的 0.225 M $Pb(NO_3)_2$ 溶液中的 Pb^{2+}，需 0.115 M KI 溶液多少公升？

已知：0.115 M KI
　　　0.104 L $Pb(NO_3)_2$ 溶液
　　　0.225 M $Pb(NO_3)_2$

試求：L KI 溶液

轉換因子：

$$M\ (KI) = \dfrac{0.115\ mol\ KI}{L\ KI\ \text{溶液}}$$

$$M\ (Pb(NO_3)_2) = \dfrac{0.225\ mol\ Pb(NO_3)_2}{L\ Pb(NO_3)_2\ \text{溶液}}$$

$$2\ mol\ KI = 1\ mol\ Pb(NO_3)_2$$

解析圖：

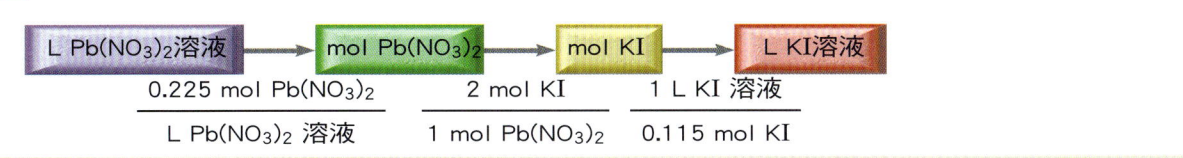

$$L\ Pb(NO_3)_2\text{溶液} \to mol\ Pb(NO_3)_2 \to mol\ KI \to L\ KI\text{溶液}$$

$$\dfrac{0.225\ mol\ Pb(NO_3)_2}{L\ Pb(NO_3)_2\ \text{溶液}} \quad \dfrac{2\ mol\ KI}{1\ mol\ Pb(NO_3)_2} \quad \dfrac{1\ L\ KI\ \text{溶液}}{0.115\ mol\ KI}$$

解答：

$$0.104\ L\ Pb(NO_3)_2\text{溶液} \times \dfrac{0.225\ mol\ Pb(NO_3)_2}{L\ Pb(NO_3)_2\ \text{溶液}} \times \dfrac{2\ mol\ KI}{1\ mol\ Pb(NO_3)_2} \times \dfrac{1\ L\ KI\ \text{溶液}}{0.115\ mol\ KI} = 0.407\ L\ KI\ \text{溶液}$$

13.8 凝固點下降與沸點上升：讓水在較低溫凝固及在較高溫沸騰

你是否曾經想知道為什麼在冰淇淋製造機中要把鹽加入冰裡？或者為什麼在寒冷的氣候裡鹽經常被撒在結冰的道路上？實際上鹽可降低冰的熔點，鹽水溶液在0°C以下仍可維持液體狀態。在冰淇淋製造機中把鹽加入冰，可形成一個冰、鹽及水的混合物，可達到足夠的低溫使奶油冰凍。在冬天的道路上，即使周遭的溫度低於冰點，撒上鹽仍可讓路上的冰融化。

在液體中加入非揮發性質可以延伸液態溫度的範圍，而讓液體仍然維持液態。溶液比溶劑具有較低的熔點和較高的沸點，這些效應稱之為**凝固點下降**（freezing point depression）和**沸點上升**（boiling point elevation）。凝固點下降和沸點上升僅依溶液中的溶質粒子數而不是依溶質的粒子種類而變，像這樣的性質 —— 只依溶質的量而不是依溶質的種類 —— 稱之為**依數性質**（colligative properties）。

▲ 乙二醇是最主要的防凍劑，可避免引擎冷卻劑在冬天結冰或在夏天沸騰。

凝固點下降

含有非揮發溶質的溶液其凝固點比純溶劑低，因為溶質分子干擾溶劑分子的凝固，例如使用在防止引擎冷卻劑結冰的防凍劑就是乙二醇（ethylene glycol, $C_2H_6O_2$）的水溶液，如果溫度降到0°C以下，乙二醇分子會使水分子較不易形成冰狀結晶，此導致該溶液具有較低的凝固點。溶液的濃度越濃，凝固點就變得越低。與凝固點下降及和沸點上升有關的溶液濃度通常表示為**重量莫耳濃度**（molality, **m**），其為每公斤溶劑中所含有溶質的莫耳數。

▲ 將鹽灑在結冰的路面可降低水的冰點，甚至溫度低於 0°C，仍可讓冰融化。

$$重量莫耳濃度（m）= \frac{溶質莫耳數}{溶劑公斤數}$$

注意：重量莫耳濃度的定義是與**溶劑**的公斤數有關，而不是**溶液**的公斤數。

範例 13.8　計算重量莫耳濃度

17.2 g 的乙二醇（$C_2H_6O_2$）溶於 0.500 kg 的水中，計算此溶液之重量莫耳濃度。

已知：17.2 g $C_2H_6O_2$
　　　0.500 kg H_2O

試求：重量莫耳濃度（m）

方程式與轉換因子：

$$重量莫耳濃度（m）= \frac{溶質莫耳數}{溶劑公斤數}$$

$$C_2H_6O_2\text{之莫耳質量}= \frac{62.08g}{mol}$$

解答：

$$\text{mol } C_2H_6O_2 = 17.2 \text{ g } C_2H_6O_2 \times \frac{1 \text{ mol } C_2H_6O_2}{62.08 \text{ g } C_2H_6O_2} = 0.2771 \text{ mol } C_2H_6O_2$$

$$\text{重量莫耳濃度（m）} = \frac{\text{溶質莫耳數}}{\text{溶劑公斤數}} = \frac{0.2771 \text{ mol } C_2H_6O_2}{0.500 \text{ kg } H_2O} = 0.554 \text{ m}$$

✓ 觀念檢查站 13.2

實驗室需要 2.0 m 的水溶液，某位學生卻意外配製 2.0 M 的水溶液，此學生配製的水溶液是：

(a) 太濃　　　　　　　　(b) 太稀
(c) 恰好　　　　　　　　(d) 它將取決於溶質的分子量

由於已經瞭解了重量莫耳濃度，我們現在可以對凝固點下降予以定量，一溶液的凝固點下降多寡與溶質的特定數量有關，可以下列方程式表示：

$$\Delta T_f = m \times K_f$$

其中

- ΔT_f 是凝固點的溫度變化，以 ℃ 表示（起始於純溶劑之凝固點）
- m 是溶液的重量莫耳濃度
- K_f 是溶劑的凝固點下降常數

對水而言：

$$K_f = 1.86 \frac{\text{℃ kg 溶劑}}{\text{mol 溶質}}$$

將以下面的例子說明溶液凝固點的計算。

範例 13.9　凝固點下降

試計算 1.7 m 乙二醇溶液之凝固點。

已知： 1.7 m 溶液

試求： ΔT_f

方程式：
$$\Delta T_f = m \times K_f$$

解答：
$$\Delta T_f = m \times K_f$$
$$= 1.7 \frac{\text{mol 溶質}}{\text{kg 溶劑}} \times 1.86 \frac{\text{℃ kg 溶劑}}{\text{mol 溶質}} = 3.2 \text{℃}$$

凝固點 = 0.00 ℃ - 3.2 ℃ = -3.2 ℃

沸點上升

含有不揮發的溶質的溶液其沸點比純溶劑的沸點高，因為溶質分子干擾溶劑分子的蒸發。在汽車裡，防凍劑不僅防止引擎本體內的冷卻劑在寒冷的天氣裡結冰，而且也防止引擎冷卻劑在酷熱的天氣裡沸騰。下列方程式提供溶液沸點上升的計算：

$$\Delta T_b = m \times K_b$$

其中

- ΔT_b 是沸點的溫度變化，以 ℃ 表示（起始於純溶劑之沸點）
- m 是溶液的重量莫耳濃度
- K_b 是溶劑的沸點上升常數

對水而言：

$$K_b = 0.512 \frac{^0C \ kg \ 溶劑}{mol \ 溶質}$$

將以下面的例子說明溶液沸點的計算。

範例 13.10　沸點上升

試計算 1.7 m 乙二醇溶液之沸點。

已知：1.7 m 溶液

試求：沸點

方程式：
$$\Delta T_b = m \times K_b$$

解答：
$$\Delta T_b = m \times K_b$$
$$= 1.7 \frac{mol \ 溶質}{kg \ 溶劑} \times 0.512 \frac{^0C \ kg \ 溶劑}{mol \ 溶質} = 0.87°C$$

沸點 = 100.00 °C + 0.87°C = 100.87°C

▶ 圖 13.9 **海水是引起口渴的溶液。**當海水流過胃和腸時,海水會從身體的組織中抽出水而促進脫水。

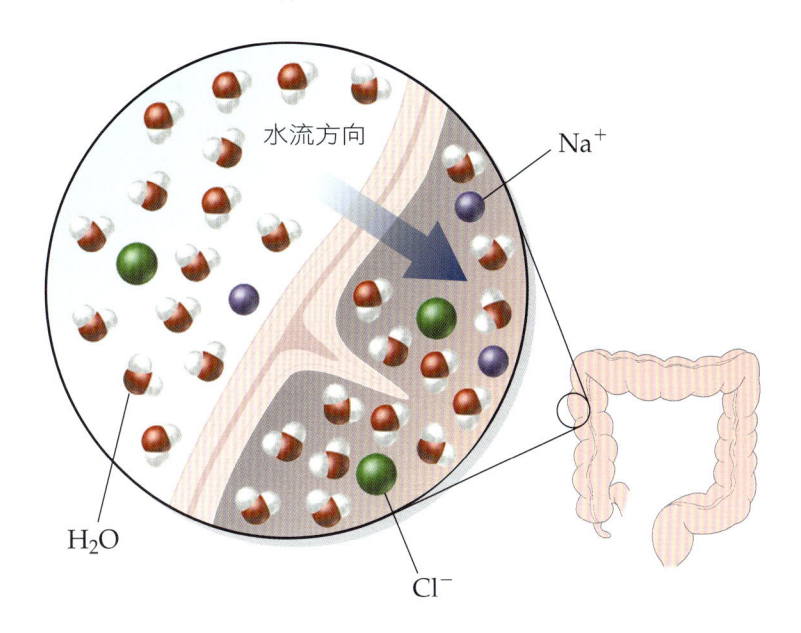

13.9 滲透作用:為何喝鹽水會導致脫水

漂浮在海上的人其周圍均圍繞著水,然而喝海水將加速他們的**脫水**(dehydration),為什麼?因為鹽水的**滲透作用**(osmosis)導致脫水,即溶劑由低濃度溶液流向高濃度溶液,一溶液若含有較高濃度之溶質,將會由含低溶質濃度之溶液中汲引出溶劑,換句話說,含高溶質濃度之溶液,如海水,實際上是引起**口渴的溶液**(thirsty solutions)——它們會把水由其他低濃度溶液中(包括人體)抽走(▲圖13.9)。

▼圖13.10為一個滲透管槽,管槽的左邊是一個濃鹽水溶液,管槽的右邊是純水,一個**半透膜**(semipermeable membrane,僅選擇性的允許某些物質通過,其他物質則無法通過)將管槽分為兩半。

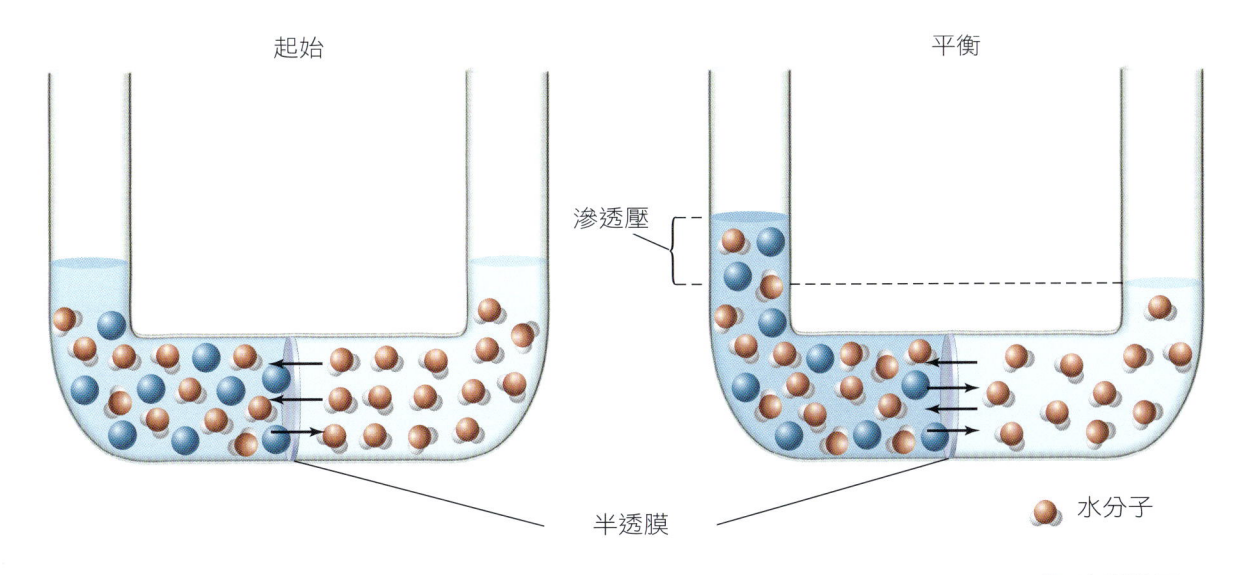

▼ 圖 13.10 **滲透管槽。**在滲透管槽中,水由低濃度溶液流經半透膜而進入高濃度溶液中;因此管子一端的液面上升,直到多出的流體之重量所造成的壓力足以阻止流動為止。此壓力稱為該溶液的滲透壓。

起始　　　　　　　　平衡

滲透壓

半透膜

● 水分子
● 溶質粒子

經由滲透，水由管槽的純水端通過半透膜流入鹽水端；經過一段時間，左邊的水位上升且右邊的水位下降，直到左邊水的重量所造成的壓力足以阻止滲透的流動。阻止滲透的流動所需要的壓力是此溶液的**滲透壓**（osmotic pressure）。滲透壓如同凝固點下降和沸點上升，是為**依數性質**，它只與溶質粒子的濃度有關，而與溶質種類無關；溶液的濃度越濃，它的滲透壓就越大。

活細胞的細胞膜扮演半透膜的角色，因此如果你把活細胞放進海水，它將會經由滲透作用而失去水分，且呈現脫水現象（這就是為什麼你在海水裡長時間游泳之後，你的皮膚看起來會有皺紋及枯萎的狀態）。▼圖13.11顯示出在各種不同濃度的溶液中之紅血球，圖13.11a 的紅血球被浸入與紅血球內部有相同溶質濃度的溶液中，其呈現正常的紅血球形狀。圖13.11b 的紅血球是在純水裡，呈現腫脹的情形，因為細胞內的溶質高於環境流體，滲透作用使水通過細胞膜而進入細胞中。圖13.11c 的紅血球是在一個比細胞內部濃度還高的溶液中，當水由細胞滲透而出時，細胞開始變皺。同樣地，如果你喝海水，當它透過你的胃和腸時，海水確實會從你的身體中汲引出水分。在你腸裡的所有額外的水都會促進身體的組織脫水和腹瀉，因此海水絕不能作為飲用水。

▶ 圖 13.11 **在不同濃度的溶液中之紅血球。**（a）當環境流體的溶質濃度等於細胞內的溶質濃度時，沒有淨滲透流動，且紅血球展現它的典型形狀，(b) 當細胞被置於純水時，水的滲透流動浸入細胞造成它的腫脹，最終細胞可能爆炸，(c) 當細胞被置於較濃的溶液中時，滲透作用從細胞中汲引出水分而扭曲它的正常形狀。

(a)　　　　(b)　　　　(c)

習題

問答題

1. 溶液中，何謂溶劑？何謂溶質？試舉出一些例子。

2. 請解釋強電解溶液和非電解質溶液之間的差別。哪種溶質形成強電解質溶液？

練習題

3. 下列何者為溶液？
   (a) 沙和水混合　　(b) 油和水混合
   (c) 鹽和水混合　　(d) 法定純度（92.5%）銀杯

4. 25℃下，100 g 的水中含有 25 g NaCl，此溶液是未飽和、飽和還是過飽和（使用圖 13.4）？

5. 某清涼飲料在 309 g 的水中含有 45 g 的糖，則糖在清涼飲料中的質量百分率濃度為若干？

6. 海水中含質量百分率濃度 3.5% 的 NaCl，則 274 g 的海水可獲得多少克的鹽？

7. 海水中含質量百分率濃度 3.5% 的 NaCl，則多少克的海水中含有 45.8 g 的鹽？

8. 計算下列各溶液的體積莫耳濃度
   （a）2.5 L 的溶液中含 1.3 mol 的 KCl
   （b）0.855 L 的溶液中含 0.225 mol 的 KNO_3
   （c）588 mL 的溶液中含 0.117 mol 的蔗糖

9. 250 mL 的海水樣品中含有 7.2 g NaCl，則該溶液 NaCl 的體積莫耳濃度若干？

10. 下列各溶液多少體積會含有 0.10 mol KCl？
    （a）0.255 M KCl　　（b）1.8 M KCl
    （c）0.955 M KCl

11. 試完成下表：

溶質	溶質質量	溶質莫耳數	溶液體積	體積莫耳濃度
KNO_3	22.5 g	_____	125.0 mL	_____
$NaHCO_3$	_____	_____	250.0 mL	0.100 M
$C_{12}H_{22}O_{11}$	55.38 g	_____	_____	0.150 M

12. 1.2 M 蔗糖溶液 158 mL 被稀釋成 500 mL，稀釋後的溶液其體積莫耳濃度若干？

13. 你應該使用 12.0 M 的 HNO_3 多少體積來配製 850.0 mL 的 0.250 M HNO_3？

14. 考量下列反應：
    $2K_3PO_4(aq) + 3NiCl_2(aq) \rightarrow Ni_3(PO_4)_2(s) + 6KCl(aq)$
    需要多少體積的 0.225 M K_3PO_4 溶液才可與 134 mL 的 0.0112 M $NiCl_2$ 完全反應？

15. 依據下列反應，一未知濃度的 H_3PO_4 溶液 10.0 mL 需要 112 mL 的 0.100 M KOH 才可與其完全反應，則 H_3PO_4 的濃度若干？
    $H_3PO_4(aq) + 3KOH(aq) \rightarrow 3H_2O(l) + K_3PO_4(aq)$

16. 依據下列反應，產生 15 g 的 $H_2(g)$ 至少需要 6 M H_2SO_4 多少體積？
    $2Al(s) + 3H_2SO_4(aq) \rightarrow Al_2(SO_4)_3(aq) + 3H_2(g)$

17. 11.5 g 的乙二醇（$C_2H_6O_2$）溶於 145 g 的水中，計算此溶液之重量莫耳濃度（假設水的密度為 1.00 g/mL）。

18. 計算下列重量莫耳濃度之水溶液的凝固點。
    （a）0.85 m　　（b）1.45 m
    （c）4.8 m　　（d）2.35 m

19. 計算下列重量莫耳濃度之水溶液的沸點。
    （a）0.118 m　　（b）1.94 m
    （c）3.88 m　　（d）2.16 m

20. 8.5 M NaCl 溶液 125 mL 被稀釋成 2.5 L，稀釋後的溶液多少體積將會含有 10.8 g 的 NaCl？

21. 考量下列反應：
    $2Al(s) + 3H_2SO_4(aq) \rightarrow Al_2(SO_4)_3(aq) + 3H_2(g)$
    至少需要 4 M 的 H_2SO_4 若干體積才可產製在標準狀態下（STP）為 15 L 的 H_2？

22. 5.00 M 的葡萄糖（$C_6H_{12}O_6$）溶液 250.0 mL 被稀釋成 1.40 L，最終溶液的凝固點及沸點為若干？（假設最終溶液的密度為 1.06 g/mL）

23. 下列為滲透管槽的分子觀察，試針對每一管槽判斷水流的方向。

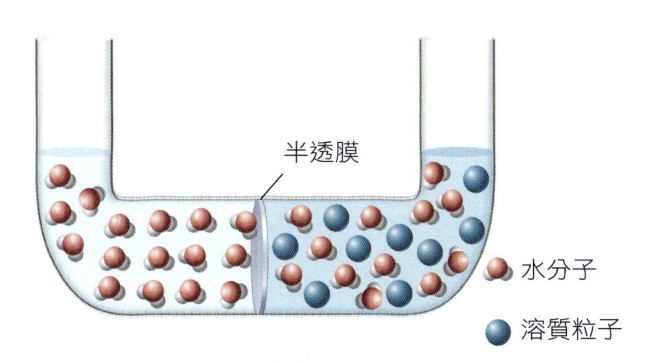

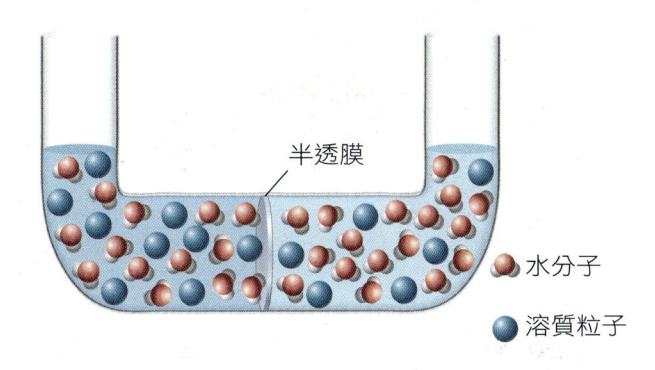

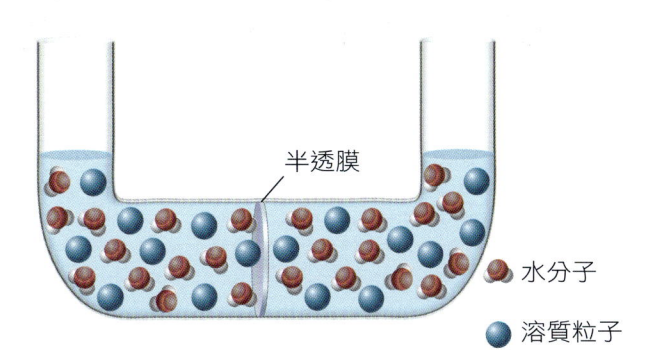

Everyday Chemistry

Antifreeze in Frogs

On the outside, wood frogs (Rana sylvatica) look like most other frogs. They are only a few inches long and have characteristic greenish-brown skin. However, wood frogs survive cold winters in a remarkable way —— they partially freeze. In the frozen state, the frog has no heartbeat, no blood circulation, no breathing, and no brain activity. Within 1 to 2 hours of thawing, however, these vital functions return, and the frog hops off to find food. How is this possible?

▲ The wood frog survives cold winters by partially freezing. The fluids within the frog's cells, however, remain liquid to temperatures as low as -8°C. These fluids are protected by a high concentration of glucose that acts as antifreeze, lowering their freezing point.

Most cold-blooded animals cannot survive freezing temperatures because the water within their cells freezes. As we learned in Section 12.8, when water freezes, it expands, irreversibly damaging cells. When the wood frog hibernates for the winter, however, it secretes large amounts of glucose into its blood and into the interior of its cells. When the temperature drops below freezing, extracellular bodily fluids, such as those in the abdominal cavity, freeze solid. Fluids within cells, however, remain liquid because the high glucose concentration lowers their freezing point. In other words, the concentrated glucose solution within the frog's cells acts as antifreeze, preventing the water within the cells from freezing and allowing the frog to survive.

CAN YOU ANSWER THIS? The wood frog can survive at body temperatures as low as -8°C. Calculate the molality of a glucose solution ($C_6H_{12}O_6$) required to lower the freezing point of water to -8°C.

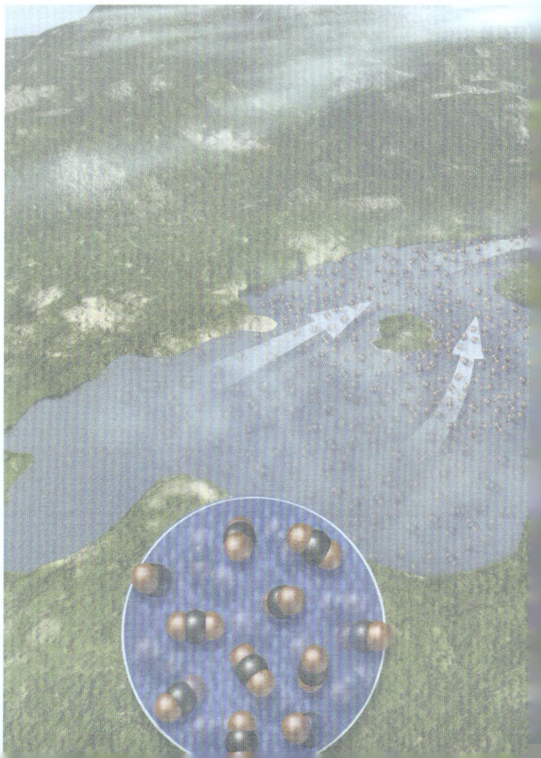

CHAPTER 14

第 14 章

酸和鹼

"The differences between the various acid–base concepts are not concerned with which is 'right,' but which is most convenient to use in a particular situation."

James E. Huheey

在所提出的各種酸鹼概念之差別不是哪個才是'正確的'，而是哪個說法在某個特殊狀況中是最為方便使用的。

詹姆士・E..胡惠

14.1 「酸補釘孩子」軟糖和國際間諜電影
14.2 酸：特性和例子
14.3 鹼：特性和例子
14.4 酸和鹼的分子定義
14.5 酸和鹼的反應
14.6 酸鹼滴定：溶液中酸或鹼的定量方法
14.7 強和弱的酸和鹼
14.8 水：酸和鹼合而為一
14.9 pH 值：表示酸度和鹼度的方法
14.10 緩衝溶液：抵抗 pH 改變的溶液
14.11 酸雨：一個與化石燃料燃燒有關的環境問題

14.1 「酸補釘孩子」軟糖和國際間諜電影

▲ 圖 14.1 酸嚐起來有酸味。當一個人吃酸的食物時，來自食物中酸性物質的 H^+ 離子與味蕾細胞的蛋白質分子反應。此反應引起蛋白質分子形狀改變，遂引發神經脈衝傳送至大腦，人就會感覺到酸味。

◀ 酸存在於很多一般的食物裡，這裡顯示的分子分別為存在於檸檬和萊姆中的檸檬酸（左上方）、存在於醋中的醋酸（右上方）、以及沾附於酸性軟糖外層的酒石酸（左下）。

那些柔軟而膠黏的糖果，甜甜小小的，是小孩和大人的最愛；從小熊到小蟲，差不多你能想像的形狀都有，這些糖果受歡迎的程度真是驚人。一個常見的變化是酸的膠黏性糖果，其最著名的典型是稱為「酸補釘孩子」（Sour Patch Kid）的糖果，「酸補釘孩子」是沾上一層白色粉末的膠黏性糖果，當你把「酸補釘孩子」放一塊在你的嘴裡時，味道是非常酸的，這酸味是由外層的白色粉末所致，它是檸檬酸（citric acid）和酒石酸（tartaric acid）的混合物，像所有的酸一樣，檸檬酸和酒石酸有一種酸味。

有些其他食品也含有酸，檸檬和萊姆的酸味、醱酵麵包的味道以及成熟蕃茄的強烈的味道均由酸（acids）所引起。酸是在水溶液中會產生H^+離子的物質（我們將在後面詳細說明），當「酸補釘孩子」的檸檬酸和酒石酸在你的嘴裡而與唾液結合時會產生H^+離子，然後那些H^+離子會在你的舌頭上與蛋白質分子反應，蛋白質分子改變形狀，會把一個電流信號傳送到你的大腦，你就會感覺到酸味（◀ 圖14.1）。

酸也因在間諜片裡被使用而成名，例如，詹姆士・龐德（James Bond）經常帶一支裝滿酸的金筆，當龐德被捕捉而監禁時，他會由他的鋼筆噴一些酸在囚房的鐵棒上，酸迅速溶解金屬，為龐德提供一個逃離的方法。雖然酸確實可溶解金屬，但是卻不像電影中描繪的那麼容易溶解鐵棒。例如，一小片鋁置於鹽酸中，大約10分鐘後漸漸溶解（▶ 圖14.2）。有足夠的酸，溶解一個監禁室的鐵棒是有可能的，但是要用掉超過一支鋼筆容量的酸量。

309

14.2 酸：特性和例子

酸有下列特性：
- 酸有一種酸味
- 酸可溶解許多金屬
- 酸可使石蕊試紙變紅色

我們剛剛已經知道酸的酸味（「酸補釘孩子」軟糖）和溶解金屬的能力（間諜電影），酸也可使石蕊試紙變成紅色，石蕊試紙含有一種在酸性溶液中會變紅的染料（◀圖14.3），在實驗室，石蕊試紙通常被使用來測試溶液的酸性。

一些常見的酸列於表14.1中，大多數化學實驗室都有鹽酸，其在工業上被用來清潔金屬、製備及處理一些食品、以及精煉金屬礦石。

▲ 圖 14.2 **酸溶解很多金屬。** 當鋁被放進鹽酸時，鋁會溶解。**問題：** 鋁原子發生了什麼事？他們到哪兒去了？

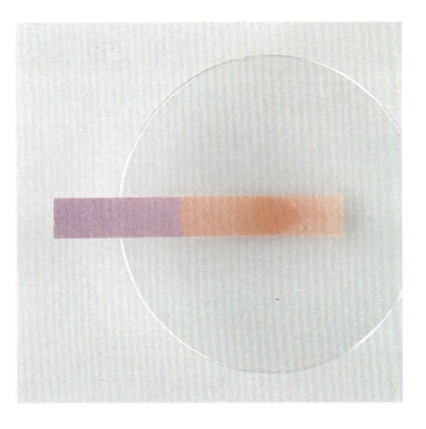

▲ 圖 14.3 酸使石蕊試紙變成紅色。

HCl 鹽酸

表 14.1 一些常見的酸

名稱	用途
鹽酸（hydrochloric acid, HCl）	金屬清潔，食品準備，礦石精煉，胃酸的主要成分
硫酸（sulfuric acid, H_2SO_4）	肥料和炸藥的製造，染料和黏著劑的生產，汽車電池
硝酸（nitric acid, HNO_3）	肥料和炸藥的製造，染料和黏著劑的生產
醋酸（acetic acid, $HC_2H_3O_2$）	塑膠和橡膠的製造，食品防腐劑，醋的主要成分
碳酸（carbonic acid, H_2CO_3）	由於二氧化碳與水的反應而存在於碳酸飲料
氫氟酸（hydrofluoric acid, HF）	金屬清潔，玻璃磨砂和蝕刻

鹽酸也是胃酸的主要成分，在胃裡，鹽酸幫助分解食物並且殺死經由食物進入身體的有害細菌，有時與消化不良有關的酸味是胃的鹽酸逆流向上而進入食道和喉嚨所引起的。

硫酸（在美國最廣泛生產的化學品）和硝酸在實驗室裡也常被使用。

H_2SO_4 硫酸

14.2 酸：特性和例子

HNO₃ 硝酸

此外，它們也被使用在肥料、炸藥、染料和黏著劑的製造。硫酸被填裝於大多數的汽車電池裡。

醋酸存在於大多數人的家裡作為醋的主要成分。

HC₂H₃O₂ 醋酸

酒的不當儲存也會產生醋酸，**醋**（vinegar）這個字起源於法文「vin aigre」，它的意思是「酸的酒」，酒中含有醋被認為是一個嚴重的過錯，會使酒嚐起來好像是沙拉醬。

醋酸（乙酸）是**羧酸**（carboxylic acid）的一個例子，羧酸是含有下列原子團的一種酸。

—COOH 羧酸基

羧酸（在第18章將更詳細的描述）經常被發現存在於活的生物體中，其他羧酸包括檸檬酸（檸檬和萊姆中的主要酸）和蘋果酸（存在於蘋果、葡萄和酒中）。

HC₆H₇O₇ 檸檬酸   HC₄H₅O₅ 蘋果酸

▲ 醋酸是醋的主要成分。

14.3 鹼：特性和例子

鹼（bases）有下列特性：

- 鹼有一種苦味
- 鹼有一種滑滑的感覺
- 鹼可使石蕊試紙變成藍色

因為鹼的苦味，所以鹼在食物裡不像酸那麼常見，「酸補釘孩子」軟糖若塗上鹼將賣不出去，我們對鹼的味道的嫌惡或許是保護我們以防**生物鹼**（alkaloids）的適應，生物鹼存在於植物中的有機鹼，生物鹼經常是有毒的，例如，毒芹（hemlock）的活性成分是生物鹼的毒芹鹼（coniine），而且他們的苦味警告我們避免去吃它們。不過，有些食品含有少量的鹼，如咖啡。

$C_8H_{17}N$ 毒芹鹼

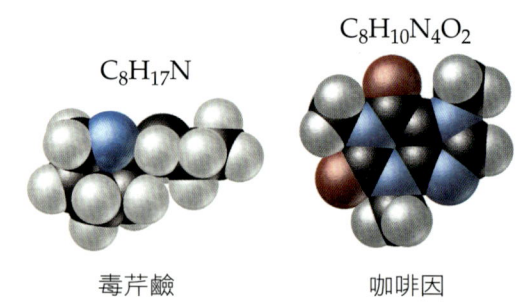

$C_8H_{10}N_4O_2$ 咖啡因

鹼感到滑滑的，因為它們在皮膚上與油脂反應形成類似肥皂的物質，肥皂本身是鹼性的，且它的滑膩感是鹼的特性。一些家庭清潔劑，如氨水，也是鹼性的，並且有鹼的典型滑膩感。鹼會使石蕊試紙變成藍色（◀圖14.4），在實驗室，石蕊試紙通常被用來測試溶液的鹼性。

一些常用的鹼列於表14.2中，大多數化學實驗室都有氫氧化鈉和氫氧化鉀，它們使用在石油和棉花的加工處理以及肥皂和塑膠的製造。氫氧化鈉是排水管疏通劑如Drano等產品的活性成分；碳酸氫鈉在大多數的家庭裡用來當作焙用鹼（baking soda），並且也是很多解酸劑的活性成分，當作為解酸劑時，碳酸氫鈉中和胃酸（參閱14.5節）以減緩胃灼熱及和胃酸過多。

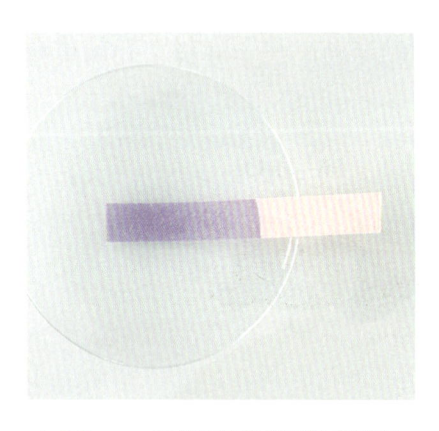

▲ 這些消費產品全部含有鹼。

▲ 圖 14.4 鹼使石蕊試紙變成藍色。

表 14.2 一些常用的鹼

名稱	用途
氫氧化鈉（sodium hydroxide, NaOH）	石油加工，肥皂和塑膠製造
氫氧化鉀（potassium hydroxid, KOH）	棉花加工，電鍍，肥皂生產
碳酸氫鈉（sodium bicarbonate, $NaHCO_3$）*	解酸劑，焙用鹼的成分，CO_2 洗滌劑的來源，肥料和炸藥製造，合成纖維生產
氨（ammonia, NH_3）	

* 碳酸氫鈉是一種鹽類，其陰離子（HCO_3^-）是弱酸的共軛鹼（conjugate base）（參閱 14.4 節）並扮演鹼的角色。

14.4 酸和鹼的分子定義

我們剛剛已經瞭解一些酸和鹼的特性，在本小節，我們檢視用來解釋酸和鹼行為之分子準則的兩個不同模型：阿瑞尼士（Arrhenius）模型和布忍斯特－羅瑞（Brønsted－Lowry）模型。阿瑞尼士模型首先提出，且它的範圍有較多的限制；布忍斯特－羅瑞模型較晚發展，而應用上較為寬廣。

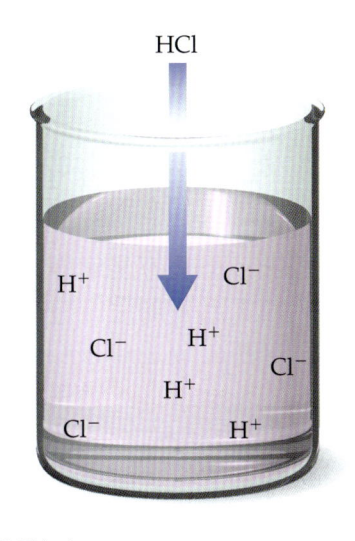

阿瑞尼士定義

在19世紀80年代，瑞典化學家阿瑞尼士（Svante Arrhenius）提出以下的酸和鹼的分子定義：

酸：在水溶液中產生H^+離子。
鹼：在水溶液中產生OH^-離子。

例如，在**阿瑞尼士定義**（Arrhenius definition）下，HCl是一個**阿瑞尼士酸**（Arrhenius acid），因為它在水溶液中產生H^+離子（◀圖14.5）。

$$HCl(aq) \longrightarrow H^+(aq) + Cl^-(aq)$$

HCl是一個共價化合物（covalent compound）且並不含離子，然而，在水中它**解離**（ionize）以形成$H^+(aq)$離子和$Cl^-(aq)$離子，H^+離子是具高反應性的，在水溶液中，它們會依據下列反應與水分子鍵結。

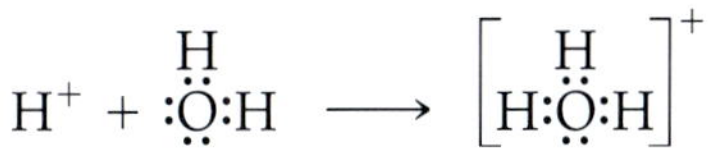

$$H^+ + H\!:\!\ddot{O}\!:\!H \longrightarrow \left[H\!:\!\ddot{O}\!:\!H \atop H \right]^+$$

H_3O^+離子稱為**鋞離子**（hydronium ion）。在水中，H^+離子**總是**與H_2O分子結合而形成鋞離子，化學家經常將$H^+(aq)$和$H_3O^+(aq)$互換使用，其所指的是相同的東西，即鋞離子。在酸的化學式中，可解離的氫通常寫在前面，例如甲酸（formic acid）的化學式通常寫成下式：

$HCHO_2$
可解離的氫　　不可解離的氫

然而，甲酸的結構式如下：

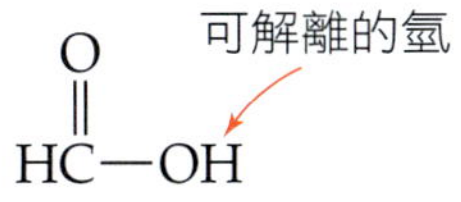

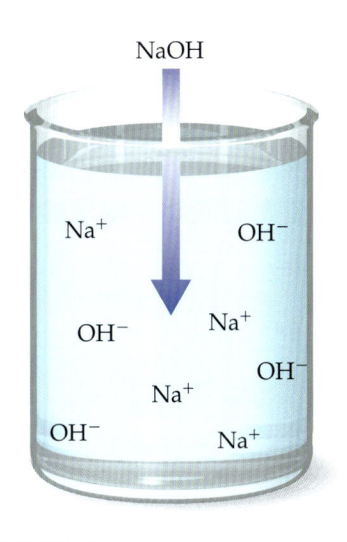

$$\underset{\text{HC}-\text{OH}}{\overset{\text{O}}{\|}}$$

可解離的氫

NaOH是一個**阿瑞尼士鹼**（Arrhenius base），因為它在水溶液中產生OH^-離子（◀圖14.6）。

▲ 圖 14.5 **酸的阿瑞尼士定義**。阿瑞尼士定義說明酸是一種在水溶液中會產生 H^+ 離子的物質。這些 H^+ 離子會與 H_2O 結合形成 H_3O^+ 離子。

$HCl(aq) \longrightarrow H^+(aq) + Cl^-(aq)$

$NaOH(aq) \longrightarrow Na^+(aq) + OH^-(aq)$

▲ 圖 14.6 **鹼的阿瑞尼士定義**。阿瑞尼士定義說明鹼是一種在水溶液中會產生 OH^- 離子的物質。

$$NaOH(aq) \longrightarrow Na^+(aq) + OH^-(aq)$$

NaOH是一個離子化合物，因此含有Na^+和OH^-離子，當NaOH被加入水中時，它**解離**（dissociates）或分裂成它的組成離子。

在阿瑞尼士定義下，酸和鹼會自然地結合成水，在此過程裡使彼此中和。

$$H^+(aq) + OH^-(aq) \longrightarrow H_2O(l)$$

布忍斯特－羅瑞定義

雖然酸和鹼的阿瑞尼士定義用於許多場合，但它不易解釋為什麼有些物質甚至不含OH^-而卻能扮演鹼的角色，且阿瑞尼士定義並不適用於非水溶液之溶劑。酸和鹼的第二個定義在1923年被引介，稱為**布忍斯特－羅瑞定義**（Brønsted－Lowry definition），適用於更廣泛的酸－鹼現象。這個定義將焦點放在酸－鹼反應之H^+離子轉移，因為H^+離子是一個質子（失去電子的氫原子），這個定義使用質子提供者和質子接受者的想法。

酸：質子（H^+離子）的提供者（donor）。
鹼：質子（H^+離子）的接受者（acceptor）。

根據這個定義，HCl是**布忍斯特－羅瑞酸**，因為在水溶液中它提供一個質子給水。

$$HCl(aq) + H_2O(l) \longrightarrow H_3O^+(aq) + Cl^-(aq)$$

這個定義更清楚地顯示來自於酸的H^+離子發生了什麼事——它與一個水分子形成H_3O^+；布忍斯特－羅瑞定義也成功地解釋鹼（如NH_3），其並未含有OH^-離子，但在水溶液中仍然產生OH^-離子，在布忍斯特－羅瑞定義裡，NH_3是一個**布忍斯特－羅瑞鹼**，因為它從水分子接受一個質子。

$$NH_3(aq) + H_2O(l) \longrightarrow NH_4^+(aq) + OH^-(aq)$$

在布忍斯特－羅瑞定義裡，酸（質子提供者）和鹼（質子接受者）總是一同存在，在HCl和H_2O之間的反應，HCl是質子的提供者（酸），而H_2O是質子的接受者（鹼）。

$$HCl(aq) + H_2O(l) \longrightarrow H_3O^+(aq) + Cl^-(aq)$$
　　　酸　　　　鹼
（質子提供者）（質子接受者）

14.4 酸和鹼的分子定義

在NH₃和H₂O之間的反應，H₂O是質子提供者（酸），而NH₃是質子接受者（鹼）。

$$NH_3(aq) + H_2O(l) \rightleftharpoons NH_4^+(aq) + OH^-(aq)$$

鹼（質子接受者）　　酸（質子提供者）

注意在布忍斯特－羅瑞定義之下，有些物質可作為酸或鹼，如先前的兩個方程式中的水。可作為酸或鹼的物質稱為**兩性**（amphoteric）物質。另外也需注意當一個方程式描述布忍斯特－羅瑞酸鹼行為是可逆反應時其所發生的事。

$$NH_4^+(aq) + OH^-(aq) \rightleftharpoons NH_3(aq) + H_2O(l)$$

酸（質子提供者）　　鹼（質子接受者）

在這個反應中，NH_4^+是質子提供者（酸），而OH^-是質子接受者（鹼），其中鹼（NH_3）已經變為酸（NH_4^+），反之亦然。NH_4^+和NH_3通常稱為**共軛酸鹼對**（conjugate acid–base pair），此兩個物質藉由一個質子的轉移而彼此互相有關聯（▼圖14.7）。回到原先前面的反應，我們可以確認共軛酸鹼對如下：

$$NH_3(aq) + H_2O(l) \rightleftharpoons NH_4^+(aq) + OH^-(aq)$$

鹼　　　　酸　　　　共軛酸　　　共軛鹼

▶ 圖 14.7 **共軛酸鹼對**。任何兩個物質藉由一個質子的轉移而彼此互相有關聯即構成共軛酸鹼對。

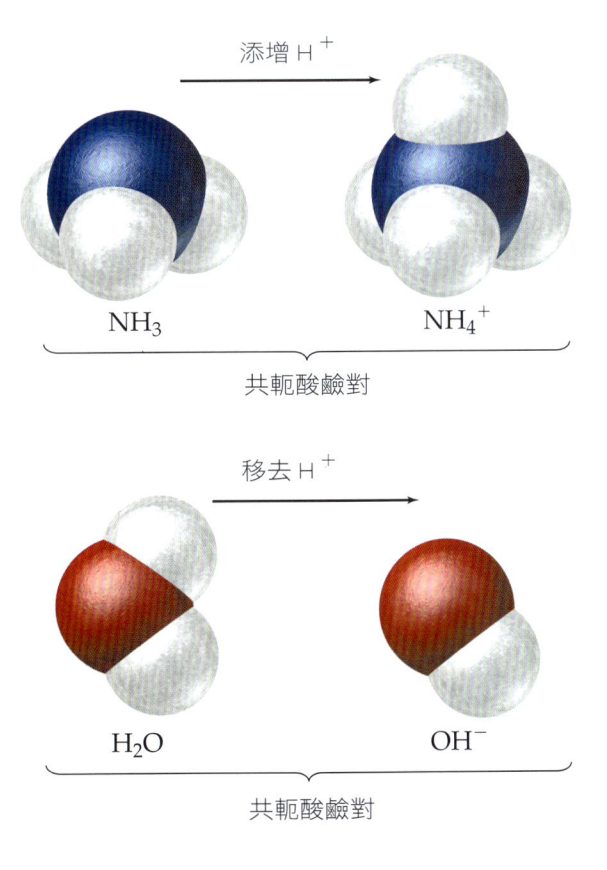

添增 H⁺

NH₃ → NH₄⁺

共軛酸鹼對

移去 H⁺

H₂O → OH⁻

共軛酸鹼對

範例 14.1 指認布忍斯特－羅瑞酸和鹼以及它們的共軛酸鹼

下列各項反應中，指出布忍斯特－羅瑞酸、布忍斯特－羅瑞鹼、共軛酸以及共軛鹼。

(a) $H_2SO_4(aq) + H_2O(l) \longrightarrow H_3O^+(aq) + HSO_4^-(aq)$

(b) $HCO_3^-(aq) + H_2O(l) \rightleftharpoons H_2CO_3(aq) + OH^-(aq)$

解答：
(a) 在這個反應中，因為 H_2SO_4 提供一個質子給 H_2O，所以它是酸（質子提供者）；在 H_2SO_4 提供質子之後，它成為 HSO_4^-，是為共軛鹼。因為 H_2O 接受一個質子，它是鹼（質子接受者）；在 H_2O 接受質子之後，它成為 H_3O^+，是為共軛酸。

$$H_2SO_4(aq) + H_2O(l) \longrightarrow HSO_4^-(aq) + H_3O^+(aq)$$
　　酸　　　　　鹼　　　　　　共軛鹼　　　共軛酸

(b) 在這個反應中，因為 H_2O 提供一個質子給 HCO_3^-，所以它是酸（質子提供者）；在 H_2O 提供質子之後，它成為 OH^-，是為共軛鹼。因為 HCO_3^- 接受一個質子，它是鹼（質子接受者）；在 HCO_3^- 接受質子之後，它成為 H_2CO_3，是為共軛酸。

$$HCO_3^-(aq) + H_2O(l) \longrightarrow H_2CO_3(aq) + OH^-(aq)$$
　　鹼　　　　　酸　　　　　　共軛酸　　　共軛鹼

14.5 酸和鹼的反應

中和反應

最重要的酸鹼反應之一是**中和反應**（neutralization），首先在第 7 章介紹。當酸和鹼混合時，來自於酸的 $H^+(aq)$ 與來自於鹼的 $OH^-(aq)$ 形成 $H_2O(l)$。例如，考慮鹽酸和氫氧化鉀之間的反應。

$$HCl(aq) + KOH(aq) \longrightarrow H_2O(l) + KCl(aq)$$
　酸　　　　鹼　　　　　　水　　　　鹽

酸鹼反應一般產生水和**鹽**──一種離子化合物，通常仍然溶解於溶液裡。鹽包含來自鹼的陽離子和來自酸的陰離子。

酸 + 鹼 → 水 + 鹽（包含來自鹼的陽離子和來自酸的陰離子之離子化合物）

許多中和反應的淨離子方程式是：

$$H^+(aq) + OH^-(aq) \longrightarrow H_2O(l)$$

14.5 酸和鹼的反應

除了中和反應的一般類型之外，涉及酸與碳酸鹽或碳酸氫鹽（化合物含有CO_3^{2-}或HCO_3^-）的反應有些微不同。這類中和反應產生水、氣體的二氧化碳和鹽。舉一個例子，考慮鹽酸和碳酸氫鈉的反應。

$$HCl(aq) + NaHCO_3(aq) \rightarrow H_2O(l) + CO_2(g) + NaCl(aq)$$

因為這個反應產生氣體的CO_2，因此也稱為**氣體釋放反應**（gas evolution reaction）（7.8節）。

範例 14.2　寫出中和反應的方程式

寫出水溶液的 HCl 與水溶液的 $Ca(OH)_2$ 反應的分子方程式。

解答：
我們必須指認出酸和鹼，並且知道它們會反應形成水和鹽，注意每1 mol的$Ca(OH)_2$含有2 mol的OH^-，因此需要2 mol的H^+來中和。我們首先寫出骨幹方程式：

$$HCl(aq) + Ca(OH)_2(aq) \longrightarrow H_2O(l) + CaCl_2(aq)$$

然後我們平衡此方程式：

$$2\ HCl(aq) + Ca(OH)_2(aq) \longrightarrow 2\ H_2O(l) + CaCl_2(aq)$$

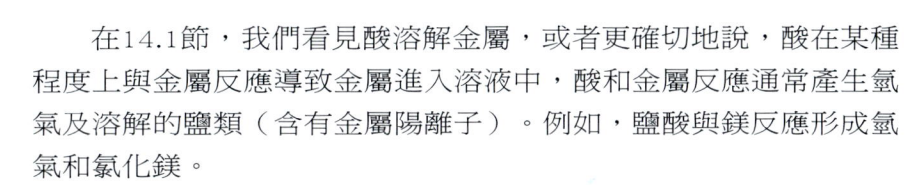

$HCl(aq) + NaHCO_3(aq) \longrightarrow$
$H_2O(l) + CO_2(g) + NaCl(aq)$

▲ 碳酸鹽或碳酸氫鹽與酸的反應產生水、氣體的二氧化碳和鹽。

酸的反應

在14.1節，我們看見酸溶解金屬，或者更確切地說，酸在某種程度上與金屬反應導致金屬進入溶液中，酸和金屬反應通常產生氫氣及溶解的鹽類（含有金屬陽離子）。例如，鹽酸與鎂反應形成氫氣和氯化鎂。

$$\underset{\text{酸}}{2\ HCl(aq)} + \underset{\text{金屬}}{Mg(s)} \rightarrow \underset{\text{氫氣}}{H_2(g)} + \underset{\text{鹽}}{MgCl_2(aq)}$$

與此類似，硫酸與鋅反應形成氫氣和硫酸鋅。

$$\underset{\text{酸}}{H_2SO_4(aq)} + \underset{\text{金屬}}{Zn(s)} \rightarrow \underset{\text{氫氣}}{H_2(g)} + \underset{\text{鹽}}{ZnSO_4(aq)}$$

由我們一開始所舉的例子，詹姆士・龐德的鋼筆中的酸溶解監禁他的金屬鐵條是透過這類的反應，例如，如果金屬棒是由鐵做成的，而在鋼筆裡的酸是鹽酸，該反應將是：

$$\underset{\text{酸}}{2\ HCl(aq)} + \underset{\text{金屬}}{Fe(s)} \rightarrow \underset{\text{氫氣}}{H_2(g)} + \underset{\text{鹽}}{FeCl_2(aq)}$$

不過我們應該注意到一些金屬不會與酸起反應，例如，如果監禁詹姆士・龐德的金屬棒是由金做成的，那麼他鋼筆中所裝的鹽酸將不會溶解金屬棒。

酸也會與金屬氧化物反應產生水和溶解的鹽類，例如，鹽酸與氧化鉀反應形成水和氯化鉀。

$$\underset{\text{酸}}{2\ HCl(aq)} + \underset{\text{金屬氧化物}}{K_2O(s)} \rightarrow \underset{\text{水}}{H_2O(l)} + \underset{\text{鹽}}{2\ KCl(aq)}$$

與此類似，氫溴酸與氧化鎂反應形成水和溴化鎂。

$$2\ HBr(aq) + MgO(s) \rightarrow H_2O(l) + MgBr_2(aq)$$
酸　　　金屬氧化物　　水　　　鹽

範例 14.3　寫出酸的反應之方程式

寫出下列各項的方程式：
(a) 氫碘酸與鉀金屬的反應
(b) 氫溴酸與氧化鈉的反應

解答：
(a) 氫碘酸與鉀金屬的反應形成氫氣和鹽，鹽包含金屬的陽離子（K^+）及酸的陰離子（I^-），我們首先寫出骨幹方程式。

$$HI(aq) + K(s) \rightarrow H_2(g) + KI(aq)$$

然後我們平衡此方程式：

$$2\ HI(aq) + 2\ K(s) \rightarrow H_2(g) + 2\ KI(aq)$$

(b) 氫溴酸與氧化鈉的反應形成水和鹽，鹽包含金屬氧化物的陽離子（Na^+）及酸的陰離子（Br^-），我們首先寫出骨幹方程式。

$$HBr(aq) + Na_2O(s) \rightarrow H_2O(l) + NaBr(aq)$$

然後我們平衡此方程式：

$$2\ HBr(aq) + Na_2O(s) \rightarrow H_2O(l) + 2\ NaBr(aq)$$

$$2\ HCl(aq) + Mg(s) \longrightarrow H_2(g) + MgCl_2(aq)$$

▲ 酸和金屬反應通常產生氫氣及溶解的鹽類（含有金屬離子）。

鹼的反應

最重要的鹼的反應是鹼中和酸（參閱本節的開始），本書中涵蓋的另一種鹼的反應是氫氧化鈉與鋁和水的反應。

$$2\ NaOH(aq) + 2\ Al(s) + 6\ H_2O(l) \rightarrow 2\ NaAl(OH)_4(aq) + 3\ H_2(g)$$

鋁是可溶解於鹼中的少數金屬之一，因此使用NaOH（許多疏通排水管產品的主要成分）疏通你的排水管是安全的，只要你的水管不是由鋁所做的。

14.6　酸鹼滴定：溶液中酸或鹼的定量方法

在第13章（13.7節）我們學習關於溶液化學計量的原理可以應用在稱為滴定的一般實驗室程序，在**滴定**（titration）中，一個已知濃度的物質與一未知濃度的物質反應。例如，考慮下列酸鹼反應：

$$HCl(aq) + NaOH(aq) \rightarrow H_2O(l) + NaCl(aq)$$

這個反應的淨離子方程式如下：

$$H^+(aq) + OH^-(aq) \rightarrow H_2O(l)$$

假設你有一HCl溶液，可藉由下列分子圖來描述（Cl^-離子和H_2O分子不涉及反應，為了較清楚的表達，均已由圖中刪去）。

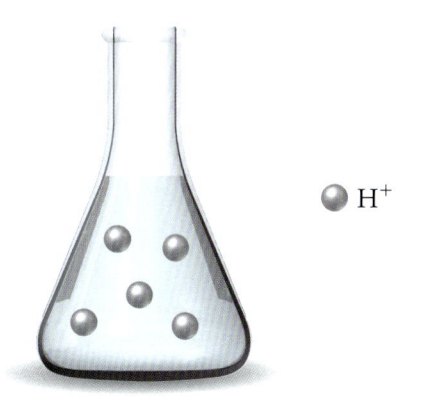

14.6 酸鹼滴定：溶液中酸或鹼的定量方法 **319**

在滴定這個樣品的過程，我們緩慢地加入一已知 OH^- 濃度之溶液，如下列分子圖所描述。

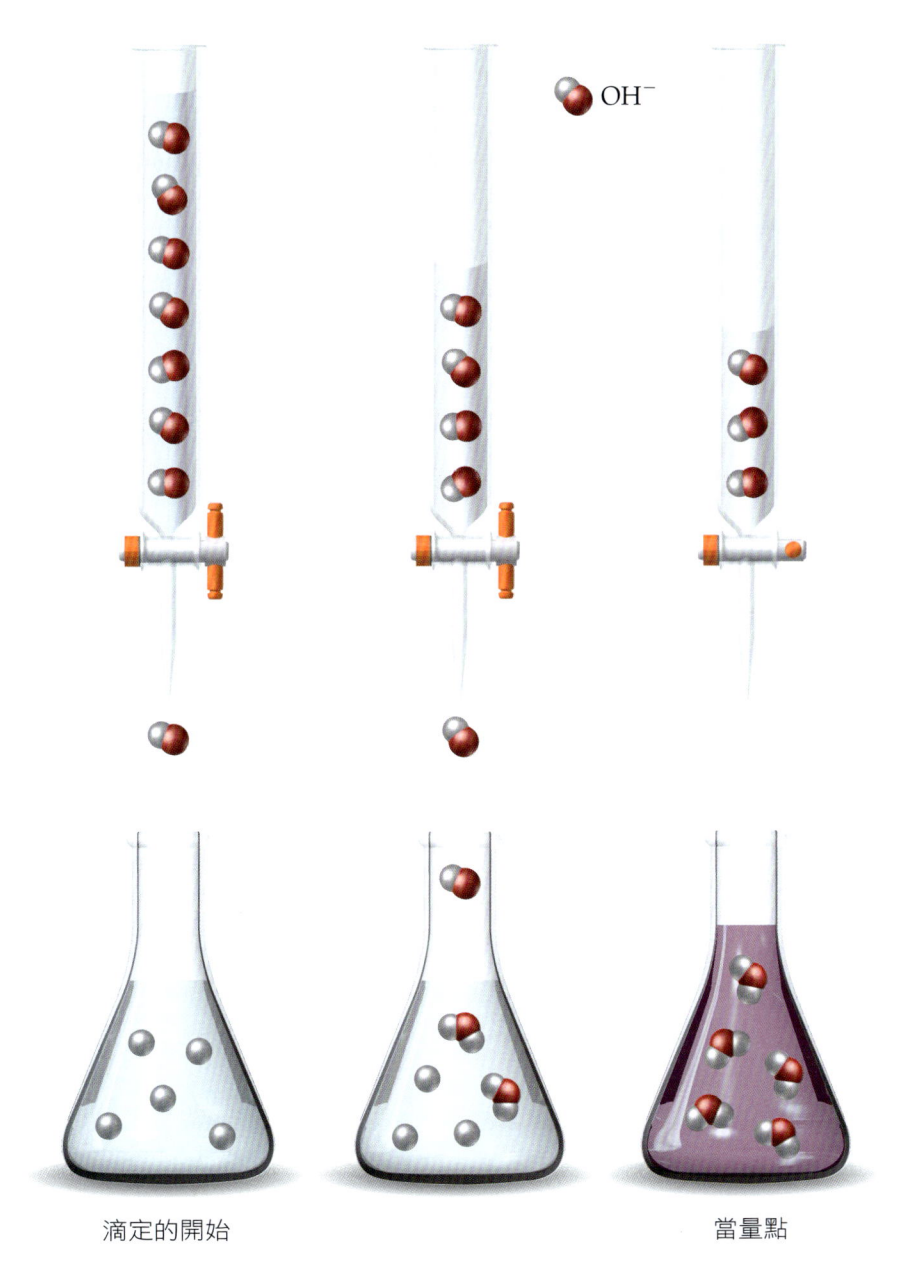

滴定的開始   當量點

當 OH^- 加入時，它與 H^+ 進行中和反應並產生水，在**當量點**（equivalence point）表示滴定完成（即在滴定過程中，所加入的 OH^- 之莫耳

320 第 14 章 酸和鹼

▶ 圖 14.8 **酸鹼滴定**。在這個滴定中，NaOH 被加入 HCl 溶液中，當 NaOH 和 HCl 達到化學計量比例時（1 mol 的 H⁺對 1 mol 的 OH⁻），指示劑（酚酞）變為粉紅色，示意已達滴定的終點（endpoint）（酚酞指示劑在酸性溶液中呈無色，在鹼性溶液中呈粉紅色）。

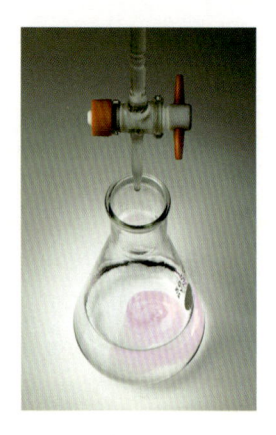

數恰等於原始存在於溶液中的H⁺之莫耳數的瞬間點），當量點通常以**指示劑**（indicator）作為信號，而指示劑是一種會依據溶液酸度改變而變色的染料（▲ 圖14.8）。在大多數的實驗室滴定，反應物之一的濃度是未知的，而另一個的濃度已精確地知道，藉由仔細測量達到當量點時每一個溶液的體積，則未知溶液的濃度就可求得，如同下列例子裡示範的那樣。

範例 14.4　酸鹼滴定

一未知濃度的 HCl 溶液 10.00 mL 的滴定需要 0.100 M 的 NaOH 溶液 12.54 mL 才達到滴定終點，未知的 HCl 溶液的濃度為何？

已知：
　　10.00 mL HCl溶液
　　0.100 M的NaOH溶液12.54 mL

試求： HCl 溶液的濃度（mol/L）

方程式：
$$HCl(aq) + NaOH(aq) \rightarrow H_2O(l) + NaCl(aq)$$

$$體積莫耳濃度(M) = \frac{溶質mol數}{溶液公升數}$$

解析圖有兩部分，在第一部分使用達終點時 NaOH 需要的體積去計算 HCl 在溶液中的 mole 數，最後的轉換因子來自平衡的中和方程式。在第二部分，使用 HCl 的 mole 數和 HCl 溶液的體積計算 HCl 溶液的體積莫耳濃度。

解析圖：

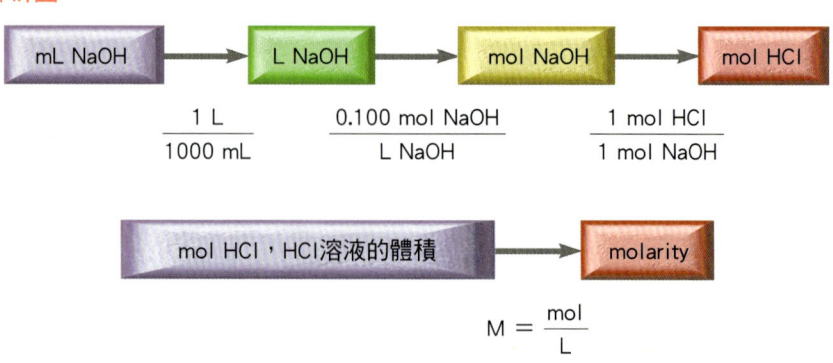

mL NaOH → L NaOH → mol NaOH → mol HCl

$\frac{1 \text{ L}}{1000 \text{ mL}}$　$\frac{0.100 \text{ mol NaOH}}{\text{L NaOH}}$　$\frac{1 \text{ mol HCl}}{1 \text{ mol NaOH}}$

mol HCl，HCl溶液的體積 → molarity

$$M = \frac{mol}{L}$$

解答：

$$12.54 \text{ mL NaOH} \times \frac{1 \text{ L}}{1000 \text{ mL}} \times \frac{0.100 \text{ mol NaOH}}{\text{L NaOH}}$$

$$\times \frac{1 \text{ mol HCl}}{1 \text{ mol NaOH}} = 1.25 \times 10^{-3} \text{ mol HCl}$$

$$體積莫耳濃度(M) = \frac{1.25 \times 10^{-3} \text{ mol HCl}}{0.01000 \text{ L}} = 0.125 \text{ M}$$

14.7 強和弱的酸及鹼

強酸

鹽酸（HCl）和氫氟酸（HF）似乎相似，但是這兩種酸之間有一個重要的差異。HCl是一個**強酸**（strong acid），在水溶液中完全解離。

$$HCl(aq) + H_2O(l) \xrightarrow{\text{單箭號表示完全解離}} H_3O^+(aq) + Cl^-(aq)$$

在方程式中我們用指向右邊的一個單箭號表示HCl為完全解離，HCl溶液中幾乎不含有完整的HCl分子，實際上所有的HCl已經與水形成$H_3O^+(aq)$和$Cl^-(aq)$（▼圖14.9），因此1.0 M HCl溶液將有1.0 M的H_3O^+濃度，H_3O^+的濃度經常簡寫為 $[H_3O^+]$，使用這種表示法，則1 M HCl溶液中含有 $[H_3O^+]$ = 1.0 M。

強酸是一種**強電解質**（strong electrolyte），強電解質是指其水溶液具有良好導電性的物質（▶圖14.10）。水溶液需要帶電粒子的存在才可以導電，純水不是良好的導電體，因為它具有相當少的帶電粒子。坐在澡盆裡使用電器設備（如吹風機）的危險是因為水很少是純的，並且經常含有溶解性的離子，如果設備與水接觸，電流會經由水而流經你的身體。強酸溶液也是強電解質溶液，因為每個酸分子會解離出正離子和負離子，這些移動的離子是好的導電體。

表14.3列出六種強酸，前五種酸是**單質子酸**（monoprotic acids），只含有一個可解離的質子；而硫酸是一種**雙質子酸**（diprotic acid），含有兩個可解離的質子。

▶ 圖 14.9 **強酸**。當 HCl 溶解於水中，它完全解離成 H_3O^+ 和 Cl^- 離子，此溶液中不含有完整的 HCl 分子。

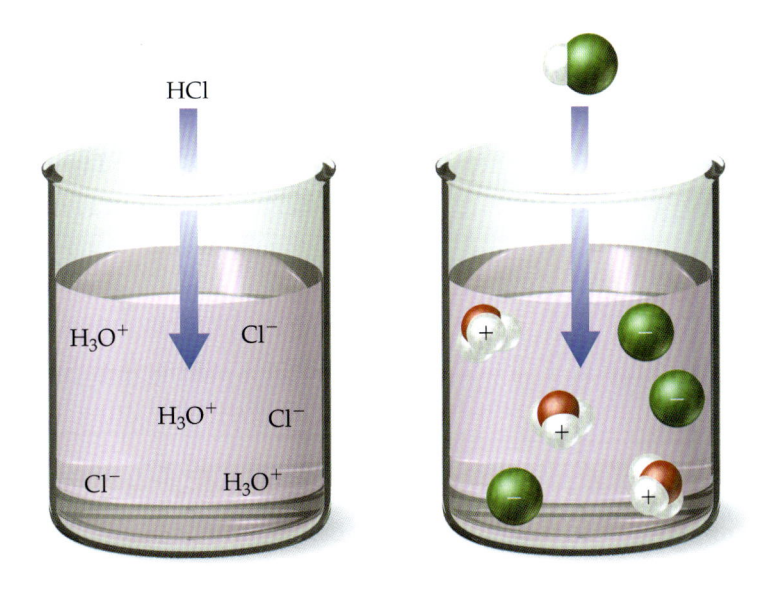

(a) 純水

(b) HCl 溶液

▲ 圖 14.10 **強電解質溶液的導電度**。(a) 純水不導電。(b) 由於 HCl 溶液中離子的存在而可以導電，導致燈泡發光，像這樣的溶液稱為強電解質溶液。

表 14.3 強酸

鹽酸（hydrochloric acid, HCl）	硝酸（nitric acid, HNO$_3$）
氫溴酸（hydrobromic acid, HBr）	過氯酸（perchloric acid, HClO$_4$）
氫碘酸（hydroiodic acid, HI）	硫酸（雙質子酸）（sulfuric acid, H$_2$SO$_4$）

弱酸

和HCl形成對比，HF是一種**弱酸**（weak acid），在水溶液中並不完全解離。

$$HF(aq) + H_2O(l) \rightleftharpoons H_3O^+(aq) + F^-(aq)$$

雙箭號表示部分解離

為了表示HF在溶液中不完全解離，其解離的方程式有兩個反向的箭號，表示逆反應有某種程度的發生，HF溶液含有許多完整的HF分子，其也含有一些H$_3$O$^+$(aq)和F$^-$(aq)（▶ 圖14.11），換句話說，1.0 M HF溶液中含有 [H$_3$O$^+$] < 1.0 M，因為只有一些HF分子解離形成H$_3$O$^+$。

弱酸是一種**弱電解質**（weak electrolyte），弱電解質是指其水溶液具有較差導電性的物質（▶ 圖14.12），弱酸溶液中只含有少數帶電粒子，因為只有少部分的酸分子解離成正離子和負離子。

酸的強弱程度取決於酸的陰離子（其共軛鹼）和氫離子的吸引力，假設HA為酸的通式，則下列正向反應進行的程度乃取決於H$^+$和A$^-$之間吸引力的大小。

$$\underset{\text{酸}}{HA(aq)} + H_2O(l) \rightleftharpoons H_3O^+(aq) + \underset{\text{共軛鹼}}{A^-(aq)}$$

▶ 圖 14.11 **弱酸**。當 HF 溶解於水中時，只有小部分溶解的分子解離成 H_3O^+ 和 F^- 離子，溶液中仍含有很多完整的 HF 分子。

如果在H^+和A^-之間的吸引力是**弱**的，則有利於正向反應且其酸為強的（▶ 圖14.13a）；如果在H^+和A^-之間的吸引力是**強**的，則有利於逆向反應且其酸為**弱**的（圖14.13b）。

例如，對於HCl，共軛鹼（Cl^-）對H^+有較弱的吸引力，意思是逆反應幾乎不會發生；另一方面，對於HF，共軛鹼（F^-）對H^+較強的吸引力，意思是逆反應明顯發生。**通常，越強的酸，其共軛鹼越弱，反之亦然**。這表明如果正向（酸的）反應有高發生的趨勢，則逆向（共軛鹼的）反應有低發生的趨勢。表14.4列舉一些常見的弱酸。

表 14.4 一些弱酸

氫氟酸（hydrofluoric acid, HF）	亞硫酸（sulfurous acid, H_2SO_3）**（雙質子酸）**
醋酸（acetic acid, $HC_2H_3O_2$）	碳酸（carbonic acid, H_2CO_3）**（雙質子酸）**
甲酸（formic acid, $HCHO_2$）	磷酸（phosphoric acid, H_3PO_4）**（三質子酸）**

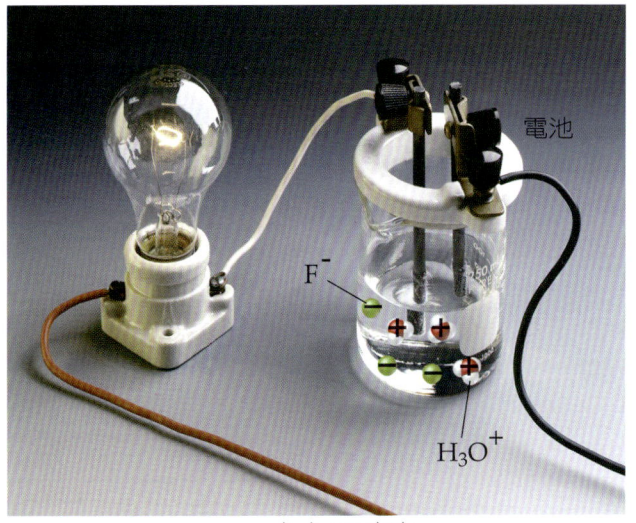

（a）純水　　　　　　　　　　（b）HF 溶液

▲ 圖 14.12 **弱電解質溶液的導電度**。（a）純水不導電。（b）HF 溶液含有一些離子，但是大部分的 HF 分子是完整的，因此燈光僅是微弱的，像這樣的溶液稱為弱電解質溶液。

324　第 14 章　酸和鹼

強酸

弱吸引力
完全解離
（a）

弱酸

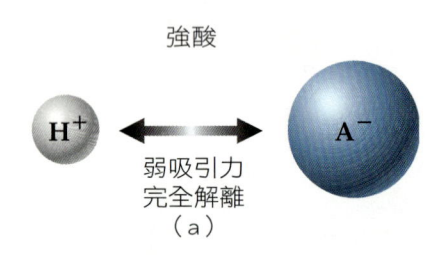

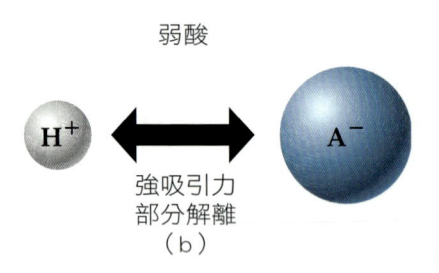

強吸引力
部分解離
（b）

▲ 圖14.13 **強酸和弱酸。**（a）在強酸中，H⁺和A⁻之吸引力小，導致完全解離。（b）在弱酸中，H⁻和A⁻之吸引力大，導致部分解離。

注意在表14.4中的兩個雙質子酸（意思是它們有兩個可解離的質子）及一個三質子酸（意思是它們有三個可解離的質子）。 讓我們回到硫酸一下子，硫酸是雙質子酸，它的第一個解離的質子是強的：

$$H_2SO_4(aq) + H_2O(l) \longrightarrow H_3O^+(aq) + HSO_4^-(aq)$$

但是它的第二個解離的質子是弱的。

$$HSO_4^-(aq) + H_2O(l) \rightleftharpoons H_3O^+(aq) + SO_4^{2-}(aq)$$

亞硫酸和碳酸的兩個解離質子都是弱的，磷酸的三個解離質子也全部都是弱的。

範例 14.5　決定酸溶液中的 $[H_3O^+]$

下列各項溶液中 H_3O^+ 之濃度為何？
（a）1.5 M HCl
（b）3.0 M HC₂H₃O₂
（c）2.5 M HNO₃

解答：
（a）因為 HCl 是強酸，完全解離，因此
　　　$[H_3O^+]$ = 1.5 M
（b）因為 HC₂H₃O₂ 是弱酸，部分解離，H_3O^+ 之確切濃度的計算並不屬於本文的範圍，但是我們知道
　　　$[H_3O^+]$ < 3.0 M
（c）因為 HNO₃ 是強酸，完全解離，因此
　　　$[H_3O^+]$ = 2.5 M

🔵 強鹼

類似強酸的定義，**強鹼**（strong base）是指在溶液中可完全解離的鹼類，例如NaOH是一個強鹼。

$$NaOH(aq) \longrightarrow Na^+(aq) + OH^-(aq)$$

一個NaOH溶液不含有完整的NaOH分子，它已經完全解離成 Na⁺(aq)和OH⁻(aq)（▶圖14.14）。換句話說，1.0 M NaOH溶液中將有 [OH⁻]=1.0 M和[Na⁺]=1.0 M。 一些常見的強鹼列於表14.5中。

表 14.5 強鹼

氫氧化鋰（lithium hydroxide, LiOH）	氫氧化鍶（strontium hydroxide, Sr(OH)₂）
氫氧化鈉（sodium hydroxide, NaOH）	氫氧化鈣（calcium hydroxide, Ca(OH)₂）
氫氧化鉀（potassium hydroxide, KOH）	氫氧化鋇（barium hydroxide, Ba(OH)₂）

▶ 圖14.14 **強鹼**。當NaOH在水中，完全解離成Na⁺和OH⁻。問題：此溶液不含有完整的NaOH分子，NaOH是強電解質還是弱電解質？

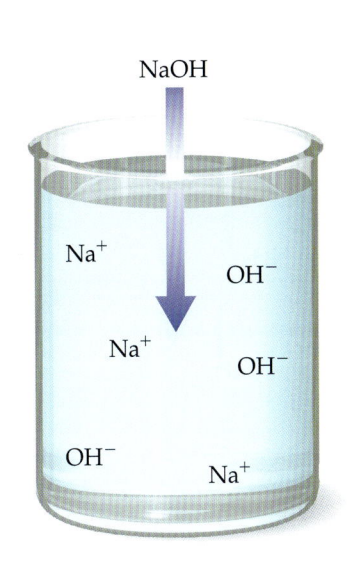

一些強鹼如Sr(OH)₂含有兩個OH⁻離子，這些鹼完全解離時，每莫耳鹼產生二莫耳的OH⁻離子，例如Sr(OH)₂解離如下：

$$Sr(OH)_2(aq) \rightarrow Sr^{2+}(aq) + 2\ OH^-(aq)$$

弱鹼

弱鹼（weak base）與弱酸相似，但與含有OH⁻的強鹼不同，最常見的弱鹼是藉由接受來自水的一個質子而產生OH⁻，其OH⁻是由水的解離而形成的。

$$B(aq) + H_2O(l) \rightleftharpoons BH^+(aq) + OH^-(aq)$$

在這個方程式裡，B為一個弱鹼的簡化通稱，例如氨（ammonia）是依據下列反應而使水解離。

$$NH_3(aq) + H_2O(l) \rightleftharpoons NH_4^+(aq) + OH^-(aq)$$

雙箭號表示解離不完全，一個NH₃溶液含有NH₃、NH₄⁺及OH⁻（▶圖14.15），1.0 M NH₃溶液中 [OH⁻] < 1.0 M，表14.6列出一些常見的弱鹼。

表 14.6 一些弱鹼

鹼	解離方程式
氨（ammonia, NH₃）	$NH_3(aq) + H_2O(l) \rightleftharpoons NH_4^+(aq) + OH^-(aq)$
吡啶（pyridine, C₅H₅N）	$C_5H_5N(aq) + H_2O(l) \rightleftharpoons C_5H_5NH^+(aq) + OH^-(aq)$
甲胺（methylamine, CH₃NH₂）	$CH_3NH_2(aq) + H_2O(l) \rightleftharpoons CH_3NH_3^+(aq) + OH^-(aq)$
乙胺（ethylamine, C₂H₅NH₂）	$C_2H_5NH_2(aq) + H_2O(l) \rightleftharpoons C_2H_5NH_3^+(aq) + OH^-(aq)$
碳酸氫根離子（bicarbonate ion, HCO₃⁻）*	$HCO_3^-(aq) + H_2O(l) \rightleftharpoons H_2CO_3(aq) + OH^-(aq)$

*碳酸氫根離子必須與正電離子如 Na⁺ 一同發生才能形成電荷的平衡；使碳酸氫鈉（NaHCO₃）呈現鹼性的是碳酸氫根離子。

326 第 14 章 酸和鹼

▶ 圖 14.15 **弱鹼**。當 NH₃ 溶解在水中時，其部分解離而形成 NH₄⁺ 和 OH⁻，不過只有一小部分的分子解離，大多數 NH₃ 分子維持 NH₃ 之狀態。**問題**：NH₃ 是強電解質還是弱電解質？

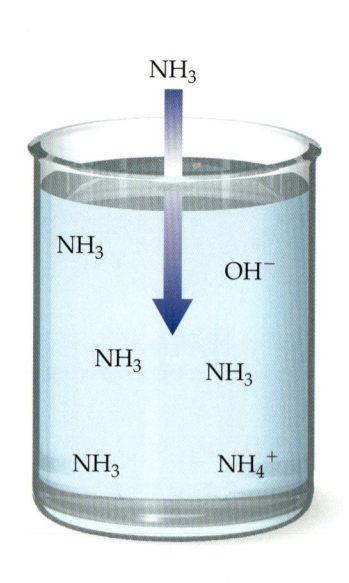

範例 14.6　決定鹼溶液中的 [OH⁻]

下列各項溶液中 OH⁻ 之濃度為何？

(a) 2.25 M KOH

(b) 0.35 M CH₃NH₂

(c) 0.025 M Sr(OH)₂

解答：

(a) 因為 KOH 是強鹼，完全解離，因此
$$[OH^-] = 2.25 \text{ M}$$

(b) 因為 CH₃NH₂ 是弱鹼，部分解離，OH⁻ 之確切濃度的計算並不屬於本文的範圍，但是我們知道
$$[OH^-] < 0.35 \text{ M}$$

(c) 因為 Sr(OH)₂ 是強鹼，完全解離，每 1 mol 的 Sr(OH)₂ 可解離出 2 mol 的 OH⁻，因此
$$[OH^-] = 2(0.025 \text{ M}) = 0.050 \text{ M}$$

14.8　水：酸和鹼合而為一

早先我們看見當水與 HCl 反應時它扮演鹼的角色，但與 NH₃ 反應時卻扮演酸的角色。

水扮演鹼的角色

$$HCl(aq) + H_2O(l) \longrightarrow H_3O^+(aq) + Cl^-(aq)$$

酸　　　　鹼
質子提供者　質子接受者

水扮演酸的角色

$$NH_3(aq) + H_2O(l) \rightleftharpoons NH_4^+(aq) + OH^-(aq)$$

鹼　　　　酸
質子接受者　質子提供者

水是**兩性**（amphoteric）物質，它可作為酸亦可作為鹼，甚至在純水裡，水自己本身作為酸也同時作為鹼，這個過程稱為自身解離作用（self-ionization）。

$$H_2O(l) + H_2O(l) \rightleftharpoons H_3O^+(aq) + OH^-(aq)$$

水同時作為酸亦作為鹼
酸：質子提供者
鹼：質子接受者

純水在25°C時，上列的反應僅發生非常小的程度，導致H_3O^+與OH^-的濃度非常小，且二者濃度相等。

$[H_3O^+] = [OH^-] = 1.0 \times 10^{-7}$ M （在25°C的純水）
其中$[H_3O^+] = H_3O^+$之莫耳濃度（M）
$[OH^-] = OH^-$之莫耳濃度（M）

因此所有的水樣中均含有一些鋞離子（hydronium ion）和氫氧根離子（hydroxide ions），水溶液中的這兩個離子濃度的**積**（product）稱為**水的離子積常數**（ion product constant for water, K_w）。

$K_w = [H_3O^+][OH^-]$

我們可以經由上列純水的鋞離子（hydronium ion）和氫氧根離子之濃度乘積求得K_w值（K_w的單位通常被省略）。

$K_w = [H_3O^+][OH^-]$
$= [1.0 \times 10^{-7}][1.0 \times 10^{-7}]$
$= 1.0 \times 10^{-14}$

先前的方程式對所有室溫下的水溶液均適用，在室溫下H_3O^+的濃度乘以OH^-的濃度永遠等於1.0×10^{-14}。在純水中因為H_2O是這些離子的唯一來源，有一個H_3O^+離子就有一個OH^-離子，因此，H_3O^+的濃度與OH^-的濃度相等，像這樣的溶液為**中性溶液**（neutral solution）。

$[H_3O^+] = [OH^-] = \sqrt{K_w} = 1.0 \times 10^{-7}$ （純水中）

酸性溶液（acidic solution）中含有額外添加的H_3O^+離子，導致$[H_3O^+]$增加，不過**離子積常數仍然適用**。

$[H_3O^+][OH^-] = K_w = 1.0 \times 10^{-14}$

如果$[H_3O^+]$增加，那麼$[OH^-]$必須減少以維持離子積恆定，例如，假設$[H_3O^+] = 1.0 \times 10^{-3}$ M，則$[OH^-]$可經由解出離子積表示式而求得。

$[1.0 \times 10^{-3}][OH^-] = 1.0 \times 10^{-14}$
$[OH^-] = \dfrac{1.0 \times 10^{-14}}{1.0 \times 10^{-3}} = 1.0 \times 10^{-11}$ M

在酸性溶液中，$[H_3O^+]$大於1.0×10^{-7} M，而$[OH^-]$小於1.0×10^{-7} M。

一**鹼性溶液**（basic solution）中含有額外添加的OH⁻離子，導致 [OH⁻] 增加，而[H$_3$O⁺]減少。例如，假設 [OH⁻]=1.0 × 10⁻² M，則 [H$_3$O⁺] 可經由解出離子積表示式而求得

$$[H_3O^+][1.0 \times 10^{-2}] = 1.0 \times 10^{-14}$$

$$[H_3O^+] = \frac{1.0 \times 10^{-14}}{1.0 \times 10^{-2}} = 1.0 \times 10^{-12} \text{ M}$$

在鹼性溶液中，[OH⁻] 大於1.0 × 10⁻⁷ M，而 [H$_3$O⁺] 小於 1.0 × 10⁻⁷ M。

總結（參閱 ▼ 圖14.16）：

- 在中性溶液， [H$_3$O⁺] = [OH⁻] = 1.0 × 10⁻⁷ M
- 在酸性溶液， [H$_3$O⁺] > 1.0 × 10⁻⁷ M   [OH⁻] < 1.0 × 10⁻⁷ M
- 在鹼性溶液， [H$_3$O⁺] < 1.0 × 10⁻⁷ M   [OH⁻] > 1.0 × 10⁻⁷ M
- 在所有25℃的水溶液， [H$_3$O⁺][OH⁻] = K_w = 1.0 × 10⁻¹⁴

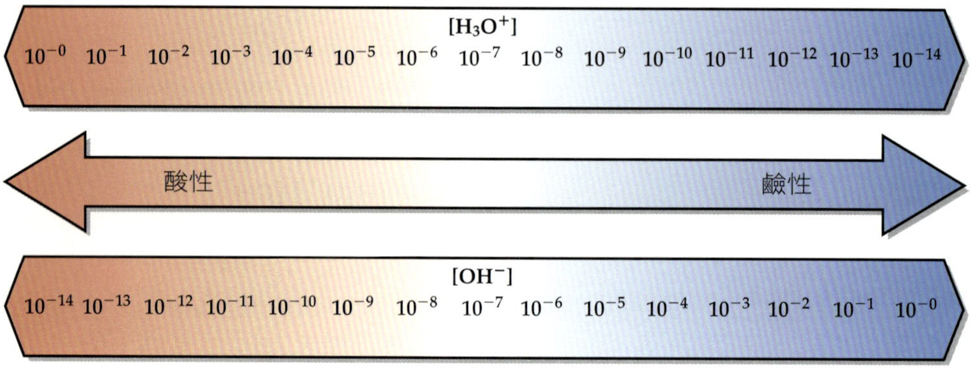

[H$_3$O⁺]
10⁻⁰ 10⁻¹ 10⁻² 10⁻³ 10⁻⁴ 10⁻⁵ 10⁻⁶ 10⁻⁷ 10⁻⁸ 10⁻⁹ 10⁻¹⁰ 10⁻¹¹ 10⁻¹² 10⁻¹³ 10⁻¹⁴

酸性　　　　　　　　　　　　　　　　　　　鹼性

[OH⁻]
10⁻¹⁴ 10⁻¹³ 10⁻¹² 10⁻¹¹ 10⁻¹⁰ 10⁻⁹ 10⁻⁸ 10⁻⁷ 10⁻⁶ 10⁻⁵ 10⁻⁴ 10⁻³ 10⁻² 10⁻¹ 10⁻⁰

▲ 圖 14.16 **酸和鹼的溶液。**

範例 14.7　在計算過程中使用 K_w

計算下列各項溶液之[OH⁻]，並確認該溶液是酸、鹼還是中性的。
(a) [H$_3$O⁺] = 7.5 × 10⁻⁵ M
(b) [H$_3$O⁺] = 1.5 × 10⁻⁹ M
(c) [H$_3$O⁺] = 1.0 × 10⁻⁷ M

解答：

(a)　[H$_3$O⁺][OH⁻] = K_w = 1.0 × 10⁻¹⁴
　　[7.5 × 10⁻⁵][OH⁻] = K_w = 1.0 × 10⁻¹⁴

$$[OH^-] = \frac{1.0 \times 10^{-14}}{7.5 \times 10^{-5}} = 1.3 \times 10^{-10} \text{ M}$$

酸性溶液

(b)　[H$_3$O⁺][OH⁻] = K_w = 1.0 × 10⁻¹⁴
　　[1.5 × 10⁻⁹][OH⁻] = K_w = 1.0 × 10⁻¹⁴

$$[OH^-] = \frac{1.0 \times 10^{-14}}{1.5 \times 10^{-9}} = 6.7 \times 10^{-6} \text{ M}$$

鹼性溶液

（c）$[H_3O^+][OH^-] = K_w = 1.0 \times 10^{-14}$
$[1.0 \times 10^{-7}][OH^-] = K_w = 1.0 \times 10^{-14}$
$[OH^-] = \dfrac{1.0 \times 10^{-14}}{1.0 \times 10^{-7}} = 1.0 \times 10^{-7}$ M

中性溶液

✓ 觀念檢查站 14.1

下列何者最不可能作為鹼？
（a）H_2O　　　　　（b）OH^-
（c）NH_3　　　　　（d）NH_4^+

14.9　pH 值：表示酸度和鹼度的方法

化學家以氫離子濃度為基礎，設計出一種表示溶液的酸度或鹼度的刻度，其稱為 **pH 值**，並有下列的一般特性：

- pH < 7　酸性溶液
- pH > 7　鹼性溶液
- pH = 7　中性溶液

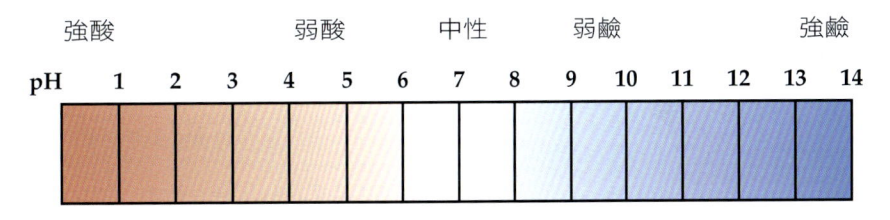

強酸　　　　弱酸　　　中性　　弱鹼　　　　強鹼
pH　1　2　3　4　5　6　7　8　9　10　11　12　13　14

表 14.7 列舉一些常見物質的pH值，正如我們在14.3節所討論的，很多食物是酸的，特別是水果，因此有較低的pH值；具有最低pH值的食物是萊姆和檸檬，因此它們是最酸的食物之一。可是相對上很少的食物是鹼性的。

表 14.7 一些常見物質的 pH 值

物質	pH
人的胃液	1.0－3.0
萊姆	1.8－2.0
檸檬	2.2－2.4
清涼飲料	2.0－4.0
李子	2.8－3.0
酒	2.8－3.8
蘋果	2.9－3.3
桃子	3.4－3.6
櫻桃	3.2－4.0
啤酒	4.0－5.0
未污染的雨水	5.6
人類的血液	7.3－7.4
蛋白	7.6－8.0
鎂乳（瀉藥）	10.5
家用氨水	10.5－11.5
4% NaOH 溶液	14

pH值是一個**對數值**（logarithmic scale），因此1個pH單位的變化相當於H_3O^+濃度十倍的變化。例如，pH值2.0的萊姆比pH值3.0的李子酸10倍，比pH值4.0櫻桃酸100倍。pH值每改變1，相當於$[H_3O^+]$變化10倍（▼ 圖14.17）。

由 $[H_3O^+]$ 計算 pH

溶液的pH值被定義如下：

$$pH = -\log[H_3O^+]$$

▶ 圖 14.17 **pH 值是對數值。** pH 值**減少** 1 個單位相當於 H_3O^+ 濃度**增加**為 10 倍，每個圓圈代表 10^{-4} mol H^+/L 或每公升 6.022×10^{19} 個 H^+ 離子。**問題：** pH 值減少 1 個單位相當於 H_3O^+ 濃度增加多少？

pH	$[H_3O^+]$	$[H_3O^+]$ 表示
4	10^{-4}	●
3	10^{-3}	●●●●●●●●●●
2	10^{-2}	(10×10 格)

$$\left(\text{每個圓圈表示} \quad \frac{10^{-4} \text{ mol } H^+}{L}\right)$$

為了計算pH值，你必須要會計算對數；某數寫成10的乘冪時，其指數即為某數的對數，如下列例子中所示。

$$\log 10^1 = 1\,；\,\log 10^2 = 2\,；\,\log 10^3 = 3$$
$$\log 10^{-1} = -1\,；\,\log 10^{-2} = -2\,；\,\log 10^{-3} = -3$$

在下列例子中，我們需要計算 1.5×10^{-7} 的對數，$[H_3O^+] = 1.5 \times 10^{-7}$ M（酸性）之溶液的pH值：

$$\begin{aligned} pH &= -\log[H_3O^+] \\ &= -\log(1.5 \times 10^{-7}) \\ &= -(-6.82) \\ &= 6.82 \end{aligned}$$

注意此處pH值被寫成兩位小數，因為對數值只有小數點右邊的位數才是有效的，而我們濃度的原先數字有兩位有效數字，因此其對數值要有兩位小數。

$$-\log \boxed{1.0} \times 10^{-3} = 3.\boxed{00} \quad \text{← 2 位小數}$$

如果原先的數字有3位有效位，則對數值將被表示為3位小數：

$$-\log \boxed{1.00} \times 10^{-3} = 3.\boxed{000} \quad \text{← 3 位小數}$$

$[H_3O^+] = 1.0 \times 10^{-7}$ M（中性）之溶液的pH值：

$$\begin{aligned} pH &= -\log[H_3O^+] \\ &= -\log(1.0 \times 10^{-7}) \\ &= -(-7.00) \\ &= 7.00 \end{aligned}$$

範例 14.8　由 $[H_3O^+]$ 計算 pH

計算下列各項溶液之 pH 值，並指出溶液是酸性或鹼性。
(a) $[H_3O^+] = 1.8 \times 10^{-4}$ M
(b) $[H_3O^+] = 7.2 \times 10^{-9}$ M

解答：

(a) $pH = -\log[H_3O^+] = -\log(1.8 \times 10^{-4}) = -(-3.74) = 3.74$
　　因為 pH < 7，故此溶液為酸性。

(b) $pH = -\log[H_3O^+] = -\log(7.2 \times 10^{-9}) = -(-8.14) = 8.14$
　　因為 pH > 7，故此溶液為鹼性。

由 pH 計算 [H₃O⁺]

由pH計算 [H₃O⁺]，你必須還原對數值，在大多數的電算機上使用逆對數函數（方法1）或使用10ˣ鍵（方法2）則可將對數值還原，此二者做的是相同事情，你使用哪一個取決於你的電算機。

方法 1：逆對數函數	方法 2：10ˣ 函數
pH = −log[H₃O⁺]	pH = −log[H₃O⁺]
−pH = log[H₃O⁺]	−pH = log[H₃O⁺]
invlog(−pH) = invlog(log[H₃O⁺])	$10^{-pH} = 10^{\log[H_3O^+]}$
invlog(−pH) = [H₃O⁺]	10^{-pH} = [H₃O⁺]

如此，從pH值計算 [H₃O⁺]，僅是簡單地將pH值的負數取逆對數（方法1）或者進行10的 −pH次方（方法2）。

範例 14.9　由 pH 計算 [H₃O⁺]

一溶液之 pH 值為 4.80，試計算其 H₃O⁺之濃度。

解答：
使用方法 1 或方法 2 來還原對數值。

方法 1：逆對數函數	方法 2：10ˣ 函數
pH = −log[H₃O⁺]	pH = −log[H₃O⁺]
4.80 = −log[H₃O⁺]	4.80 = −log[H₃O⁺]
−4.80 = log[H₃O⁺]	−4.80 = log[H₃O⁺]
invlog(−4.80) = invlog(log[H₃O⁺])	$10^{-4.80} = 10^{\log[H_3O^+]}$
invlog(−4.80) = [H₃O⁺]	$10^{-4.80}$ = [H₃O⁺]
[H₃O⁺] = 1.6 × 10⁻⁵ M	[H₃O⁺] = 1.6 × 10⁻⁵ M

✓ 觀念檢查站 14.2

溶液 A 之 pH 值為 13，溶液 B 之 pH 值為 10，則溶液 B 中的 H₃O⁺濃度為溶液 A 中的 _____ 倍。

(a) 0.001　　　　(b) 1/3
(c) 3　　　　　　(d) 1000

14.10　緩衝溶液：抵抗 pH 改變的溶液

大多數溶液將因加入酸而快速地變得更酸（較低的pH），或因加入鹼而快速地變得更鹼（較高的pH）。然而，**緩衝劑**（buffer）可藉由中和增加的酸或增加的鹼來抵抗pH值改變。例如，人血是一個緩衝劑，任何加入血液中的酸或鹼均會被血液中的成分中和，導致幾乎恆定的pH值。在健康的人體中，血液的pH值在7.36和7.40之間，如果血液的pH值低於7.0或高於7.8，就會死亡。

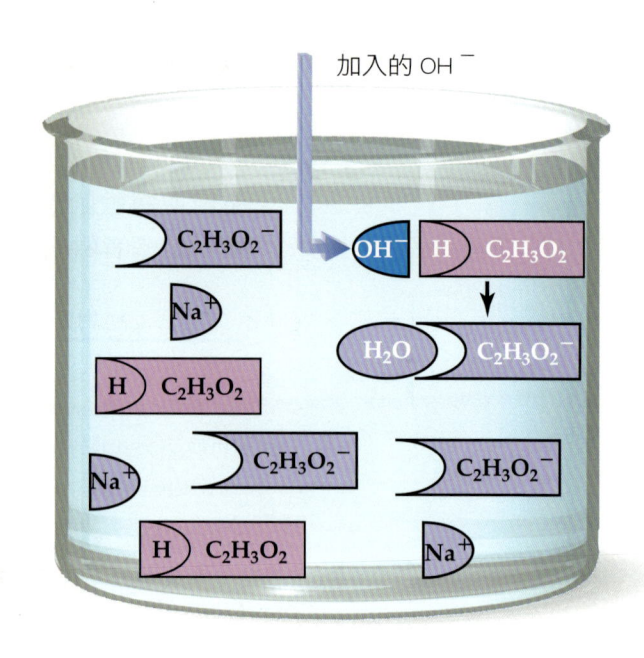

▲ 圖 14.19 **緩衝劑**。一個緩衝劑含有相當多數量的弱酸和它的共軛鹼，酸消耗任何加入的鹼，而鹼消耗任何加入的酸，以這種方法，緩衝劑可抵抗 pH 值改變。

血液是如何維持如此狹窄的pH值範圍？像所有的緩衝劑一樣，血液含有**相當**（significant）量的**弱酸和它的共軛鹼**。當額外的鹼加入血液時，弱酸與鹼反應而將它中和；當額外的酸加入血液時，共軛鹼與酸反應以中和之。以這種方法，血液維持恆定的pH值。

一個簡單的緩衝劑可藉由在水中混合醋酸（$HC_2H_3O_2$）和它的共軛鹼醋酸鈉（$NaC_2H_3O_2$）來製造（▲ 圖14.19）（在醋酸鈉裡的鈉只是一個旁觀離子，對於緩衝作用並沒有幫助）。因為$HC_2H_3O_2$是一個弱酸，且$C_2H_3O_2^-$是它的共軛鹼，含有此兩者的溶液就是一個緩衝劑；注意若一弱酸單獨存在，即使它部分解離出一些它的共軛鹼，也不含有足量的鹼而形成一個緩衝劑。緩衝劑必須含有**相當量的弱酸和它的共軛鹼**，假設額外的鹼以NaOH的形式加入含有醋酸和醋酸鈉的緩衝溶液，醋酸將依據下列反應中和鹼。

$$NaOH(aq) + HC_2H_3O_2(aq) \rightarrow H_2O(l) + NaC_2H_3O_2(aq)$$

只要加入的NaOH數量低於溶液中的$HC_2H_3O_2$數量，此溶液將中和NaOH而使pH的變化很小。另一方面，假設額外的酸以HCl的形式加入此溶液，則共軛鹼$NaC_2H_3O_2$將依據下列反應中和加入的HCl。

$$HCl(aq) + NaC_2H_3O_2(aq) \rightarrow HC_2H_3O_2(aq) + NaCl(aq)$$

只要加入的HCl數量低於溶液中的$NaC_2H_3O_2$數量，此溶液將中和HCl而使pH的變化很小

總結：

- 緩衝劑抵抗pH值變化。
- 緩衝劑含有相當量的弱酸和它的共軛鹼。
- 弱酸中和加入的鹼。
- 共軛鹼中和加入的酸。

> **觀念檢查站 14.3**
>
> 下列何者將構成一個緩衝溶液？
> (a) $H_2SO_4(aq)$ 和 $H_2SO_3(aq)$
> (b) $HF(aq)$ 和 $NaF(aq)$
> (c) $HCl(aq)$ 和 $NaCl(aq)$
> (d) $NaCl(aq)$ 和 $NaOH(aq)$

14.11 酸雨：一個與化石燃料燃燒有關的環境問題

大約90%的美國能量來自於化石燃料（fossil fuel）燃燒，化石燃料包括石油、天然氣和煤，一些化石燃料，特別是煤，含有少量的硫磺雜質，在燃燒期間，這些雜質與氧氣反應形成SO_2；此外，在任何化石燃料的燃燒期間，空氣中的氮氣與氧氣反應形成NO_2。然後從化石燃料燃燒散發出的SO_2和NO_2與大氣中的水反應形成硫酸和硝酸。

$$2\ SO_2 + O_2 + 2\ H_2O \rightarrow 2\ H_2SO_4$$
$$4\ NO_2 + O_2 + 2\ H_2O \rightarrow 4\ HNO_3$$

這些酸和雨水結合形成**酸雨**（acid rain），這個問題在美國的東北部最為嚴重，因為很多中西部的發電廠燃燒煤，在中西部燃燒煤所產生的硫和氮的氧化物被自然的氣流帶向東北部，使當地的雨水明顯變酸。

因為大氣的二氧化碳，雨水自然有一點兒酸，二氧化碳和雨水結合形成碳酸。

$$CO_2 + H_2O \rightarrow H_2CO_3$$

不過，碳酸是一種相對的弱酸，即使雨水溶有飽和的CO_2，其pH值也大約只有5.6，這僅是略微的酸度；然而，當硝酸和硫酸與雨水混合時，雨水的pH值會下降至4.3（▶圖14.20）。因為pH值的對數函數之本質，pH 4.3的雨水其$[H_3O^+]$是pH 5.6的20倍，這麼酸的雨水對環境有負面的影響。

酸雨的損害

因為酸可溶解金屬，所以酸雨會損壞金屬結構，橋樑、鐵路甚至汽車等均可能被酸雨損壞；又因為酸可與碳酸鹽類（CO_3^{2-}）反應，所以酸雨也會損壞含有碳酸鹽類的建築材料，包括大理石、水泥和石灰石，在美國東北部的離像、大樓和小路已呈現酸雨損害的明顯跡象（▶圖14.21）。

第 14 章　酸和鹼

▶ 圖 14.20 **在美國的酸雨。**美國在 2000 年 12 月 25 日至 2001 年 1 月 1 日期間其降雨的平均 pH 值。

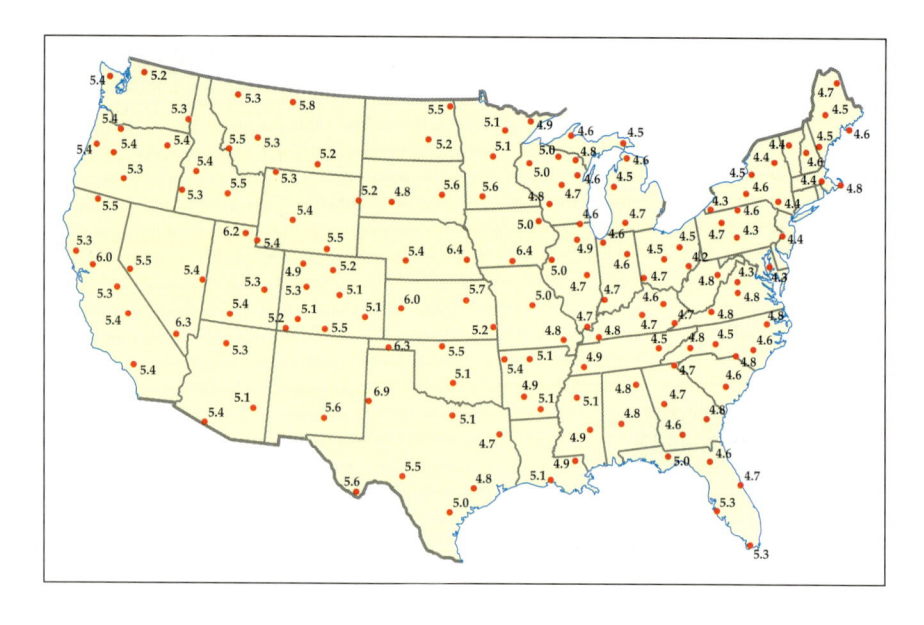

酸雨也能在湖泊和河流中累積而影響水生動植物的生命，在美國東北部由於酸雨而造成超過 2000 個湖泊和溪流已經增加其酸度，水生植物、蛙類、蠑螈和一些魚類對酸度相當敏感且不能生活在酸化的湖泊中。樹木也會受到酸雨的影響，因為酸會除去土壤中的養份，使樹木更難以生存。

▶ 圖 14.21 **酸雨的損害。**很多紀念碑和雕像，例如在紐約華盛頓廣場公園的喬治·華盛頓（George Washington）雕像，已經遭受酸雨的侵蝕而導致嚴重的損壞；左邊這張照片是 1935 所攝，右邊那張是約 60 年後的照片（雕像最近已經恢復了）。

習題

問答題

1. 說明酸的阿瑞尼士定義，並以一個化學方程式表示該定義。
2. 說明酸和鹼的布忍斯特－羅瑞定義，並分別以一個化學方程式表示該定義。
3. 何謂酸鹼中和反應？請舉一個例子說明之。
4. 何謂滴定？何謂當量點？
5. 何謂緩衝劑？

練習題

6. 寫出下列各種酸的共軛鹼化學式。
   (a) HCl
   (b) H_2SO_3
   (c) $HCHO_2$
   (d) HF

7. 寫出下列各種鹼的共軛酸化學式。
   (a) NH_3
   (b) ClO_4^-
   (c) HSO_4^-
   (d) CO_3^{2-}

8. 寫出下列各項酸和鹼之中和反應式。
   (a) HI(aq) 和 NaOH(aq)
   (b) HBr(aq) 和 KOH(aq)
   (c) HNO_3(aq) 和 $Ba(OH)_2$(aq)
   (d) $HClO_4$(aq) 和 $Sr(OH)_2$(aq)

9. 預測下列各項反應的產物：
   (a) $HClO_4$(aq) + Fe_2O_3(s) →
   (b) H_2SO_4(aq) + Sr(s) →
   (c) H_3PO_4(aq) + KOH(aq) →

10. 一個未知濃度的 H_2SO_4 樣品溶液 25.00 mL 以 0.1328 M KOH 溶液滴定之，需要滴入 38.33 mL 的 KOH 才可達滴定終點，則 H_2SO_4 溶液的濃度為何？

11. 一 0.138 M 的 H_2SO_4 樣品 10.0 mL，需要 0.101 M NaOH 溶液若干毫升才可達到完全滴定的終點？

12. 下列各項酸性溶液中的 $[H_3O^+]$，對於弱酸，指出 $[H_3O^+]$ 小於若干。
    (a) 2.5 M HI
    (b) 1.2 M $HClO_2$
    (c) 0.25 M H_2CO_3
    (d) 2.25 M $HCHO_2$

13. 下列各項鹼性溶液中的 $[OH^-]$，對於弱鹼，指出 $[OH^-]$ 小於若干。
    (a) 0.88 M NaOH
    (b) 0.88 M NH_3
    (c) 0.88 M $Sr(OH)_2$
    (d) 1.55 M KOH

14. 計算下列各項已知 $[OH^-]$ 之水溶液的 $[H_3O^+]$，並將每個溶液分類為酸性或鹼性。
    (a) $[OH^-]$ = 2.7×10^{-12} M
    (b) $[OH^-]$ = 2.5×10^{-2} M
    (c) $[OH^-]$ = 1.1×10^{-10} M
    (d) $[OH^-]$ = 3.3×10^{-14} M

15. 計算下列各項溶液之 $[H_3O^+]$。
    (a) pH = 8.55
    (b) pH = 11.23
    (c) pH = 2.87
    (d) pH = 1.22

16. 計算下列各項溶液之 pH 值。
    (a) $[OH^-]$ = 1.9×10^{-7} M
    (b) $[OH^-]$ = 2.6×10^{-8} M
    (c) $[OH^-]$ = 7.2×10^{-11} M
    (d) $[OH^-]$ = 9.5×10^{-2} M

17. 下列混合物中何者是緩衝劑？
    (a) HCl 和 HF
    (b) NaOH 和 NH_3
    (c) HF 和 NaF
    (d) $HC_2H_3O_2$ 和 $KC_2H_3O_2$

18. 下列各項溶液中，你能增加什麼物質使它成為一個緩衝溶液？
    (a) 0.100 M $NaC_2H_3O_2$
    (b) 0.500 M H_3PO_4
    (c) 0.200 M $HCHO_2$

19. 完全中和 20.0 mL 的 0.250 M NaOH 需要多少毫升的 0.100 M HCl？

20. 完全溶解 10.0 g 鎂金屬需要 5.0 M HCl 的最小體積為若干？

21. 當 18.5g K_2O 完全溶解於 HI，則溶液中有多少克的 KI(aq) 形成？

22. 一未知分子量的單質子酸 0.125 克溶解於水中，並以 0.1003 M NaOH 滴定之，當加入 20.77 mL 的鹼液後達滴定終點，則未知酸的分子量為若干？

336 第 14 章 酸和鹼

23. 混合 125.0 mL 的 0.0250 M HCl 及 75.0 mL 的 0.0500 M NaOH，則混合後溶液之 pH 值是多少？

24. 基於分子的觀點，確認下列各項是弱酸還是強酸。

(a)

(b)

(c)

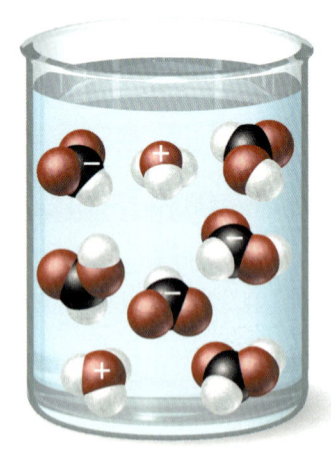

(d)

Everyday Chemistry

What Is in My Antacid?

Heartburn, a burning sensation in the lower throat and above the stomach, is caused by the reflux or backflow of stomach acid into the esophagus (the tube that joins the stomach to the throat). In healthy individuals, this occurs only occasionally, especially after large meals. Physical activity —— such as bending, stooping, or lifting —— after meals also aggravates heartburn. In some people, the flap between the esophagus and the stomach that normally prevents acid reflux becomes damaged, in which case heartburn becomes a regular occurrence.

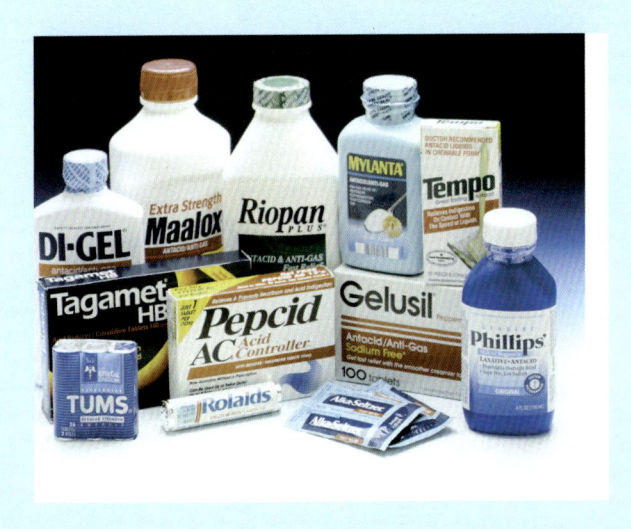

Drugstores carry many products that either reduce the secretion of stomach acid or neutralize the acid that is produced. Antacids such as Mylanta or Phillips' milk of magnesia contain bases that neutralize the refluxed stomach acid, alleviating heartburn.

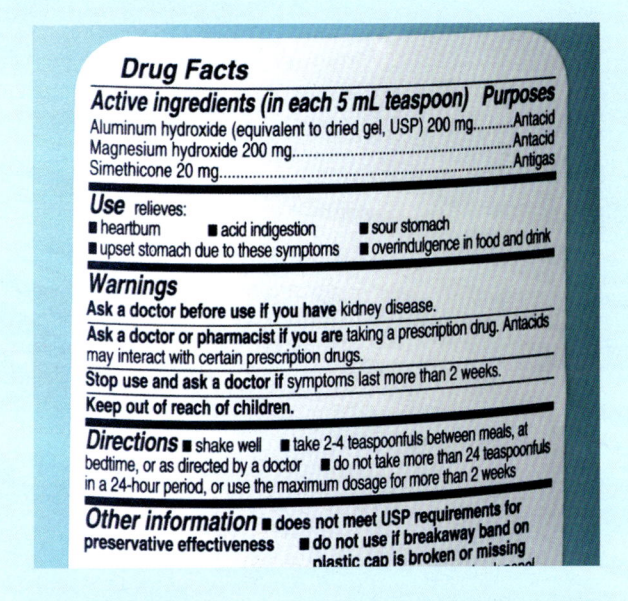

CAN YOU ANSWER THIS? Look at the label of Mylanta shown in the photograph. Can you identify the bases responsible for the antacid action? Write chemical equations showing the reactions of these bases with stomach acid (HCl).

CHAPTER 15

第 15 章
化學平衡

15.1	生命：控制下的不平衡
15.2	化學反應速率
15.3	動態化學平衡的觀念
15.4	平衡常數：反應進行有多遠的基準
15.5	非均相平衡：涉及固相或液相的反應平衡表示式
15.6	平衡常數的計算及利用
15.7	干擾平衡下的反應：勒沙特原理
15.8	濃度改變對平衡的效應
15.9	體積改變對平衡的效應
15.10	溫度改變對平衡的效應
15.11	溶解度積常數
15.12	反應路徑與觸媒效應

"Old chemists never die, they just reach equilibrium."

Anonymous

老化學家不死，他們只是到達了平衡之境。

無名氏

◀ 動態平衡包含兩個相反的程序以相同的速度在發生。這張圖像繪畫出一個類比，即兩個相反方向的反應以一個相同的速度在進行之化學反應平衡（$N_2O_4 \rightleftharpoons 2NO_2$）好比一條高速公路以相同速度但相反方向在進行交通運輸一樣。

15.1　生命：控制下的不平衡

你是否曾經嘗試去定義過生命？假如你有過，你會知道定義生命是相當困難的。如何區別有生命的事物與沒有生命的事物？你可能嘗試定義有生命的事物是指會移動者。但是，許多有生命的事物是不會移動的，例如，許多植物不太會移動，同時一些沒有生命的事物，如冰河、地球本身會移動。所以，移動對生命之定義而言，既不是唯一的也不是決定性的。你可以嘗試去定義有生命的事物是指那些可以繁殖的事物。但是，許多有生命的事物，例如騾或是不孕的人，是不能繁殖的；然而，他們的確是活的。除此之外，一些沒有生命的事物，例如結晶體會衍生（在某觀念上來說）。所以，具有生命事物的獨特性究竟是什麼？

可使用平衡的觀念來做為生命的定義之一。我們很快地會非常仔細地來定義**化學**平衡。現在，我們可以較一般地想一下平衡像是「**千篇一律與永恆不變**」（sameness and constancy）。當一個物體與其周遭環境達成平衡時，此物體的一些性質會與周遭環境相同，同時不再改變。例如，相對於溫度而言，一杯熱水便沒有與其周遭環境達到平衡。假如將其靜置在那兒，這杯熱水將會慢慢地冷卻直到它與周遭環境達到平衡為止。在那時，水的溫度會與周遭環境（千篇一律）之溫度**相同**，同時**不再改變**（永恆不變）。

所以平衡涉及「千篇一律」以及「永恆不變」。對於有生命事物的一個部分定義則是，有生命的事物**尚未**與其周遭環境達到平

濃度如何影響反應速率

圖15.2a到圖15.2c顯示不同濃度的H_2與I_2在相同溫度之下的混合物。假如H_2與I_2經由碰撞而發生反應形成HI，則你認為哪一個混合物會具有最高的反應速率呢？因為圖15.2c具有最高的H_2與I_2濃度，單位時間下，碰撞次數最多，因此有最快的反應速率。對大多數的反應來說這個概念是真實的。

化學反應速率一般會隨著反應物濃度的增加而增加。

濃度的增加與反應速率的增加之間確切的關係在不同反應中有不同的變化，在此超出了我們目前的範圍。目前我們只要知道對大多數的反應而言，反應速率會隨著反應物濃度的增加而上升就夠了。

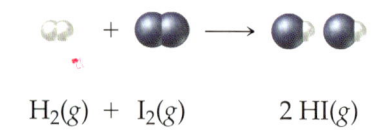

$$H_2(g) + I_2(g) \longrightarrow 2\,HI(g)$$

(a) 低起始濃度 ⟹ 慢起始速率

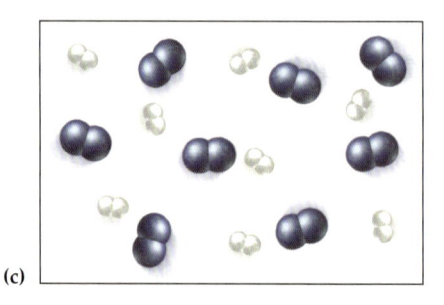

(b)

(c) 高起始濃度 ⟹ 快起始速率

▲ 圖 15.2 **濃度對反應速率的影響。**

知道這些之後，當反應進行時，我們對於反應的速率能說明什麼呢？由於反應物會在反應的過程中轉變成產物，所以它們的濃度會下降，因此，反應速率也會下降。換言之，當一個反應進行時，反應物會變得較少（因為它們已經轉變成產物），同時這反應會減慢下來。

溫度如何影響反應速率

反應速率也依溫度而變。▼ 圖15.3a到c顯示不同溫度的H_2與I_2在相同濃度下的混合物。哪一個會具有最高的反應速率呢？提升溫度會迫使分子快速的移動（3.9節）。因此單位時間內，它們遭受較多的碰撞，反應速率較快。此外，較高的溫度引起較多高能量的碰撞。因為這是導致產物的高能量碰撞，所以這也會產生一個較快

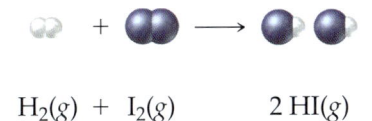

$H_2(g)$ + $I_2(g)$ 2 HI(g)

低溫 ⇒ 慢速率

高溫 ⇒ 快速率

(a)

(b)

(c)

▲ 圖 15.3 **溫度對反應速率的影響。**

的反應速率。因此，圖15.3c（具有最高的溫度）會有最快的反應速率。對大多數的化學反應來說，這種關係是真實的。

化學反應速率一般會隨著反應混合物的溫度增加而增加。

反應速率與溫度的相關性便是冷血動物在低溫時會比較遲鈍的原因，它們思考與行動所需要的反應會變得較慢，導致遲緩的行動。

總結：

- 化學反應速率一般會隨著反應物濃度的增加而上升。
- 化學反應速率一般會隨著溫度的增加而上升。
- 隨著反應進行，反應速率通常會下降。

> ✓ **觀念檢查站 15.1**
> 在兩氣體之間的化學反應，增加壓力你預測可能會
> （a）增加反應速率
> （b）降低反應速率
> （c）對反應速率無影響

15.3 動態化學平衡的觀念

假如H_2與I_2生成HI的反應正向與逆向雙方向同時進行，會發生何事？

$$H_2(g) + I_2(g) \rightleftharpoons 2HI(g)$$

現在，H_2與I_2會碰撞，同時反應成2HI分子，但是2HI分子也能碰撞而反應再形成H_2與I_2。一個可以進行正向與逆向雙方向的反應，稱為**可逆反應**（reversible reaction）。

假如在容器中一開始只有H_2與I_2（▶圖15.4a），會發生何事？H_2與I_2一開始會反應形成HI（▶圖15.4b）。然而，當H_2與I_2反應之後，其濃度會下降，因而降低正向反應速率。在此同時，HI開始生成。當HI的濃度上升之後，逆向反應開始以一個逐漸增快的速率開始發生，因為有越來越多的HI碰撞發生。最後，逆向反應速率（正在增加）會等於正向反應速率（正在減小）。在此時便達成**動態平衡**（dynamic equilibrium）（▶圖15.4c與15.4d）。

動態平衡：在化學反應中，正向反應速率等於逆向反應速率的狀態。

15.3 動態化學平衡的觀念

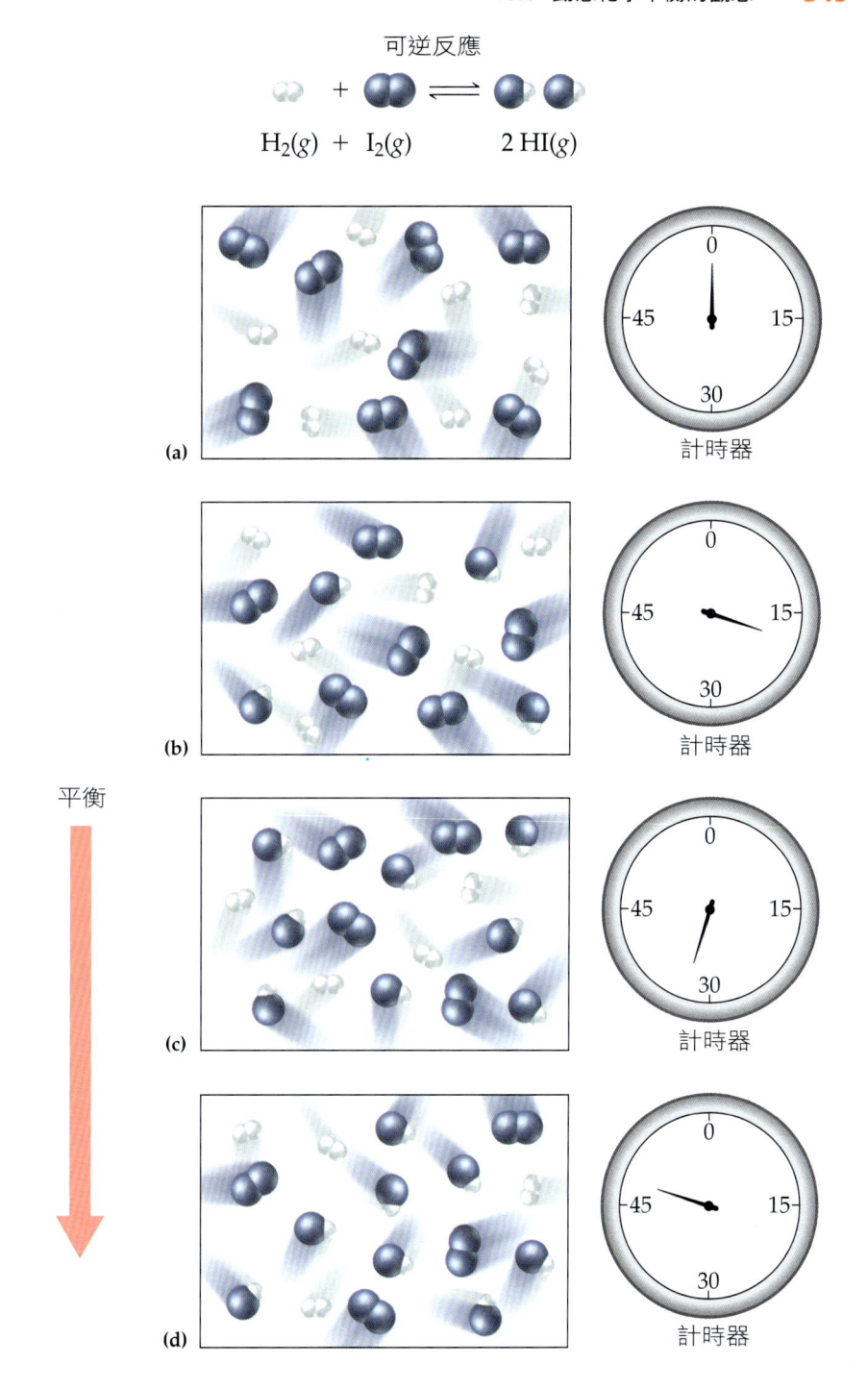

可逆反應

$$H_2(g) + I_2(g) \rightleftharpoons 2\,HI(g)$$

(a)
(b)
平衡
(c)
(d)

計時器

▲ 圖 15.4 **平衡**。當反應物與產物的濃度不再改變時，平衡便達成。

此狀態不是靜止的，而是動態的，因為正、逆向反應仍舊是以一個固定速率在發生。當動態平衡達成時，H_2、I_2以及HI的濃度便不再改變。它們會維持一樣，因為反應物與產物正同時以相同的速率在消耗以及在生成。

注意，此動態平衡包含了在15.1節中我們所討論的「千篇一律」以及「永恆不變」的觀念。當動態平衡達成時，正向反應速率與逆向反應速率相同（千篇一律）。因為反應速率相同，所以反應物與產物的濃度不再改變（永恆不變）。然而，正因為在平衡時，反應物與產物之濃度不再改變，其**不**表示在平衡時，反應物與產物之濃度就彼此**相等**。一些反應只在大多數的反應物已經形成產物之後才會達到平衡（回顧14章的強酸）。其他反應只有在少部分反應物形成產物之後才會達成（回顧14章的弱酸）。這因反應而異。

我們可用一個簡單的類比清楚地瞭解動態平衡。想像一下那尼亞國（Narnia）以及中土國（Middle Earth）是兩個相鄰的王國（▼圖15.5）。那尼亞國人口過多，中土國則是人口稀少。然而，有一天，兩國邊境開放了，人們立刻開始離開那尼亞國前往中土國（稱此為正向反應）。

那尼亞國 → 中土國（正向反應）

當中土國人口上升時，那尼亞國的人口下降。然而，當人們離開那尼亞國時，他們的離開**速率**便開始下降（因為那尼亞國變得較不擁

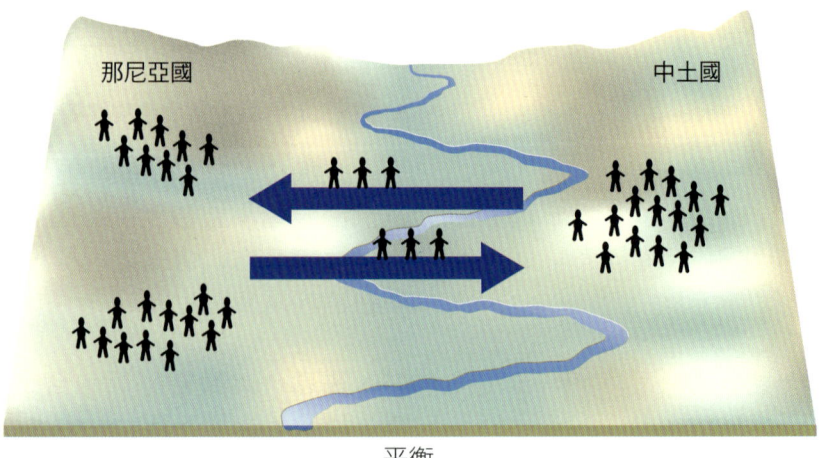

▲ 圖 15.5 **對於一個反應達成平衡之對應的人口類比圖。**

擠）。另一方面，當人們移入到中土國時，有些人決定這不是適宜他們的地方，便開始回移（稱此為逆向反應）。

那尼亞國 ← 中土國（逆向反應）

當中土國客滿之後，人們回移到那尼亞國的速率便開始變快。最後人們移出那尼亞國的**速率**（當人們離開時已經減慢下來）等於人們移回那尼亞國的**速率**（當中土國變得擁擠時已經被加快）。此時達到了動態平衡。

那尼亞國 ⇌ 中土國

注意，當兩個王國達到動態平衡時，他們的人口便不再改變，因為人移出去的數目等於移入的數目。然而，縱使動態平衡已達到，一個王國，會因為其魅力、領導者的特質、好工作的提供、較低的稅率或是其他任何理由，可能會比另一個王國擁有較多的人口。

同樣地，當一個化學反應達到動態平衡，其正向反應速率（類比於人們移出那尼亞國）會等於逆向反應速率（類比於人們移入那尼亞國），同時反應物與產物的相對濃度（類比於兩王國的相對人口數）變成一常數。再者，像兩個王國一樣，在平衡時反應物與產物的濃度將未必相等，就如同在平衡時，兩國的人口不相同一樣。

15.4 平衡常數：反應進行有多遠的基準

我們剛剛已經習知反應物與產物的**濃度**在平衡時不會相等，但是其正向與逆向反應**速率**卻相同。但是濃度究竟為何？我們如何能知道？平衡常數是量化平衡時反應物與產物濃度的方法。考慮下面一般的化學反應：

$$a\text{A} + b\text{B} \rightleftharpoons c\text{C} + d\text{D}$$

其中A與B是反應物，C與D是產物，a、b、c與d各是化學反應中的計量係數。這反應的**平衡常數**（equilibrium constant，K_{eq}）在平衡時定義為一個比例：即由產物濃度各計量係數的指數之乘積除以反應物濃度各計量係數的指數之乘積。

$$K_{eq} = \frac{[\text{C}]^c[\text{D}]^d}{[\text{A}]^a[\text{B}]^b}$$

（產物／反應物）

平衡常數可量化在平衡時反應物與產物的相對濃度。

寫出化學反應的平衡表示式

如何就一個化學反應寫出它的平衡表示式，只要檢查其化學式以及遵循先前的定義。例如，假設我們要寫下列反應的平衡表示式。

$$2N_2O_5(g) \rightleftharpoons 4NO_2(g) + O_2(g)$$

此平衡常數是[NO_2]的四次方乘上[O_2]的一次方再除以[N_2O_5]的二次方。

$$K_{eq} = \frac{[NO_2]^4[O_2]}{[N_2O_5]^2}$$

請注意，在化學式中的**係數**變成了平衡表示式中的**指數**。

$$2\,N_2O_5(g) \rightleftharpoons 4\,NO_2(g) + O_2(g)$$

$$K_{eq} = \frac{[NO_2]^4\,[O_2]}{[N_2O_5]^2}$$

隱含了 1

範例 15.1　寫出化學反應的平衡表示式

寫出下列化學反應的平衡表示式：

$$CO(g) + 2H_2(g) \rightleftharpoons CH_3OH(g)$$

平衡表示式是各產物濃度的化學計量係數的指數之乘積除以各反應物濃度的化學計量係數的指數之乘積。注意，此表示式是產物除以反應物的比例，同時在化學反應式中的化學計量係數便是平衡表示式中的指數。

解答：

$$K_{eq} = \frac{[CH_3OH]}{[CO][H_2]^2}$$

產物 — [CH_3OH]
反應物 — [CO][H_2]^2

平衡常數的意義

給予一個平衡常數這樣的定義，有何意義呢？舉例來說，就一個反應而言有一個大的平衡常數（$K_{eq} \gg 1$）有何含意？它表示正向反應較易進行，同時亦表示當平衡達到時，產物會較反應物來得多。例如，考慮下例反應。

$$H_2(g) + Br_2(g) \rightleftharpoons 2HBr(g) \quad K_{eq} = 1.9 \times 10^{19} \text{ 在 } 25°C$$

此反應有一個大的平衡常數，表示在平衡時，此反應幾乎往右邊，即有高濃度產物和微量濃度的反應物（▶圖15.6）。

15.4 平衡常數：反應進行有多遠的基準 349

▶ 圖 15.6 **一個大的平衡常數的意義**。一個較大的平衡常數表示在平衡時會有較高濃度的產物、較低濃度的反應物。

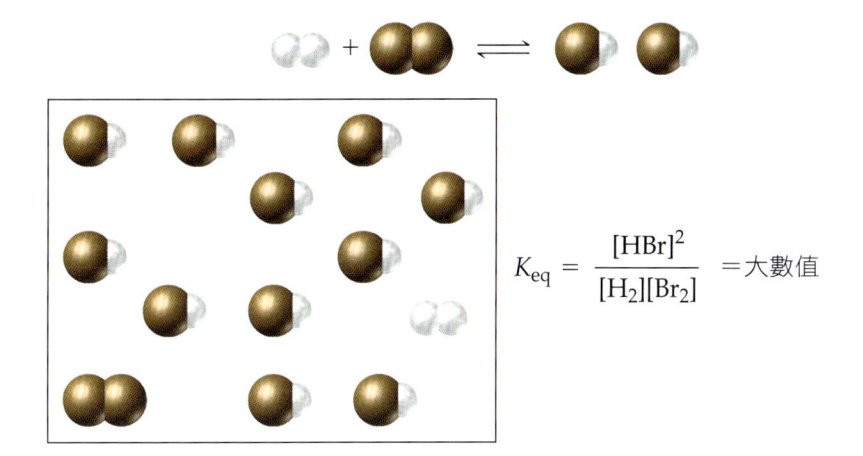

$$H_2(g) + Br_2(g) \rightleftharpoons 2\,HBr(g)$$

$$K_{eq} = \frac{[HBr]^2}{[H_2][Br_2]} = 大數值$$

相反地，一個**小的**平衡常數（$K_{eq} \ll 1$）代表什麼意義呢？這表示傾向於逆向反應，同時在平衡時，反應物多於產物。例如，考慮下列反應。

$$N_2(g) + O_2(g) \rightleftharpoons 2NO(g) \quad K_{eq} = 4.1 \times 10^{-31} \text{ 在 } 25°C$$

此平衡常數非常小，表示在平衡時，反應幾乎往左邊，即有高濃度的反應物和微量濃度的產物（▼圖15.7）。這真是慶幸，因為N_2與O_2是空氣的主要成分，假若此平衡常數很大，那麼空氣中的N_2與O_2會進行反應產生大量的NO毒氣。

總結：

- $K_{eq} \ll 1$ 有利於逆向反應；只有極少量的正向反應。
- $K_{eq} \approx 1$ 不偏正逆哪個方向；反應一半是正向反應。
- $K_{eq} \gg 1$ 有利於正向反應；幾乎完全地進行正向反應。

▶ 圖 15.7 **一個小的平衡常數的意義**。一個較小的平衡常數表示在平衡時會有較高的反應物濃度、較低的產物濃度。

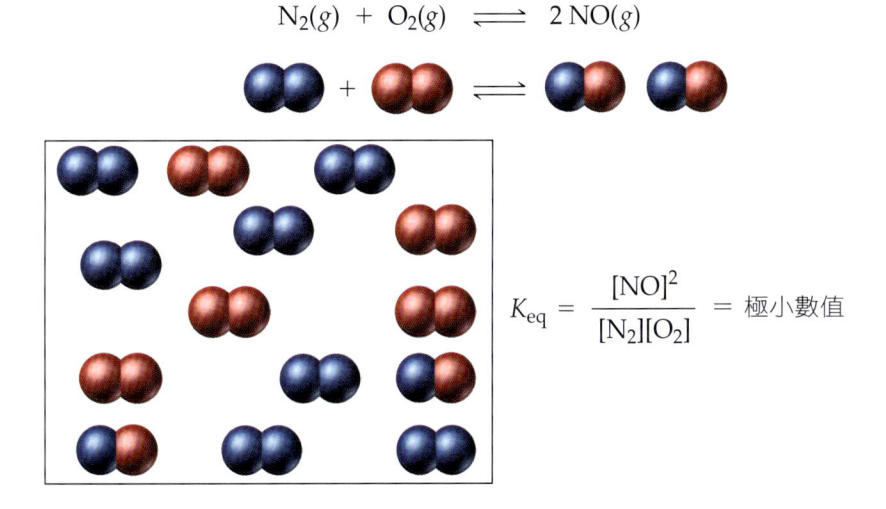

$$N_2(g) + O_2(g) \rightleftharpoons 2\,NO(g)$$

$$K_{eq} = \frac{[NO]^2}{[N_2][O_2]} = 極小數值$$

352　第 15 章　化學平衡

表 15.1 對於反應 $H_2(g) + I_2(g) \rightleftharpoons 2HI(g)$ 的起始與平衡濃度

起始			平衡			平衡常數
[H_2]	[I_2]	[HI]	[H_2]	[I_2]	[HI]	$K_{eq} = \dfrac{[HI]^2}{[H_2][I_2]}$
0.50	0.50	0.0	0.11	0.11	0.78	$\dfrac{[0.78]^2}{[0.11][0.11]} = 50$
0.0	0.0	0.50	0.055	0.055	0.39	$\dfrac{[0.39]^2}{[0.055][0.055]} = 50$
0.50	0.50	0.50	0.165	0.165	1.17	$\dfrac{[1.17]^2}{[0.165][0.165]} = 50$
1.0	0.5	0.0	0.53	0.033	0.934	$\dfrac{[0.934]^2}{[0.53][0.033]} = 50$

範例 15.3　計算平衡常數

考慮下列反應：

$$2CH_4(g) \rightleftharpoons C_2H_2(g) + 3H_2(g)$$

一個CH_4、C_2H_2以及H_2的混合物在1700℃下達到平衡。此時量測到的平衡濃度為[CH_4] = 0.0203M、[C_2H_2] = 0.0451M以及[H_2] = 0.112M。那麼在此溫度之下的平衡常數數值為何呢？

用正常的方式來設立此問題。已知在平衡時一個反應的反應物以及產物濃度，試找出平衡常數。

已知：
[CH_4] = 0.0203M
[C_2H_2] = 0.0451M
[H_2] = 0.112M

試求：K_{eq}

由平衡方程式可以寫出 K_{eq} 的表示式。僅將正確的平衡濃度代入到 K_{eq} 的表示式中，以便計算 K_{eq} 的數值。

解答：

$$K_{eq} = \frac{[C_2H_2][H_2]^3}{[CH_4]^2}$$

$$K_{eq} = \frac{[0.0451][0.112]^3}{[0.0203]^2}$$

$$= 0.154 \text{ M}^2$$

利用平衡常數來計算

已知其他物質的平衡濃度時，平衡常數也可以用來其計算反應物或是產物之一的平衡濃度。例如，考慮下列反應。

$$2COF_2(g) \rightleftharpoons CO_2(g) + CF_4(g) \quad K_{eq} = 2.00 \text{ 在 } 1000°C$$

在一個平衡混合物中，COF_2的濃度是0.255M以及CF_4的濃度是0.118M。那麼CO_2的平衡濃度是多少呢？再一次，我們用正常的方式來設立此問題。

15.6 平衡常數的計算及利用 353

已知：

[COF$_2$] = 0.255M

[CF$_4$] = 0.118M

K_{eq} = 2.0

試求：[CO$_2$]

解析圖：

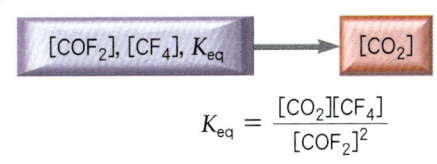

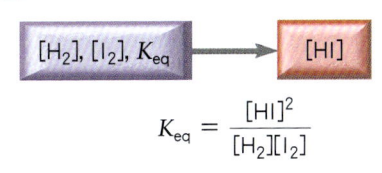

[COF$_2$], [CF$_4$], K_{eq} → [CO$_2$]

$$K_{eq} = \frac{[CO_2][CF_4]}{[COF_2]^2}$$

在此問題中，我們已知K_{eq}以及一個反應物與一個產物的濃度。我們要找出其餘產物的濃度。我們可以利用K_{eq}的表示式來計算。

解答：

$$K_{eq} = \frac{[CO_2][CF_4]}{[COF_2]^2}$$

$$[CO_2] = K_{eq}\frac{[COF_2]^2}{[CF_4]}$$

現在，僅代入適當的值並計算[CO$_2$]。

$$[CO_2] = 2.00\frac{[0.255]^2}{[0.118]}$$

$$= 1.10 \text{ M}$$

範例 15.4　利用平衡常數來計算

考慮下列反應。

$$H_2(g) + I_2(g) \rightleftharpoons 2HI(g) \quad K_{eq} = 69 \text{ at } 340°C$$

在一個平衡混合物中，H$_2$與I$_2$兩者的濃度都是0.02M。那麼HI的平衡濃度是多少呢？

你已知在平衡時一個化學反應的反應物濃度，同時你也已知平衡常數的數值。你必須找出產物的濃度。	已知： [H$_2$] = [I$_2$] = 0.02M K_{eq} = 69 試求：[HI]
畫出一個解析圖，顯示平衡常數表示式如何給予已知濃度與未知濃之間的關係。	解析圖： [H$_2$], [I$_2$], K_{eq} → [HI] $$K_{eq} = \frac{[HI]^2}{[H_2][I_2]}$$
由平衡常數表示式解出[HI]，同時代入適當的值去計算。	解答： $$K_{eq} = \frac{[HI]^2}{[H_2][I_2]}$$ $[HI]^2 = K_{eq}[H_2][I_2]$ $[HI] = \sqrt{K_{eq}[H_2][I_2]}$ $= \sqrt{69[0.020][0.020]}$ $= 0.17$M

觀念檢查站 15.2

當反應 A(*aq*) → B(*aq*) + C(*aq*) 達到平衡時，三個成分的每一個濃度都是 2M。則此反應的平衡常數是多少？
(a) 4　　　　　　(b) 2
(c) 1　　　　　　(d) 1/2

15.7 干擾平衡下的反應：勒沙特原理

我們已經看見一個未達平衡的反應傾向趨於平衡，同時在平衡時反應物與產物的濃度之關係相等於其平衡常數K_{eq}。然而，當一個已達平衡的化學系統遭到干擾，會發生何事呢？勒沙特原理（Le Châtelier's Principle）說明，此化學系統會自動調整以便將干擾降至最小。

勒沙特原理 ── 當一個達到平衡的化學系統受到干擾時，此系統會向某個方向移動，以便將此干擾減至最小。

換言之，一個平衡了的系統會嘗試去維持那平衡，即受干擾時，它會力爭回來。

我們可以藉由回到那尼亞國以及中土國的類比來瞭解勒沙特原理。假設那尼亞國與中土國的人口已達平衡。這表示人口移出那尼亞國以及移入中土國的速率等於人口移入那尼亞國以及移出中土國的速率，同時兩個王國的人口是穩定的。現在，想像一下干擾此平衡（▶圖15.8），假設我們將額外的人們加入到中土國裡去。會發生何事呢？因為突然間中土國變得擁擠，所以人們離開中土國的速率會上升，人口的淨流量是人們會離開中土國而進入那尼亞國。請注意所發生之事：我們加入了更多的人到中土國干擾了此平衡，此系統就從中土國移出人口來調節，朝向將干擾減至最小的方向改變。

在另一方面，假設我們將額外的人們加入到那尼亞國裡去，會發生何事呢？因為突然間那尼亞國變得擁擠，所以人們離開那尼亞國的速率會上升。人口的淨流量是人們會離開那尼亞國而進入中土國。我們加入了較多的人口到那尼亞國，此系統會藉由從那尼亞國移出人口來調節。即當一個平衡了的系統受到干擾時，它會做出反應來抵銷這個干擾。化學系統會表現相似的行為。有幾個方式會干擾一個已平衡的化學反應之系統。我們將分開來一一討論。

▶ 圖 15.8 **勒沙特原理的人口類比。** 當一個平衡系統受到干擾時,它會向將干擾降至最低之方向偏移。在此例當中,增加中土國的人口(干擾)將會導致中土國的人口外移(將干擾降至最低)。

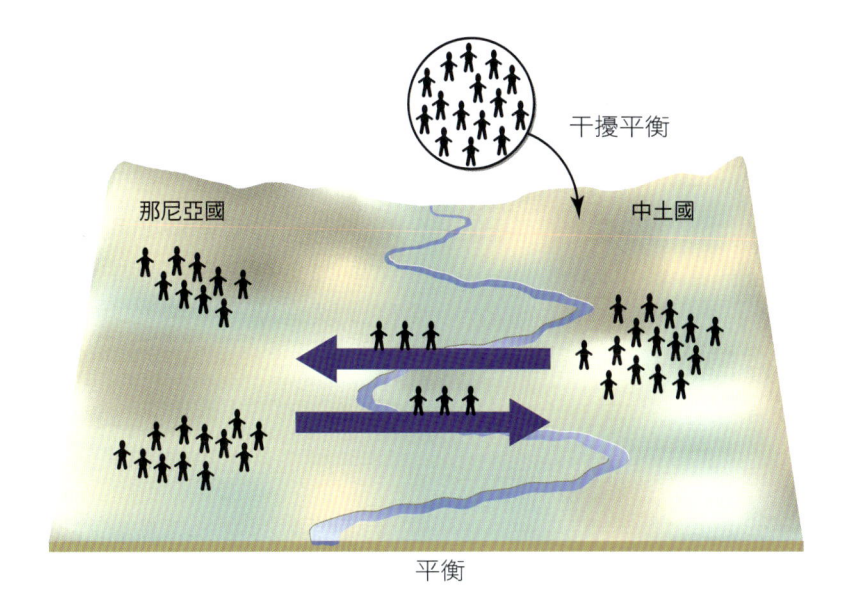

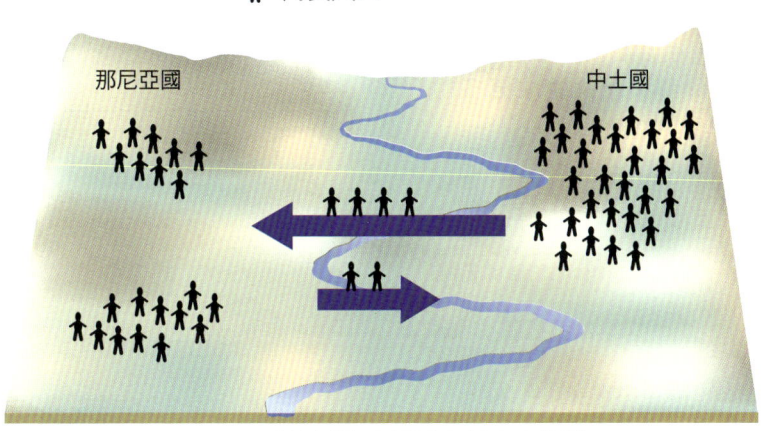

・系統以將干擾減至最小來調節
・淨人口從中土國移出

15.8 濃度改變對平衡的效應

考慮下列平衡的化學反應:

$$N_2O_4(g) \rightleftharpoons 2NO_2(g)$$

假設我們在平衡混合物中加入NO_2來干擾此平衡(▶ 圖15.9),換言之,我們增加了NO_2的濃度,會發生何事呢?根據勒沙特原理,此系統會往一個方向做改變以便將此干擾減至最小。改變是因為增加了NO_2的濃度所造成,因而逆向反應的速率會增加;因為,如同我們在15.2節所說,反應速率因濃度增加而增加,即反應會向左方進行(反應朝逆向進行),以消耗一些加入的NO_2而讓其濃度回降。

$$N_2O_4(g) \rightleftharpoons 2\,NO_2(g)$$

←反應向左偏移　　↑添加 NO₂

在另一方面，假如我們加入額外的N₂O₄，增加它的濃度，會發生何事呢？在這個案例中，正向反應速率會增加，同時反應會向右偏移，以消耗一些加入的N₂O₄，而讓其濃度回降（▶圖15.10）。

$$N_2O_4(g) \rightleftharpoons 2\,NO_2(g)$$

↑添加 N₂O₄　　→反應向右偏移

在這兩個案例中，系統都往將此干擾減至最小的方向上做改變。

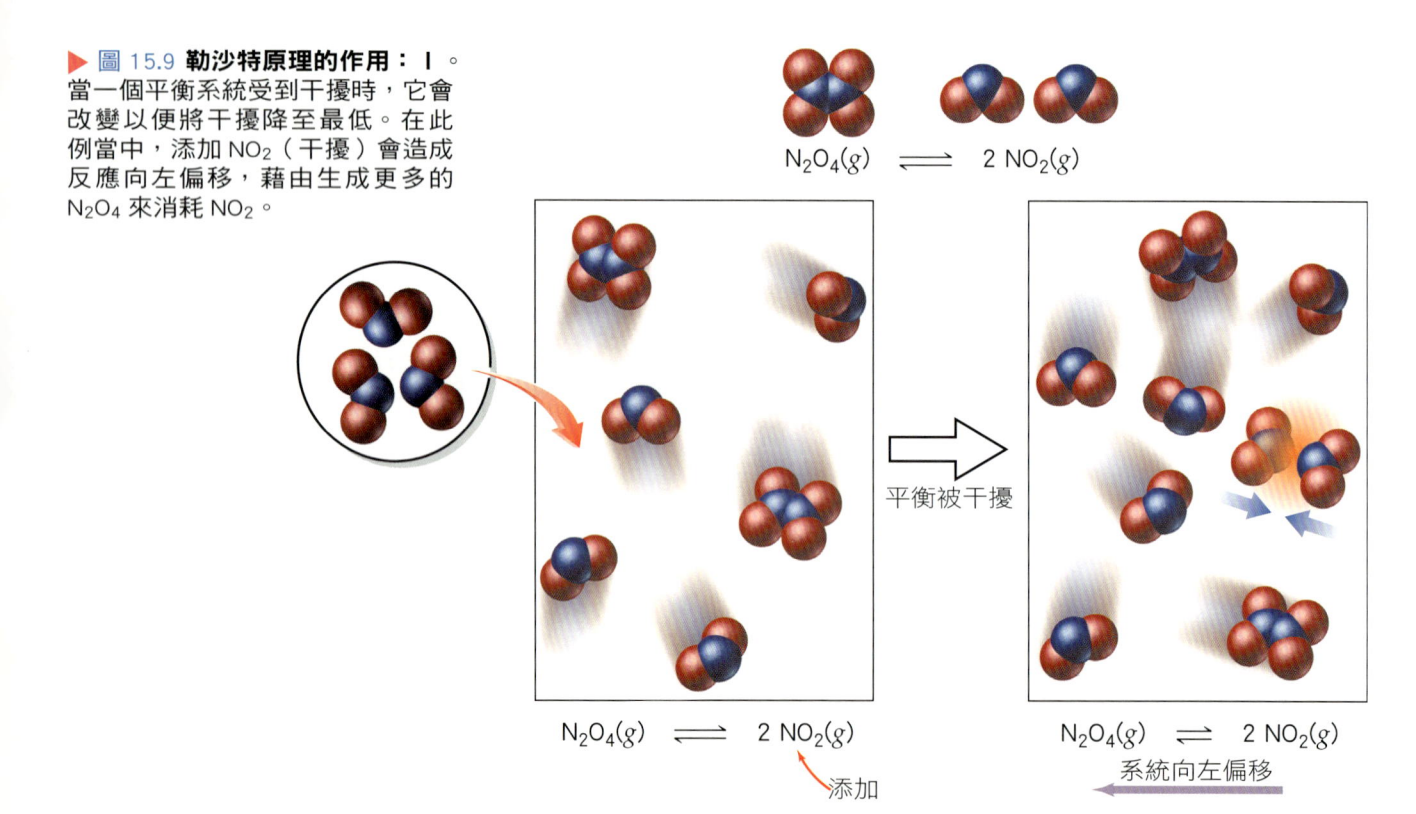

▶ 圖 15.9 **勒沙特原理的作用：I**。當一個平衡系統受到干擾時，它會改變以便將干擾降至最低。在此例當中，添加 NO₂（干擾）會造成反應向左偏移，藉由生成更多的 N₂O₄ 來消耗 NO₂。

$$N_2O_4(g) \rightleftharpoons 2\,NO_2(g)$$
添加

平衡被干擾

$$N_2O_4(g) \rightleftharpoons 2\,NO_2(g)$$
←系統向左偏移

總結，假如一個化學系統已達成平衡：

- 增加一個或多個反應物的濃度會造成反應向右位移（朝產物方向）。

- 增加一個或多個產物的濃度會造成反應向左位移（朝反應物方向）。

▶ 圖 15.10 **勒沙特原理的作用：II**。當一個平衡系統受到干擾時，它會改變以便將干擾降至最低。在此例當中，添加 N_2O_4（干擾）會造成反應向右偏移，藉由生成更多的 NO_2 來消耗 N_2O_4。

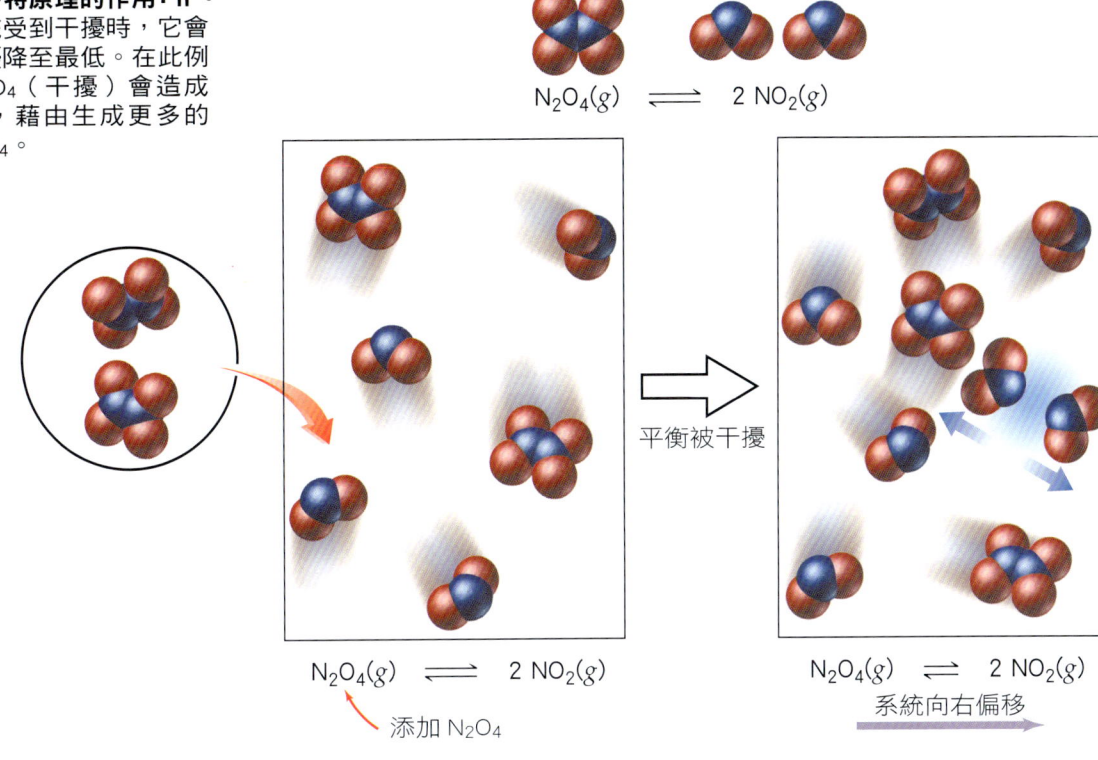

$$N_2O_4(g) \rightleftharpoons 2\,NO_2(g)$$

平衡被干擾

$$N_2O_4(g) \rightleftharpoons 2\,NO_2(g)$$
添加 N_2O_4

$$N_2O_4(g) \rightleftharpoons 2\,NO_2(g)$$
系統向右偏移

範例 15.5　濃度改變對平衡的效應

考慮下列在平衡時化學的反應：

$$CaCO_3(s) \rightleftharpoons CaO(s) + CO_2(g)$$

添加額外的 CO_2 到反應混合物中會有何效應？添加額外的 $CaCO_3$ 會有何效應？

解答：
添加額外的 CO_2 會增加 CO_2 的濃度，同時造成反應向左偏移進行。添加額外的 $CaCO_3$ 則不會增加 $CaCO_3$ 的濃度，因為 $CaCO_3$ 是固體，因此具有恆常不變的濃度。因此它不被涵蓋在平衡表示式中，同時不會對平衡的位置有任何影響。

15.9 體積改變對平衡的效應

　　一個系統已達化學平衡若體積改變平衡會往哪一方向改變？回顧第11章，改變氣體的體積會導致壓力變化。記得壓力與體積成反比關係：體積**減少**會造成壓力的**增加**，體積**增加**則壓力**下降**。所以，假如一個已達化學平衡的氣體反應其混合物之體積改變，則其壓力亦將改變，同時此系統會往一個方向移動使改變降至最小。例如，考慮下列有一個裝有可移動活塞的圓柱體容器內之平衡反應。

$$N_2(g) + 3H_2(g) \rightleftharpoons 2NH_3(g)$$

　　假如我們將活塞向下推，減少體積則提高壓力，平衡如何改變（▶圖15.11）？化學反應會如何讓壓力降低呢？仔細地觀察化學反應的係數，假如反應向右進行，4莫耳的氣體分子會轉成2莫耳的氣體分子。較少的氣體分子會降低壓力。所以，系統會向右進行偏移。氣體分子數目減少，會導致壓力回降，將干擾減至最小。

再一次考慮在平衡狀態之下上例的反應混合物。假如我們將活塞向上**拉起，增加**體積，此次會發生何事（▼ 圖15.12）？較大的體積會導致較低的壓力，同時系統將會試圖使壓力回升來減少此因素的影響。它藉由反應向左進行偏移來完成此事，把2莫耳氣體分子轉變成4莫耳的氣體分子，以增加壓力，同時將干擾降至最低。

總結，假如化學反應已在平衡狀態：

- 減少體積會引起反應往具有較少氣體粒子的方向進行。
- 增加體積會引起反應往具有較多氣體粒子的方向進行。

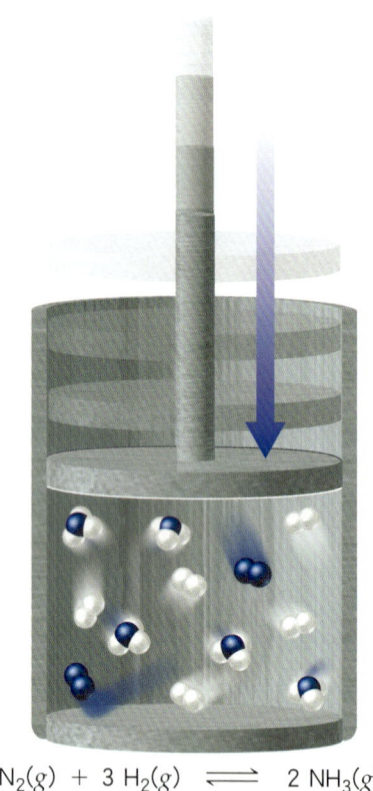

$N_2(g) + 3H_2(g) \rightleftharpoons 2NH_3(g)$

4 莫耳氣體　　2 莫耳氣體

系統向右偏移
（朝向具有較少莫耳氣體粒子方向）

$N_2(g) + 3H_2(g) \rightleftharpoons 2NH_3(g)$

4 莫耳氣體　　2 莫耳氣體

系統向左偏移
（朝向具有較多莫耳氣體粒子方向）

▲ 圖 15.11 **減小體積對平衡的影響。**當一個平衡的混合物的體積減少時，壓力會上升。此系統會藉由向右偏移來調節（促使壓力回降），即朝反應具有最少莫耳氣體粒子的那一邊。

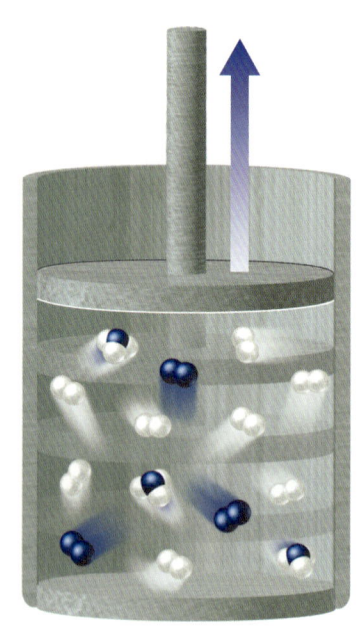

▲ 圖15.12 **增加體積對平衡的影響。**當一個平衡的混合物的體積增加時，壓力會下降。此系統會藉由向左偏移來調節（提升壓力），即朝反應具有最多莫耳氣體粒子的那一邊。

請注意，假如化學反應在反應方程式兩邊具有相同的氣體粒子莫耳數，則改變體積是沒有任何效果的。例如，考慮下列的反應。

$$H_2(g) + I_2(g) \rightleftharpoons 2HI(g)$$

方程式的左右兩邊都具有2莫耳的氣體粒子，所以體積改變不會影響平衡效果。同樣地，對於一個反應不含有氣相之反應物或產物的化學反應體積改變在平衡上是沒有任何作用的。

範例 15.6　體積改變對平衡的效應

考慮下列在平衡時化學的反應

$$2KClO_3(s) \rightleftharpoons 2KCl(s) + 3O_2(g)$$

減少此反應的混合物體積會有何效應？增加此反應的混合物體積會有何效應？

解答：
此化學反應方程式在右邊具有 3 莫耳氣體，同時在左邊具有 0 莫耳氣體。降低反應的混合物之體積會增加壓力，同時造成反應向左邊進行（朝向具有較少氣體粒子的一端）。增加反應的混合物之體積會降低壓力，同時造成反應向右邊進行（朝向具有較多氣體粒子的一端）。

15.10　溫度改變對平衡的效應

根據勒沙特原理，假如一個平衡系統的溫度改變，系統會朝向一個方向進行偏移以進行抵銷此改變。所以，假如溫度增加，反應應當會朝向企圖去降低溫度的方向進行偏移，反之亦然。回顧第3.8節，能量的改變常常與化學反應有關。假如我們想要去預測一個因溫度改變的化學反應會往何方向進行偏移，我們必須先瞭解此反應之偏移如何影響溫度。

我們可以依據在反應中，反應是吸熱或是放熱而將化學反應予以分類。一個**放熱反應**（exothermic reation）會釋放熱量。

$$\text{放熱反應} \quad A + B \rightleftharpoons C + D + 熱量$$

在放熱反應中，你可以想像熱也是一種產物。因此，提高放熱反應的溫度，如同添加熱量，造成反應向左進行偏移。例如，氮和氫反應形成氨氣便是放熱反應。

$$N_2(g) + 3H_2(g) \rightleftharpoons 2NH_3 + 熱量$$

反應向左偏移　　　加入熱量

升高這三種氣體混合物在平衡時的溫度會造成反應向左進行偏移，以吸收一些添加的熱量。相反地，降低這三種氣體混合物在平衡時的溫度會造成反應向右進行偏移，釋放熱量。

$$N_2(g) + 3H_2(g) \rightleftharpoons 2NH_3 + 熱量$$

反應向右偏移　　移去熱量

相對地，一個**吸熱反應**（endothermic reation）會吸收熱能。

吸熱反應　　$A + B + 熱量 \rightleftharpoons C + D$

在一個吸熱反應中，你可以想像熱也是一種反應物。因此，提高吸熱反應的溫度（或是添加熱能），會造成反應向右進行偏移。例如，下列反應便是吸熱反應。

無色　　　　　　　棕色
$$N_2O_4(g) + 熱量 \rightleftharpoons 2NO_2$$

加入熱量　　反應向右偏移

升高這兩種氣體平衡混合物溫度會造成反應向右進行偏移，以吸收一些添加的熱量。因為N_2O_4是無色的以及NO_2是棕色的，所以這個反應對於溫度的改變之效應是很容易看得出來的（▼圖15.13）。另一方面，降低這兩種氣體平衡的混合物溫度會造成反應向左進行偏移，釋放熱量。

無色　　　　　　　棕色
$$N_2O_4(g) + 熱量 \rightleftharpoons 2NO_2$$

移去熱量　　反應向左偏移

總結：

在一個放熱化學反應中，熱是一種產物以及：
- 增加溫度會造成反應向左方進行偏移（朝反應物的方向）。
- 降低溫度會造成反應向右方進行偏移（朝產物的方向）。

在一個吸熱化學反應中，熱是一種反應物以及：
- 增加溫度會造成反應向右方進行偏移（朝產物的方向）。
- 降低溫度會造成反應向左方進行偏移（朝反應物的方向）。

▶ 圖15.13 **平衡是溫度的函數。**因為反應$N_2O_4(g) \rightleftharpoons 2NO_2(g)$是放熱反應，所以升溫（a）造成向右偏移，朝向棕色的NO_2產物方向。降溫（b）造成向左偏移，朝向無色的N_2O_4方向。

(a) 加溫：NO_2　　　　　　(a) 冷卻：N_2O_4

範例 15.7　溫度改變對平衡的效應

下列反應是吸熱反應。

$$CaCO_3(s) \rightleftharpoons CaO(s) + CO_2(g)$$

增加反應混合物的溫度會有何效應？減少溫度會有何效應？

解答：
因為反應是吸熱；我們可以想到熱可被視為是一個反應物。

$$\text{熱量} + CaCO_3(s) \rightleftharpoons CaO(s) + CO_2(g)$$

上升溫度是添加熱量，造成反應向右偏移進行。降低溫度是移去熱量，造成反應向左偏移進行。

15.11　溶解度積常數

回顧7.7節，一個化合物若是能溶解於水中，我們稱它是可溶性的；若是它不能溶解於水中，則稱為不溶性的。同時回顧**溶解度規則**（表7.2），我們可以將離子化合物歸類為可溶性的與不溶性的。我們可以用平衡的觀念來更加瞭解一個離子化合物的溶解度。離子化合物溶解的程序便是一個平衡程序。例如，我們可以利用下列化學方程式來表達氟化鈣的溶解。

$$CaF_2(s) \rightleftharpoons Ca^{2+}(aq) + 2F^-(aq)$$

表達離子化合物的化學式之平衡表示式稱為**溶解度積常數**（solubility-product constant, K_{sp}）。對於CaF_2而言，其溶解度積常數是

$$K_{sp} = [Ca^{2+}][F^-]^2$$

請注意，就像我們在15.5節中所討論的一樣，固體必須由平衡表示式中省略掉。

表 15.2　溶解度積常數（K_{sp}）

化合物	化學式	K_{sp}
硫酸鋇（barium sulfate）	$BaSO_4$	1.07×10^{-10}
碳酸鈣（calcium carbonate）	$CaCO_3$	4.96×10^{-9}
氟化鈣（calcium fluoride）	CaF_2	1.46×10^{-10}
氫氧化鈣（calcium hydroxide）	$Ca(OH)_2$	4.68×10^{-6}
硫酸鈣（calcium sulfate）	$CaSO_4$	7.10×10^{-5}
硫化銅（copper(II) sulfide）	CuS	1.27×10^{-36}
碳酸亞鐵（iron(II) carbonate）	$FeCO_3$	3.07×10^{-11}
氫氧化亞鐵（iron(II) hydroxide）	$Fe(OH)_2$	4.87×10^{-17}
氯化鉛（lead(II) chloride）	$PbCl_2$	1.17×10^{-5}
硫酸鉛（lead(II) sulfate）	$PbSO_4$	1.82×10^{-8}
硫化鉛（lead(II) sulfide）	PbS	9.04×10^{-29}
碳酸鎂（magnesium carbonate）	$MgCO_3$	6.82×10^{-6}
氫氧化鎂（magnesium hydroxide）	$Mg(OH)_2$	2.06×10^{-13}
氯化銀（silver chloride）	$AgCl$	1.77×10^{-10}
鉻酸銀（silver chromate）	Ag_2CrO_4	1.12×10^{-12}
碘化銀（silver iodide）	AgI	8.51×10^{-17}

此 K_{sp} 值就像是一個化合物的溶解度的指標一樣。一個大的 K_{sp}（較利於正向反應）表示此化合物非常容易溶解。一個小的 K_{sp}（較利於反向反應）表示此化合物非常不容易溶解。表15.2列出一些離子化合物的 K_{sp} 值。

範例 15.8　寫出 K_{sp} 的表示式

請寫出下列每一個離子化合物 K_{sp} 的表示式。

(a) $BaSO_4$
(b) $Mn(OH)_2$
(c) Ag_2CrO_4

解答：

欲寫 K_{sp} 表示式，首先要寫出它的化學反應，表示出此固體化合物與其溶解的水溶液離子在平衡時之狀態。然後依此反應式寫出平衡表示式。

(a) $BaSO_4(s) \rightleftharpoons Ba^{2+}(aq) + SO_4^{2-}(aq)$
$K_{sp} = [Ba^{2+}][SO_4^{2-}]$

(b) $Mn(OH)_2(s) \rightleftharpoons Mn^{2+}(aq) + 2OH^{-}(aq)$
$K_{sp} = [Mn^{2+}][OH^{-}]^2$

(c) $Ag_2CrO_4(s) \rightleftharpoons 2Ag^{+}(aq) + CrO_4^{2-}(aq)$
$K_{sp} = [Ag^{+}]^2[CrO_4^{2-}]$

利用 K_{sp} 來決定莫耳溶解度

回顧13.3節，化合物的溶解度是指此化合物溶在一定量溶液中的量。**莫耳溶解度**（molar solubility）是指以每公升多少莫耳為單位的溶解度。化合物的莫耳溶解度可直接由 K_{sp} 來加以計算。例如，考慮氯化銀。

$$AgCl(s) \rightleftharpoons Ag^{+}(aq) + Cl^{-}(aq) \quad K_{sp} = 1.77 \times 10^{-10}$$

我們如何能從 K_{sp} 中找出氯化銀的莫耳溶解度？首先，要注意 K_{sp} 不是莫耳溶解度，它是溶解度積常數。

第二，請注意，銀離子與氯離子在平衡時的濃度等於AgCl所溶解的量。我們可以從平衡方程式的化學計量係數的關係得知這些。

1 莫耳 AgCl ≡ 1 莫耳 Ag^{+} ≡ 1 莫耳 Cl^{-}

因此，欲找出溶解度，我們需要找出銀離子或是氯離子在平衡時的濃度。我們可以藉由寫出溶解度積常數表示式來求溶解度。

$$K_{sp} = [Ag^{+}][Cl^{-}]$$

因為銀離子與氯離子兩者皆來自於AgCl，它們的濃度必定相同。因為其濃度都等於溶解度，因此我們可以寫出：

$$溶解度 = S = [Ag^{+}] = [Cl^{-}]$$

把它代入到溶解度常數表示式中，我們可以獲得：

$$K_{sp} = [Ag^+][Cl^-] = S \times S = S^2$$

因此，

$$S = \sqrt{K_{sp}}$$
$$= \sqrt{1.77 \times 10^{-10}}$$
$$= 1.33 \times 10^{-5} \text{ M}$$

所以，AgCl的莫耳溶解度是1.33×10^{-5} mol/L。

範例 15.9 由 K_{sp} 的來計算莫耳溶解度

請計算 BaSO₄ 的莫耳溶解度。

一開始先寫出固體 BaSO₄ 溶解成組成的溶液離子反應式。	解答： $BaSO_4(s) \rightleftharpoons Ba^{2+}(aq) + SO_4^{2-}(aq)$
接著寫出 K_{sp} 的表示式。	$K_{sp} = [Ba^{2+}][SO_4^{2-}]$
定義出當鋇離子與硫酸根離子達平衡時的莫耳溶解度（S）。	$S = [Ba^{2+}] = [SO_4^{2-}]$
將S代入平衡表示式，同時解出它。	$K_{sp} = [Ba^{2+}][SO_4^{2-}] = S \times S = S^2$ 因此 $S = \sqrt{K_{sp}}$
最後，由表 15.2 查詢 K_{sp} 值，同時計算出 S。因此，BaSO₄ 的莫耳溶解度等於 1.03×10^{-5} mol/L。	$S = \sqrt{K_{sp}}$ $S = \sqrt{1.07 \times 10^{-10}} = 1.03 \times 10^{-5}$ M

15.12 反應路徑與觸媒效應

在本章中，我們已經習知平衡常數可描述一個化學反應的最終結局。較大的平衡常數表示反應喜好偏向產物，較小的平衡常數表示反應喜好偏向反應物。但是光靠平衡常數本身無法說明整個故事。例如，考慮下列氫氣與氧氣形成水的反應。

$$2H_2(g) + O_2(g) \rightleftharpoons 2H_2O(g) \quad K_{eq} = 3.2 \times 10^{81} \text{ 在 } 25°C$$

此平衡常數是非常巨大的，表示正向反應是極度受歡迎的。然而，我們在室溫將氫氣與氧氣混合在一個氣球中，卻沒有反應發生。氫氣和氧氣可以和平共在一個氣球當中而不會產生水。為什麼呢？

欲回答此問題，我們必須回到此章的開頭，即反應速率。在 25°C，氫氣與氧氣之間的反應速率實際上是零。雖然平衡常數如此之大，但是反應速率卻極小，沒有反應會發生。這個氫氣與氧氣之間的反應速率是緩慢的，因為此反應有一個極大的**活化能**（activation energy）：為了啟動反應所必須給予的能量。活化能存在於大多數的化學反應當中，因為在新的鍵結形成之前，原先的鍵結必須要打斷，而此動作需要能量。例如，氫氣與氧氣要形成水，此H－H以及O＝O鍵必須在新鍵形成之前必須先開始斷鍵。減弱氫氣與氧氣鍵結強度需要能量，這種起始能量就是反應的活化能。

活化能如何影響反應速率

我們可以用圖例，經由畫出一個反應的能量行徑，來說明活化能如何影響反應速率（▼ 圖15.14）。我們可以從圖中看出，與反應物相比，產物具有較少的能量，所以這個反應是放熱反應（當反應發生時會釋放能量）。然而，在此反應發生之前，必須先給予一些能量，即反應物的能量必須被提升一些，我們稱此為活化能。此活化能是一種通常存在於反應物與產物之間的"能量駝峰"（energy hump）。

▶ 圖 15.14 **活化能。**此圖表示反應物與產物沿著反應路徑的能量（當反應發生時）。請注意產物的能量低於反應物的能量，所以此反應為放熱反應。然而，此反應必須越過一個能量駝峰，稱為活化能，以便從反應物朝向產物進行。

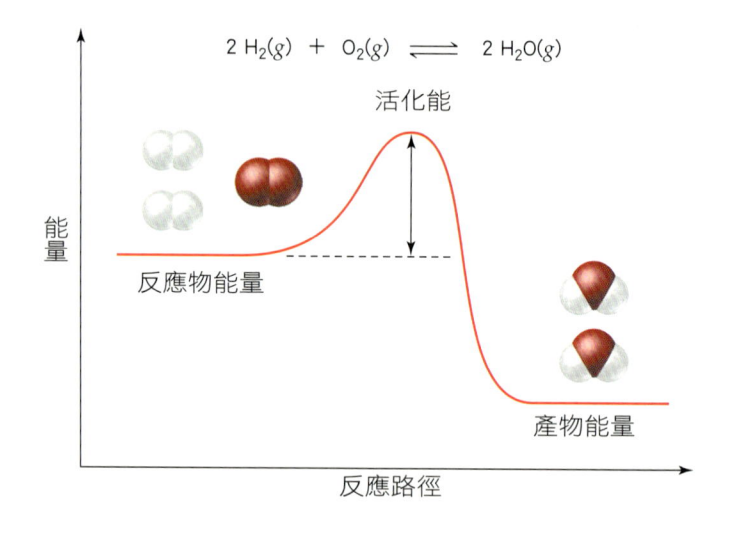

$$2\,H_2(g) + O_2(g) \rightleftharpoons 2\,H_2O(g)$$

我們可以藉由一個簡單的類比來更加瞭解此一觀念，即一個化學反應的發生非常類似於去推動一串的卵石越過一個山丘（▶ 圖15.15a）。我們可以想看看每一次的發生在反應物分子之間的碰撞就如同企圖去滾動一個卵石越過此山丘。想看看成功的兩分子間的碰撞（導致產物）就如同一次成功的企圖去滾動一個卵石越過此山丘同時下山到達山丘的另一邊。

對於滾動卵石，山丘越高就越困難使卵石越過此山丘，同時在一定的時間範圍之內，就越少卵石越過此山丘。相似地，對於化學反應而言，活化能越高，就越少反應物分子能越過此能量障礙，同時反應速率就會較慢。一般而言：

在一定的溫度下，化學反應的活化能越高，反應速率越慢。

15.12　反應路徑與觸媒效果　**365**

是否有任何方法可以加速一個慢反應（一個具有高活化能的反應）？在15.2節中，我們說過有兩個方式可以提升反應速率。第一個方式是增加反應物的濃度，如此可導致單位時間內較多的碰撞。這好比在一定時間範圍之內朝向山丘推動較多的卵石。第二個方式則是以增加反應溫度去增加反應速率，這也會在單位時間內導致較多的碰撞，同時也發生較高能量的碰撞。較高能量的碰撞就好比用力推動這些卵石，因此有較多的卵石在單位時間內越過山丘，即產生較快的反應速率。然而，尚有第三個方法可以加速一個慢化學反應：即使用**觸媒**（catalyst）。

▲ 圖 15.15 **活化能的山丘類比。**有幾種路徑可以使卵石盡快地越過這座山丘。(a)一是單純地努力推他們，此類比於增加化學反應的溫度。(b)另一方式是去找出一路徑越過此山丘，此類比於觸媒對於化學反應的角色。

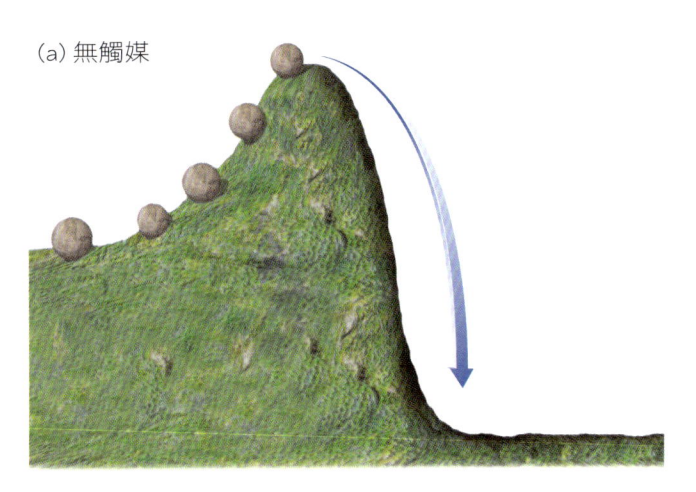

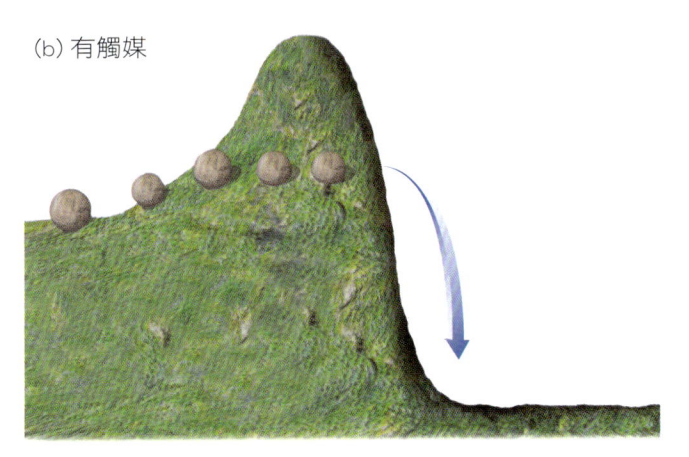

(a) 無觸媒

(b) 有觸媒

🟡 觸媒可以降低活化能

觸媒是一種物質，它會提升化學反應的速率，但是本身在反應中不會被消耗。一個用作降低反應活化能的觸媒，可以使反應物容易地越過能量駝峰（▶ 圖15.16）。在我們的卵石類比中，觸媒為卵石開闢了另一條旅行路徑，一條更低的山丘路徑（見圖15.15b）。例如，在上層大氣中，臭氧的非觸媒破壞。

$$O_3 + O \rightarrow 2O_2$$

我們會有臭氧保護層的原因是因為此反應具有相當高的活化能障，因此有相當慢的反應速率。此臭氧層不會快速地分解成氧氣。

酵素的確不僅可以讓不同的慢反應在一個合理的速率之下發生，它們也可以讓活的有機體內的反應在極好的控制下發生。酵素是極度專一性的，每一個酵素僅能催化一個反應。所以，假如活的有機體想要啟動一個特別的反應，它必須僅僅只產生或是活化該獨特的酵素去催化這個反應。

▶ 圖15.18 **酵素如何運作。** 蔗糖酶（sucrase）具有一個囊，稱為活性位置，提供給蔗糖黏合。當蔗糖進入此活性位置之後，在葡萄糖與果糖之間的鍵便會減弱，以降低此反應的活化能。

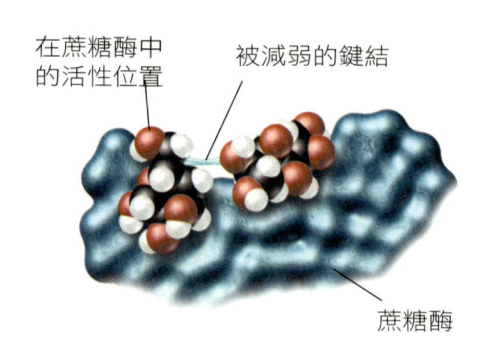

習題

問答題

1. 何謂化學反應速率？
2. 哪些因子會影響化學反應速率？如何影響？
3. 何謂動態平衡？
4. 請解釋為何在平衡時，反應物與產物的濃度未必會相同？
5. 何謂平衡常數？它有何重要性？
6. 對於一個反應，一個小的平衡常數告訴了你什麼意義？一個大的平衡常數又告訴你何意義？
7. 為何固體或液體可由平衡表示式中省略？
8. 何謂勒沙特原理？
9. 降低一個平衡反應的反應物濃度會有何效應？
10. 假如產物的總莫耳數比反應物的總莫耳數少的氣體反應，則降低平衡反應混合物的壓力會有何效應？
11. 何謂溶解度以及莫耳溶解度？
12. 一個觸媒會影響平衡常數的數值嗎？

練習題

13. 一個化學反應的起始反應速率被量測，同時其中一個反應物被發現以 0.0011 mol/L/S 的速率在反應。此反應進行了 15 分鐘之後，再測一次反應速率。相對於第一次量測，你預期第二次量測的速率為何？

14. 請寫出下列每一個涉及一個或多個固態或液態反應物或產物之反應式的平衡表示式。
    (a) $PCl_5(g) \rightleftharpoons PCl_3(l) + Cl_2(g)$
    (b) $2KClO_3(s) \rightleftharpoons 2KCl(s) + 3O_2(g)$
    (c) $HF(aq) + H_2O(l) \rightleftharpoons H_3O^+(aq) + F^-(aq)$
    (d) $NH_3(aq) + H_2O(l) \rightleftharpoons NH_4^+(aq) + OH^-(aq)$

15. 考慮下列反應
    $$2H_2S(g) \rightleftharpoons 2H_2(g) + S_2(g)$$
    請找出下列平衡表示式的錯誤之處並改正之。
    $$K_{eq} = \frac{[H_2][S_2]}{[H_2S]}$$

16. 對於下列的平衡常數，你認為哪一個平衡反應的混合物是由反應物來主導、由產物來主導或是由兩者共同主導。
    (a) $K_{eq} = 1.8 \times 10^{-5}$
    (b) $K_{eq} = 3.8 \times 10^{22}$
    (c) $K_{eq} = 9.7 \times 10^{-9}$
    (d) $K_{eq} = 0.58$

17. 考慮下列反應：
$$NH_4HS(s) \rightleftharpoons NH_3(g) + H_2S(g)$$
此反應的平衡混合物在一定溫度之下被發現分別是 $[NH_3] = 0.278M$ 以及 $[H_2S] = 0.355M$。試問，在此溫度之下，其平衡常數為何？

18. 下列反應的平衡混合物在 25°C 時被發現分別是 $[I_2] = 0.0112M$ 以及 $[Cl_2] = 0.0155M$。則 ICl 的濃度為何？
$$I_2(g) + Cl_2(g) \rightleftharpoons 2ICl(g)$$
$K_{eq} = 81.9$ at 25°C

19. 考慮下列反應：
$$N_2(g) + 3H_2(g) \rightleftharpoons 2NH_3(g)$$
完成下表。假設所有濃度都是平衡濃度，單位為每公升莫耳，M。

T (K)	[N₂]	[H₂]	[NH₃]	K_{eq}
500	0.115	0.105	0.439	___
575	0.110	___	0.128	9.6
775	0.120	0.140	___	0.0584

20. 考慮下列平衡反應：
$$C(s) + H_2O(g) \rightleftharpoons CO(g) + H_2(g)$$
請預測下列的效應（向右、向左或是沒有效應）：
（a）添加 C 到反應混合物中。
（b）凝結 H_2O 並將其從反應混合物中移除。
（c）添加 CO 到反應混合物中。
（d）將 H_2 從反應混合物中移除。

21. 下列反應為放熱反應：
$$I_2(g) \rightleftharpoons 2I(g)$$
請預測下列的效應（向右、向左或是沒有效應）：
（a）增加反應溫度。
（b）降低反應溫度。

22. 對於下列化合物，請寫出此化合物在水中溶解的化學式，同時寫出 K_{sp} 的表示式。
（a）$CaSO_4$ （b）AgCl
（c）CuS （d）$FeCO_3$

23. 完成下表。假設所有濃度都是平衡濃度，單位為每公升莫耳，M。

化合物	[陽離子]	[陰離子]	K_{sp}
$SrCO_3$	2.4×10^{-5}	2.4×10^{-5}	___
SrF_2	1.0×10^{-3}	___	4.0×10^{-9}
Ag_2CO_3	___	1.3×10^{-4}	8.8×10^{-12}

24. 考慮下列反應
$$Fe^{3+}(aq) + SCN^-(aq) \rightleftharpoons FeSCN^{2+}(aq)$$
一溶液由含有起始濃度 $[Fe^{3+}] = 1.0 \times 10^{-3}M$ 以及 $[SCN^-] = 8.0 \times 10^{-4}M$ 所製備完成。在平衡時，$[FeSCN^{2+}] = 1.7 \times 10^{-4}M$，請計算其平衡常數值。註：可使用化學反應計量係數來計算 Fe^{3+} 與 SCN^- 的平衡濃度。

25. 硬水中的一個成分為 $CaCO_3$。當硬水蒸發之後，一些 $CaCO_3$ 會留下來像是一個白色的礦物沈積物。在家中的水管管線設備，時間久了之後，都會因為硬水而有這些沈積物。例如，廁所的水管常常會因為廁所中的水慢慢蒸發而產生這些沈積物。假如 $CaCO_3$ 在水中飽和，則有多少的水必須蒸發才會沈積出 0.25 克的 $CaCO_3$？註：一開始可利用 $CaCO_3$ 的 K_{sp} 來決定它的溶解度。

Everyday Chemistry

Hard Water

Many parts of the United States obtain their water from lakes or reservoirs that have significant concentrations of CaCO₃ and MgCO₃. These salts dissolve into rainwater as it flows through soils rich in CaCO₃ and MgCO₃. Water containing these salts is known as hard water. Hard water is not a health hazard because both calcium and magnesium are part of a healthy diet, but their presence in water can be annoying. For example, because of their relatively low solubility-product constants, water can easily become saturated with CaCO₃ and MgCO₃. A drop of water, for example, becomes saturated with CaCO₃ and MgCO₃. as it evaporates. A saturated solution precipitates some of its dissolved ions. These precipitates show up as scaly deposits on faucets, sinks, or cookware. Washing cars or dishes with hard water leaves spots of CaCO₃ and MgCO₃ as these precipitate out of drying drops of water.

▲ Hard water leaves scaly deposits on plumbing fixtures.

CAN YOU ANSWER THIS? Is the water in your community hard or soft? Use the solubility-product constants from Table 15.2 to calculate the molar solubility of CaCO₃ and MgCO₃. How many moles of CaCO₃ are in 5 L of water that is saturated with CaCO₃? How many grams?

化學與健康

一個發育中的胎兒是如何從母體中獲得氧氣呢？

你過去是否曾想知道一個胎兒是如何從子宮中獲得氧氣的呢？不像你和我一樣，胎兒是不能呼吸的。然而就像你和我一樣，胎兒也需要氧氣。那麼氧氣從何而來？在成年人體中，氧氣是由血液中的一個稱為血紅素（Hb）的蛋白質分子所攜帶，而血紅素則是大量地存在於紅血球中。血紅素會依據下列平衡式與氧氣產生反應。

$$Hb + O_2 \rightleftharpoons HbO_2$$

此反應的平衡常數既不大也不小，而是中等。因此，這個反應可依據氧氣的濃度而向右或向左偏移進行。當血液流經肺部時，氧氣濃度高，所以平衡會向右偏移進行，即血紅素會負載氧氣。

肺中 $[O_2]$ 高

$$Hb + O_2 \rightleftharpoons HbO_2$$
反應向右偏移

當血液流經肌肉或組織時，他們會使用氧氣（氧氣濃度會被消耗）平衡會向左方偏移進行，即血紅素會卸載氧氣。

肌肉中 $[O_2]$ 低

$$Hb + O_2 \rightleftharpoons HbO_2$$
反應向左偏移

然而，胎兒有其自己的血液循環系統。母親的血液不會流到胎兒的體內，同時胎兒在胎盤中是不會獲得任何空氣的。所以，胎兒是如何獲得氧氣的呢？

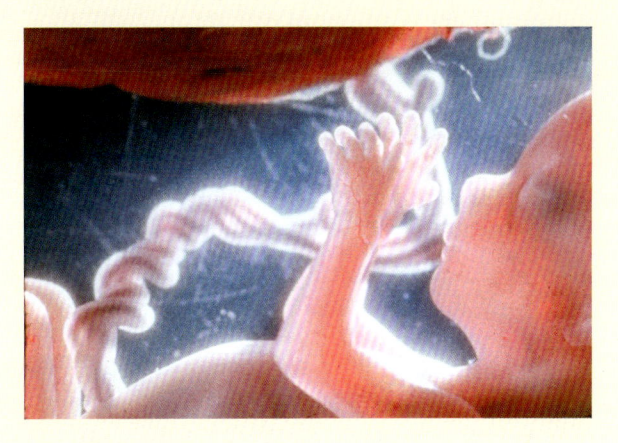

▲ 人類的胎兒。

答案在於胎兒血紅素（HbF），其與成人的血紅素有些許之差異。像是成人的血紅素一樣，胎兒血紅素會與氧氣達成平衡。

$$HbF + O_2 \rightleftharpoons HbFO_2$$

然而，胎兒的血紅素之平衡常數是大於成人的血紅素之平衡常數的。換言之，胎兒的血紅素將會在比成人血紅素還要低的氧濃度之下便可負載氧氣。所以，當母親的血紅素流經胎盤時，它會卸載氧氣到胎盤中。胎兒的血液也會流入胎盤中，雖然胎兒的血液從不會與母親的血液混合，胎兒的血紅素在血液中會負載氧氣（由母親血紅素所卸載的），同時攜帶氧氣回到胎兒中。大自然如此策劃了一個化學系統，讓母親的血紅素可以有效地交出氧氣給胎兒的血紅素。

你能回答這個問題嗎？ 假如胎兒的血紅素與氧氣反應的平衡常數與成人的一樣，將會發生何事呢？

CHAPTER

第16章

氧化與還原

"In fact, we will have to give up taking things for granted, even the apparently simple things. We have to learn to understand nature and not merely to observe it and endure what it imposes on us."

John Desmond Bernal (1901–1971)

實際上，我們必須放棄視諸事物為理所當然的想法，即使是既簡單又顯然的事物，我們必定要學習去理解自然，而不是僅僅去觀察它和忍受它所強加於我們的各種情事。

約翰・德斯蒙得・柏爾納
（1901-1971）

16.1　內燃機的終結
16.2　氧化與還原：一些定義
16.3　氧化態：電子簿記
16.4　平衡氧化還原方程式
16.5　活性序列：預測自發性氧化還原反應
16.6　電池：利用化學產生電力
16.7　電解：利用電力去製作化學
16.8　腐蝕：不受歡迎的氧化還原反應

16.1　內燃機的終結

在你的有生之年，可能，甚至很有可能你會看到內燃機被終結。雖然內燃機對我們很有用，發動我們的飛機、汽車以及火車，但是它的時辰到了。什麼能取代它呢？假如你的汽車不使用汽油來前進，那要添加什麼燃料呢？目前對於這些問題還沒有確切的答案，但是全新及更好的技術已在眼前。這些技術中最有希望的便是使用**燃料電池**（fuel cell）去啟動電動車。如此安靜、環保的超級汽車目前僅以原型車供應，還要幾年之後才能量產販售（◀圖16.1）。

在2003年，通用汽車向美國國會議員示範他的HydroGen3，一輛具有最高速度每小時100英里（mph）以及一次加滿燃料可行駛250英里的五人座燃料電池自動車，並鼓勵他們試駕這輛車子。電動車是由氫氣所發動，同時水是唯一的排放物，此水如此乾淨，因此你可以飲用。其他的自動車製造商有相似的原型車，尚在發展中。此外，世界上有幾個城市 —— 包含棕泉市（美國加州）、華盛頓D.C.、溫哥華和英國的哥倫比亞 —— 目前有一個試驗計畫，正在測試燃料電池巴士的可行性。

燃料電池是基於某些元素可從其它元素上獲得電子的傾向。最常見的燃料電池是氫氧燃料電池，它是基於氫與氧之間的反應。

$$2H_2(g) + O_2(g) \rightarrow 2H_2O(g)$$

在這個反應當中，氫與氧彼此之間形成共價鍵。回顧10.2節，單價共價鍵是一個被共用的電子對。然而，因為氧比氫較具電負度（見10.8節），因此，在氫—氧鍵中的電子對是被**不公平**地共用，而氧會獲得較多一些。事實上，在H_2O中的氧會比在O_2中的氧擁有較多的電子，因為它在這反應中**獲得電子**。

▲ 圖 16.1 **燃料電池汽車。** Honda FCX，一輛氫氣動力燃料電池電動車。水是唯一的排放物。

◀ 燃料電池車輛，像在此所顯示的，也許有一天可取代由內燃機所驅動的車輛。如同你由此圖像所見，燃料電池車輛產生的水便是僅有的廢氣。

373

在氫與氧的直接反應當中，當反應在進行時，氧原子會直接由氫原子獲得電子。在氫氧燃料電池中，相同的反應會發生，但是氫與氧被分隔開來，迫使電子必須經由外部導線從氫獲得然後送給氧。這些移動的電子構成電流，然後用來啟動燃料電池汽車的電動馬達。事實上，燃料電池就是利用氧的獲電子的傾向以及氫的失電子的傾向來迫使電子流經導線，產生電力來啟動車輛。

涉及電子轉移的反應稱之為**氧化還原反應**（oxidation-reduction or redox reactions）。他們除了應用在燃料電池車輛之外，氧化還原反應在大自然界、工業界以及每天的過程當中亦是非常普遍的。例如，鐵生鏽、毛髮的漂白以及發生在電池中的反應都涉及氧化還原反應。氧化還原反應也負責提供我們身體運動、思考以及存活所需的能量。

16.2　氧化與還原：一些定義

考慮下列氧化還原反應

$2H_2(g) + O_2(g) \rightarrow 2H_2O(g)$　（氫－氧燃料電池）
$4Fe(s) + 3O_2(g) \rightarrow 2Fe_2O_3(s)$　（鐵的生鏽）
$CH_4(g) + 2O_2(g) \rightarrow CO_2(g) + 2H_2O(g)$　（甲烷的燃燒）

它們具有什麼共通性呢？每一個反應涉及一個或多個元素獲得氧。在氫氧燃料電池中，當氫氣變成水時，**氫氣獲得氧**。在鐵生鏽時，當鐵變成氧化鐵，即稱為鐵鏽之熟知的橘色物質時（▼ 圖16.2），**鐵會獲得氧**。在甲烷的燃燒中，**碳獲得氧**形成二氧化碳，產生我們在瓦斯爐上所看見的明亮藍色火焰（▼圖16.3）。在每一個案例中，這些獲得氧的物質在反應中被氧化。**氧化**（oxidation）的一個定義便單純地是指**獲得氧**，但是此定義並不是最基礎的定義。

▲ 圖 16.2 **慢速氧化**。鐵氧化會生鏽產生氧化鐵。

▲ 圖 16.3 **快速氧化**。在瓦斯爐上的火焰是起因於天然氣中的碳燃燒。

16.2 氧化與還原：一些定義

現在考慮這三個相同反應的反向。

$$2H_2O(g) \rightarrow 2H_2(g) + O_2(g)$$
$$2Fe_2O_3(s) \rightarrow 4Fe(s) + 3O_2(g)$$
$$CO_2(g) + 2H_2O(g) \rightarrow CH_4(g) + 2O_2(g)$$

每一個反應涉及失去氧。在第一個反應中，氫失去氧；在第二個反應中，鐵失去氧；在第三個反應中，碳失去氧。在每一個案例中，這些失去氧的物質在反應中被還原。**還原**（reduction）的一個定義便單純地是指**失去氧**。

然而，氧化還原反應不需要涉及氧，同時一個氧化與還原的基礎定義可以被有系統地闡述。例如，鈉與氧的反應形成氧化鈉。無論何時鈉暴露在空氣中，此反應便會發生。

$$4Na(s) + O_2(g) \rightarrow 2Na_2O(s)$$

再看看鈉與氯之間的反應所形成的食鹽（氯化鈉）。

$$4Na(s) + Cl_2(g) \rightarrow 2NaCl(s)$$

你是否注意到這兩個反應的相似性呢？在這兩個案例中，鈉（一個具有強烈失去電子傾向的金屬）與一個電負度強的非金屬（傾向獲得電子）發生反應。在兩個案例中，鈉原子失去電子，變成一個陽離子，鈉被氧化。

$$Na \rightarrow Na^+ + e^-$$

由鈉所失去的的電子由非金屬獲得，因而此非金屬變成陰離子，即此非金屬被還原。

$$O_2 + 4e^- \rightarrow 2O^{2-}$$
$$Cl_2 + 2e^- \rightarrow 2Cl^-$$

那麼，一個更基本的**氧化**定義則是單純指**電子的失去**，以及一個更基本的**還原**定義則是單純指**電子的獲得**。

請注意，**氧化與還原必須同時發生**。假如一個物質失去電子（氧化），則另一個物質必須獲得電子（還原）（◀圖16.4）。此被氧化的物質稱為**還原劑**，因為它可讓其他物質還原。同樣地，被還原的物質稱為**氧化劑**，因為它可讓其他物質氧化。例如，考慮我們的氫氧燃料電池反應。

$$2H_2(g) + O_2(g) \rightarrow 2H_2O(g)$$
還原劑　　氧化劑

在這個反應中，氫被氧化，它就成為還原劑。氧被還原，使它成為氧化劑。像氧這樣的物質，具有強烈吸引電子的傾向者，是好的氧化劑，它們傾向於使其他物質氧化。像氫這樣的物質，具有強烈失去電子的傾向者，是好的還原劑，它們傾向於使其他物質還原。

▲ 鈉金屬暴露在空氣中會立刻氧化。

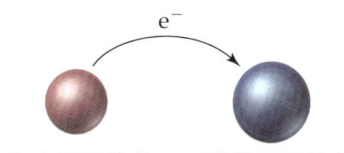

▲ 圖 16.4 **氧化與還原**。在氧化還原反應中，一個物質會失去電子，另一個物質會獲得電子。

總結：

- 氧化：失去電子
- 還原：獲得電子
- 氧化劑：被還原的物質
- 還原劑：被氧化的物質

範例 16.1　辨識氧化與還原

對於下列每一個反應，請辨識被氧化與被還原的物質。

(a)　$2Mg(s) + O_2(g) \rightarrow 2MgO(s)$

(b)　$Fe(s) + Cl_2(g) \rightarrow FeCl_2(s)$

(c)　$Zn(s) + Fe^{2+}(aq) \rightarrow Zn^{2+}(aq) + Fe(s)$

解答：

(a)　$2Mg(s) + O_2(g) \rightarrow 2MgO(s)$
在這個反應中，鎂獲得氧且失去電子給氧。因此鎂被氧化，氧被還原。

(b)　$Fe(s) + Cl_2(g) \rightarrow FeCl_2(s)$
在這個反應中，一個金屬（Fe）與一個電負性非金屬（Cl_2）發生反應。鐵失去電子，因此被氧化，而氯獲得電子，因此被還原。

(c)　$Zn(s) + Fe^{2+}(aq) \rightarrow Zn^{2+}(aq) + Fe(s)$
在此反應中，電子是由 Zn 傳遞給 Fe^{2+}。Zn 失去電子，被氧化。Fe^{2+} 獲得電子，被還原。

範例 16.2　辨識氧化劑與還原劑

對於下列每一個反應，請辨識氧化劑與還原劑。

(a)　$2Mg(s) + O_2(g) \rightarrow 2MgO(s)$

(b)　$Fe(s) + Cl_2(g) \rightarrow FeCl_2(s)$

(c)　$Zn(s) + Fe^{2+}(aq) \rightarrow Zn^{2+}(aq) + Fe(s)$

解答：
在前面的例子中，我們辨識了每個反應被氧化以及被還原的物質。這些被氧化的物質是還原劑，被還原的物質是氧化劑。

(a)　鎂被氧化，因此是還原劑；氧被還原，因此是氧化劑。

(b)　鐵被氧化，因此是還原劑；氯被還原，因此是氧化劑。

(c)　Zn 被氧化，因此是還原劑；Fe^{2+} 被還原，因此是氧化劑。

16.3 氧化態：電子簿記

對於許多氧化還原反應，例如涉及氧或是其他高電負度元素，要去辨識此物質是被氧化或被還原是容易的。至於其他氧化還原反應，則比較困難。例如，碳與硫之間的氧化還原反應。

$$C + 2S \rightarrow CS_2$$

在此，哪個被氧化，哪個被還原了呢？為了容易辨識氧化與還原，化學家設計了一個系統來追蹤電子，追蹤反應中電子的去向。這個系統好像是電子的簿記，所有共用電子被分配給最具電負度的元素，然後一個稱為**氧化態**（oxidation state）或是**氧化數**（oxidation number）的數字可基於每一個元素被分配的電子數而計算出來。

上面所要描述的程序實際上有一點難處理。然而，它主要的結果可以被歸納成一系列的規則。指定氧化態最容易的方法則是去遵循這些規則。

指定氧化態的規則	範例
（1）原子若是處於自由元素狀態則其氧化態為 0	Cu　　Cl$_2$ 0 氧化態　0 氧化態
（2）單一原子的離子之氧化態等於其電荷數	Ca^{2+}　　Cl$^-$ +2 氧化態　-1 氧化態
（3）所有原子的氧化態總和在 ・中性分子或是分子式單元中是 0 ・離子中等於離子的電荷數	H$_2$O 2（H 氧化態）+1（O 氧化態）= 0 NO$_3^-$ 1（N 氧化態）+3（O 氧化態）= -1
（4）在化合物中 ・第一族金屬具有 +1 的氧化態 ・第二族金屬具有 +2 的氧化態	NaCl +1 氧化態 CaF$_2$ +2 氧化態

（5）在化合物中，非金屬被指定之氧化態是依據下面的等級制度的表而定。在表上端的項目比在表底端項目有優先權。

非金屬	氧化態	範例
氟	-1	MgF$_2$ -1 氧化態
氫	+1	H$_2$O +1 氧化態
氧	-2	CO$_2$ -2 氧化態
7A 族	-1	CCl$_4$ -1 氧化態
6A 族	-2	H$_2$S -2 氧化態
5A 族	-3	NH$_3$ -3 氧化態

範例 16.3　指定氧化態

請指定下列每一項的每一個原子的氧化態。

(a) Br_2
(b) K^+
(c) LiF
(d) CO_2
(e) SO_4^{2-}
(f) Na_2O_2

解答：

因為 Br_2 是自由元素，所以兩個 Br 原子的氧化態都是 0（規則 1）。

(a) Br_2
　　Br　Br
　　 0 　 0

因為 K^+ 是一個單原子離子，因此氧化態就是 +1（規則 2）。

(b) K^+
　　K^+
　　 +1

Li 的氧化態是 +1（規則 4）。F 的氧化態是 −1（規則 5）。因為這是中性化合物，因此氧化態之總和是 0（規則 3）。

(c) LiF
　　Li　F
　　+1　−1
　　總和：+1 −1 = 0

氧的氧化態是 −2（規則 5）。碳的氧化態必須由規則 3 推論出，即所有原子的氧化態之總和必須是 0。因為有兩個氧原子，所以當計算總和時，氧的氧化態必須乘以 2。

(d) CO_2
　　（C 的氧化態）+ 2（O 的氧化態）= 0
　　（C 的氧化態）+ 2（−2）= 0
　　（C 的氧化態）− 4 = 0
　　（C 的氧化態）= +4
　　C　O_2
　　−4　−2
　　總和：+4 + 2(−2) = 0

氧的氧化態是 −2（規則 5）。硫的氧化態預期是 −2（規則 5）。然而，如果真是如此，則氧化態的總和將不會等於此離子的電荷數。因為氧在表列中式處於較高的位置，因此它有優先權，同時硫的氧化態可藉由計算氧化態總和等於 −2（此離子的電荷數）而獲得。

(e) SO_4^{2-}
　　（S 氧化態）+ 4（O 氧化態）= −2
　　（S 氧化態）+ 4（−2）= −2　　（氧比硫有優先權）
　　（S 氧化態）− 8 = −2
　　 S 氧化態 = −2 + 8
　　 S 氧化態 = +6
　　 S　　O_4^{2-}
　　+6　　−2
　　總和：+6 + 4(−2) = −2

鈉的氧化態是 +1（規則 4）。氧的氧化態預期是 −2（規則 5）。然而，鈉有優先權，因此氧的氧化態可藉由計算氧化態總和等於 0 而獲得。

(f) Na_2O_2
　　2（Na 氧化態）+ 4（O 氧化態）= 0
　　2(+1) + 2（O 氧化態）= 0　　（鈉比氧有優先權）
　　2 + 2（O 氧化態）= 0
　　O 氧化態 = −1
　　Na_2　O_2
　　+1　　−1
　　總和：2(+1) + 2(−1) = 0

現在讓我們回到原先的問題，在下列反應中，什麼被氧化，什麼被還原？

$$C + 2S \rightarrow CS_2$$

我們利用氧化態規則來指定在反應兩側所有元素的氧化態。

$$C + 2S \rightarrow CS_2$$
$$0 \quad\; 0 \quad\;\;\; +4\;-2$$

碳處於0到+4的氧化態。就我們的電子簿記示意圖而言（指定的氧化態），碳失去電子同時被氧化。硫處於0到 −2的氧化態。就我們的電子簿記示意圖而言，硫**獲得電子**同時被**還原**。

$$C + 2S \longrightarrow CS_2$$
$$0 \quad\; 0 \quad\quad\quad +4\;-2$$

（還原／氧化）

就氧化態而言，氧化與還原可定義如下。

氧化：氧化態增加
還原：氧化態減少

範例 16.4　利用氧化態來辨識氧化與還原

利用氧化態來辨識在下列氧化還原反應中，那個元素被氧化，那個元素被還原。
$Ca(s) + 2H_2O(l) \rightarrow Ca(OH)_2(aq) + H_2(g)$

指定在反應中每一個原子的氧化態。因為鈣的氧化態增加，所以它被氧化。因為H的氧化態減少，所以它被還原。（注意，在反應兩邊，氧的氧化態相同，因此氧既沒有被氧化，也沒有被還原）。

解答：

$$Ca(s) + 2\,H_2O(l) \longrightarrow Ca(OH)_2(aq) + H_2(g)$$

氧化態　　　　+1 −2　　　　+2 −2 +1　　0

（氧化／還原）

觀念檢查站 16.1

在下列哪一項當中，氮具有最低的氧化態？
（a）N_2　　　　（b）NO
（c）NO_2　　　（d）NH_3

16.4　平衡氧化還原方程式

在第7章中，我們學會了藉由審視來平衡化學式。許多氧化還原反應也可以用此方法來平衡。然而，在溶液中發生的氧化還原反應通常較困難藉由審視來平衡，而需要一個特殊的程序，稱為**平衡的半反應方法**。在這個程序中，全反應被拆成兩個**半反應**（half-reaction）：一個為氧化，一個為還原。半反應個別被平衡，然後再相加在一起。例如，考慮下列氧化還原反應。

$$Al(s) + Ag^+(aq) \rightarrow Al^{3+}(aq) + Ag(s)$$

我們指定所有原子的氧化態來決定誰被氧化，誰被還原。

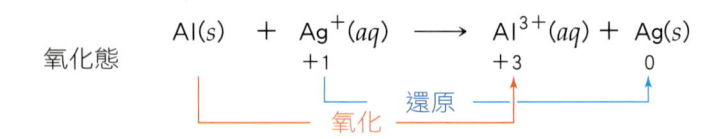

氧化態　　$Al(s)$ ＋ $Ag^+(aq)$ ⟶ $Al^{3+}(aq)$ ＋ $Ag(s)$
　　　　　　0　　　　+1　　　　　　+3　　　　　0
　　　　　　└────氧化────┘
　　　　　　　　　　└────還原────┘

然後我們將反應分成兩個半反應，一個為氧化，一個為還原。

氧化：$Al(s) \rightarrow Al^{3+}(aq)$
還原：$Ag^+(aq) \rightarrow Ag(s)$

兩個半反應分別加以平衡。在此案例中，半反應已經質量平衡，即每一個半反應的兩邊之每一個原子數均相同。但是，反應式的電荷未平衡，即在氧化半反應式中，式子左邊的電荷數是0，右邊的電荷數是+3，在還原半反應式中，式子左邊的電荷數是+1，右邊的電荷數是0。我們藉著加入適當的電子數來平衡個別半反應的電荷，以使得兩邊的電荷數相同。

$$Al(s) \rightarrow Al^{3+}(aq) + 3e^- \text{（兩邊電荷數是0）}$$
$$1e^- + Ag^+(aq) \rightarrow Ag(s) \text{（兩邊電荷數是0）}$$

因為這些半反應必須相伴一起發生，所以在氧化半反應中所失去的電子數必須等於在還原半反應中所獲得的電子數。我們藉著將一個或是多個半反應乘上適當的整數來使得電子之失去與獲得相等。在這個案例中，我們將還原半反應乘上3。

$$Al(s) \rightarrow Al^{3+}(aq) + 3e^-$$
$$3 \times (1e^- + Ag^+(aq) \rightarrow Ag(s))$$

然後將半反應加在一起，消去電子以及其他項，假如必要的話。

$$Al(s) \rightarrow Al^{3+}(aq) + \cancel{3e^-}$$
$$\underline{\cancel{3e^-} + 3Ag^+(aq) \rightarrow 3Ag(s)}$$
$$Al(s) + 3Ag^+(aq) \rightarrow Al^{3+}(aq) + 3Ag(s)$$

最後，我們核對此方程式是否在質量以及電荷方面均是平衡的。

反應物	產物
1 Al	1 Al
3 Ag	3 Ag
+3 電荷	+3 電荷

請注意，在方程式兩邊之電荷不需要等於零，只需要兩邊**相等**。則此式子就是平衡的。

16.4 平衡氧化還原方程式

平衡氧化還原反應的一般程序列於下面的程序箱中。通常因為水溶液是酸性或是鹼性的,所以若涉及水溶液此程序必須要能說明 H^+ 與 OH^- 的存在。在本書中,我們僅將一般酸性溶液的程序涵蓋於此。

利用半反應方法來平衡氧化還原反應式	範例 16.5	範例 16.6
1. 對所有原子指定其氧化態,同時辨識被氧化及被還原物質。	平衡下列氧化還原反應。 $\underset{0}{Al(s)} + \underset{+2}{Cu^{2+}(aq)} \longrightarrow$ $\underset{+3}{Al^{3+}(aq)} + \underset{0}{Cu(s)}$ 氧化 — 還原	平衡下列氧化還原反應: $\underset{+2}{Fe^{2+}(aq)} + \underset{+7\ -2}{MnO_4^-(aq)} \longrightarrow$ $\underset{+3}{Fe^{3+}(aq)} + \underset{+2}{Mn^{2+}(aq)}$ 氧化 — 還原
2. 將全反應分開成兩個半反應,一個是氧化,一個是還原。	解答: 氧化:$Al(s) \to Al^{3+}(aq)$ 還原:$Cu^{2+}(aq) \to Cu(s)$	解答: 氧化:$Fe^{2+}(aq) \to Fe^{3+}(aq)$ 還原:$MnO_4^-(aq) \to Mn^{2+}(aq)$
3. 對半反應依據下列規則進行質量平衡。 • 除了 H 與 O 之外,平衡其他所有元素。 • 添加 H_2O 來平衡 O。 • 添加 H^+ 來平衡 H。	除了氫與氧之外,其餘元素被平衡,所以進行下一個步驟。 因為沒有氧,所以進行下一個步驟。 因為沒有氫,所以進行下一個步驟。	除了氫與氧之外,其餘元素被平衡,所以進行下一個步驟。 $Fe^{2+}(aq) \to Fe^{3+}(aq)$ $MnO_4^-(aq) \to Mn^{2+}(aq) + 4H_2O(l)$ $Fe^{2+}(aq) \to Fe^{3+}(aq)$ $8H^+(aq) + MnO_4^-(aq) \to$ $Mn^{2+}(aq) + 4H_2O(l)$
4. 藉著在氧化半反應右邊以及還原半反應左邊添加電子來做電荷平衡。(在每一個式子的兩邊電荷的總和應當要相等)	$Al(s) \to Al^{3+}(aq) + 3e^-$ $2e^- + Cu^{2+}(aq) \to Cu(s)$	$Fe^{2+}(aq) \to Fe^{3+}(aq) + 1e^-$ $5e^- + 8H^+(aq) + MnO_4^-(aq) \to$ $Mn^{2+}(aq) + 4H_2O(l)$
5. 藉著將一個或者兩個半反應乘上一個最小整數,使得兩個半反應中的電子數相等。	$2 \times (Al(s) \to Al^{3+}(aq) + 3e^-)$ $3 \times [2e^- + Cu^{2+}(aq) \to Cu(s)]$	$5 \times [Fe^{2+}(aq) \to Fe^{3+}(aq) + 1e^-]$ $5e^- + 8H^+(aq) + MnO_4^-(aq) \to$ $Mn^{2+}(aq) + 4H_2O(l)$
6. 然後將半反應加在一起,假如必要的話,消去電子以及其他項。	$2Al(s) \to 2Al^{3+}(aq) + \cancel{6e^-}$ $\cancel{6e^-} + 3Cu^{2+}(aq) \to 3Cu(s)$ $\overline{2Al(s) + 3Cu^{2+}(aq) \to 2Al^{3+}(aq) + 3Cu(s)}$	$5Fe^{2+}(aq) \to 5Fe^{3+}(aq) + \cancel{5e^-}$ $\cancel{5e^-} + 8H^+(aq) + MnO_4^-(aq) \to$ $Mn^{2+}(aq) + 4H_2O(l)$ $\overline{5Fe^{2+}(aq) + 8H^+(aq) + MnO_4^-(aq)}$ $\to 5Fe^{3+}(aq) + Mn^{2+}(aq) + 4H_2O(l)$
7. 核對此方程式的兩邊是否在質量以及電荷方面均是平衡的。	反應物　　產物 2Al　　　2Al 3Cu　　　3Cu +6 電荷　+6 電荷	反應物　　產物 5Fe　　　5Fe 8H　　　8H 1Mn　　　1Mn 4O　　　4O +17 電荷　+17 電荷

382 第 16 章 氧化與還原

範例 16.7　平衡氧化還原反應

平衡下列發生在酸性溶液中的氧化還原反應。
$I^-(aq) + Cr_2O_7^{2-}(aq) \rightarrow Cr^{3+}(aq) + I_2(s)$

1. 指定氧化態。

解答：
依據半反應法來平衡氧化還原反應。

$$I^-(aq) + Cr_2O_7^{2-}(aq) \longrightarrow Cr^{3+}(aq) + I_2(s)$$
$$\;\;-1 \qquad\quad +6\;-2 \qquad\qquad +3 \qquad\quad 0$$

還原：Cr
氧化：I

2. 將全反應分開成兩個半反應。

氧化：$I^-(aq) \rightarrow I_2(s)$
還原：$Cr_2O_7^{2-}(aq) \rightarrow Cr^{3+}(aq)$

3. 對半反應進行質量平衡。

- 除了H與O之外，平衡其他所有元素。

    $2I^-(aq) \rightarrow I_2(s)$
    $Cr_2O_7^{2-}(aq) \rightarrow 2Cr^{3+}(aq)$

- 添加H_2O來平衡O。

    $2I^-(aq) \rightarrow I_2(s)$
    $Cr_2O_7^{2-}(aq) \rightarrow 2Cr^{3+}(aq) + 7H_2O(l)$

- 添加H^+來平衡H。

    $2I^-(aq) \rightarrow I_2(s)$
    $14H^+(aq) + Cr_2O_7^{2-}(aq) \rightarrow 2Cr^{3+}(aq) + 7H_2O(l)$

4. 對半反應電荷平衡。

$2I^-(aq) \rightarrow I_2(s) + 2e^-$
$6e^- + 14H^+(aq) + Cr_2O_7^{2-}(aq) \rightarrow 2Cr^{3+}(aq) + 7H_2O(l)$

5. 使兩個半反應中的電子數相等。

$3 \times [2I^-(aq) \rightarrow I_2(s) + 2e^-]$
$6e^- + 14H^+(aq) + Cr_2O_7^{2-}(aq) \rightarrow 2Cr^{3+}(aq) + 7H_2O(l)$

6. 將半反應加在一起。

$6I^-(aq) \rightarrow 3I_2(s) + 6e^-$
$6e^- + 14H^+(aq) + Cr_2O_7^{2-}(aq) \rightarrow 2Cr^{3+}(aq) + 7H_2O(l)$

$6I^-(aq) + 14H^+(aq) + Cr_2O_7^{2-}(aq) \rightarrow 3I_2(s) + 2Cr^{3+}(aq) + 7H_2O(l)$

7. 核對反應是平衡的。

反應物	產物
5Fe	5Fe
8H	8H
1Mn	1Mn
4O	4O
+17 電荷	+17 電荷

16.5 活性序列：預測自發性氧化還原反應

如我們所知，氧化還原反應是靠一物質獲得電子以及另一物質失去電子。那麼有何方式可預測一個特定的氧化還原反應是否會自發呢？假設我們知道物質A比物質B有更容易失去電子的傾向（A比B容易氧化），那麼我們可能會預期，當我們將A與B的陽離子混合在一起時，一個氧化還原反應可能會發生，其中A會失去電子（A被氧化）給B的陽離子（B陽離子被還原）。例如，鎂比銅具容易失去電子的傾向。因此，假如我們將固體鎂放到含有Cu^{2+}離子的溶液中時，鎂會被氧化而Cu^{2+}會被還原。

$$Mg(s) + Cu^{2+}(aq) \rightarrow Mg^{2+}(aq) + Cu(s)$$

我們可以看見當藍色（銅離子在溶液中的顏色）褪色，固體鎂會溶解，同時固體銅會出現在剩餘的鎂表面上（▼圖16.5）。即當鎂金屬與銅離子彼此接觸時，此反應靠它們自己來發生，則此反應是自發性的。在另一方面，假如我們將銅金屬放到一個含有Mg^{2+}離子的溶液中時，則不會有反應發生（▼圖16.6）。

$$Cu(s) + Mg^{2+}(aq) \rightarrow \text{無反應}$$

如同我們先前所說的，沒有反應發生是因為鎂原子比銅原子更具有失去電子的傾向，銅原子將不會失去電子給Mg^{2+}離子。

$$Mg(s) + Cu^{2+}(aq) \longrightarrow Mg^{2+}(aq) + Cu(s)$$

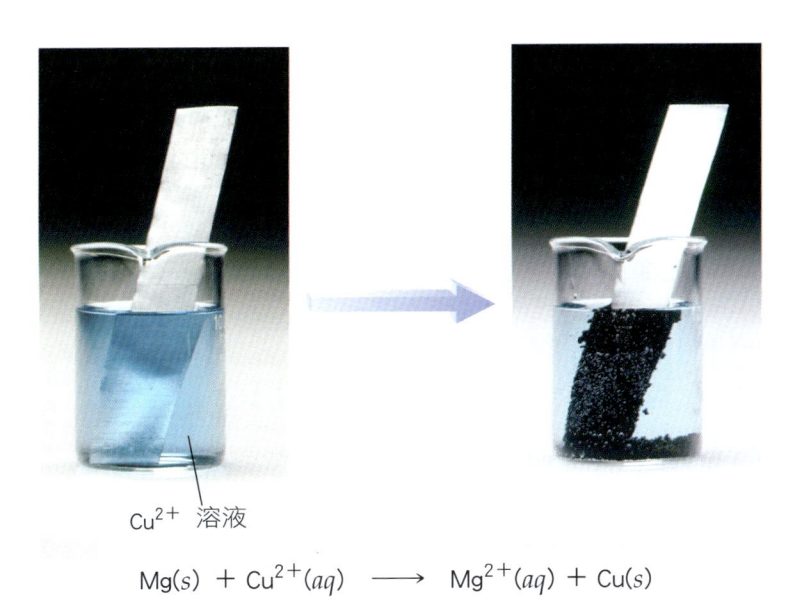

▲ 圖16.5 Cu^{2+}會氧化鎂金屬。當一個鎂片放到一個Cu^{2+}溶液中時，鎂會被氧化成Mg^{2+}，同時銅離子會被還原成$Cu(s)$。注意，溶液中的藍色會褪色，同時鎂片上面會有固體銅出現。

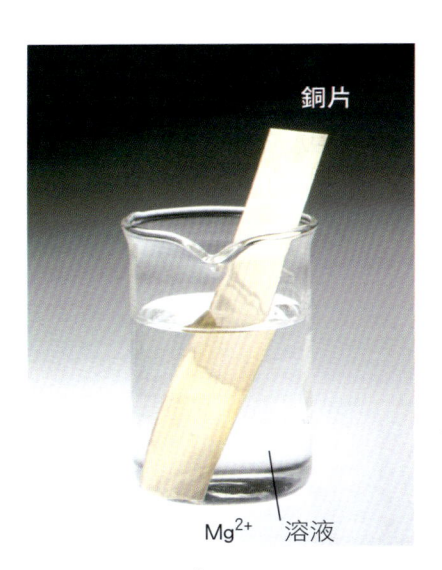

▲ 圖16.6 Mg^{2+}不會氧化銅金屬。當固體銅放到一個含有Mg^{2+}離子的溶液中時，不會有反應發生。

第 16 章　氧化與還原

表 16.1 金屬的活性序列

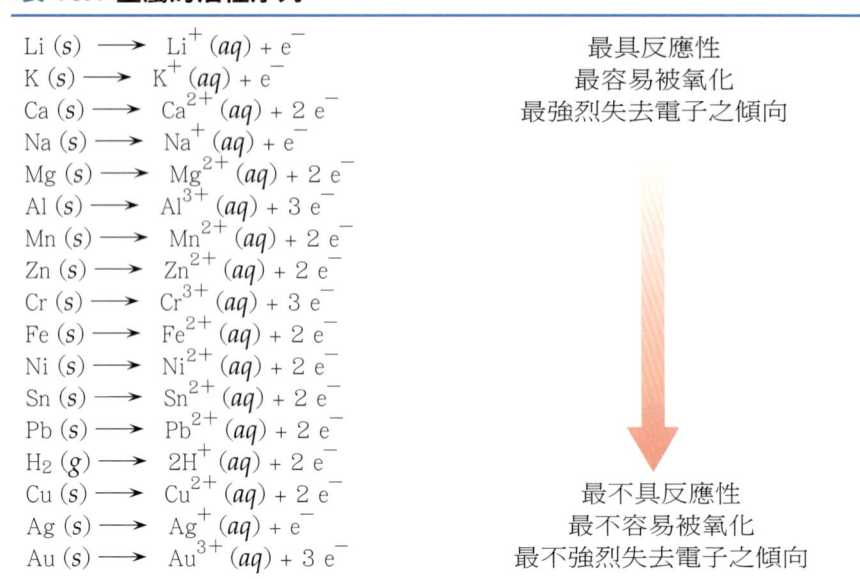

Li $(s) \longrightarrow$ Li$^+$ (aq) + e$^-$	最具反應性
K $(s) \longrightarrow$ K$^+$ (aq) + e$^-$	最容易被氧化
Ca $(s) \longrightarrow$ Ca^{2+} (aq) + 2 e$^-$	最強烈失去電子之傾向
Na $(s) \longrightarrow$ Na$^+$ (aq) + e$^-$	
Mg $(s) \longrightarrow$ Mg^{2+} (aq) + 2 e$^-$	
Al $(s) \longrightarrow$ Al^{3+} (aq) + 3 e$^-$	
Mn $(s) \longrightarrow$ Mn^{2+} (aq) + 2 e$^-$	
Zn $(s) \longrightarrow$ Zn^{2+} (aq) + 2 e$^-$	
Cr $(s) \longrightarrow$ Cr^{3+} (aq) + 3 e$^-$	
Fe $(s) \longrightarrow$ Fe^{2+} (aq) + 2 e$^-$	
Ni $(s) \longrightarrow$ Ni^{2+} (aq) + 2 e$^-$	
Sn $(s) \longrightarrow$ Sn^{2+} (aq) + 2 e$^-$	
Pb $(s) \longrightarrow$ Pb^{2+} (aq) + 2 e$^-$	
H$_2$ $(g) \longrightarrow$ 2H$^+$ (aq) + 2 e$^-$	
Cu $(s) \longrightarrow$ Cu^{2+} (aq) + 2 e$^-$	最不具反應性
Ag $(s) \longrightarrow$ Ag$^+$ (aq) + e$^-$	最不容易被氧化
Au $(s) \longrightarrow$ Au^{3+} (aq) + 3 e$^-$	最不強烈失去電子之傾向

▲ 在活性序列上，金的活性是非常低的。因為它非常不容易氧化，它能抵抗一般較活性金屬易進行的失去光澤以及腐蝕行為。

　　表16.1顯示**金屬的活性序列**。此表所列之金屬是以失去電子之傾向遞減方式來排序。在表列上端的金屬具有最大失去電子之傾向，它們最容易被氧化，因此最具反應性。在表列下端的金屬具有最低失去電子之傾向，它們最不容易被氧化，因此反應性最低。以金和銀用來作首飾並不是巧合，因為銀和金，都是接近上表之底端，它們是最不具反應性的金屬之一，因此它們不易形成化合物。它們傾向於維持固體銀與固體金，而不願意在日常環境中被其它元素（例如在空氣中的氧）氧化成銀離子與金離子。

　　在活性序列中的每一個反應是一個半氧化反應。在表上端的半反應大多可能以正向反應發生，而在表下端的半反應大多可能以逆向反應發生。因此，假如你將表列上端的半反應與表列下端的逆向半反應配對，你會得到一個自發性的反應。特別記得：

任何一個上表所列的半反應與任何一個在它下面的逆向半反應配對時，都是自發性的。

例如，考慮下列兩個半反應。

$$Mn(s) \rightarrow Mn^{2+}(aq) + 2e^-$$
$$Ni(s) \rightarrow Ni^{2+}(aq) + 2e^-$$

當與Ni^{2+}還原配對時，Mn的氧化是自發性的。

$$Mn(s) \rightarrow Mn^{2+}(aq) + 2e^-$$
$$Ni^{2+}(aq) + 2e^- \rightarrow Ni(s)$$
$$\overline{Mn(s) + Ni^{2+}(aq) \rightarrow Mn^{2+}(aq) + Ni(s)} \quad \text{（自發性反應）}$$

16.5 活性序列：預測自發性氧化還原反應

然而，假如我們將表列的一個半反應與一個在它上面的逆向半反應配對，我們無法獲得反應。例如，

$$Mn(s) \rightarrow Mn^{2+}(aq) + 2e^-$$
$$Mg^{2+}(aq) + 2e^- \rightarrow Mg(s)$$
$$\overline{Mn(s) + Mg^{2+}(aq) \rightarrow 無反應}$$

無反應發生是因為Mg比Mn具有較大傾向被氧化。因為在此反應中，它已經被氧化，所以不會再有進一步的反應發生。

範例 16.8　預測自發性氧化還原反應

下列氧化還原反應將會自發嗎？
(a) $Fe(s) + Mg^{2+}(aq) \rightarrow Fe^{2+}(aq) + Mg(s)$
(b) $Fe(s) + Pb^{2+}(aq) \rightarrow Fe^{2+}(aq) + Pb(s)$

解答：

(a) $Fe(s) + Mg^{2+}(aq) \rightarrow Fe^{2+}(aq) + Mg(s)$
此反應涉及 Fe 的氧化，
$$Fe(s) \rightarrow Fe^{2+}(aq) + 2e^-$$
與在活性序列表中高於此反應的逆向半反應搭配
$$Mg^{2+}(aq) + 2e^- \rightarrow Mg(s)$$
因此，此反應將不會是自發性的。

(b) $Fe(s) + Pb^{2+}(aq) \rightarrow Fe^{2+}(aq) + Pb(s)$
此反應涉及 Fe 的氧化，
$$Fe(s) \rightarrow Fe^{2+}(aq) + 2e^-$$
與在活性序列表中低於此反應的逆向半反應搭配
$$Pb^{2+}(aq) + 2e^- \rightarrow Pb(s)$$
因此，此反應將會是自發性的。

預測金屬是否會溶解於酸中

在14章中，我們習知酸會溶解金屬。大多數的酸溶解金屬是藉由H^+離子還原成氫氣而金屬氧化成陽離子。例如，假如固態鋅掉入鹽酸中，則發生下列的反應：

$$Zn(s) \rightarrow Zn^{2+}(aq) + 2e^-$$
$$2H^+(aq) + 2e^- \rightarrow H_2(g)$$
$$\overline{Zn(s) + 2H^+(aq) \rightarrow Zn^{2+}(aq) + H_2(g)}$$

我們可以觀察此反應，當鋅溶解時同時會有氫氣氣泡（◀圖 16.7）。鋅被氧化同時H^+被還原而鋅溶解。請注意，此反應涉及鋅的氧化半反應搭配低於鋅活性序列（H^+的還原）的逆向半反應。因此，這個反應是自發性的。假如我們將銅的氧化與H^+的還原配對，會發生何事呢？此反應將不會自發，因為它涉及銅的氧化半反

$Zn(s) + 2H^+(aq) \longrightarrow$
$\qquad Zn^{2+}(aq) + H_2(g)$

▲ 圖 16.7　**鋅溶於鹽酸**。鋅金屬會被氧化成 Zn^{2+} 離子，同時 H^+ 離子會被還原成氫氣。

▲ 圖 16.10 **水流類比於電流。** 電子流經一條導線相似於水流經一條河流。

▲ 圖 16.11 **水流類比於電壓。** 電力的高電壓類比於一條河流行經陡峭的下坡。

個高電壓表示一個高的流動傾向，反之，一個低電壓表示一個低的流動傾向。我們可用一個類比來瞭解電壓。電子流經一條導線就如同水在河流中流動（▲ 圖16.10）。流經導線的**電子數量**（電流）可類比於流經**河流的水量**（河流的流量）。造成電子流經導線的驅動力，稱為**電位差**（potential difference）或是**電壓**（voltage），可類比於造成水在河流中流動的重力。一個高電壓類比於一個險峻梯降的溪流（▲ 圖16.11）。

在一個電池中，電壓是依據反應物經歷氧化與還原的相對傾向而定。結合一個在活性序列較高的金屬氧化與一個在活性序列較低的金屬離子還原則會產生一個具有較高電壓的電池。例如，鋰的氧化結合$Cu^{2+}(aq)$的還原將會產生一個相當高的電壓。在另一方面，若是結合一個在活性序列上的金屬氧化以及一個剛好低於此金屬氧化活性的金屬離子之還原，則會導致一個具有相對低電壓之電池。若是結合一個在活性序列上的金屬氧化以及一個高於此金屬氧化活性的金屬離子之還原，將不會產生一個電池。例如，你不可能藉由氧化銅以及還原$Li^+(aq)$來製作一個電池。如此一個反應不是自發性的，不會產生電流。

你現在可以瞭解為何一個電池在使用一段時間之後會失效。當這個我們已經描述過的簡單電化學電池被使用時，鋅電極會因為鋅氧化成鋅離子而溶解完畢。同樣地，Cu^{2+}離子會因為沈積成固體Cu而耗盡（▶ 圖16.12）。一旦鋅電極被溶解，同時Cu^{2+}被耗盡，則此電化學電池將會失效。一些電池可以藉由進行一個反向電流，即外加電源來充電，以讓此電池可重複使用。

▶ 圖 16.12 **失效的電池**。一個電池在使用一段時間之後會失效,是因為反應物(在此例中是 Zn(s) 與 Cu²⁺(aq))會耗盡,而產物(在此案例中是 Zn²⁺(aq) 與 Cu(s))會累積。

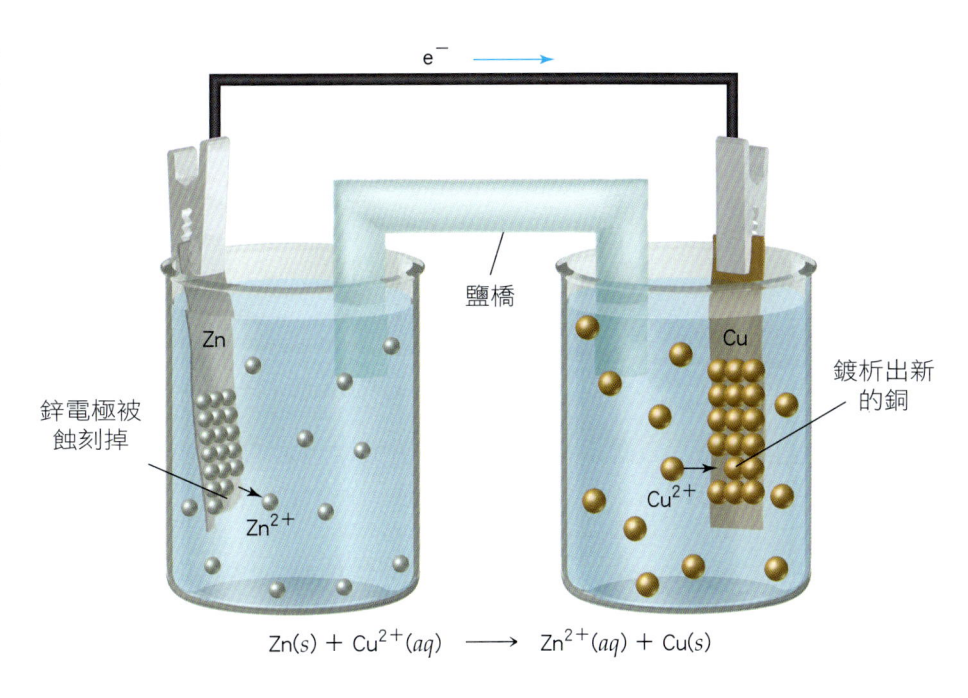

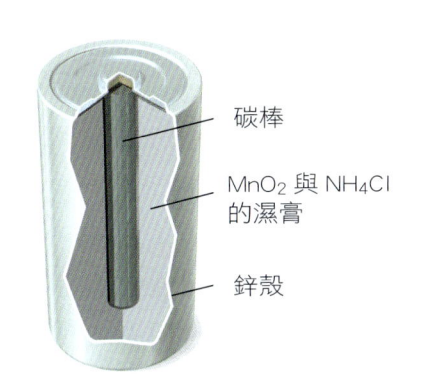

Zn(s) + Cu²⁺(aq) ⟶ Zn²⁺(aq) + Cu(s)

▲ 圖 16.13 一般的乾電池。

乾電池

一般的手電筒電池稱為**乾電池**(dry cells),因為它們不含大量的液體。有好幾種一般形態的乾電池。最不昂貴的乾電池是由鋅殼所組成,其以鋅殼當作陽極(◀圖16.13)。鋅會根據下列反應而氧化。

陽極反應:Zn(s) ⟶ Zn²⁺(aq) + 2e⁻ (氧化)

陰極是一根碳棒,浸泡在一個含有NH₄Cl的MnO₂濕膏中。此MnO₂會依據下列反應而被還原成Mn₂O₃。

陰極反應:2MnO₂(s) + 2NH₄⁺(aq) + 2e⁻ ⟶ Mn₂O₃(s) + 2NH₃(g) + H₂O(l) (還原)

這兩個半反應產生一個大約1.5伏特的電壓。兩個或多個這樣的電池可以串連在一起(陰極對陽極連結),可產生較高的電壓。

較昂貴的**鹼性電池**(alkaline batteries)利用一些不一樣的半反應,即使用鹼(因此命名為**鹼性**)。在鹼性電池中,反應如下,

陽極反應:Zn(s) + 2OH⁻(aq) ⟶ Zn(OH)₂(s) + 2e⁻
陰極反應:2MnO₂(s) + 2 H₂O(l) + 2e⁻ ⟶ 2MnO(OH)(s) + 2OH⁻(aq) (還原)

比起非鹼性電池而言,鹼性電池具有較長的工作壽命以及較長的容量壽命。

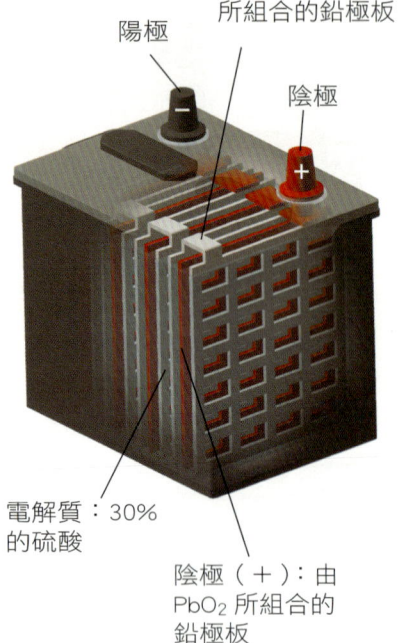

鉛－酸蓄電池

在大多數汽車中所使用的電池是**鉛－酸蓄電池**（lead-acid storage batteries）。這個電池是由六個電化學電池串連導通所組成（◀圖16.14）。每一個電池產生2伏特電壓，共計產生12伏特的電壓。每一個電池具有一個多孔性的鉛陽極，此陽極會根據以下反應進行氧化，

陽極反應：$Pb(s) + SO_4^{2-}(aq) \rightarrow PbSO_4(s) + 2e^-$（氧化）

每一個電池也含有一個四價氧化鉛陰極，在陰極會根據下列反應進行還原，

陰極反應：$PbO_2(s) + 4H^+(aq) + SO_4^{2-}(aq) + 2e^- \rightarrow PbSO_4(s) + 2H_2O$（還原）

陽極與陰極兩者皆是浸泡在硫酸當中。當電流由電池引出時，陽極與陰極兩者皆會披附上$PbSO_4(s)$。假如電池被使用很長一段時間之後沒有充電，會有過多的$PbSO_4(s)$成長，因此同時導致電池失效。然而，此鉛－酸蓄電池可以藉由使電流逆向通過它而被充電。此電流必須來自於外部來源，例如在車內的交流發電機。這可使得前述反應以反向方式發生，將$PbSO_4(s)$反轉回$Pb(s)$以及$PbO_2(s)$，同時將此電池充電。

燃料電池

我們在16.1節中討論過燃料電池的潛力。被燃料電池所驅動的電動車，有一天可能會取代內燃機車輛。燃料電池像是電池一樣，但是其反應物卻是可以不斷地補充。一般電池會因為使用而失去它的電壓，因為當電流由電池引出之後，反應物會被耗盡。在燃料電池中，反應物，即燃料，當其進行氧化還原反應時，它是不斷地流經電池，產生電流。最常見的燃料電池是氫－氧燃料電池（▶圖16.15）。在此電池中，氫氣流經陽極（一個鍍上白金觸媒的網子），進行氧化。

陽極反應：$2H_2(g) + 4OH^-(aq) \rightarrow H_2O(l) + 4e^-$

氧氣流經陰極（類似網狀），同時進行還原。

陰極反應：$O_2(g) + 2H_2O(l) + 4e^- \rightarrow 4OH^-(aq)$

半反應加起來可得下列全反應。

全反應：$2H_2(g) + O_2(g) \rightarrow 2H_2O(l)$

請注意，水是唯一的產物。在太空梭行程中，氫氧燃料電池提供電力，同時太空人可飲用最終所產生的水。

▲ 圖16.14 鉛－酸蓄電池。

▶ 圖 16.15 氫—氧燃料電池。

- 電子
- 質子
- 氧原子

氫氣入口　氧氣入口

電解質

陽極　　　　　　　　　　陰極
H₂(g) + 4 OH⁻(aq)　　　O₂(g) + 2 H₂O(l) + 4 e⁻
⟶ 4 H₂O + 4 e⁻　　　　⟶ 4 OH⁻(aq)

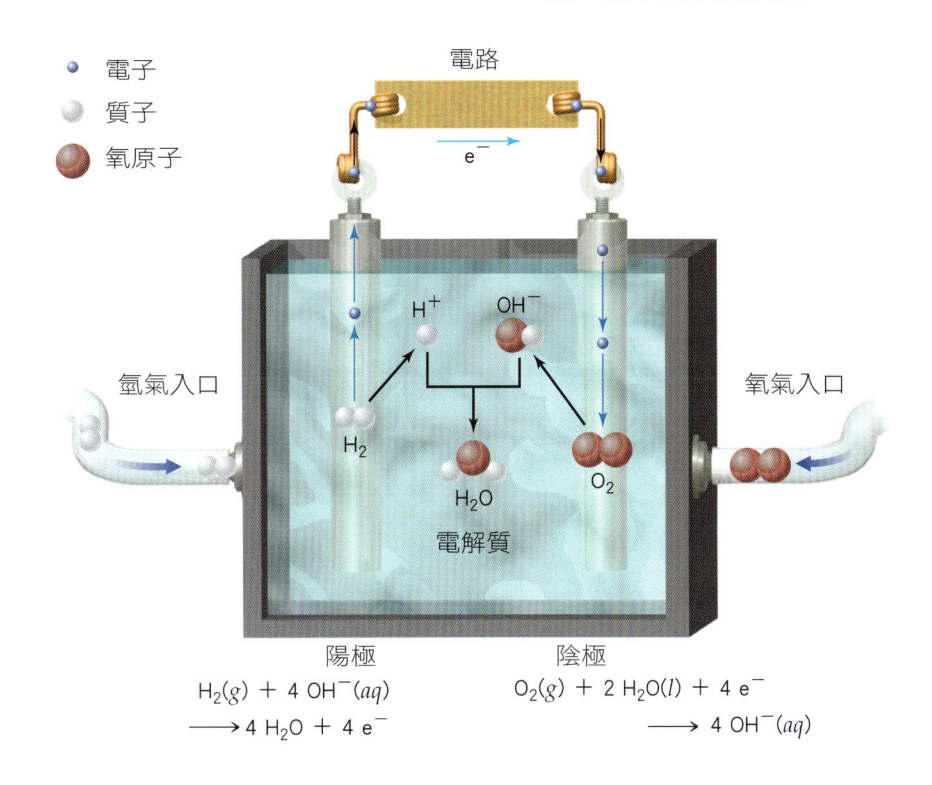

16.7　電解：利用電力去製作化學

在一個電池（或是直流電電池）中，一個自發性的氧化還原反應被用來產生電流。在**電解**（electrolysis）中，電流被用來驅動一個非自發的氧化還原反應。一個被用作來電解用的電化學電池稱為**電解電池**（electrolytic cell）。例如，我們看見氫與氧反應生成水是自發性的，同時可被用於燃料電池中，產生電流。然而，藉著提供電流，我們可以造成逆向反應發生，將水裂解成氫與氧（◀圖 16.16）。

$2H_2(g) + O_2(g) \rightarrow 2H_2O(l)$　（自發性，產生電流；發生在直流電電池中）
$2H_2O(l) \rightarrow 2H_2(g) + O_2(g)$　（非自發性，消耗電流；發生在電解電池中）

▲ 圖 16.16 **水的電解。** 當電流通過兩個電極板之間時，水會被分解成氫氣（右側試管）與氧氣（左側試管）。

燃料電池是否能被廣泛採用的最大問題之一是氫氣來源的缺乏。驅動燃料電池所需要的氫氣要來自於何處？一個可能的答案則是氫氣可來自於由太陽能電解水。換言之，當太陽照射時，利用太陽能電力的電解電池可以用來從水製造氫氣。若是需要的話，氫氣可以被逆轉生成水以產生電力，而以此方式氫氣也就可以被用來做為燃料電池以驅動車輛。

電解尚有其他的諸多應用。例如，大多數的金屬被發現是以結塊成金屬氧化物的形式存在於地球中，把它們轉化成純金屬時，需要此非自發性的程序，將金屬氧化物還原。電解可被用來產生這些金屬。電解也用來將金屬電鍍到另一個金屬上。例如，可利用電解電池，如▶圖16.17所示，將銀電鍍到一般的金屬上面。在此電池中，因電極被放置於一個含有銀離子的溶液當中。電流將造成在陽極的銀氧化（在溶液中置換出銀離子），同時在陰極發生銀離子還原（一般金屬鍍上固態銀金屬）。

$$陽極：Ag(s) \rightarrow Ag^+(aq) + e^-$$
$$陰極：Ag^+(aq) + e^- \rightarrow Ag(s)$$

▶ 圖 16.17 **電鍍銀的電解電池。** 銀在電池的左側氧化同時在右側被還原。當它被還原時，它會沈積在物件上，被鍍析出來。

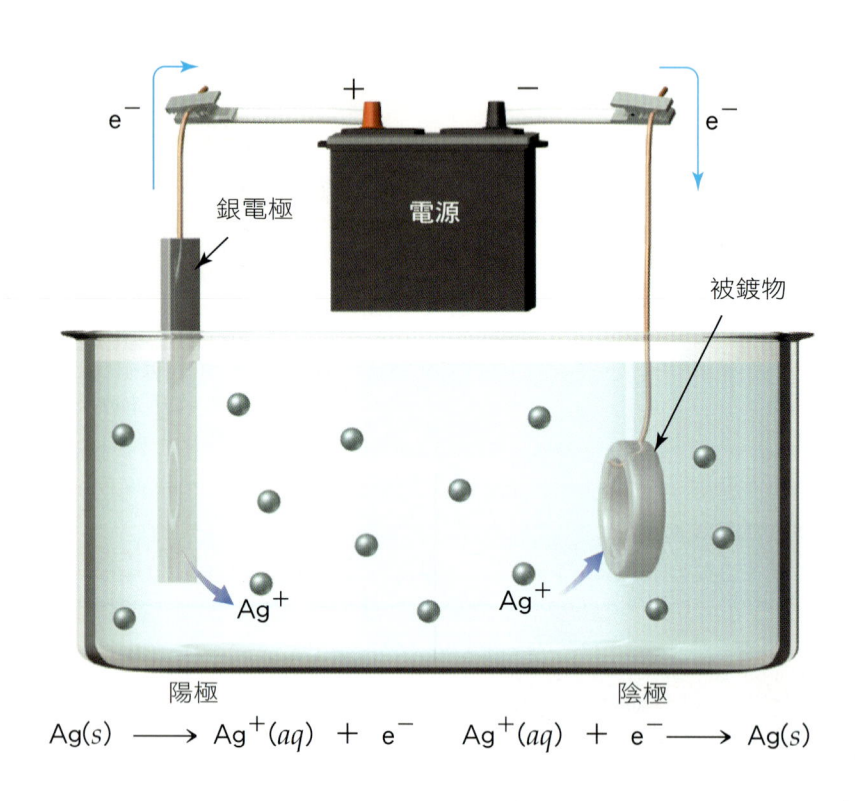

$$Ag(s) \longrightarrow Ag^+(aq) + e^- \qquad Ag^+(aq) + e^- \longrightarrow Ag(s)$$

16.8 腐蝕：不受歡迎的氧化還原反應

腐蝕是指金屬的氧化。最常見的一種腐蝕便是鐵的生鏽。每年生產的鐵，一大部分是用來汰換生鏽的鐵。生鏽是一個氧化還原反應，其中鐵被氧化，氧被還原。

氧化： $2Fe(s) \rightarrow 2Fe^{2+}(aq) + 4e^-$
還原： $O_2(g) + 2H_2O(l) + 4e^- \rightarrow 4OH^-(aq)$
全反應： $2Fe(s) + O_2(g) + 2H_2O(l) \rightarrow 2Fe(OH)_2(s)$

▲ 油漆可以防止在其下方的鐵生鏽。然而，當油漆被刮傷時，鐵將會在此處生鏽。

在全反應中所生成的 $Fe(OH)_2$ 會再歷經一些後續的反應生成 Fe_2O_3，此熟悉的橘色物質我們稱它為鏽。鐵鏽的一項主要問題則是它會損毀在它下面的固態鐵，使得更多的鐵暴露於進一步的生鏽。在正常的狀況之下，一整片的鐵會鏽光。

鐵不是唯一會進行氧化的金屬。大多數其他金屬，如銅與鋁，也會進行氧化。然而，銅與鋁的氧化物不會像鐵一樣會剝落。當鋁氧化時，氧化鋁實際上會在位於其下方的金屬之上形成一個十足堅韌的披附。這個披附會保護其下方的金屬，而不被進一步氧化。

防止鐵生鏽是一項重要的工業。大多數顯而易見防止鐵生鏽的方法便是去保持鐵的乾燥。沒有水，氧化還原不會發生。另一個防止鐵生鏽的方法則是將鐵塗上一層水無法透過的物質。例如，汽車便是塗上漆以密封住鐵而防止生鏽。然而，若是油漆被刮傷，會導致在其下面的鐵生鏽。

生鏽亦可藉由放置一個**犧牲電極**（sacrificial electrode）與鐵導電接觸來防止。此犧牲電極必須是由一個在活性序列上高於鐵的金屬所組成。此犧牲電極便會代替鐵來氧化，保護鐵以免發生氧化。另一個保護鐵避免氧化的方法則是在鐵上面鍍上另一個在活性序列上高於鐵的金屬。例如，在釘子上鍍鋅，即將釘子表面披附一層薄鋅。因為鋅較鐵的活性來得高，它將會取代在其下面的鐵來氧化（就好像是一個犧牲電極一樣）。氧化鋅不易碎，可以存在於釘子表面當作保護層。

習題

問答題

1. 何謂燃料電池車輛？
2. 何謂氧化還原反應？
3. 在活性序列最上端的金屬是最具反應的？還是最不具反應性的？
4. 在電化學電池中，鹽橋扮演何種角色？
5. 請描述一般乾電池，包含陰、陽極反應方程式。
6. 請描述燃料電池，包含氫氧燃料的陰、陽極反應方程式。
7. 何謂腐蝕？請描述鐵腐蝕的反應。
8. 如何避免生鏽？

練習題

9. 對下列每一項反應，指出哪一個物質被氧化，哪一個物質被還原。
   (a) $2Sr(s) + O_2 \rightarrow 2SrO(s)$
   (b) $Ca(s) + Cl_2(g) \rightarrow CaCl_2(s)$
   (c) $Ni^{2+}(aq) + Mg(s) \rightarrow Mg^{2+}(aq) + Ni(s)$

10. 根據週期表的趨勢，你認為下列何者是一個好的氧化劑？
    (a) K   (b) F_2
    (c) Fe   (d) Cl_2

11. 對於下列氧化還原反應，請指出何物質被氧化，何物質被還原，何者是氧化劑，何者是還原劑？
    (a) $N_2(g) + O_2(g) \rightarrow 2NO(g)$
    (b) $2CO(g) + O_2(g) \rightarrow 2CO_2(g)$
    (c) $SbCl_3(g) + Cl_2 \rightarrow SbCl_5(g)$
    (d) $2K(s) + Pb^{2+}(aq) \rightarrow 2K^+(aq) + Pb(s)$

12. 請指出下列每一項之氧化態：
    (a) Zn   (b) Zn^{2+}
    (c) Cl_2 (d) N_2

13. 請指出下列每一項之每一個原子的氧化態：
    (a) NaCl   (b) CaF_2
    (c) SO_2 (d) H_2S

14. 請指出下列每一項多原子離子之每一個原子的氧化態：
    (a) CrO_4^{2-} (b) $Cr_2O_7^{2-}$
    (c) PO_4^{3-} (d) MnO_4^-

15. 請指出下列每一項反應物之每一個元素的氧化態同時使用氧化態的改變來判定何元素被氧化，何元素被還原。
    (a) $CH_4(g) + 2H_2S(g) \rightarrow CS_2(g) + 4H_2(g)$
    (b) $2H_2S(g) \rightarrow 2H_2(g) + S_2(g)$
    (c) $C_6H_{12}O_6(s) + 6O_2(g) \rightarrow 6CO_2(g) + 6H_2O(g)$
    (d) $C_2H_4(g) + Cl_2(g) \rightarrow C_2H_4Cl_2(g)$

16. 請使用半反應法來平衡下列氧化還原反應。
    (a) $K(s) + Cr^{3+}(aq) \rightarrow Cr(s) + K^+(aq)$
    (b) $Mg(s) + Ag^+(aq) \rightarrow Mg^{2+}(aq) + Ag(s)$
    (c) $Al(s) + Fe^{2+}(aq) \rightarrow Al^{3+}(aq) + Fe(s)$

17. 下列半反應若是發生在酸性溶液中時，請將其分類是氧化或是還原反應，同時平衡此半反應。
    (a) $MnO_4^-(aq) \rightarrow Mn^{2+}(aq)$
    (b) $Pb^{2+}(aq) \rightarrow PbO_2(s)$
    (c) $IO_3^-(aq) \rightarrow I_2(s)$
    (d) $SO_2(g) \rightarrow SO_4^{2-}(aq)$

18. 下列半反應若是發生在酸性溶液中時，請將其分類是氧化或是還原反應，同時平衡此半反應。
    (a) $PbO_2(s) + I^-(aq) \rightarrow Pb^{2+}(aq) + I_2(s)$
    (b) $SO_3^{2-}(aq) + MnO_4^-(aq) \rightarrow SO_4^{2-}(aq) + Mn^{2+}(aq)$
    (c) $S_2O_3^{2-}(aq) + Cl_2(g) \rightarrow SO_4^{2-}(aq) + Cl^-(aq)$

19. 下列哪一個金屬具有最不易被氧化的傾向？
    (a) Mg (b) Cr
    (c) Pb (d) Fe

20. 下列哪一個金屬陽離子具有最容易被還原的傾向？
    (a) Mn^{2+} (b) Cu^{2+}
    (c) K^+ (d) Ni^{2+}

21. 你認為下列哪一個氧化還原反應會自發性地向正向反應發生？
    (a) $Ni(s) + Zn^{2+}(aq) \rightarrow Ni^{2+}(aq) + Zn(s)$
    (b) $Ni(s) + Pb^{2+}(aq) \rightarrow Ni^{2+}(aq) + Pb(s)$
    (c) $Al(s) + 3Ag^+(aq) \rightarrow 3Al^{3+}(aq) + Ag(s)$
    (d) $Pb(s) + Mn^{2+}(aq) \rightarrow Pb^{2+}(aq) + Mn(s)$

22. 下列哪一個金屬會溶於HCl中？對於會溶解的金屬，請寫出平衡的氧化還原反應，以顯示出其金屬溶解的狀況。
    (a) Al (b) Ag
    (c) Pb (d) Cr

23. 假若一個電化學電池在其陰極會有如下的反應發生。
    $Ni^{2+} + 2e^- \rightarrow Ni(s)$
    下列哪一個陽極反應可產生一個具有最高電壓的電池？
    (a) $Ag(s) \rightarrow Ag^+(aq) + e^-$
    (b) $Mg(s) \rightarrow Mg^{2+}(aq) + 2e^-$
    (c) $Cr(s) \rightarrow Cr^{3+}(aq) + 3e^-$
    (d) $Cu(s) \rightarrow Cu^{2+}(aq) + 2e^-$

24. 下列哪一個金屬，假若將其鍍在鐵上，將可防止鐵的腐蝕？
    (a) Mg (b) Cr (c) Cu

25. 一個 1.012g 的鹽類樣品含有 Fe^{2+}，用 0.1201M 的 $KMnO_4$ 來滴定。滴定終點是在 22.45mL。請找出 Fe^{2+} 在此樣品中的質量分率。發生在滴定時的未平衡氧化還原反應方程式如下：
    $Fe^{2+}(aq) + MnO_4^-(aq) \rightarrow Fe^{3+}(aq) + Mn^{2+}(aq)$

Everyday Chemistry

The Bleaching of Hair

College students, both male and female, with bleached hair are a common sight on most campuses. Many students bleach their own hair with home-bleaching kits available at most drugstores and supermarkets. These kits normally contain hydrogen peroxide (H_2O_2), an excellent oxidizing agent. When applied to hair, hydrogen peroxide oxidizes melanin, the dark pigment that gives hair color. Once melanin is oxidized, it no longer imparts a dark color to hair, leaving the hair with the familiar bleached look.

Hydrogen peroxide also oxidizes other components of hair. For example, the protein molecules in hair contain —SH groups called thiols. Thiols are normally slippery (they slide across each other). Hydrogen peroxide oxidizes these thiol groups to sulfonic acid groups (—SO_3H). Sulfonic acid groups are stickier, causing hair to tangle more easily. Consequently, people with heavily bleached hair often use conditioners. Conditioners contain compounds that form thin, lubricating coatings on individual hair shafts. These coatings prevent tangling and make hair softer and more manageable.

CAN YOU ANSWER THIS? Assign oxidation states to the atoms of H_2O_2. Which atoms in H_2O_2 do you think change oxidation state when H_2O_2 oxidizes hair?

▲ Hair is often bleached using hydrogen peroxide, a good oxidizing agent.

The Fuel-Cell Breathalyzer

Police often use a device called a breathalyzer to measure the amount of ethyl alcohol (C_2H_5OH) in the blood stream of a person suspected of driving under the influence of alcohol.

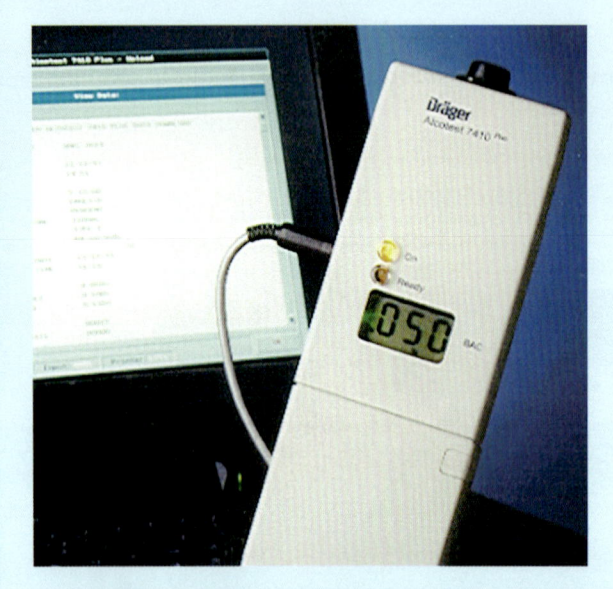

Fuel-cell breathalyzer Simply blowing into the top of this device measures blood alcohol level.

Breathalyzers work because the amount of ethyl alcohol in the breath is proportional to the amount of ethyl alcohol in the bloodstream. One type of breathalyzer employs a fuel cell to measure the amount of alcohol in the breath. The fuel cell consists of two platinum electrodes (▼ Figure 16.18). When a suspect blows into the breathalyzer, ethyl alcohol is oxidized to acetic acid at the anode.

Anode:
$$C_2H_5OH + 4OH^- (aq) \rightarrow CH_3COOH (g) + 3H_2O + 4e^-$$
Ethyl alcohol　　　　　　　　　　　　Acetic acid

At the cathode, oxygen is reduced.

Cathode: $O_2 (g) + 2H_2O (l) + 4e^- \rightarrow 4OH^- (aq)$

The overall reaction is simply the oxidation of ethyl alcohol to acetic acid and water.

Overall: $C_2H_5OH + O_2 (g) \rightarrow CH_3COOH (g) + H_2O$

The amount of electrical current produced depends on the amount of alcohol in the breath. A higher current reveals a higher blood alcohol level. When calibrated correctly, the fuel-cell breathalyzer can precisely measure the blood alcohol level of a suspected drunk driver.

CAN YOU ANSWER THIS? Assign oxidation states to each element in the reactants and products in the overall equation for the fuel-cell breathalyzer. What element is oxidized and what element is reduced in the reaction?

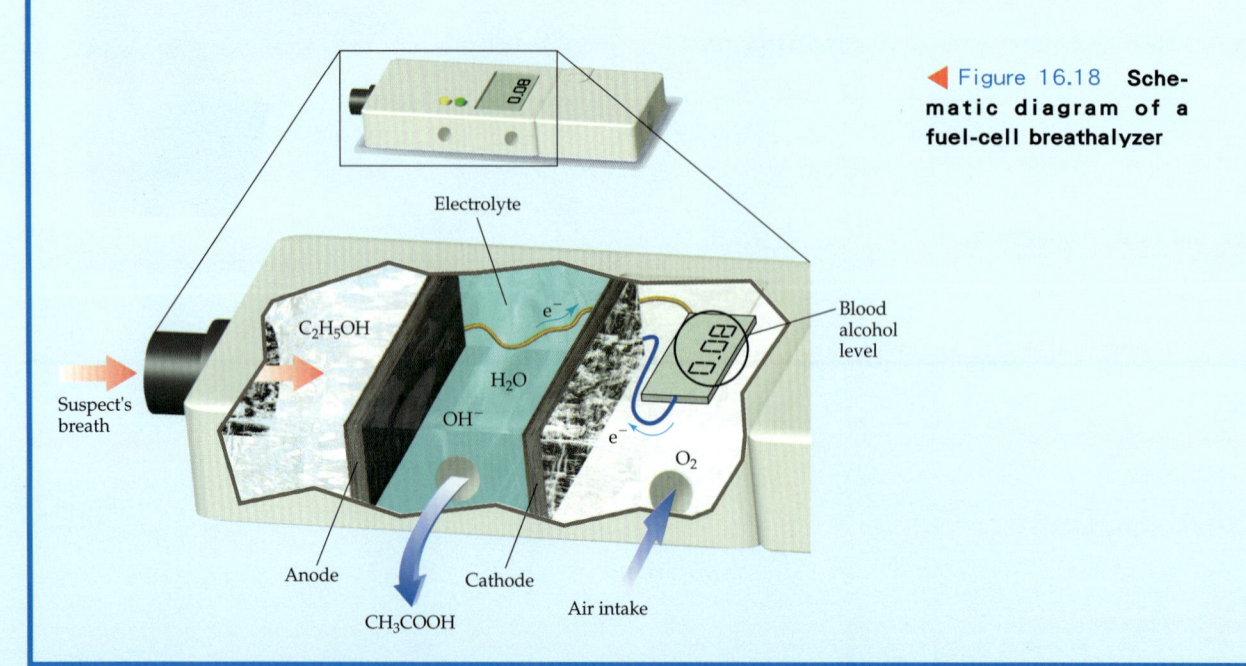

◀ Figure 16.18 Schematic diagram of a fuel-cell breathalyzer

環境中的化學

光合作用與呼吸作用：生命的能源

所有有生命的事物都需要能源，同時絕大多數這些能源是來自太陽。太陽能則是以電磁輻射的模式抵達地球（第 9 章）。這些輻射使得我們的星球能恆定在一定的溫度，就我們所知，此溫度可讓生命興旺。組成可見光的波長具有一個額外且關鍵的角色，要在維持生命的當中扮演之。植物捕捉光線同時使用它來製造能量豐富的有機分子，如碳水化合物（這些化合物將會在 19 章有完整的討論）。動物藉著吃植物來獲得能量，或者藉由吃其他吃植物的動物來獲得能量。所以最終實際上所有生命的能源是來自於陽光。

但是在化學項目中，能量是如何被捕捉的，如何由有機體傳遞給有機體以及如何使用？在這些程序中的關鍵反應全部涉及氧化與還原。

大部分有生命的事物是經由一種稱為消化作用來使用化學能量。在消化作用中，能量富有的分子，葡萄糖可作為典型代表，被歸納如下的反應而"燃燒"：

$$C_6H_{12}O_6 + 6O_2 \rightarrow 6CO_2 + 6H_2O + 能量$$

你可以很容易地便看出來，消化是一種氧化還原反應。在最簡單的層次上，很清楚地看見在葡萄糖中的一些原子獲得了氧。更精確來說，我們可以使用指定氧化態的規則來證明碳由葡萄糖中的氧化數 0 到二氧化碳中的 +4，是被氧化。

消化也是一種放熱反應，即它會釋放能量。假如你單純地在測試管中燃燒葡萄糖，這結果會是相同，只是能量會以熱的方式散失掉。然而，有生命的事物已經想出一些捕捉這些被釋放出來的能量之方法，同時使用它來驅動它們的生命程序，例如移動、成長以及維持生命分子的合成。

消化是一個較大循環的一半。另一半則是光合作用。光合作用是藉由綠色植物捕捉陽光能源以及將此能源以化合物，如葡萄糖，之化學能方式加以儲存的一系列反應。光合作用可歸納如下：

$$6CO_2 + 6H_2O + 能量 \rightarrow C_6H_{12}O_6 + 6O_2$$

這個反應，剛好是消化的逆反應，是分子在消化當中被氧化後的最終來源。就如同在消化當中的關鍵步驟是碳的氧化一樣，在光合作用當中的關鍵步驟是碳的還原。這個還原是藉由太陽能所驅動，此能源被儲藏在產生的葡萄糖分子中。當有生命的事物在半個循環的消化作用中燃燒葡萄糖時，便會獲得這個能量。

如此，氧化還原反應是地球上生命的非常中樞所在！

你能回答這個問題嗎？ 在 CO_2，H_2O 以及 O_2 中的氧原子之氧化態為何？有關光合作用與消化作用，這些資訊能告訴你什麼？

▲ 陽光被植物捕捉行光合作用是地球上幾乎所有有生命事物的化學能之最終來源。

CHAPTER 7

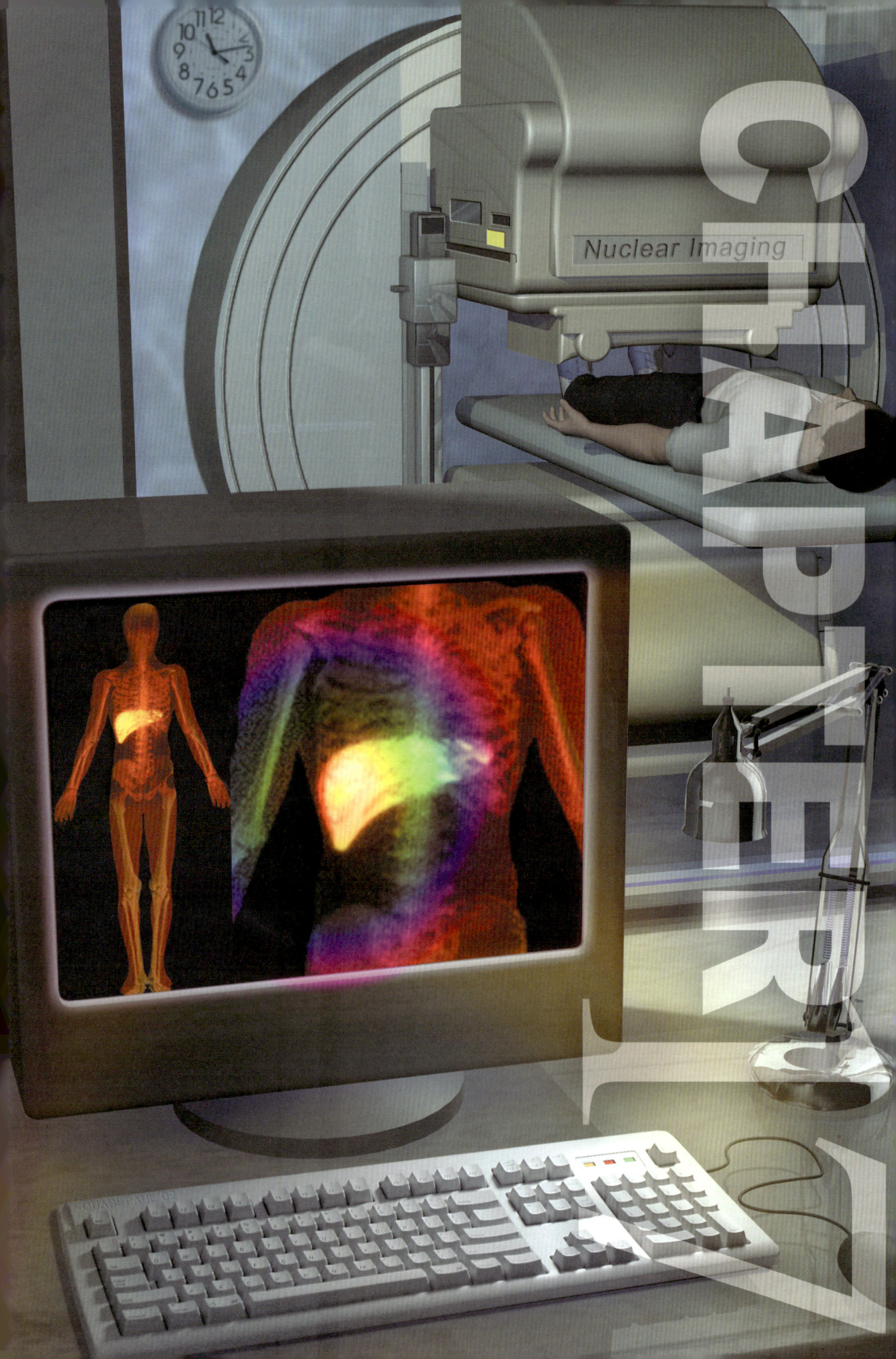

第 17 章
放射性和核化學

17.1	診斷盲腸炎
17.2	放射性的發現
17.3	放射性的型態：α，β 和 γ 衰變
17.4	檢測放射性
17.5	天然放射性和半衰期
17.6	放射性碳的年代測定法：測量化石或人工古物的年代
17.7	核分裂和原子彈
17.8	核能：用核分裂來發電
17.9	核融合：太陽能
17.10	輻射對生命的影響
17.11	放射醫學

"Nuclear energy is incomparably greater than the molecular energy which we use today ... What is lacking is the match to set the bonfire alight. ... The scientists are looking for this."

Winston Spencer Churchill (1874–1965), in 1934

核能的強大，無可比擬地遠遠超過我們今日所能利用的分子能。...所欠缺的就是點燃其相應的祝火。...科學家正在找尋其條件。

溫斯頓・斯賓塞爾・邱吉爾（1874-1965），於 1934

17.1 診斷盲腸炎

在數年以前，我因為肚子的右下側隱隱作痛，一直持續了數小時，且漸漸惡化，因此我到醫院去急診，經過醫生檢查後，他說可能是得了盲腸炎。盲腸是位於大腸右下方的小囊袋，若發炎了，需要以外科手術割除。

盲腸發炎時白血球的數量通常會升高，因此醫院幫我驗血，結果是陰性的，雖然我的症狀像是盲腸炎，但我的白血球數目正常。驗血的結果使診斷變得模糊不清，醫生給我兩個選擇，一個是開刀割除盲腸（碰碰運氣）另一個是再做檢測，以確定是否為盲腸炎。我選擇了再做檢測，此項檢測是用**放射性**（radioactivity）診斷，是藉由某種原子核會放射出微小得看不見的粒子，這些粒子可穿透物質（◀圖17.1）。

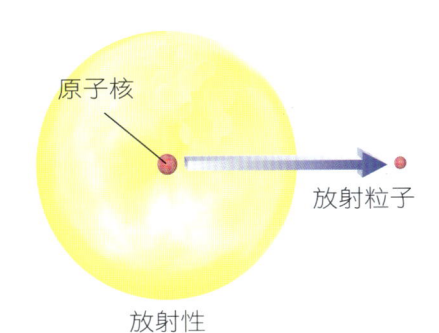

▲ 圖 17.1 **放射性**。某些原子核會放射出微小的高能量粒子。

◀ 在核醫學中利用放射性的技術可清楚的看見內部器官的影像。

原子會放射出這些粒子的現象稱為**輻射**（radioactive）。做檢測時，一種具有放射性原子的藥物注射入我的血液，如果我有盲腸炎則這些藥物就會移到盲腸發炎處堆積。一個小時之後我被送進一間檢查室且躺在桌上，一張底片放在我的上方，然後使底片曝光，如果我的盲腸發炎則底片上在盲腸的位置應會出現白色的亮點（▶圖17.2）。在這個檢測中，我 —— 或是我的盲腸是令底片曝光的光源。檢測的結果也是陰性，我的盲腸並沒有發出輻射光源，它是健康的。數小時之後疼痛漸消，我帶著我那完整的盲腸回家。雖然我還是沒有找出疼痛的原因，但放射性的檢測免去了我的開刀之痛。

399

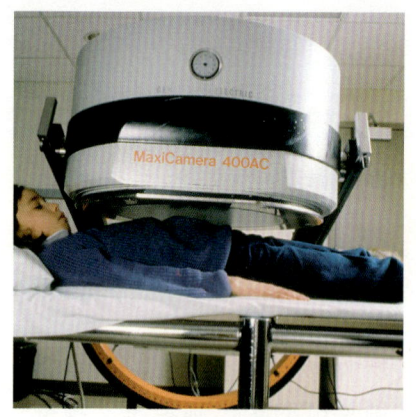

▲ 圖 17.2 **核醫學**。檢測盲腸炎時使用具有放射性的抗體藥物施給病人，此抗體藥物會累積在盲腸的發炎處，而放出輻射線使底片感光。

這個醫療的例子正是放射性醫療應用中的例子之一，放射性也用來診斷及處理許多其它的疾病，如癌症、甲狀腺疾病、腎臟病、膀胱功能和心臟病等。自然界的放射性物質可讓我們偵測化石的年代，核分裂可用於發電也可用於製核武器。

在本章中你將學到什麼是放射性，它是如何被發現的，如何去使用它，以及它用在何處。

17.2 放射性的發現

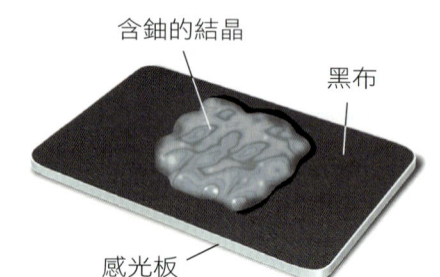

在1896年的時候，法國的科學家柏克勒（Henri Becquerel 1852－1908）發現放射性。當時的物理研究恰好發現X-射線（參閱9.3節），這成為一項熱門的話題，柏克勒對此很感興趣，他假設X-射線也可激發物質而發出**磷光**（phosphorescence）。

磷光是一些原子和分子吸收了特定波長的光之後所發射另外一種較長波長的光之特性，此發光現象可維持一段時間。若塗有磷光材質的玩具在光線照射後再拿去暗處即可發現發出帶有綠色的光。柏克勒假設含鈾物質經太陽照射後會產生X-射線，此X-射線可使磷光物質發光。

▲ 圖 17.3 Becquerel's 的實驗。

他做了一個實驗，以會放出磷光的而以硫酸鈾醯鉀（potassium uranyl sulfate）為組成成份的結晶放在一個包有黑布的照相底片上面，拿去曬太陽後再拿回暗室。結果發現底片已經曝光，經過數次的實驗，結果都相同，因此他認為他的假設是對的。但是，他後來發現這是錯的，因為即使不必曬太陽，在暗室中底片也會曝光。因此，他下了一個結論：鈾鹽才是產生放射線的來源——**鈾放射線**（uranic rays）。

▲ 瑪麗‧居里與她的兩個女兒（攝於 1905 年），Irene（左邊）後來成為卓越的核物理專家，在 1935 年獲得諾貝爾獎，Eve（右邊）寫關於他母親的傳記，倍受讚揚。

後來有一位年輕的研究生名叫瑪麗‧居里（Maria Sklodowska Curie，1867－1934）想以鈾放射線為研究題目來做她的博士論文。當時她的第一個任務是探討除了鈾以外，其它的元素是否也具有放射性。在她的研究中發現了兩個新元素**釙**（Po）和**鐳**（Ra）都會釋放鈾放射線。釙是以她的國名波蘭（Poland）命名；而鐳是因為它產生很高量的放射性（radioactivity）。由於此放射線並非只有鈾才會發生，因此瑪麗‧居里把鈾放射線的名稱更改為**放射性**。1903年，瑪麗‧居里和柏克勒及她的丈夫皮埃‧居里（Pierre Curie）一起得到諾貝爾物理獎，在1911年第二次得到諾貝爾獎，但這次是化學獎——因為她發現了這兩種新元素。

17.3 放射性的型態：α，β 和 γ 衰變

當瑪麗‧居里致力於新放射性元素的尋找時，拉塞福及其他的研究者則針對這些放射性的特性作深入的探討，這些科學家發現放射線是在放射性原子的原子核內產生的，因為這些原子核不穩定，若從其中放出小粒子或發射出電磁輻射則可使其穩定。這些性質都是符合柏克勒和居里夫人所探測而得的。

放射性的型態有數種：α 射線、β 射線、γ 射線和正子（positron）。為了瞭解這些不同的放射性，須先回到第4章的同位素觀念。

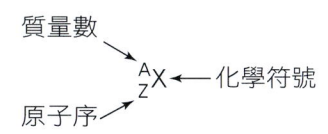

$$^{A}_{Z}X \leftarrow \text{化學符號}$$

質量數 A，原子序 Z

▲ 過去常把鐳加入油漆中製作鐘錶上的刻度盤，以便發出亮光。

例如 $^{21}_{10}Ne$，表示此氖同位素原子含有10個質子，11個中子，若是 $^{20}_{10}Ne$ 則表示此氖同位素原子含有10個質子，10個中子，這些主要的次原子粒子 —— 質子、中子和電子的符號表示法如下

質子符號 $^{1}_{1}P$，中子符號 $^{1}_{0}n$，電子符號 $^{0}_{-1}e$ 。

α 輻射

α 輻射的發生是由一個不穩定的核放射出含有2個質子和2個中子的粒子，這恰好與氦原子核相同（▼ 圖17.4），稱為**α 粒子**（α particle）。

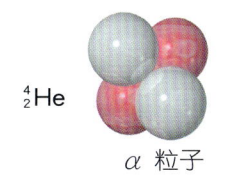

$^{4}_{2}He$

α 粒子

當一個較重的原子放出粒子後會變成較輕的另外一種原子，這種現象稱為 α 衰變。例如U-238放出一個 α 粒子後原子內的質子變少了，因而會轉變成別種元素。原來的原子稱為**母核**（parent nuclide）而新產物稱為**子核**（daughter nuclide）。

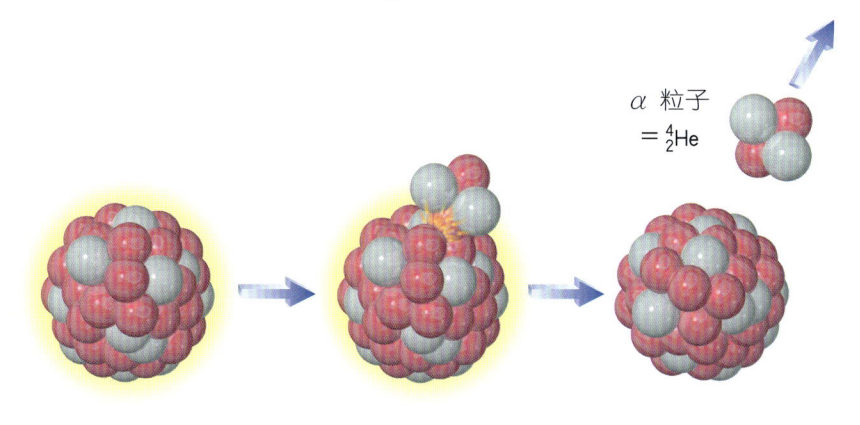

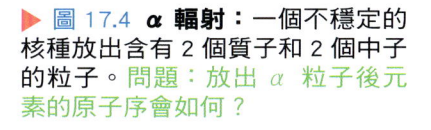

▶ 圖 17.4 **α 輻射**：一個不穩定的核種放出含有 2 個質子和 2 個中子的粒子。問題：放出 α 粒子後元素的原子序會如何？

α 粒子 = $^{4}_{2}He$

$$\overset{母核}{\underset{92}{^{238}}U} \longrightarrow \overset{子核}{\underset{90}{^{234}}Th} + {}^{4}_{2}He$$

原子核每發生一次 α 衰變，質量數會減少4而原子序會減少2，且在**核方程式**（nuclear equation）兩邊的質子數和質量數必須相等。

$$^{238}_{92}U \rightarrow {}^{232}_{90}Th + {}^{4}_{2}He$$

左邊	右邊
質量數的總和 = 238	質量數的總和 = 234 + 4 = 238
原子序的總和 = 92	原子序的總和 = 90 + 2 = 92

如果Th-232發生一次 α 衰變，將會變為何種元素？依照以上之規則可得到以下的式子：

$$^{232}_{90}Th \rightarrow {}^{x}_{y}? + {}^{4}_{2}He$$

$$^{232}_{90}Th \longrightarrow \underbrace{{}^{x}_{y}? + {}^{4}_{2}He}$$

$x + 4 = 232 ; x = 228$

$y + 2 = 90 ; y = 88$

$$^{232}_{90}Th \rightarrow {}^{228}_{88}? + {}^{4}_{2}He$$

$$^{232}_{90}Th \rightarrow {}^{228}_{88}Ra + {}^{4}_{2}He$$

因此，此新元素的質量數必須是228，原子序為88，鐳（Ra）是 α 衰變後的產物。在核化學中，我們特別注重核的內部變化，因此 α 粒子的氦核常省略它的2+ 電荷，完整的寫法應是 ${}^{4}_{2}He^{2+}$。

範例 17.1　寫出 α 衰變的核方程式

寫出 Ra-224 經過 α 衰變的核方程式。

解答：

Ra-224 的符號寫在方程式的左邊而未知之子核及 α 粒子寫在右邊。

$$^{224}_{88}Ra \rightarrow {}^{x}_{y}? + {}^{4}_{2}He$$

使兩邊的質量數及原子序的數目相等

$$^{224}_{88}Ra \rightarrow {}^{220}_{86}? + {}^{4}_{2}He$$

由原子序找出子核的化學符號，原子序 86 必定是氡。

$$^{224}_{88}Ra \rightarrow {}^{220}_{86}Rn + {}^{4}_{2}He$$

放射性的原子核放射出的粒子以 α 粒子最大，因缺少兩個電子，因此 α 輻射具有最強的游離能力，任何與 α 粒子接觸的的原子、分子，甚至生物體，都會被搶走電子而造成嚴重的傷害。這種使原子、分子游離的能力稱為**游離能力**（ionizing power），但是因為 α 粒子的體積過大，因此**穿透能力**（penetrating power）很弱，它無法穿透一張薄紙、衣服、甚至空氣也穿透不過。只要 α 粒子不進入人體就比較沒有危險，但是一旦吸入或吃入人體則會立刻與組織反應而造成嚴重的傷害。

17.3　放射性的型態：α，β 和 γ 衰變　　403

α 輻射的摘要

- α 粒子是由2個質子及2個中子所組成。
- α 粒子的符號是 $^{4}_{2}He^{2+}$。
- α 粒子具有很強的游離能力。
- α 粒子的穿透力較低。

β 輻射

當一個不穩定的核放射出一個電子稱為 **β 輻射**（亦稱為 β 衰變）。在不穩定的原子核裏經由 β 衰變，中子會轉化為質子和電子：

β 衰變　　中子 ⟶ 質子 ＋ 電子

在核方程式中 **β 粒子**（β particle）的符號是 $^{0}_{-1}e$：

β 粒子 $^{0}_{-1}e$

左上標 0 是代表電子的質量數，而左下標 -1 代表電子的電荷，相當於原子序是 -1，當一個原子放射出一個 β 粒子，因為多了一個質子，它的原子序會增加 1，例如Ra-228之 β 衰變的方程式是：

$$^{228}_{88}Ra \rightarrow {}^{228}_{89}Ac + {}^{0}_{-1}e$$

▲ 圖 17.5　**β 輻射**：不穩定的核放射出一個電子而使一個中子轉換成質子。問題：一個元素經過 β 輻射後原子序會如何？

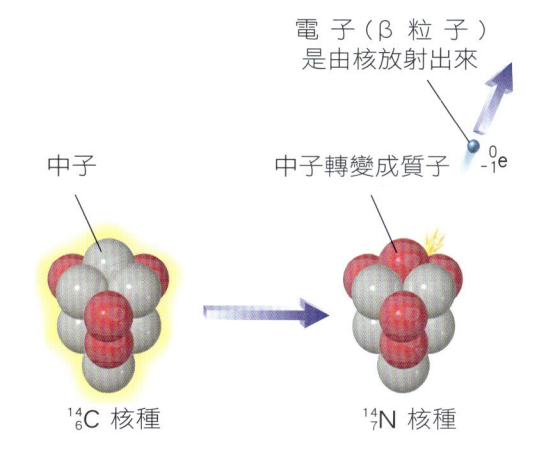

電子（β 粒子）是由核放射出來

中子　　　　　中子轉變成質子　$^{0}_{-1}e$

$^{14}_{6}C$ 核種　　　　$^{14}_{7}N$ 核種

方程式中的質量數和原子序仍然是平衡的：

$$^{228}_{88}Ra \rightarrow {}^{228}_{89}Ac + {}^{0}_{-1}e$$

左邊	右邊
質量數的總和 = 228	質量數的總和 = 228 + 0 = 228
原子序的總和 = 88	原子序的總和 = 89 − 1 = 88

β 衰變的方程式寫法和 α 衰變的相似，如以下的範例：

> **範例 17.2　寫出 β 衰變的方程式**
>
> 寫出 Bk-249 的 β 衰變方程式。
>
> **解答：**
> 在左邊先寫出 Bk-249 的符號，右邊留一個未知子核的位置及寫出 β 粒子。
>
> $^{249}_{97}Bk \rightarrow \ ^{x}_{y}? + \ ^{0}_{-1}e$
>
> 讓兩邊的質量數及原子序相等並填入未知子核的質量數及原子序。
>
> $^{249}_{97}Bk \rightarrow \ ^{249}_{98}? + \ ^{0}_{-1}e$
>
> 依照原子序找出化學符號。
>
> $^{249}_{97}Bk \rightarrow \ ^{249}_{98}Cf + \ ^{0}_{-1}e$

β 粒子比 α 粒子輕得多，游離能力也較低；但是它的穿透能力比 α 粒子強，需要一片金屬或一片厚的木板才能抵擋它的穿透，因此在穿透力上的危險度比 α 粒子高得多；但若不小心吃入或吸入人體，由於它的游離能力較弱因此傷害的程度較 α 粒子小。

β 輻射的摘要

- 當一個中子發生 β 衰變時，從原子核內發射出來的電子就是 β 粒子。
- β 粒子的符號是 $^{0}_{-1}e$。
- β 粒子具有中等的游離能力。
- β 粒子具有中等的穿透能力。

γ 輻射

γ **輻射**和 α、β 輻射不同，它不是物質，而是電磁波，沒有電荷也沒有質量。γ 射線是一種高能量的光子（短波長），γ **射線**（gamma ray）的符號是：

γ 射線　$^{0}_{0}\gamma$

當 γ 射線由一個放射性原子發射出後，該原子的原子序及質量數都不會改變，γ 射線通常是和其它型態的輻射一起產生，例如 U-238 進行 α 衰變時會伴生 γ 射線

$^{238}_{92}U \rightarrow \ ^{234}_{90}Th + \ ^{4}_{2}He + \ ^{0}_{0}\gamma$

γ 射線有較低的游離能力卻有最高的穿透能力，要有數吋厚的鉛板或寬度很大的厚混凝土牆才能擋住它。

γ 輻射的摘要：

- γ 射線是電磁輻射 —— 高能量且短波長的光子。
- γ 射線的符號是 $^{0}_{0}\gamma$。
- γ 射線的游離能力較低。
- γ 射線有很強的穿透能力。

17.3 放射性的型態：α，β 和 γ 衰變

正子放射

正子放射（positron emission）是不穩定的原子核放射出一個正電子，而使質子轉變為中子（▼ 圖17.6），**正子**（positron）的質量和電子一樣但帶有一個正電荷 +1。

正子放射　質子 → 中子 + 正子

在核方程式中，正子的符號是：

正子　$^{0}_{+1}e$　●

左上標的 0 是代表正子的質量數是0，而左下標的+1是代表正子的電荷，在核方程式中相當於增加一個原子序。當發生一個正子放射，則原子序會減少1，因為它會少掉一個質子。

▶ 圖 17.6 **正子放射**。不穩定的核種放出一個正子而使質子轉換成中子。問題：一個元素發生正子放射後原子序會如何？

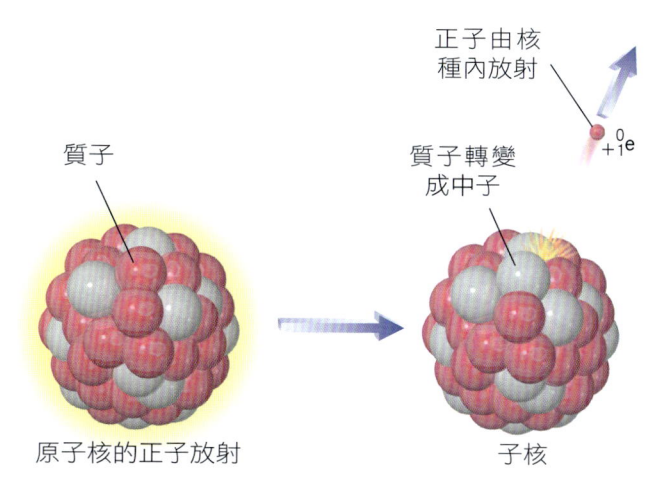

質子

質子轉變成中子

正子由核種內放射

$^{0}_{+1}e$

原子核的正子放射　　子核

例如P-30經正子放射的方程式是：

$^{30}_{15}P \rightarrow {}^{30}_{14}Si + {}^{0}_{+1}e$

正子放射的游離能力、穿透能力和β放射相似。它的核方程式寫法和α、β衰變的也相似，如下面的例子：

範例 17.3　寫出正子放射的核方程式

寫出正子 K-40 放射的核方程式。

解答：
在左邊先寫出 K-40 的符號，右邊留一個未知子核的位置及寫出正子的符號。

$^{40}_{19}K \rightarrow {}^{x}_{y}? + {}^{0}_{+1}e$

讓兩邊的質量數及原子序相等並填入未知子核的質量數及原子序。

$^{40}_{19}K \rightarrow {}^{40}_{18}? + {}^{0}_{+1}e$

依照原子序找出化學符號。

$^{40}_{19}K \rightarrow {}^{40}_{18}Ar + {}^{0}_{+1}e$

✓ **觀念檢查站 17.1**

下列放射性衰變何者可使放射性元素的質量數改變？
（a）α 衰變　（b）β 衰變　（c）γ 衰變　（d）正子衰變

17.4 檢測放射性

放射性的原子核所發射出來的粒子都具有很高的能量,因此偵測的靈敏度很高。輻射偵測器是透過裝置內的原子或分子與射入的高能量衰變粒子發生作用。

最簡單的輻射偵測器是**徽章型的小偵測器**(film-badge dosimeters),可以用扣針固定在衣服上(◀圖17.7a),它是用一小片照相用的底片,當在工作場所中或靠近輻射物質時輻射粒子可讓它曝光。這些徽章型的小偵測器可以監控一個人在一段期間內的輻射累積曝露量。

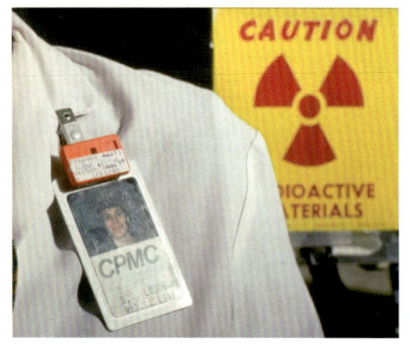

▲ 圖 17.7 **輻射偵測**。(a) 徽章底片提供一個簡單、便宜且可記錄個人的輻射累積暴露量。(b) 蓋格計數器可單獨偵測高能粒子,器內充有氬氣,高能粒子可使氬氣離子化而吸向陰極,產生的電流訊號可加以記錄。

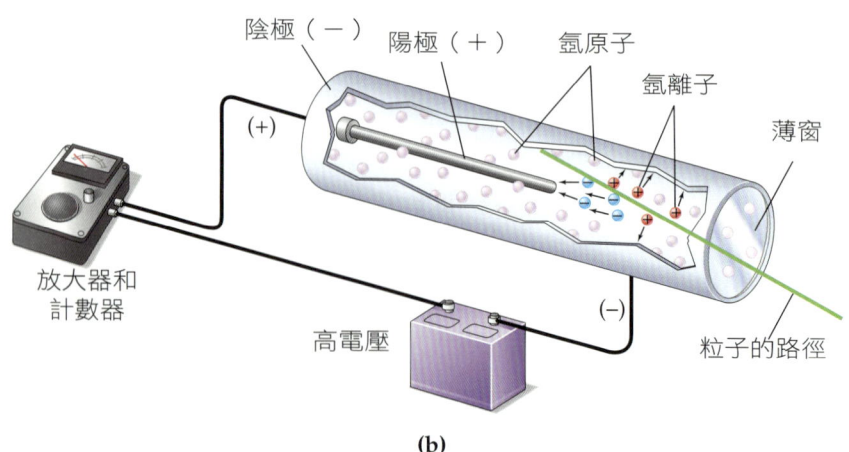

蓋格計數器(Geiger-Müller counter)可以立刻測知輻射的粒子數(▲圖17.7b),此偵測器內的氬氣輻射粒子游離而釋出電子,此電子快速移向陽極而產生電流脈衝,經放大訊號後即可得知輻射強度。

第二種可以立刻測知輻射強度的是閃爍計數器(scintillation counter),在光電管內壁塗上感光物質(如NaI或CsI),當高能量的輻射粒子撞擊後,可因被激發而放出紫外光或可見光,此光可被轉化為電流訊號而顯示於儀器上。

17.5 天然放射性和半衰期

在我們的自然環境中，就已含有天然的放射性物質。地面上放射出來的輻射粒子進入空氣中而包圍著所有的生物，你吃進去的食物也含有殘留的輻射原子，它已進入你的身體和組織中。來自於外太空的少量輻射每天連續不斷的轟擊地球。幸好！人類和地球上的其他生物已經適應了這種環境並仍然倖存著。

在週期表上，原子序大於83（Bi）的元素均不穩定，它們都會在我們的環境中發生衰變而發射出放射線。

放射性的元素含量衰變至殘留一半量所需的時間稱為**半衰期**（half-life），每一種不穩定的放射性元素衰變的速度不同（半衰期不同），有些很快，有些很慢。例如Rn－220只有一分鐘，而Th－232則長達140億年。Th－232是一種α衰變的核種，依照下列核方程式進行α衰變：

$$^{232}_{90}\text{Th} \rightarrow ^{228}_{88}\text{Ra} + ^{4}_{2}\text{He}$$

若剛開始有100萬個Th－232原子，當衰變只剩下一半量的50萬個原子時，需要140億年，若繼續衰變至剩下1/4量的25萬個原子時，又需要另外一個140億年（▼圖17.8）。請注意，每經歷一次半衰期，只是減少一半量，經歷第二次半衰期只是上次殘留的量再減少一半而已。

▶ 圖 17.8 **半衰期的觀念**：Th-232 的小球數在初期是 100 萬個原子，隨著時間的增長而漸少，Th-232 的半衰期是 140 億年。

100萬個 Th-232原子 —140億年→ 50萬個 Th-232原子 —140億年→ 25萬個 Th-232原子

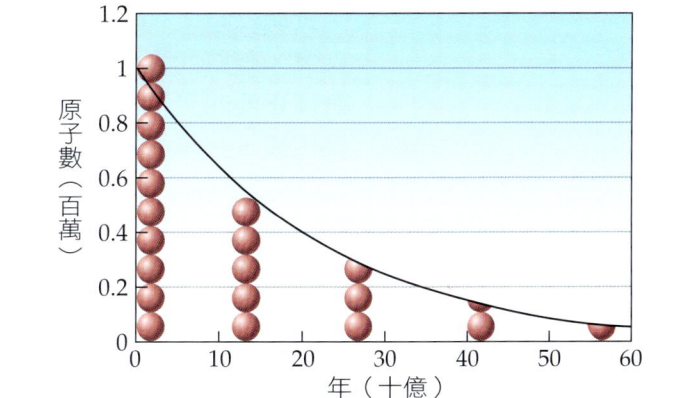

● 表示 0.1 百萬個原子

相對的，若剛開始有100萬個Rn－220原子，當衰變至只剩下1/2量的50萬個原子時，需要時間1分鐘，若繼續衰變至剩下1/4量的25萬個原子時，只需要另外一個1分鐘，共2分鐘而已。

100萬個 Rn-220原子 →(1分鐘) 50萬個 Rn-220原子 →(1分鐘) 25萬個 Rn-220原子

Rn-220的活性遠大於Th-232，因為在單位時間內發生衰變的次數較多，有些不安定的核種它的半衰期比Rn-220還要短，表17.1列出數個核種及它的半衰期。

表 17.1 一些核種和它的半衰期

核種	半衰期	衰變的型式
$^{232}_{90}$Th	1.4×10^{10} yr	α
$^{238}_{92}$U	4.5×10^{9} yr	α
$^{14}_{6}$C	5730 yr	β
$^{220}_{86}$Rn	55.6 s	α
$^{219}_{90}$Th	1.05×10^{-6} s	α

範例 17.4　半衰期

1.80 mol 的 Th-228（半衰期 1.9 年）衰變至 0.225 mol 需時多久？

解答：
列出一個表，每經過一個半衰期，量就減半。

Th-228 的含量	半衰期的次數	時間（年）
1.80 mol	0	0
0.900 mol	1	1.9
0.450 mol	2	3.8
0.225 mol	3	5.7

因此 Th-228 由 1.80 mol 衰變至 0.225 mol 需時 5.7 年。

● 天然放射性元素的衰變系列

存在我們環境中的放射性元素一直都在進行衰變，因為它們的半衰期很長（10億年），或是因為較重的不穩定核種產生一系列的衰變，有些元素在環境中會因其它元素的衰變而一直產生，然後又繼續衰變成更輕的核種。例如鈾（原子序92）是自然界中最重的衰變核種，它經由 α 衰變可生成Th-234（半衰期 44.7億年）。

$$^{238}_{92}U \rightarrow {}^{234}_{90}Th + {}^{4}_{2}He$$

子核Th-234又可經由 β 衰變而生成Pa-234（半衰期24.1天）。

$$^{234}_{90}Th \rightarrow {}^{234}_{91}Pa + {}^{0}_{-1}e$$

Pa-234又可經由 β 衰變而生成U-234（半衰期24.45萬年），這一系列的衰變一直到最後生成穩定的Pb-206為止。整個U-238至Pb-206的衰變系列示於▶圖17.9。換言之，環境中所有的U-238正慢慢的衰變成為鉛，由於它的半衰期很長所以環境中仍然含有豐富的U-238。在環境中其它像U-238一樣的核種也是依照它們的半衰期一直在衰變著，在地球上，輻射線一直都在陪伴著你呢。

▶ 圖 17.9 **U-238 的衰變系列。**

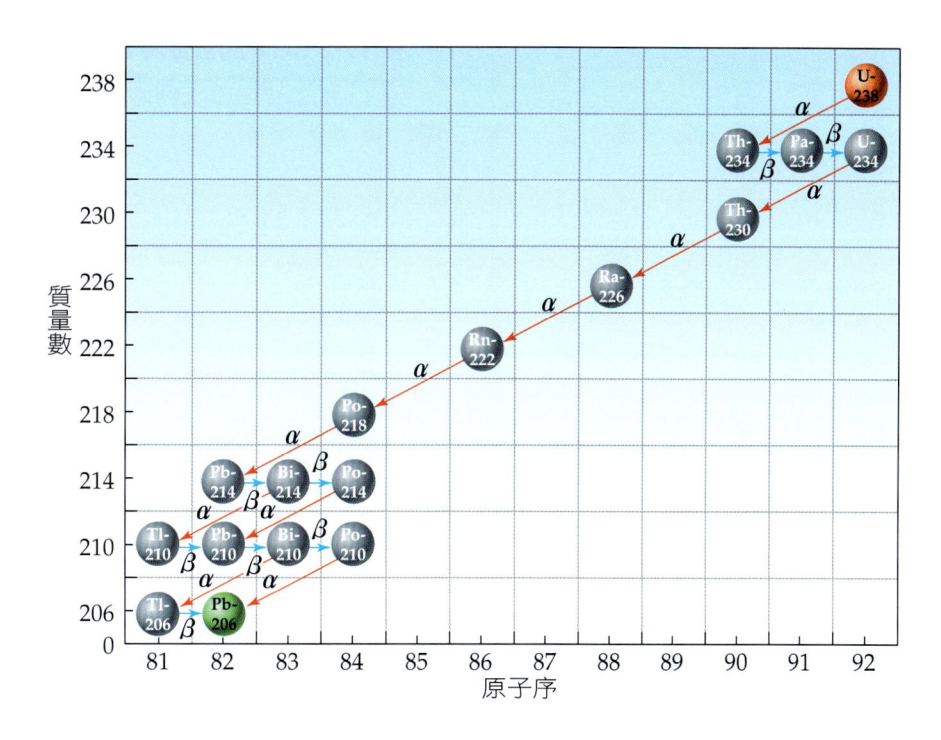

觀念檢查站 17.2

假設剛開始有 100 萬個放射性同位素。需經歷幾次半衰期才可使該原子的數目少於 1000？

（a） 10 （b） 100 （c） 1000 （d） 1001

17.6 放射性碳的年代測定法：測量化石或人工古物的年代

考古學家、地質學家、人類學家及其他的科學家利用環境中的天然放射性物質來測定化石及古物的年齡，這種技術稱為**放射性碳定年法**（radiocarbon dating）。例如在1947年的時候，一位年輕的牧羊人為了尋找迷路的山羊而進入位於死海（耶路撒冷的東部）附近的一個山洞，結果發現了一個陶製的缸子，裏面裝滿了許多捲成軸狀的書冊，這些書冊現在稱為死海書冊 —— 它是已有2000年的聖經手稿，放在一起的其它書冊也有1000年的歲月。

這死海書冊就像其它的古代加工品一樣，可用放射性的方法來測定它的年齡 —— 利用環境中的C-14，大氣中的氮氣被中子撞擊而連續不斷的生成C-14；C-14也藉著 β 衰變又連續不斷的變回N-14，它的半衰期是5730年，因而使環境中的C-14可維持一個穩定的平衡濃度。當C-14被氧化成CO_2而藉光合作用進入植物體，動物又吃植物，因此活的生物體中均含有固定平衡的C-14量。

$$^{14}_{7}N + ^{1}_{0}n \rightarrow ^{14}_{6}C + ^{1}_{1}H$$

$$^{14}_{6}C \rightarrow ^{14}_{7}N + ^{\ 0}_{-1}e$$

表 17.2 C-14 的含量與物質的年歲關係

C-14 的濃度（與生物體的相對 %）	物質的年歲
100.0	0
50.0	5,730
25.00	11,460
12.50	17,190
6.250	22,920
3.125	28,650
1.563	34,380

當生物體死亡後C-14停止進入它的組織且以5730年的半衰期逐漸減少，因此死海書冊及許多古代的加工品都可藉此測得年齡。表17.2列出的是物體含有C-14的量與年代的關係。物體的年歲若少於C-14的半衰期或C-14的量不在半衰期剛好的減半量時也可以算得出來，但這些計算的方法已超出本書的範圍。

C-14的定年法是很準的，它測定的年歲也可用其他方法驗證，例如一顆老樹的年齡可用C-14定年法，也可以用計算樹幹上年輪的方法來加以測定，C-14的定年法只適用於已死亡的生物體（老樹幹的心材是死的組織），如果要測定的物體超過50000年的話，C-14會因為衰變而殘留得太少量，因此使測定不易準確。

範例 17.5　放射性碳定年法

一個應是屬於早期人類的頭蓋骨，經測定後 C-14 只含有正常生物體的 3.125%，請問這個頭蓋骨已有多少年歲？

解答：
由表 17.2 可查出 C-14 含量剩下 3.125％時，他的相對年歲是 28650 年。

17.7 核分裂和原子彈

在1930年代中期，義大利物理學家費密（Fermi，1901－1954）嘗試用中子去撞擊鈾（當時已知的最重元素，原子序為92），費密假設，如果中子進入鈾原子核而經由 β 衰變可使中子轉化為質子，因此可以得到原子序為93的新元素，此核方程式如下：

$$^{238}_{92}U + ^{1}_{0}n \longrightarrow ^{239}_{92}U \longrightarrow ^{239}_{93}X + ^{0}_{-1}e$$

中子　　　　　　　　　　　新合成的元素

費密做了鈾的實驗，也經偵測，確定有 β 粒子產生，但是他沒有去化驗其它的產物，因此沒有明確的結果。德國的三個研究人員Meitner（1878－1968）、Fritz（1902－1980）和Hahn（1879－

17.7 核分裂和原子彈

1968）重做了費密的實驗且化驗了產物，結果發現真的產生了數種較鈾為**輕的**新元素，於是他們在1939年1月6日發表實驗結果：

以中子撞擊鈾元素會發生**核分裂**（nuclear fission），鈾核分裂為鋇（Ba）、氪（Kr）和其它較小的產物，同時會放出巨大的能量，其核方程式如下：

$$^{235}_{92}U + ^{1}_{0}n \rightarrow ^{142}_{56}Ba + ^{91}_{36}Kr + 3^{1}_{0}n + 能量$$

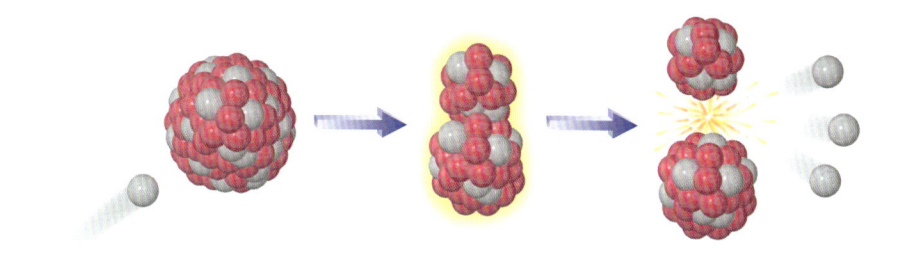

▲ Lise Meitner 在 Otto Hahn 的柏林實驗室。

U-238在自然界的含量很多，但只有U-235才可發生核分裂，它在自然界只有少於1%的蘊藏量。美國的科學家知道U-235的含量較多時才可發生**連鎖反應**（chain reaction）。連鎖反應是由一個鈾核分裂產生的中子，再引起其它鈾核的分裂，即一個中子撞擊U-235後可產生3個中子，此中子又可再撞擊其它未分裂的U-235（▼圖17.10）因而在瞬間，可產生很大的能量──原子彈。但關鍵是如何達到U-235的**臨界質量**（critical mass）──足夠引起U-235自我維持反應的量──這是製造原子彈必要的。

當時正處於第二次世界大戰，因為害怕德國的納粹黨利用此原理製造原子彈，數位美國的科學家去說服當時頗富盛名的科學家──愛因斯坦，後來愛因斯坦寫了一封信給當時的美國總統羅斯福，他說："…用小的質量就可產生巨大威力的新式炸彈，這炸

▶ 圖 17.10 **核分裂的連鎖反應。** 鈾經由核分裂而產生的 3 個中子可使其它的鈾核再分裂。問題：為什麼每個分裂產生的中子數要超過一個才可維持連鎖反應？

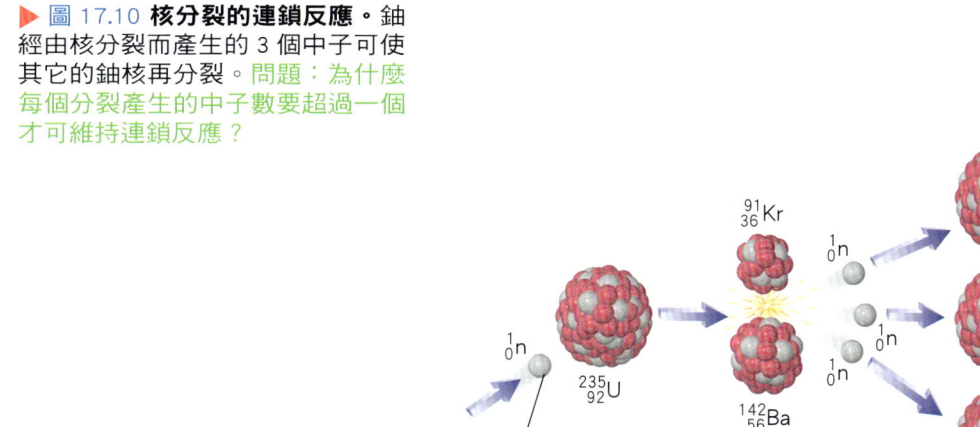

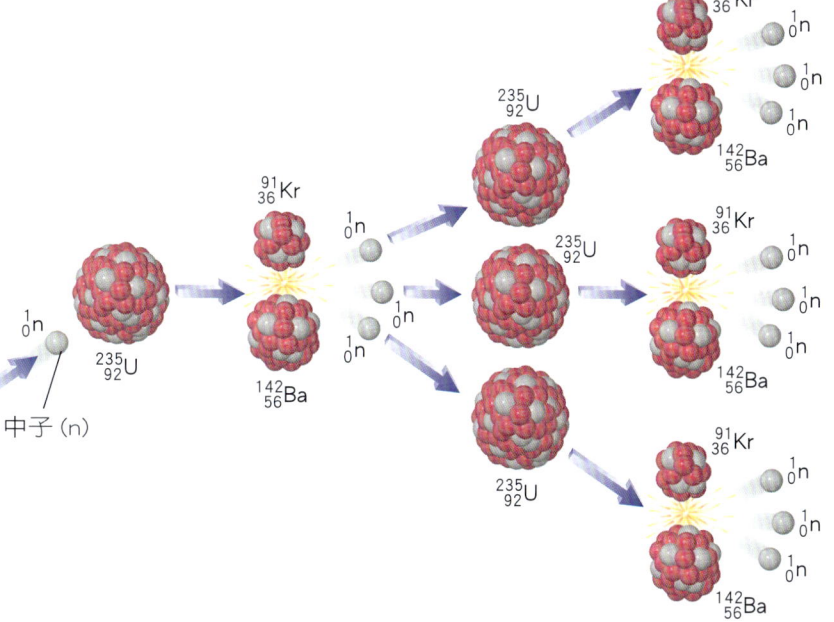

彈用小船運到港口,可炸掉整個港口及周圍的土地。"羅斯福總統相信愛因斯坦的信,因此在1941年集結了資源開始進行這項最貴的科學計畫——絕對機密的曼哈頓計畫,要搶在德國之前製造原子彈。這項計畫由物理學家歐本海默(Oppenheimer,1904-1967)以最安全的方式在新墨西哥的Los Alamos進行。4年後的1945年7月16日全世界第一顆原子彈在新墨西哥試爆成功,它的威力相當於18000噸的炸藥。諷刺的是,當時的德國在還沒有製出原子彈時就已經戰敗,反而是日本承受了這個新式的炸彈,一顆投到廣島,一顆投到長崎,共殺死20萬人而迫使日本投降,第二次世界大戰因而結束,原子的時代因而開始。

▲ 1945年,世界第一顆原子彈在新墨西哥的 Alamogordo 試爆成功。

17.8　核能:用核分裂來發電

　　核分裂可產生巨大的能量,原子彈的能量是瞬間放出,所以殺傷力很大,此能量也可慢慢的放出而用於發電,美國有20%的電是由核分裂產生,在其他的國家有些高達70%。如果利用核分裂的能量來製造核能汽車,則如鉛筆大小的鈾汽缸所發出的能量相當於20000加侖的汽油,如果你平常開車時是一週加油一次的話,那麼核動力汽車經過1000星期(約20年)才需更換燃料棒。

　　相同的,核能電廠也可用少量的核燃料來產出大量的電(▶圖17.11)。核燃料產生熱,再藉由此熱量把水煮沸成水蒸汽,用此高溫高壓的水蒸汽噴出而轉動汽渦輪機進而轉動電樞切割磁力線而發電。核分裂反應在發電廠的**反應器**內進行,反應器是由含3.5% U-235的燃料棒散置在可抽放的中子吸收控制棒的旁邊。當控制棒完全抽出,則鏈鎖反應開始發生,若控制棒完全插入則吸收了中子而使核分裂反應停止。

　　藉著控制棒的抽出或插入可控制核分裂的進行,例如需要更多的熱則稍微抽出一點,若反應爐太熱了,則稍插入多些。若發電廠故障了,則控制棒會自動完全插入而停止核反應。50公斤的核燃料棒可提供一天100萬人的城市所需的電力,而且不會有空氣污染及溫室效應,相對的若用燃煤來發電則需要200萬公斤的煤,且會伴生一氧化碳、氮氧化物和硫氧化物等氣體污染空氣及產生大量的CO_2生成溫室效應。

▲ 技術人員在檢查核反應器的爐芯,其中包含燃料棒及控制棒。

　　然而核能電廠並非沒有問題,若發生核能事故則很危險。儘管安全措施做得很好,在核能發電廠中的核分裂會發生過熱現象,最出名的例子是1986年4月26日在蘇聯的車諾比爾核能電廠事故,該電廠為了進行一項減少成本的實驗,把反應器的安全措施暫停不用,但很不幸因為實驗失敗,而使反應爐芯的石墨過熱而發生燃燒,這個不幸的事件造成31人死亡,且火災使輻射物質飄向大氣層

▲ 圖 17.11 **核能電廠**。核分裂產生的熱使水煮沸成高溫高壓的水蒸氣，水蒸氣再吹動汽渦輪機而發電。注意：反應爐心的過熱高壓水管和吹動汽渦輪機的蒸氣管是獨立分開的循環系統。

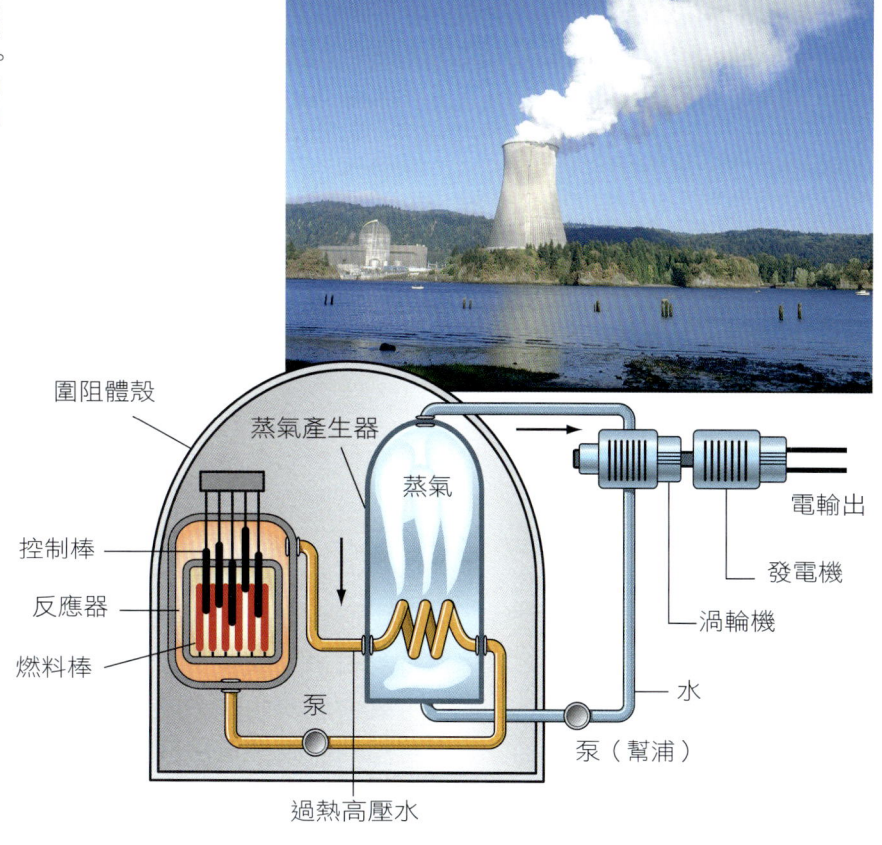

而影響全世界，周遭的土地也不適居住，後來因此致癌而死亡的人數尚未計入。

核能電廠並不會變成原子彈，因為核能電廠的鈾燃料棒所含的U-235太少，因此無法產生連鎖效應而瞬間爆炸。美國的核能電廠為了防止類似意外發生，因此在反應器外，建立了一個很厚的圍阻體。

核能電廠存在的第二個問題是核廢料的處理，雖然核能電廠所用的燃料量比其它燃料少很多，但是它產生的核廢料具有很長的半衰期（數千年或更久），目前美國的核廢料是堆放在核能電廠中，至於永久的堆置場則預定在2010年放在內華達的山區，不過政治上的抗爭或許會無法順利進行。

17.9　核融合：太陽能

核分裂是把較重的核種分裂為2個或2個以上較輕的核種，而**核融合**（nuclear fusion）則是由2個較輕的核種融合成一個較重的核種，無論核分裂或核融合都會放出巨大的能量，核融合是星球能量的來源（如太陽），太陽就是藉由氫原子融合在一起，而形成氦原子，同時放出巨大的能量。

用核融合製造的核武器稱為氫彈，現在的氫彈威力大約是第一顆原子彈的1000倍，此氫彈根據的核融合反應方程式如下：

$$^2_1H + ^3_1H \rightarrow ^4_2He + ^1_0n$$

反應中，氘（氫的同位素，有一個中子）和氚（氫的同位素，有2個中子）合併生成He-4和一個中子。因為核融合反應需要2個均帶電荷的核種融合在一起（會彼此相斥），所以需要極高的溫度來克服他們的排斥力。引爆氫彈時，需要一個小型的原子彈提供高溫以助核融合的進行。

利用核融合來發電一直是很熱門的研究主題，原因有二，一是可以得到較多的能量，每克燃料所得之能量約是核分裂的10倍；二是核融合反應的傷害度較核分裂少，因此核融合是未來能源的主要來源。

儘管如此，核融合的發電技術仍然有待克服，因為融合時的高溫沒有材料可以承受，美國多年來已投入了10億美元，但研究仍無進展，國會已開始刪減此方面的研究計畫經費。核融合是否可成為一項可用的能源？且拭目以待。

17.10　輻射對生命的影響

輻射可在瞬間游離生物體內的分子，因此當輻射傷害到活細胞內的重要分子時，一連串的問題將會發生。尤其是具有 α、β 的輻射物質進入人體所造成的傷害將特別嚴重。輻射對生命的影響可分為3種不同的類型：急性的輻射傷害、增加致癌的危險及對基因的影響。

急性的輻射傷害

在原子彈爆炸時或核反應器的爐心部位，常易在短時間內暴露於大量的輻射，此時大量的細胞會被殺死。分裂速度快的細胞，例如免疫細胞、腸子內部的細胞等最易受影響，因此人體的免疫力會下降，由食物中吸收營養的能力也會減少，接著易受到感染而死亡，如果暴露的輻射量少些，隨著時間的拉長，或許此現象可逐漸恢復。

增加致癌的危險

暴露於較低量的輻射但時間較久時，易增加致癌的危險，因為細胞內的DNA分子受到損傷，DNA是引導細胞成長和複製的重要分子，受損的DNA會不正常的快速成長而形成腫瘤，它會擴散至身體的其他器官，最後則導致死亡。暴露於輻射的量越多，致癌的危險就越大，不過因為致癌的原因太多了，因此單獨由輻射所造成的致癌風險到底有多少，尚難以精確的估計。

基因缺陷

輻射損傷了再生細胞的DNA（如卵子或精子），因而生成基因缺陷，它將影響後代的子孫，有生出怪胎的可能。在實驗室裏已用動物做實驗，結果證實高計量的輻射會產生基因缺陷，廣島市的核爆倖存者目前還在觀察他們在遺傳方面的影響。

測量輻射暴露量

衰變的半衰期越短者，其放射性之強度越大，為了具體顯示衰變強度之不同，通常所採用的單位有3種：

1. **居禮**（curie）：是任一放射性元素每秒衰變數為3.7×10^{10}時所應存在之量。
2. **侖琴**（roentgen）：使每公斤的空氣產生2.58×10^{-4}庫侖的輻射量。
3. **侖目**（rem）：人類的輻射暴露量常以rem為單位，由於放射性衰變產生的粒子和射線在行為上並不相同，因此發明一種侖目（rem）的單位，亦稱為**人類侖琴當量**，藉以指出衰變對人的傷害。平均而言，我們每人每年輻射的暴露量約為1/3侖目，尤其是Rn，它是鈾同位素的一種衰變產物（◀圖17.12）。

在表17.3顯示，若瞬間的暴露量達到20 rem，會使白血球數減少；或為100 rem則顯示得癌症的危險增加；而超過500 rem時常會致死。

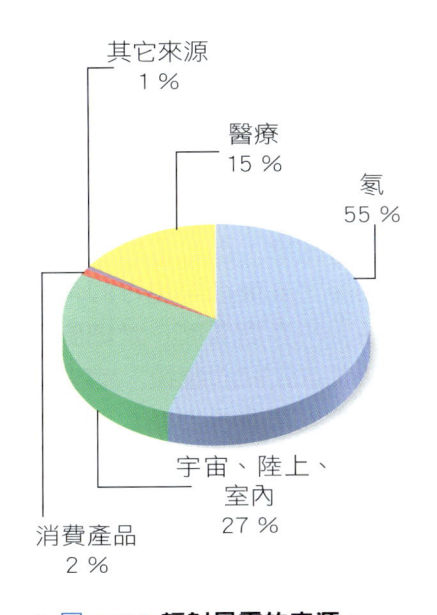

▲ 圖 17.12 **輻射暴露的來源。**

表 17.3 輻射暴露的影響

暴露量（rem）	可能的結果
20-100	減少白血球的數目，可能加致癌症的危險
100-400 rem	輻射病、皮膚受損、增加致癌的危險
500 rem	死亡

17.11 放射醫學

放射性似乎很危險，但它在醫師的診斷疾病時卻非常有用，**同位素掃描**（isotope scanning）和**放射治療**（radiotherapy）法就是最好的例子。

同位素掃描

在本章開始時所談的疾病檢驗正好是同位素掃描的例子，具有放射性的同位素注入身體，然後藉著它放出的輻射以照相的底片或閃爍計數器來偵測。同位素掃描的用處很多，不同的同位素可用於偵測不同的器官或組織。例如P－32優先用於癌組織的偵測。I－131用於甲狀腺疾病，而Tc－99則用於內部器官的顯現影像（◀圖17.13）。

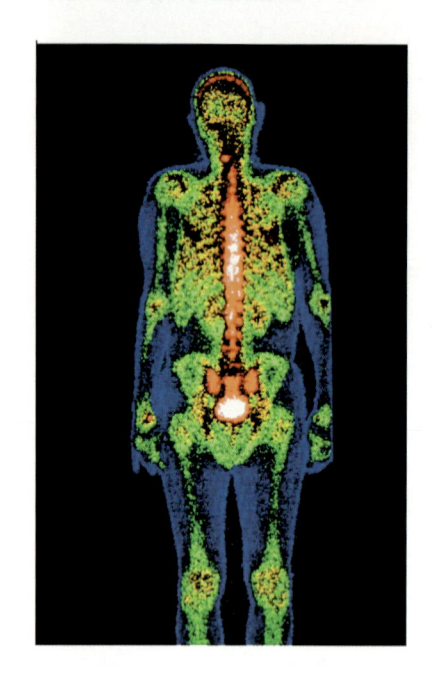

▲ 圖17.13 **同位素掃描**。鎝(Tc-99)常用於骨骼掃描的放射性源。

放射治療法

放射線可殺死細胞，尤其是分裂快速的細胞，因此常用於癌症的治療（癌細胞的分裂速度比正常細胞快），α射線可用不同角度瞄準內部器官的腫瘤，使腫瘤細胞具有最大的暴露量而正常細胞的暴露量則盡量減少（參見第9章）。但是經過放射治療後，病人常有嘔吐、皮膚燒傷和掉頭髮的症狀。或許有人會覺得用於放射治療的輻射不是也會致癌嗎？回答這個問題首先要考慮風險分析，一個癌症病患為了治療的需要，其一般的暴露量約為100 rem，這樣的值大約會增加1%的致癌機會，但是癌症病人卻有100%因癌而死的機會，接受放射治療或許有治癒癌症的機會，因此值得一試。

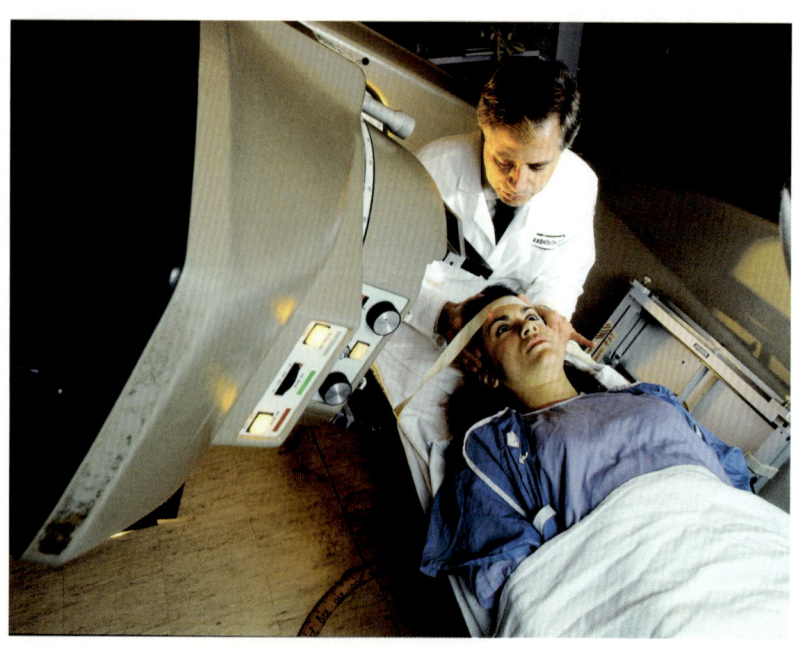

▶ 圖 17.14 **癌症的放射治療**。惡性腫瘤以 Co-60 的 α 射線在腫瘤處環繞照射，而正常的組織則盡量避免照射。

習題

問答題

1. 何謂放射性？一個原子具有放射性代表何意義？
2. 解釋右方表示式中每個符號的意義：^A_ZX
3. 何謂 α 輻射？α 粒子的符號為何？
4. 一個原子放射出一個 β 粒子會發生什麼情況？
5. 何謂核方程式？核方程式需要平衡是何意？
6. C-14 定年法準確嗎？它有何限制？
7. 如何用核分裂來發電？
8. 現代的核武器是用核分裂或核融合或兩者都有？
9. 試解釋為何輻射會增加致癌的危險？

練習題

10. 寫出一個 Pb 同位素的符號，它含有 125 個中子
11. 右列核種中有多少個質子和中子？$^{207}_{81}Tl$
12. 寫出下列各核種經過 α 衰變後的核方程式
    (a) U-234 (b) Th-230
    (c) Ra-226 (d) Rn-222
13. 寫出下列各核種經過 β 衰變後的核方程式
    (a) Pb-214 (b) Bi-214
    (c) Th-231 (d) Ac-227
14. 寫出下列各核種經過正子放射後的核方程式
    (a) C-11 (b) N-13 (c) O-15
15. 請填入下列部分衰變系列的空格：

    $^{241}_{94}Pu \rightarrow \; ^{241}_{95}Am + \underline{\quad}$

    $^{241}_{95}Am \rightarrow \; ^{237}_{93}Np + \underline{\quad}$

    $^{237}_{93}Np \rightarrow \underline{\quad} + \; ^4_2He$

    $\underline{\quad} \rightarrow \; ^{233}_{92}U + \; ^0_{-1}e$

16. 寫出 Th-232 經過下列連續衰變的部分系列核方程式：
    α → β → β → α
17. 如果你有 1000 個放射性核種的樣品，它的半衰期是 2 天，請問 10 天後，該原子還剩下多少個？
18. 1.55g 的放射性核種樣品，半衰期為 3.8 天，試問經過 11.4 天後尚剩餘多少克樣品？
19. 一個古代的頭蓋骨的 C-14 含量為正常活體組織的 1.563%，請問他已有多少年歲？
20. 寫出中子誘導 U-235 分裂為 Xe-144 和 Sr-90 的核反應方程式，在反應中會產生多少個中子？

化學與健康

環境中的氡

氡是放射性的鈾經過一系列衰變後的放射性氣體。只要地上有鈾，則空氣中必然會有氡的存在，氣體的氡和它的放射性子核會附著在塵粒上而吸入我們的肺部，進而產生肺癌的危險，氡的放射性衰變是造成目前人類在自然界中暴露最多的輻射來源。

家裏的環境若經常維持密不通風，將會累積較高含量的氡氣而傷害人體，它的危險度甚至高過吸菸者，所以要經常打開門窗、保持通風是很重要的。

你能回答這個問題嗎？ 假設房間內含有 1.8×10^{-3} mol 的 Rn—222（它的半衰期是 3.8 天），若沒有另外的 Rn—222 進入房間，請問需多久的時間才可令它的量衰變至剩下 4.50×10^{-4} mol？

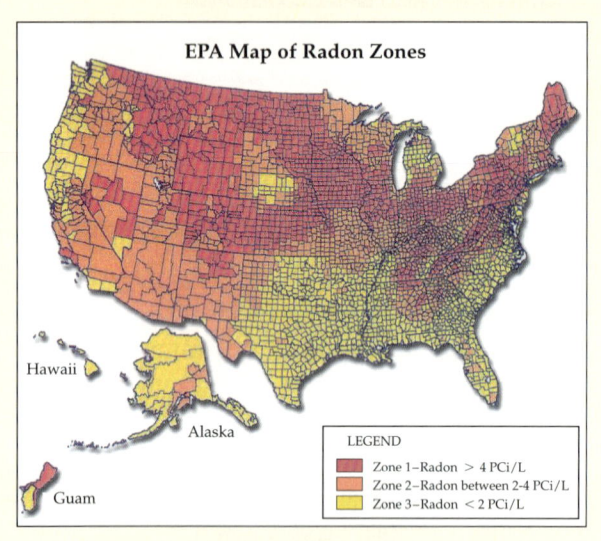

▲ 美國地區含有氡的分佈圖，Zone-1 代表氡的濃度最高而 Zone-3 代表氡的濃度最低。

媒體中的化學

杜林大教堂內的裹屍布

杜林裹屍布是放在義大利的杜林大教堂中，它像是一塊舊的麻布衣釘披在一個十字架上的人像身上，如果將此裹屍布拍成負片，圖像將可顯得更清楚些。

大家都相信此裹屍布是耶穌基督當年所用的，但是在 1988 年的時候，羅馬天主教堂選擇了 3 個獨立的實驗室，委託他們以 C-14 同位素定年法測定它的年歲，結果這 3 個實驗室都得到相似的測定結果 —— 這個麻布衣大約是西元 1325 年的產品。

雖然科學的測定未必是 100% 的準確，但是全世界的報紙立刻報導說那麻布衣是贋品。

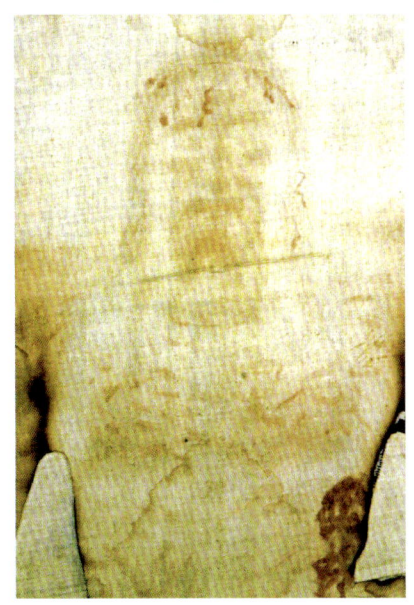

▲ 杜林裹屍布。

你能回答這個問題嗎？ 假設某人工製的古物聲稱是西元前 3000 年的產品，但它經過 C-14 含量的測定後發現其中 C-14 的含量只有正常生物體的 55％，你認為此人工製的古物是真的嗎？

CHAPTER 8

第 18 章
有機化學

18.1	我聞到什麼
18.2	生機說：有機與無機之差異
18.3	碳：多用途原子
18.4	烴類：僅含有碳與氫的化合物
18.5	烷類：飽和烴
18.6	異構物：相同化學式不同結構式
18.7	烷類命名
18.8	烯類與炔類
18.9	碳氫化物反應
18.10	芳香烴
18.11	官能基
18.12	醇類
18.13	醚類
18.14	醛類與酮類
18.15	有機酸與酯類
18.16	胺類
18.17	聚合物

"The atoms come together in different order and position, like the letters, which, though they are few, yet, by being placed together in different ways, produce innumerable words."

Epicurus (341–270 B.C.)

原子以不同的排列次序和位置組合，就像字母一樣，我們以為就不過是那麼一些罷了，然而經由各種不同排列組合的方式，就產生了無數的字彙。

伊壁鳩魯（紀元前 341-270）

18.1 我聞到什麼

香水公司耗費巨資生產最宜人香味，而是什麼導致氣味？答案當然是分子。有些是舒服的，像聞到花香，有些是不舒服的，像聞到魚臭味。嗅覺起因於那些分子？有許多分子是不具有味道的，以氮氣、氧氣、水及二氧化碳為例，不斷地進出鼻子而沒有味道。而在我們的經驗裡大部份有味道的是包含有H、N、O和S等元素的含碳**有機分子**（organic molecules）。諸如：玫瑰香、香草香、肉桂香、杏仁香、茉莉香、體臭和腐敗魚臭等，其氣味都因具有含碳分子。將肉桂灑在法式土司上，當肉桂中的桂皮醛氣化到空氣中，吸入後感覺有肉桂的味道；當路過有腐敗魚的海灘，會吸入獨特而難聞的三乙基胺（triethylamine）。對於味道有不同反應，肉桂味告訴你有好吃的，而不好聞的腐敗魚味則告訴你要迴避。

研究含碳物質及其反應的學問稱為**有機化學**（organic chemistry）。除了組成許多具有味道的物質外，有機化合物普遍存在於諸如：食物、醫藥、石油化學品和殺蟲劑等物質中。有機化學也是生物組織的基礎，而生命起源於含碳化合物，因此有機化學最重要而令人感興趣的是去了解活的有機體。

◀ 茉莉甜美味道來自於苯基乙酯的化合物，當你聞茉莉花所釋出的苯基乙酯，在鼻子接受器裡觸動神經訊息，連到大腦判斷為甜美味道。

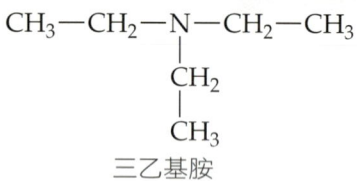

▲ 像三乙基胺這種含碳物質聞起來就像死魚一般。

▲ 香草莢及肉桂片是具有特殊味道的香精及肉桂醛。

▶ 糖是一種有機化合物，可從甜甘蔗或甜菜獲得，鹽是一種無機化合物，將從鹽礦或海洋獲得。

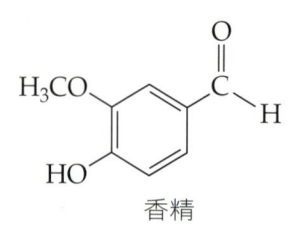

有機的　　　　無機的

18.2　生機說：有機與無機之差異

　　十八世紀末，化學家大致將化合物分為有機物與無機物，認為有機物從生物而來。糖是從甜甘蔗或甜菜獲得的一種有機化合物，相反的，鹽是一種從鹽礦或海洋獲得的無機化合物。

　　有機物與無機物在組成及特性上都不同，有機物易分解，以糖為例：容易受熱分解為碳及水，然而，無機物不易分解，其中鹽需加熱到極高溫度才能分解。但有機物不易合成，而無機物較易合成。

　　早期科學家認為有機物的起源來自於活的物質，活的物質存在著**活體力量**（vital force）產生有機物質，不具生命的物質，因沒有活體力量而無法產生有機物質。**生機說**（vitalism）之所以聞名，在於沒人能在實驗室合成有機化合物。

1828年德國化學家Friedrich Wöhler合成有機物，證明生機說是錯誤的。他對無機物氰酸銨（ammonium cyanate）加熱，而形成有機物的尿素（urea）。

$$NH_4OCN \xrightarrow{\text{加熱}} H_2NCONH_2$$
氰酸銨　　　　　尿素

尿素是知名的有機化合物，早先只可從尿液分離出來。當時雖然無法理解，但Wöhler的簡單實驗則是打開科學研究歷程的關鍵步驟，他指出組成生命組織的化合物遵循科學法則，是可研究及了解的。今日，已知的有機化合物有數百萬種，而有機化學是一個寬廣的領域，可廣泛的運用在醫藥、石油化學及塑膠的製品。

18.3 碳：多用途原子

為何生命發展的基礎是碳化學而不是其他元素，答案並不單純。但我們知道生命為了能存在，必須複雜而多樣。清楚的是，碳化學是複雜而多樣的，其中含碳的化合物總數，超過週期表其他元素化合物的總和。理由有二：第一個理由，碳原子有4個價電子能形成4個共價鍵。回顧碳原子及含碳化合物的路易士結構：

在練習畫出有機化合物結構的同時，要記得碳原子形成4個鍵結。

第二個理由，碳更甚於其它元素的是碳原子間能形成鏈狀、具支鏈及環狀的鍵結。

丙烷　　　　　異丁烷　　　　　環己烷

因碳原子的多樣性，使碳成為數百萬種不同化合物的主力骨幹，而這正是生命存在之所需。

當碳形成4個單鍵,則有四團電子團圍繞著碳原子周圍,並以價層電子對排斥(VSEPR)理論預測分子構形為四面體。

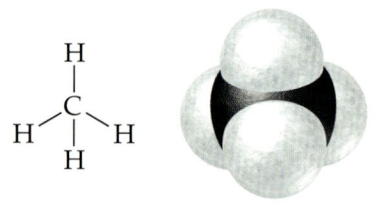

四面體

當碳形成1個雙鍵及2個單鍵,則有3團電子團在碳原子周圍,並以VSEPR理論預測分子構形是平面三角形。

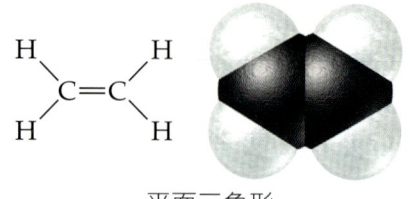

平面三角形

當碳形成1個參鍵及1個單鍵,則有2團電子團在碳原子周圍,結果成線形。

線形

18.4 烴類:僅含有碳與氫的化合物

烴類(hydrocarbons)僅含有碳與氫的化合物,是最簡單的有機化合物。由於碳原子的多樣性,因而有各類碳氫化合物的存在,不同數目的氫原子鍵結在不同方式的碳原子間的鍵結上,因此有成千上百個不同化合物。碳氫化物常用來燃燒,諸如罐裝的蠟、原油、汽油、液態瓦斯及天然瓦斯都具有碳氫化物的成份,同時碳氫化物也是紡織品、肥皂、染料、化妝品、醫藥、塑膠及橡膠的合成原料。

由▶圖18.1所示,碳氫化物大致上可分成四類:烷(也稱為飽和烴)、烯、炔及芳香烴(以上稱為未飽和烴),可用不同分子式區分烷、烯及炔。

烷(alkanes) C_nH_{2n+2}
烯(alkenes) C_nH_{2n}
炔(alkynes) C_nH_{2n-2}

▶ 圖 18.1 **烴類分類流程圖**。此流程僅適用於開鏈碳氫化合物

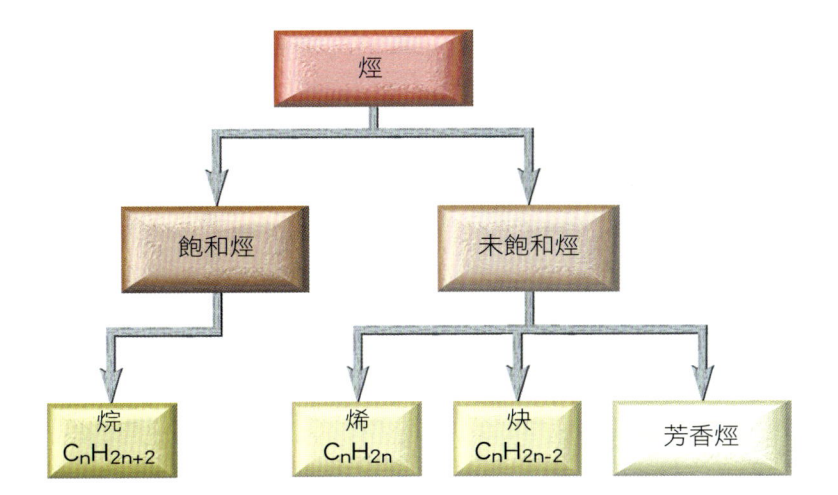

烴 → 飽和烴、未飽和烴
飽和烴 → 烷 C_nH_{2n+2}
未飽和烴 → 烯 C_nH_{2n}、炔 C_nH_{2n-2}、芳香烴

範例 18.1　以分子式區分烷、烯及炔

利用分子式決定下列非環狀碳氫化合物是烷、烯或是炔。

(a) C_7H_{14}

(b) $C_{10}H_{22}$

(c) C_3H_4

解答：

(a) C_7H_{14}

因為 n=7 所以碳的數目是 7，則 14=2n，這為烯類。

(b) $C_{10}H_{22}$

因為 n=10 所以碳的數目是 10，則 22=2n + 2，這為烷類。

(c) C_3H_4

因為 n=3 所以碳數目是 3，則 4=2n − 2，這為炔類。

18.5　烷類：飽和烴

烷類（alkanes）是單鍵碳氫化合物，因為與氫的鍵結達到飽和容量，也稱為**飽和烴**（saturated hydrocarbons）。其中，甲烷（CH_4）為最簡單的碳氫化合物，是天然氣的主要成份。

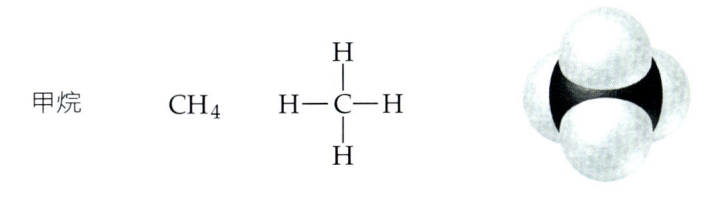

甲烷　　CH_4　　H—C—H (H上下)

化學式　　結構式　　空間模型

上圖中間的化學式不僅表示結合原子的數目和型式，也呈現了結構，稱此化學式為**結構式**（structural formula），結構式只表示原子在平面上的鍵結，但無法表示立體空間原子的空間模型（如上圖右）。

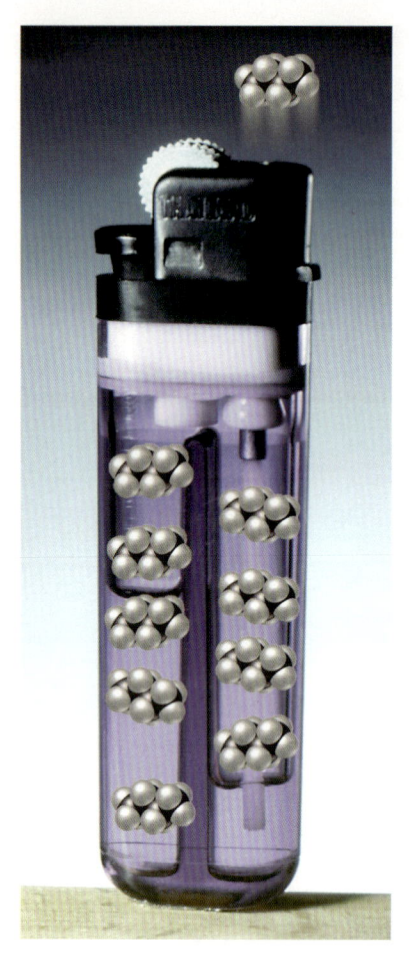

第 18 章　有機化學

另一個碳氫化合物是乙烷（C_2H_6），其中將甲基（$-CH_3$）取代甲烷中的氫原子，則成為乙烷的結構式。

乙烷　C_2H_6

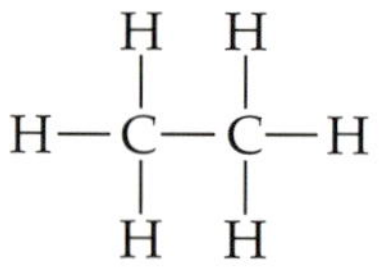

化學式　　　結構式　　　　　　空間模型

在天然氣中含有少量乙烷。

另一個簡單的碳氫化合物是液態丙烷（liquid propane, LP）氣，它的主要成份是丙烷（C_3H_8）。

丙烷　C_3H_8

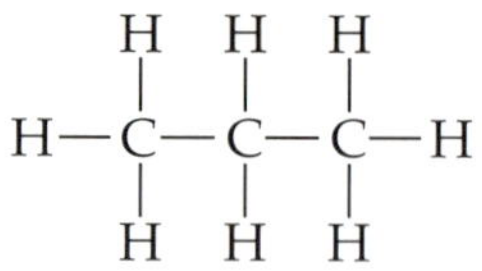

化學式　　　結構式　　　　　　空間模型

有些有機化合物用縮短結構式的方式，即以**縮寫結構式**（condensed structural formulas）表之。以丙烷縮寫結構式為例：

$CH_3CH_2CH_3$

其中鍵結形態**並不是**C-H-H-H-C-H-H-C-H-H-H的意思，而結構能縮寫是因為碳原子有4個鍵結，而氫原子只有1個鍵結，因此縮寫結構式能簡易表示結構式，如前例丙烷縮寫結構式所示。

打火機油的主要成份是丁烷（C_4H_{10}）。

丁烷　C_4H_{10}

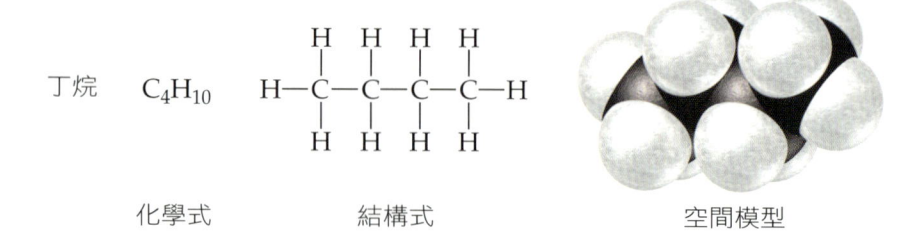

化學式　　　結構式　　　　　　空間模型

碳原子以直鏈結合稱為**正烷類**（normal alkanes, n-alkanes），3個碳原子以上的正烷類結構表示如下：

$CH_3(CH_2)_mCH_3$

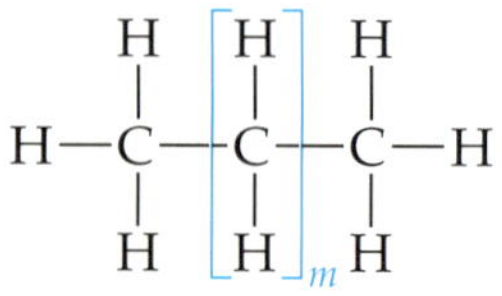

縮寫結構式　　　　　　結構式

當正烷類碳原子數增加，則沸點增加，其中甲烷、乙烷、丙烷、丁烷在室溫下都是氣體，但戊烷在室溫下則是液體。

▲ 打火機油的主要成份是丁烷。

$m = -CH_2-$ 團的數目

烷類	沸點（°C）
甲烷（methane）	-161.5
乙烷（ethane）	-88.6
丙烷（propane）	-42.1
丁烷（butane）	-0.5
戊烷（pentane）	36.0
己烷（hexane）	68.7
庚烷（heptane）	98.5
辛烷（octane）	126.5

18.5 烷類：飽和烴 427

戊烷　　C_5H_{12}

化學式　　結構式　　空間模型

戊烷是汽油的成份。表18.1摘錄正烷類從甲烷到癸烷（含10個碳），其中像戊烷、己烷到壬烷（nonane）、癸烷（decane）都是汽油的成份。表18.2摘錄常見的碳氫化物的使用。

表 18.1 烷類

n	名稱	分子式	結構式	濃縮結構式
1	甲烷	CH_4		CH_4
2	乙烷	C_2H_6		CH_3CH_3
3	丙烷	C_3H_8		$CH_3CH_2CH_3$
4	丁烷	C_4H_{10}		$CH_3CH_2CH_2CH_3$
5	戊烷	C_5H_{12}		$CH_3CH_2CH_2CH_2CH_3$
6	己烷	C_6H_{14}		$CH_3CH_2CH_2CH_2CH_2CH_3$
7	庚烷	C_7H_{16}		$CH_3CH_2CH_2CH_2CH_2CH_3$
8	辛烷	C_8H_{18}		$CH_3CH_2CH_2CH_2CH_2CH_2CH_3$
9	壬烷	C_9H_{20}		$CH_3CH_2CH_2CH_2CH_2CH_2CH_2CH_3$
10	癸烷	$C_{10}H_{22}$		$CH_3CH_2CH_2CH_2CH_2CH_2CH_2CH_2CH_3$

表 18.2 碳氫化物的使用

原子數	狀態	主要用途
1–4	氣體	燃料
5–7	低沸點液體	有機溶劑、汽油
6–18	液體	汽油
12–24	液體	噴射燃料、輕便爐燃料
18–50	高沸點液體	柴油燃料、潤滑油、重油
50+	固體	石油膠、石蠟

範例 18.2　寫出正烷類化學式

寫出辛烷（C_8H_{18}）的結構式及濃縮結構式。

首先寫出結構式中碳原子的骨幹。	解答： C—C—C—C—C—C—C—C
因碳原子的鍵結量為 4，第二步則填上氫原子。	（結構式，每個C上補H）
將碳上的氫原子標示後，計算出數目並寫出濃縮結構式。	$CH_3CH_2CH_2CH_2CH_2CH_2CH_2CH_3$

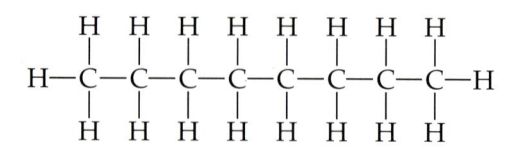

18.6 異構物：相同化學式不同結構式

除了直鏈串聯的正烷類之外，碳原子的鍵結也可呈樹枝狀**具支鏈的烷類**（branched alkanes），下列為具支鏈的異丁烷的結構式。

18.6 異構物：相同化學式不同結構式

異丁烷　C_4H_{10}

$$\begin{array}{c} H\quad H\quad H \\ |\quad\ |\quad\ | \\ H-C-C-C-H \\ |\quad\ |\quad\ | \\ H\quad\ |\quad H \\ \ \ \ \ H-C-H \\ \ \ \ \ \ \ \ \ | \\ \ \ \ \ \ \ \ \ H \end{array}$$

化學式　　　　結構式　　　　空間模型

異丁烷與丁烷具相同化學式，但結構式不同，則稱為**異構物**（isomers）。因為不同結構，所以有不同的特性，所以異構物是不同的物質。丁烷有2種異構物，戊烷有3種，己烷有5種，癸烷有75種。

範例 18.3　寫出異構物的結構式

畫出己烷的 5 種異構物。

解答：
首先畫出結構式中碳原子的骨幹。

　　　直鏈異構物　C—C—C—C—C—C。

再畫出其他四個異構物中碳原子的骨幹。

$$\begin{array}{cc} \text{C—C—C—C—C} & \text{C—C—C—C} \\ \ \ \ \ \ \ \ \ \ \ |\ \ \ \ \ \ & \ \ \ \ \ \ |\ \ |\ \ \\ \ \ \ \ \ \ \ \ \ \ \text{C}\ \ \ \ \ \ & \ \ \ \ \ \ \text{C}\ \ \text{C} \end{array}$$

$$\begin{array}{cc} \ \ \ \ \ \ \ \ \text{C} & \\ \ \ \ \ \ \ \ \ | & \\ \text{C—C—C—C} & \text{C—C—C—C—C} \\ \ \ \ \ \ \ \ \ | & \ \ \ \ \ \ \ \ | \\ \ \ \ \ \ \ \ \ \text{C} & \ \ \ \ \ \ \ \ \text{C} \end{array}$$

最後將氫原子加上，補足碳原子的 4 個鍵結。

$$\begin{array}{c} H\ \ H\ \ H\ \ H\ \ H\ \ H \\ |\ \ \ |\ \ \ |\ \ \ |\ \ \ |\ \ \ | \\ H-C-C-C-C-C-C-H \\ |\ \ \ |\ \ \ |\ \ \ |\ \ \ |\ \ \ | \\ H\ \ H\ \ H\ \ H\ \ H\ \ H \end{array}$$

（其餘四種異構物結構式）

18.7 烷類命名

表 18.3 烷鏈的前置詞

碳原子數	前置詞
1	甲－（meth－）
2	乙－（eth－）
3	丙－（prop－）
4	丁－（but－）
5	戊－（pent－）
6	己－（hex－）
7	庚－（hept－）
8	辛－（oct－）
9	壬－（non－）
10	癸－（dec－）

許多有機化合物擁有通用的俗名，這只能靠一一去學習而熟知。然而，因為有如此之多的有機化合物，所以系統化的命名是必需的。本書採取世上通用的IUPAC（International Union of Pure and Applied Chemistry）命名法。在這系統中，最長含碳的鏈稱為**母鏈**（base chain），決定化合物的基名，而加在基名前頭的字的前置詞是由母鏈上含碳的個數決定。前置詞如表18.3所示，其中烷類基本名稱以「烷」結尾，在母鏈上的含碳支鏈稱為**烷基**（alkyl groups），是用來**取代**氫的原子團，稱為**取代基**（substituent）。常用烷基表列在表18.4。

表 18.4 常用烷基

濃縮結構式	命名
—CH_3	甲基（methyl）
—CH_2CH_3	乙基（ethyl）
—$CH_2CH_2CH_3$	丙基（propyl）
—$CH_2CH_2CH_2CH_3$	丁基（butyl）

—CHCH$_3$
   |
  CH$_3$
	異丙基（isopropyl）

—CH$_2$CHCH$_3$
      |
     CH$_3$
	異丁基（isobutyl）

—CHCH$_2$CH$_3$
   |
  CH$_3$
	第二丁基（*sec*-butyl）

CH$_3$
    |
—CCH$_3$
   |
  CH$_3$
	第三丁基（*tert*-butyl）

下面的法則能有系統對烷類命名：

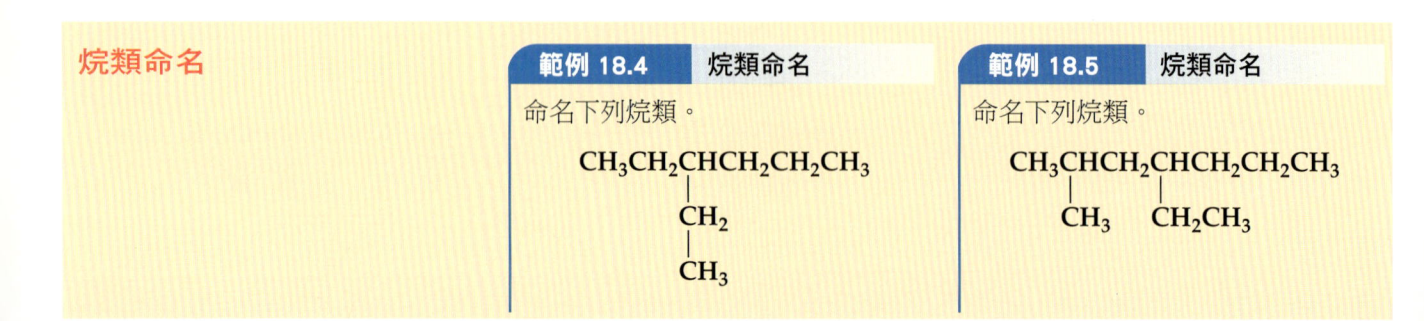

烷類命名

範例 18.4　烷類命名

命名下列烷類。

$$CH_3CH_2CHCH_2CH_2CH_3$$
$$|$$
$$CH_2$$
$$|$$
$$CH_3$$

範例 18.5　烷類命名

命名下列烷類。

$$CH_3CHCH_2CHCH_2CH_3$$
$$|\qquad\quad|$$
$$CH_3\quad CH_2CH_3$$

18.7 烷類命名 431

1. 在最長連續碳鏈上計算碳原子的數目，用來決定此化合物的基本名稱，由碳原子數目（參照表18.3）決定前置詞，並加上「烷」字作為基本名稱。	**解答：** 最長碳鏈有 6 個碳。 CH₃CH₂CHCH₂CH₂CH₃ 　　　　│ 　　　　CH₂ 　　　　│ 　　　　CH₃ 由表 18.3 得知前置詞為己－ 基本名稱為己烷。	**解答：** 最長碳鏈有 7 個碳。 CH₃CHCH₂CHCH₂CH₂CH₃ 　　│　　　│ 　　CH₃　　CH₂CH₃ 由表 18.3 得知前置詞為庚－ 基本名稱為庚烷。
2. 每一個支鏈都是一個取代基，根據表 18.4 命名取代基。	此化合物有一取代基：乙基。 CH₃CH₂CHCH₂CH₂CH₃ 　　　　│ 　　　　CH₂ 　　　　│　　乙基 　　　　CH₃	此化合物有二取代基：甲基及乙基。 CH₃CHCH₂CHCH₂CH₂CH₃ 　　│　　　│ 　　CH₃　　CH₂CH₃ 　　甲基　　乙基
3. 將母鏈上最靠近取代基的碳原子從最末端依序編號，決定取代基所在碳原子的編號。	母鏈依下列方式命名： 　1　2　3　4　5　6 CH₃CH₂CHCH₂CH₂CH₃ 　　　　│ 　　　　CH₂ 　　　　│ 　　　　CH₃ 乙基位在 3 號碳上面。	母鏈依下列方式命名： 　1　2　3　4　5　6　7 CH₃CHCH₂CHCH₂CH₂CH₃ 　　│　　　│ 　　CH₃　　CH₂CH₃ 甲基位在 2 號碳上面。 乙基位在 4 號碳上面。
4. 依照（取代基所在碳的編號）－（取代基的名稱）（基本名稱）的順序命名化合物，二個以上的取代基則以取代基的英文字母順序排列。	此化合物的名稱為： **3－乙基己烷**	此化合物的名稱為： **4－乙基－2－甲基庚烷** 乙基在甲基之前是因為烷基之英文字母順序所然。
5. 用前置詞二－（di－），三－（tri－），四－（tetra－）表示一個以上的取代基，如果取代基是相同用「，」區格，不同取代基則以英文字母排序。	此化合物不適用	此化合物不適用

範例 18.6　烷類命名

命名下列烷類。

CH₃CHCH₂CHCH₃
　│　　　│
　CH₃　　CH₃

1. 在最長連續碳鏈有 5 個碳，所以基本名稱是戊烷。

解答：

H₃C—CH—CH₂—CH—CH₃
　　　│　　　　　│
　　　CH₃　　　　CH₃

2. 化合物有二個取代物，都是甲基。

　　　　　　CH₃CHCH₂CHCH₃
甲基→　　　　│　　　│　　←甲基
　　　　　　CH₃　　CH₃

3. 若取代物距離最長碳鏈的距離相同，則碳鏈中碳原子的編號順序左右開始皆可。

　1　2　3　4　5
CH₃CHCH₂CHCH₃
　　│　　　│
　　CH₃　　CH₃

4. 因為化合物有二個取代基，在前置詞前加「二－」

2,4－二甲基戊烷

18.8 烯類與炔類

碳氫化合物中碳原子間至少有一個雙鍵的稱之為**烯類**（alkenes），而至少有一個參鍵的稱之為**炔類**（alkynes）。不管烯類或炔類，與氫原子的鍵結量比烷少，並且未達氫原子的容量，因而稱之為**未飽和碳氫化合物**（unsaturated hydrocarbons），烯類的通式為C_nH_{2n}，而炔類的通式為C_nH_{2n-2}，其中乙烯（C_2H_4）是最簡單的烯類。

乙烯　　C_2H_4

　　化學式　　　結構式　　　　空間模型

乙烯中的碳原子呈現平面三角形，使乙烯具剛性的平面分子，當香蕉成熟時會釋出乙烯，其他烯類的名稱及結構表列在表18.5。除了是構成燃料的少許組成，大部份的烯類並沒有讓人熟知的用途。

▲ 成熟的香蕉會釋出乙烯。這是一種化學訊息的傳遞，它會引發一串香蕉一起成熟。

最簡單的炔類為乙炔（C_2H_2）。

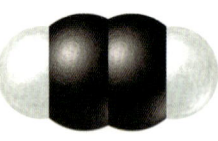

乙炔　　C_2H_2　　　H—C≡C—H

　　化學式　　　結構式　　　　空間模型

表 18.5 烯類

n	名稱	分子式 (C_nH_{2n})	結構式	濃縮結構式
2	乙烯（ethene）	C_2H_4		$CH_2=CH_2$
3	丙烯（propene）	C_3H_6		$CH_2=CHCH_3$
4	1-丁烯（1-butene）	C_4H_8		$CH_2=CHCH_2CH_3$
5	1-戊烯（1-pentene）	C_5H_{10}		$CH_2=CHCH_2CH_2CH_3$
6	1-己烯（1-hexene）	C_6H_{12}		$CH_2=CHCH_2CH_2CH_2CH_3$

乙炔中的碳原子呈線形，使乙炔為線形分子，乙炔常當燃料使用。表18.6列出其他炔類的名稱及結構。除了少量存在於汽油成份中，炔類並無讓人熟知的用途。

表 18.6 炔類

n	名稱	分子式 （C$_n$H$_{2n-2}$）	結構式	濃縮結構式
2	乙炔（ethyne）	C$_2$H$_2$	H—C≡C—H	CH≡CH
3	丙炔（propyne）	C$_3$H$_4$	H—C≡C—C(H)(H)—H	CH≡CCH$_3$
4	1－丁炔（1-butyne）	C$_4$H$_6$	H—C≡C—C(H)(H)—C(H)(H)—H	CH≡CCH$_2$CH$_3$
5	1－戊炔（1-pentyne）	C$_5$H$_8$	H—C≡C—C(H)(H)—C(H)(H)—C(H)(H)—H	CH≡CCH$_2$CH$_2$CH$_3$
6	1－己炔（1-hexyne）	C$_6$H$_{10}$	H—C≡C—C(H)(H)—C(H)(H)—C(H)(H)—C(H)(H)—H	CH≡CCH$_2$CH$_2$CH$_2$CH$_3$

烯類與炔類的命名

烯類與炔類的命名就像烷類一般，具下列特點：

- **包含雙鍵或參鍵**之最長碳鏈稱之為母鏈。
- 基本名稱烯類以「**烯**」結尾而炔類以「**炔**」結尾。
- **雙鍵或參鍵**在母鏈上**以最少數字**命名。
- 以數字表示雙鍵或參鍵在母鏈上的位置。

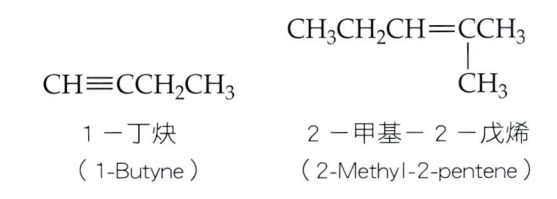

$$CH≡CCH_2CH_3 \qquad CH_3CH_2CH=CCH_3 \atop CH_3$$

1－丁炔　　　　　　2－甲基－2－戊烯
（1-Butyne）　　　（2-Methyl-2-pentene）

▲ 乙炔常用為焊接的燃料。

434 第 18 章 有機化學

範例 18.7　烯類與炔類的命名

命名下列化合物。

(a) $H_3C-C=C-CH_2-CH_3$ 其中 C 上接 CH_3，另一 C 上接 H_2C-CH_3

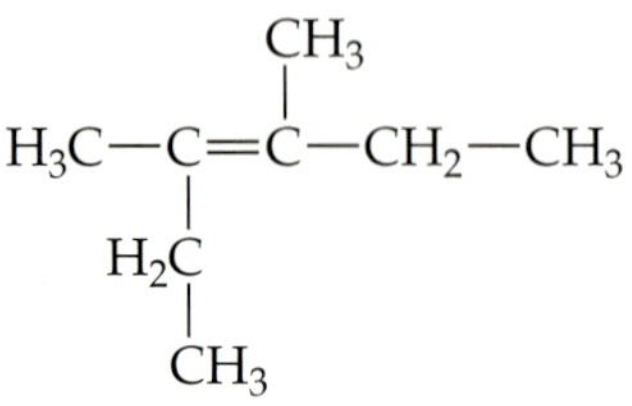

(b) $H_3C-HC-CH-C\equiv CH$ 其中第一 CH 上接 $H_3C-CH-CH_3$（異丙基），第二 CH 下接 CH_3

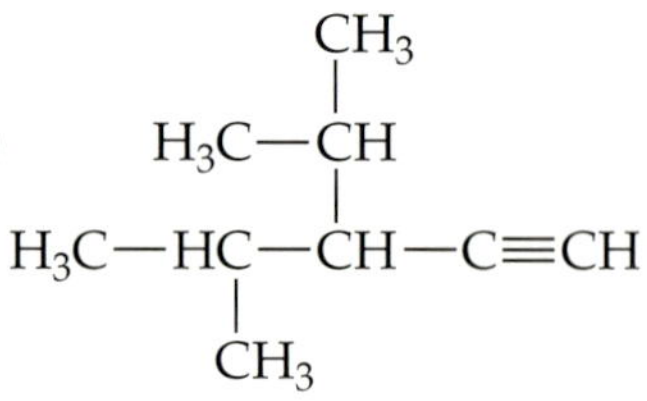

(a) 下面的法則能有系統對烷類命名，同時也能對烯類命名。

解答：

1. 在含雙鍵最長連續碳鏈有 6 個碳，所以基本名稱是己烯。

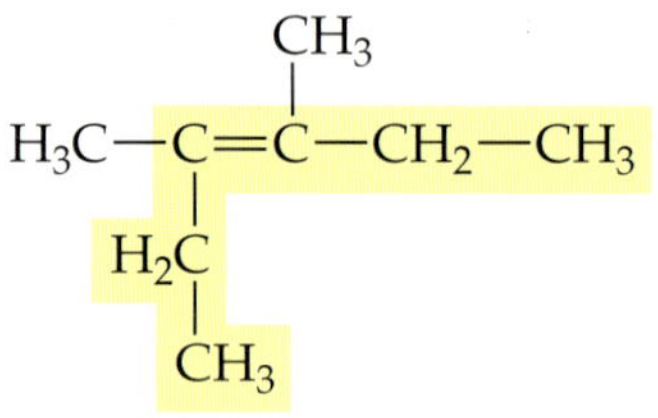

2. 化合物有二個取代物，都是甲基。（甲基）

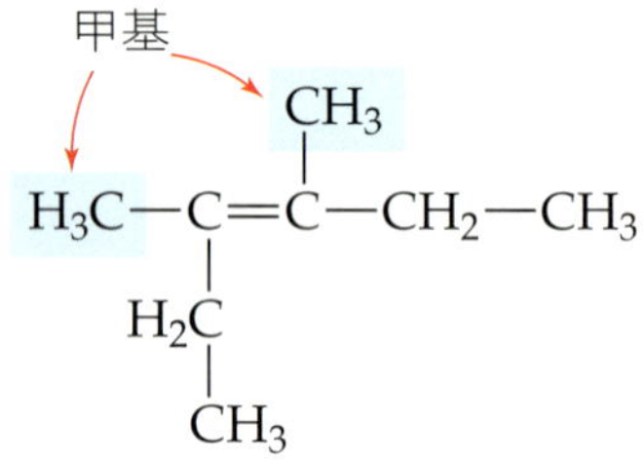

3. 在含雙鍵最長連續碳鏈上，編號取在雙鍵上最小數字。命名烯類本例適當數字為 3，基本名稱為：3－己烯。

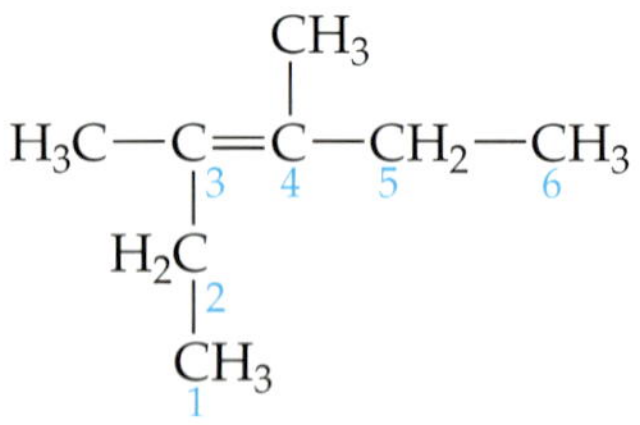

    編號：CH_3 在 4 位，主鏈為 3,4,5,6；側鏈 H_2C-CH_3 為 2,1。

4. 二個取代基所在位置的編號分別表示並以「，」分開，且在前置詞加「二－」。因此，取代基表為：3,4－二甲基。取代基與基本名稱用「－」分開。

    3,4－二甲基－3－己烯

(b) 下面的法則能有系統對烷類命名，同時也能對炔類命名。

1. 在含參鍵最長連續碳鏈有 5 個碳，所以基本名稱是戊炔。

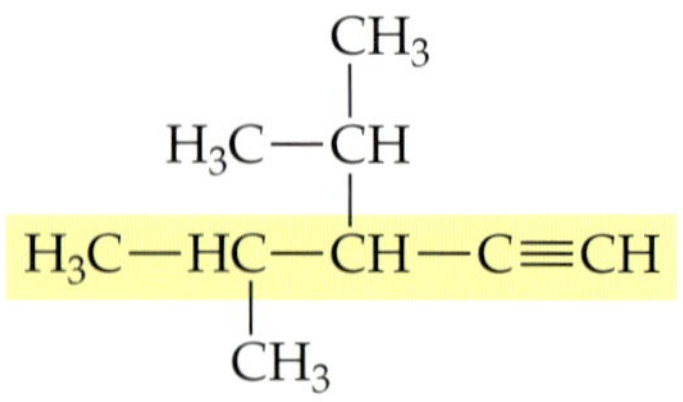

2. 化合物有二個取代物，分別是甲基及異丙基。

$$H_3C-HC-CH-C\equiv CH$$
（異丙基：H_3C-CH 上接 CH_3；甲基：CH_3）

3. 在含參鍵最長連續碳鏈上編號，取在參鍵上最小數字。命名炔類本例適當數字為1，基本名稱為：1－戊炔。

$$\underset{5}{H_3C}-\underset{4}{HC}-\underset{3}{CH}-\underset{2}{C}\equiv\underset{1}{CH}$$

4. 二個取代基所在位置的編號分別是3,4，且不同取代基，則以英文字母排序，因此取代基表為：3－異丙基－4－甲基，取代基與基本名稱用「-」分開。

3－異丙基－4－甲基－1－戊炔

18.9 碳氫化物反應

在氧中燃燒碳氫化合物稱為**燃燒反應**（combustion），是碳氫化物最平常的反應。烷類、烯類及炔類都能進行燃燒反應，碳氫化物的燃燒反應能產生CO_2及H_2O。

烷燃燒反應　$CH_3CH_2CH_3(g) + 5O_2(g) \rightarrow 3CO_2(g) + 4H_2O(g)$

烯燃燒反應　$CH_2=CHCH_2CH_3(g) + 6O_2(g) \rightarrow 4CO_2(g) + 4H_2O(g)$

炔燃燒反應　$CH\equiv CCH_3(g) + 4O_2(g) \rightarrow 3CO_2(g) + 2H_2O(g)$

碳氫化物的燃燒反應能釋出大量熱的放熱反應。在美國約有90%的能源來自碳氫化合物的燃燒。例如：可用來提供房子暖氣、發電和驅動汽車。

烷類

除了燃燒反應，烷類也能進行**取代反應**（substitution reactions），即碳原子上不止一個氫原子會被其他原子所取代，通常是鹵素進行取代反應。以甲烷與氯氣反應後形成氯甲烷（chloromethane）為例。

$$\underset{H}{\overset{H}{H-C-H}} + Cl-Cl \xrightarrow{熱或光} \underset{H}{\overset{H}{H-C-Cl}} + H-Cl$$

$$CH_4(g) + Cl_2(g) \xrightarrow{熱或光} CH_3Cl(g) + HCl(g)$$

乙烷與氯氣反應後形成氯乙烷（chloroethane）。

$$\underset{\substack{H\ H\\|\ |\\H-C-C-H\\|\ |\\H\ H}}{} + Cl-Cl \xrightarrow{\text{熱或光}} \underset{\substack{H\ H\\|\ |\\H-C-C-Cl\\|\ |\\H\ H}}{} + H-Cl$$

$$CH_3CH_3(g) + Cl_2(g) \xrightarrow{\text{熱或光}} CH_3CH_2Cl(g) + HCl(g)$$

鹵素取代反應的一般式。

$$\underset{\text{烷}}{R-H} + \underset{\text{鹵素}}{X_2} \rightarrow \underset{\text{鹵烷}}{R-X} + \underset{\text{鹵化氫}}{HX}$$

因為鹵素能取代烷類中一個以上的氫，因此會發生多鹵素的取代反應。

烯類與炔類

在烯類與炔類的雙鍵或參鍵上能進行**加成反應**（addition reactions），以乙烯與氯氣反應後形成二氯乙烷為例。

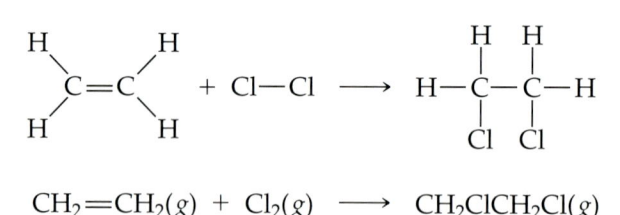

$$\underset{\substack{H\\|\\H}}{C}=\underset{\substack{H\\|\\H}}{C} + Cl-Cl \longrightarrow \underset{\substack{H\ H\\|\ |\\H-C-C-H\\|\ |\\Cl\ Cl}}{}$$

$$CH_2=CH_2(g) + Cl_2(g) \longrightarrow CH_2ClCH_2Cl(g)$$

由於氯的加入，使每個碳原子各與一個氯原子形成一個新鍵，因此碳－碳雙鍵鍵結轉成單鍵，同樣烯類與炔類能進行加氫的**氫化反應**（hydrogenation），以丙烯在觸媒存在情況下，加氫氣變成丙烷為例。

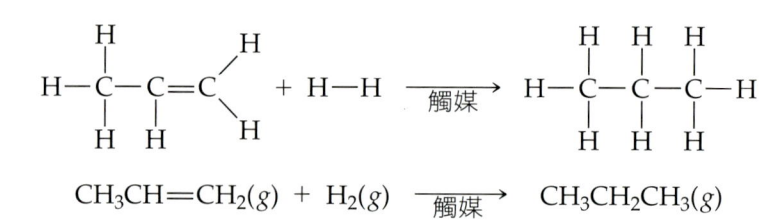

$$\underset{\substack{H\ \ \ \ H\\|\ \ \ \ \ \ \\H-C-C=C\\|\ \ \ |\ \ \ |\\H\ H\ \ H}}{} + H-H \xrightarrow{\text{觸媒}} \underset{\substack{H\ H\ H\\|\ |\ |\\H-C-C-C-H\\|\ |\ |\\H\ H\ H}}{}$$

$$CH_3CH=CH_2(g) + H_2(g) \xrightarrow{\text{觸媒}} CH_3CH_2CH_3(g)$$

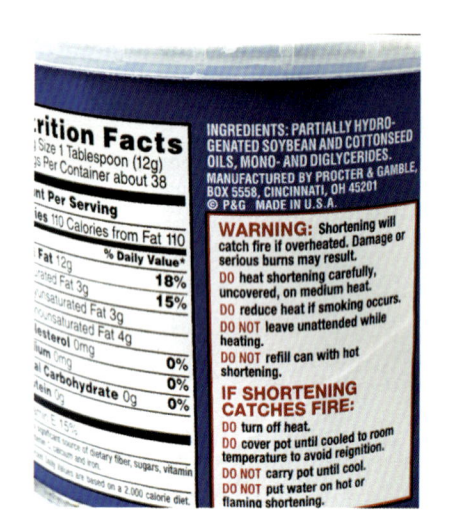

氫化反應能將不飽和烴變成飽和烴。在食物的指示標籤中，是否曾讀到**蔬菜油部份氫化反應**的字眼？蔬菜油是碳－碳雙鍵的不飽和脂，而不飽和脂在室溫下是液體。藉由氫氣加入雙鍵的氫化反應，能使不飽和脂變成在室溫下是固體的飽和脂。

▲ 許多食物含有部份氫化反應的蔬菜油氫化的意思就是氫的加入使碳－碳雙鍵變成單鍵。

總結摘錄如下：

- 所有碳氫化物都能進行燃燒反應
- 烷類能進行取代反應
- 烯類與炔類能進行加成反應

18.10 芳香烴

你可以想像到，要決定有機化合物的結構不總是那麼容易的。在18世紀中葉化學家要決定一個結構特別穩定叫做苯的有機化合物，已知其化學式為C_6H_6。在1865年Friedrich August Kekule（1829－1896）有一天做夢夢見苯中碳原子間的鍵結就像蛇一樣，它們在他眼前舞動著身軀，其中有一頭，頭咬住尾巴環繞扭動著。基於這樣的景象，他提出苯的結構如下：

苯結構中的單鍵與雙鍵，是互相轉換的，而仔細量測苯的鍵長，發現所有鍵的長度都是等長，所以苯以下列共振結構表示較好。

共振的意思就是：苯的實際結構介於兩者結構之間，換言之，苯的鍵結數是介於單鍵與雙鍵之間，苯的空間模型如下所示：

通常苯速寫符號表示如下：

此六邊形的頂點都是碳原子，並且鍵結一個氫原子。

在很多有機化合物中，可看到苯環結構，環上的氫可被不同原子或原子團取代，而成為苯的衍生物。以下列出二種苯的衍生物：

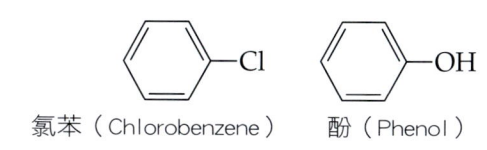

氯苯（Chlorobenzene）　　酚（Phenol）

因為含苯的化合物有特殊的芳香味道，因此苯環稱為**芳香環**（aromatic rings），含苯的化合物稱為**芳香化合物**（aromatic compounds），其中香草、肉桂、杏仁的香味都是苯的化合物所導致。

🟡 芳香烴的命名

單取代的苯（monosubstituted benzenes）── 苯上僅有一個氫被取代，通常以苯的衍生物命名。

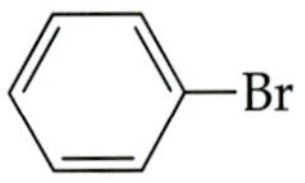

溴苯（Bromobenzene） 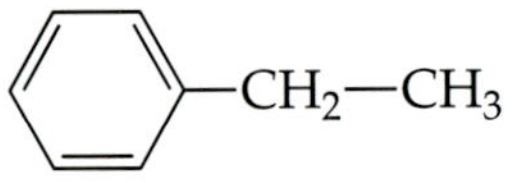　　乙基苯（Ethylbenzen）

以下列通式命名之。

　　（取代物）苯

然而，許多單取代的苯只有靠學習才能熟悉的俗名。

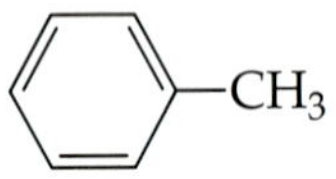

甲苯（Toluene） 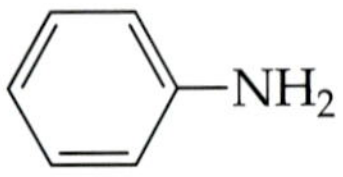　苯胺（Aniline） 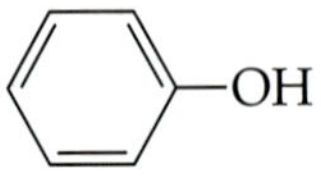　酚（Phenol） 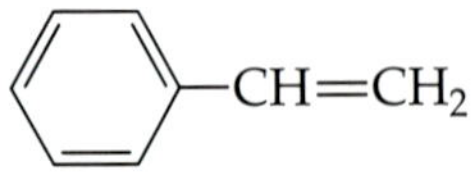　苯乙烯（Styrene）

有些較大的取代物，將苯視為取代基，此時苯當為取代基，稱之為**芳香基**（phenyl group）。

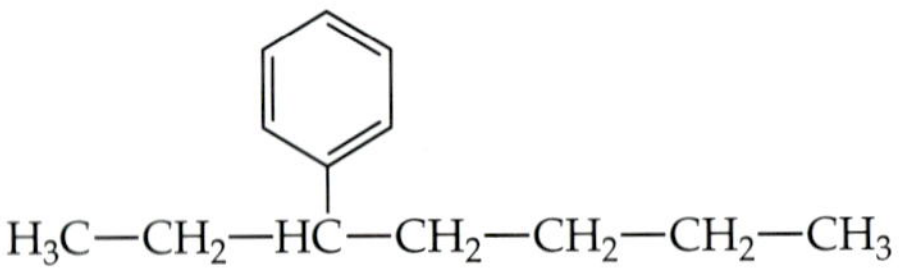

3－苯基庚烷
（3-Phenylheptane）

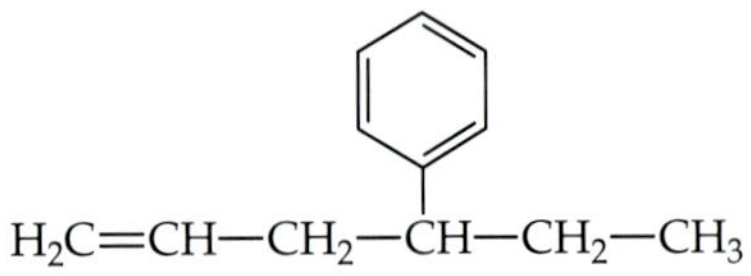

4－苯基－1－己烯
（4-Phenyl-1-hexene）

雙取代的苯（disubstituted benzenes）── 苯上有二個氫被取代，通常以數字表示取代位置，取代基的字母順序決定碳環上的數字順序。

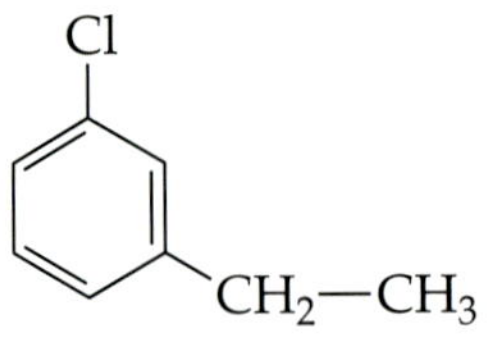

1－氯－3－乙基苯
（1-Chloro-3-ethylbenzene）

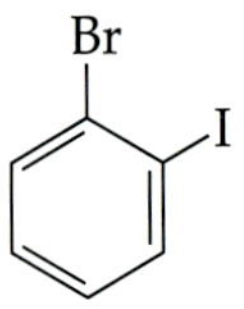

1－溴－2－碘苯
（1-Bromo-2-iodobenzene）

當二取代基相同時，用前置詞「二」。

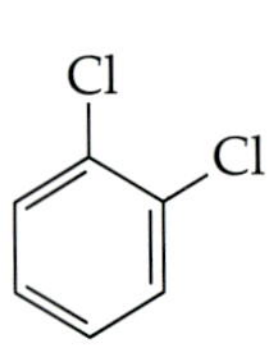

1,2－二氯苯
（1,2-Dichlorobenzene）

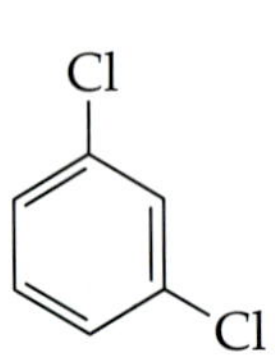

1,3－二氯苯
（1,3-Dichlorobenzene）

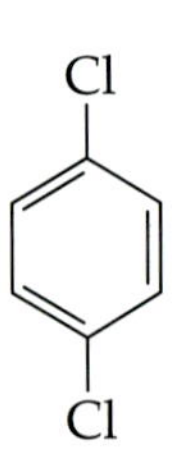

1,4－二氯苯
（1,4-Dichlorobenzene）

通常前置詞：鄰(1,2二取代基)、間(1,3二取代基)、對(1,4二取代基)

鄰－二氯苯　　　　間－二氯苯　　　　對－二氯苯
（*ortho*-Dichlorobenzene）（*meta*-Dichlorobenzene）（*para*-Dichlorobenzene）

範例 18.8　芳香化合物命名

為下列化合物命名。

解答：
苯的衍生物通常命名為：(取代物)苯，因取代物有二個，以取代基的英文字母順序，決定碳環上的數字順序，則可表示取代基的位置，其中二個取代物分別為溴－及氯－。

因為溴（bromo－）的英文字母，所以溴上的碳標示為1，因此，氯（chloro－）上的碳標示為2，根據通式，此化合物命名為：1-溴-2-氯苯。

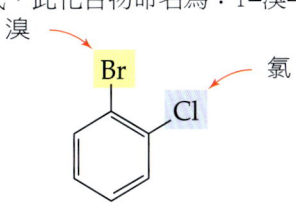

18.11　官能基

不同**官能基**（functional group，具特性的原子或原子團）嵌入碳氫化合物中，形成不同種類的有機化合物，烷基通常以R表示，而官能基則以G表示，因此，有機化合物通常表示為：

R—G
烷基　官能基

具有相同官能基的有機化合物形成一**族群**（family），**醇**（alcohols）類的官能機是：—OH，而通式為：R—OH，其中甲醇及異丙醇是醇類。

烷基　CH₃—OH　—OH 官能基
甲醇（methanol）

烷基　CH₃
　　　CH₃—CH—OH　—OH 官能基
異丙醇
（2-propanol 或 isopropyl alcohol）

第 18 章　有機化學

碳氫化物嵌入了**官能基**明顯改變了化合物的特性。以甲醇為例，在室溫，以OH官能基取代非極性甲烷的氫，而形成極性而具氫鍵的醇類。家族中的成員有其獨特性與差異性，共同的官能基提供相似的物性與化性。表18.7列出一般官能基的通式及各類族群的例子。

表 18.7 官能基

家族	通式	濃縮通式	範例	名稱
醇	R—OH	ROH	CH_3CH_2—OH	乙醇（ethanol；ethyl alcohol）
醚	R—O—R	ROR	CH_3—O—CH_3	二甲醚（dimethyl ether）
醛	$R-\overset{\overset{O}{\|\|}}{C}-H$	RCHO	$H_3C-\overset{\overset{O}{\|\|}}{C}-H$	乙醛（ethanol；aacetaldehyde）
酮	$R-\overset{\overset{O}{\|\|}}{C}-R$	RCOR	$H_3C-\overset{\overset{O}{\|\|}}{C}-CH_3$	丙酮（propanone；acetone）
有機酸	$R-\overset{\overset{O}{\|\|}}{C}-OH$	RCOOH	$H_3C-\overset{\overset{O}{\|\|}}{C}-OH$	乙酸（acetic acid）
酯	$R-\overset{\overset{O}{\|\|}}{C}-OR$	RCOOR	$H_3C-\overset{\overset{O}{\|\|}}{C}-OCH_3$	乙酸甲酯（methyl acetate）
胺	$R-\overset{\overset{R}{\|}}{N}-R$	R_3N	$H_3CH_2C-\overset{\overset{H}{\|}}{N}-H$	乙胺（ethyl amine）

18.12　醇類

先前論及，醇是具有OH官能基的有機化合物，通式表為：R—OH，除了前面所提及的甲醇及異丙醇外，一般醇類還包括下列：

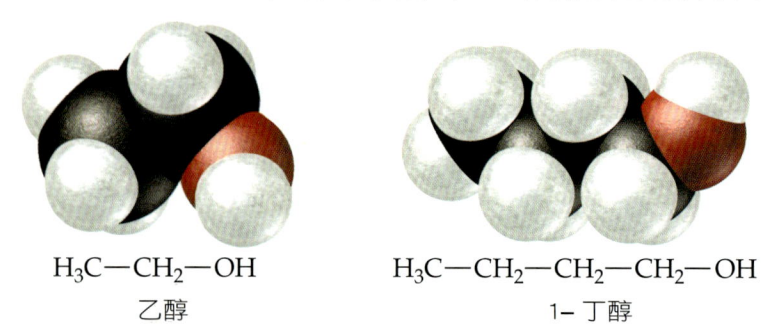

H_3C-CH_2-OH
乙醇

$H_3C-CH_2-CH_2-CH_2-OH$
1-丁醇

醇類命名

醇類的命名與烷類相同有以下步驟

- 包含－OH官能基之最長碳鏈稱之為母鏈
- 基本名稱醇類以－**醇**結尾
- －OH官能基在母鏈上**以最少數字**命名
- 以數字表示－OH官能基在母鏈上的位置

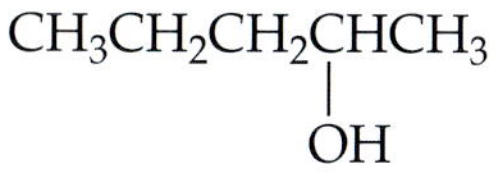

$$CH_3CH_2CH_2CHCH_3 \quad\quad CH_2CH_2CHCH_3$$
$$\;| \quad\quad\quad\quad\quad\quad\;\;\;\;\;| \quad\;\;\;\;|$$
$$\;OH \quad\quad\quad\quad\quad\quad\;\;\;OH \;\;\;\;CH_3$$

2－戊醇　　　　3－甲基－1－丁醇
(2-Pentanol)　　(3-Methyl-1-butanol)

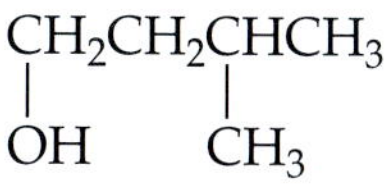

▲ 在酒精成份的飲料中的醇類就是乙醇。

關於醇類

最平常的醇類家族是乙醇，乙醇通常由水果及植物，藉由酵母對糖類發酵而成。

$$C_6H_{12}O_6 \xrightarrow{酵母} 2CH_3CH_2OH + 2CO_2$$
葡萄糖　　　　　　乙醇

酒精成份的飲料，主要有乙醇、水及少許香味及色素所組成。啤酒通常的酒精濃度3~6%，酒大約12%，而威士忌、甜酒或龍舌蘭酒經驗證可達40~80%。乙醇可增加汽油的辛烷值及促進燃燒，並排除一氧化碳及臭氧前驅物，得以減少一些污染物，因而可作為汽油的添加物。

異丙醇在藥局能買到，用來當創傷殺菌藥劑及醫療器具消毒用途，因異丙醇有毒性，不可用來內服。稱為木精的甲醇，通常可用為實驗室的溶劑，也像異丙醇一樣具有毒性，不可食用。

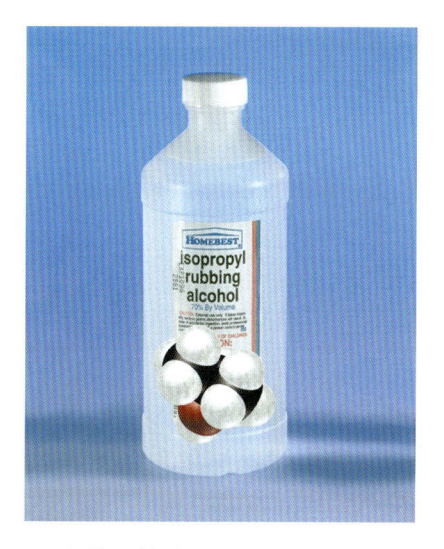

▲ 殺菌酒精就是異丙醇的成份。

18.13　醚類

通式為R-O-R的有機化合物稱為**醚類**（ether），烷基（R）可以相同或不同，常用醚類結構如下：

H₃C—O—CH₃　　　　　H₃C—O—CH₂—CH₃
甲醚　　　　　　　　　　　甲乙醚
(Dimethyl ether)　　　(Ethyl methyl ether)

H₃C—CH₂—O—CH₂—CH₃
二乙醚（Diethyl ether）

醚類命名

醚類的命名也遵照IUPAC命名法則，醚類通式：

(官能基1)(官能基2)醚

如果官能基不同，各自命名，如果官能基相同，使用「二」為前置詞，可參考下列例子：

H₃C—CH₂—CH₂—O—CH₂—CH₂—CH₃
二丙醚（Dipropyl ether）

H₃C—CH₂—O—CH₂—CH₂—CH₃
乙丙醚（Ethyl propyl ether）

關於醚類

二乙醚是常見的醚類，因為低沸點（34.6℃）及能溶解許多有機化合物，用來當作實驗用溶劑，二乙醚也用來當麻醉劑，當吸入二乙醚能舒緩中樞神經，因失去意識而不感覺有疼痛。

18.14 醛類與酮類

醛類（aldehydes）及**酮類**（ketones）的結構式如下：

$$R-\overset{\overset{O}{\|}}{C}-H \qquad R-\overset{\overset{O}{\|}}{C}-R$$
醛　　　　　酮

醛類及酮類兩者都有**羰基**（$\overset{\overset{O}{\|}}{C}$，carbonyl group），酮類在羰基兩側鍵結烷基（R），而醛類則鍵結一個烷基（R）及一個氫原子，就甲醛而言，羰基兩側都鍵結氫原子。

18.14 醛類與酮類

甲醛（Methanal 或 formaldehyde）

常見醛類及酮類如下所列：

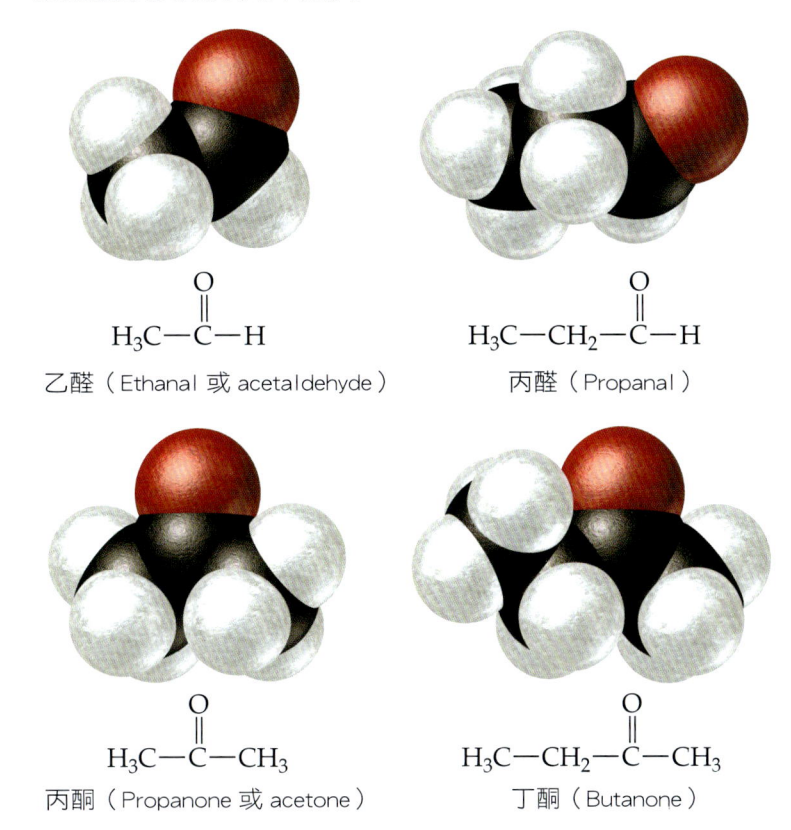

$H_3C-\overset{\overset{\displaystyle O}{\|}}{C}-H$ 乙醛（Ethanal 或 acetaldehyde）

$H_3C-CH_2-\overset{\overset{\displaystyle O}{\|}}{C}-H$ 丙醛（Propanal）

$H_3C-\overset{\overset{\displaystyle O}{\|}}{C}-CH_3$ 丙酮（Propanone 或 acetone）

$H_3C-CH_2-\overset{\overset{\displaystyle O}{\|}}{C}-CH_3$ 丁酮（Butanone）

苯甲醛

▲ 杏仁的香味是苯甲醛的成份。

醛與酮命名

許多醛類及酮類有靠學習而較熟悉的俗名。但系統的命名上，醛類及酮類就是將包含 $-\overset{\overset{\displaystyle O}{\|}}{C}-$ 官能基之最長碳鏈作為母鏈，把**烷**（－e）的基本名稱改為**醛**（－al）及**酮**（－one）即可，而酮類需標示 $-\overset{\overset{\displaystyle O}{\|}}{C}-$ 官能基所在較小編號的數字。

$H_3C-CH_2-CH_2-\overset{\overset{\displaystyle O}{\|}}{C}-H$ 丁醛（Butanal）

$H_3C-CH_2-CH_2-CH_2-\overset{\overset{\displaystyle O}{\|}}{C}-H$ 戊醛（Pentanal）

$H_3C-CH_2-CH_2-\overset{\overset{\displaystyle O}{\|}}{C}-CH_3$ 2－戊酮（2-Pentanone）

$H_3C-CH_2-\overset{\overset{\displaystyle O}{\|}}{C}-CH_2-CH_2-CH_3$ 3－己酮（3-Hexanone）

關於醛類及酮類

最熟悉的醛類是甲醛，是有刺鼻味的氣體，與水混合成福馬林，具防腐及消毒功能，因有殺菌效果，福馬林也存在煙燻食物中，芳香醛即是含有芳香環的醛，其中肉桂醛是肉桂聞起來的味道，苯甲醛是杏仁聞起來的味道，香精是香草聞起來的味道。

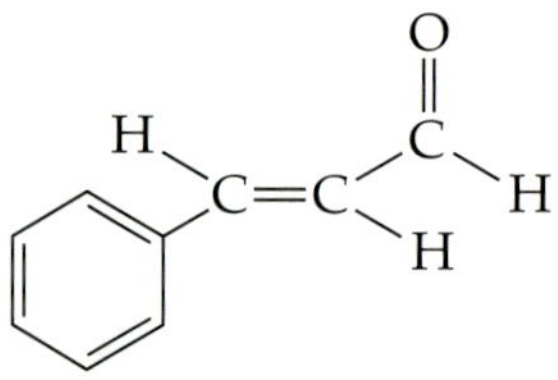

肉桂醛（Cinnamaldehyde） 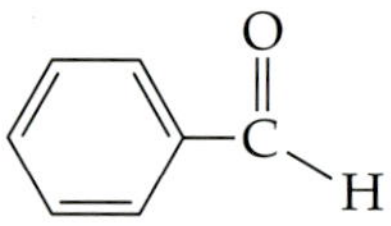　　苯甲醛（Benzaldehyde）

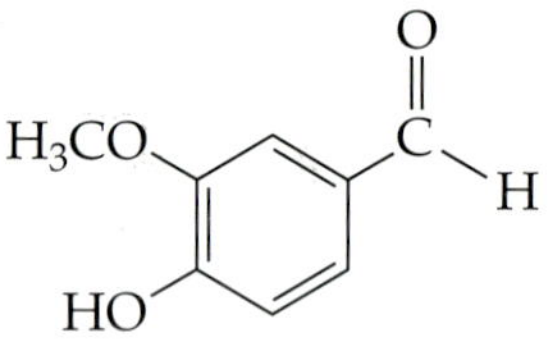

香精（Vanillin）

最熟悉的酮類是丙酮，是指甲油清潔劑，許多酮類也有芳香味，其中2－庚酮聞起來像丁香的味道。

2－庚酮（2-Heptanone）

▲ 指甲油清潔劑的成份是丙酮。

18.15　羧酸與酯類

羧酸（carboxylic acids）與**酯類**（esters）的結構式如下：

$$R-\overset{O}{\underset{}{C}}-OH \qquad R-\overset{O}{\underset{}{C}}-OR$$

羧酸　　酯類

常見羧酸與酯類如下所列：

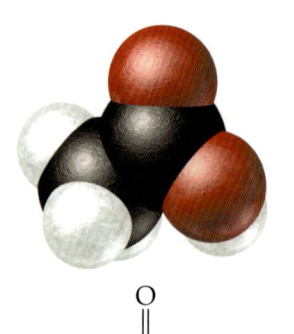

乙酸（Ethanoic 或 acetic acid）　　丁酸（Butanoic acid）

丁酸甲酯（Methyl butanoate）　　　丙酸乙酯（Ethyl proparoate）

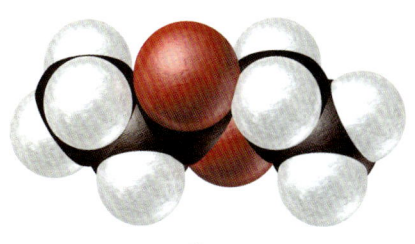

H₃C—CH₂—CH₂—C(=O)—O—CH₃　　　H₃C—CH₂—C(=O)—O—CH₂CH₃

羧酸的通式為RCOOH，依據下列反應有機酸是弱酸。

$$RCOOH(aq) + H_2O(l) \rightleftharpoons H_3O^+(aq) + RCOO^-(aq)$$

羧酸與酯命名

羧酸命名原則是：包含-COOH官能基之最長碳鏈稱之為母鏈，把烷的基本名稱改為以**酸**（-oic acid）結尾。

H₃C—CH₂—C(=O)—OH　　　　H₃C—CH₂—CH₂—CH₂—C(=O)—OH
丙酸（Propanoic acid）　　　　戊酸（Pentanoic acid）

酯的命名是將羧酸中COOH官能基的H取代成R，並把烷的基本名稱改為某酸某酯。

CH₃CH₂COO*H*　　　　CH₃CH₂CH₂CH₂COO*H*
　丙酸　　　　　　　　　　戊酸

CH₃CH₂COO*CH₃*　　　CH₃CH₂CH₂CH₂COO*CH₂CH₃*
丙酸甲酯（Methyl propanoate）　戊酸乙酯（Ethyl Pentanoate）

關於羧酸與酯

乙酸就像其他酸類嚐起來酸酸的，食用醋（vinegar）是乙酸（ethanoic acid）的混合物，所以乙酸俗名是醋酸（acetic acid）。乙醇在空氣中變酸是因為氧化的結果，甲酸是常見的酸，被蜜蜂刺到所感覺的酸是甲酸，在萊姆、檸檬及柳丁所呈現的酸是檸檬酸，而強烈刺激後會使肌肉不適的是乳酸。

H—C(=O)—OH　　　　H₃C—CH(OH)—C(=O)—OH
甲酸（Formic 或 methanoic acid）　乳酸（Lactic acid）

▲ 食用醋是乙酸的混合物。

446 第 18 章 有機化學

檸檬酸（Citric acid）

▲ 檸檬或其他水果酸的感覺是因為含有檸檬酸。

酯類最為特別的是它的味道，其中丁酸乙酯是鳳梨的味道，丁酸甲酯是蘋果的味道。

丁酸甲酯

▲ 蘋果中有丁酸甲酯的成份。

$$H_3C-CH_2-CH_2-\underset{O}{\overset{\parallel}{C}}-O-CH_2-CH_3$$
丁酸乙酯（Ethyl butanoate）

$$H_3C-CH_2-CH_2-\underset{O}{\overset{\parallel}{C}}-O-CH_3$$
丁酸甲酯（Methyl butanoate）

酸與醇進行酯化反應：

$$\underset{\text{酸}}{RC\overset{O}{\overset{\parallel}{-}}OH} + \underset{\text{醇}}{HO-R'} \longrightarrow$$

$$\underset{\text{酯}}{R-\overset{O}{\overset{\parallel}{C}}-O-R'} + \underset{\text{水}}{H_2O}$$

乙酸與水楊酸（原先可從柳樹皮獲得）合成乙醯柳酸（阿斯匹靈），是很重要的酯化反應的例子。

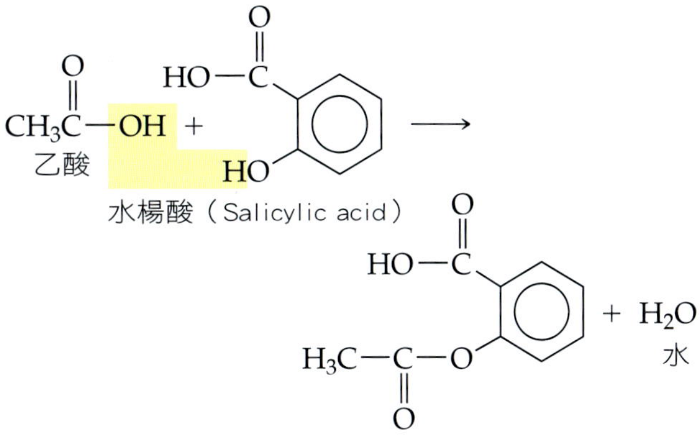

$$CH_3C(=O)-OH + \text{水楊酸} \longrightarrow \text{乙醯柳酸} + H_2O$$

乙酸　　　水楊酸（Salicylic acid）

乙醯柳酸（Acetylsalicylic acid）　　水

觀念檢查站 18.1

下列何項所敘述不適於所列化合物？
(a) 未飽和
(b) 芳香族
(c) 一種酸
(d) 有機化合物

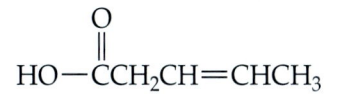

$$HO-CCH_2CH=CHCH_3$$
（含 C=O）

18.16 胺類

包含氮的有機化合物稱為**胺**（amines），最簡單的含氮化合物是氨，烷基取代氨中的氫成為胺。胺的命名是將烷基取代氨中的 H，並把烷的基本名稱改為**胺**（-amine）。

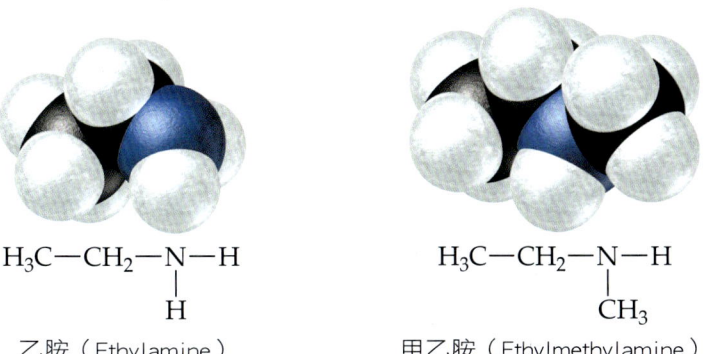

$$H_3C-CH_2-N(H)-H$$
乙胺（Ethylamine）

$$H_3C-CH_2-N(H)-CH_3$$
甲乙胺（Ethylmethylamine）

對胺的了解是它可怕的臭味，當生物死亡後細菌分解蛋白質同時會釋出胺，以三甲基胺為例，聞起來像死魚的味道，而屍胺聞起來像腐敗動物的味道。

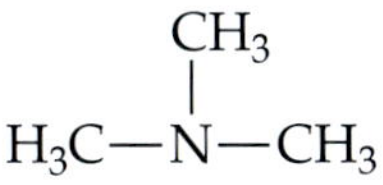

$$H_3C-N(CH_3)-CH_3$$
三甲胺（Trimethylamine）

$$H_2N-[CH_2]_5-NH_2$$
屍胺（Cadaverine）

18.17 聚合物

重複基礎單元，串聯成長鏈分子稱為**聚合物**（polymers），此單獨重複的單元稱為**單體**（monomers），在第19章的內容裡要學習像澱粉、蛋白質及DNA的天然聚合物，這些天然聚合物在生物體內扮演重要任務，而在這一節將針對合成聚合物之塑膠製品諸如：PVC管、苯乙烯的咖啡杯、耐隆繩、塑膠玻璃等做探討。你知道在日常生活中周遭的環境聚合物有多麼普遍嗎？你能舉出多少東西是由塑膠製成的？最簡單的合成聚合物或許就是聚乙烯，聚乙烯的單體是乙烯。

$H_2C=CH_2$　　　　單體

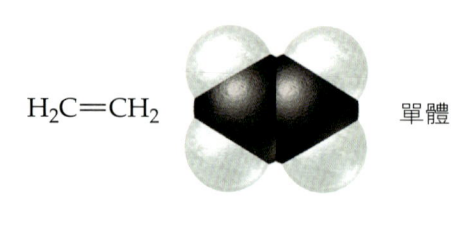

乙烯

乙烯單體能彼此反應，藉由碳碳雙鍵斷裂，相互串聯成聚合長鏈。

……$CH_2-CH_2-CH_2-CH_2-CH_2-CH_2-CH_2-CH_2-CH_2$……

……　　　聚合物

聚乙烯（Polyethylene）

諸如牛奶罐、果汁容器、垃圾袋都是聚乙烯塑膠的製品，如果單體間僅鍵結在一起而沒有失去任何原子，此聚合物稱為**加成聚合物**（addition polymer）。

取代聚乙烯是全然相似的聚合物，其中聚氯乙烯是以乙烯中的氫原子被氯原子取代後，成為氯乙烯單體聚合而成，有些塑膠管材及連接夾具是聚氯乙烯材質。

$HC=CH_2$
　|
　Cl　　　　單體

氯乙烯（chloroethene）

▲ 聚乙烯廣泛運用在飲料容器。

18.17 聚合物

單體反應形成聚氯乙烯：

$$\cdots CH-CH_2-CH-CH_2-CH-CH_2-CH-CH_2-CH\cdots$$
$$\quad\ |\qquad\qquad\ \ |\qquad\qquad\ \ |\qquad\qquad\ \ |\qquad\qquad\ \ |$$
$$\quad Cl\qquad\qquad Cl\qquad\qquad Cl\qquad\qquad Cl\qquad\qquad Cl$$

聚合物

聚氯乙烯（polyvinyl chloride, PVC）

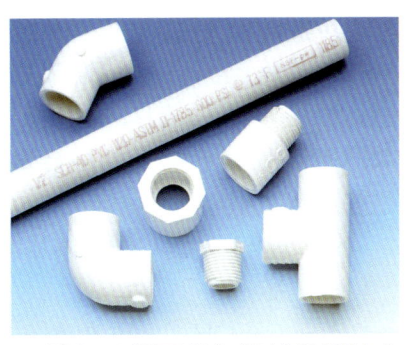

▲ 聚氯乙烯可當為管材及連接夾具。

表 18.8 重要商用聚合物

聚合物	結構	使用
加成聚合物		
聚乙烯（Polyethylene）	$-(CH_2-CH_2)_n-$	薄膜、包裝、瓶子
聚丙烯（Polypropylen）	$-[CH_2-CH(CH_3)]_n-$	廚房用具、纖維、器具
聚苯乙烯（Polystyrene）	$-[CH_2-CH(C_6H_5)]_n-$	可處理的食物容器、絕緣體
聚氯乙烯（Polyvinyl chloride）	$-[CH_2-CHCl]_n-$	管連接夾具、包肉透明膜
縮合聚合物		
聚胺甲酸酯（Polyurethlane）	$-[C(=O)-NH-R-NH-C(=O)-O-R'-O]_n-$ R, R' $= -CH_2-CH_2-$（為例）	家俱填充泡棉、汽車零件
聚對苯二甲二乙酯（Polyethylene terephthalate (a poly ester)）	$-[O-CH_2-CH_2-O-C(=O)-C_6H_4-C(=O)]_n-$	磁帶、衣服
耐綸－6,6（nylon 6,6）	$-[NH-(CH_2)_6-NH-C(=O)-(CH_2)_4-C(=O)]_n-$	家俱、衣服、地毯纖維

表18.8中有多種取代聚乙烯聚合物，**共聚合物**（copolymers）就是包含二種不同單體的聚合物，以耐綸－6,6為例，它的組合單體包括1,6-己二胺及己二酸，當兩種單體加成後釋出一莫耳的水，即形成單體。在聚合過程中，釋出原子或原子團的聚合物稱為**縮合聚合物**（condensation polymer）。

```
H                                H    O                    O
 \                              /     ‖                    ‖
  N—CH₂CH₂CH₂CH₂CH₂CH₂—N       HO—C—CH₂CH₂—CH₂—CH₂—C—OH          單體
 /                              \
H                                H
     1,6－己二胺                        己二酸
  （Hexamethylenediamine）            （Adipic acid）
                              ↓

H                              H   O                    O
 \                            /    ‖                    ‖
  N—CH₂CH₂CH₂CH₂CH₂CH₂—N—C—CH₂CH₂—CH₂—CH₂—C—OH  + H₂O      二聚物
 /
H
```

兩單體反應的產物稱為**二聚物**（dimer），耐綸－6,6就是二聚物的聚合體，耐綸－6,6與相類似耐綸產品，能拉製成纖維，用於地毯纖維或釣魚線等消費產品，表18.8列出其他縮合聚合物。

習題

問答題

1. 何謂有機化學？
2. 何謂異構物？請舉例說明。
3. 苯的結構為何？它的表示方式有何不同？
4. 何謂官能基？請舉例說明。
5. 加成聚合物與縮合聚合物有何不同？舉例說明之。

練習題

6. 下列何者是烴類：
   (a) $C_5H_{12}O$　　(b) NH_3
   (c) C_8H_{16}　　(d) C_2H_6

7. 以分子式決定下列烴類是烷類、烯類或炔類。
   (a) $C_{10}H_{20}$　　(b) C_9H_{16}
   (c) C_7H_{16}　　(d) C_5H_8

8. 寫出下列烷類之結構式及精簡結構式。
   (a) 乙烷　(b) 丁烷　(c) 戊烷　(d) 甲烷

9. 寫出丁烷（C_4H_{10}）的二個異構物。

10. 命名下列烷類：
    (a) H₃C—CH₂—CH₂—CH₂—CH₃

    (b) H₃C—CH₂—CH—CH₃
                    |
                    H₃C

    (c) H₃C—HC—CH₂—HC—CH₂—CH₃
            | |
            CH₃   CH₂—CH₃

    (d)   H₃C
                |
        H₃C—CH₂—C—CH₂—CH₃
                |
                H₃C

11. 畫出下列烷類的結構式。
    (a) 3-乙基己烷　　　(b) 3,3-二甲基戊烷
    (c) 3-乙基-3-甲基戊烷　(d) 4,4-二乙基辛烷

12. 下列烯類命名之。

(a) H₃C—CH=CH—CH₂—CH₃

(b) H₃C—HC—CH=CH—CH₃
          |
          CH₃

(c)
         H₃C
          |
   H₃C—C—CH=CH₂
          |
         CH₃

(d)
              H₃C
               |
   H₃C—HC—CH—CH=CH₂
          |
          CH₂
          |
          CH₃

13. 給予下列化合物正確的結構式。
    (a) 2－己烯
    (b) 3－戊炔
    (c) 3－甲基－1－戊炔
    (d) 4,4－二甲基－2－己烯

14. 依據烯類的加成反應，下列化學反應的產物為何？
    $CH_3CH=CHCH_3 + Cl_2 \longrightarrow$

15. 以結合下列兩個共振結構表示苯的真正結構。

16. 依據官能基，將左邊的結構和右邊的類別名稱正確地配對。

    R—C(=O)—H   Ether

    R—C(=O)—R   Aldehyde

    R—O—R   Amine

    R—N(R)—R   Ketone

17. 命名下列醇類。

(a)
         OH
         |
   H₃C—HC—CH₂—CH₃

(b)
         OH
         |
   H₂C—CH—CH₃
   |
   H₃C

(c) H₃C—CH₂—CH₂—CH—CH₂—OH
                    |
                    H₂C—CH₃

(d)
              OH
              |
   H₃C—CH₂—C—CH₂—CH₃
              |
              CH₃

18. 下列各題，依名稱畫出結構，或依結構而命名之。
    (a) octanal
    (b) H₃C—CH₂—CH₂—CH(=O)
    (c) H₃C—CH₂—CH₂—C(=O)—CH₂—CH₂—CH₃
    (d) 3-hexanone

19. 下列各題，依名稱畫出結構，或依結構而命名之。
    (a) octanoic acid
    (b) H₃C—C(=O)—O—CH₃
    (c) ethyl butanoate
    (d) H₃C—CH₂—CH₂—CH₂—CH₂—CH₂—C(=O)—OH

20. 命名下列化合物。

(a)
$$H_3C-CH_2-CH_2-CH(-\overset{CH_3}{\underset{H_3C-\overset{CH_3}{\underset{CH_3}{C}}-CH_3}{CH}})-CH-CH_2-CH_3$$

(b)
$$H_3C-\underset{H_3C}{CH}-CH_2-\overset{O}{\underset{}{CH}}$$

(c)
$$H_3C-CH=\overset{CH_3}{\underset{}{C}}-HC(-\underset{H_3C}{\overset{}{CH}}-CH_3)-CH_2-CH_2-CH_3$$

(d)
$$H_3C-CH_2-CH_2-\overset{O}{\underset{}{C}}-O-CH_2-CH_2-CH_3$$

Everyday Chemistry

Kevlar: Stronger Than Steel

In 1965, Stephanie Kwolek, working for DuPont to develop new polymer fibers, noticed an odd cloudy product from a polymerization reaction. Some researchers might have rejected the product, but Kwolek insisted on examining its properties more carefully. The results were astonishing — when the polymer was spun into a fiber, it was stronger than any other fiber known before. Kwolek had discovered Kevlar, a material that is pound for pound five times stronger than steel.

Kevlar is a condensation polymer containing aromatic rings and amide linkages:

The polymeric chains within Kevlar crystallize in a parallel arrangement (like dry spaghetti noodles in a box), with strong cross-linking between neighboring chains due to hydrogen bonding. The hydrogen bonding occurs between the —N—H groups on one chain and the C=O groups on neighboring chains:

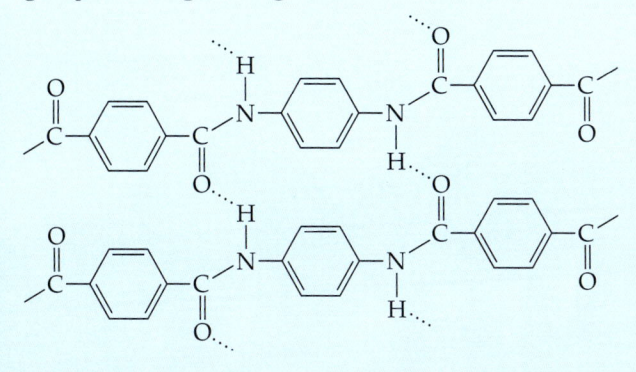

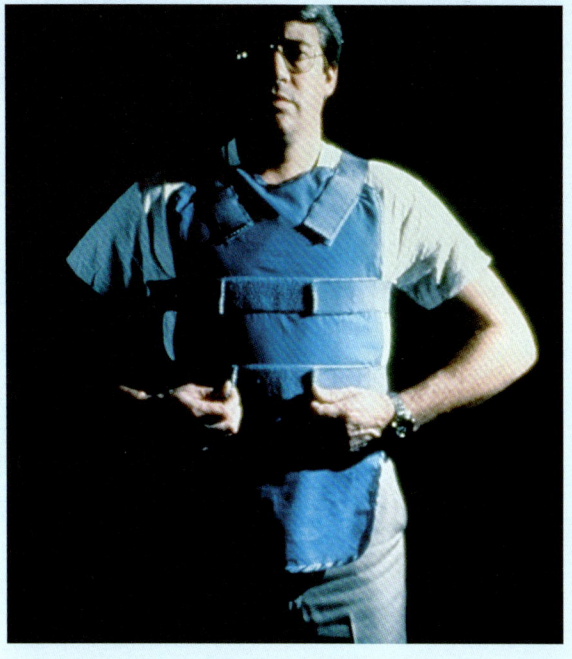

▲ The great strength of Kevlar fibers makes this polymer ideal for use in bullet-proof vests.

This structure is responsible for Kevlar's high strength and its other properties, including chemical resistance and flame resistance.

Today, DuPont sells hundreds of millions of dollars' worth of Kevlar every year. Kevlar is particularly well known for its use in bulletproof vests. With this application alone, Kwolek's discovery has saved thousands of lives. In addition, Kevlar is used to make helmets, radial tires, brake pads, racing sails, suspension bridge cables, skis, and high-performance hiking and camping gear.

CAN YOU ANSWER THIS? Examine the structure of the Kevlar polymer. Knowing that the polymer is a condensation polymer, draw the structures of the monomers before the condensation reaction.

CHAPTER 1

第 19 章

生物化學

"Can-and should-life be described in terms of molecules? For many, such description seems to diminish the beauty of Nature. For others of us, the wonder and beauty of nature are nowhere more manifest than in the submicroscopic plan of life"

Robert A. Weinberg (1943–)

生命能否或且應該以分子的方式來描述？就許多人看來，這樣的描述似乎減損了大自然之美。而就我們其他人而言，大自然的神奇與美麗沒有比在次微觀世界中的生命計畫更鮮活彰顯了。

羅伯特・溫伯格（1943- ）

19.1 人類基因組計畫
19.2 細胞和它的主要化學組成
19.3 碳水化合物：糖、澱粉和纖維
19.4 脂質
19.5 蛋白質
19.6 蛋白質結構
19.7 核酸：分子藍圖
19.8 DNA 結構、DNA 複製和蛋白質合成

19.1 人類基因組計畫

在1990年，美國能源部（Department of Energy, DOE）和國家衛生研究院（National Institutes of Health, NIH）開始進行一項15年的計畫以描繪**人類基因組**（human genome），探討所有人類的遺傳物質。我們稍後將更仔細地定義遺傳物質和基因，現在把遺傳物質認為是製造生物體的**遺傳藍圖**（inheritable blueprint），認為**基因**（genes）是那張藍圖的**特有部分**（specific parts）。每個生物體有一張對它自己而言是獨特的藍圖，例如，人類的遺傳物質對人類來說是獨特的，並且不同於其他生物體。當一個生物體繁殖時，它傳遞它的遺傳物質給下一代。

然而對於特定物種之生物體的遺傳物質，在個體中是有變化的。例如，不管你的眼睛是棕色還是藍色，都取決於從父母遺傳而來眼睛顏色的特有基因。很多特性，例如：身體的長相外貌、智力、對某些疾病的敏感性、對某些藥物療法的反應以及甚至性格等，至少有一部分是由你的特有基因所決定。因此了解了人類基因組就是了解了我們自己的一部分。

早期的結果在2001年發表在兩個不同的科學期刊，這份差不多完整的人類基因組草圖含有一些令人意外的結果。例如，該結果顯示人只有大約32,000個基因，這好像是一個大數目，但是科學家最初預期得更多，人類基因的數量並不比許多較為簡單的生物體大多少，例如，蛔蟲的基因數量差不多20,000個。無論是什麼造成人類的獨特性，它不會是我們基因組裡的基因數量。

人類基因組計畫（Human Genome Project）也描繪不同人DNA之間的特定變異，這些變異被稱為單核苷酸多態性（single-nucleotide

◀ 基因（製造生物體的遺傳藍圖）導致父母和他們的孩子之間的相似。在這幅圖像底部的結構是DNA，為遺傳訊息的分子基礎。

polymorphisms）或SNPs，了解SNPs可有助於確認對某些疾病敏感的個人，例如，在未來一個遺傳試驗可能揭示你有與某種類型的癌症有關的SNPs，於是你可以採取預防步驟或者甚至採取預防藥物療法，以避免真的得到癌症。SNPs的知識可能也允許醫生採用與個人相配的藥物療法，一個遺傳試驗能讓醫生調配對你十分有效的藥。

因為在**生物化學**（biochemistry）（發生在植物、動物和微生物的化學物質和過程的研究）的數十年研究，人類基因組計畫是可能的。本章中我們檢視造成生命可能的化學物質和一些新技術。

19.2 細胞和它的主要化學組成

細胞是具有與生命相關特性的活生物體的最小結構單元（◀圖19.1），細胞可能是一個獨立的活生物體，或者是一個更複雜的生物體的組成部分。在更高等動物裡的大多數細胞含有一個**細胞核**（nucleus），其為細胞的控制中心以及含有細胞遺傳物質的部分；**細胞膜**（cell membrane）圍住了細胞的周邊，同時把細胞的內含物都包含在內；在細胞核與細胞膜之間的區域稱為**細胞質**（cytoplasm），這個區域含有許多專化性結構來進行大部分細胞工作。細胞的主要化學組成可分為四類：**碳水化合物**（carbohydrates）、**脂質**（lipids）、**蛋白質**（proteins）和**核酸**（nucleic acids）。

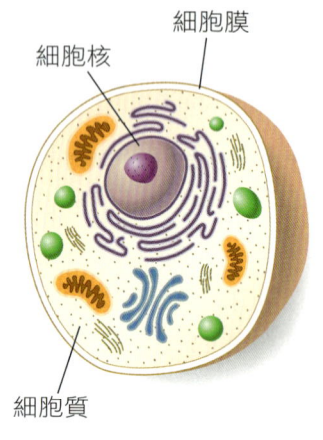

▲ 圖 19.1 **典型的細胞**。細胞是活生物體的最小結構單元，主要的遺傳物質儲存在細胞核中。

19.3 碳水化合物：糖、澱粉和纖維

碳水化合物（carbohydrates）在活生物體中是負責貯存短期能量的主要分子，它們也形成植物主要結構的成分，碳水化合物顧名思義是由碳和水所組成，其通式經常以 $(CH_2O)_n$ 表示。在結構上我們證實碳水化合物含有多組的－OH基之醛類或酮類，例如，葡萄糖，其化學式為 $C_6H_{12}O_6$，具有下列的結構。

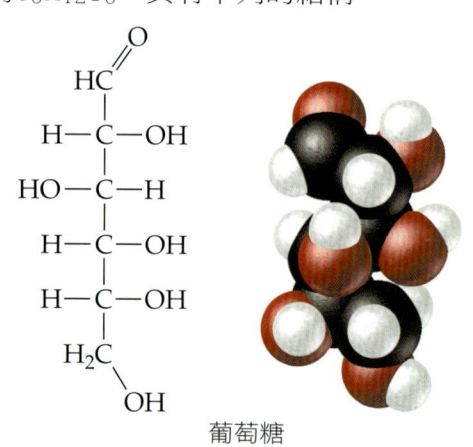

葡萄糖

我們注意到葡萄糖是一個在大多數的碳原子上含有—OH基的醛類（它含有—CHO基），這許多的—OH基使葡萄糖可溶於水（因此可溶於血液裡），這對葡萄糖扮演細胞主要燃料的角色是很重要的。葡萄糖很容易在血液裡輸送，且可溶於細胞內部的水溶液中。

單醣

葡萄糖是一種**單醣**（monosaccharide），單醣不能被分解為更簡單的碳水化合物，像葡萄糖那樣的單醣在水溶液中會重新排列成環式結構（▼圖19.2）。

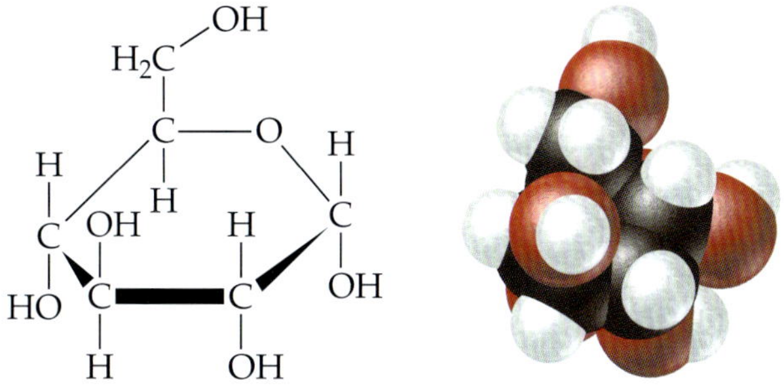

葡萄糖（環式結構）

葡萄糖也是一種**六碳糖**（hexose），單醣的通俗名稱會依據碳原子的數目而給一個前置詞字首，然後在字尾加上「**糖**」（-ose）。在活生物體中最常見的單醣是五碳糖（pentoses）和六碳糖。

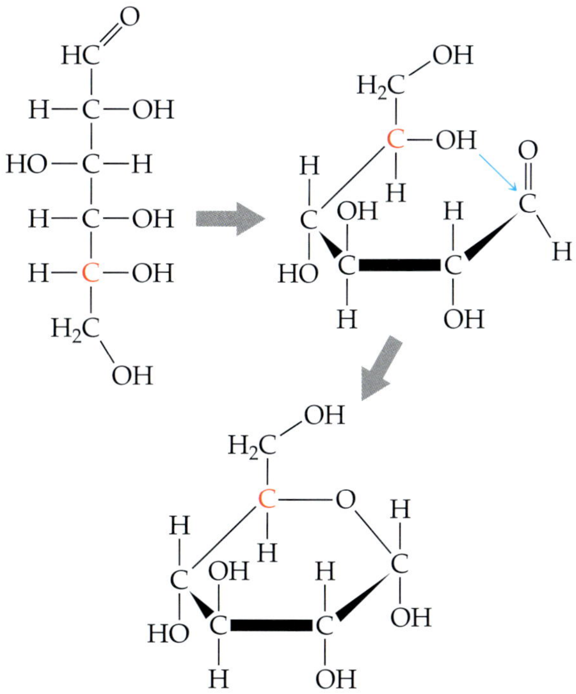

▲ 圖 19.2 **葡萄糖由直鏈式重新排列成環式**。問題：你能證明葡萄糖的直鏈式和環式是異構物嗎？

下列為其他單醣的環式結構：

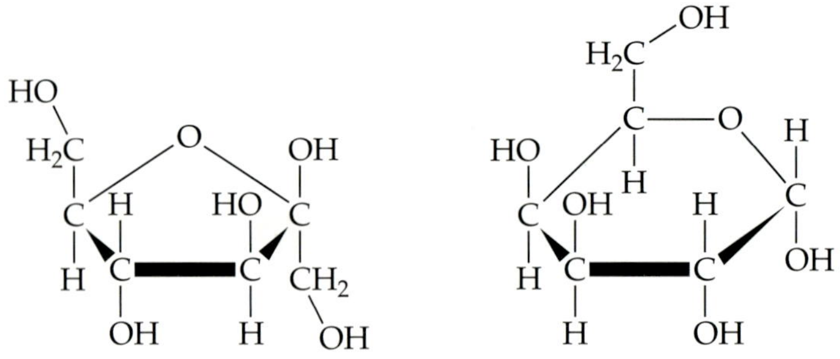

果糖　　　　　　半乳糖

果糖是水果裡的主要糖。

果糖（fructose）又稱為水果糖，是在很多水果和菜蔬裡的一種六碳糖，而且是蜂蜜的主要成分。半乳糖（galactose）又稱為大腦糖，是六碳糖，通常與其他單醣結合而存在於物質中，如乳糖（參閱下一小節），半乳糖也存在於大多數動物的大腦和神經系統內。

雙醣

兩個單醣可以反應，藉由脫水以形成一個稱為**糖苷鍵結**（glycoside linkage）的碳－氧－碳鍵，此鍵連接兩個環，所形成之化合物為一**雙醣**（disaccharide），雙醣可以被分解成兩個更簡單的碳水化合物。例如，葡萄糖和果糖連接在一起而形成蔗糖（sucrose），蔗糖通常被稱為餐桌糖。

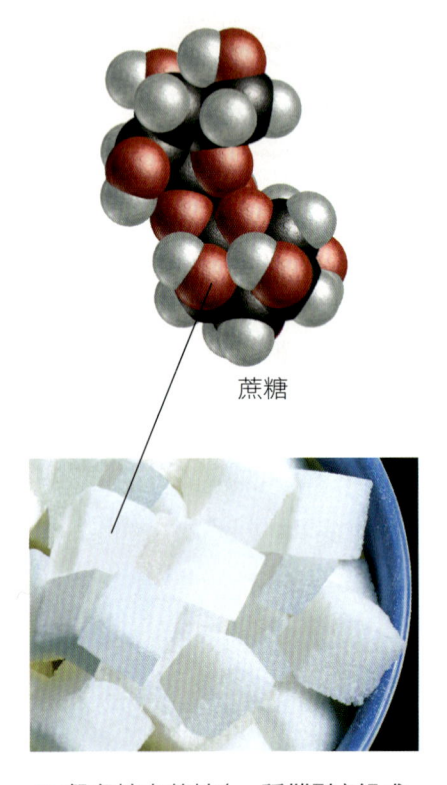

蔗糖

餐桌糖由蔗糖（一種雙醣）組成。

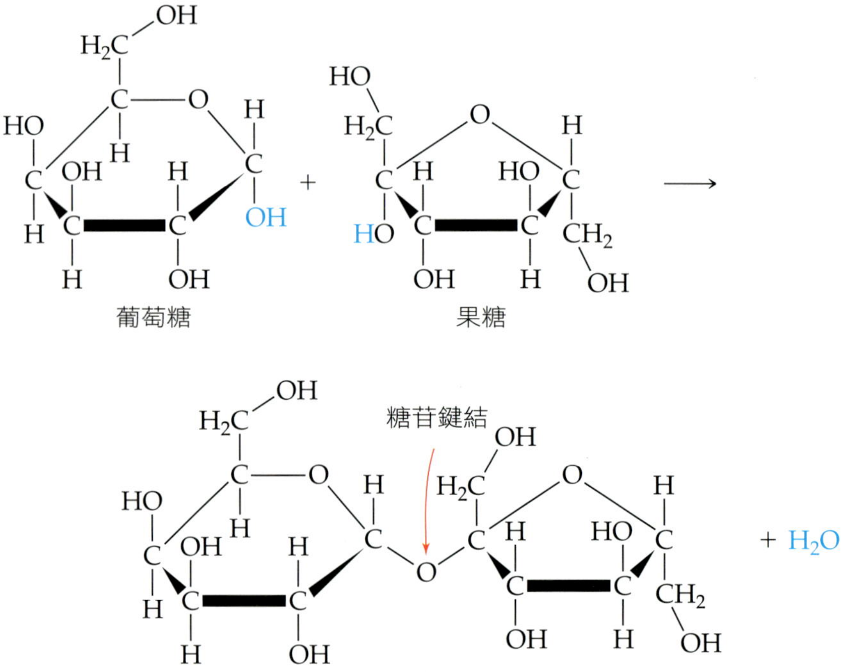

葡萄糖　　　　　　果糖

糖苷鍵結

蔗糖　　　　+ H₂O

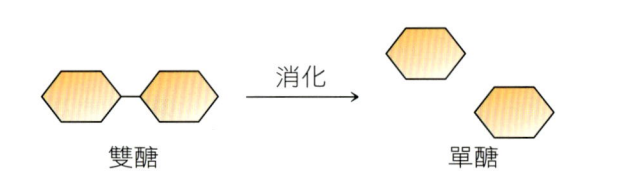

▶ 圖 19.3 **雙醣的消化**。在消化期間，雙醣被分解為個別的單醣單元。

雙醣 ──消化──→ 單醣

在消化的時候單醣之間的鍵會被打斷，而讓各個單醣通過腸壁進入血液中（◀圖19.3）。

多醣

單醣也能連接在一起而形成**多醣**（Polysaccharides），多醣是由很多單醣單元組成長而像鏈狀的分子。多醣是一種**聚合物**，是由重複的結構單元組成一長鏈的化合物（在第18.17節介紹過）。單醣和雙醣稱為**簡單的糖**（simple sugars）或**簡單的碳水化合物**（simple carbohydrates），多醣稱為**複雜的碳水化合物**（complex carbohydrates）。一些常見的多醣包括**澱粉**（starch）和**纖維素**（cellulose），均由重複的葡萄糖單元所組成。

澱粉

澱粉和纖維素之間的差異是在葡萄糖單元之間的連結上。在澱粉中，連結相鄰的葡萄糖單元的氧原子在相對位置上是位於環面的下方，此種方式稱為**α鍵結**（alpha linkage）。在纖維素中，氧原子大約和環面平行，但是稍微朝向上方，此種方式稱為**β鍵結**（beta linkage）。這種在鍵結上的差異導致澱粉和纖維素在性質上的不同。

澱粉常存在於馬鈴薯和穀類裡，它是一種柔軟的物質，使我們容易咀嚼及吞嚥，在消化的時候，葡萄糖單元之間的鍵會被打斷，讓葡萄糖分子能通過腸壁進入血液中（▼圖19.4）。另一方面，又稱為纖維的纖維素是一種硬的物質，纖維素是植物的主要結構成分，纖維素裡的鍵結使它難以被人們消化，當我們吃纖維素時，它直接通過腸道，可促進排便而防止便秘。

第三種多醣是**肝醣**（glycogen），肝醣的結構與澱粉類似，但是其鏈狀為具高度支鏈，在動物體內，血液中的過剩葡萄糖會以肝醣形式儲存起來。

▶ 圖 19.4 **多醣的消化。**在消化期間的，多醣被分解為個別的單醣單元。

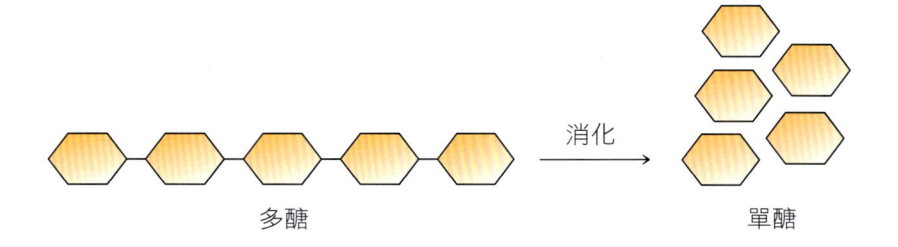

多醣 —消化→ 單醣

460　第 19 章　生物化學

範例 19.1　指認碳水化合物

下列分子中的何者為碳水化合物？並把每個碳水化合物分類為單醣、雙醣或是多醣。

(a) (b) (c) H₃C—CH₂—CH₂—CH₂—C(=O)—OH (d)

解答：
你可以依據分子是否為含有多個接於碳原子上的—OH基之醛類或酮類來判斷其是否為碳水化合物；或者分子是否為由數個碳原子及一個氧原子構成的單環或多環，且大部分的碳原子上接有—OH基。據此，(a)、(b)和(d)是碳水化合物；(a)和(b)是單醣；(d)是雙醣；(c)不是碳水化合物，因為它只有一個羧酸基，這不是碳水化合物的特性。

19.4　脂質

脂質是難溶於水但可溶於非極性溶劑的細胞化學組成。脂質包括脂肪酸、脂肪、油、磷脂質（phospholipids）、醣脂類（glycolipids）和類固醇（steroids）。脂質不溶於水的性質使它們成為細胞膜的理想結構組成，換句話說，脂質構成分開細胞內部與外部環境的成分，脂質也用於貯存長期能量和保溫，我們由食物中將全部額外的卡路里轉化為脂質儲存起來，但某些人儲存過多。

脂肪酸

脂肪酸（fatty acids）是一種脂質，為具有長的烴鏈尾巴的羧酸，脂肪酸的一般結構如下：

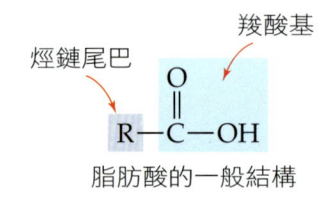

烴鏈尾巴　　　　　羧酸基
　　　R—C(=O)—OH
　　　脂肪酸的一般結構

其中R表示含有3到19個碳原子的烴鏈，脂肪酸只有在R基上不同，常見的脂肪酸是荳蔻酸，其R基為$CH_3(CH_2)_{12}$—。

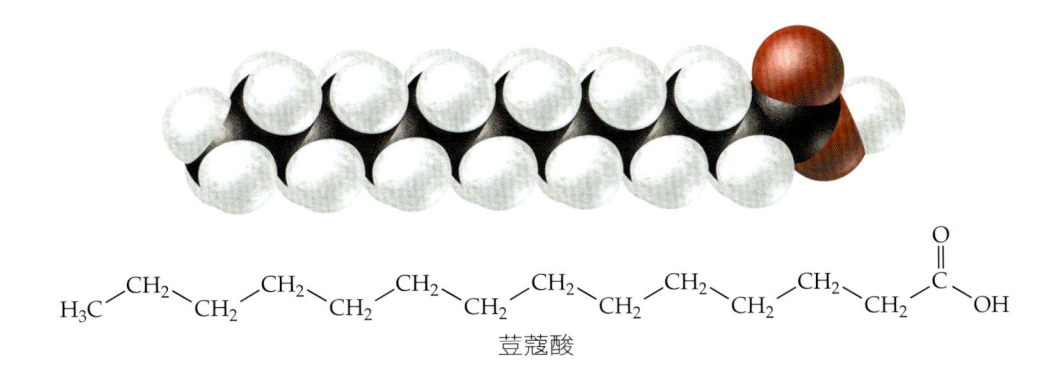

$$H_3C-CH_2-CH_2-CH_2-CH_2-CH_2-CH_2-CH_2-CH_2-CH_2-CH_2-CH_2-CH_2-C(=O)-OH$$
荳蔻酸

荳蔻酸存在於乳脂肪和椰子油裡，荳蔻酸是一種**飽和**（saturated）脂肪酸，飽和脂肪酸的碳鏈不含雙鍵；其他的脂肪酸稱為**單不飽和**（monounsaturated）脂肪酸或**多不飽和**（polyunsaturated）脂肪酸，即在它們的碳鏈中分別含有一個或兩個以上的雙鍵，例如存在於橄欖油、花生油和人類脂肪中的油酸是一種單不飽和脂肪酸。

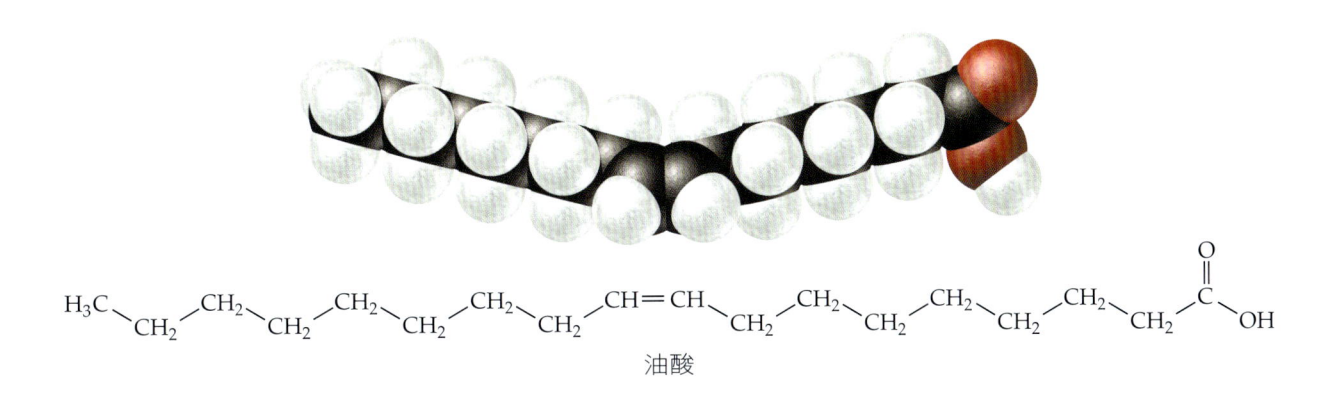

$$H_3C-CH_2-CH_2-CH_2-CH_2-CH_2-CH_2-CH_2-CH=CH-CH_2-CH_2-CH_2-CH_2-CH_2-CH_2-CH_2-C(=O)-OH$$
油酸

脂肪酸的長烴鏈尾巴使它們難溶於水，表19.1列出數種不同的脂肪酸與其常見之來源。

表 19.1 脂肪酸

飽和脂肪酸

名稱	碳原子數	結構	來源
丁酸（酪酸）（butyric acid）	4	$CH_3CH_2CH_2COOH$	乳脂肪
癸酸（羊蠟酸）（capric acid）	10	$CH_3(CH_2)_8COOH$	乳脂肪、鯨魚油
十四酸（荳蔻酸）（myristic acid）	14	$CH_3(CH_2)_{12}COOH$	乳脂肪、椰子油
十六酸（棕櫚酸）（palmitic acid）	16	$CH_3(CH_2)_{14}COOH$	牛油、乳脂
十八酸（硬脂酸）（stearic acid）	18	$CH_3(CH_2)_{16}COOH$	牛油、乳脂

不飽和脂肪酸

名稱	碳原子數	雙鍵數目	結構	來源
油酸（oleic acid）	18	1	$CH_3(CH_2)_7CH=CH(CH_2)_7COOH$	橄欖油、花生油
亞麻油酸（linoleic acid）	18	2	$CH_3(CH_2)_4(CH=CHCH_2)_2(CH_2)_6COOH$	亞麻仁油、玉米油
亞麻脂酸（linolenic acid）	18	3	$CH_3CH_2(CH=CHCH_2)_3(CH_2)_6COOH$	亞麻仁油、玉米油

脂肪和油

脂肪和油是**三酸甘油酯**（triglycerides），是由甘油鍵結三種脂肪酸所組成的三酯化物（triesters），如下列方框圖中所示。

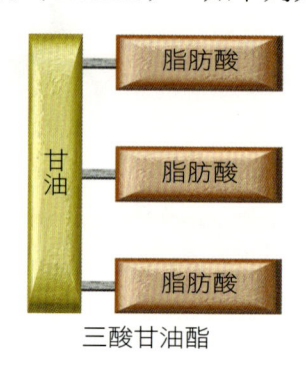

三酸甘油酯

三酸甘油酯是經由甘油與三種脂肪酸的反應而形成。

甘油　　　三種脂肪酸　　　　三酸甘油酯

連接甘油和脂肪酸的鍵稱為為**酯鍵**（ester linkages）。例如，三硬脂酸甘油酯（tristearin，牛油的主要成分）是由甘油和三個硬脂酸分子反應形成。

甘油　　　三個硬脂酸

三硬脂酸甘油酯

如果三酸甘油酯中的脂肪酸是飽和的，那麼三酸甘油酯稱為**飽合脂肪**（saturated fat），並且在室溫下傾向於固體狀態，豬油和很多動物脂肪是飽合脂肪的例子。另一方面，如果三酸甘油酯中的脂肪酸不飽和，則這些三酸甘油酯稱為**不飽和脂肪**（unsaturated fat）或**油**（oil），且在室溫下傾向於液體狀態，菜籽油、橄欖油和大多數其他蔬菜油是不飽和脂肪的例子。

範例 19.2　指認三酸甘油酯

在下列分子中指認三酸甘油酯，並且把每一個分類為飽和或不飽和。

(a) 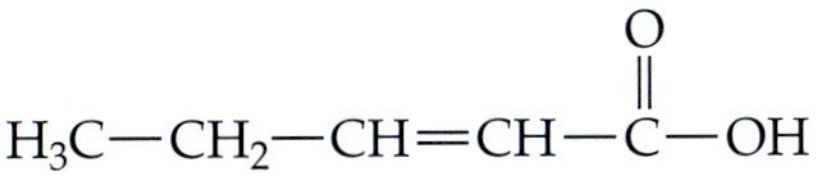 $H_3C-CH_2-CH=CH-\overset{\overset{O}{\|}}{C}-OH$

(b) 三酸甘油酯結構，三條飽和脂肪酸鏈連接於甘油骨架

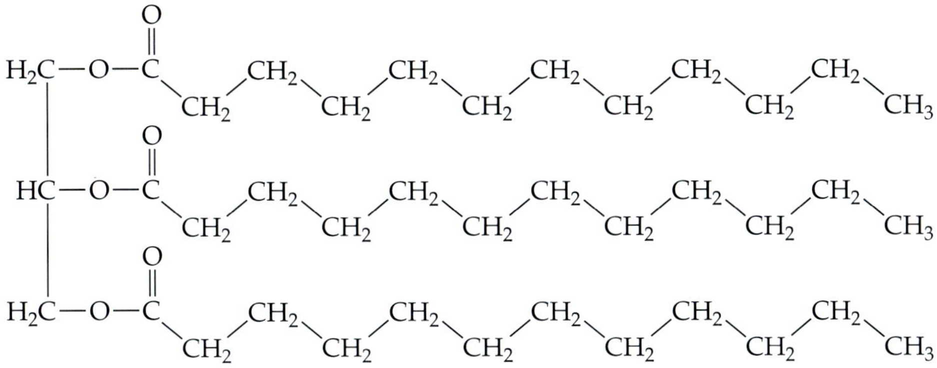

(c) 三酸甘油酯結構，三條含有 CH=CH 雙鍵的不飽和脂肪酸鏈連接於甘油骨架

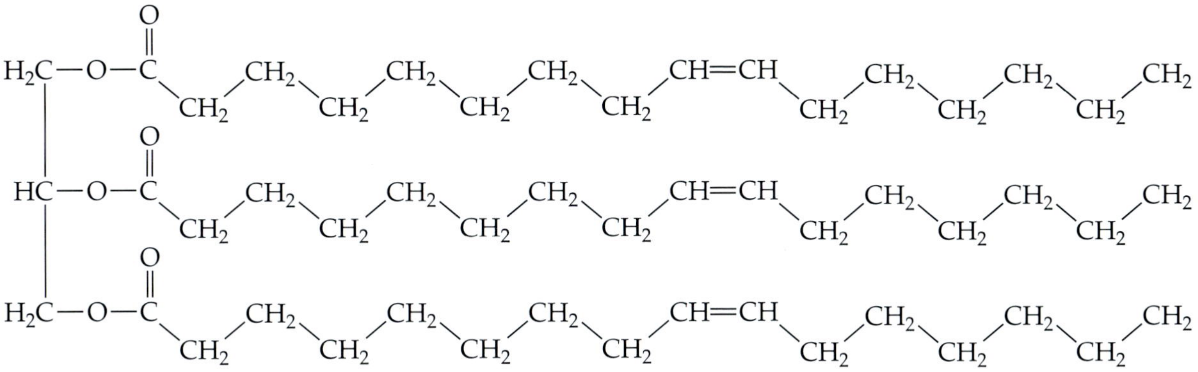

(d) 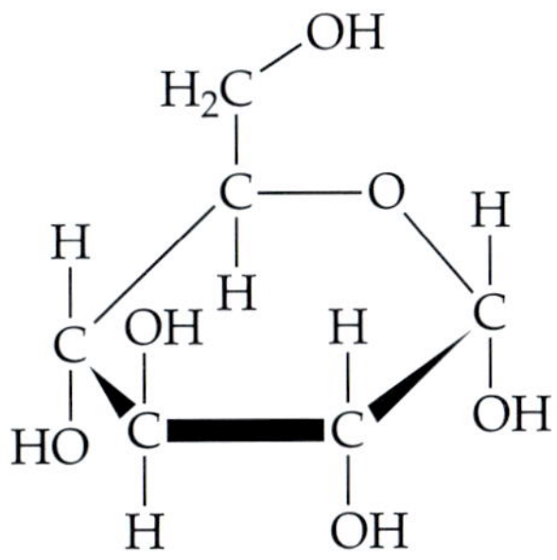 環狀糖類結構（含多個 OH 基）

解答：
三酸甘油酯容易藉含有長脂肪酸尾巴的三碳骨幹加以確認。據此，(b) 和 (c) 都是三酸甘油酯；(b) 是飽合脂肪，因為在碳鏈中沒有任何雙鍵；(c) 是不飽和脂肪，因為在碳鏈中含有雙鍵。

其他脂質

存在於細胞中的其他脂質包括磷脂質、醣脂質和類固醇。**磷脂質**（phospholipids）除了一個脂肪酸基被替換成磷酸鹽基之外，其他與三酸甘油酯有相同的基本結構。

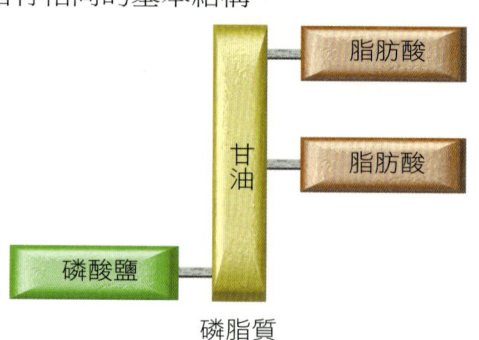

與非極性的脂肪酸不同，磷酸鹽基是極性的，且經常有其他的極性基與它相接，因此磷脂質分子有一個極性的部分和一個非極性的部分。例如，參看如下磷脂醯膽鹼（phosphatidyl choline）的結構，這是存在於高等動物細胞膜中的磷脂質。

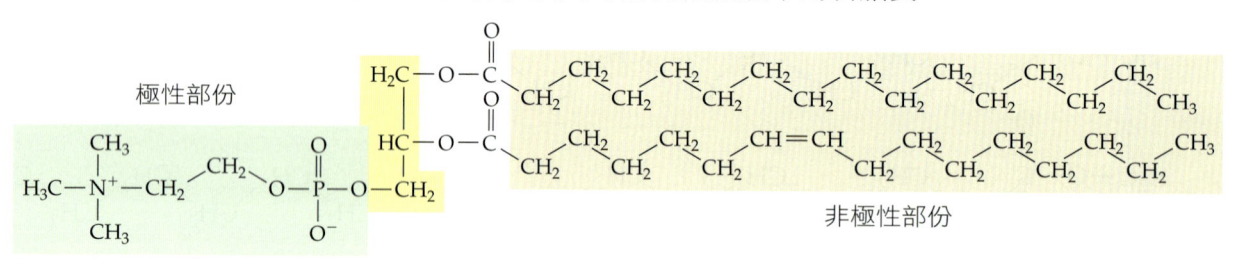

▲ 圖 19.5 **磷脂質和醣脂質的圖示**。綠色的圓圈代表分子的極性部分，尾巴代表非極性的烴鏈。問題：如果這個分子被放置在水裡，你認為它如何在水面上決定自己的方向？

分子的極性部分是**親水性的**（hydrophilic）（對水具強烈的吸引力），而非極性的部分是**疏水性的**（hydrophobic）（對水具強烈的排斥力）。**醣脂質**（glycolipids）有相似的結構和性質，醣脂質的非極性的部分是由一個脂肪酸鏈和一個烴鏈組成，極性部分是一個像葡萄糖那樣的糖分子，通常以一個帶有兩條長尾巴的圓圈來表示磷脂質和醣脂質（◀ 圖19.5），圓圈代表分子的極性親水性部分，尾巴代表非極性的疏水性部分。磷脂質和醣脂質的結構使它們像細胞膜一樣的理想，其極性部分能與細胞的水相環境相互作用，而非極性部分則彼此相互作用。在細胞膜裡，這些脂質形成一個稱為**脂雙層**（lipid bilayer）的結構（▶ 圖19.6），脂雙層膜將細胞和許多的細胞結構密封於內。

類固醇（Steroids）是含有下列四環結構的脂質。

一些普遍的類固醇包括膽固醇（cholesterol）、睪丸素（testosterone）和雌激素（estrogen）。

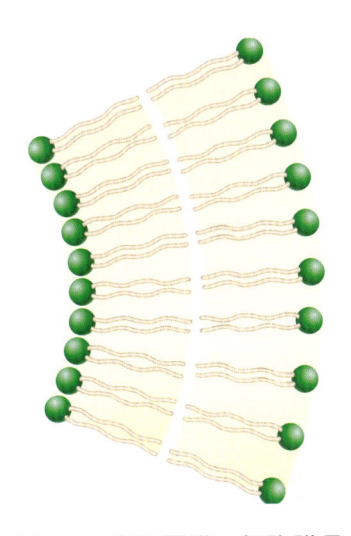

膽固醇

睪丸素　　　　　雌激素

▲ 圖 19.6 **脂雙層膜**。細胞膜是由脂雙層所組成，脂雙層是由磷脂質或醣脂質所形成；在這雙層結構中，分子的極性頭朝向外，非極性尾朝向內。

雖然膽固醇有一個壞名聲，但是它在身體裡提供很多重要的功能，像磷脂質和醣脂質一樣，膽固醇是細胞膜的一部分，膽固醇也作為身體合成睪丸素（主要的雄性荷爾蒙）和雌激素（主要的雌性荷爾蒙）等其他類固醇的起始物質（或是前驅物質）。荷爾蒙（hormone）是管理很多身體程序的化學信使，例如生長和新陳代謝；它們由專門的組織分泌，並且在血液裡輸送。

19.5 蛋白質

當大多數人想起**蛋白質**（proteins）時，他們會想到飲食中的蛋白質來源，如牛肉、蛋、家禽和豆類等。然而從生物化學的觀點，蛋白質有較為廣泛的定義，在活生物體中，蛋白質執行維持生命的大部分工作，例如，活生物體中大多數的化學反應受蛋白質催化才得以發生。作為催化劑的蛋白質稱為**酵素**（enzymes）。沒有酵素，生命將是不可能發生的，但是作為酵素只是蛋白質的許多功能之一，蛋白質也是肌肉、皮膚和軟骨的結構成分，它們在血液裡輸送氧氣、作為抗體而與疾病作戰、並且作為荷爾蒙以調節代謝過程，蛋白質可說是扮演著支配生命的工作分子的角色。

蛋白質是什麼？蛋白質是胺基酸的聚合物，**胺基酸**（amino acids）是含有胺基（amine group）、羧酸基和R基（又稱**支鏈**，side chain）的分子。胺基酸的一般結構為：

胺基酸的一般結構

每個胺基酸只在R基上彼此有所不同，一種簡單的胺基酸是丙胺酸（alanine），它的R基僅是一個甲基（—CH₃）基。

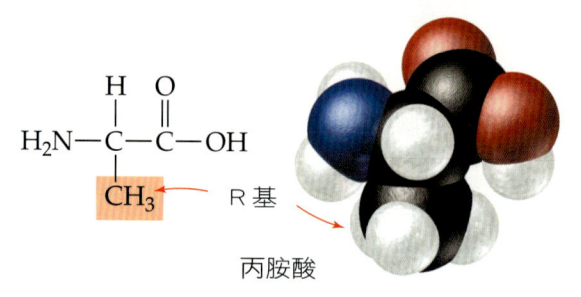

丙胺酸

其他胺基酸，包括絲胺酸（serine），R = —CH₂OH；天門冬胺酸（aspartic acid），R = —CH₂COOH；以及離胺酸（lysine），R = —CH₂(CH₂)₃NH₂。

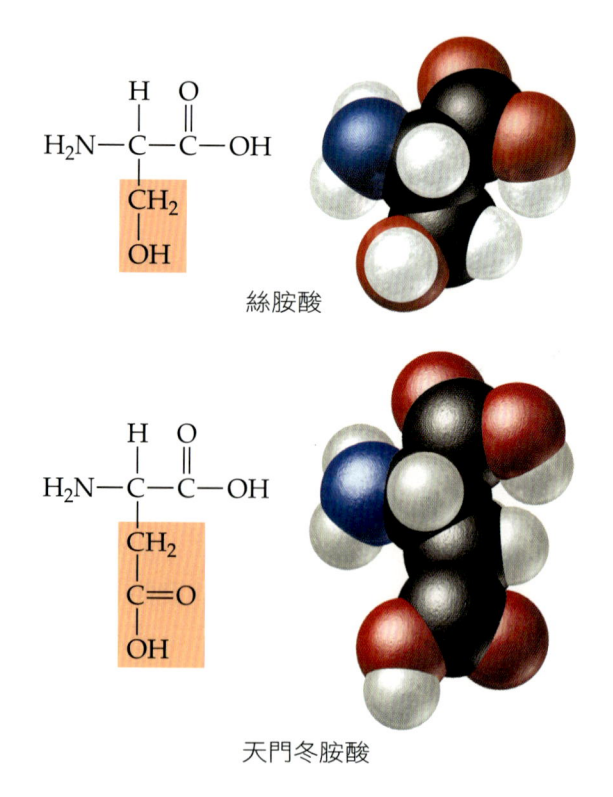

絲胺酸

天門冬胺酸

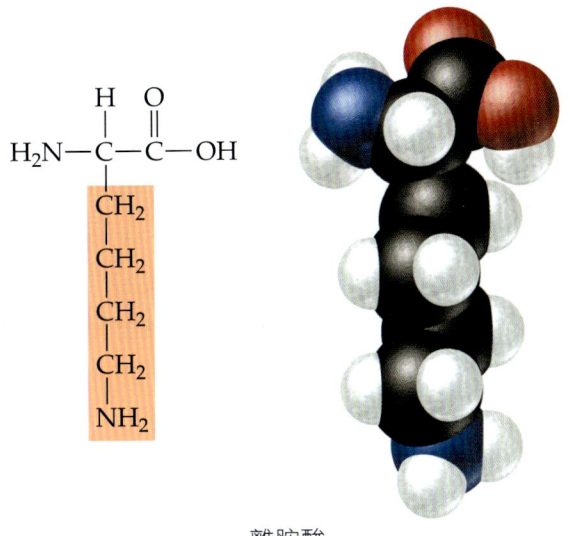

離胺酸

注意胺基酸的R基（或支鏈）不同則會有非常不同的化學性質，例如，丙胺酸有非極性的支鏈，但是絲胺酸卻有極性的支鏈；天門冬胺酸有酸性的支鏈，但是離胺酸卻有鹼性的支鏈（因為含有氮）。當胺基酸被串在一起而形成蛋白質時，這些差異決定蛋白質的結構和性質。表19.2列出蛋白質中最常見的胺基酸。

胺基酸可以連接在一起是因為某種胺基酸的胺基端與另一種胺基酸的羧基端起反應。

胜肽鍵

結果產生的鍵稱為**胜肽鍵**（peptide bond），而產生的的分子（兩種胺基酸連結在一起）稱為**二胜肽**（dipeptide）。一個二胜肽可以與第三種胺基酸連結而形成三胜肽（tripeptide）等等。胺基酸的短鏈一般稱為**多胜肽**（polypeptides）。功能性的蛋白質通常含有數百甚至數千種以胜肽鍵連結的胺基酸。

表 19.2 常見的胺基酸

Glycine (Gly) 甘胺酸	Alanine (Ala) 丙胺酸	Valine (Val) 纈胺酸	Leucine (Leu) 白胺酸
Isoleucine (Ile) 異白胺酸	Proline (Pro) 脯胺酸	Methionine (Met) 甲硫胺酸	Cysteine (Cys) 半胱胺酸
Serine (Ser) 絲胺酸	Threonine (Thr) 酥胺酸	Aspartic acid (Asp) 天門冬胺酸	Glutamic acid (Glu) 麩胺酸
Asparagine (Asn) 天門冬醯胺	Glutamine (Glu) 麩胺醯胺	Lysine (Lys) 離胺酸	Arginine (Arg) 精胺酸
Histidine (His) 組織胺酸	Phenylalanine (Phe) 苯丙胺酸	Tyrosine (Tyr) 酪胺酸	Tryptophan (Trp) 色胺酸

範例 19.3　胜肽鍵

表示出甘胺酸和丙胺酸形成胜肽鍵的反應。

$$H_2N-\underset{\underset{H}{|}}{\overset{\overset{H}{|}}{C}}-\overset{\overset{O}{\|}}{C}-OH \qquad H_2N-\underset{\underset{CH_3}{|}}{\overset{\overset{H}{|}}{C}}-\overset{\overset{O}{\|}}{C}-OH$$

　　　　甘胺酸　　　　　　　丙胺酸

解答：
當一種胺基酸的羧基端與第二種胺基酸的胺基端反應產生二胜肽和水時，則形成胜肽鍵。

$$H_2N-\underset{\underset{H}{|}}{\overset{\overset{H}{|}}{C}}-\overset{\overset{O}{\|}}{C}-OH \;+\; H_2N-\underset{\underset{CH_3}{|}}{\overset{\overset{H}{|}}{C}}-\overset{\overset{O}{\|}}{C}-OH \longrightarrow H_2N-\underset{\underset{H}{|}}{\overset{\overset{H}{|}}{C}}-\overset{\overset{O}{\|}}{C}-NH-\underset{\underset{CH_3}{|}}{\overset{\overset{H}{|}}{C}}-\overset{\overset{O}{\|}}{C}-OH \;+\; H_2O$$

注意，甘胺酸的—NH_2端與丙胺酸的—COOH端也會發生反應，產生略有不同的二胜肽。

19.6　蛋白質結構

當胺基酸連結在一起而形成蛋白質時，胺基酸會相互作用引起蛋白質鏈以非常特殊的方式扭曲及摺疊，蛋白質鏈的精確形狀將取決於胺基酸的類型和它們的序列，不同的胺基酸和不同的序列將導致不同的形狀，而且這些形狀是極為重要的。

例如，胰島素（insulin）是促進血液中的葡萄糖被吸收進入肌肉細胞（其需要葡萄糖作為能量）的蛋白質，胰島素認識肌肉細胞是因為它們的表面含有胰島素感受器（適合胰島素蛋白質的特定部分的分子），如果胰島素的形狀不同，它將不會在肌肉細胞上拴在胰島素感受器上，因此將不能進行它的工作。因此蛋白質的形狀或**構形**（conformation）對它們的功能是具決定性，我們把蛋白質分成四類以了解它的結構：一級結構（primary structure）、二級結構（secondary structure）、三級結構（tertiary structure）和四級結構（quaternary structure）（▶圖19.7）。

🟡 一級結構

蛋白質的**一級結構**（primary structure）僅僅是蛋白質鏈中的胺基酸序列，一級結構是藉由胺基酸之間的共價胜肽鍵來維持，例如，胰島素蛋白質的某部分有下列的序列。

Gly-Ile-Val-Glu-Gln-Cys-Cys-Ala-Ser-Val-Cys

每三個字母的縮寫表示一種胺基酸（參閱表19.2），蛋白質的第一個胺基酸序列在1950年代被確認，今天，數千個蛋白質的胺基酸序列已經知道。

▶ 圖 19.7 **蛋白質架構**。(a) 一級結構是胺基酸順序。(b) 二級結構是指小規模的重複形式，例如螺旋或摺板。(c) 三級結構是指蛋白質的大規模彎曲和褶疊。(d) 四級結構是個別的多胜肽鏈的排列。

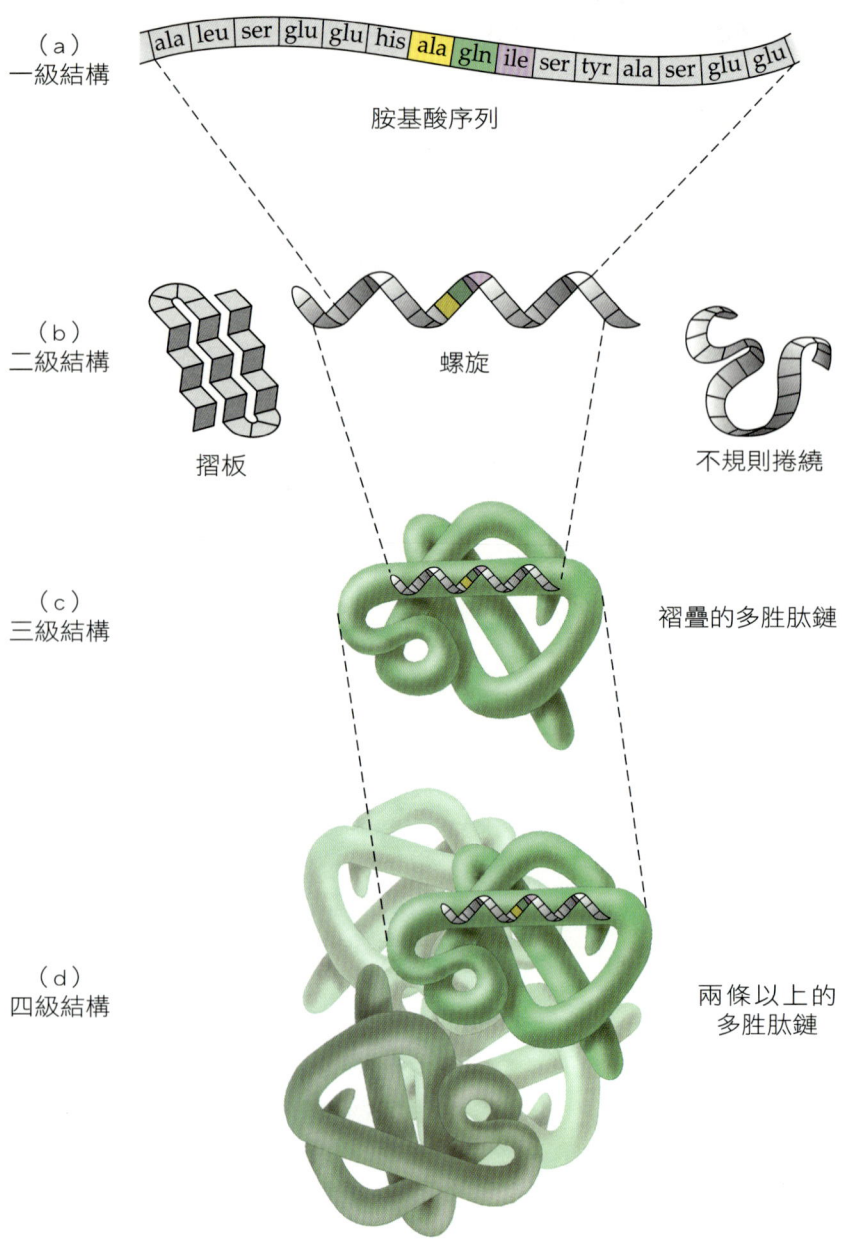

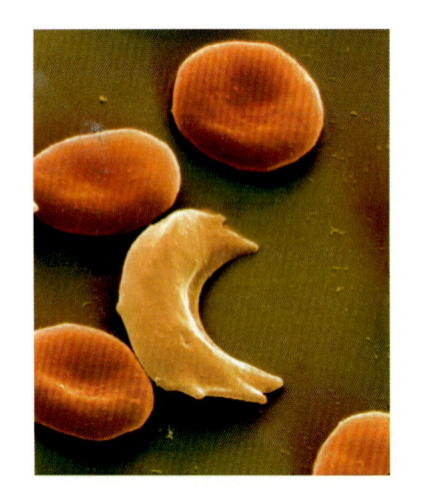

(a) 一級結構　ala|leu|ser|glu|glu|his|ala|gln|ile|ser|tyr|ala|ser|glu|glu

胺基酸序列

(b) 二級結構

摺板　螺旋　不規則捲繞

(c) 三級結構　褶疊的多胜肽鏈

(d) 四級結構　兩條以上的多胜肽鏈

▲ 正常紅血球包圍著一個鐮刀形紅血球（中心處）；鐮刀形紅血球是脆弱而容易損壞的，它們也比較硬，因此有插入微血管的傾向，而干擾血液流向組織和器官。

蛋白質的胺基酸序列即使僅是小小的改變，也會對蛋白質的功能有破壞性的影響。例如血紅素（hemoglobin）是血液裡輸送氧氣的蛋白質，它是由四條蛋白質鏈所組成，每一條蛋白質鏈含有146個胺基酸單元，共有584個胺基酸單元（▶ 圖19.8）。若用麩胺酸代替其中兩條鏈上的某一個位置的纈胺酸，則將導致一種稱為鐮刀狀細胞貧血症（sickle-cell anemia）的疾病，其紅血球呈現鐮刀形狀終而導致主要器官的損壞，過去鐮刀狀細胞貧血症經常在30歲之前致命，全部因為584個胺基酸中的兩個有變化。

🟡 二級結構

蛋白質的**二級結構**（secondary structure）涉及沿著蛋白質鏈的某些小規模的重複形式，它們是藉由蛋白質鏈中序列緊鄰一起的胺基酸胜肽骨架之間的相互作用來維持，或是藉由相鄰鏈上彼此臨近

19.6 蛋白質結構 **471**

▶ 圖 19.8 **血紅素**。血紅素是由四條蛋白質鏈所組成，每一條蛋白質鏈含有 146 個胺基酸單元，每條鏈持有一個稱為原血紅素（heme）的分子，在原血紅素的中心含有一個鐵原子，而氧連接在鐵原子上。

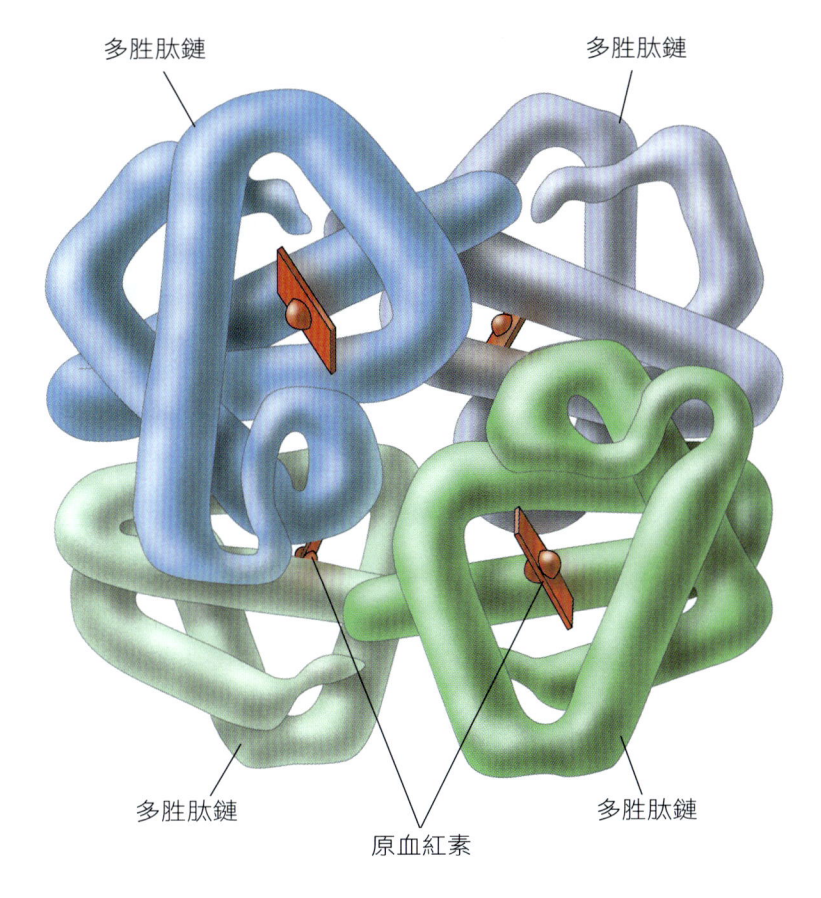

多胜肽鏈　　多胜肽鏈

多胜肽鏈　　多胜肽鏈
原血紅素

的胺基酸胜肽骨架之間的相互作用來維持。最常見的形式稱為 **α－螺旋**（α-helix），顯示於▼ 圖19.9中。在 α－螺旋結構中，胺基酸鏈（即多胜肽）纏繞成緊密的螺旋，其中支鏈（R基）從該螺旋向外延伸。這個結構是藉由胜肽骨架中的NH基與CO基之間的交互作用所形成的氫鍵來維持著，一些蛋白質如角蛋白（keratin，為構成頭髮的蛋白質）整條鏈都有 α－螺旋形式，其他蛋白質幾乎沒有或者完全沒有 α－螺旋形式。

▶ 圖19.9 **α－螺旋之蛋白質結構**。α－螺旋是藉由胺基酸的胜肽骨架之間的交互作用來維持，在蛋白質鏈的序列中胺基酸彼此是相當相近的。

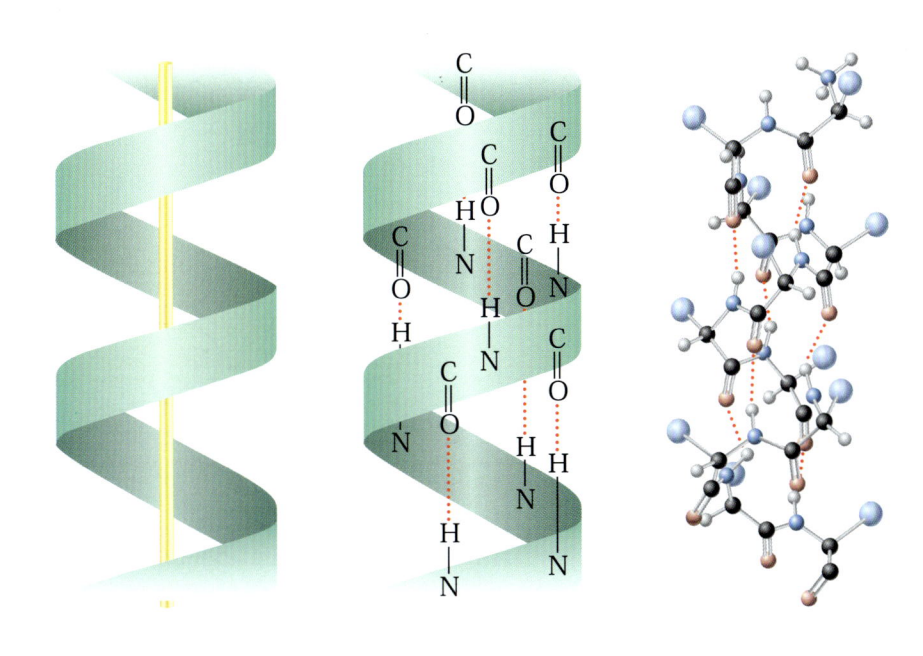

▶ 圖 19.10 β－摺板蛋白質之結構。β－摺板是藉由相鄰蛋白質鏈的胜肽骨架彼此之間的相互作用來維持。

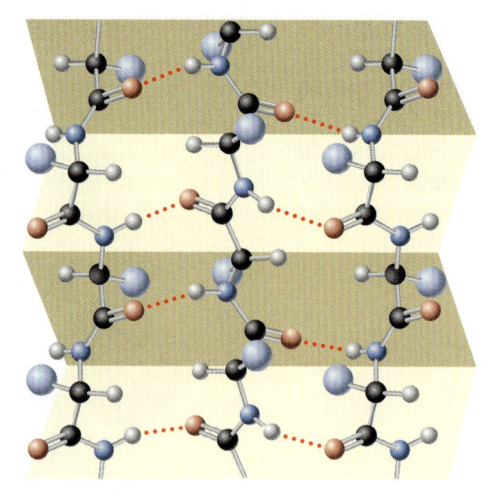

蛋白質二級結構的第二種常見的形式稱為 **β－摺板**（β-pleated sheet）（▲圖19.10）。在這個結構中，鏈被伸展開來（與螺旋相反）並形成Z字形，鏈的胜肽骨架藉由氫鍵相互作用形成Z字形的摺板。一些蛋白質（如蠶絲）整條鏈都有 β－摺板結構，因為在 β－摺板的蛋白質鏈是完全伸展的，所以蠶絲是沒有彈性的。很多蛋白質有些部分是 β－摺板，其他部分為 α－螺旋，而有少部分為不規則形式，此稱為**不規則捲繞**（random coils）。

三級結構

蛋白質的**三級結構**（tertiary structure）是由大規模的彎曲和摺疊所組成，此乃由於在蛋白質鏈的序列中，相距較遠的胺基酸R基之間的交互作用所致，這些交互作用如▼圖19.11中所示，包括如下內容：

▶ 圖 19.11 **創造三級和四級結構的交互作用**。蛋白質的三級結構是藉由蛋白質鏈的序列中，相距較遠的胺基酸 R 基之間的交互作用所維持，這些交互作用包括氫鍵，雙硫鍵、疏水性交互作用和鹽橋（圖中顯示每種交互作用的典型例子），相同的交互作用也能將不同的胺基酸鏈維繫在一起（四級結構）。

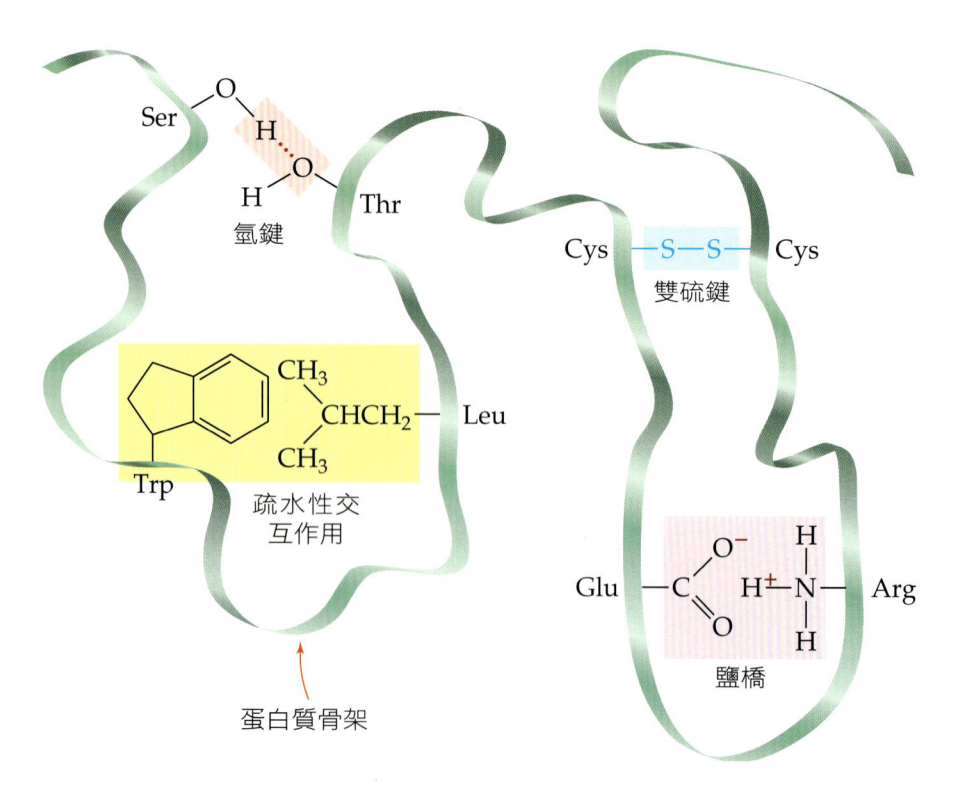

- 氫鍵
- 雙硫鍵（在不同R基上的兩個硫原子之間的共價鍵）
- 疏水性交互作用（在大的非極性基團之間的吸引力）
- 鹽橋（在酸基和鹼基之間的酸鹼交互作用）

具有結構功能的蛋白質 —— 如構成頭髮的角蛋白或構成肌腱和大部分皮膚的膠原蛋白（collagen）—— 傾向於有三級結構，其捲繞的胺基酸鏈與其他鏈排列略呈平行，形成長而非水溶性的纖維，這類的蛋白質稱為**纖維狀蛋白質**（fibrous proteins）。具有非結構功能的蛋白質 —— 如攜帶氧的血紅素，或對抗傳染病的溶菌酶（lysozyme）—— 傾向於有三級結構，其胺基酸鏈自我堆疊形成水溶性的小球，能在血液中通行，這類的蛋白質稱為**球狀蛋白質**（globular proteins）。蛋白質的整體形狀看起來是不規則的，但其實不然，我們已知，其受胺基酸序列所決定，且對它的功能有決定性的影響。

四級結構

許多蛋白質是由超過一條的胺基酸鏈所組成，例如，我們已知，血紅素由4條胺基酸鏈所組成，這些胺基酸鏈配置在一起的模式稱為**四級結構**（quaternary structure）。用以維持四級結構而存在於胺基酸之間的交互作用種類與維持三級結構的交互作用是相同的。

蛋白質結構之總結：

- 一級結構僅僅是胺基酸序列，它是藉由胜肽鍵將胺基酸維持在一起。
- 二級結構指的是經常發現於蛋白質中的小規模重複形式，它們是藉由蛋白質鏈中序列緊鄰一起的胺基酸胜肽骨架之間的相互作用來維持，或是藉由相鄰鏈上彼此臨近的胺基酸胜肽骨架之間的相互作用來維持。
- 三級結構指的是蛋白質中的大規模的彎曲和摺疊，它們是藉由序列中相距較遠的胺基酸R基之間的交互作用所維持。
- 四級結構指的是蛋白質中鏈的排列，它是藉由個別鏈上的胺基酸之間的交互作用來維持。

19.7 核酸：分子藍圖

我們已經看見胺基酸序列決定蛋白質的結構和功能上的重要性，如果在蛋白質中的胺基酸序列是錯誤的，則蛋白質不可能正確地起作用。我們的身體如何能不斷地合成數以千計的不同蛋白質 —— 每個都有正確的胺基酸序列 —— 以供我們生存所需？是什麼能保證蛋白質有正確的胺基酸序列？這個問題的答案在於核酸（nucleic acids），核酸含有說明蛋白質的正確胺基酸序列的化學密碼。核酸可分成兩種類型：**去氧核糖核酸**或**DNA**（deoxyribonucleic acid），其主要存在於細胞核裡；以及**核糖核酸**或**RNA**（ribonucleic acid），其存在於整個細胞的內部。

像蛋白質一樣，核酸是聚合物，組成核酸的個別單元稱為**核苷酸**（nucleotides），每個核苷酸有三個部分：一個磷酸根、一個糖基和一個鹼基（▼圖19.12）。在DNA中，糖是去氧核糖（deoxyribose）；但在RNA裡，糖是核糖（ribose）。

▶ 圖 19.12 **DNA 的組成。** DNA 是核苷酸的聚合物，每核苷酸有三個部分：一個糖基、一個磷酸根和一個鹼基，核苷酸之間是以磷酸酯鍵連結。

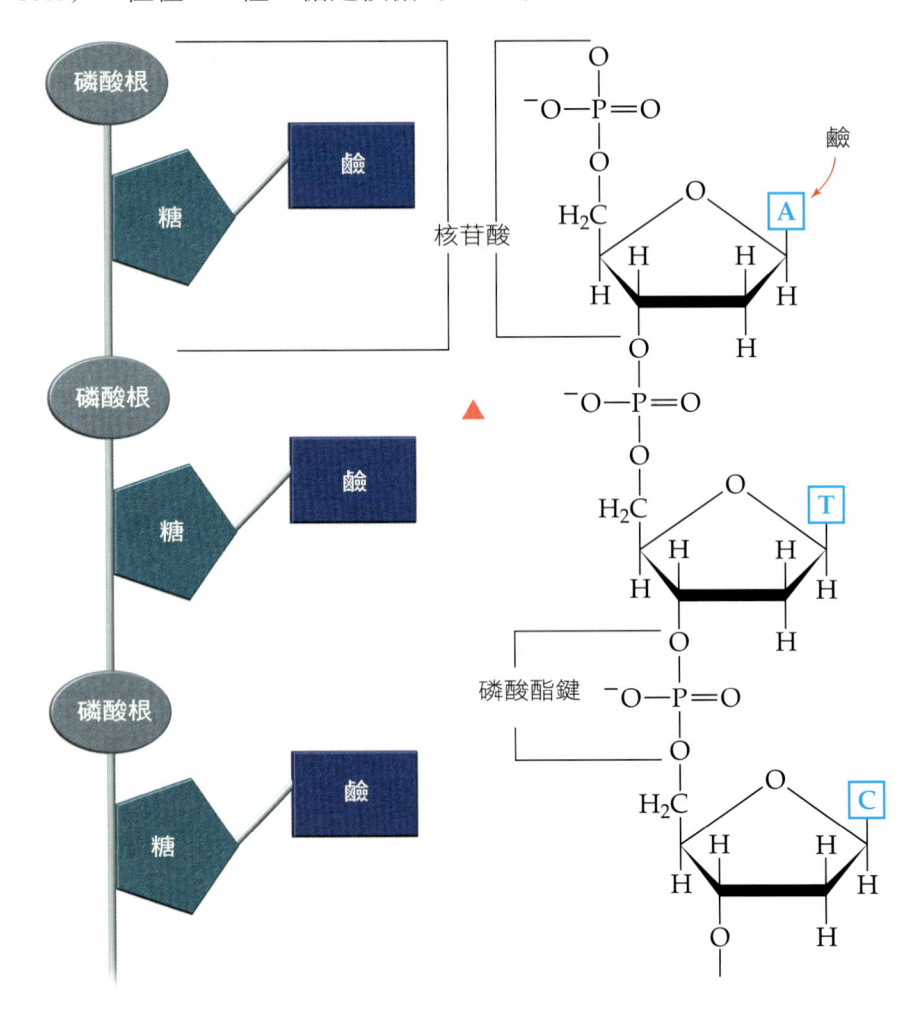

19.7 核酸：分子藍圖 475

去氧核糖　　　　　　　核糖

核苷酸之間是藉由磷酸酯鍵連接在一起而形成核酸，DNA中的每一個核苷酸有相同的磷酸根和糖，但是有四個不同的鹼基，在DNA中的四個鹼基是腺嘌呤（adenine, A）、胞嘧啶（cytosine, C）、鳥糞嘌呤（guanine, G）以及胸腺嘧啶（thymine, T）。

腺嘌呤　　　胞嘧啶　　　鳥糞嘌呤　　　胸腺嘧啶

在RNA中，鹼基的尿嘧啶（uracil, U）取代胸腺嘧啶。

尿嘧啶

核酸鏈中的鹼基序列專一對應蛋白質中的胺基酸序列，但是因為只有4個鹼基，必須專一對應大約20種不同的胺基酸，所以單一鹼基不能作為單一胺基酸的編碼，因此需取三個鹼基序列 —— 稱為**密碼子**（codon）—— 來為一種胺基酸編碼（▼圖19.13）。遺傳密碼（genetic code）—— 連接特定的密碼與胺基酸的關係 —— 在1961年被發現，它差不多是普遍的，意思是在幾乎所有的組織中，相同的密碼專一對應相同的胺基酸。例如，在DNA中，序列AGT編碼為絲胺酸，而序列TGA編碼為酥胺酸。你是一隻老鼠、一株細菌或是一個人並不重要 —— 密碼子是相同的。

▶ 圖 19.13 **密碼子**。三個組合鹼基的核苷酸序列稱為密碼子（codon），每個密碼子可為一種胺基酸編碼。

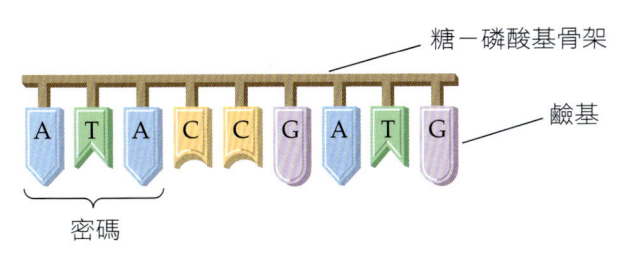

476　第 19 章　生物化學

▶ 圖 19.14 **遺傳物質的組織。**

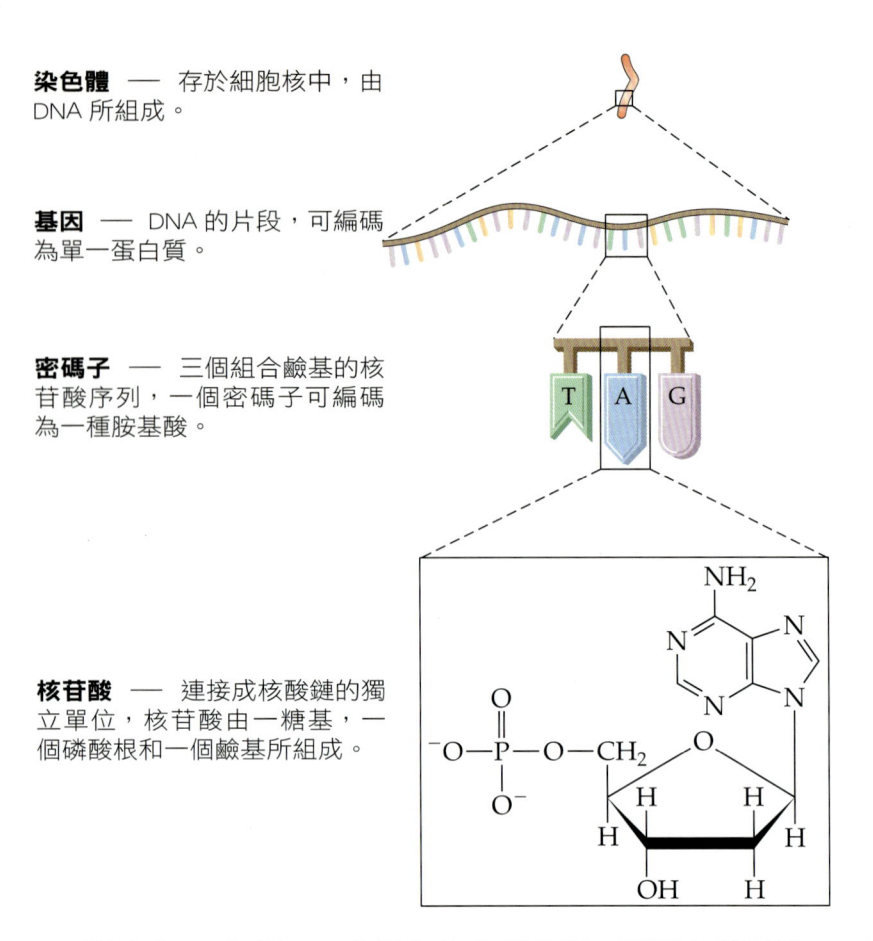

染色體 —— 存於細胞核中，由 DNA 所組成。

基因 —— DNA 的片段，可編碼為單一蛋白質。

密碼子 —— 三個組合鹼基的核苷酸序列，一個密碼子可編碼為一種胺基酸。

核苷酸 —— 連接成核酸鏈的獨立單位，核苷酸由一糖基，一個磷酸根和一個鹼基所組成。

　　基因（gene）是DNA分子內的密碼序列，而蛋白質則以DNA分子來編碼。因為蛋白質的大小變化可由50個到數千個胺基酸，因此基因的長度變化也由50個到數千個密碼，例如胰島素由51種胺基酸組成，因此，胰島素基因必須含有51個密碼 —— 在胰島素蛋白質內的每個密碼對應一種胺基酸。每個密碼子看起來像一個含有三個字母的單字，且專一對應一種胺基酸。按照正確的序列把正確的密碼數目串在一起，你就會有一基因，指示蛋白質中的胺基酸序列。在細胞核結構中的基因稱為**染色體**（chromosomes）—— 人類有46個染色體（▲圖19.14）。

✓ **觀念檢查站 19.1**
需要為胰島素（51種胺基酸）編碼的 DNA 鹼基的數目是：
(a) 17　　(b) 20　　(c) 51　　(d) 153

19.8　DNA 結構、DNA 複製和蛋白質合成

🔵 DNA 結構

　　我們身體中大部分的細胞含有一整套的指令 —— 在細胞核中的DNA內 —— 去製造我們需要的所有蛋白質，但是所有的細胞並不合成每一種蛋白質。細胞只合成對其功能是重要的那些蛋白質。例如，胰細胞合成胰島素，因此在他們的細胞核內使用胰島素基因

▶ 圖 19.15 **DNA 分子的結構。** DNA 有雙股螺旋的結構，每股彼此互補。

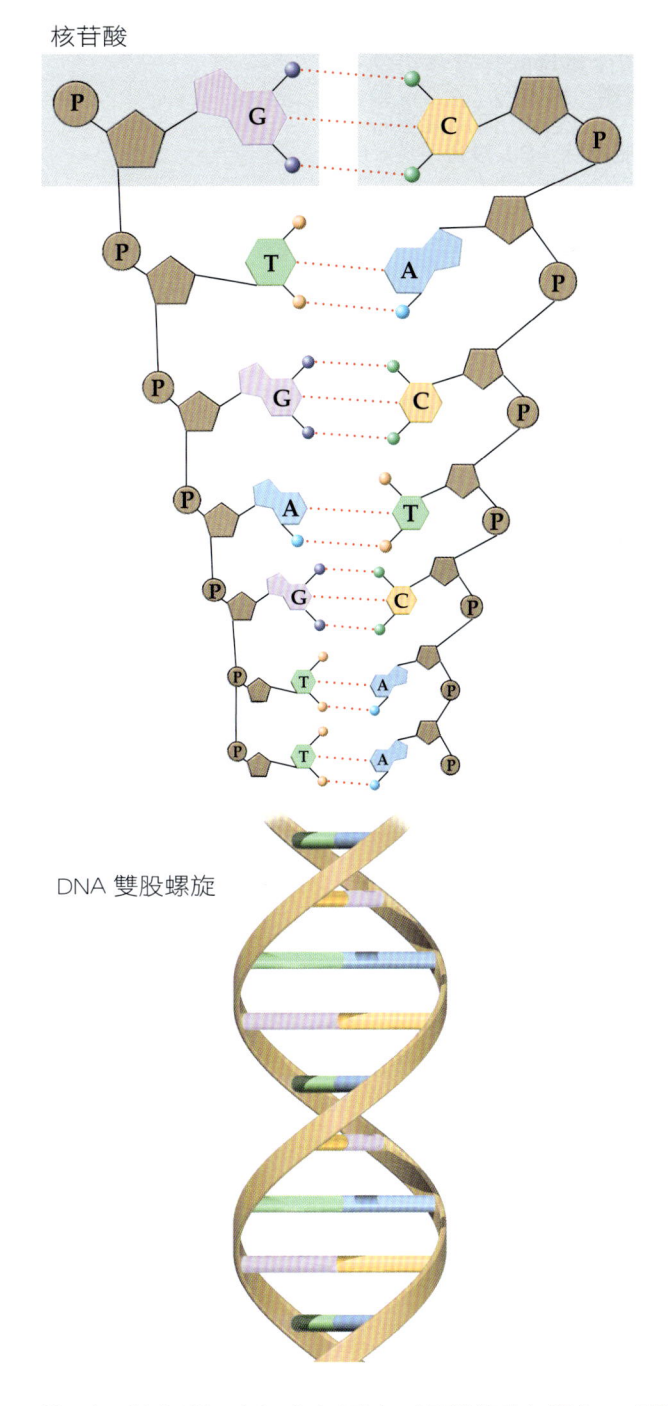

核苷酸

DNA 雙股螺旋

作為指令；然而，胰細胞不合成角蛋白（頭髮蛋白質），即使角蛋白基因也存在於他們的細胞核內。另一方面，在頭皮裡的細胞（在它們的細胞核中也有胰島素和角蛋白的基因）合成角蛋白但不合成胰島素。細胞只合成特定功能的蛋白質。

我們身體大部分的細胞如何複製完整的DNA？答案在於DNA複製（DNA replication），細胞藉由分裂而繁殖——一個母細胞（parent cell）分裂成兩個子細胞（daughter cells）。當它分裂時，它對每個子細胞完全複製它的DNA，DNA複製自己的能力與它的結構有關，DNA存在著一個雙股螺旋（double-stranded helix）（▲ 圖19.15），每股DNA的鹼基指向螺旋的內側，並以氫鍵的力量穩定

第 19 章　生物化學

▶ 圖19.16 **互補性**。DNA互補的本性與鹼基經由氫鍵的交互作用的獨特模式有關，腺嘌呤（A）只與胸腺嘧啶（T）鍵合，而鳥糞嘌呤（G）只與胞嘧啶（C）鍵合。

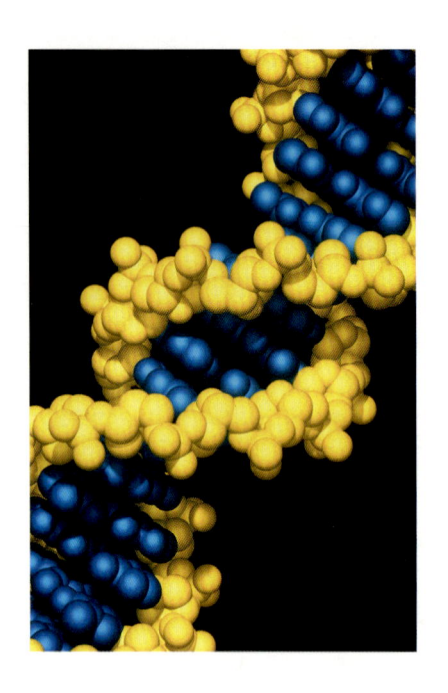

胸腺嘧啶　　　腺嘌呤

(a)

胞嘧啶　　　鳥糞嘌呤

(b)

▲ 一個電腦產生的 DNA 雙股螺旋結構的模型。黃色原子是糖－磷酸鏈，而藍色原子構成配對的互補鹼基。

雙股。不過，鹼基之間的氫鍵並不是不規則的，每個鹼基都只與另一個鹼基**互補**（complementary）——能夠準確的配對組合。在氫鍵鍵合上，腺嘌呤（A）只與胸腺嘧啶（T）鍵合，而鳥糞嘌呤（G）只與胞嘧啶（C）鍵合（▲ 圖19.16）。例如，考慮一段含有下列鹼基的DNA：

A T G A A T C C G A C

於是互補的股將有下列序列：

T A C T T A G G C T G

兩條互補股緊緊地捲繞成螺旋狀的線圈，即為著名的DNA雙股螺旋結構。

範例 19.4　　互補的 DNA 雙股

顯示下列一股 DNA 的互補股序列。

A T G A G T C

解答：
畫出互補股，記住 A 和 T 配對，且 C 和 G 配對。

T A C T C A G

DNA 複製

當細胞正要分裂時，細胞核中的DNA鬆開，而與互補鹼基連結的氫鍵斷裂，形成兩個子股（▼圖19.17）。藉由酵素的幫助，每個子股的互補股將按照正確的次序並以正確的互補鹼基逐漸完成複製，然後在兩股之間的氫鍵重新形成，結果產生兩個完全相同的原始DNA，每個子細胞一個。

▶ 圖 19.17 DNA 複製。

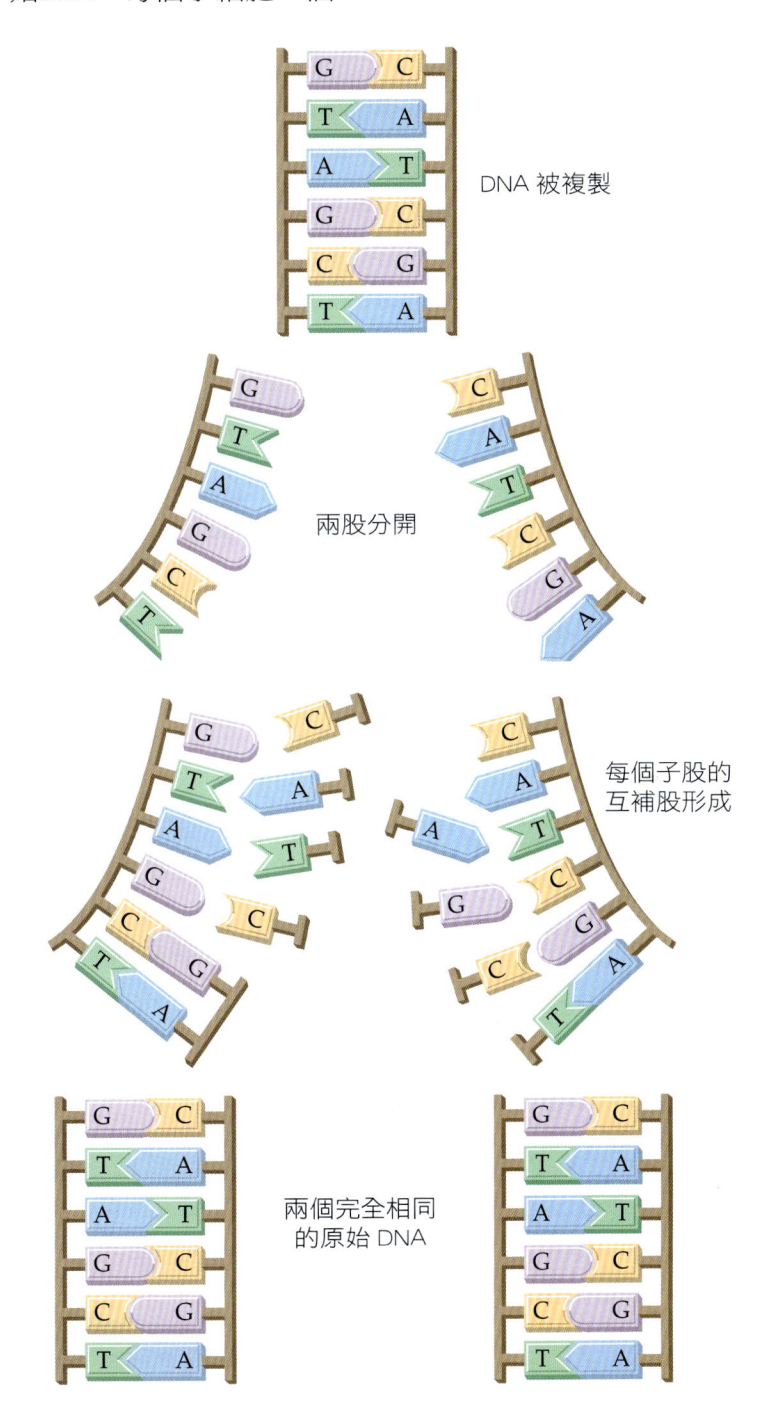

DNA 被複製

兩股分開

每個子股的互補股形成

兩個完全相同的原始 DNA

▶ 圖 19.18 **蛋白質的合成**。為蛋白質編碼的 mRNA 股通過核糖體，在每一個密碼上，正確胺基酸被帶入位置並與先前的胺基酸形成鍵結。

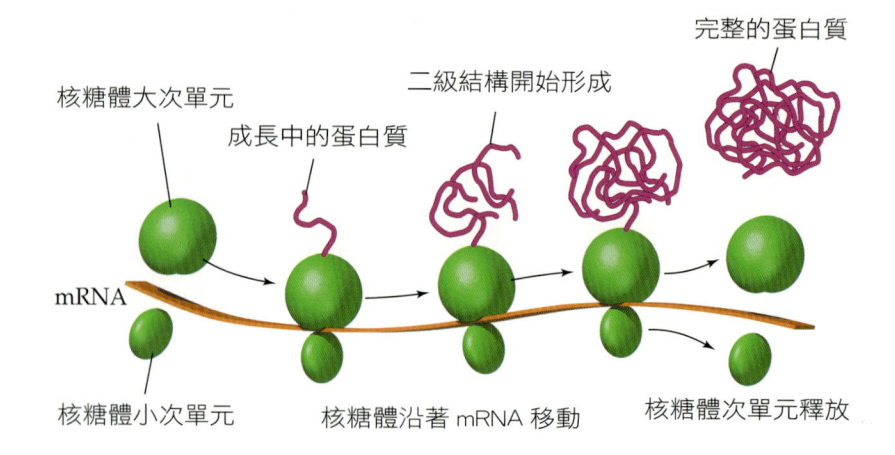

核糖體大次單元
成長中的蛋白質
二級結構開始形成
完整的蛋白質
mRNA
核糖體小次單元
核糖體沿著 mRNA 移動
核糖體次單元釋放

蛋白質合成

活生物體必須合成它們生存所需的蛋白質，當膳食蛋白質被消耗時，它並不是以原有相同的形式被使用，相反地，膳食蛋白質在消化期間被分解成它的組成胺基酸，然後這些胺基酸在細胞中再重組成特定組織需要的正確蛋白質，當然，核酸將主導這個過程。當一個細胞需要製造特定的蛋白質時，為那特定的蛋白質編碼的 DNA 片段 —— 基因 —— 會解開，然後利用**信使RNA**（messenger RNA或**mRNA**）合成出該基因的互補複本，而後mRNA會由細胞核移出到細胞質中的一個稱為核糖體（ribosome）的地方，蛋白質合成遂在核糖體中發生，為蛋白質編碼的mRNA鏈通過核糖體，在每一個密碼上，正確胺基酸被帶入位置並與先前的胺基酸形成胜肽（▲圖19.18），當mRNA通過核糖體，蛋白質形成。

總結：

- DNA含有蛋白質的胺基酸序列的密碼。
- 一個密碼子 —— 三個含有鹼基的核苷酸 —— 對應一種胺基酸。
- 每個鹼基都只與另一個鹼基互補 —— 能夠準確的配對組合。
- 一個基因 —— 一個密碼序列 —— 可編碼為一個蛋白質。
- 在細胞核結構中的基因稱為染色體，人類有46個染色體。
- 當細胞分裂，每一個子細胞在細胞核中得到一個完整DNA的複本 —— 所有46個染色體。
- 當細胞合成蛋白質，為蛋白質編碼的基因的鹼基序列被轉移至mRNA，然後mRNA移出至核糖體，在那裡胺基酸按照正確的序列連結而合成蛋白質。一般的順序是

$$\text{DNA} \rightarrow \text{RNA} \rightarrow \text{蛋白質}$$

✓ **觀念檢查站 19.2**

以下的生物分子中何者不是聚合物？

（a）蛋白質　　　（b）類固醇

（c）核酸　　　　（d）多醣

習題

問答題

1. 畫出脂肪酸的一般的結構。
2. 飽合脂肪和不飽和脂肪在結構和性質的差異為何？
3. 使用兩個胺基酸通式來表示胜肽鍵如何形成。
4. 存在於 DNA 內的四個不同的鹼基是什麼？
5. 遺傳密碼是什麼？
6. 寫出下列鹼基的互補鹼基：
   (a) 腺嘌呤 (A)
   (b) 胸腺嘧啶 (T)
   (c) 胞嘧啶 (C)
   (d) 鳥糞嘌呤 (G)

練習題

7. 判斷下列分子是否為碳水化合物，若是，將其歸類為單醣、雙醣或多醣。

8. 將下列碳水化合物歸類為三碳糖、四碳糖、五碳糖等等。

9. 畫出葡萄糖的直鏈式和環式結構。

10. 判斷下列分子是否為脂類，如果分子是脂類，判斷脂類的種類，如果它是脂肪酸或三酸甘油酯，把它歸類為飽和或不飽和。

(a) 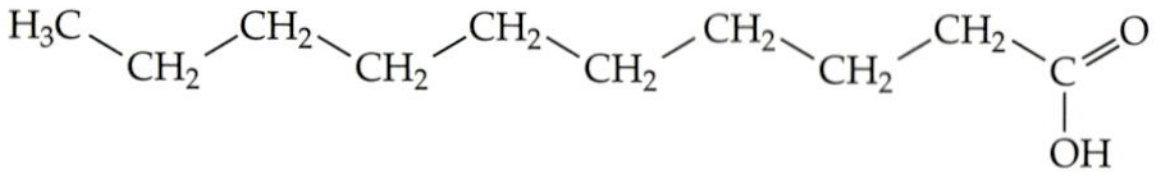 [結構圖：飽和脂肪酸]

(b) 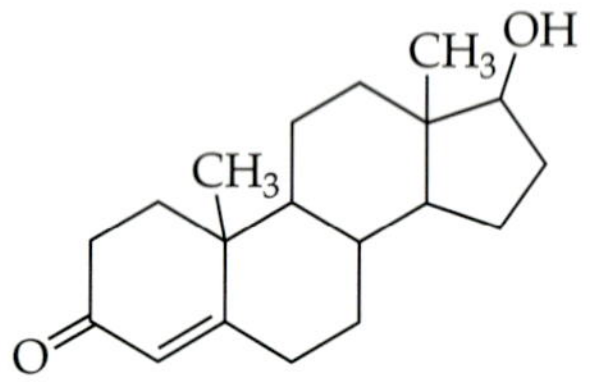 [結構圖：類固醇結構]

(c) 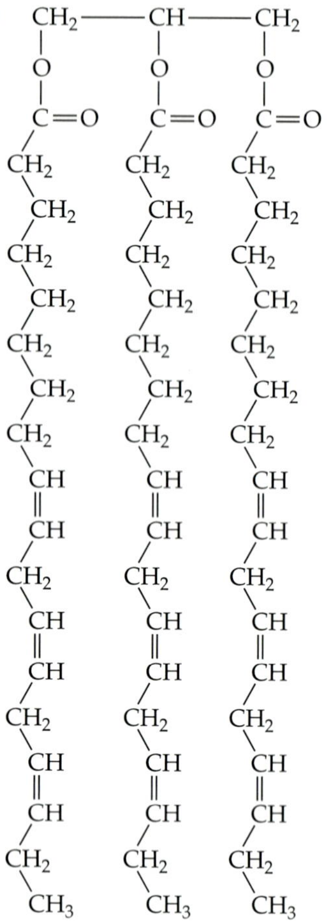 [結構圖：三酸甘油酯，含不飽和脂肪酸]

(d) 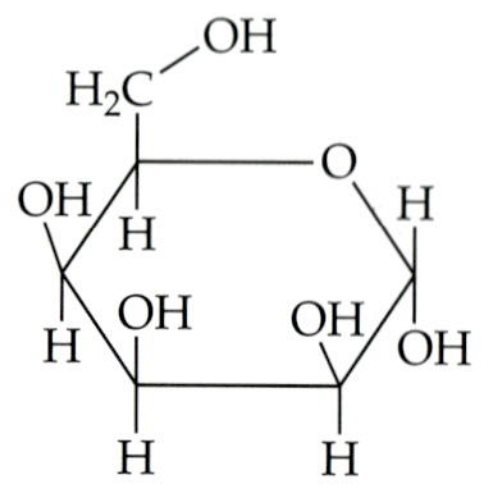 [結構圖：葡萄糖環式結構]

11. 判斷下列分子是否為胺基酸。

(a) 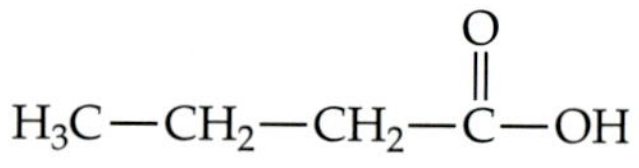 [結構圖：H₃C—CH₂—CH₂—C(=O)—OH]

(b) [結構圖：H₂N—CH(CH₂OH)—COOH]

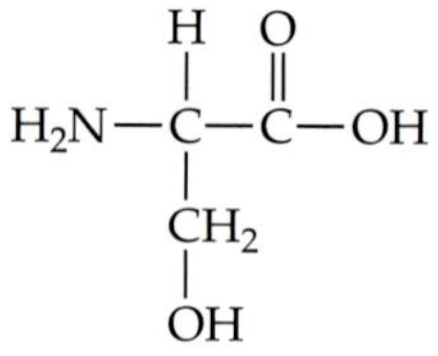

(c) [結構圖：H₂N—C(=O)—CH₂—CH₃]

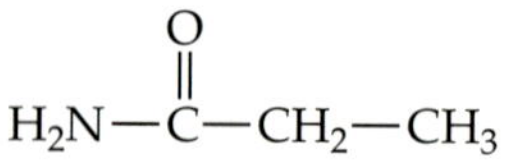

(d) 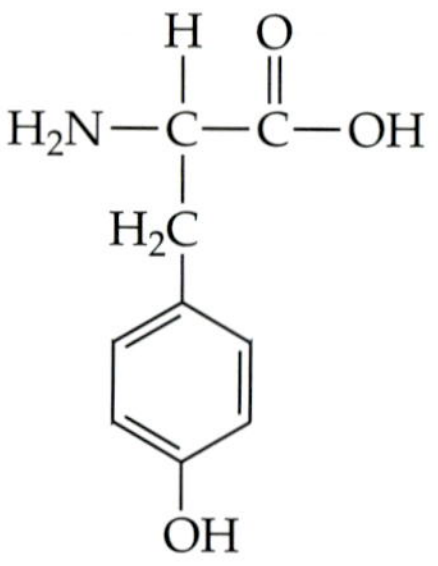 [結構圖：H₂N—CH(CH₂—C₆H₄—OH)—COOH]

12. 表示出纈胺酸和白胺酸形成胜肽鍵的反應式。

13. 畫出下列三胜肽的結構。
（a）thr-ala-leu
（b）asn-ser-gly
（c）val-phe-ala

14. 判斷下列各項是否為核苷酸，並對每一個核苷酸鑑定其為 A、T、C 或是 G。

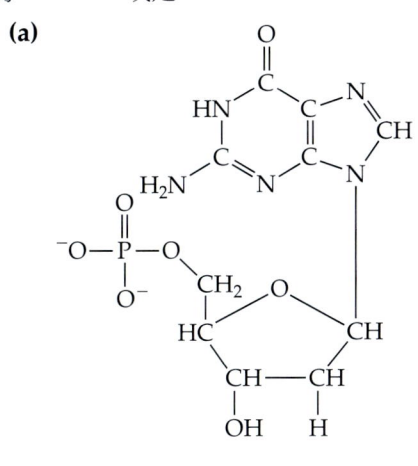

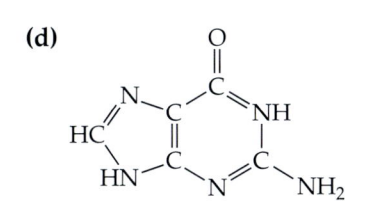

    (a) [結構圖]

    (b) [結構圖]

    (c) [結構圖]

    (d) [結構圖]

15. 畫出下列 DNA 股的互補股。

    A A T G C G C

16. 以逐步的方式表示下列 DNA 片段如何複製成二份。

    A T G C C A A
    T A C G G T T

17. 對下列鍵結與正確的生化物質的種類進行配對。
    (a) 糖苷鍵
    (b) 胜肽鍵
    (c) 酯鍵
    · 蛋白質
    · 三酸甘油酯
    · 碳水化合物

18. 對下列生化物質與在活生物體內的正確功能進行配對。
    (a) 葡萄糖
    (b) DNA
    (c) 磷脂質
    (d) 三酸甘油酯
    · 構成細胞膜
    · 長期的能量貯存
    · 短期的能量貯存
    · 蛋白質的藍圖

19. 對下列名詞與正確的意思進行配對。
    (a) 密碼
    (b) 基因
    (c) 人類基因組
    (d) 染色體
    · 為單一蛋白質編碼
    · 為單一胺基酸編碼
    · 所有人類的遺傳物質
    · 含有基因的結構

20. 胰島素蛋白質含有 51 種胺基酸，需要多少的 DNA 鹼基對來為胰島素中的所有胺基酸編碼？

習題解答

第 1 章

1. 蘇打汽水的嘶嘶聲是由於二氧化碳和水在高壓下的相互作用所致。在室溫下，二氧化碳是氣體，水是液體，蘇打的製造者利用壓力迫使二氧化碳氣體溶在水裡。當罐頭密封時，保持著混合的溶液。當打開罐頭時，壓力釋放，二氧化碳分子成為氣泡脫逸而出。

2. 化學家研究分子層級下的分子和其相互間交互作用之行為，以了解並且解釋巨觀的事件。化學家試圖去解釋一般事物為什麼它們是這樣的行為。

3. 化學是一種科學，它探究原子和分子的行為以理解物質的行為。

4. 科學方法是化學家研究化學世界的一種方式。第一步包含了觀察自然界，之後把觀察所得之結果加以綜合建立一個科學定律，它可以綜述及預測行為。理論是一種致力於解釋所觀察到現象的原因之模型。理論需經過實驗測試。當一個理論尚不是很完整建立時，它有時被稱為假說。

5. 定律是綜合並預測所觀察到的行為作一般性的敘述。理論是對所觀察到的行為發生的原因尋求解釋。

6. 說"它只是一種學說"的說法讓人感覺到此項理論似乎可輕易地被推翻。然而，很多的學說已在科學上被良質地建立並趨近於真理。已確立的學說乃經多年的實驗證明所支持，且它們是在科學上理解的極致。

7. 原子理論說明所有的物質都是由小的且不可分割的粒子稱為原子的所組成。約翰·道爾頓闡述了這個理論。

8. 二氧化碳含有一個碳原子和兩個氧原子。水含有一個氧原子和兩個氫原子。

9. (a) 觀察　(b) 理論　(c) 定律　(d) 觀察

10. (a) 所有的原子都具有某種程度的化學反應活性。越大的原子具有越高的化學反應性。

    (b) 這可有很多正確的答案。例子之一是：可想像得到，當原子的大小增加，原子的表面積也增加；表面積增加的原子傾向於更喜好化學的反應活性。

第 2 章

1. 長度、質量和時間的SI單位分別為公尺、公斤和秒。

2. g → lb ; 1 lb = 453.59 g

3. 2,000,000,000　　　　2×10^9
   1,211,000,000　　　　1.211×10^9
   0.000874　　　　　　8.74×10^{-4}
   320,000,000,000　　　3.2×10^{11}

4. a. 54.9 mL　　　　b. 48.7 °C
   c. 5.550 mL　　　 d. 46.83 °C

5. (a) 4　(b) 4　(c) 6　(d) 5

6. (a) 343.0
   (b) 0.009651
   (c) 3.526×10^{-8}
   (d) 1.127×10^9

7. (a) 0.054　　　　　(b) 0.619
   (c) 1.2×10^8　　(d) 6.6

8. (a) 3.15×10^3　　(b) 正確
   (c) 正確　　　　　(d) 正確

9. (a) 2.14×10^3　　(b) 6.172 m
   (c) 1.316×10^{-3} kg　(d) 25.6 mL

10. (a) 57.2 cm　　　　(b) 38.4 m
    (c) 0.754 km　　　 (d) 61 mm

11. 5.0×10^3 g

12. 4.7×10^3 cm^3

13. (a) 2.15×10^{-4} km^2
    (b) 2.15×10^4 dm^2
    (c) 2.15×10^6 cm^2

14. (c) 1.49×10^6 mi^2

15. 11.4 g/cm^3，鉛

16. (a) 463 g　　　　　(b) 3.7 L

17. 10.6 g/cm^3

18. $2.7 \times 10^3 \frac{\text{kg}}{\text{m}^3}$

19. 2.5×10^5 lbs

20. 1.19×10^5 kg

第 3 章

1. 物質的定義是佔有空間並且具有質量的任何東西。它被認為是構成宇宙的物理材質，例如石頭、汽油、空氣等。

2. 物質有三種形態：固體、液體和氣體。

3. 在結晶的固體中原子或分子以一種長而有序的幾何樣式重覆排列，而非結晶固體則不具長而有序的排列方式。

4. 純物質只由一種原子或分子組成。

5. 兩種或更多種純物質混在一起可形成混合物，但是沒有形成新物質。當兩種或兩種以上的元素相互鍵結，而形成一種新物質稱為化合物。

6. 物質在物理變化的過程中它的型態可以改變但組成不會改變。然而化學變化，物質的組成則會改變。

7. 溫度的3個常用單位是凱氏溫度，攝氏溫度，及華氏溫度，它們的零點及刻度的大小均不相同。

8. (a) 元素　　　　(b) 元素
   (c) 化合物　　　(d) 化合物

9. (a) 純物質，元素　(b) 混合物，均相
   (c) 混合物，非均相 (d) 混合物，非均相

10. (a) 化學　　(b) 物理
    (c) 物理　　(d) 化學

11. (a) 化學　　(b) 物理

12. 2.10×10^2 kg

13. 15.1 g

14. (a) 7.77 cal　　　　(b) 2.35×10^3 J
    (c) 8.53×10^3 cal　(d) 1.20 kJ

15. (a) 9.0×10^7 J　　(b) 0.249 Cal
    (c) 1.31×10^{-4} kWh　(d) 1.1×10^4 cal

16. (a) 1.00×10^2 °C　(b) -3.2×10^2 °F
    (c) 298 K　　　　　(d) 3.10×10^2 K

17. 159 K，-173 °F

18. 1.0×10^4 J

19. 1.0×10^1 °C

20. 2.2 J/g°C

第 4 章

1.
粒子	質量（仟克）	質量（amu）	電荷
質子	1.67262×10^{-27}	1	+1
中子	1.67493×10^{-27}	1	0
電子	0.00091×10^{-27}	0.00055	-1

2. 非金屬具可變化的性質，在室溫有固體、氣體、液體等三種型態。一般而言是電及熱的不良導體，在化學變化時，它們全部傾向於獲得電子。它們位於週期表的右邊。

3. 離子是失去或者獲得電子而具有電荷的原子或原子團。

4. (a) 正確。
   (b) 錯誤；依照道耳吞的原子理論，氦和氫是不同的元素，因為不同的元素，其原子的類型不同。
   (c) 錯誤；我們不可能有1.5個氫原子。原子結合成化合物必須是簡單的整數比。
   (d) 正確。

5. a, b, d

6. 大約是1800個電子。

7. (a) 27　　(b) 77　　(c) 92
   (d) 14　　(e) 4

8. (a) 25　　(b) 47　　(c) 79
   (d) 82　　(e) 16

9. (a) C, 6　　(b) N, 7　　(c) Na, 11
   (d) K, 19　　(e) Cu, 29

10. (a) 金 (gold), 79　　(b) 矽 (silicon), 14
    (c) 鎳 (nickel), 28　(d) 鋅 (zinc), 30
    (e) 鎢 (tungsten), 74

11. (a) 金屬　　(b) 金屬
    (c) 非金屬　(d) 兩性元素

12. a, b

13. c, d

14. (a) e^-　　(b) O^{2-}
    (c) $2e^-$　(d) Cl^-

A-3

15. (a) 19個質子，18個電子
    (b) 16個質子，18個電子
    (c) 38個質子，36個電子
    (d) 24個質子，21個電子

16. (a) Rb^+ (b) K^+
    (c) Al^{3+} (d) O^{2-}

17. (a) Z=1，A=2   (b) Z=24，A=51
    (c) Z=20，A=40   (d) Z=73，A=181

18. (a) 11個質子，12個中子
    (b) 88個質子，178個中子
    (c) 82個質子，126個中子
    (d) 7個質子，7個中子

19. 85.47 amu

20. (a) 49.31%
    (b) 78.92 amu

第 5 章

1. 定組成定律是說明所有化合物的組成元素都有相同的比例。Joseph Proust闡述這條定律。

2. 寫化學式時，金屬元素先寫在前面。

3. 原子元素是以單原子為單位存在的元素，如氦。分子元素是以雙原子分子的形態為單位而存在的元素，包括H_2，N_2，O_2，F_2，Cl_2，Br_2，I_2。

4. 二元酸的命名需先寫"氫"（hydro-）接著寫非金屬的基名（字尾再加-ic），最後再寫"酸"（acid）。

5. 是的，兩個樣品內的鈉（Na）和氯（Cl）的比值都相等。

6. NBr_3

7. (a) 4   (b) 4
   (c) 6   (d) 4

8. (a) 鎂, 1；氯, 2
   (b) 鈉, 1；氮, 1；氧, 3
   (c) 鈣, 1；氮, 2；氧, 4
   (d) 鍶, 1；氧, 2；氫, 2

9. (a) 原子   (b) 分子
   (c) 分子   (d) 原子

10. (a) 分子   (b) 離子
    (c) 離子   (d) 分子

11. (a) SrO   (b) Na_2O
    (c) Al_2S_3 (d) $MgBr_2$

12. (a) K_3N, K_2O, KF
    (b) Ba_3N_2, BaO, BaF_2
    (c) AlN, Al_2O_3, AlF_3

13. (a) 氯化銫（cesium chloride）
    (b) 溴化鍶（strontium bromide）
    (c) 氧化鉀（potassium oxide）
    (d) 氟化鋰（lithium fluoride）

14. (a) 氯化亞鉻（chromium(II) chloride）
    (b) 氯化鉻（chromium(III) chloride）
    (c) 氧化錫（tin(IV) oxide）
    (d) 碘化鉛（lead(II) iodide）

15. (a) 硝酸鋇（barium nitrate）
    (b) 醋酸鉛（lead(II) acetate）
    (c) 碘化銨（ammonium iodide）
    (d) 氯酸鉀（potassium chlorate）
    (e) 硫酸鈷（cobalt(II) sulfate）
    (f) 過氯酸鈉（sodium perchlorate）

16. (a) 二氧化硫（sulfur dioxide）
    (b) 三碘化氮（nitrogen triiodide）
    (c) 五氟化溴（bromine pentafluoride）
    (d) 一氧化氮（nitrogen monoxide）
    (e) 四硒化四氮（tetranitrogen tetraselenide）

17. (a) 次氯酸（chlorous acid）
    (b) 氫碘酸或碘化氫（hydroiodic acid）
    (c) 硫酸（sulfuric acid）
    (d) 硝酸（nitric acid）

18. (a) H_3PO_4 (b) HBr
    (c) H_2SO_3

19. (a) 47.02 amu   (b) 110.98 amu
    (c) 153.81 amu   (d) 148.33 amu

20. PBr_3，Ag_2O，PtO_2，$Al(NO_3)_3$

第 6 章

1. 化學組成讓我們確認在特定的化合物中含有多少的特定元素。

2. 實驗式提供每一種類型原子的最小的整數比。分子式提供在分子裡每一種類型原子的特定比。分子式永遠是實驗式的倍數。

3. (a) 2.0×10^{24}原子
   (b) 5.8×10^{21}原子
   (c) 1.38×10^{25}原子
   (d) 1.29×10^{23}原子

4.
元素	莫耳數	原子數
Ne	0.552	3.32×10^{23}
Ar	5.40	3.25×10^{24}
Xe	1.78	1.07×10^{24}
He	1.79×10^{-4}	1.08×10^{20}

5. 28.6 g

6. (a) 8.80×10^{22} 原子
   (b) 4.87×10^{23} 原子
   (c) 2.84×10^{22} 原子
   (d) 7.02×10^{23} 原子

7.
化合物	質量	莫耳
H_2O	112 kg	6.22×10^3
N_2O	6.33 kg	0.144
SO_2	156	2.44
CH_2Cl_2	5.46	0.0643

8. d, 3 mol O

9. (a) 32 g   (b) 43 g
   (c) 31 g   (d) 19 g

10. 84.8% Sr

11. 10.7 g

12. (a) 63.65%   (b) 46.68%
    (c) 30.45%   (d) 25.94%

13. (a) 39.99% C; 6.73% H; 53.28% O
    (b) 26.09% C; 4.39% H; 69.52% O
    (c) 60.93% C; 15.37% H; 23.69% N
    (d) 54.48% C; 13.74% H; 31.78% N

14. NO_2

15. (a) C_3H_6O (b) $C_5H_{10}O_2$
    (c) $C_9H_{10}O_2$

16. C_4H_8

17. (a) C_6Cl_6 (b) C_2HCl_3
    (c) $C_6H_3Cl_3$

18. 2.43×10^{23} 原子

19.
Formula	Molar Mass	%C	%H
C_2H_4	28.06	85.60%	14.40%
C_4H_{10}	58.12	82.66%	17.34%
C_4H_8	56.12	85.60%	14.40%
C_3H_8	44.09	81.71%	18.29

第 7 章

1. (a) 反應物：4Ag, 2O, 1C　　產物：4Ag, 2O, 1C
   已平衡：是的
   (b) 反應物：1Pb, 2N, 6O, 2Na, 2Cl　　產物：1Pb, 2N, 6O, 2Na, 2Cl
   已平衡：是的
   (c) 反應物：3C, 8H, 2O　　產物：3C, 8H, 10O
   已平衡：否

2. 溶解度規則是以離子化合物的經驗法則為基礎，它是從對許多化合物的溶解觀察所作的推論。這規則幫助我們判斷特定的化合物是可溶解還是不溶解的。

3. (a) 是的；由顏色的變化顯示有化學反應進行。
   (b) 不；是化合物狀態的改變，但是沒有發生化學反應。
   (c) 是的；在原先的澄清溶液裡有固體的形成。
   (d) 是的；當酵母被加入到溶液中時，有氣體的形成。

4. 是的；發生過一個化學反應。由於頭髮顏色改變使我們知道。

5. (a) $2Cu(s) + S(s) \rightarrow Cu_2S(s)$
   (b) $2SO_2(g) + O_2(g) \rightarrow 2SO_3(g)$
   (c) $4HCl(aq) + MnO_2(s) \rightarrow 2H_2O(l) + Cl_2(g) + MnCl_2(aq)$
   (d) $2C_6H_6(l) + 15O_2(g) \rightarrow 12CO_2(g) + 6H_2O(l)$

6. (a) $Mg(s) + 2CuNO_3(aq) \rightarrow 2Cu(s) + Mg(NO_3)_2(aq)$
   (b) $2N_2O_5(g) \rightarrow 4NO_2(g) + O_2(g)$
   (c) $Ca(s) + 2HNO_3(aq) \rightarrow H_2(g) + Ca(NO_3)_2(aq)$
   (d) $2CH_3OH(l) + 3O_2(g) \rightarrow 2CO_2(g) + 4H_2O(g)$

7. $C_{12}H_{22}O_{11}(aq) + H_2O(l) \rightarrow 4CO_2(g) + 4\ C_2H_5OH(aq)$

8. (a) $BaO_2(s) + H_2SO_4(aq) \rightarrow BaSO_4(s) + H_2O_2(aq)$
   (b) $2Co(NO_3)_3(aq) + 3(NH_4)_2S(aq) \rightarrow Co_2S_3(s) + 6NH_4NO_3(aq)$
   (c) $Li_2O(s) + H_2O(l) \rightarrow 2LiOH(aq)$
   (d) $Hg_2(C_2H_3O_2)_2(aq) + 2KCl(aq) \rightarrow Hg_2Cl_2(s) + 2\ KC_2H_3O_2(aq)$

9. (a) $2Rb(s) + 2H_2O(l) \rightarrow 2RbOH(aq) + H_2(g)$
   (b) Ok
   (c) $2NiS(s) + 3O_2(g) \rightarrow 2NiO(s) + 2SO_2(g)$
   (d) $3PbO(s) + 2NH_2(g) \rightarrow 3Pb(s) + N_2(g) + 3N_2O(l)$

A-5

10. (a) 溶解；Na^+ 和 NO_3^-
    (b) 溶解；Pb^{2+} 和 $C_2H_3O_2^-$
    (c) 不溶
    (d) 溶解；NH_4^+ 和 S^{2-}

11.
溶解	不溶
K_2S	Hg_2I_2
BaS	$Cu_3(PO_4)_2$
NH_4Cl	MgS
Na_2CO_3	$CaSO_4$
K_2SO_4	$PbSO_4$
SrS	$PbCl_2$
Li_2S	Hg_2Cl_2

12. (a) $NH_4Cl(aq) + AgNO_3(aq) \rightarrow AgCl(s) + NH_4NO_3(aq)$
    (b) NO Reaction
    (c) $CrCl_2(aq) + Li_2CO_3(aq) \rightarrow CrCO_3(s) + 2LiCl(aq)$
    (d) $3KOH(aq) + FeCl_3(aq) \rightarrow Fe(OH)_3(s) + 3KCl(aq)$

13. (a) 正確
    (b) 無反應
    (c) 正確
    (d) $Pb(NO_3)_2(aq) + 2\ LiCl(aq) \rightarrow PbCl_2(s) + 2\ LiNO_3(aq)$

14. K^+, $C_2H_3O_2^-$

15. (a) $Ag^+(aq) + NO_3^-(aq) + K^+(aq) + Cl^-(aq) \rightarrow AgCl(s) + K^+(aq) + NO_3^-(aq)$
    $Ag^+(aq) + Cl^-(aq) \rightarrow AgCl(s)$
    (b) $Ca^{2+}(aq) + S^{2-}(aq) + Cu^{2+}(aq) + 2Cl^-(aq) \rightarrow CuS(s) + Ca^{2+}(aq) + 2Cl^-(aq)$
    $S^{2-}(aq) + Cu^{2+}(aq) \rightarrow CuS(s)$
    (c) $Na^+(aq) + OH^-(aq) + H^+(aq) + NO_3^-(aq) \rightarrow H_2O(l) + Na^+(aq) + NO_3^-(aq)$
    $OH^-(aq) + H^+(aq) \rightarrow H_2O(l)$
    (d) $6K^+(aq) + 2PO_4^{3-}(aq) + 3Ni^{2+}(aq) + 6Cl^-(aq) \rightarrow Ni_3(PO_4)_2(s) + 6K^+(aq) + 6Cl^-(aq)$
    $2PO_4^{3-}(aq) + 3Ni^{2+}(aq) \rightarrow Ni_3(PO_4)_2(s)$

16. (a) $2HCl(aq) + Ba(OH)_2(aq) \rightarrow 2H_2O(l) + BaCl_2(aq)$
    (b) $H_2SO_4(aq) + 2KOH(aq) \rightarrow 2H_2O(l) + K_2SO_4(aq)$
    (c) $HClO_4(aq) + NaOH(aq) \rightarrow H_2O(l) + NaClO_4(aq)$

17. (a) $HBr(aq) + NaHCO_3(aq) \rightarrow H_2O(l) + CO_2(g) + NaBr(aq)$
    (b) $NH_4I(aq) + KOH(aq) \rightarrow H_2O(l) + NH_3(g) + KI(aq)$
    (c) $2HNO_3(aq) + K_2SO_3(aq) \rightarrow H_2O(l) + SO_2(g) + 2KNO_3(aq)$
    (d) $2HI(aq) + Li_2S(aq) \rightarrow H_2S(g) + 2LiI(aq)$

18. b和d是氧化還原反應；A和c不是。

19. (a) 雙置換 (b) 合成或結合
    (c) 單置換 (d) 分解

20. (a) 合成 (b) 分解
    (c) 合成

第 8 章

1. 反應計量關係在化學中非常重要。它提供我們反應物與生成物之間的數值關係，便於化學家去計畫並執行化學反應，以獲得所期望製得的產品數量。例如，某一已知量的辛烷 (C_8H_{10}) 燃燒會產生出多少 CO_2？某已知量的水分解會產出多少 $H_2(g)$？

2. 1 mol N_2 ≡ 2 mol NH_3
   3 mol H_2 ≡ 2 mol NH_3

3. 6 mol

4. 限量反應物是在化學反應中限制住產物的生成量之反應物。

5. d

6. (a) 1 mol C (b) 0.5 mol C
   (c) 2 mol C (d) 1 mol C

7. (a) 2.6 mol NO_2
   (b) 11.6 mol NO_2
   (c) 8.90 × 10^3 mol NO_2
   (d) 2.012 × 10^{-3} mol NO_2

8.
mol N_2H_4	mol N_2O_4	mol N_2	mol H_2O
4	2	6	8
6	3	9	12
4	2	6	8
11	5.5	16.5	22
3	1.5	4.5	6
8.26	4.13	12.4	16.5

9. $2C_4H_{10}(g) + 13O_2(g) \rightarrow 8CO_2(g) + 10H_2O(g)$; 32 mol O_2

10. (a) 8.9 g Al_2O_3, 9.7 g Fe
    (b) 3.0 g Al_2O_3, 3.3 g Fe

11. (a) 2.3 g HCl (b) 4.3 g HNO_3
    (c) 2.2 g H_2SO_4

12. 123 g H_2SO_4, 2.53 g H_2

13. (a) 2 mol A (b) 1.8 mol A
    (c) 4 mol B (d) 40 mol B

14. (a) 1.3 mol MnO₃ (b) 4.8 mol MnO₃
    (c) 0.107 mol MnO₃ (d) 27.5 mol MnO₃

15. CaO；25.7 g CaCO₃；75.4%

16. Pb2+；262.7 g PbCl2；96.09%

17. 水楊酸 (C₇H₆O₃)；2.71 g C₉H₈O₄；74.1%

18. 每年 2.2 × 10¹³ kg CO₂；1.4 × 10² 年

第 9 章

1. 3×10^8 m/s。

2. 波長與頻率成反比關係。

3. 因為微波只會加熱含有水分的物質。

4. 無線電波。

5. 波耳軌軌道述一個電子的路徑如同一個軌道或是彈道（一個特定的路徑）。量子力學的軌域描述一個電子的路徑則是使用一個或然率圖像。

6. 一個軌域最多只能容納兩個電子。當兩個電子同時佔據一個相同的軌域時，他們必須具有相反之自旋方向。當寫電子組態時，此原理的意思是，沒有一個方盒子可容納超過2個箭頭，同時此2箭頭必須指向相反的方向。

7. 此定則說明當電子填入於相同能量之軌域中時，電子會先單獨地填入一個軌域裡，而且每一個單獨被填入的電子會具有平行相同的自旋方向。當寫軌域圖時，此定則告知，對於同一能量的軌域，在每一個方盒子未填入一個電子之前，不可能在同一個方盒子中同時填入兩個電子。

8. 價電子是指存在於主殼層之最外層的電子（具有最高主量子數 n 之主殼層）。這些電子非常重要，因為它們涉及到化學鍵。不存在於主殼層之最外層的電子被稱為內層電子，它們不涉及到化學鍵。

9. 量子力學模型可以解釋元素的化學性質，例如氖的鈍性、氯的反應性以及週期律。量子力學模型也可以解釋其他週期表的趨勢，例如原子大小、游離能以及金屬特徵。

10. 因為第一族元素失去一個 s 殼層的價電子之後，可以獲得惰性氣體電子組態。第七族元素獲得一個電子之後會填入外圍的 p 殼層中，如此可以獲得惰性氣體電子組態。

11. (a) 當你在週期表中，橫向移動通過一週期或是一行到週期表的右邊，游離能會遞增；當你在週期表中，向下移動一列或是一族時，游離能會遞減。
    (b) 當你橫越移動通過週期表或橫越一行到週期表的右邊時，原子的大小會遞減；當你在週期表中向下移動一列或一族時，原子的大小會遞增。
    (c) 當你在週期表中，橫向移動通過一週期或是一行到週期表的右邊，金屬的特徵會遞減；當你在週期表中，向下移動一列或是一族，金屬的特徵會遞增。

12. (c)

13. (a)＞(d)＞(c)＞(b)

14. (a) 可見光＞紅外線＞無線電波
    (b) 可見光＞紅外線＞無線電波
    (c) 無線電波＞紅外線＞可見光

15. n = 6 → n = 2：410 nm；n = 5 → n = 2：434 nm

16. 2p → 1s

17. (a) 碳 ($1s^2 2s^2 2p^2$)
    (b) 鈉 ($1s^2 2s^2 2p^6 3s^1$)
    (c) 氬 ($1s^2 2s^2 2p^6 3s^2 3p^6$)
    (d) 矽 ($1s^2 2s^2 2p^6 3s^2 3p^2$)

18. (a) 鈹
    (b) 碳
    (c) 氟
    (d) 氖

19. (a) 硼 ($1s^2 2s^2 2p^1$，底線表示價電子)
    (b) 氮 ($1s^2 2s^2 2p^3$，底線表示價電子)
    (c) 銻 ($1s^2 2s^2 2p^6 3s^2 3p^6 4s^2 3d^{10} 4p^6 5s^2 4d^{10} 5p^3$，底線表示價電子)
    (d) 鉀 ($1s^2 2s^2 2p^6 3s^2 3p^6 4s^1$，底線表示價電子)

20. (a) 氧 (6) (b) 硫 (6)
    (c) 溴 (7) (d) 銣 (1)

A-7

21. (a) 1A(ns^1)　　　　　　(b) 2A(ns^2)
    (c) 5A(ns^2np^3)　　　　(d) 7A(ns^2np^5)

22. (a) 鈉　　　　　　　　　(b) 鍺
    (c) 無法判斷　　　　　　(d) 磷

23. 18

24. (a) $1s^32s^32p^9$（s殼層最多2個電子，p殼層最多6個電子，正確電子組態為$1s^22s^22p^63s^23p^3$）
    (b) $1s^32s^22p^62d^4$（s殼層最多2個電子，無2d次殼層，正確電子組態為$1s^22s^22p^63s^23p^2$）
    (c) $1s^21p^5$（無1p次殼層，正確電子組態為$1s^22s^22p^3$）
    (d) $1s^22s^22p^83s^23p^3$（p殼層最多6個電子，正確電子組態為$1s^22s^22p^63s^23p^5$）

25. (a) 1.5×10^{-34} m，(b) 1.88×10^{-10} m，依此波長便可得知高爾夫球不具波性質，電子則有。

第 10 章

1. 在化學鍵結中，原子會轉移或是共用電子，以致於所以獲得的外圍殼層具有八個電子，形成一穩定的電子組態，成為八隅體。對氫而言，當它與其他元素產生鍵結時，其外圍殼層具有兩個電子是一穩定的電子組態，成為二隅體。

2. 在路易士理論中，對鍵結原子而言，一個化學鍵涉及電子的共用與轉移，以便達成穩定的電子組態。假如是電子被轉移，此鍵則是離子鍵。假如是電子被共用，此鍵則是共價鍵。無論是何者，鍵結原子均獲得穩定的電子組態。就如我們所見，一個穩定的組態通常是由八個在最外層或是價殼層的電子所組成。

3. 假如介於兩元素之間的鍵有很大的電負度差異，例如像一般發生在金屬與非金屬之間，則電子是完整地被轉移，同時此鍵是離子鍵。假如介於兩元素之間有中庸的電負度差異，例如介於不同的非金屬之間，則此鍵是極性共價的。

4. 孤電子對也被稱為非鍵結電子，此電子對屬於同一原子之價電子，但是未參與鍵結。鍵結電子對為兩原子鍵結中的共用電子，其中一個電子分別來自個別的原子。

5. 雙鍵與參鍵都比單鍵來得短且強。

6. 將分子上的每一個原子之價電子加總起來。

7. 路易士理論在它的預測中常常是正確的，但是，也有例外。例如，假如NO，其有11個電子，此氮原子不具有八隅體。然而，NO是存在於大自然當中。就和任何簡單的理論一樣，路易士理論並不足夠周密使得每一次都是正確。對於具有奇數個電子的分子而言，它不可能寫出好的路易士結構，然而這些分子卻存在於大自然當中。另一個對於八隅體是明顯的例外者，便是硼，它傾向以圍繞在它周圍的六個電子，而非八個，去形成化合物。例如，BF_3以及BH_3，兩者皆存在於大自然當中，對於B而言，皆缺乏一個八隅體。第三種八隅體的例外形式也是常見的，如SF_6以及PCl_5，在其路易士結構當中圍繞在中央原子周圍的電子超過八個。這些情況常常被稱為擴充的八隅體（expanded octets）。

8. 當我們在寫路易士結構時，對於一些分子，我們可以寫出不只一種正確的路易士結構。對於一個相同的分子，我們可以寫出兩個以上等效（或幾乎等效）路易士結構，此分子是以一個平均或是介於兩個路易士結構之間的中間體形式存在於大自然當中。

9. 電子構形是考慮電子群之幾何，其中包含鍵結群以及孤電子對；分子構形僅考慮鍵結群構形，不包含孤電子對。

10. 一個元素在共價鍵內對於電子吸引的能力。

11. F

12. 考慮一個化學鍵，因為電子對是不均等的被共用，此時一原子具有部分負電荷，另一原子具有部分正電荷，此不均勻的電子分享之結果便是一種偶極矩。

13. 一個極性分子是指一個分子具有極性鍵且此極性鍵加在一起之後，彼此不會相互抵銷，而會形成一個淨偶極矩。

14. (a) $1s^22s^22p^3$,　·Ṅ:
    (b) $1s^22s^22p^2$,　·C̈·
    (c) $1s^22s^22p^63s^23p^5$,　:C̈l·
    (d) $1s^22s^22p^63s^23p^6$,　:Är:

15. (a) K·　　　　　　　　　(b) Al:
    (c) ·Ṗ:　　　　　　　　(d) :Är:

16. (a) $[:\ddot{C}l:]^-$　　　　　(b) $[:\ddot{S}e:]^{2-}$
    (c) Na^+　　　　　　　(d) Mg^{2+}

17. (a) Rb_2O（離子）　　　(b) CO_2（共價）
    (c) Al_2S_3（離子）　　　(d) NO（共價）

18. (a) SrSe　　　　　　　　(b) $BaCl_2$
    (c) Na_2S　　　　　　　(d) Al_2O_3

19. (a) H₂CO（碳是中央原子）（H₂C=C::）

    (b) H₃COH（碳和氧兩者皆是中央原子）

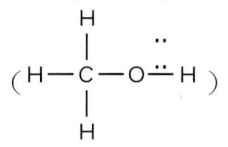

    (H—C—Ö—H)
         |
         H

    (c) H₃COCH₃（氧是介於兩個碳之間）

    (H—C—Ö—C—H)
         | |
         H   H

    (d) H₂O₂（H—Ö—Ö—H）

20. (a) :N≡N:
    (b) :S̈=Si=S̈
    (c) H—Ö—H
    (d) :Ï—N̈—Ï:
              |
              :Ï:

21. 請判斷下列每一個分子的電子與分子構形。對於超過一個中央原子的分子，請標明每一個中央原子的構形。
    (a) 四面體、線性
    (b) 四面體、線性、四面體
    (c) 線性、線性

22. H₂＜ICl＜HBr＜CO。

23. (a) 非極性   (b) 極性
    (c) 非極性   (d) 極性

24. 判斷下列各化合物是離子的或是共價的，同時寫出適當的路易士結構
    (a) 共價的、H—C≡N:
    (b) 共價的、:C̈l—F̈:
    (c) 離子的、[Ï:]⁻—Mg²⁺—[Ï:]⁻
    (d) 離子的、Ca²⁺—[S̈]²⁻

25. (a) Rb⁺[Ö—Ï—Ö]⁻
    (b) [HÖ]⁻Ca²⁺[ÖH]⁻

(c) [H—C—H]⁺ [C̈l:]⁻
       |
       H

(d) [N≡C:]⁻Sr²⁺[:C≡N]⁻

第 11 章

1. 單位面積氣體分子碰撞容器壁所產生的力稱之為壓力。

2. 氣體動力論有以下假設：
   （1）氣體是等速直線運動的分子或原子。
   （2）氣體間並沒有吸引或排斥的作用力，因此，氣體間的碰撞是完全彈性碰撞。
   （3）氣體間的碰撞距離遠大於氣體本身的大小。
   （4）氣體平均動能與溫度(K)成正比，也就是說：高溫下氣體的運動較快。

3. 氣球內空氣受熱後體積增加，使得受熱後的空氣密度降低而往上移動，促使氣球能升空。

4. PV=nRT，其中
   P：氣體壓力(atm)
   V：氣體體積(L)
   n：氣體莫耳數(mol)
   T：溫度(K)
   R：氣體常數(0.082 (atm·L)/(mol·K))

5. 混合氣體中個別成份氣體所呈現的壓力稱為該氣體之分壓。

6. (a) 1.16 atm   (b) 1.33 atm
   (c) 1.005 atm   (d) 0.971 atm

7.
Pascals	Atmospheres	mm Hg	Torr	PSI
882	0.00871	6.62	6.62	0.128
5.65×10⁴	0.558	424	424	8.20
1.71×10⁵	1.69	1.28×10³	1.28×10³	24.8
1.02×10⁵	1.01	764	764	14.8
3.32×10⁴	0.328	249	249	4.82

8. 4.8 L

9.
V₁	T₁	V₂	T₂
1.08 L	25.4°C	1.33 L	94.5°C
58.9 mL	77 K	228 mL	298 K
115 cm³	12.5°C	119 cm³	22.4°C
232 L	18.5°C	294 L	96.2°C

A-8

10. 由亞佛加厥定律：$V_1 / n_1 = V_2 / n_2$
    將已知條件代入：$334 / 0.87 = V_2 / (0.87+0.22)$
    得知：$V_2 = 418$ mL
    則容器體積增加 $418 - 334 = 84$ mL

11. 877 mm Hg

12. 2.1 mol

13. 4.00 g/mol

14. 712 torr

15. 0.87 atm N；0.25 atm O

16. (a) 56 L (b) 1.3×10^2 L
    (c) 732 L (d) 9.2×10^2 L

17. 42 L

18. $V = \dfrac{nRT}{P}$
    $= \dfrac{1.00 \text{ mol} \left(0.0821 \dfrac{\text{L·atm}}{\text{mol·K}}\right)(273\text{K})}{1.00 \text{ atm}} = 22.4$ L

19. 0.828 g

20. 在STP狀態下：T=273 K, P=1 atm
    $n_{CO} = 2450/28 = 87.5$ (mol) $= n_{CO_2} = n_{H_2}$
    $V = V_{CO_2} + V_{H_2} = (n_{CO_2} + n_{H_2}) RT/P$
    $= (2450/28+2450/28) \ 0.082 \ ,\ 273/1$
    $= 3917.6$ (L)

21. 由理想氣體方程式（PV=nRT）
    得知 $P \ \alpha \ (n/V)$
    在固定容器中（即V固定），則氣體粒子數較多（即n較大），則壓力較大。

22. 由理想氣體方程式（PV=nRT），得知 $P_1V_1/T_1 = P_2V_2/T_2$
    因此 $(1.0 \text{ atm} \times 1.0 \text{ L}) / (273 +25) = (P_2 \text{ atm} \times 0.5 \text{ L}) / (273 +250)$
    $P_2 = 3.5$ atm
    所以壓力由1.0 atm變大為3.5 atm

23. 22.8 g

第 12 章

1. 為達到最大表面張力，所以水分子間內聚成小滴球形。

2. 蒸發即表面液體氣化為蒸氣的程序。
   凝結即是由於冷卻或壓縮使氣體變成液體的物理變化。

3. 沸點即是液體飽和蒸氣壓和外界壓力相等時的溫度。
   正常沸點是在1 atm下的沸騰溫度。

4. 氫鍵即是極性分子中的F, O, N原子與鄰近分子的H原子的分子間的作用力。
   氫鍵是一種超強的偶極－偶極力，鄰近分子中像F, O, N較小原子與氫的電負度差值較大，就有較強作用力，此作用力即是氫鍵。

5. 水蒸氣凝結成液體水時，會釋放出大量熱量，因此0.5 g、100°C的水蒸氣，凝結在手上所造成的燒傷較嚴重。

6. 液體飽和蒸氣壓和外界壓力相等時的溫度即是沸點，因高度增加使大氣壓力下降，因此在埃佛勒斯峰的山頂上，較低的溫度即能達到沸騰的現象。

7. 78.6 kJ

8. (a) 分散力
   (b) 分散力
   (c) 分散力、偶極－偶極力
   (d) 分散力、偶極－偶極力、氫鍵

9. (d) 因為 $CH_3CH_2CH_2CH_3$ 有最大分子量，所以具最高沸點。

10. 甲醇及水都是極性分子，又極性溶解極性，因此甲醇與水互溶。

11. (a) 原子 (b) 分子
    (c) 離子 (d) 原子

12. (a) Ti(s)
    Ti(s)是共價原子固體，而Ne(s)是非鍵結原子固體，因此Ti(s)熔點較高。
    (b) H_2O(s)
    雖然H_2O(s)及H_2S(s)都是分子固體，但H_2O(s)分子間具有氫鍵，因此H_2O(s)熔點較高。
    (c) Xe(s)
    雖然Kr(s)及Xe(s)都是非鍵結原子固體，但是Xe(s)的莫耳質量較大，因此Xe(s)熔點較高。
    (d) NaCl(s)是離子固體，而CH_4(s)是分子固體，因此NaCl(s)熔點較高。

13. (a) 1.9×10^4 J (b) 19 kJ
    (c) 4.6×10^3 cal (d) 4.6 Cal

14. 88.1 g

15. 57.5 kJ

16. H_2O分子間具有氫鍵因而具有較高的沸點。

第 13 章

1. 溶液中,溶劑是含量較多的成分,溶質是含量較少的成分。例如海水中水是溶劑,而鹽是溶質。

2. 在固體所形成的溶液中,可溶性離子固體形成強電解質溶液,而可溶性分子固體形成非電解質溶液。強電解質溶液含有解離成離子的溶質,如$BaCl_2$和NaOH。

3. c, d

4. 未飽和

5. 13%

6. 9.6 g

7. 1.3×10^3 g

8. (a) 0.52 M (b) 0.263 M
   (c) 0.199 M

9. 90.60 M

10. (a) 0.39 L (b) 0.056 L
    (c) 0.10 L

11.
溶質	溶質質量	溶質莫耳數	溶液體積	體積莫耳濃度
KNO_3	22.5 g	0.223	125 mL	1.78 M
$NaHCO_3$	2.10 g	0.0250	250.0 mL	0.100 M
$C_{12}H_{22}O_{11}$	55.38 g	0.162	1.08 L	0.150 M

12. 0.38 M

13. 17.7 mL

14. 4.45 mL

15. 0.373 M

16. 1.2 L

17. 1.28 m

18. (a) -1.6 °C (b) -2.70 °C
    (c) -8.9 °C (d) -4.37 °C

19. (a) 100.060 °C (b) 100.993 °C
    (c) 101.99 °C (d) 101.11 °C

20. 0.43 L

21. 0.17 L

22. -1.56 °C, 100.431 °C

23. (a) 由左到右
    (b) 由右到左
    (c) 水不會在兩者間流動

第 14 章

1. 酸的阿瑞尼士定義為在水中產生H^+離子的物質。化學方程式表示為:
   $HCl(aq) \rightarrow H^+(aq) + Cl^-(aq)$

2. 布忍斯特—羅瑞定義指出酸是質子的提供者,而鹼是質子的接受者。下列為以化學方程式表示該定義之的例子:
   $HCl(aq) + H_2O(l) \rightarrow H_3O^+(aq) + Cl^-(aq)$
   　　酸　　　　鹼

3. 當酸和鹼混合在一起,來自於酸的$H^+(aq)$與來自於鹼的$OH^-(aq)$反應結合而形成$H_2O(l)$,則酸鹼中和反應發生,如下例:
   $HCl(aq) + KOH(aq) \rightarrow H_2O(l) + KCl(aq)$

4. 滴定是一個實驗室的程序,由一個已知濃度的反應物與一個未知濃度的反應物進行反應,直到反應達到當量點。當量點為反應恰為化學計量比的那一點(即H^+的莫耳數與OH^-的莫耳數相等時)。

5. 緩衝劑為一種溶液(通常由弱酸和其共軛鹼所配製),其可藉由中和加入的酸或鹼來抵抗pH值的變化。

6. (a) Cl^- (b) HSO_3
   (c) CHO^{2-} (d) F^-

7. (a) NH_4^+ (b) $HClO_4$
   (c) H_2SO_4 (d) HCO_3^-

8. (a) $HI(aq) + NaOH(aq) \rightarrow H_2O(l) + NaI(aq)$
   (b) $HBr(aq) + KOH(aq) \rightarrow H_2O(l) + KBr(aq)$
   (c) $2HNO_3(aq) + Ba(OH)_2(aq) \rightarrow$
   　　　　　　　　$2H_2O(l) + Ba(NO_3)_2(aq)$
   (d) $2HClO_4(aq) + Sr(OH)_2(aq) \rightarrow$
   　　　　　　　　$2H_2O(l) + Sr(ClO_4)_2(aq)$

9. (a) $6 HClO_4(aq) + Fe_2O_3(s) \rightarrow$
   　　　　　　$2Fe(ClO_4)_3(aq) + 3H_2O(l)$
   (b) $H_2SO_4(aq) + Sr(s) \rightarrow SrSO_4(aq) + H_2(g)$
   (c) $H_3PO_4(aq) + 3KOH(aq) \rightarrow$
   　　　　　　　$3H_2O(l) + K_3PO_4(aq)$

10. 0.1018 M

11. 27.3 mL

A-11

12. (a) $[H_3O^+] = 2.5$ M (b) $[H_3O^+] < 1.2$ M
    (c) $[H_3O^+] < 0.25$ M (d) $[H_3O^+] < 2.25$ M

13. (a) $[OH^-] = 0.88$ M (b) $[OH^-] < 0.88$ M
    (c) $[OH^-] = 1.76$ M (d) $[OH^-] = 1.55$ M

14. (a) 3.7×10^{-3} M，酸 (b) 4.0×10^{-13} M，鹼
    (c) 9.1×10^{-5} M，酸 (d) 3.0×10^{-11} M，鹼

15. (a) 2.8×10^{-9} M (b) 5.9×10^{-12} M
    (c) 1.3×10^{-3} M (d) 6.0×10^{-2} M

16. (a) 7.28 (b) 6.42
    (c) 3.86 (d) 12.98

17. c, d

18. (a) $HC_2H_3O_2$ (b) NaH_2PO_4
    (c) $NaCHOO$

19. 50.0 mL

20. 0.16 L

21. 65.2 g

22. 60.0 g/mol

23. 11.495

24. (a) 弱酸 (b) 強酸
    (c) 弱酸 (d) 強酸

第 15 章

1. 在一定的時間之內，反應物變成產物的量。

2. 濃度與溫度。提高反應物的濃度會增加反應速率；提高反應溫度會增加反應速率。

3. 正向反應速率等於逆向反應速率。

4. 因為此時正向反應速率等於逆向反應速率，因此，相對地，此時反應物濃度與產物濃度將會是常數，未必相等。

5. 平衡常數是一個反應能進行多深程度的度量衡；藉由它可以定量反應物與產物在平衡時的濃度。

6. 小平衡常數表示逆向反應較易進行，當平衡達到時，反應物會比產物多。大平衡常數表示正向反應較易進行，當平衡達到時，反應物會比產物少。

7. 固體的濃度是不會改變的，因為固體是不會膨脹進而填充容器。同樣地，一個純液體的濃度也不會改變。因此，純液體是會被排除在平衡表示式中。

8. 當一個達到平衡的化學系統受到干擾時，此系統會在一個方向上做所變動，以便將此干擾予以最小化。

9. 反應會向左偏移進行。

10. 反應會向右偏移進行。

11. 溶解度是指一化合物溶解於一液體中的量；莫耳溶解度是指以每公升多少莫耳的單位來表達溶解度。

12. 不會，它只會降低反應的活化能同時提升反應速率。

13. 反應速率會較低，因為反應物已因為反應而消耗。

14. (a) $K_{eq} = \dfrac{[Cl_2]}{[PCl_5]}$
    (b) $K_{eq} = [O_2]^3$
    (c) $K_{eq} = \dfrac{[H_3O^+][F^-]}{[HF]}$
    (d) $K_{eq} = \dfrac{[NH_4^+][OH^-]}{[NH_3]}$

15. $K_{eq} = \dfrac{[H_2]^2[S_2]}{[H_2S]^2}$

16. (a) 反應物 (b) 產物
    (c) 反應物 (d) 兩者

17. 0.0987

18. 0.119 M

19.
T(K)	$[N_2]$	$[H_2]$	$[NH_3]$	K_{eq}
500	0.115	0.105	0.439	1.45×10^3
575	0.110	0.25	0.128	9.6
775	0.120	0.140	0.00439	0.0584

20. (a) 沒效應。 (b) 向左。
    (c) 向左。 (d) 向右。

21. 向左。
    向右。

22. 對於下列化合物，請寫出此化合物在水中溶解的化學式，同時寫出Ksp的表示式。
    $CaSO_4(s) \longleftrightarrow Ca^{2+}(aq) + SO_4^{2-}(aq)$
    $K_{sp} = [Ca^{2+}][SO_4^{2-}]$
    $AgCl(s) \longleftrightarrow Ag^+(aq) + Cl^-(aq)$
    $K_{sp} = [Ag^+][Cl^-]$

$CuS(s) \longleftrightarrow Cu^{2+}(aq) + S^{2-}(aq)$
$K_{sp} = [Cu^{2+}][S^{2-}]$
$FeCO_3(s) \longleftrightarrow Fe^{2+}(aq) + CO_3^{2-}(aq)$
$K_{sp} = [Fe^{2+}][CO_3^{2-}]$

23.
Compound	[Cation]	[Anion]	Ksp
$SrCO_3$	2.4×10^{-5}	2.4×10^{-5}	5.8×10^{-10}
SrF_2	1.0×10^{-3}	2.0×10^{-3}	4.0×10^{-9}
Ag_2CO_3	2.6×10^{-4}	1.3×10^{-4}	8.8×10^{-12}

24. 3.3×10^2。

25. 35.5 L。

第 16 章

1. 燃料電池電動車輛是指藉由氫氣驅動的電動馬達所帶動的自動化車輛。燃料電池是利用氧氣獲得電子以及氫氣失去電子的傾向,迫使電子經由外部導線而運行,進而產生電力、驅動車輛。

2. 涉及電子轉移的反應。

3. 最具反應的。

4. 鹽橋負責連結兩個半電池或是完成一通路,它允許兩個半電池之間的離子流通。

5. 一般乾電池不含有大量的液體水分,同時陽極是由鋅殼所構成。陰極則是一支碳棒,浸泡在含有NH_4Cl的MnO_2濕膏中。陰、陽極發生反應所產出的電壓大約為1.5伏特。陽極反應:$Zn(s) \rightarrow Zn^{2+}(aq) + 2e^-$。陰極反應:$2MnO_2(s) + 2NH^{2+}(aq) + 2e^- \rightarrow 2Mn_2O_3(s) + 2NH_3(g) + H_2O(l)$。

6. 燃料電池和一般的電池相似,但是反應物卻可以持續的補給。反應物持續地流經電池,進行氧化還原反應時,會產生電流。陽極反應:$2H_2(g) + 4OH^-(aq) \rightarrow 4H_2O(l) + 4e^-$。陰極反應:$O_2(g) + 2H_2O(l) + 4e^- \rightarrow 4OH^-(aq)$。

7. 腐蝕是指金屬的氧化;最常見的便是鐵生鏽。氧化反應:$2Fe(s) \rightarrow 2Fe^{2+}(aq) + 4e^-$;還原反應:$O_2(g) + 2H_2O(l) + 4e^- \rightarrow 4OH^-(aq)$;總反應:$2Fe(s) + O_2(g) + 2H_2O(l) \rightarrow 2Fe(OH)_2(s)$。

8. 大多數顯而易見防止鐵生鏽的方法便是去保持鐵的乾燥。沒有水,氧化還原不會發生。另一個防止鐵生鏽的方法則是將鐵塗上一層水無法透過的物質。例如,汽車便是塗漆及密封以防止生鏽。然而,若是油漆被刮傷,將會導致在其下面的鐵生鏽。生鏽亦可藉由放置一個犧牲電極與鐵導電接觸來防止。此犧牲電極必須是由一個在活性序列上高於鐵的金屬所組成。此犧牲電極便會代替鐵來氧化,保護鐵以免發生氧化。另一個保護鐵避免氧化的方法則是在鐵上面電鍍另一個在活性序列上高於鐵的金屬。例如,在釘子上鍍鋅,即將釘子表面鍍上一層薄鋅。因為鋅較鐵的活性來得高,它將會取代在其下面的鐵氧化(就好像是一個犧牲電極一樣)。氧化鋅不易碎,可以存在於釘子表面當作保護披附物。

9. (a) Sr氧化,O_2還原。
   (b) Ca氧化,Cl_2還原。
   (c) Mg氧化,Ni^{2+}還原。

10. (a) 不是　　(b) 是
    (c) 不是　　(d) 是

11. (a) N_2被氧化,是還原劑;O_2被還原,是氧化劑。
    (b) C被氧化,是還原劑;O_2被還原,是氧化劑。
    (c) Sb被氧化,是還原劑;Cl_2被還原,是氧化劑。
    (d) K被氧化,是還原劑;Pb^{2+}被還原,是氧化劑。

12. (a) 0　　(b) +2
    (c) 0　　(d) 0

13. (a) Na: +1; Cl: -1　(b) Ca: +2; F: -1
    (c) S: +4; O: -2　(c) H: +1; S: -2

14. (a) Cr: +6; O: -2　(b) Cr: +6; O: -2
    (c) P: +5; O: -2　(d) Mn: +7; O: -2

15. (a) H: +1 → 0,還原;C: -4 → +4,氧化
    (b) H: +1 → 0,還原;S: -2 → 0,氧化
    (c) C: 0 → +4,氧化;O: 0 → -2,還原
    (d) C: -2 → -1,還原;Cl: 0 → -1,氧化

16. (a) $3K(s) + Cr^{3+}(aq) \rightarrow Cr(s) + 3K^+(aq)$
    (b) $Mg(s) + 2Ag^+(aq) \rightarrow Mg^{2+}(aq) + 2Ag(s)$
    (c) $2Al(s) + 3Fe^{2+}(aq) \rightarrow 2Al^{3+}(aq) + 3Fe(s)$

17. (a) 還原,$5e^- + MnO_4^-(aq) + 8H^+(aq) \rightarrow Mn^{2+}(aq) + 4H_2O(l)$。
    (b) 氧化,$2H_2O(l) + Pb^{2+}(aq) \rightarrow PbO_2(s) + 4H^+(aq) + 2e^-$
    (c) 還原,$2e^- + 2IO_3^-(aq) + 12H^+(aq) \rightarrow I_2(s) + 6H_2O(l)$
    (d) 氧化,$SO_2(g) + 2H_2O(l) \rightarrow SO_4^{2-}(aq) + 4H^+(aq) + 2e^-$

18. (a) $PbO_2(s) + 4H^+(aq) + 2I^-(aq) \longrightarrow$
$I_2(s) + Pb^{2+}(aq) + 2H_2O(l)$
(b) $5SO_3^{2-}(aq) + 6H^+(aq) + 2MnO_4^-(aq) \longrightarrow$
$5SO_4^{2-}(aq) + 2Mn^{2+}(aq) + 3H_2O(l)$
(c) $S_2O_3^{2-}(aq) + 4Cl_2(g) + 5H_2O(l) \longrightarrow$
$2SO_4^{2-}(aq) + 8Cl^-(aq) + 10H^+(aq)$

19. c

20. b

21. b, c

22. 下列哪一個金屬會溶於HCl中？對於確實會溶解的金屬，請寫出平衡的氧化還原反應，以顯示出當金屬溶解時會發生何事？
(a) $2Al(s) + 6HCl(aq) \longrightarrow$
$2Al^{3+}(aq) + 6Cl^-(aq) + 3H_2(g)$
(b) 無反應
(c) $Pb(s) + 2HCl(aq) \longrightarrow$
$Pb^{2+}(aq) + 2Cl^-(aq) + H_2(g)$
(d) $2Cr(s) + 6HCl(aq) \longrightarrow$
$2Cr^{3+}(aq) + 6Cl^-(aq) + 3H_2(g)$

23. b

24. a

25. 14.88 %

第 17 章

1. 放射性是原子核放射出微小得看不見的粒子。這些粒子具有穿透物質的能力。具有放射性的的原子會放射出這些粒子。

2. X是元素的化學符號，A是質量數，是原子核中質子數和中子數的總和。Z是原子序，是原子核中的質子數。

3. 當一個不穩定的原子核放射出含有2粒質子和2個中子的氦核稱為 α 輻射。α 粒子的符號是 $_2^4He^{2+}$。

4. 當一個原子放射出一個 β 粒子時，它的原子序數會增加1，β 衰變後原子的質量不會改變。

5. 核方程式是描述原子核在發生核變化時產生的放射性和子核之間的關係。核方程式平衡時，在方程式兩邊的原子序數和質量數一定是相等的。

6. C-14定年法是準確的，因為它可用其它的方法來相互印證。C-14定年法的測定年限不可超過5萬年，否則會因為C-14的含量太少而不準確。

7. 核分裂的過程可產生熱，然後用熱把水煮沸而產生高溫高壓的水蒸氣，進而轉動渦輪機而發電。

8. 現代的核子武器使用核分裂和核融合反應。氫彈在引爆時需要一個小原子彈來產生高溫以便進行核融合反應。

9. 低劑量且長時間的輻射會損壞DNA而增加致癌的危險。由於DNA受損後會引起細胞不正常的生長而衍生出癌症。

10. $_{82}^{207}Pb$

11. 81個質子，126個中子

12. (a) $_{92}^{234}U \longrightarrow _{90}^{230}Th + _2^4He$
(b) $_{90}^{230}Th \longrightarrow _{88}^{226}Ra + _2^4He$
(c) $_{88}^{226}Ra \longrightarrow _{86}^{222}Rn + _2^4He$
(d) $_{86}^{222}Rn \longrightarrow _{84}^{218}Po + _2^4He$

13. (a) $_{82}^{214}Pb \longrightarrow _{83}^{214}Bi + _{-1}^0e$
(b) $_{83}^{214}Bi \longrightarrow _{84}^{214}Po + _{-1}^0e$
(c) $_{90}^{231}Th \longrightarrow _{91}^{231}Pa + _{-1}^0e$
(d) $_{89}^{227}Ac \longrightarrow _{90}^{227}Th + _{-1}^0e$

14. (a) $_6^{11}C \longrightarrow _5^{11}B + _{-1}^0e$
(b) $_7^{13}N \longrightarrow _6^{13}C + _{-1}^0e$
(c) $_8^{15}O \longrightarrow _7^{15}N + _{-1}^0e$

15. (a) $_{94}^{241}Pu \longrightarrow _{95}^{241}Am + _{-1}^0e$
(b) $_{95}^{241}Am \longrightarrow _{93}^{237}Np + _2^4He$
(c) $_{93}^{237}Np \longrightarrow _{91}^{233}Pa + _2^4He$
(d) $_{91}^{233}Pa \longrightarrow _{92}^{233}U + _{-1}^0e$

16. (a) $_{90}^{232}Th \longrightarrow _{88}^{228}Ra + _2^4He$
(b) $_{88}^{228}Ra \longrightarrow _{89}^{228}Ac + _{-1}^0e$
(c) $_{89}^{228}Ac \longrightarrow _{90}^{228}Th + _{-1}^0e$
(d) $_{90}^{228}Th \longrightarrow _{88}^{224}Ra + _2^4He$

17. 31個原子

18. 0.194 g

19. 34,380年

20. $_{92}^{235}U + _0^1n \longrightarrow _{54}^{144}Xe + _{38}^{90}Sr + 2\,_0^1n$; 2 neutrons

第 18 章

1. 含碳化合物及其反應的研究稱為有機化學。

2. 具相同分子式不同結構式稱之為異構物。
   丁烷有2種異構物如下所示：
   CH₃－CH₂－CH₂－CH₃   CH₃－CH－CH₃
                                    |
                                   CH₃

3. 兩個共振結構表示苯的真正結構。

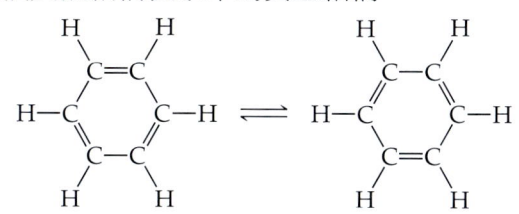

   其中共振的意思就是：苯的實際結構介於兩者結構之間，換言之，苯的鍵結數是介於單鍵與雙鍵之間，通常苯速寫符號表示如下：

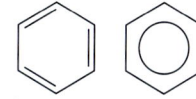

   此六邊形的頂點都是碳原子，並且鍵結一個氫原子。

4. 用以決定有機化合物之化學性質的原子團稱為官能基。

5. 如果單體間簡單的鍵結而沒有釋出任何原子，此聚合物稱為加成聚合物，其中聚氯乙烯是以乙烯中的氫原子被氯原子取代後，成為氯乙烯單體聚合而成。
   在聚合過程中，釋出原子或原子團的聚合物稱為縮合聚合物，以耐隆6,6為例，它的組合單體包括1,6-己二胺及己二酸，當兩種單體加成後釋出一莫耳的水。

6. c, d

7. 烷類通式：C_nH_{2n+2}
   烯類通式：C_nH_{2n}
   炔類通式：C_nH_{2n-2}
   所以
   (a) $C_{10}H_{20}$ 是烯類
   (b) C_9H_{16} 是炔類
   (c) C_7H_{16} 是烷類
   (d) C_5H_8 是炔類

8. (a) H－C－C－H   CH₃CH₃

   (b) H－C－C－C－C－H   CH₃CH₂CH₂CH₃

   (c) H－C－C－C－C－C－H   CH₃CH₂CH₂CH₂CH₃

   (d) H－C－H   CH₄

9. H₃C－CH₂－CH₂－CH₃   H₃C－CH－CH₃
                                        |
                                       CH₃

10. (a) 正戊烷
    (b) 2－甲基丁烷
    (c) 4－乙基－2－甲基巳烷
    (d) 3,3－二甲基戊烷

11. (a) CH₃－CH₂－CH₂－CH₂－CH₂－CH₃
              |
             CH₂CH₃

    (b) CH₃－CH₂－CH₂－CH₂－CH₃
                    | |
                   CH₃ CH₃

    (c) CH₃－CH₂－CH₂－CH₂－CH₃
              | |
             CH₃   CH₂CH₃

    (d) CH₃－CH₂－CH₂－CH－CH₂－CH₂－CH₂－CH₃
                            |
                           CH₂CH₃
                           |
                          CH₂CH₃

12. (a) 2－戊烯
    (b) 4－甲基－2－戊烯
    (c) 3,3－二甲基－1－戊烯
    (d) 3,4－二甲基－1－己烯

13. (a) H₃C－CH＝CH－CH₂－CH₂－CH₃
    (b) H₃C－CH₂－C≡C－CH₂－CH₂－CH₃
    (c) HC≡C－CH－CH₂－CH₃
              |
             CH₃
    (d) H₃C－CH＝CH－C－CH₂－CH₃
                      |
                     CH₃

A-15

14. (CH₃CH=CHCH₃(g) + Cl₂(g) ⟶ CH₃CHClCHClCH₃(g)

15. 共振的意思就是：苯的實際結構介於兩者結構之間，換言之，苯的鍵結數是介於單鍵與雙鍵之間，通常苯速寫符號表示如下：
此六邊形的頂點都是碳原子，並且鍵結一個氫原子。

16. (a) R—C(=O)—H 醛類（Aldehyde）
    (b) R—O—R 醚類（Ether）
    (c) R—C(=O)—R 酮類（Ketone）
    (d) R—N(R)—R 胺類（Amine）

17. (a) 2－丁醇（2-butanol）
    (b) 2－甲基－1－丙醇（2-methy-1-propanol）
    (c) 3－乙基－1－己醇（3-ethyl-1-hexanol）
    (d) 3－甲基－3－戊醇（3-methyl-3-pentanol）

18. (a) CH₃—CH₂—CH₂—CH₂—CH₂—CH₂—CH₂—CH=O
    (b) 丁醛
    (c) 4－庚酮
    (d) CH₃—CH₂—CH(=O)—CH₂—CH₂—CH₃ [with O double bond]... CH₃—CH₂—CH—CH₂—CH₂—CH₃ with C=O

19. (a) CH₃—CH₂—CH₂—CH₂—CH₂—CH₂—C(=O)—OH
    (b) 乙酸甲酯
    (c) H₃C—CH₂—CH₂—C(=O)—O—CH₂—CH₃
    (d) 庚酸

20. (a) 3－甲基－4－第三丁基庚烷
    (b) 3－甲基丁醛
    (c) 4－異丙基－3甲基－2第三丁基庚烷
    (d) 丁酸丙酯

第 19 章

1. 脂肪酸的一般的結構為 RCOOH，其中R表示含有3到19個碳原子的烴鏈。

2. 飽合脂肪是在室溫下傾向於固體狀態的三酸甘油酯，其碳鏈中並不含有任何的雙鍵；不飽合脂肪是在室溫下傾向於液體狀態的三酸甘油酯，其碳鏈中含有雙鍵。

3. H₂N—C(H)(R₁)—C(=O)—OH + H₂N—C(H)(R₂)—C(=O)—OH ⟶
   H₂N—C(H)(R₁)—C(=O)—NH—C(H)(R₂)—C(=O)—OH + H₂O

4. 在DNA中的四個鹼基是腺嘌呤(A)、胞嘧啶(C)、鳥糞嘌呤(G)及胸腺嘧啶(T)。

5. 遺傳密碼是連接至胺基酸的特定密碼。

6. 其互補鹼基為：
   (a) 胸腺嘧啶(T)   (b) 腺嘌呤(A)
   (c) 鳥糞嘌呤(G)   (d) 胞嘧啶(C)

7. (a) 單醣   (b) 不是碳水化合物
   (c) 不是碳水化合物   (d) 雙醣

8. (a) 六碳糖   (b) 四碳糖
   (c) 五碳糖   (d) 四碳糖

9. [開鏈及環狀葡萄糖結構圖]

10. (a) 脂肪酸，飽和。
    (b) 類固醇
    (c) 三酸甘油酯，不飽和。
    (d) 不是脂類

11. b, d

12. [Valine + Leucine 縮合反應圖]
    2－胺基異戊酸（Valine） + 白胺酸（Leucine） ⟶ 雙胜肽 + H₂O

13. (a) [結構式：H₂N-C(H)(CH(OH)CH₃)-CO-NH-C(H)(CH₃)-CO-NH-C(H)(CH₂CH(CH₃)₂)-COOH]

    (b) [結構式：H₂N-C(H)(CH₂C(=O)NH₂)-CO-NH-C(H)(CH₂OH)-CO-NH-C(H)(H)-COOH]

    (c) [結構式：H₂N-C(H)(CH(CH₃)₂)-CO-NH-C(H)(CH₂-C₆H₅)-CO-NH-C(H)(CH₃)-COOH]

14. (a) 核苷酸，G。　　(b) 不是核苷酸
    (c) 不是核苷酸　　(d) 不是核苷酸

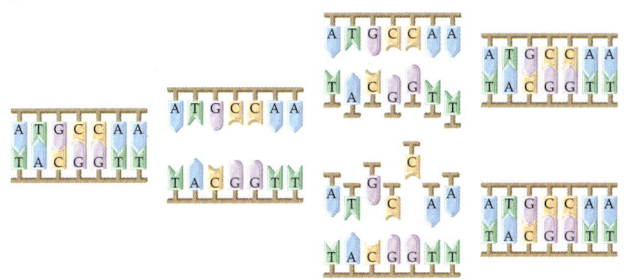

15. [圖：T T A C G C G]

16. [DNA複製過程示意圖]

17. (a) 糖苷鍵 —— 碳水化合物
    (b) 胜肽鍵 —— 蛋白質
    (c) 酯鍵 —— 三酸甘油酯

18. (a) 葡萄糖 —— 短期的能量貯存
    (b) DNA —— 蛋白質的藍圖
    (c) 磷脂質 —— 構成細胞膜
    (d) 三酸甘油酯 —— 長期的能量貯存

19. (a) 密碼子 —— 為單一胺基酸編碼
    (b) 基因 —— 為單一蛋白質編碼
    (c) 人類基因組 —— 所有人類的遺傳物質
    (d) 染色體 —— 含有基因的結構

20. 153個鹼基對。

Everyday Chemistry 專欄中譯（選讀）

第 3 章每日化學（內文第 50 頁）

保冷箱，露營和水的熱容量

你曾經把冰塊裝入一個保冷箱後，再放入室溫的飲料嗎？如果有，你將會發現冰塊會很快的融化。相反的，如果你放入的是冰涼的飲料，則冰塊將持續好幾個小時不會融化，為什麼會有這樣的差別？答案在飲料內的水有高的熱容量。正如我們剛剛所學習的，水必須吸收許多熱量才能提升它的溫度，但是若要降低它的溫度也必須移走許多熱量。當溫的飲料放入冰塊後，飲料會釋放熱而使冰塊融化，另一方面，冰涼的飲料因為已經冷至低溫，它們不會再釋放太多的熱量，所以放入保冷箱中可使其中的冰塊維持一整天而不融化。

你能回答這個問題嗎？ 假設你要在寒冷的天氣去露營，並且想藉著加熱一些物體放入你的睡袋來保暖，你會怎麼做？若把一個大水罐和一塊質量相同的岩石放在火爐旁加熱至 38°C，如果你只能選擇一種放入睡袋伴眠，那麼選擇那一個較為適當？為什麼？

▲ 已經冷凍過的飲料放入保冷箱中可使箱中的冰塊維持較久而不融化，問題：你能解釋這個現象嗎？

第 4 章每日化學（內文第 71 頁）

原子和人類

所有的物質都是由原子所組成。這是說明所有的東西都是由小到看不見的粒子所組成，甚至你、我也都是由這些粒子所組成的，我們從吃了許多年的食物中獲得那些粒子，在我們身體中的碳原子，之前曾是在20種以上的生物體用過的，當我們死後，這些碳原子也將會被其他的生物體使用。

所有物質皆由原子組成的概念有著深遠的意涵，我們的身體、心甚至是大腦都是根據化學和物理學的定律由原子所組成，從某些觀點來看，這好像是一種對人類生命價值的貶損，我們總是想要分辨出我們自己和其他一切東西不太一樣的地方，以顯示自己的高貴。然而，此一物質都是由原子組成的構想，卻認為我們和其他一切東西都是由相同的基本粒子所做成的，不是嗎？

你能回答這個問題嗎？ 你會因為發現自己是由原子做成的而感到彆扭嗎？為什麼？

(內文第 71 頁)

堅實的物體？

如果物體真的是像拉塞福所說的"原子的內部幾乎都是空的"，那麼由原子所組成的物質為什麼會顯得那麼堅硬？為什麼我用指關節輕輕的在桌上敲可以感覺到結實的聲音？

物體之所以顯現的堅實因為它的密度變化小得我們肉眼無法分辨。試想一座兒童攀援遊戲場，有100層樓高，足球場般大小（如下圖），它的內部也是空的，如果你從飛機上往下看，你看不出它的內部是空的而是顯現出堅實的外貌。物質也是一樣，當你用指關節敲桌子時就像一座巨大的攀援場（你的手指）撞到另外一個巨大的攀援場（桌子）一樣。雖然它們的內部是空的，但卻不會互相插入對方的空隙中。

你能回答這個問題嗎？ 使用攀援場的觀念去解釋為什麼拉塞福的 α 粒子大多數會穿透金箔而只有少數一些會彈回來？記得嗎？他用的金箔非常薄。

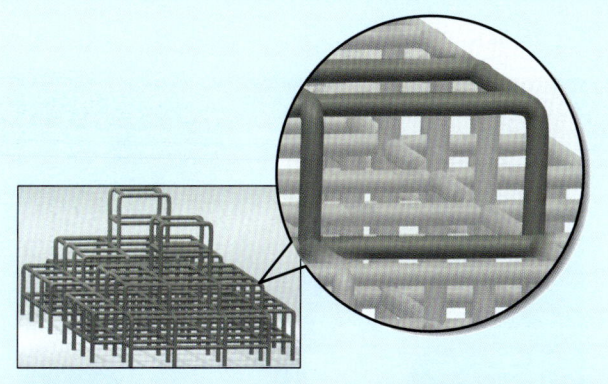

▲ 物體顯得堅實和均勻是因為它的密度變化少得無法用肉眼分辨，就像這圖片中的支架一樣，看起來很堅實。

第 5 章 每日化學（內文第 93 頁）

多原子離子

我們每天都可在家庭消費產品的標籤上看到多原子離子的化合物，例如漂白水的活性成份是次氯酸鈉，它可破壞衣服上有色物質的分子（漂白作用），並且殺死細菌（消毒作用）。

烘焙蘇打的主要成份是碳酸氫鈉，它可中和酸性，而且在烘焙時會在烘焙物裏產生二氧化碳的氣體而使其呈現鬆鬆的狀態。

碳酸鈣是制酸劑的活性成分，它可中和胃酸而改善消化不良和心痛的症狀，但食用太多的碳酸鈣會引起便秘。

亞硝酸鈉是一種常用的食品添加劑，經常加入火腿、熱狗和香腸中，以抑制細菌的生長，特別是肉毒桿菌，那是一種會令人致命的細菌。

你能回答這個問題嗎？ 請寫出下列多原子離子化合物的化學式：次氯酸鈉、碳酸氫鈉、碳酸鈣、亞硝酸鈉。

▲ 許多消費性的產品中含有多原子離子的化合物。

▲ 漂白水的活性成分是次氯酸鈉。

第 10 章 每日化學（內文第 222 頁）

肥皂是如何作用的？

想像一下用雙手以及沒有餐巾來吃一個非常油膩的起司三明治。在用餐完之前，你的手會附著上油脂和油污。假如你試著只用水來清洗他們，他們會依然是油膩的。然而，假如你加一點肥皂，這些油脂便可洗去。為什麼呢？就像我們之前所學，水分子是極性的，組成油污的分子是非極性的，而水和油脂彼此會互相排斥。

然而，組成肥皂的分子具有一個特別的結構，此結構允許他們可以強烈地同時與水和油脂作用。一個肥皂分子的一端是極性的，另一端則是非極性的。

肥皂分子

極性頭端吸引水　　非極性尾端吸引油脂

一個肥皂分子的極性頭端會強烈地吸引水分子，而其非極性尾端則會強烈地吸引油脂分子。肥皂是一種分子的聯繫，一端與水作用，一端與油作用。因此，肥皂允許水和油互混，將你手上的油脂移除，沖到排水槽中。

你能回答這個問題嗎？ 考慮下列清潔劑分子，你認為哪一端是極性的？哪一端非極性的？

$CH_3(CH_2)_{11}OCH_2CH_2OH$

第 15 章 每日化學（內文第 370 頁）

硬水

在美國有許多地區是從湖泊或是水庫來獲得水源，這些水源含有高濃度的碳酸鈣以及碳酸鎂。當雨水流經含有豐富碳酸鈣以及碳酸鎂的土壤時，這些鹽類會溶於雨水當中。這些鹽類的水被稱為硬水。硬水不是一個健康的危害物，因為鈣和鎂是健康飲食的一部分，但是他們存在於水中是有些讓人討厭的。例如，因為他們相當低的溶解度乘積常數，所以碳酸鈣與碳酸鎂很容易在水中飽和。例如，一滴水當它蒸發時，它變得很容易與碳酸鈣和碳酸鎂達到飽和。一個飽和的溶液會沈澱出這些溶解離子。這些沈澱物會以似鱗狀的沈積物顯露在水龍頭、水槽或是廚房用具上。使用硬水來沖洗汽車或是碗盤時，當這些沈澱物因水滴乾燥離開後，會留下斑點。

你能回答這個問題嗎？ 在你的社區裡的水是硬水還是軟水？利用表 15.2 所提供的溶解度乘積常數去計算碳酸鈣與碳酸鎂的溶解度。在 5 公升飽和的碳酸鈣水溶液中，碳酸鈣有多少莫耳？相當於多少公克？

▲ 硬水會在水管管線設備上留下似鱗狀的沈澱物。

第 16 章每日化學（內文第 395 頁）　　（內文第 396 頁）

頭髮的漂白

在許多校園裡，大學生無論男女具有漂白的頭髮，是常見的景象。許多學生將其頭髮漂白是利用在大多藥局或是超市便可買得到的家庭用漂白用品。這些用品一般都會含有雙氧水（H_2O_2），一個非常優異的氧化劑。當使用到頭髮上時，雙氧水會氧化黑色素，頭髮的顏色便是由此黑色的色素所給予。一旦黑色素被氧化，它便無法給予頭髮黑色的顏色，留給頭髮常見的漂白過的外觀。

雙氧水也會氧化頭髮的其他組成。例如，在頭髮中的蛋白質分子含有的 -SH，稱為硫醇官能基。硫醇一般會滑滑的（他們會滑動錯開彼此）。雙氧水會將硫醇氧化成磺酸官能基（$-SO_3H$）。磺酸官能基比較黏，造成頭髮較容易糾結。因此，具有嚴重漂白頭髮的人們通常會使用潤髮乳。潤髮乳含有可以在髮梢上形成薄且潤滑的披附之化合物。這些披附可避免頭髮亂成一團，同時使得頭髮較柔軟及容易梳理。

▲ 頭髮經常可使用雙氧水，一個好的氧化劑，來漂白。

你能回答這個問題嗎？ 請指出雙氧水原子的氧化態。當雙氧水氧化頭髮時，你認為雙氧水中的哪一個原子的氧化態會改變？

燃料電池呼氣測醉器

警察經常使用一個名叫呼氣測醉器的儀器來量測一個被懷疑在酒精影響下開車的人之血液中的乙醇含量。呼氣測醉器能發揮功效是因為在呼氣中的乙醇含量會與血液中的乙醇含量成正比。其中一種呼氣測醉器便是利用燃料電池來量測呼氣中的乙醇含量。此燃料電池是由兩個白金電極所組成（▼圖16.18）。當一位酒駕者吹氣到呼氣測醉器中時，乙醇在陽極會被氧化成乙酸。

陽極：

$C_2H_5OH + 4OH^- (aq) \rightarrow CH_3COOH(g) + 3H_2O + 4e^-$

在陰極，氧氣會被還原。

陰極：

$O_2(g) + 2H_2O(l) + 4e^- \rightarrow 4OH^- (aq)$

總反應僅是乙醇氧化成乙酸及水。

總反應：

$C_2H_5OH + O_2(g) \rightarrow CH_3COOH(g) + H_2O$

所產生的電流量與呼氣中的乙醇量有關。一個較高的電流表示一個較高的血液乙醇程度。當正確的校正之後，燃料電池呼氣測醉器能精確地量測一位酒醉駕駛的血液酒精程度。

▲ 燃料電池呼氣測醉器。在此裝置的頂端處將氣吹入，便可量測出血液中的酒精含量。

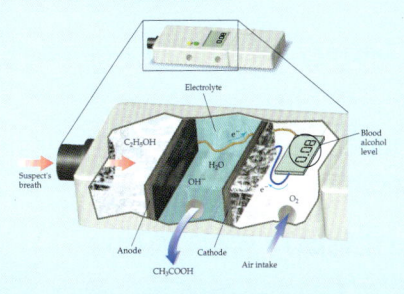

▲ 圖 **16.18** 燃料電池呼氣測醉器示意圖。

你能回答這個問題嗎？ 對燃料電池呼氣測醉器的全反應方程式中的反應物以及產物的每一個元素指定出它的氧化數。在此反應中，哪一個元素被氧化，哪一個元素被還原？

中英名詞對照

absolute zero（絕對零度）：0K、-273°C或-459°F，是分子靜止時的溫度，也是最低可能溫度。

acid（酸）：一種分子化合物能溶於溶液中而解離出H^+離子。酸有能力溶解部份金屬，並使石蕊試紙變成紅色。

acid rain（酸雨）：因為化石燃料燃燒釋出SO_2及NO_2與大氣中的水結合成硫酸及硝酸隨同雨落下。

acid-base reaction（酸－鹼反應）：形成鹽類及水的反應。

acidic solution（酸性溶液）：H_3O^+濃度大於1.0×10^{-7}（pH<7）的溶液。

activation energy（活化能）：在反應發生前，反應物所需吸收的能量，此能量為反應物與活化複體間的能量差。

activity series of metals（金屬活性序列）：金屬依次降低活性的序列表，即氧化能力依次降低並減弱失去電子的傾向。

actual yield（實際產率）：化學反應實際的產生量。

addition polymer（加成高分子）：藉由單體間的增加而不減少一個原子以形成的高分子。

alcohol（醇）：具OH官能基的有機化合物，通式為ROH。

aldehyde（醛）：通式為RCHO的有機化合物。

alkali metals（鹼金屬）：具高反應性金屬，為1A族元素。

alkaline battery（鹼性電池）：利用鹼性半反應的乾電池。

alkaline earth metals（鹼土金屬）：具相當反應性金屬，為2A族元素。

alkaloids（生物鹼）：植物的有機鹼。

alkanes（烷）：碳原子間以單鍵結合的碳氫化合物。鏈狀烷類通式C_nH_{2n+2}。

alkene（烯）：碳原子間至少有一雙鍵結合的碳氫化合物，鏈狀烯類通式C_nH_{2n}。

alkyl group（烷基）：以單鍵碳原子及氫原子所結合的有機分子團。

alkyne（炔）：碳原子間至少有一參鍵結合的碳氫化合物，鏈狀炔類通式C_nH_{2n-2}。

alpha particle（α粒子）：包含有二個質子和二個中子的氦核子，以符號^4_2He表之。

alpha (α) radiation（α射線）：不穩定核放出含有α粒子的放射線。

alpha (α)-helix（α螺旋）：蛋白質分子的多肽鏈之基本構造為胺基酸殘基的羰基（C=O）與亞胺基（NH）間的氫鍵所形成的螺旋構造。

amine（胺）：含N的有機化合物，其有通式NR_3，其中R為烷基或氫原子。

amino acid（胺基酸）：於分子內擁有胺基（包括亞胺基）與羧基並具一個R基支鏈的化合物的總稱。胺基酸是建構蛋白質的單體。

amorphous（非晶體）：原子或分子不具重覆的長而有序形態的固體（像玻璃或塑膠）。

amphoteric（兩性電解質）：在布忍斯特羅雷的用語中，能在酸性溶液產生鹼的作用，而在鹼性溶液產生酸的作用。

anion（陰離子）：負離子。

anode（陽極）：電池中進行氧化的電極。

aqueous solution（水溶液）：以水為溶劑的均相混合液。

aromatic ring（芳香環）：又稱為苯環，此環為碳原子間單鍵及雙鍵交錯鍵結。

Arrhenius acid（阿瑞尼士酸）：一物質在水溶液中能產生H^+。

Arrhenius base（阿瑞尼士鹼）：一物質在水溶液中能產生OH^-。

atmosphere（atm，大氣壓）：在海平面上的平均壓力，101325 Pa。

atom（原子）：形成物質的最小單位。屬於一種元素能被鑑別的最小單位。

atomic element（原子元素）：以單原子為基礎單位而存在於自然界中的元素。

atomic mass（原子質量）：元素中存在於自然界中異構物的平均質量，或元素中原子的平均質量。

atomic mass unit（amu，原子質量單位）：常用來表示質子中子及原子核的質量單位。1amu = 1.66×10^{-24} g。

atomic number（原子序）：原子核中的質子數。

atomic size（原子大小）：原子核到最外層電子的距離。

atomic solid（原子固體）：組成單位為單一種原子的固體（如鑽石：C；鐵：Fe）。

atomic theory（原子理論）：所有物質都由稱為原子的微小粒子所組成的理論。

Avogadro's law（亞佛加厥定律）：氣體體積（V）與莫耳數（n）成正比。

Avogadro's number（亞佛加厥數）：1莫耳的數目，即 6.022×10^{23}。

balanced equation（平衡方程式）：在化學方程式中反應前後在方程式兩邊每一種的原子總數相同。

base（鹼）：能溶解在溶液中解離出OH−離子的分子化合物。具平滑觸感，使石蕊試紙變成藍色。

base chain（母鏈）：有機化合物中最長的碳鏈。

basic solution（鹼性溶液）：OH− 離子濃度大於1.0×10^{-7}（pH＞7）的溶液。

bent（彎曲型）：3個原子不在一直線上，或中心原子鍵結4個電子群（2鍵結2未鍵結）或中心原子鍵結3個電子群（2鍵結1未鍵結）所形成的分子幾何型。

benzene（C_6H_6，苯）：特別穩定的有機化合物，其中碳原子間單鍵及雙鍵交錯鍵結。

beta particle（β粒子）：含一個能量電子的輻射形式，以符號 $_{-1}^{0}e$ 表之。

beta（β）radiation（射線）：不穩定核放出的能量電子束。

beta（β）-pleated sheet（β打摺板）：蛋白質分子的多肽鏈的基本結構為若干條多肽鏈伸在打摺板上而肽鏈羰基（C=O）與亞胺基（NA）間的氫鍵形成這些鏈中間的結構。

binary acid（二元酸）：僅由氫和一種非金屬離子所構成的酸。

binary compound（二元化合物）：僅由兩種不同種類元素構成化合物。

biochemistry（生物化學）：以化學的思考方法及測定方法為基礎用以瞭解生命現象的本質的一門學問。

Bohr model（波耳模型）：原子中電子定距離圍繞原子核的圓形軌域的模型。

boiling point（沸點）：液體飽和蒸氣壓和外界壓力相等時的溫度。

boiling point elevation（沸點上升）：溶液因溶質的存在使沸點上升。

bonding pair（鍵結配對）：在化學鍵結中兩原子間共用的電子對。

bonding theory（鍵結理論）：是一種模型，可預測原子如何鍵結形成分子。

Boyle's law（波耳定律）：氣體體積（V）與壓力（P）成反比。

branched alkane（具支鏈的烷類）：由碳鍵結成具支鏈的鏈狀結構之烷類。

Bronsted-Lowry acid（布忍斯特羅瑞酸）：質子（H^+）提供者。

Bronsted-Lowry base（布忍斯特羅瑞鹼）：質子（H^+）接收者。

buffer（緩衝溶液）：中和從外部而來的酸或鹼對溶液的影響而抑制pH值改變的溶液。

Calorie（Cal，大卡）：能量單位為1000卡。

calorie（cal，卡）：使1克水上升1℃所需能量。

carbohydrates（醣）：具有多氫氧基的醛類或酮類，包含多−OH群，而其一般式為$(CH_2O)_n$。

carbonyl group（羰基）：碳原子與氧原子以雙鍵鍵結成C=O的名稱。

carboxylic acid（羧酸）：具有通式RCOOH的有機化合物之總稱。

catayst（觸媒）：能使反應速率加快而不被消耗的物質。

cathode（陰極）：電池中進行還原的電極。

cation（陽離子）：正離子。

cell（細胞）：構成生命體具生命特性的最小結構單位。

cell membrane（細胞膜）：包含有細胞所有內含物而在細胞的表面與外在為界的膜。

cellulose（纖維素）：構成植物體木質表面細胞的主要成份。由葡萄糖重複鍵結在一起所組成的一種常見的多醣體。

Celsius（℃）scale（℃，攝氏溫度）：將冰點與水沸點定為0℃及100℃並刻度於溫度計上。常溫約25℃。

chain reaction（連鎖反應）：一種能產生能量或產物而引起更進一步相同種類的自我維持的化學或核子反應。

charge（電荷）：質子及電子的基本特性且同性相斥異性相吸。

Charles's Law（查理定律）：氣體體積（V）與溫度（T）成正比，其中溫度為凱氏溫標。

chemical bond（化學鍵）：分子或原子間以電子的轉移和共用來獲得穩定的電子組態而鍵結在一起的力量。

chemical change（化學變化）：物質組成或化性改變的情形。

chemical energy（化學能）：伴隨化學變化所發生的能量。

chemical equation（化學方程式）：表示在某化學反應裡，在方程式左邊的反應物和在右邊的生成物之間關係的方程式。

chemical formula（化學式）：代表化合物的元素間最小量原子結合相互數量關係的示性式。

chemical properties（化學性質）：物質組成改變所呈現的性質。

chemical reaction（化學反應）：一種或多種物質由化學變化轉變成不同物質的程序，化學反應常伴隨放熱或吸熱。

chemical symbol（元素符號）：元素以1~2個縮寫字母表示，置放在週期表原子序下方。

chemistry（化學）：有系統研究原子與分子的行為以了解物質的組成與性質以及轉變為其他物質之過程的科學。

chromosome（染色體）：一種包含基因的生物結構，存在於細胞核內。遺傳因子的集合體在細胞分裂時易被觀察到且易被染色故命名之。

codon（密碼子）：在一個核苷酸中有三個鹼基序列作為一單位各對應一種胺基酸，此三個鹼基稱為密碼子。

colligative properties（依數性質）：不依溶質的粒子種類或特性而僅以溶質的粒子數來決定溶液的物理性質。

collision theory（碰撞理論）：一個反應的發生，反應分子間的有效碰撞必定要發生，此乃為反應速率的學說。

color change（呈色反應）：是一個化學反應的其中一類型的證據，即在反應後眼睛可明顯看出顏色的變化。

combined gas law（併合氣體定律）：結合波以耳定律及查理定律，計算如何由氣體的P、V和T得知其中兩者，則可計算第三者。

combustion reaction（燃燒反應）：與氧氣作用的放熱反應且形成一種或多種含氧化合物。

complementary base（互補鹼）：能與DNA上的鹼正確配對的鹼。

complete ionic equation（完全離子方程式）：寫出溶液中實際存在的所有離子的種類的化學方程式稱之。

complex carbohydrate（複合碳水化合物）：許多重複的醣單元組成的碳水化合物。

compound（化合物）：兩種或兩種以上元素組成固定比例的物質。

compressible（可壓縮）：壓力增加使其體積變小，氣體的可壓縮在於氣體原子或分子間的距離夠大。

concentrated solution（濃溶液）：含有大量溶質的溶液。

condensation（凝結作用）：由於冷卻或壓縮使氣體變成液體的物理變化。

condensation polymer（縮合高分子）：在聚合時排除原子（通常是水）之類的高分子。

condensed structural formula（縮寫結構式）：用簡寫的方式表示結構式。

conjugate acid-base pair（共軛酸鹼對）：在布忍斯特羅瑞理論裡，兩種物質彼此由質子的轉移而互為共軛酸鹼對。

conservation of energy, law of（能量守恆定律）：能量可在不同形態中轉換而不會增減的定律。

conservation of mass, law of（質量守恆定律）：物質在化學反應中不會增減的定律。

constant composition, law of（定組成或定比定律）：組成化合物的元素間比例固定的定律。

conversion factor（轉換因子）：在兩個不同單位間用來轉換的因子，即在不同性質的單位間建立的等值互換因子。

copolymers（共聚合物）：二種不同單體交換進行的鏈狀聚合作用而不是由單一重複的單體所產生的高分子。

core electrons（內層電子）：不是原子中最外層的主殼中的電子。

corrosion（腐蝕）：金屬的氧化（例如鐵生鏽）。

covalent atomic solid（共價固體）：以共價鍵結方式的固體，像鑽石。

covalent bond（共價鍵）：二個非金屬原子在化學反應中共用電子而形成的鍵。

critical mass（臨界質量）：鈾或鈽在核反應中自我維持所需的質量。

crystalline（結晶性）：立體排列且排列有序的原子或分子固體具重複性的有序的型式（像鹽及鑽石）。

cytoplasm（細胞質）：介於細胞核與細胞膜間的物質。

Dalton's law of partial pressure（道耳吞分壓定律）：混合氣體的總壓等於各成份氣體分壓的和。

daughter nuclide（子核種）：核衰變產生之核種。

decimal part（十進位部份）：科學記號表示法的一部份。

decomposition（分解）：一種化合物變成二種以上更簡單的物質之現象，AB→A+B。

density（d，密度）：物質每單位體積的質量稱之，通常以g/cm^3、g/mL、g/L表之。

derived unit（導出單位）：由其他單位的組合而成。

dilute solution（稀溶液）：含少量溶質的溶液。

dimer（二聚物）：由兩個較小分子聚合而成的分子。

dipeptide（雙肽）：用肽鍵結兩個胺基酸。

dipole moment（偶極矩）：在一個鍵中或在一個分子中電荷分離程度的量度。

diprotic acid（二質子酸）：一種酸，有二個可游離的質子。

disaccharide（雙醣）：可水解生成為二分子單醣的碳水化合物。

dispersion force（分散力）：分子內電荷分布之振動而產生於分子間的作用力。

displacement（取代反應）：元素取代化合物中另一個元素的反應，AB+C→AC+B。

dissociation（解離）：固體離子化合物在水溶液中分離成為離子的過程。

disubstituted benzene（雙取代苯）：苯的二個氫被其它原子或原子團所取代。

DNA（deoxyribonucleic acid；去氧核糖核酸）：在共同中心軸的周圍形成二支鏈繞撚成螺旋狀的雙重螺旋結構。在細胞核中的長鏈狀分子，作為構成蛋白質的藍圖。

dot structure（點結構）：用點表示原子間共價電子的圖示。

double bond（雙鍵）：存在於兩個原子間所共用的兩對電子對形成的鍵結。通常，雙鍵比單鍵更短而更強。

double displacement（雙取代反應）：兩元素或原子團與不同化合物中另二個元素進行交換而形成二個新的化合物的反應，AB+CD→AD+CB。

dry cell（乾電池）：普通的電池（伏特電池），它不含大量的液體水。

duet（雙隅體）：對應於穩定之路易士結構的H及He中的兩個電子的名稱。

dynamic equilibrium（動態平衡）：化學反應之正向反應與逆向反應速率相同時的狀態。

electrical current（電流）：電荷流動，就像電子流經電線或離子流過溶液。

electrical energy（電能）：伴隨電荷流動所造成的能量。

electrochemical cell（電化學電池）：由氧化還原產生電流的設施。

electrolysis（電解）：用電流驅動非自發性氧化還原反應的過程。

electrolytic cell（電解電池）：用來電解的電化學電池。

electromagnetic radiation（電磁波）：同時兼具波及粒子的能量型式，以一個恆定速度為 3.0×10^8 m/s 穿越空間，光是一種電磁波的型式。

electromagnetic spectrum（電磁波圖）：包括所有電磁輻射波長的圖譜。

electron（電子）：是帶負電荷的基本粒子，佔有原子大部份的體積卻幾乎不佔什麼質量。

electron configuration（電子組態）：以一方式記述一個特定元素的電子佔據軌道的狀態。

electron geometry（電子構形）：分子中電子群的幾何排列。

electron group（電子群）：分子中的孤電子對、單鍵或多重鍵的通稱。

electron spin（電子自旋）：所有電子的基本性質能造成磁場伴隨其自身，自旋分為順$(+\frac{1}{2})$逆$(-\frac{1}{2})$。

electronegativity（電負度）：在共價鍵結中元素吸引電子的能力。

element（元素）：一種物質無法再分割成更簡單的物質稱之。

emission spectrum（發射光譜）：原子或分子從激發態躍遷到更低能階態時所發射出的光譜。

empirical formula（實驗式）：以最簡單整數比表示組成化合物成份元素之比率的化學式。

empirical formula molar mass（實驗式莫耳質量）：實驗式中所有原子莫耳質量的總和。

endothermic（吸熱）：描述吸收熱能的程序。

endothermic reaction（吸熱反應）：從環境吸收熱量的化學反應。

endpoint（終點）：反應達到反應物的正確化學計量比例的時刻。

energy（能量）：能做功的能力。

English system（英制）：常使用於歐美的單位。

enzymes（酶）：可催化生物體內各種化學反應的一種蛋白質。在生物體內含豐富的酶。

equilibrium constant（K_{eq}，平衡常數）：是一個常數比，在平衡狀態的化學反應系統與各生成物質的濃度次方的乘積與各反應物濃度次方的乘積之比。

equivalent（當量）：在化學方程式中各元素或化合物的化學計量關係的比例。

ester（酯）：通式為RCOOR的有機化合物。

ester linkage（酯鍵結）：結構為－COO－的鍵結，酯鍵結讓甘油與脂肪酸鍵結成脂。

ether（醚）：通式為ROR的有機化合物。

evaporation（蒸發）：在液體表面的分子，在自由運動中得到足夠的能量以克服鄰近分子的吸引力而進入氣相的程序。

excited state（激發態）：一個原子或分子的不穩定狀態，是吸收能量而不是放射能量，使其從基態躍遷到高能量狀態。

exothermic（放熱）：描述放出熱能的程序。

exothermic reaction（放熱反應）：從化學反應釋出熱能到環境中。

experiment（實驗）：由觀察預測到理論測試的程序。

exponent（指數）：自己相乘的次數，例如2^4相當於$2 \times 2 \times 2 \times 2$。

exponential part（指數部份）：科學記號表示法的一部份。亦即表示小數點已移的位數。

Fahrenheit（°F）scale（華氏（°F）溫標）：在美國用得最多的英制溫標，冰點在32°F水沸點在212°F。

family (of elements)（族（元素））：有相似的最外層電子組態的元素，因此具有相似的性質稱為同一族，位於週期表中的直行稱之。

family (of organic compounds)（族（有機化合物））：具相同官能基的有機化合物。

fatty acid（脂肪酸）：包含一個羧酸而帶有碳氫化合物的油脂。

film badge dosimeter（軟片佩章幅射計量器）：將照相感光膜裝在胸口前別在衣服上的佩章中用來量測暴露的放射線。

fission, nuclear（核分裂）：大原子核分裂成較小原子核並釋出能量的程序。

formula mass（式量）：化學式中成份原子的原子量總和稱之。

formula unit（簡式；式單位）：由陽離子與陰離子結合成最小的電中性結合體，為離子化合物的基本單元。

freezing point depression（凝固點下降）：溶劑因溶質的存在使凝固點下降。

frequency（頻率，ν）：經過一靜止點的波週數或波峰間的1秒鐘內的振動數。

fuel cell（燃料電池）：持續補充的反應裝置的伏特電池。

functional group（官能基）：用以決定有機化合物之化學特性的原子團稱之。

fusion, nuclear（核融合）：小原子核熔合成大原子核伴隨著光並釋出大量能量。

galvanic（伏特電池）：自發性產生電流的電化學電池。

gamma radiation（γ輻射；珈瑪輻射）：原子核釋放出高能量短波長的電磁波。

gamma rays（γ射線）：釋放超短波長的電磁波，最具能量形式的電磁輻射，γ射線的光子符號是$_0^0\gamma$。

gas（氣體）：分子或原子的一種以彼此廣擴分散且自由運動存在的物質狀態。

gas evolution reaction（產生氣體反應）：液體反應後部份產物為氣體的反應。

gas formation（氣體形成）：兩物質混合後有氣體形成，是化學反應的證據之一的型式。

Geiger-Müller counter（蓋革計數器）：充滿氫的一個輻射偵測器，當高能粒子通過它時，可產生電訊號而得知輻射量。

gene（基因）：在DNA分子中有一串密碼子，可為專一合成單一的蛋白質。基因具有可從幾百個到幾千個密碼子的變化。

genetic material（遺傳物質）：製造活組織的遺傳藍圖。

glycogen（動物澱粉肝醣）：儲藏於動物肝臟肌肉等組織內的營養，多醣類的一種型式；類似於澱粉，但具有高支鏈狀的鏈狀結構。

glycolipid（醣脂）：與脂族醇或脂肪酸結合之糖質所形成的複合脂肪質。

glycoside linkage（醣苷鏈）：在多醣類中在單醣之間的連結。

ground state（基態）：在量子力學的穩定狀態之中，電子在原子或分子中所佔據的軌域所處的最低可能能量狀態稱之。

group (of elements)（族（元素））：最外層電子組態相似的元素稱為同一族，在週期表中的直行稱之。

half-cell（半電池）：在伏特電池中進行氧化或還原的半反應。

half-life（半生期）：輻射性原子的母核變為子核減少為1/2所需的時間。

half-reaction（半反應）：氧化還原反應中的氧化或還原的部分反應。

halogens（鹵素）：7A族元素，為活潑非金屬。

heat absorption（吸熱）：將熱能導入化學反應，是化學反應的證據。

heat capacity（熱容量）：使物質上升1°C所需要的熱量。

heat emission（放熱）：化學反應將熱能釋出，是化學反應的證據。

heat of fusion（熔化熱）：1莫耳固體熔化變成液體時所吸收的熱量，此時沒有溫度的變化。

heat of vaporization（蒸發熱）：1莫耳液體變成蒸氣時所吸收的熱量，此時沒有溫度的變化。

heterogeneous mixture（非均相混合物）：具物性或化性不同的成份存在混合物中，混合後分成二種或多種不同成份的區域，像油與水。

homogeneous mixture（均相混合物）：混合後的成份完全均勻的混合物，像鹽水。

human genome（人類遺傳基因）：人類的遺傳物質；為人類細胞內全部的DNA。

Hund's rule（韓德定則）：電子填充相同能階的電子組態先從空軌域先填的定則。

hydrocarbon（烴）：只由碳與氫所化合的化合物。

hydrogen bond（氫鍵）：極性分子中具高電負度的F、O和N原子與鄰近分子的H原子間很強的偶極－偶極的分子間作用力。

hydrogenation（氫化）：加氫到化合物的化學反應。

hydronium ion（鋞離子）：$H_3O^+(aq)$；化學家常以$H^+(aq)$交換使用，指謂著同一種H_3O^+離子。

hypothesis（假說）：尚未良質建立的理論；一個對觀察或科學問題尚待更進一步研究測試的暫時解釋。

hypoxia：身體組織缺氧。

ideal gas law（理想氣體定律）：$PV = nRT$（R：氣體常數）。是氣體四種性質 —— 壓力（P）、體積（V）、溫度（T）和莫耳數（n）—— 所併合而成的定律，以說明它們之間的關係。

indicator（指示劑）：利用顏色改變判斷滴定時當量點的試劑。

infrared (IR) light（紅外線）：是波長較可見光略長較微波略短在電磁波光譜中的一部份。人類眼睛看不見紅外光。

insoluble（不溶）：不能溶於水。

instantaneous dipole（瞬間偶極）：在一個原子或分子中短暫電荷密度移動所造成分子間的作用力。

intermolecular forces（分子間作用力）：存在在分子之間的作用力。

International System（SI，國際系統）：科學量測的標準單位以公制系統為基準。

ion（離子）：因失去或獲得電子而帶電荷的原子或原子團。

ion product constant（Kw，離子度積）：水溶液$Kw = [H_3O^+][OH^-]$（25°C時$Kw=1.0\times10^{-14}$）。水溶液中H_3O^+和OH^-濃度的乘積。

ionic bond（離子鍵）：因金屬和非金屬在化學反應中結合而形成的鍵。在離子鍵中，金屬轉移一個或多個電子到非金屬上。

ionic compound（離子化合物）：金屬與非金屬所形成的化合物。

ionic solid（離子固體）：金屬與非金屬以離子鍵結合的固體化合物。

ionization（游離）：形成離子。

ionization energy（游離能）：一個氣態原子移除一個電子所需能量。

ionizing power（游離力）：游離其他原子和分子的輻射能力。

isomers（異構物）：具相同分子式不同結構式的分子稱之。

isoosmotic（等滲透）：溶液滲透壓與身體內的液體等壓。

isotope scanning（同位素掃瞄）：利用放射性同位素確認身體罹犯症病的狀況。

isotopes（同位素）：具有相同質子數不同中子數的原子。

Kelvin（K，凱氏溫標）：以最低可能溫度為0K（或-273°C）作為絕對零度的溫度刻度，也是分子運動靜止的溫度，且凱式溫標大小與攝氏溫標一致。

ketone（酮）：通式為RCOR的有機化合物。

kilogram（kg，公斤）：質量的國際系統標準單位。

kilowatt-hour（仟瓦小時）：相當於3.6百萬焦耳（joule）的能量單位。

kinetic engergy（動能）：物體運動所伴隨的能量。

kinetic molecular theory（分子動力論）：用來預測不同狀態下氣體行為的模型。

Le Châtelier's principle（勒沙特列原理）：說明系統平衡狀態的發生變化時，平衡位置會向消弱該變數變化效果的方向進行的原理。

lead-acid storage battery（鉛酸蓄電池）：正極PbO_2負極Pb電解質H_2SO_4可反覆充放電的電池。是汽車用的電池包含了以電線連結六個電化學電池的系列，每個產生2伏特，共12伏特。

Lewis structure（路易士結構）：原子間化學鍵以點表示價電子，以描繪原子間電子的轉移或共用所形成的化學鍵的結構狀態。

Lewis theory（路易士理論）：原子間的鍵結用線或點來表示的一個簡單理論，且原子的鍵結形成8個共價電子最為穩定。

light emission（光放射）：化學反應證據的一種形態，涉及到電磁輻射的釋放。

limiting reactant（限量反應物）：在一個化學反應中控制產物形成的量之反應物。

linear（線性）：描述一個分子包括2個電子群的分子為何，此二個電子群含有二個鍵結群但沒有孤電子對。

linearly related（線性關係）：兩變數繪製關係圖呈現出直線。

lipid（脂質）：在細胞內的成份類似脂肪的化合物不溶於水，但溶於非極性溶劑。

lipid bilayer（脂雙層）：細胞膜內由脂質所形成的結構。

liquid（液體）：原子或分子緊密聚集在一起的狀態，有流動性，雖無一定形狀但有一定體積。

logarithmic scale（對數刻度）：以對數值為刻度，方便以較少刻度範圍表示很大的量測，如$\log(100) = \log(10^2) = 2$。

lone pair（孤電子對）：不參與鍵結而成對的價電子。在路易士結構中只在一個原子上的成對電子。

main-group elements（主族元素）：週期表中的1A族到8A族，這些元素基於其在週期表的位置可預測其性質的趨向。

mass（質量）：物體中物質量的量度。

mass number（質量數）：原子中質子及中子的數目之和。

mass percent composition（質量百分率）：化合物中各元素成份以質量表示其所佔的百分比。

matter（物質）：任何具有質量或佔有空間的物體，以固態、液態和氣態存在。

melting point（熔點）：固體變成液體時的溫度。

messenger RNA（訊息RNA）：將DNA的遺傳訊息傳遞到蛋白質的合成場所的核醣核蛋白體中，作為構成蛋白質的藍圖的一種長鏈狀分子。

metallic atomic solid（金屬原子固體）：以金屬鍵結合的原子固體。最簡之模式，就是包含了正電離子在電子海中以金屬鍵結在一起，像鐵。

metallic character（金屬特性）：化學反應中傾向失去電子是金屬典型性質，且同週期元素金屬特性由右而左遞增。

metalloids（類金屬）：介於金屬與非金屬的中間性質。這些元素位於沿著週期表中金屬和非金屬的邊界。

metals（金屬）：化學反應中傾向失去電子的元素，它們位在週期表的左邊和中心。

meter（m，米）：長度的國際系統標準單位。

metric system（米制系統）：世上最常用的長度單位系統。

microwaves（微波）：無線電波及遠紅外線之間電磁波的總稱。微波能被水分子有效地吸收，因此能被用來加熱含水的物質。

millimeter of mercury（mmHg，毫米汞柱）：壓力單位相當於1 torr。

miscibility（可混合性）：兩液體互相溶合而不會分離成兩相的能力。

mixture（混合物）：兩種以上物質以物理方式能以各種比例混合而仍保持各成份原有的特性。

molality（m，重量莫耳濃度）：是溶液濃度的單位，每1000克溶劑所能溶解溶質的莫耳數。

molar mass（莫耳質量）：元素1 mol原子的質量。以g/mol量度的元素莫耳質量在數量上與元素的原子量（以amu為單位）相等。

molar solubility（莫耳溶解度）：物質的溶解度，單位是莫耳/升（mol/L）。

molar volume（莫耳體積）：標準溫度標準壓力1 mol氣體的體積（22.4 L）。

molarity（M，體積莫耳濃度）：每升溶液所能溶解溶質的莫耳數。

mole（莫耳）：亞佛加厥數，含有6.022×10^{23}個粒子（特別是原子、離子或分子）的量，若1 mol元素的質量以幾克表示則其數量等同於原子量用幾amu表示。

molecular compound（分子化合物）：由二個或二個以上的非金屬形成的化合物。分子化合物是作為區別分子彼此的最簡單的單位。

molecular element（分子元素）：無法以單原子方式為物質的基本組成存在，這些元素通常以雙原子分子結合在一起作為其基本單位存在於自然界。

molecular equation（分子方程式）：化學反應中的每一化合物以完全的中性化學式表示的化學方程式。

molecular formula（分子式）：用以表示分子構成元素種類與數目的化學式。

molecular geometry（分子構形）：分子中原子的幾何排列。

molecular solid（分子固體）：組成單位是分子的固體。

molecule（分子）：由兩種或兩種以上原子以特殊排列鍵結而成而具備物質之化學性質之分子化合物的最小單位。

monomer（單體）：可供聚合物原料之用的的重複單位化合物。

monoprotic acid（一元酸）：僅含有能夠游離一個質子的酸。

monosaccharide（單醣）：無法解離成更簡單的碳水化合物。

monosubstituted benzene（單取代苯）：由另一個原子或原子團取代苯中的氫的苯。

net ionic equation（淨離子方程式）：一個方程式，僅顯示在反應中實際參與的種類。

neutral solution（中性溶液）：溶液中$[H_3O^+]$ = $[OH^-]$（pH=7）。

neutralization（中和反應）：酸（$H^+(aq)$）鹼（$OH^-(aq)$）中和產生鹽及水（$H_2O(l)$）。

neutron（中子）：核中的粒子未帶電荷，其質量與質子幾乎相等。

nitrogen narcosis（氮氣昏迷）：體內氮氣濃度增加感到蹣跚步伐就像酒醉一般。

noble gases（惰性氣體）：8A族元素，是化性上的惰性氣體。

nonbonding atomic solid（非鍵結原子固體）：僅以分散力鍵結的原子固體。

nonelectrolyte solution（非電解質溶液）：溶質以分子方式溶解於溶液中不具導電性的溶液。

nonmetals（非金屬）：化學反應時傾向獲得電子，它們位於週期表的右上方。

nonpolar molecule（非極性分子）：不具有淨偶極矩的分子。

nonvolatile（非揮發性）：描述一化合物不易蒸發。

normal boiling point（正常沸點）：在氣壓1 atm下的液體沸騰的溫度。

normal alkane（正烷）：由碳原子鍵結而成直鏈狀而沒分支的烷類。

nuclear equation（核方程式）：在核放射及其他核子程序中用來表示發生變化的方程式。

nuclear radiation（核放射）：原子核反應時放射出具能量的粒子。

nuclear theory of the atom（原子的核理論）：極小空間的原子核內包含大部份的質量及帶正電荷質子，而原子內極大空間為帶負電荷電子所佔據的理論。

nucleic acids（核酸）：像去氧核醣核酸（DNA）及核醣核酸（RNA），具儲存及傳遞遺傳訊息的生物學分子。

nucleotide（核苷酸）：是核酸的單體；核酸是核苷酸的聚合體。

nucleus of a cell（細胞核）：細胞內具有基因物質的部份。

nucleus (of an atom)（原子核）：核中有質子及中子，在極小空間內包含大部份原子的質量。

observation（觀察）：科學方法的第一步驟，包括測量及物性描述。

octet（八隅體）：原子有八個電子圍繞的穩定路易士結構。

octet rule（八隅體法則）：原子藉由電子的失去、獲得或共用以達到通常在最外層含有八個電子圍繞的法則。

orbital diagram（軌域圖）：用方盒內箭頭表示電子在各軌域佔據情形的電子組態表示法。

orbital（軌域）：原子核外電子最有可能出現的區域。

organic chemistry（有機化學）：含碳化合物及其反應的研究。

organic molecule（有機分子）：主結構是碳的分子。

osmosis（滲透）：溶劑會自動透過半透膜由低濃度溶液向高濃度溶液的方向移動的現象。

osmotic pressure（滲透壓）：為防止滲透在半透膜表面上所產生的壓力。

oxidation（氧化）：獲得氧、失去氫或是失去電子稱之。

oxidation state（氧化數）：用氧化數來表示氧化狀態，可應用於寫出化學式及平衡化學方程式。

oxidation-reduction (redox) reaction (氧化還原反應)：電子在物質間轉移的反應。

oxidizing agent (氧化劑)：在氧化還原反應中,將其他物質氧化而本身被還原的物質。氧化劑具容易獲得電子的傾向。

oxyacid (含氧酸)：含有氫、一個非金屬和氧的酸。

oxyanion (含氧陰離子)：含氧的陰離子,大部份的多原子離子是含氧陰離子。

oxygen toxicity (氧氣中毒)：身體細胞組織氧濃度增加的結果。

parent nuclide (母核)：核衰變的原始核。

partial pressure (分壓)：混合氣體中個別成份氣體所呈現的壓力。

pascal (Pa)：SI的壓力單位 ($1N/m^2$),定義為每平方米含1牛頓的力。

Pauli exclusion principle (庖立不相容原理)：同一原子內無論那二個電子都不能取得一組量子數完全相等的值即電子自旋必須不同。

penetrating power (穿透能力)：放射性粒子穿透物質的能力。

peptide bond (肽鍵)：胺基酸的胺基與羧醯基與其他胺基酸的胺基所形成的酸醯胺鍵稱之。

percent natural abundance (自然蘊藏百分比)：元素的每一同位素在自然界所蘊藏的含量百分比。

percent yield (產率)：在一化學反應中,實際產量與理論產量的比值。

period (週期)：週期表中的橫列稱之。

periodic law (週期律)：元素依照其相對質量的增加而排列,其物理及化學性質呈週期性規則的變化稱之。

periodic table (週期表)：從左至右依原子序增加來排列所有元素作成適當的表,相似性質的元素排在同一直行稱為族或群。

permanent dipole (永久偶極)：原子間因電子不平均的分配而電荷分離的固有電雙極性質。

pH scale (pH刻度)：用來定量酸或鹼的刻度。pH ＝ 7是中性,小於7是酸性,大於7是鹼性。pH的定義是pH ＝ $-\log[H^+]$。

phenyl group (芳香族)：苯環及其衍生物稱之。

phospholipid (磷脂)：是磷脂及C-P鍵結的複合脂質。

phosphorescence (磷光)：有一些原子和分子在吸收光之後隨之緩慢發射出長期存在的光。

photon (光子)：光點或光能束。

physical change (物理變化)：外觀可能改變而成份並未改變的變化。

physical properties (物理性質)：物質不改變其組成成份的性質。

polar covalent bond (極性共價鍵)：不同電負度的原子共價鍵。極性共價鍵具有偶極矩。

polar molecule (極性分子)：具極性鍵結而產生淨偶極矩的分子。

polyatomic ion (多原子離子)：整個原子團帶電荷的離子。

polymer (聚合物)：由許多稱為單體的小單位鍵結串聯成長鏈的分子。

polypeptide (聚肽)：以肽鍵鍵結成短鏈胺基酸。

polysaccharide (多醣類)：由許多單醣串聯成鏈狀的長分子,是單醣的聚合物。

positron (正子)：質量如電子但帶+1價電量的粒子。

positron emission (正子放射)：由不穩定原子核釋出正子使質子變成中子。

potential energy (位能)：能量大小取決於物體所在位置或組件的排列。

precipitate (沉澱物)：為不溶性產物,由可溶性物質的溶液反應產生。

precipitation reaction (沉澱反應)：二種水溶液混合生成固體或沉澱物的反應。

prefix multipliers (字首乘數)：SI標準系統所使用的標準單位,這些乘數以10的乘方改變單位的值,例如公里 (仟米,kilometer,km) 有字首千,kilo-為1000的意思。

pressure (壓力)：單位面積氣體分子碰撞容器壁所產生的力稱之。

primary protein structure (蛋白質一級結構)：構成蛋白質分子的胺基的排列順序。其結構在個別胺基酸間由共價胜肽鍵維持。

principal quantum number（主量子數）：原子軌域函數的量子數之一以n表示，指出電子所佔據的殼層。

principal shell（主殼層）：表示主量子數的殼層。

products（產物）：在化學反應中最終產生的物質，一般位在化學方程式的右方，又稱為生成物。

properties（性質）：用以區分物質的特性。

protein（蛋白質）：由肽鍵串接胺基酸的長鏈生物分子。在活有機體中蛋白質提供多變而重要的功能。

proton（質子）：帶正電的粒子。其質量約1 amu。

pure substance（純物質）：僅有一種原子或分子所組成的物質。

quantification（定量）：在觀察中定出數目，以便精確指出特別的量和性質。

quantum（量子）：光子所具有的確定能量，為兩個不同原子軌域的不同能階間之能量差。

quantum number（n，主量子數）：是整數，用以表示軌域能量，n值越大電子距核越遠能階越大。

quantum-mechanical model（量子力學模型）：是現代化學的基礎，用以解釋原子中電子的存在如何對元素之化學及物理特性的影響。

quaternary structure（第四級結構）：主要在於不同鏈上的胺基酸上烷基（R）之間的作用來維持四級結構以組成蛋白質。

R group (side chain)（烷基（支鏈））：連結到胺基酸的中心碳原子的有機原子團，通常用以取代氫。

radio waves（無線電波）：最長波長最低能量的電磁輻射。

radioactive（放射力）：物質從其組成原子的原子核釋出極小、看不見的能量粒子的描述。

racioactivity（放射性）：從不穩定的原子核發射極小看不見且具有能量的粒子，這些多半具有穿透力的性質。

radiocarbon dating（利用放射碳測定年代）：利用環境中放射性碳的測量推算化石和古物年代。

radiotherapy（放射線療法）：以放射線治療疾病，諸如利用γ射線快速殺死分裂中的癌細胞。

random coil（無規線圈）：因蛋白質第二級結構為不規則模式而命名。

rate of a chemical reaction（反應速率）：單位時間反應物改變為產物的量。也定義為單位時間產物所形成的量。

reactants（反應物）：化學反應的起始物質，在化學方程式中放置在左邊。

recrystallization（再結晶）：溶質過飽和溶於溶劑中，將溫度降下造成溶質析出的一種純化固體的技術。

reducing agent（還原劑）：在氧化還原反應中被氧化的物質，傾向於失去電子。

reduction（還原反應）：失去氧、獲得氫或得到電子。

rem（侖目）：對暴露在放射性物質輻射量下的計量單位，以說明不同形態放射游離強度的數量。

resonance structures（共振結構）：在分子或離子中的鍵結有必要用兩種或兩種以上的路易士結構描述的方式。

reversible reaction（可逆反應）：正向與逆向同時進行的反應。

RNA (ribonucleic acid，核糖核酸)：長鏈狀的分子，存在於細胞中參與蛋白質的建構。

salt（鹽）：酸鹼反應的一種產物，通常是溶於溶劑的離子化合物。

salt bridge（鹽橋）：在電化電池中介於兩半電池之間能讓離子流動填充強電解質的倒U型管。

saturated fat（飽和油脂）：飽和脂肪酸組合成的三酸甘油脂，通常在室溫呈現固態。

saturated hydrocarbon（飽和烴）：碳原子間單鍵鍵結的碳氫化合物，沒有任何雙鍵和參鍵。

saturated solution（飽和溶液）：最大量溶質能溶入的溶液。假如有額外的溶質再加入飽和溶液中，不會再溶解。

scientific law（科學定律）：綜合過去的一系列的觀察的陳述，並用來預測未來同類型事物或事件。

scientific method（科學方法）：用來了解自然世界的方法包括觀察、定律、假設、理論和試驗。

scientific notation（科學記號）：用來記錄很大或很小的數以$a \times 10^b$表示其中b可為正負。

scintillation counter（閃爍計數器）：偵測放射性之裝置。當具有能量的粒子穿越物質，會激發該物質產生紫外光或可見光，而這些光可被偵測到並可轉換成電流訊號。

second（s，秒）：時間的SI標準單位。

secondary protein structure（蛋白質第二級結構）：由胺基酸的作用緊密結合成直鏈序列具週期及重覆性形態之蛋白質。

semiconductor（半導體）：元素或化合物具中等導電能力，這導電性可改變或控制。

semipermeable membrane（半透膜）：具有選擇性以允許若干物質進出的膜。

SI units（SI單位）：科學測量中為世界科學家認同及最常用的公制單位系統。

significant digits（有效數字）：是測量值中持有非位置之數字，代表所測量的量的精確度。

simple carbohydrate（簡單醣類）：單醣或雙醣稱之。

single bond（單鍵）：兩原子間共用一對電子對的化學鍵。

solid（固體）：物質中的原子與分子具有盡可能彼此緊密堆積在固定位置的狀態。

solid formation（形成固體）：化學反應的一種證據，與固體的形成有關。

solubility（溶解度）：在一定量溶劑可溶解多少克的溶質。

solubility rule（溶解度規則）：有一套經驗的規則用來判斷離子化合物是否溶解。

solubility-product constant（K_{sp}，溶解度積）：離子化合物在化學方程式中溶解達平衡時的表示方式。

soluble（溶解）：溶成溶液。

solute（溶質）：溶液中的少量物質。

solution（溶液）：兩種或兩種以上物質的均相混合物。

solvent（溶劑）：溶液中的大量物質。

specific heat capacity or specific heat（比熱容量或比熱）：每℃單位質量的物質所含的熱量（J/g℃）。

spectator ions（旁觀離子）：反應中不沉澱的離子，它們在化學方程式的兩邊顯示都沒改變。

standard temperature and pressure（STP，標準溫度及壓力）：T = 0℃(273K) 和 P = 1 atm，通常在氣態中所設定的計算條件。

starch（澱粉）：重複葡萄糖單體組合成的多醣體。

states of matter（物質狀態）：物質三態固態、液態及氣態。

steroid（類固醇）：含有17個碳4個環的生物化合物。

stock solution（庫存溶液）：儲存溶液的濃縮形式。

stoichiometry（化學計量）：在平衡的化學方程式中產物與反應物間的數量關係。

strong acid（強酸）：在溶液中完全游離的酸。

strong base（強鹼）：在溶液中完全游離的鹼。

strong electrolyte（強電解質）：一種物質其水溶液具有強的導電性稱之。

strong electrolyte solution（強電解液）：一種溶液，其溶質在溶液中游離成離子，而形成良好導電的溶液。

structural formula（結構式）：能表示原子數目和種類，又能表示如何鍵結的二維分子表示式。

sublimation（昇華）：是一種物理變化，是一種物質直接由其固態轉為氣態的形式。

subshell（次層）：在量子力學中以s, p, d, f代表次層，表達軌域的形狀。

substituent（取代）：有機化合物中氫原子被其他原子或原子團所取代。

substitution reaction（取代反應）：一反應其中的一個或更多原子為其它一或更多不同的原子所取代。

supersaturated solution（過飽和溶液）：一溶液其中所含溶質超過溶劑所能溶解的最大量。

surface tension（表面張力）：使液體具最小表面積的傾向，結果液面上好像有一層"皮膚"一樣。

synthesis（合成）：由簡單物質組合成較複雜物質的反應；A+B→AB。

temporary dipole（暫時偶極）：原子與分子中短暫電子密度的移轉所造成分子間作用力的極性種類。

terminal atom（終端原子）：位於分子或鏈末端的原子。

tertiary structure（第三級結構）：多肽鏈與胺基酸側鏈間非共價鍵（氫鍵，靜電引力，凡得瓦爾力等）使蛋白質具有折疊的結構。

tetrahedral（四面體型）：分子包含4對鍵結電子對的分子幾何模型（4個鍵結群而沒有孤電子對）。

theoretical yield（理論產率）：基於化學計量係數及限量反應物可得到的產物產量。

theory（理論）：將觀察及定律做可能的解釋。一個理論可代表自然運作方式的模型，並能預測行為而超越且延伸所觀察和發現而建立的定律。

titration（滴定）：用來決定溶液中物質量有多少的實驗步驟，由已知濃度溶液在當量點時來得知未知溶液濃度。

torr（托）：等於mmHg紀念義大利物理學家托里切利而命名。

transition metals（過渡金屬）：在反應中失去電子，但不需達到鈍氣組態，通常是在週期表中間的位置，其性質依其在週期表的位置較不易預測。

triglyceride（三酸甘油脂）：一種脂或油，是由三個脂肪酸連接甘油中的三酯而成的。

trigonal planar（平面三角）：分子圖形中分子具有三電子群，其中有三鍵結群而沒有孤電子對。

trigonal pyramidal（三角錐）：分子圖形中分子具有四電子群，其中有三鍵結群及一孤電子對。

triple bond（參鍵）：兩原子間的鏈結共用三對電子對，一般而言，參鍵比雙鍵更短而強。

Type I compounds（第一類化合物）：總是形成相同電荷之陽離子的金屬化合物。

Type II compounds（第二類化合物）：能形成不同電荷之陽離子的金屬化合物。

ultraviolet (UV) light（紫外線）：介於可見光及X光區間的電磁波不為肉眼所能觀察得到。

units（單位）：記錄實驗量度事先認同的量。單位是化學中的生命力。

unsaturated fat（未飽和脂）：不飽和脂肪酸所組成的三酸甘油脂，在室溫下是液體。

unsaturated hydrocarbon（未飽和烴）：碳原子間的鍵結至少有一個為雙鍵或參鍵的碳氫化合物。

unsaturated solution（未飽和溶液）：溶質未達到溶解的最大可能量的溶液稱之。

valence electrons（價電子）：最外主殼層的電子，它們與化學鍵結有關。

valence shell electron pair repulsion（VSEPR，價殼層電子對互斥）：是一個理論，能基於對電子的觀念 —— 即不論是鍵結電子對或孤電子對彼此皆相互排斥 —— 以預測分子的幾何形狀。

vapor pressure（蒸氣壓）：與液體達動態平衡之蒸氣分壓。

vaporization（蒸發）：由液相變成氣相。

viscosity（黏度）：液體流動的阻力，是分子間的作用力的顯現。

visible light（可見光）：介於400~780 nm間肉眼可看到的連續電磁波光譜。

vital force（活體力量）：過去所提出並且相信只有生物才能產出有機化合物的神秘力量。

vitalism（物活論）：是一種信仰，相信生物體具有非物理的而能製造有機化合物的力量。

volatile（揮發性）：容易蒸發的傾向。

voltage（電壓）：兩電極間的電位差；這種驅動力引起產生電流。

volume（體積）：空間的測量。長度單位的立方就成為體積的單位。

wavelength（波長）：鄰近兩波峰的距離。

weak acid（弱酸）：在溶液中無法完全游離的酸。

weak base（弱鹼）：在溶液中無法完全游離的鹼。

weak electrolyte（弱電解質）：在水溶液中具弱導電性的物質。

X-rays（艾克斯光）：介於紫外線與γ射線間的質子電磁波光譜。

元素原子質量表

元素名稱	化學符號	原子序	原子量	元素名稱	化學符號	原子序	原子量
錒（Actinium）	Ac	89	(227)	鍆（Mendelevium）	Md	101	(258)
鋁（Aluminum）	Al	13	26.98	汞（Mercury）	Hg	80	200.59
鎇（Americium）	Am	95	(243)	鉬（Molybdenum）	Mo	42	95.94
銻（Antimony）	Sb	51	121.75	釹（Neodymium）	Nd	60	144.24
氬（Argon）	Ar	18	39.95	氖（Neon）	Ne	10	20.18
砷（Arsenic）	As	33	74.92	錼（Neptunium）	Np	93	(237)
砈（Astatine）	At	85	(210)	鎳（Nickel）	Ni	28	58.69
鋇（Barium）	Ba	56	137.33	鈮（Niobium）	Nb	41	92.91
鉳（Berkelium）	Bk	97	(247)	氮（Nitrogen）	N	7	14.01
鈹（Beryllium）	Be	4	9.01	鍩（Nobelium）	No	102	(259)
鉍（Bismuth）	Bi	83	208.98	鋨（Osmium）	Os	76	190.23
鈹（Bohrium）	Bh	107	(262)	氧（Oxygen）	O	8	16.00
硼（Boron）	B	5	10.81	鈀（Palladium）	Pd	46	106.42
溴（Bromine）	Br	35	79.90	磷（Phosphorus）	P	15	30.97
鎘（Cadmium）	Cd	48	112.41	鉑（Platinum）	Pt	78	195.08
鈣（Calcium）	Ca	20	40.08	鈽（Plutonium）	Pu	94	(244)
鉲（Californium）	Cf	98	(251)	釙（Polonium）	Po	84	(209)
碳（Carbon）	C	6	12.01	鉀（Potassium）	K	19	39.10
鈰（Cerium）	Ce	58	140.12	鐠（Praseodymium）	Pr	59	140.91
銫（Cesium）	Cs	55	132.91	鉕（Promethium）	Pm	61	(147)
氯（Chlorine）	Cl	17	35.45	鏷（Protactinium）	Pa	91	(231)
鉻（Chromium）	Cr	24	52.00	鐳（Radium）	Ra	88	(226)
鈷（Cobalt）	Co	27	58.93	氡（Radon）	Rn	86	(222)
銅（Copper）	Cu	29	63.55	錸（Rhenium）	Re	75	186.21
鋦（Curium）	Cm	96	(247)	銠（Rhodium）	Rh	45	102.91
鍅（Dubnium）	Db	105	(262)	銣（Rubidium）	Rb	37	85.47
鏑（Dysprosium）	Dy	66	162.50	釕（Ruthenium）	Ru	44	101.07
鑀（Einsteinium）	Es	99	(252)	鈩（Rutherfordium）	Rf	104	(261)